连铸保护渣理论与实践

朱立光　王杏娟　著

北　京
冶　金　工　业　出　版　社
2015

内容提要

本书内容主要涉及保护渣的性能、行为、设计、生产、应用等五个方面，结构编排上分为理化性能篇；冶金行为篇；成分、性能设计篇；生产技术及应用篇。理化性能篇中对保护渣熔化特性等十个重要的理化性能的基本概念、冶金作用、影响因素、影响规律及调控技术进行了详细阐述；冶金行为篇中对保护渣的润滑行为等六个方面的冶金行为的机理、规律及对连铸顺行和铸坯质量的影响进行了数值分析；成分、性能设计篇中对保护渣设计的理论基础、设计原则及不同工艺条件和钢种、断面对保护渣性能要求，以及与之相适应的性能设计思路和具体技术路线进行了重点论述；生产技术及应用篇中主要阐述了保护渣原料、生产制造工艺和产品性能检测，并且以应用实例的形式对保护渣的设计、选择和应用进行了详尽的分析。

本书读者对象为钢铁企业工程技术人员、一线操作的岗位工人，从事保护渣研制、生产、销售人员，以及高等院校相关专业师生。

图书在版编目(CIP)数据

连铸保护渣理论与实践/朱立光，王杏娟著.—北京：冶金工业出版社，2015.10

ISBN 978-7-5024-7036-4

Ⅰ.①连… Ⅱ.①朱… ②王… Ⅲ.①连铸保护渣—研究 Ⅳ.①TF111.17

中国版本图书馆 CIP 数据核字(2015)第 237090 号

出版人 谭学余

地　址 北京市东城区嵩祝院北巷 39 号 邮编 100009 电话 (010)64027926

网　址 www.cnmip.com.cn 电子信箱 yjcbs@cnmip.com.cn

责任编辑 常国平 美术编辑 彭子赫 版式设计 孙跃红

责任校对 李 娜 责任印制 李玉山

ISBN 978-7-5024-7036-4

冶金工业出版社出版发行；各地新华书店经销；三河市双峰印刷装订有限公司印刷

2015 年 10 月第 1 版，2015 年 10 月第 1 次印刷

787mm×1092mm 1/16；22.25 印张；538 千字；340 页

79.00 元

冶金工业出版社 投稿电话 (010)64027932 投稿信箱 tougao@cnmip.com.cn

冶金工业出版社营销中心 电话 (010)64044283 传真 (010)64027893

冶金书店 地址 北京市东四西大街 46 号(100010) 电话 (010)65289081(兼传真)

冶金工业出版社天猫旗舰店 yjgycbs.tmall.com

(本书如有印装质量问题，本社营销中心负责退换)

前　言

结晶器保护渣是连铸过程中非常重要的功能材料，对连铸工序的顺行和铸坯表面质量的提高起着至关重要的作用。自 1963 年采用浸入式水口保护渣浇铸技术至今，连铸保护渣技术已由当初的初步开发和探索应用阶段发展到今天的理论进一步成熟和制造技术飞跃发展阶段。结晶器保护渣在连铸工艺中的重要地位得到各国连铸工作者的高度重视，已经成为一项专门技术。

从我国目前连铸保护渣的研究水平和生产现场情况来看，虽然已取得了长足发展，但并未满足连铸生产日益发展的要求，和先进国家相比，还存在一定的差距。生产现场要求根据不同钢种、铸坯断面及拉速设计各种专用保护渣，使保护渣性能指标与连铸工艺相匹配，从而更好地服务于生产实际。

朱立光教授自 1993 年师从我国著名保护渣专家金山同先生以来，一直从事连铸保护渣领域相关技术研究与开发工作，在连铸保护渣理论、冶金行为及性能优化、成分设计等方面取得了一系列重要成果。以此为基础，建立了不同连铸工艺、不同钢种、不同断面下保护渣的评价体系，开发了系列连铸保护渣设计与生产技术，解决了唐钢、邢钢、邯钢、天钢、国丰、津西及建龙等诸多钢铁企业的铸坯表面质量问题。

鉴于此，我们按照“瞄准学术前沿，服务工程实践”的科技创新工作理念，整理归纳多年来研究成果，广泛查阅了国内外大量的相关文献，结合自身现场应用实践经验，编写了《连铸保护渣理论与实践》一书。全书力求体例新颖，内容系统完整，从基础理论到生产实际，涵盖了保护渣性能、行为、设计、生产及应用多个方面，便于读者参阅和查询。全书分为四篇，共计 21 章，由华北理工大学朱立光、王杏娟著，全书由朱立光统稿。本书的初稿得到华北理工大学朱新华、孙立根及韩毅华等多位老师的审阅，并提出了许多宝贵意见，在此一并表示感谢。

本书汇集了作者在连铸保护渣领域长时间的研究成果和实践经验，专业性强、涉及面宽，可作为钢铁冶金专业教学及科研用书，也可作为从事连铸生产、设计工程技术人员的参考用书。希望通过此书，能够为钢铁冶金行业连铸技术的进步贡献一点力量。

由于理论水平和实践经验有限，书中不足之处，诚请读者指正。

作　者

2015 年 6 月

目　　录

第一篇　连铸保护渣理化性能篇

第二篇　连铸保护渣冶金行为篇

第三篇 连铸保护渣成分、性能设计篇

第四篇　连铸保护渣生产技术及应用篇

第一篇

连铸保护渣理化性能篇

LIANZHU BAOHUZHA LIHUA XINGNENG PIAN

1 熔化特性

1.1 熔化温度

熔化温度也称为熔点，是反映保护渣熔化性质的一个重要指标，对渣膜厚度和结晶器热流有很大的影响。通常情况下，渣膜厚度随保护渣熔化温度的提高而增加。此外，坯壳热阻与渣膜热阻所占比例直接受保护渣熔化温度的影响，熔化温度越高，坯壳热阻所占比例越小，渣膜热阻所占比例越大。

为保证沿整个结晶器长度方向始终存在一定厚度的液态渣膜，保护渣的熔化温度应低于或等于结晶器下口处坯壳的表面温度，后者与结晶器长度、拉坯速度及冷却水量有关，一般认为结晶器出口处铸坯表面温度为1250℃时，才能维持熔渣在结晶器内沿坯壳运动而始终保持一定厚度的液渣层。连铸生产中通常将保护渣的熔化温度控制在1200℃以下，大多数板坯连铸保护渣的熔化温度控制在1050～1200℃之间[1]。方坯连铸用保护渣有较大差别，日本渣和国内配制的渣其熔化温度一般均低于1200℃，我国从德国和英国福塞科引进的方坯用保护渣熔化温度多高于1200℃。高拉速条件下保护渣的熔点相对较低，大多在900～1100℃之间。合理的熔化温度应该使连铸保护渣在钢液弯月面处保持熔融状态，并使结晶器上部铸坯凝固壳表面的渣膜处于黏滞流动状态，起到充分润滑铸坯的作用。

保护渣熔化温度的测定方法有高温三角锥法、淬火法、差热分析法、热丝法、半球点法等。由于测定的原理和过程不一致，采用这些方法测得的结果有一定的差别，较为精确的是差热分析法，但其测定周期较长，对设备的要求也较高。

目前在生产和科研中常用的是半球点法，其方法是将研磨后的粉渣制成$\phi 3mm \times 3mm$的标准试样。以一定的升温速度加热试样，通过显微镜或视频采集设备观察保护渣在高温下的变形过程。将试样高度降低一半，试样顶部变为半球形状时所对应的温度定义为保护渣的熔化温度，也就是常说的半球点温度。半球点温度实际上代表的是渣样熔化过程中的某一温度，被测试样达到这一温度时，试样中产生液相的数量和流动性正好把其余物相带动下沉变形为半球形，也就是说半球点温度实质上是熔渣固相线与液相线之间的某一温度。

我国冶金行业标准规定以柱状试样熔化成半球形时的温度表示该渣的熔化温度。其测试原理如图1－1所示。

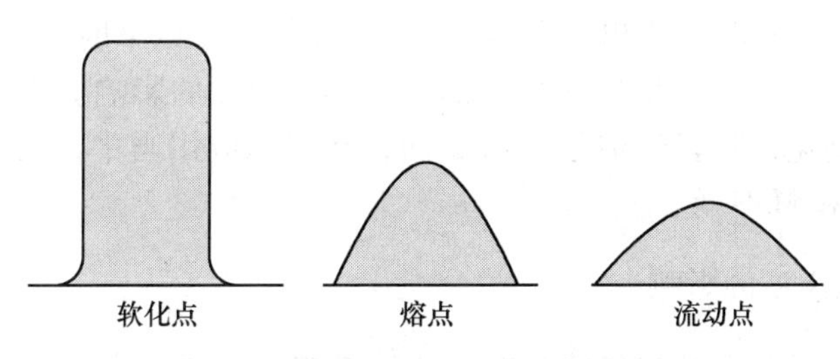

图1－1 保护渣的熔化温度测试原理

1.1.1　保护渣成分对熔化温度的影响

冶金熔渣是多成分系统，通常由氧化物、氟化物、硫化物（少量）组成。组成熔渣的这些纯组元都有各自的熔点。在高温下，这些氧化物相互作用生成化合物或共晶体，它们的熔点将发生变化，如硅灰石 $CaO \cdot SiO_2$ 的熔点是1544℃，而正硅酸钙 $2CaO \cdot SiO_2$ 的熔点是2130℃，钙长石－硅灰石－石英组成的三元共晶体熔点是1170℃。常见复合氧化物的熔点见表1－1。

表1－1　常见复合氧化物的熔点　（℃）

复合氧化物	熔　点	复合氧化物	熔　点
$CaO \cdot SiO_2$	1544	$MnO \cdot Al_2O_3$	1520
$2CaO \cdot SiO_2$	2130	$2CaO \cdot Fe_2O_3$	1420
$MnO \cdot SiO_2$	1285	$CaO \cdot Fe_2O_3$	1220
$2MnO \cdot SiO_2$	1326	CaO 和 CaF_2 的共晶	1362
$MgO \cdot SiO_2$	1557	Al_2O_3 和 CaF_2 的共晶	1270
$2FeO \cdot SiO_2$	1205	$CaO \cdot FeO \cdot SiO_2$	1205
$MgO \cdot Al_2O_3$	2135	$3CaO \cdot P_2O_5$	1800
$CaO \cdot Al_2O_3$	1605	$Al_2O_3 \cdot 2SiO_2$	1830

保护渣由多种成分组成，其熔化过程不是在一个固定温度下，而是在一个温度区间内进行，目前使用的保护渣的成分都选择三元相图的低熔点区。保护渣的熔化温度与原料成分、碱度、助熔剂的种类和数量以及原料的分散度等有关。目前国内外使用的保护渣助熔剂主要有苏打（Na_2CO_3）、冰晶石（$Na_5Al_3F_{14}$）、硼砂（$Na_2B_4O_7$）以及含氟材料（NaF、CaF_2）等。常用助熔剂降低熔化温度的顺序为：$NaF > Na_5Al_3F_{14} > Na_2CO_3 > NaCl > CaF_2$[1]。在一定条件下，各成分对保护渣熔化温度的影响见表1－2。

表1－2　各成分对保护渣熔化温度的影响

成　分	CaO	SiO_2	Al_2O_3	MgO	Na_2O+K_2O	CaF_2	MnO	B_2O_3	ZrO_2	Li_2O	TiO_2	BaO
熔化温度	↑	↓	↑	↓	↓	↓	↓	↓	↑	↓	↑	↓

保护渣的碱度增加时，渣中氧硅比增加，从而引起硅氧四面体的连接方式趋于简单。因此离子的活动能力增大，更容易与其他离子结合而析出高熔点的物质。所以随着碱度的增加，熔化温度上升。

近年来，为满足高速连铸保护渣低熔点的要求，B_2O_3、Li_2O、BaO等成分对熔化温度的影响受到了重视。马田一[2]指出，当 B_2O_3 加入量在10%以下时，每增加1% B_2O_3，可降低熔化温度约25℃，但加入量超过10%后，对熔化温度的影响变小。此外，B_2O_3 还能有效地促进熔渣玻璃化，减轻炉渣的分熔倾向，在实际应用当中，常用来取代渣中部分 Al_2O_3、Li_2O、MgO和MnO等。

1.1.2　Li_2O 对熔化温度的影响

Li_2O 是一种强助熔剂，其降低熔化温度的效果明显。即使渣中 Li_2O 含量较低时，对熔化温度也有较大的影响，其降低熔化温度的能力强于 Na_2O、B_2O_3、CaF_2 等。正是由于这个原因，高速连铸用保护渣常配入 Li_2O[3,4]。

朱立光等人[5]在不同条件下对 Li_2O 降低保护渣熔点的作用规律进行了实验研究，分析探讨其满足高速连铸保护渣熔化特性要求的配比及含量。实验表明：Li_2O 在一定含量范围内能有效降低保护渣熔化温度，从满足高速连铸保护渣熔化温度要求考虑，Li_2O 含量的适宜范围为2% ~5%；Li_2O 的加入使保护渣在吸收 Al_2O_3 后熔化温度变化不大，并能够减小碱度对保护渣熔化温度的影响；K_2O 的助熔作用具有一定的特殊性，只有在与 Li_2O 配合使用时才显示出较强的助熔效果；由于 Li_2O 的强效助熔作用及与 K_2O、B_2O_3 的合理配合使用，从熔化温度考虑生产无氟渣是可能的。

1.2　熔化速度

熔化速度用来表征保护渣从原渣状态熔化成液态渣的快慢，是评价保护渣供给液渣润滑铸坯、保持合理熔融结构能力的重要指标。保护渣的熔化速度决定了钢液面上形成的液渣层厚度和渣的消耗量。如果熔化速度过快，粉渣层不易保持，使热损失增大，液渣面易结壳，可能导致夹渣；熔化速度过慢，形成液渣层过薄。过快或过慢的熔化速度都容易造成渣膜的厚薄不均。所以合适的熔化速度，才能在钢液面上形成适当的多层结构，以防止钢液氧化，减少钢液面上热损失，尽量多吸收夹杂物。同时也只有适当的熔化速度才能在铸坯与结晶器之间形成足够厚度及稳定均匀的渣膜，保证良好的润滑。

熔化速度较为严密的定义是：保护渣在单向受热表面保持在1400℃或1500℃条件下，单位时间、单位面积上熔化的保护渣量，用 $kg/(m^2 \cdot s)$ 表示。一般保护渣熔化速度在 $35 \sim 70kg/(m^2 \cdot s)$，通常用液滴法测定，采用式（1－1）进行计算。

$$Q = m/(tA) \tag{1-1}$$

式中　Q——熔化速度，$kg/(m^2 \cdot s)$；

m——熔渣质量，kg；

A——坩埚锥形部位表面积，m^2；

t——熔化时间，s。

为方便起见，在实际生产制造保护渣和日常科研中多采用图1－1所示的原始状态熔化至流动状态所需时间来表示保护渣的熔化速度。

保护渣通常用碳来调节熔化速度。这是由于高熔点炭质材料高度分散在保护渣中起到骨架效应所致，它使已熔的渣滴之间彼此不能聚集，从而控制了保护渣的熔化速度。一般来讲，通过以下方式可使保护渣熔化速度增大：

（1）减少渣中游离碳的含量；

（2）增大碳颗粒粒度；

（3）增大保护渣颗粒粒度；

（4）提高拉速；

（5）加速渣中碳酸盐的分解。

碳的种类、加入量、粒度及不同炭质材料配合方式等对保护渣的熔化速度及熔融结构影响很大。加入材料的碳含量越高、分散度越大，对熔化速度影响越大。炭黑的分散度大、着火温度低，低温下可充分发挥隔离基料粒子的作用。而石墨的着火温度较高，高温下作为骨架粒子比较适宜。利用两者的优点，用复合配碳法能有效控制保护渣的熔融特性，在相对较宽的温度范围内保持较稳定的熔融特性，满足高拉速及拉速变化较大的要求。

1.2.1 炭黑和石墨对保护渣熔化速度的影响

炭黑和石墨的加入形式和加入量对碱度为1.0的保护渣的熔化速度的影响如图1-2*a*所示。由图1-2*a*可以看出，炭黑和石墨无论是单独加入还是复合加入，随着其加入量的增多，保护渣的熔化速度均逐渐减小；但是在加入量相同的条件下，以*m*(炭黑)∶*m*(石墨)=1∶3的形式加入的保护渣的熔化速度最小，其次是以*m*(炭黑)∶*m*(石墨)=1∶1的形式加入的保护渣，再次是以*m*(炭黑)∶*m*(石墨)=3∶1的形式加入的保护渣，接下来是单独加入石墨和炭黑的保护渣。因为炭黑为无定形结构，呈球形，粒径小（0.044mm），在保护渣中分散度大；石墨为层状结构，颗粒小（0.74mm）；同时它们都具有过剩的表面能，容易吸附在颗粒或熔滴表面上，并不被熔渣和钢液所浸润，因而起到骨架和隔离的作用，阻碍基渣颗粒发生低温烧结和高温黏结，从而可以控制保护渣的熔速；但是由于它们两者的着火点各不一样，炭黑的着火点约为400℃，石墨的着火点为637℃，并且粒度越小燃烧得越快，所以在高温条件下，炭黑控制熔化速度的能力没有石墨强。但是，当它们两者复合使用后，能充分发挥炭黑和石墨两者的优势，使得复合熔速调节剂明显强于单一熔速调节剂。因此，在实际使用时，常在保护渣中配入1%～2.5%的炭黑和3%～5%的石墨以控制保护渣的熔速。

1.2.2 单独引入碳化硅对保护渣熔化速度的影响

单独引入碳化硅对碱度为1.0的保护渣熔化速度的影响如图1-2*b*所示。对比图1-2*a*和图1-2*b*可以看出，单独引入碳化硅对保护渣的熔化速度有一定的影响，但是不及单独引入石墨和炭黑时的影响大。由于碳化硅具有与石墨相同的六方晶系结构，对钢水及保护渣具有很强的抗润湿性，所以也可以对保护渣基渣颗粒所发生的高温黏结起到阻碍作用；但是，由于碳化硅结构致密，粒度较大（0.084mm），在保护渣中的分散度较低，因此它对保护渣熔化速度的作用比石墨和炭黑的作用相对要弱一些。

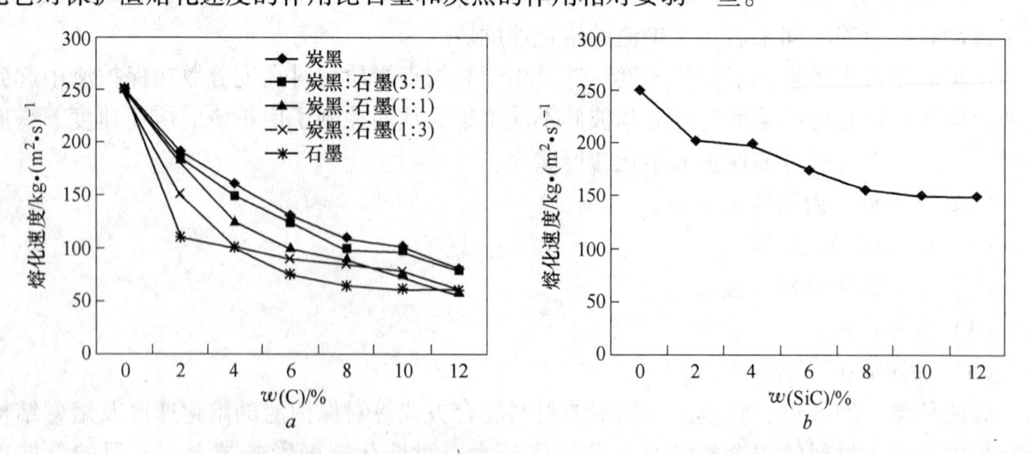

图1-2 石墨和炭黑、碳化硅对碱度为1.0的保护渣熔化速度的影响

a—炭质材料；*b*—碳化硅

1.2.3　炭黑、石墨和碳化硅两两复合加入对保护渣熔化速度的影响

炭黑、石墨和碳化硅以两两复合的形式加入时，其复合比例和加入量及基渣碱度对保护渣熔化速度的影响如图 1－3 所示。

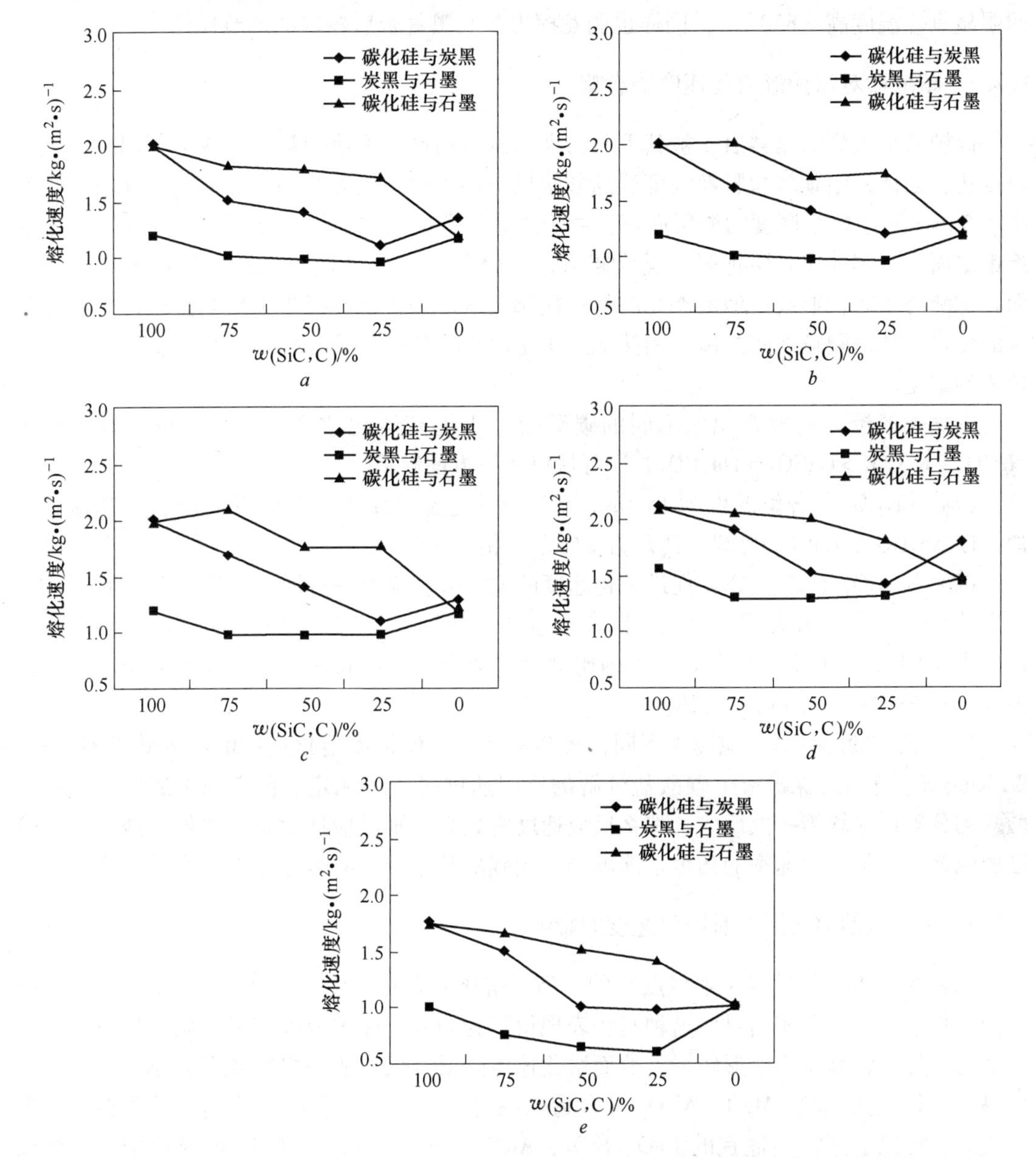

图 1－3　碳化硅、炭黑和石墨的配比和加入量以及基渣碱度对保护渣熔化速度的影响

a—碱度为 0.8，熔速调节的加入量为 4%；*b*—碱度为 1.0，熔速调节的加入量为 4%；*c*—碱度为 1.2，熔速调节的加入量为 4%；*d*—碱度为 1.0，熔速调节的加入量为 2%；*e*—碱度为 1.0，熔速调节的加入量为 6%

对比图 1－3*a*～*c* 可以发现，在含碳材料加入量保持不变的情况下，基渣的碱度对保护渣的熔化速度几乎没有影响。对比图 1－3*b*～*e* 可以发现，在基渣碱度不变的情况下，随着含碳材料加入量的增加，保护渣的熔化速度减小。综合比较图 1－3 中的各图可以发

现，在其他条件相同的情况下，加入碳化硅石墨的复合熔速调节剂的保护渣的熔化速度最大，其次是加入碳化硅－炭黑的复合熔速调节剂的保护渣，最小的是石墨－炭黑的复合熔速调节剂的保护渣；特别是当碳化硅与炭黑以质量比 1∶3 复合时，保护渣的熔速与炭黑和石墨以质量比 1∶3 复合时的保护渣的熔速差别很小。因为，碳化硅虽然颗粒较大，但是它的明显氧化温度高（820℃），同样也能发挥出与炭黑复合后较好的调节作用[6]。

1.2.4 碳酸盐对保护渣熔化速度的影响

保护渣加入到结晶器后，被其下面的高温液渣和钢水迅速加热，形成上下温差较大的温度场，当体系中碳酸盐颗粒温度达到分解反应温度时，便发生分解反应，释放出 CO 和 CO_2 气体。对于整个厚度的渣层而言，由于所处位置的温度不同分解反应异步进行，越靠近钢水面，分解反应开始越早，反应越剧烈。释放出的气体向上逸出，搅动整个上层表面，呈沸腾状态，形成近似流态化的颗粒接触运动形式，进而促进下层高温区向上层低温区的传热，加速颗粒之间的碰撞和接触。正是由于这种强化了的传质传热过程，促进了保护渣的熔化。

朱立光教授[7]研究指出，不同的碳酸盐对于提高熔化速度的功效不同，其顺序为 $Li_2CO_3 > K_2CO_3 > CaCO_3 > Na_2CO_3$，这可从以下三方面解释：

（1）Na_2CO_3 的分解温度为 1596K，最高甚至达到 2421K，分解反应滞后于其他碳酸盐，以 Na_2CO_3、$CaCO_3$ 为例，其开始反应温度相差 532K。

（2）Na_2CO_3 不如 Li_2CO_3 促进熔化速度的能力大，除第一种原因，还与其分解反应时放出的气体 CO、CO_2 数量少有关。同样数量的碳酸盐，以 1% 为例，Na_2CO_3 中 CO_2 占的比例为 0.0415，而 Li_2CO_3 中 CO_2 占的比例为 0.0595，可见同等数量的 Li_2CO_3 分解时能够释放出较 Na_2CO_3 多的 CO_2 气体。

（3）碳酸盐的分解反应速度不同，将会呈现出对保护渣熔化速度的影响效果不一样。W. Kingori[8]等人对保护渣中碳酸盐分解的反应速度进行了测定。测定结果表明，各种碳酸盐的分解反应均为一次反应，那么反应速度常数大，则反应速度快，对保护渣的熔化速度影响就大，从反应速率的角度也能解释不同碳酸盐对保护渣熔化速度影响的差异。

1.2.5 保护渣的熔化温度对熔化速度的影响

随着保护渣熔化温度（半球点）的升高，熔化时间有延长的趋势，保护渣的熔化速度下降。特别是含碳量相当时，这种趋势表现得更为明显。保护渣熔点高，则其抵抗热变形的能力增强，在高温下变形较慢，故而熔化速度降低。保护渣是多矿相混合物，当保护渣中高熔点物质如 CaO、MgO、Al_2O_3 等含量较高时，则其熔点会有所提高。因此在生产保护渣时，可以通过控制适宜的 CaO、SiO_2、Al_2O_3、MgO、Na_2O、CaF_2 等成分配比，使保护渣的熔化温度保持在适当的范围内。

1.2.6 结晶器内的条件对熔化速度的影响

影响保护渣熔化速度的结晶器内的条件主要包括保护渣在结晶器内的流场和钢液的温度。

为了计算特定的结晶器条件，保护渣中碳的选择非常重要。由于高速连铸拉坯速度较高，且拉速的变化较大，使得保护渣的消耗量大幅度降低且呈现波动。良好的保护渣应具有在高拉速及拉速变化较大的情况下仍能维持足够的渣耗。因此，用于高速连铸的保护渣应具有较快的熔化速度，以保持足够的熔渣层厚度，满足填充到结晶器与坯壳间形成渣膜消耗的需要。但保护渣的熔化速度并非越快越好，熔化速度太快势必影响其保温性能，容易形成冷皮及造成皮下夹渣多、振痕深等缺陷。一般认为，当熔渣层厚区能保持在10～15mm之间时，可以认为保护渣的熔化速度比较合适。

1.3 分熔倾向

1.3.1 分熔和分熔度

连铸保护渣是多种粉料的机械混合物，由于各种粉料的熔化温度和升温过程中各相间反应速度不同，而保护渣在结晶器中的受热条件因时间和位置不同在随机变化，从而导致渣中易熔组分在较低温度区间形成液相从渣层中流失，在测定保护渣半球点温度时，可以观察到保护渣早期液相流失现象，这种现象称为分熔。

升温速度缓慢时，液相流失现象得到充分发展，随着升温速度加快而逐渐受到抑制。流失发生后，未熔部分偏离保护渣起始平均成分，半球点温度升高，升高程度随早期液相流失量的减少而降低，敏感程度因保护渣配方不同而有差异。液相流失受到抑制时，保护渣的成渣是均匀的，测得的半球点温度是全体物料和物相都起作用的半球温度。把保护渣半球温度随升温速度变化的现象作为成渣均匀性有变化的象征，则分熔得到充分发展和分熔得到抑制所测得的半球温度的差值，可用来衡量保护渣的成渣均匀性，该差值定义为分熔度。多种粉态料机械混合而成的保护渣，由于选料、配比、粒度分布和混匀度等的不同，分熔度各不相同，但有规律可循。

1.3.2 分熔度的数学模型

以下为一板坯连铸保护渣 $CaO-SiO_2-Al_2O_3-Na_2O-CaF_2$ 系的分熔度数学模型[9]，该模型如下：

$$T_{分}=33.2500-2.8750x_1-3.3750x_2-3.5417x_3+1.2083x_4-3.3021x_1^2+2.1979x_2^2-1.3021x_3^2+1.5729x_4^2-2.0625x_1x_2+1.9375x_1x_3-4.8125x_1x_4-3.8125x_2x_3+10.9375x_2x_4-2.0625x_3x_4 \qquad (1-2)$$

式中

$$x_1=2(CaF_2-6.5)/(6.5-3.5)+1$$
$$x_2=2(Na_2O-9.5)/(9.5-4.5)+1$$
$$x_3=2(Al_2O_3-13.5)/(13.5-6.5)+1$$
$$x_4=2(R-1.05)/(1.05-0.75)+1$$
$$R=CaO/SiO_2$$

该数模适用的成分（质量分数）范围如下：CaF_2：2.0%～8.0%，Na_2O：2.0%～12.0%，Al_2O_3：3.0%～17.0%，R：0.6～1.2。图1－4所示为模型所包的多维空间的两个截面，图中的曲线是等分熔度线。模型可以用来选取相应原材料体系中分熔度小、成渣均匀的保护渣配方，作为配制最佳保护渣的重要依据之一。图1－4是由分熔度数学模型得到的分熔度等高线，图 a、b 分别代表碱度 R 在0.6～1.2范围内，保护渣的两个化学组分的含量，图中等高线的数字代表相应的分熔度（℃）。

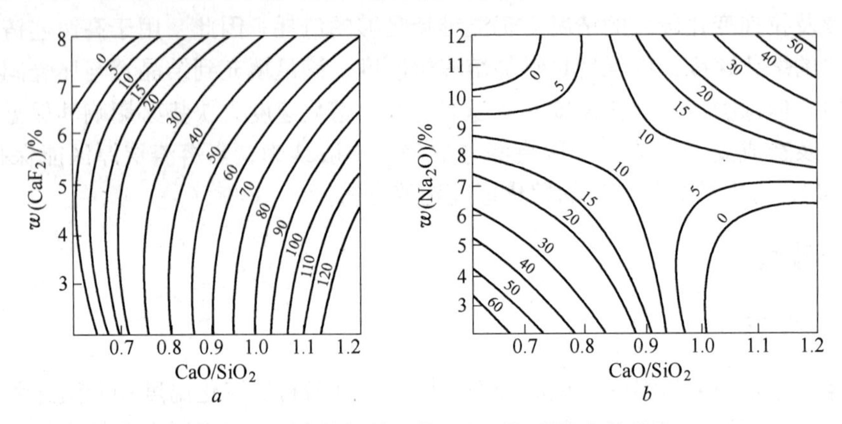

图 1-4 由分熔度数学模型得到的分熔度等高线

a—$w(Na_2O)=12\%$，$w(Al_2O_3)=3\%$；b—$w(CaF_2)=8\%$，$w(Al_2O_3)=3\%$

实践表明，用黏度低、分熔倾向大的保护渣浇的板坯，表面有严重纵裂；用分熔度小，并兼顾其他性能的保护渣，可获得表面质量比较好的连铸板坯。采用预熔渣以获得均匀成渣是另一条可行的途径。

1.3.3 分熔度的测试方法

采用高温显微系统（图 1-5）测定试样变形量与温度的关系，定义试样开始变形的温度为初始熔化温度；试样高度降为原高度的 1/2 呈半球形时的温度为半球点温度，即保护渣的熔化温度；试样全部变为液体时的温度为流动温度。

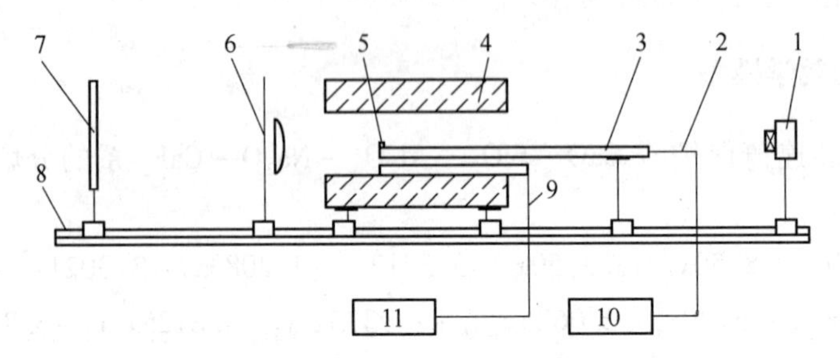

图 1-5 保护渣分熔特性高温显微系统

1—光源；2—测温热电偶；3—试样支架；4—炉体；5—试样；
6—透镜；7—成像屏；8—轨道；9—控温热电偶；10—测温装置；11—控温装置

分别以水泥熟料、硅灰石和玻璃粉为基料，配制保护渣试样，利用高温显微系统测定保护渣试样的分熔度，以判断不同基料的保护渣熔点的波动性和熔化稳定性的优劣。

分熔度定义为[10]：

$$T_{分} = T_{半} - T'_{半} \tag{1-3}$$

式中 $T_{分}$——分熔度，℃；

$T_{半}$——以 10℃/min 的升温速度测得的半球点温度，℃；

$T'_{半}$——在某一时间内将试样由室温升高到呈半球形的温度所得半球点温度，℃。

测定方法：

(1) 按保护渣常规半球点测定方法，以10℃/min的升温速度升高炉温测定保护渣试样半球点温度，并重复测定三次，以其三者的平均值作为$T_{半}$。

(2) 将试样支架置于测定位置，然后将炉子的恒温区的温度升高到低于$T_{半}$的某一温度，作为设定的$T'_{半}$，并用精密温度控制仪使炉温恒定在设定的$T'_{半}$。迅速移开炉子，将一待测试样迅速而准确地放在试样支架的铂金片上，然后迅速将炉子复位，这一连串动作在数秒钟内完成。当炉内恒温区的温度恢复到设定的$T'_{半}$温度时，试样正好变成半球形，而且继续延长时间，试样的高度不再下降，仍保持半球形不变，则设定的$T'_{半}$就是所需的$T'_{半}$。

(3) 如果当炉内恒温区温度恢复到设定的$T'_{半}$温度时，试样的高度正好下降到原始高度的1/2呈半球形，但继续延长时间，试样高度也随之下降，保持不住半球形，则说明设定的$T'_{半}$稍高于所需的$T'_{半}$；如果在炉内恒温区的温度恢复到设定的$T'_{半}$之前，试样就变成了半球形，则表明设定的$T'_{半}$显著高于所需的$T'_{半}$；反之，如果当炉内恒温区温度恢复到设定的$T'_{半}$，试样仍未变成半球形，则表明设定的$T'_{半}$低于所需的$T'_{半}$。上述三种情况均表明设定的$T'_{半}$不合适，要另行设定$T'_{半}$再做试验，直至所需的$T'_{半}$为止。

(4) 按式（1－3）计算该基料渣的分熔度。

要保证保护渣熔化的均匀性，应选用半球点温度随升温速度而变化较小的保护渣，即要求$T_{分}$小。

1.3.4 不同基料的分熔特性及优化选配

连铸保护渣的主要基料包括水泥熟料、玻璃粉、硅灰石。

水泥熟料的熔化均匀性好（分熔度为13.2）、反应性好，但遇水后结块，发生水合反应，不适合制粒工艺要求，并且制成颗粒保护渣后，性能将发生变化。因此，水泥熟料适合作混合粉渣的基料。

硅灰石的熔化均匀性（分熔度为28.2）、反应性均不如水泥熟料优越，但其成分稳定，遇水后不易结块，适合制作颗粒渣的工艺要求，宜做颗粒保护渣的基料。同时，通过制粒，特别是通过预熔型颗粒保护渣的混合、熔化、水淬工艺过程后，会改善硅灰石熔化特性和反应性，生产出性能适宜的颗粒保护渣，满足高拉速、生产无缺陷铸坯连铸的需要。

玻璃粉的碱度很低，不宜单独做保护渣的基料，可以和其他基料配合使用。一般玻璃粉可以和碱度较高的水泥熟料配合使用，利用水泥熟料原有的熔化均匀的优点，改善玻璃粉分熔倾向大的缺点。

玻璃粉也可与硅灰石配合使用，改善分熔性。玻璃粉中$Na_2O + K_2O$含量较高（12.5%左右），一方面可以减少添加剂Na_2CO_3加入量，另一方面以两者为混合基料制作预熔型颗粒保护渣，恰好符合制作工艺中经过混合、熔化、水淬形成一种非晶质玻璃体的需要。高质量的预熔型颗粒保护渣更适合高拉速下生产无缺陷铸坯的需要。

水泥熟料的熔点波动小、熔融性能较稳定，其他的添加料采用预熔型物质，使助熔剂的用量减少，减少碳酸盐分解熔化吸热，从而增加保护渣的保温性。水泥熟料与硅灰石配合使用时，制作混合粉渣，可进一步改善两者的分熔性。

1.3.5 熔化均匀性

与分熔倾向相对的则是熔化均匀性，是保护渣良好熔化特性的重要标志。保护渣加入结晶器后，不仅要求易于熔化，而且还要求均匀熔化，铺展到整个钢液面上，并且沿结晶器四周均匀流入结晶器和坯壳之间的缝隙。保护渣是硅酸盐的粉体混合材料，原料组成可以分为基料、助熔剂和炭质材料。一般情况下，基料熔点略高一些，而助熔剂的熔点则相对较低。两者的混合物在高温下加热时往往由助熔剂首先形成液相或两者接触形成低共熔相，然后逐渐扩大熔融范围至全部形成均一液相。

为改善保护渣的熔化均匀性，应当通过调整渣料组成及改进制造粉料工艺以及采用预熔渣等途径加以解决。文献介绍，为了保证保护渣的熔化均匀性，减少其熔化过程中的分熔倾向，宜采用预熔渣料。对于对保护渣均匀性要求较高的高速连铸，不仅要关注保护渣是否是预熔型，还要考虑预熔料生产工艺的差异及影响，减小入炉原料粒度，提高预熔料熔化均匀性。另外，在预熔料熔炼过程中，保持稳定的炉况对稳定保护渣批次的成分特别重要。不能为了降低磨料成本和减少造块带入的水分，而将块状石灰石、萤石等直接入炉熔炼。虽然这样可获得熔态的液渣，但保护渣均匀性难以保证，甚至使得一些高熔点物相残留在预熔料中，给后续保护渣的生产带来致命危害。

提高保护渣的熔化均匀性，有效改善保护渣的熔化性能，可减少夹渣。机械混合型保护渣，随着温度的升高，熔剂先熔化流失，导致高熔点材料残留下来，分熔倾向比较严重，易引发铸坯夹杂缺陷；而预熔型保护渣各组分经充分熔态混合，形成化学成分均匀的熔体和物相分布较均匀的凝固体，在再次熔化的过程中，充分混合的各物相均匀熔化，分熔倾向就小得多。此外，经试验证明，渣中添加 MgO、SrO 这些微量组分后，渣样的熔化均匀性得到极大改善。使用的开浇渣在浇铸开始时，为了快速形成一个液渣池，因此要求熔点低，含有较高的 Na_2O 成分，含有放热型元素如 Ca、Si 和少量的 C(小于1%) 通常能减缓熔化速率的下降；然而开浇时却容易形成渣圈，所以其用量很少。

1.4 熔融结构

1.4.1 熔融结构模型

保护渣在结晶器内的状态示意图如图 1－6 所示。保护渣多为三层结构，分为粉渣层、烧结层及液渣层，研究测定保护渣在熔化时各层的温度可知：液渣层同钢液温度相近，烧结层温度在 800～900℃之间，粉渣层在 400～500℃之间。卢盛意[11]研究认为保护渣在熔化时各层的温度分别为：固态渣层顶面约 400℃，烧结层顶面约 600℃，液渣层顶面约 1250℃，钢液面约 1550℃(即所浇钢的液相线温度)。

(1) 粉渣层。实际生产中加入一定量的保护渣后，原渣粉粒状态应保持一定时间。即粉渣层应有适当的厚度（如大于 25mm)，在有结晶器液面自动控制的条件下粉渣层还可稍厚一些。粉渣层的熔化速度通常由配入炭质材料的种类、粒度、数量和配碳方式来调节。

(2) 烧结层。随着拉坯的进行，结晶器内液渣不断消耗，与此同时，又均匀不断地向结晶器内添加新渣，烧结层也不断熔化产生液渣。可见，在渣层总厚度不变的情况下烧结层厚度处于动态平衡。实际生产中，要求保护渣在钢液面上形成稳定的层状结构，而且各渣层的厚度也要稳定。

（3）液渣层。保护渣的液渣层不仅必要而且应有一个适当的厚度范围，一般为 10 ~ 15mm，过薄或过厚会在铸坯表面产生裂纹或夹渣等缺陷。其厚度由保护渣的熔化速率和消耗速率之间的质量平衡来决定。

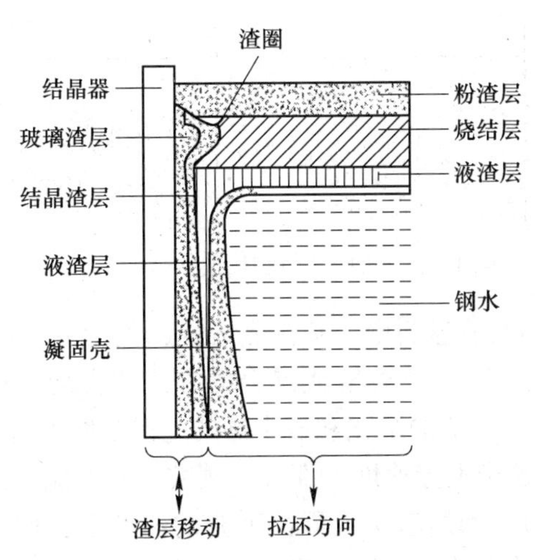

图 1－6　保护渣在结晶器内的状态示意图

保护渣熔化后的层数与熔化速度关系密切，因此控制熔化速度是关键所在。如果炭粉不足，温度还未达到渣料开始烧结，炭已烧尽，则烧结层发达，熔速过快，液渣层过厚。如果炭粉过多，渣料全部熔化后还有部分碳粒存在，则会使烧结层萎缩过薄。实验证明，根据碳材料种类和含量不同会形成三种熔化结构：当渣中炭黑含量大于 20% 时，在熔化过程中将存在粉渣层和熔渣层的双层结构；当炭黑含量小于 1.5% 时，将表现为粉渣层、烧结层和熔化层的三层结构；当炭黑和石墨同时加入时，形成粉渣层、烧结层、半熔层及熔化层的多层结构。如果将半熔层和熔化层之间的富碳层也算在内，也可以说在熔化时由五层组成，如图 1－7 所示。

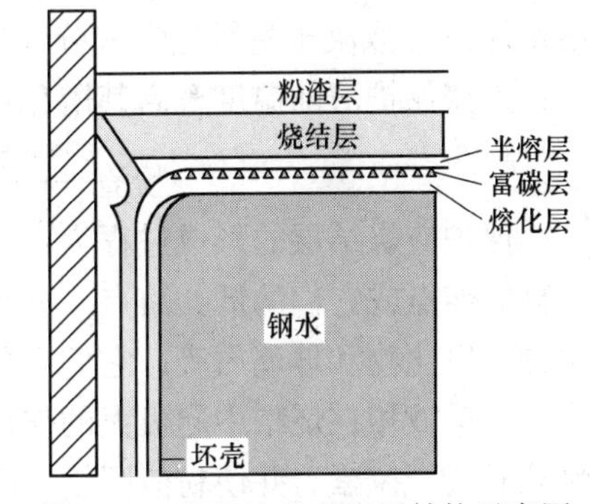

图 1－7　保护渣纵向五层结构示意图

目前大多数专家认为，有半熔层的多层结构比其他结构更好。多层中的烧结层比三层中的薄，这将减少保护渣黏附于结晶器的可能性，半熔层的存在会增大向熔化层提供液渣的能力。因此，多层结构容易适应浇铸参数的变化。

1.4.2　熔化过程

保护渣与钢液接触后，钢液向保护渣传热，随着时间的推移，保护渣中温度场发生变化，温度升高。温度高于保护渣熔点 T_m 时，保护渣熔化。由下至上的传热，引起由下至上的熔化，从而形成熔渣层。如把传热过程理想化，则可以认为它是一平行于钢液面的等温面族由下至上的移动。而 $T = T_m$ 的等温面正好与熔渣层的上界面重合。在钢液上表面是熔渣层，熔渣层以上是未熔层。可以认为，保护渣的熔化速度在特定的渣成分、钢种和稳定的注速条件下，主要取决于钢液对保护渣的传热速度。未熔层的结构可分两种，如图1－8所示。三层结构的保护渣，其未熔层包括粉渣层和烧结层两部分。双层结构的保护渣则无烧结层。如果是固体颗粒（如碳粒子）包围液态质点，则形成双层结构；反之，形成三层结构。

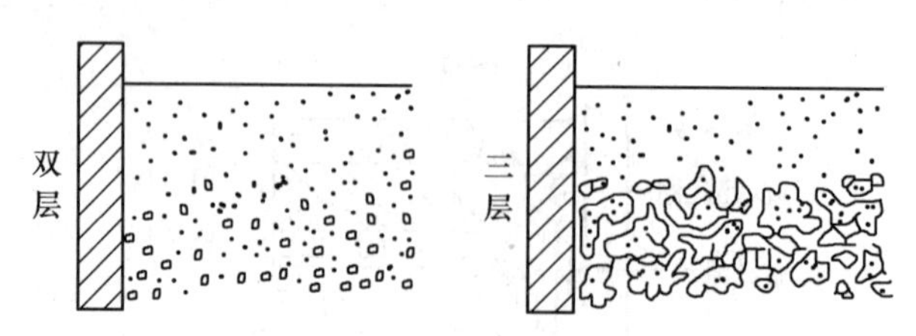

图1－8 两种不同结构保护渣的未熔层

保护渣中碳被均匀地混合在基料中，基料熔化形成熔渣后配入的碳有四个走向：（1）在浮力的作用下上浮出熔渣；（2）以溶解或混合的方式留在熔渣中；（3）扩散进入钢中；（4）与氧反应燃烧进入大气。渣的熔化和渣中碳的上浮是同时进行的。如果熔渣层上界面上升的速度大于熔渣中碳粒子上浮速度，那么，碳粒子不可能浮出熔渣（这种情况在渣加入结晶器的初期可能出现）。而熔渣层上界面上升的速度不仅取决于钢液对渣的传热，同时也受熔渣从弯月面流失填充铸坯－结晶器间隙的速度和填充量的制约。

良好的保护渣在熔化形成渣池前会有一个“球化”过程，即非碳材料形成液相后，由于炭质材料的阻隔和围限作用以及液体表面张力的作用，往往形成类似球状的液渣滴，并且渣滴表面包围着炭粒。研究发现，保护渣熔化过程为：（1）有机物氧化和水分脱水、汽化；（2）炭质材料的燃烧损失（时间长短说明了渣粒烧结和熔化过程的延缓程度）；（3）熔化加快（取决于基料化学成分、矿物性质和粒度）；（4）熔化。

连铸保护渣随温度升高其熔化过程为：

$$\text{粉渣}\xrightarrow{\text{固相反应}}\text{烧结}\rightarrow\text{液珠}\xrightarrow{\text{失炭聚合}}\text{液渣}$$

保护渣烧结层的形成过程为：首先是粉渣固相之间进行直接反应，反应温度远低于反应物的熔点或它们的低共熔点。如果保护渣中存在着一些助熔剂，如碱金属的碳酸盐、氧化物、氯化物和玻璃质等，它们开始形成液相的温度远低于主要组成物质的低共熔温度，这些少量液相在烧结中起极大的作用。液相将固体颗粒表面润湿，靠表面张力作用使粉渣颗粒靠近、拉紧，并使粉渣固结。随着温度的进一步升高，在接近保护渣熔点时，烧结相逐步熔成一个个小液珠，小液珠相互接触就有可能集聚成大液珠。有些研究者认为，稳定的烧结层是保证熔渣层厚度的先决条件。只有液珠状的过渡层才能以较快的速度补充液渣层[1]。

参考文献

[1] 迟景灏，等．连铸保护渣［M］．沈阳：东北大学出版社，1992.

[2] 马田一ほか．连铸モ－ルドパゥダ－消耗量におよぼすパゥダ－性状の影响［J］．鉄と鋼，

1983：S1031.

［3］朱立光．连铸结晶器内保护渣渣膜状态的数学模拟［J］．北京科技大学学报，1999（1）：13～16.

［4］中森辛雄ほか. 连续铸造の铸型と铸片间の摩擦力测定と解析结果［J］．鉄と鋼，1984，9：1262～1267.

［5］朱立光，万爱珍，王硕明．高速连铸保护渣熔化特性的实验研究［J］．河北理工学院学报，2000，22（1）：13～18.

［6］游杰刚．熔速调节剂对连铸保护渣熔化速度的影响［J］．耐火材料，2006，40（3）：207～220.

［7］朱立光，万爱珍．碳酸盐对连铸保护渣熔化速度的影响［J］．河北理工学院学报，1999，21（3）：1～4.

［8］Kingori W. Melting rate of mold powders［J］. Iron & Steelmaking，1993（9）：65～70.

［9］周长青．高拉速连铸保护渣工艺探讨［J］．武钢技术，1995.

［10］孙长悌，林功文．连铸保护渣分熔倾向度的测定方法及 $CaO - SiO_2 - Al_2O_3 - Na_2O - CaF_2$ 系分熔倾向度数模［J］．钢铁研究学报，1987，7（2）：9～13.

［11］卢盛意．连铸保护渣的选用［J］．连铸，1988（2）：43～45.

2 凝固特性

2.1 凝固温度

分析保护渣的实质行为不难发现，影响其主要作用发挥的因素包括两个过程：一是受钢液加热熔化形成液渣的过程；二是液渣流入气隙受到冷却而凝固成固渣的过程。连铸保护渣的凝固温度是影响结晶器与铸坯之间传热与润滑的重要参数。凝固温度升高，固体渣膜厚度增加，结晶器传热速率减小，同时铸坯润滑的动力学条件变差。凝固温度过高，结晶器壁与凝固坯壳之间的摩擦力过大，导致黏结漏钢几率增加；凝固温度过低，结晶器传热速率过大，横向温度梯度过大，导致铸坯表面产生纵向裂纹。

保护渣的凝固温度（T_s）指熔渣从液态向固态转变的温度，理论上对应于熔渣完全熔化温度。技术上定义为熔渣在一定降温速度下，黏度达到10Pa・s时的温度。

低于T_s的温度形成固态渣膜。T_s越高，生成的固态渣膜越厚，其导热阻力越大。研究表明，随着T_s的增加，结晶器和铸坯间的润滑变坏，摩擦力增大，容易产生黏结。相反，T_s过低，则热流变大，有可能形成纵裂纹[1]。在一定的连铸工艺条件下，连铸保护渣存在一个最佳的凝固温度，即连铸保护渣的最佳凝固温度应该在表面裂纹形成温度与黏结漏钢发生温度的区间之间。如果凝固温度低，易于增大传热速率，导致表面裂纹；如果凝固温度高，则润滑能力下降，从而导致漏钢。

熔渣由结晶器弯月面流入缝隙受到铜壁的强制冷却，会使渣膜靠近铜壁一侧形成玻璃结构。但是研究发现渣膜中间呈玻璃态，而靠近坯壳一侧则能有结晶相出现。这是由于由坯壳到铜壁保护渣黏度逐渐增高，塑性逐渐减小，渣膜热面的塑性部分存在着由铜壁与坯壳相对运动引起的剪切力的作用，而且黏度越大（塑性越小）剪切应力的作用越明显。因此可以认为，凝固的第一步是形成玻璃相，其后受热作用促使脱玻璃化或再结晶。从已取得的渣膜上发现，由于再结晶作用，靠近铜壁一侧的渣膜表面凹凸不平，并伴有垂直表面的楔形裂纹。

2.2 组分对保护渣凝固温度的影响

保护渣的凝固温度是测试保护渣润滑性能的一个主要指标[2]。研究保护渣组分对保护渣凝固温度的影响，便于控制有效的保护渣的凝固温度，保证有效的结晶器润滑方式[3]，降低铸坯与结晶器间摩擦力。

对CaO/SiO_2、Na_2O、CaF_2、MnO含量与凝固温度（T_s）的关系进行数学回归处理，得到如下回归式：

$$T_s = 1867.67 - 312.09 \times R - 4819.34 \times Na_2O - 2413.88 \times CaF_2 - 4934.81 \times MnO + 4130.1 \times (R \times Na_2O) + 2948.98 \times (R \times CaF_2) + 3522.96 \times (R \times MnO) + 4540.82 \times (Na_2O \times CaF_2) + 5497.45 \times (Na_2O \times MnO) - 9642.86 \times (CaF_2 \times MnO) - 44.64 \times$$

$$R^2+3985.97\times(Na_2O)^2-8131.38\times(CaF_2)^2+16422.19\times(MnO)^2 \quad (2-1)$$

该回归方程的方差分析见表2-1，回归方程在 $\alpha=0.2$ 水平上显著。

表2-1 回归方程的方差分析

方差来源	平方和	自由度	F
$S_{总}$	51212	24	$1.829>F_{0.2}(14, 10)$
$S_{回}$	36829	14	
$S_{剩}$	14383	10	

2.2.1 碱度对保护渣凝固温度的影响

保护渣碱度（CaO/SiO_2）对保护渣凝固温度有较大影响，如图2-1所示。随着碱度升高，保护渣的凝固温度随之升高。

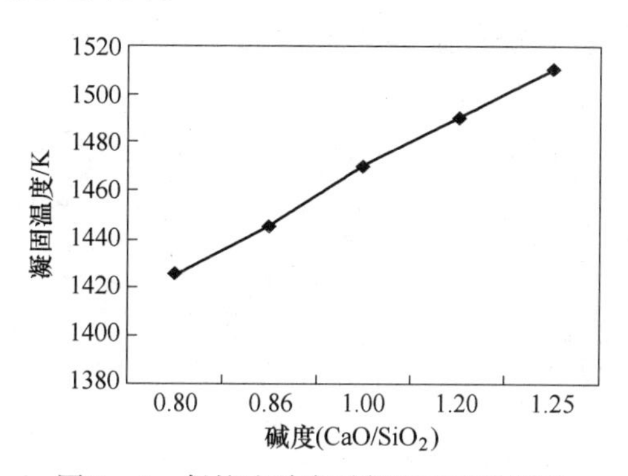

图2-1 保护渣碱度对凝固温度的影响

2.2.2 Na_2O 含量对保护渣凝固温度的影响

保护渣 Na_2O 含量对保护渣凝固温度有影响，如图2-2所示。随着 Na_2O 含量的升高，保护渣的凝固温度降低。

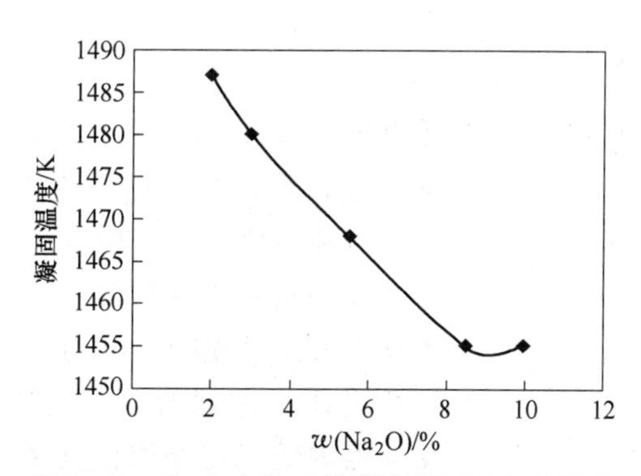

图2-2 Na_2O 含量对保护渣凝固温度的影响

2.2.3 CaF_2 含量对保护渣凝固温度的影响

保护渣 CaF_2 含量对保护渣凝固温度有影响，如图2-3所示。随着 CaF_2 含量的增加，保护渣的凝固温度降低。

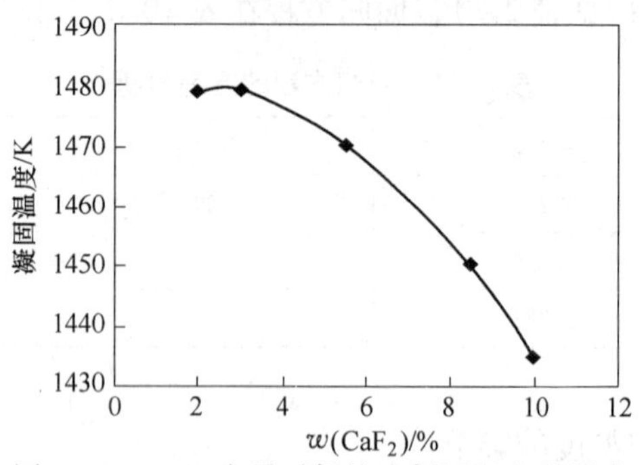

图 2-3 CaF_2 含量对保护渣凝固温度的影响

2.2.4 MnO 含量对保护渣凝固温度的影响

保护渣 MnO 含量对保护渣凝固温度有影响，如图 2-4 所示。随着 MnO 含量的增加，保护渣凝固温度下降[4]。

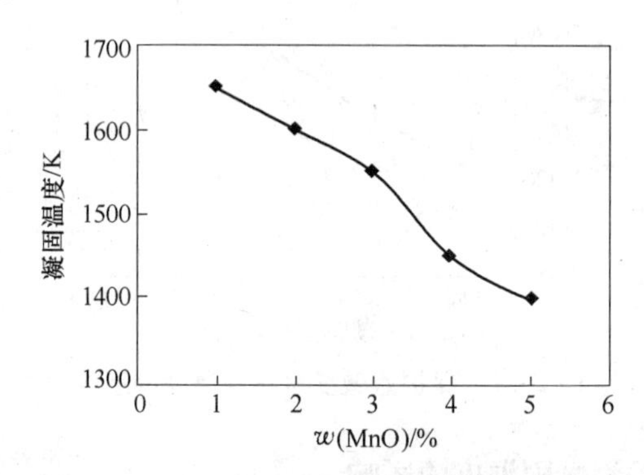

图 2-4 MnO 含量对保护渣凝固温度的影响

2.3 渣膜状态

2.3.1 结晶器内渣膜结构

结晶器与坯壳间的渣膜通常由固态渣膜和液态渣膜组成，如图 2-5 所示。固态渣膜又由玻璃质膜和结晶质膜组成[5]。结晶器和铸坯间总的渣膜厚度在 1～2mm 之间，包括 0.8mm 的玻璃层、0.6mm 的结晶层和 0.1mm 的液态玻璃层。也有人认为液态渣膜的厚度为 0.1～0.2mm，然而从保护渣耗值计算得到的液态渣膜厚度大大低于 0.1mm。结晶器内壁与铸坯表面间形成的渣膜密度为 2727～2940kg/m^3。对于结晶和玻璃层构成的多层组织结构，渣样的显微组织（320 倍）表明，靠近结晶器壁热面侧的渣膜是一层薄的浑浊区，浑浊区的 1000 倍偏光显微组织结构显示出该区由紧靠结晶器壁的微

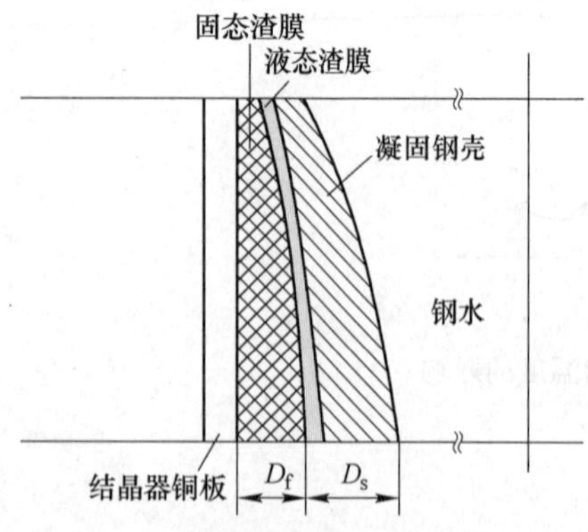

图 2-5 结晶器内渣膜横向层状结构

晶和较大结晶组成，而且晶间存在裂纹。分析其原因，多为结晶器热面与保护渣间存在较大的界面热阻，使保护渣回热，导致渣膜在结晶器内再结晶，即所谓的脱玻化，而且结晶层有较多气孔。

一般钢水温度为1500～1550℃，结晶器壁表面温度不超过400℃，从钢水到结晶器壁的温度变化达1000℃以上。由于保护渣熔化温度大于结晶器壁表面温度。铸坯表面温度又大于保护渣熔化温度，所以坯壳到结晶器壁之间必定存在有液态渣膜和固态渣膜。在液态渣膜－固态界面处的温度为保护渣熔化温度；铸坯凝壳－液态渣膜界面的温度介于保护渣熔化温度和钢水凝固温度之间。观察得到：同结晶器壁接触的固态渣膜与结晶器壁不产生相对滑动。由此可以推断，固态渣膜在开浇初期形成后，其主要部分不随铸坯向下运动，因此在连铸机拉坯过程中它是不消耗的。液态渣膜处于固态渣膜和铸坯凝壳之间，起到润滑铸坯的作用，随铸坯的向下运动被带出结晶器；同时又通过钢水表面上熔渣的渗入而得到补充。液态渣膜的存在降低了连铸机的拉坯阻力。固态渣膜的厚度比液态渣膜高一个数量级，因此固态渣膜在调节结晶器传热方面起主要作用。

2.3.2 渣膜厚度

连铸结晶器保护渣的重要作用之一是液态熔渣流入结晶器和铸坯凝壳之间的缝隙内形成渣膜，起润滑铸坯的作用。

渣膜的厚度、分布的均匀性及其凝固结构对传热和摩擦力有极其重要的影响。在浇铸中碳钢时，为了避免热裂纹，得到均匀的坯壳，要求渣膜比较厚，保护渣凝固温度高；但是另一方面，在浇铸高碳钢时，为了避免黏结漏钢事故的发生，要求总渣膜比较薄，同时为了降低摩擦力，液渣膜需保持厚而均匀，因此对于浇注高碳钢，保护渣的凝固温度要低[6]。

所以，在连铸过程中，要考虑具体情况，使结晶器与铸坯间渣膜保持一定厚度，这样有利于降低铸坯与结晶器间的摩擦力，有利于控制热阻，降低热应力，减少裂纹产生。

2.3.2.1 渣膜厚度计算

一般液态渣膜的厚度为10^{-1}mm数量级，固渣膜厚度为10^{0}mm数量级。浇铸过程中形成的渣膜厚为0.7～1mm。有研究者认为在η为0.4～0.8Pa·s时，渣膜厚度较为均匀，此时靠近坯壳表面形成0.1～0.3mm液渣膜，而靠近结晶器铜壁形成1～3mm的固体渣层[7]。另有研究者认为，在弯月面附近小于10cm的地方，渣膜特别薄，几乎小于0.1mm，在离弯月面大于20cm的地方，渣膜比较厚，大约有1.7mm[8]。

S. Hiraki认为渣膜的总厚度可由式（2－2）求得，还认为液渣膜厚度是固渣膜厚度的30%～40%，该式中q的取值在0.3～0.4之间，当拉速在3～6m/min时，q取最小值，此时d为0.118～0.166mm；而当拉速<3m/min时，q取最大值[9]，此时$d>0.221$mm。

$$d = 0.9464 q v_c^{-0.4895} \tag{2-2}$$

式中 d——渣膜厚度；

q——热量；

v_c——拉速。

2.3.2.2 渣膜厚度测量

结晶器与铸坯之间缝隙中渣膜厚度对铸坯与结晶器摩擦力有很大影响。如果这个渣膜厚度太薄或者不均匀，则可能在产品表面造成表面裂纹。反之，如果保护渣渣膜过厚，就能造成传热速率的降低，会降低铸坯的生产率。

决定流入结晶器与铸坯间保护渣流量和渣膜均匀性的主要因素之一是钢水熔池上面熔融渣层的厚度，因此希望测量熔融渣层的厚度，并且将此厚度与缝隙中保护渣渣膜厚度联系起来。测量熔融保护渣层厚度的常规方法是金属丝烧蚀法；渣膜厚度则是在结晶器液位降低时从结晶器热面测量得到，或者在更换产品过程中在结晶器出口处测量。但这些方法都是手工检测的，精确度较低。

目前已开发一个用于板坯连铸机的在线测量系统，由一个缝隙保护渣膜厚度计和一个熔融保护渣层厚度计组成[10]。渣膜厚度计采用热辐射原理，安装在结晶器下面。渣层厚度计是一个涡流装置，置于结晶器上方，利用钢水和熔渣的电阻差来测量。这两种厚度计都是非接触式的。渣膜厚度计的精度为 ±0. 1mm，熔渣熔池深度计精度为 ±2. 0mm。

2.3.2.3　渣膜厚度对结晶器与铸坯间摩擦力的影响

有良好润滑作用的保护渣，应能使坯壳与结晶器壁间的摩擦力降至最小。由式（2-3）可知，摩擦力与液态渣膜的厚度成反比，与其黏度成正比[11]。有研究认为，摩擦力与渣膜厚度的关系如图 2-6 所示。由图 2-6 知，随着渣膜厚度变薄，摩擦力增加。

$$f_i = \eta_i(v_m - v_c)/d_t \tag{2-3}$$

式中　f_i ——单位面积液体摩擦力，N/m^2；

v_m ——结晶器振动速度，m/s；

v_c ——拉坯速度，m/min；

d_t ——液渣膜厚度，mm；

η_i ——液渣膜黏度，Pa · s。

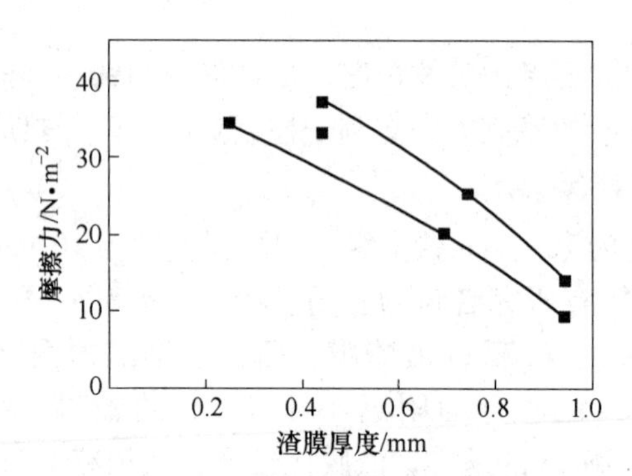

图 2-6　渣膜厚度与摩擦力的关系

中野武人从确保渣流通道畅通的观点出发，讨论了必要的最小熔渣厚度与工艺参数的关系，得到如下公式[12]（式（2-4））。根据该式，可以计算出在一定工艺条件下所需的最小熔渣层厚度。

$$y_p = S\sin(N\pi/2) - 500Nv_c/f + a \tag{2-4}$$

式中　S ——结晶器行程，mm；

f ——结晶器振动频率，次/min；

a ——液面波动值，mm；

v_c ——拉速，m/min；

N——负滑脱率。

渣膜厚度影响摩擦力，而渣膜厚度与工艺参数密切相关。研究者通过对生产数据的分析，以及把保护渣作为黏性流体在两平行板之间流动的润滑模型的分析，得到了渣膜厚度与保护渣物性及连铸工艺参数中的拉速、结晶器振动条件的关系[13]，见式（2-5）。

$$d_l = 79.1 v_c^{-0.6} T_m^{-0.9} S^{0.3} t_f^{-0.08} t_p^{0.12} \tag{2-5}$$

式中 d_l——液态渣膜厚度，mm；

v_c——拉速，m/min；

T_m——保护渣熔化温度，℃；

S——结晶器振幅，mm；

t_f——结晶器振动周期，s；

t_p——结晶器正滑脱时间，s。

进而根据式（2-6）计算出保护渣的消耗量：

$$Q = (\rho/2) d_t + (\Delta\rho g \rho / 12\mu v_c) d_l^3 \tag{2-6}$$

式中 Q——保护渣消耗量，kg/m²；

ρ——液渣密度，g/cm³；

g——重力加速度，m²/s；

μ——保护渣黏度，Pa·s；

$\Delta\rho$——钢液和保护渣的密度差，g/cm³。

保护渣熔化温度作为保护渣重要的物化性能指标，对摩擦力有重要的影响。具有不同熔化温度的保护渣，在气隙内液固态渣膜分布状态不同，熔化温度越低，液态渣膜越厚，结晶器内液态渣膜保持时间越长[14]。对于一定熔化温度的保护渣，有一个最佳拉坯速度，拉坯速度低于或高于这个最佳值，都会使液态渣膜过早消失，不能发挥应有的润滑作用，导致铸坯与结晶器间摩擦力增加[4]。

参考文献

[1] 李殿明，邵明天，杨宪礼，等．连铸结晶器保护渣应用技术［M］．北京：冶金工业出版社，2008.

[2] 大宫茂，等．连铸时铸型と铸片间の摩擦［J］．鉄と鋼，1982，S926.

[3] 刘承军，等．连铸结晶器保护渣的凝固温度［J］．特殊钢，2001，22（6）：15.

[4] 蔡娥．保护渣物化性能对铸坯与结晶器间摩擦力影响［D］．重庆：重庆大学，2004：33~34.

[5] 杜方．连铸保护渣渣膜润滑模拟研究［D］．重庆：重庆大学，2009：10~11.

[6] Sridhar S. Break temperature of mould fluxes and their relevance to continuous casting［J］. Ironmaking and Steelmaking，2000，27（3）：238.

[7] 张富强，王久彬．连铸坯凝固过程传输现象基础知识系列讲座，第十七讲 影响结晶器传热的因素［J］．鞍钢技术．1998（10）．

[8] Hooli P O. Mould flux film between mould and steel shell［J］. Ironmaking and Steelmaking，2002，29（4）：293~296.

[9] Royzman S E. Coefficient of frication between strand and mould during continuous casting［J］. Ironmaking and Steelmaking，1997，24（6）：484~488.

[10] 孔金满，周彭．连铸结晶器检测控制技术的新发展［J］．鞍钢技术，1997，11：1.
[11] 曾建华．高碳钢大方坯连铸用保护渣的研究［D］．重庆：重庆大学，2003.
[12] 中野武人，等．连铸铸片の纵割れにおよぼす铸型内熔融パウダーのプールの影响［J］．鉄と鋼，1981（8）：1210～1215.
[13] 金沢敬，等．高速连续铸造时の铸型内润滑・传热举動［J］．鉄と鋼，1997（11）：701～706.
[14] 朱立光，王硕明，等．连铸结晶器内保护渣渣膜状态的数学模拟［J］．北京科技大学学报，1999（1）：13～16.

3 黏度特性

3.1 黏度基本概念

黏度是表示熔渣中结构微元体移动能力大小的一项物理指标，其实质是液渣流动时各液层分子间的内摩擦力，是流体在运动时所表现出的抵抗剪切变形的能力。它是衡量保护渣润滑性能的重要指标。在液态保护渣内部，层流状态下，对于各层流动速度不等的流股，各层间内摩擦力的大小正比例于垂直于流股方向的速度梯度及接触面积，该比例系数即为黏度，单位为 Pa · s，一般在 1300℃时测定，即：

$$f = \eta A \mathrm{d}v/\mathrm{d}x \tag{3-1}$$

式中 f——内摩擦力，N；

A——接触面积，m^2；

$\mathrm{d}v/\mathrm{d}x$——垂直于流动方向上的速度梯度，1/s；

η——黏度，$N \cdot s/m^2$ 或 Pa · s。

黏度是连铸保护渣一个重要的物理性质，对铸坯的表面质量有重要的影响。保护渣的黏度与铸坯表面振痕的形状、结晶器铜壁与坯壳间渣膜的形状和性质、熔渣层吸收和溶解钢液中上浮的非金属夹杂物的能力以及浸入式水口的腐蚀程度密切相关。

黏流活化能 E_η 同黏度密切相关，其物理意义是表示液体中 1mol 物质的质点，从一个平衡位置移动到另一个平衡位置所需的能量。当流动物质质点的结构不发生变化时，E_η 是一个常数。实际上，随着温度的升高，熔渣中复合负离子的键部分断裂，成为结构比较简单的复合负离子，使质点的移动变得容易，黏度降低[1]，其关系可用阿累尼乌斯公式表示：

$$\eta = B_0 \exp(E_\eta/RT) \tag{3-2}$$

式中 B_0——指前系数；

E_η——黏流活化能，J/mol；

R——气体常数，8.314J/(mol · K)；

T——温度，K。

保护渣黏度是表征在一定温度和剪切力作用下熔渣流入铸坯与结晶器间隙能力的大小。合适的黏度值是保证保护渣熔渣能够顺利流入结晶器与铸坯间通道，保证渣膜厚度，保证合理的传热速度和润滑铸坯的关键。

保护渣加入结晶器后，会很快形成液渣层覆盖在钢水面上。同时随着铸坯移动和结晶器的振动，液渣流入弯月面内形成渣膜将整个钢壳包住，起到润滑和改善铸坯传热的作用。渣膜的厚度和均匀性与黏度有很大的关系，如果黏度过低会使渣膜增厚，且不均匀，铸坯易产生裂纹；黏度过高，渣的流动性能变差，又会使液渣流入困难，使渣膜变薄，润滑不良[2]。

3.2 保护渣黏度的测定

目前通常采用实验测定法或根据经验公式计算保护渣的黏度，通常测其在1300℃条件下的黏度值。实验测定结晶器保护渣黏度的方法有细管法、旋转柱体法、扭摆法、落球法等，其中旋转柱体法应用较为普遍。采用旋转柱体法测定时，电动机带动金属丝及圆柱体测头旋转。由于熔体内摩擦力作用在圆柱头上，使金属丝受到扭力而产生偏转角，通过转换就可算出熔体黏度。

旋转柱体法测定渣黏度原理如图3-1所示。

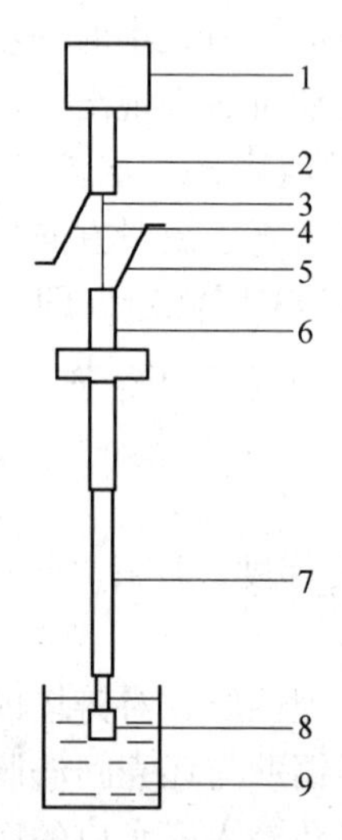

图3-1 旋转柱体法测定渣黏度原理图

1—低转速马达；2—上连杆；3—弹性铍青铜丝；4—上部硅钢片指针；5—下部硅钢片指针；6—下连杆；7—钼棒；8—圆柱测头；9—坩埚及熔体

低速马达匀速旋转（约9rad/min），上连杆随之等速旋转，通过弹性铍青铜丝带动下连杆，从而带动钼棒及圆柱测头转动（测头插入保护渣熔体中一定深度）。由于保护渣熔体具有黏滞性，就有一个摩擦阻力作用于测头上，这个摩擦力矩使弹性铍青铜丝受到一个扭力，并扭转一定的角度 φ。在铍青铜丝的弹性范围内被扭转角度的大小与马达的转速 n 成正比，也与保护渣的黏度（由保护渣的黏滞性产生）成正比，则：

$$\eta = K'\varphi/n = [K'(360/T) \times \Delta t]/(60/T) = 6K'\Delta t = K\Delta t \qquad (3-3)$$

式中 η——熔体的黏度，Pa·s；

φ——吊丝扭转角度，(°)；

n——马达的转速，rad/min；

K'——常数；

K——仪器常数；

T——周期，即马达转一圈所需时间，s；

Δt——负载后稳定旋转时上下片的时间差，s。

式（3-3）适用于无负载或静置时上下硅钢片指针对准（即差角为零）的条件。通常安装好弹性丝后静置时，上下片指针保持有一原始差角（即静置时差角），式（3-3）

变为：

$$\eta = K'(\varphi - \alpha)/n = K(\Delta t - \Delta t') \quad (3-4)$$

式中　α——上下片原始差角（即静置差角），(°)；

$\Delta t'$——与静置时上下片差角 α 相对应的时间差，s。

α 理论上应是空载条件下静态旋转时上下片的差角，但空载时吊挂系统旋转不易稳定，不能测出稳定的时间差 $\Delta t'$，因而可采用静置时上下片之间显示的差角。

仪器常数 K 值可通过测定已知黏度 η 的标准油类的 Δt 以及上下片静置差角 α（换算为 $\Delta t'$），代入式（3-4）求得。

本实验中，应该先由仪器上的刻度盘读出上下片指针间的静置差角 α 作参考，再用两种已知的不同黏度（η_1 和 η_2）标准油分别两次测定得到 Δt_1 和 Δt_2，代入式（3-4）得到两个二元一次方程，再联立求解，可同时求得仪器常数 K 及 $\Delta t'$值，再将 $\Delta t'$值换算为原始差角 α，以复核由刻度盘读出的原始静置差角 α 值。

求得仪器常数 K 及 $\Delta t'$值后，即可测定高温熔体的 Δt 值，代入式（3-4）求出所测熔体的黏度。

3.3　保护渣黏度的影响因素

3.3.1　碱度对保护渣黏度的影响

保护渣的主要组分为 SiO_2 和 CaO，其熔渣结构可认为是一种硅酸盐结构，Si—O 四面体通过共用两个角连接形成长链。熔渣中各种氧化物组分通过改变和影响熔渣网络结构的大小、形式和结合强度来调整熔渣的物理性质。根据不规则网络理论，可将连铸保护渣中对网络结构发生作用的各种氧化物依据其结合键的性质和强度分为网络形成体、网络外体和中间体，分类见表3-1。尺寸大的网状离子团在熔渣中移动困难致使熔渣黏度增大，故通过添加适当的网络外体破坏网络结构以降低熔渣黏度。

表3-1　保护渣中各氧化物的网络性质分类及单键强度

元素	原子价	MO_x 解离能/kg·mol^{-1}	配位数	M—O 单键强度/kg·mol^{-1}	对网络的作用
B	3	1490	3	498	网络形成体（F）
Si	4	1771	4	444	
Al	3	1683~1327	4	423~331	
Ti	4	2461	8	308	网络中间体（I）
Al	3	1324~1683	6	221~280	
Mg	2	929	6	155	网络外体（M）
Li	1	603	4	151	
Ba	2	1088	8	176	
Ca	2	1076	8	135	
Na	1	502	6	84	
K	1	481	9	53	

增大碱度可以降低保护渣的黏度。熔渣碱度增大时，渣中的氧硅比增加，非桥氧原子

数增多，对网络具有破坏作用，硅氧四面体网络的连接方式由复杂向简单的连接方式过渡，从而引起保护渣的黏度降低。在熔渣中加入 MgO 和 CaO 等二价或一价碱金属氧化物时，Si—O 四面体网络结构会受到破坏，链的变形阻力因断裂增多而减小，从而降低保护渣黏度。在硅酸盐熔体中 Al^{3+} 的配位数可以是6，$[AlO_6]^{9-}$ 也可以是4，即 $[AlO_4]^{5-}$。但是在保护渣中，通常有碱土金属提供的单键氧，使 Al_2O_3 以 $[AlO_4]^{5-}$ 的形式存在，从而使熔体的黏度增大。

3.3.2　主要组分对保护渣黏度的影响

图 3－2 所示为保护渣中的主要组分对黏度的影响。由图可以看出，随渣中 SiO_2 和 Al_2O_3 含量的增加，保护渣黏度上升；随 MgO、CaO 含量的增加，黏度下降。有研究认为[3]，MgO 的加入量在 9% 之前，黏度随 MgO 含量的增加而降低，当加入量大于 9% 时，黏度将随 MgO 的增加而升高。$(CaO+MgO)/SiO_2$ 和 CaO/SiO_2 保持一定时，MgO 对保护渣黏度的影响如图 3－3 所示。结果表明，在 $(CaO+MgO)/SiO_2$ 一定时，增加 MgO 含量，黏度升高；在 CaO/SiO_2 一定时，增加 MgO 至 8% 以前，黏度降低。BaO 的影响与 MgO 有所不同，在 CaO/SiO_2 一定时，随 BaO 的增加，黏度下降；在 $(CaO+BaO)/SiO_2$ 一定时，黏度随 BaO 的增加而升高。当保护渣的碱度高，配入的 CaF_2 含量高，并配入少量 Li_2O 时，保护渣的黏度随渣中 Al_2O_3 含量增加的变化较小。Horst Abatis 的研究认为，渣中 Al_2O_3 的含量在 2% 以前时，熔渣黏度几乎无变化；但 Al_2O_3 含量大于 10% 时，黏度急剧升高。

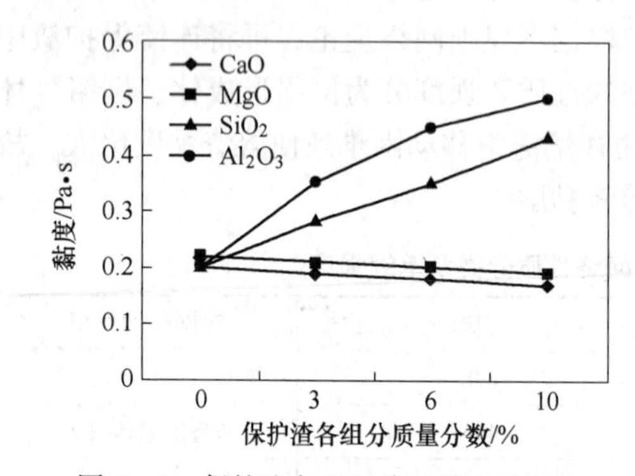

图 3－2　保护渣主要组分对黏度的影响

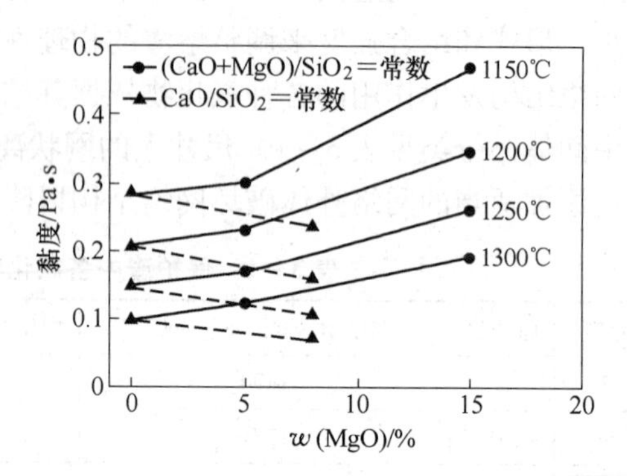

图 3－3　MgO 对保护渣黏度的影响

在硅酸盐系渣中加入一定量的氟化钙，可以降低熔化温度和黏度。这是因为 F^- 的静电势（$z/r=0.74$）比 O^{2-} 的静电势（$z/r=1.52$）弱得多，并且 F^- 的离子半径为 0.14×10^{-10}m，O^{2-} 的离子半径为 0.13×10^{-10}m，F^-、O^{2-} 离子半径非常接近，F^- 与硅氧网络发生如下反应使保护渣的硅氧网络断裂，从而达到降低黏度的作用。

$$Si-O-Si+2F^- = Si-F+F-Si+O^{2-} \tag{3-5}$$

I. R. Lee 等发现表面活性物质 B_2O_3 在低于 5% 的范围内可有效地降低熔渣的黏度和凝固温度，并对保护渣的熔点有明显的降低作用。不仅如此，B_2O_3 能有效地促进熔渣玻璃态化，减轻熔渣的分熔倾向。

有研究者通过对 Li_2O 等添加剂对薄板坯连铸保护渣黏度的影响规律的研究，比较

Li_2O、Na_2O、K_2O、F^-降低保护渣黏度作用的能力。结果表明，Li_2O含量在1%~5%的范围内，能显著降低保护渣的黏度及提高其稳定性；Li_2O、Na_2O、K_2O、F^-降低黏度的作用的强弱顺序为$Li_2O > Na_2O > F^- > K_2O$；MgO、$B_2O_3$含量提高，保护渣黏度降低，稳定性提高；由于$F^-$对人体和设备有害，故通过添加$Li_2O$、$B_2O_3$、无$F^-$的保护渣能够获得薄板坯连铸需要的稳定的低黏度特性。

Masayuki Kawamoto 等研究了基料为 CaO 35.7%、SiO_2 37.7%、Al_2O_3 6.3%、Na_2O 11.2%、F 9.1%的保护渣中添加不同含量的氧化物对黏度的影响，如图3-4所示。

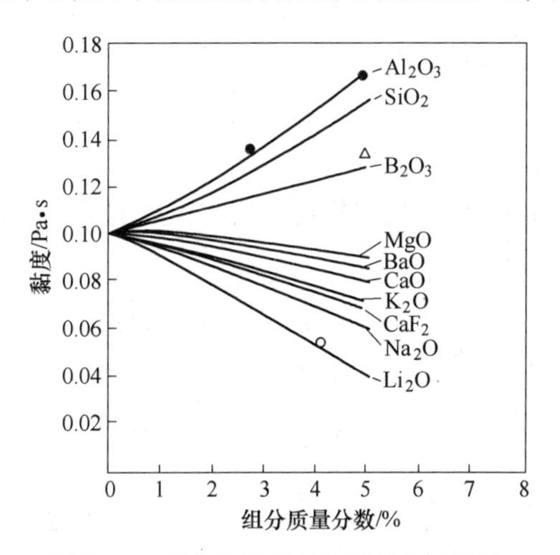

图3-4　氧化物质量分数对黏度的影响

常见化学成分对保护渣黏度的影响见表3-2。

表3-2　保护渣化学成分对黏度的影响

提高含量	黏度	提高含量	黏度	提高含量	黏度
CaO	-	SiO_2	+	CaO/SiO_2	-
Al_2O_3	+	Na_2O	-	F^-	-
Fe_2O_3	-	MnO	-	MgO	-
B_2O_3	-	BaO、SrO	-	Li_2O	-
TiO_2	-	K_2O	-	ZrO_2	+

除上述实验研究外，领田孝道从理论上探讨了保护渣成分与黏度的关系。以假想单原子液体的黏度为基础，研究了保护渣组成与黏度的关系。并推导出了保护渣黏度与组成的关系式，见式（3-6）。

$$\lg\eta = a_0/(a_1 - I) + a_2 + \lg\eta_0 \tag{3-6}$$

式中　a_0，a_1，a_2——常数；

η——熔渣黏度，Pa·s；

η_0——假想单原子液体黏度，Pa·s；

I——阴阳离子间的引力。

领田孝道认为，保护渣组分的阴阳离子间的引力对熔渣黏度起着决定性的作用。由式（3-6）可知，在熔渣中加入阴阳离子间引力小的组分能降低熔渣黏度；反之，则增大黏度。对照元素周期表，能降低黏度的组分为 I_A、II_A 族金属氧化物，增加黏度的为 III_B、IV_B 族金属氧化物。这些研究可以认为是对上述研究的理论支持。

3.3.3　温度对保护渣黏度的影响

温度也是影响保护渣黏度的一个重要因素。连铸保护渣黏度是温度的函数，在一定温度范围内，黏度和温度的关系服从阿累尼乌斯公式：

$$\eta = A\exp[E/(RT)] \tag{3-7}$$

式中　A——阿累尼乌斯常数；

E——黏性流体的活化能；

R——气体常数；

T——绝对温度。

实际应用中，通常以 $\lg\eta - 1/T$ 曲线描述黏度与温度的关系，如图 3－5 所示。

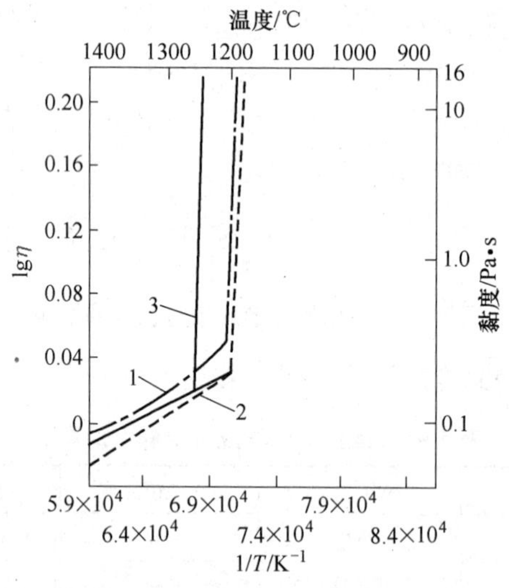

图 3－5　保护渣黏度－温度曲线

1—保护渣 A；2—保护渣 B；3—保护渣 C

图 3－5 中曲线包括三部分：高温时以 E/R 为斜率的线性部分、范围窄的非线性部分、低温时的垂直部分。线性部分与垂直部分的交点被称为拐点，通常拐点处的温度被称为凝固温度或结晶温度[4]。

温度对保护渣黏度的影响：一是供给熔渣内质点流动所需的活化能；二是温度的升高使熔渣内复合阴离子解体，减少或消除熔渣内的固体分散相，从而降低熔渣的黏度。由于在高温区和低温区熔渣中复合阴离子的聚合度、固体分散相的多少有很大的差异，因此高温区和低温区描述黏度－温度关系的方程应不一致，这种差异宏观上表现为黏度－温度曲线上出现转折点。

3.4　连铸保护渣黏度特性的设计原则

保护渣的黏度受温度、碱度、组成等诸多因素的制约，设计一种保护渣，调整其化学成分，使之达到一个预定的黏度值并不困难。但要设计的黏度值与各种因素匹配，使之适应的浇铸范围宽、铸坯表面质量良好，则不是一个很容易解决的问题。保护渣的黏度过高或过低均是不利的。过高则不利于吸收钢液中的非金属夹杂物，同时增大摩擦，容易导致黏结漏钢；过低则容易加剧对浸入式水口的腐蚀以及恶化表面质量，如出现裂纹、加剧振痕等。保护渣黏度的确定须考虑钢种、结晶器断面的大小形状以及连铸的工艺参数等因素。最重要的是保证在结晶器和铸坯之间能形成一定厚度而且均匀的膜。

研究表明，黏度的设计应遵循两个原则，即：$\eta_{1300℃}-v$ 匹配原则和稳定性原则。

（1）$\eta_{1300℃}-v$ 匹配原则。不同的拉速对保护渣的润滑性能有不同的要求，因此，应根据拉速范围确定与之相适应的保护渣黏度。新日铁[5]提出 $\eta_{1300℃}v=0.2$。美国内陆公司[6]提出，如果拉速为 1.3～1.7m/min，黏度应为 $\eta_{1300℃}=0.1\sim0.15$Pa · s，即：$\eta_{1300℃}v=0.13\sim0.255$。Ogibayashi 描绘了黏度选择的合理范围，如图 3－6 所示。

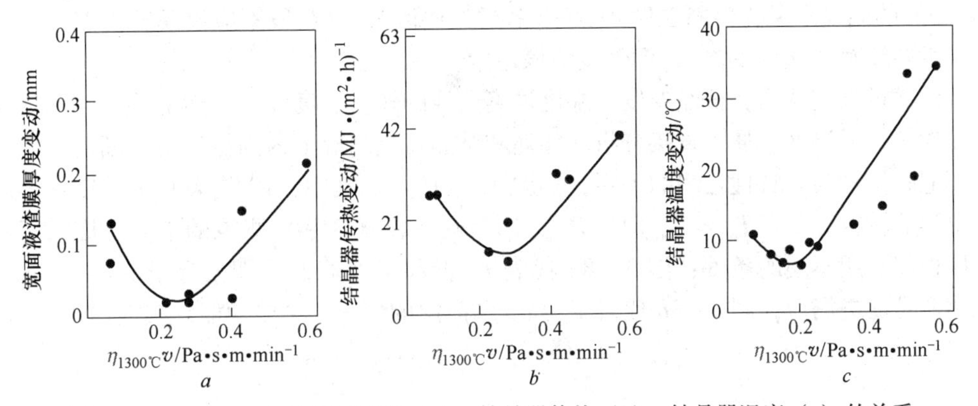

图 3－6　$\eta_{1300℃}-v$ 与液渣膜厚度（a）、结晶器传热（b）、结晶器温度（c）的关系

在此范围内，液渣膜厚度、结晶器热流及结晶器壁温度波动最小。Wolf[7]提出 $\eta_{1300℃}v^2=0.5$，液渣流入最稳定，热流变化、结晶器摩擦力最小。另外，钢水碳含量对 $\eta_{1300℃}$ 的选取也有影响，如 Rama Bammaraju[8]等人认为，$w(C)<0.08\%$ 时，$\eta_{1300℃}=0.21$Pa · s，$w(C)=0.08\%\sim0.14\%$ 时，$\eta_{1300℃}=0.5$Pa · s 是较合理的取值。

尽管上述观点得到了普遍认可，但由于黏度作用的复杂性及各工艺因素的差异，对黏度值的选定各厂存在一定分歧，但都能基本满足要求。

（2）稳定性原则。保护渣黏度的稳定性对于结晶器内的凝固行为是非常重要的。保护渣在结晶器内温度及成分都会随浇铸时间发生变化[9～11]。可以将保护渣黏度稳定性分为热稳定性和化学稳定性，热稳定性是温度的函数，化学稳定性是化学成分的函数。因此，为了充分发挥保护渣的功能，要求保护渣的黏度不会因温度和成分的变化而发生较大波动，具有较高的热稳定性和化学稳定性[4]。

3.5　转折温度

在一定的降温速度下，黏度发生突变的点，称为转折温度（T_b）。一般采用黏度－温度曲线法测定。

图 3－7 为实测黏度－温度曲线，*AB* 段基本呈直线形，*BC* 段为过渡段，*CD* 段有的呈直线状、有的呈弧状，*G* 点称为拐点，该点温度称为转折温度。*AB* 段倾斜度较小，表明在该温度范围内熔渣黏度随温度变化缓慢，这种形状适合于不很稳定的连铸条件；反之，

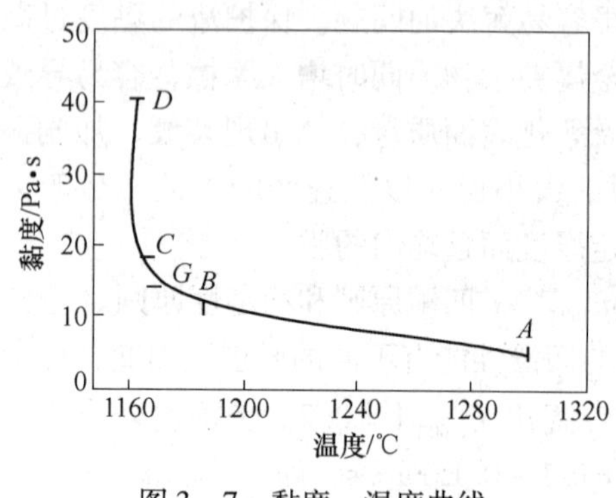

图 3－7　黏度－温度曲线

在该温度范围内熔渣黏度随温度变化敏感，不适合于不稳定的连铸条件。*BC* 段有的变化缓慢，有的出现一拐点，有的出现两个拐点。出现拐点，一方面原因是根据硅酸盐熔渣的结构理论，熔渣在该温度下硅氧四面体网络连接程度增大较快，使得黏度增大较快；另一方面，可能是在该温度析出晶体颗粒，造成黏度增大。出现两个拐点，可能是在该温度范围内先后析出两种晶体。*CD* 段倾斜度大，表明黏度随温度变化较快。倾斜度的大小直接关系到熔渣的凝固温度（有的研究者将 10Pa · s 时的温度定义为凝固温度）。综合考虑这些因素，*CD* 段不应出现转折点（有的黏度－温度曲线存在这一现象），倾斜度应该适中。

王谦通过调查认为，析晶温度与黏度温度曲线的转折温度没有必然的联系，不能用转折温度代替析晶温度。通过直接分析从铸坯和结晶器壁间取下的固体渣薄膜断面，可简便地了解渣膜结构与其特性之间的关系，如图 3－8 所示。其中，T_{sol}代表测试黏度－温度曲线时得到的转折温度（$T_{sol}=T_{break}$），T_{cry}为用差热分析（DTA）测得的结晶温度。两种典型的保护渣适用不同的条件：图 3－8*a* 代表 T_{sol}低和全玻璃相（即没有结晶层）的情况，主要功能是促进润滑；图 3－8*b* 代表 T_{sol}高、结晶层的情况，主要功能是实现均匀传热。

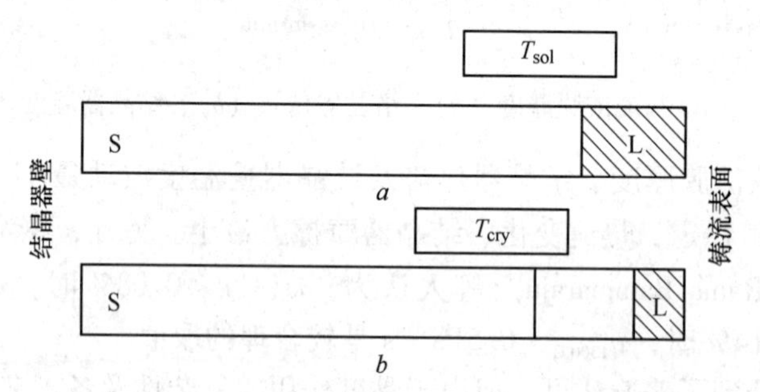

图 3－8　玻璃相保护渣和结晶相保护渣固液组成图

T_{cry}—结晶温度；T_{sol}—转折温度；S—固相；L—液相

K. C. Mills 提出了保护渣组成与转折温度 T_b 的关系，并进一步给出了不同碳当量 C_{eq} 对应 T_b 值的经验公式：

$$T_b - 1120℃ = -0.84x\%_{Al_2O_3} - 3.3x\%_{SiO_2} + 8.65x\%_{CrO} - 13.8x\%_{MgO} - 18.4x\%_{Fe_2O_3} - 3.2x\%_{MnO} - 9.2x\%_{TiO_2} + 22.8x\%_{K_2O} - 3.2x\%_{Na_2O} - 6.47x\%_{F} \quad (3-8)$$

$$C_{eq} = w[\%C] + 0.02w[\%Mn] + 0.04w[\%Ni] - 0.1w[\%Si] - 0.1w[\%Mo] - 0.04w[\%Cr] \quad (3-9)$$

$C_{eq} = 0.06\% \sim 0.18\%$ 时　　$T_b = 1157℃ + 60.0\ln\eta$　　(3－10)

$C_{eq} \geqslant 0.4\%$ 时　　$T_b = 1103℃ + 68.5\ln\eta$　　(3－11)

其他 C_{eq} 值时　　$T_b = 1103℃ + 68.5\ln\eta$　　(3－12)

式中，η 为保护渣 1300℃时的黏度，Pa · s。

从上述公式不难看出，对于 $C_{eq}=0.06\% \sim 0.18\%$ 的包晶钢，T_b 取值最高[2]。

3.6 流变性

在连铸过程中，保护渣的流变特性是其能否充分发挥在钢水浇注和凝固过程中作用的一个重要参数。另外，流变特性还影响保护渣的消耗量和钢坯的质量。通常对保护渣流变特性研究的前提是将其看作牛顿流体，测定某一固定剪切速率下不同条件时保护渣的黏度。严格地讲牛顿流体是理想的流体，对偏离牛顿流体较小的流体可以将其看作牛顿流体，而对偏离牛顿流体较远的流体则不能被看作是牛顿流体。非牛顿流体的黏度随剪切速率的变化而改变。通常认为熔渣在较高温度下可看作牛顿流体，但在熔渣中存在固体质点或产生硅酸盐的网状结构等条件下则为非牛顿流体。

顾颜等试验测定了不同温度和氧化物对保护渣流变特性的影响[12]，得出保护渣的本构方程，见表3－3。

表3－3 保护渣的本构方程

试验编号	温度/℃	添加物	本构方程（假定 $\tau_y \neq 0$）	本构方程（假定 $\tau_y = 0$）	与牛顿流体的相对误差 σ/%	本构方程	流体特性
1	1260		$\tau = -1.431 + 1.340D^{0.925}$	$\tau = 0.925D^{1.012}$	5.26	$\tau = 0.993D$	牛顿流体
2	1260		$\tau = -1.447 + 1.361D^{0.921}$	$\tau = 0.935D^{1.011}$	4.81	$\tau = 0.996D$	牛顿流体
3	1260		$\tau = -1.462 + 1.343D^{0.924}$	$\tau = 0.921D^{1.014}$	6.16	$\tau = 0.993D$	牛顿流体
4	1200		$\tau = -1.575 + 2.292D^{0.999}$	$\tau = 1.844D^{1.012}$	5.26	$\tau = 1.991D$	牛顿流体
5	1300		$\tau = -0.361 + 0.567D^{0.971}$	$\tau = 0.839D^{1.001}$	0.43	$\tau = 0.844D$	牛顿流体
6	1360		$\tau = -0.139 + 0.587D^{0.985}$	$\tau = 0.546D^{1.003}$	1.29	$\tau = 0.553D$	牛顿流体
7	1360	SiO_2 5g	$\tau = -0.588 + 0.885D^{0.936}$	$\tau = 0.711D^{0.987}$	5.40	$\tau = 0.689D$	牛顿流体
8	1360	SiO_2 5g	$\tau = -0.526 + 0.859D^{0.944}$	$\tau = 0.697D^{0.944}$	2.53	$\tau = 0.691D$	牛顿流体
9	1360	SiO_2 5g	$\tau = -0.536 + 0.886D^{0.936}$	$\tau = 0.724D^{0.984}$	6.61	$\tau = 0.692D$	牛顿流体
10	1360	$SiO_2$5g + CaO15g	$\tau = -3.251 + 1.663D^{0.951}$	$\tau = 0.821D^{1.121}$	67.67	$\tau = 0.821D^{1.121}$	膨胀性流体
11	1360	$SiO_2$5g + CaO15g	$\tau = -3.331 + 1.685D^{0.951}$	$\tau = 0.820D^{1.121}$	67.67	$\tau = 0.820D^{1.121}$	膨胀性流体
12	1360	$SiO_2$5g + CaO15g	$\tau = -3.369 + 1.696D^{0.947}$	$\tau = 0.815D^{1.124}$	69.83	$\tau = 0.815D^{1.124}$	膨胀性流体

试验编号1～9与牛顿流体的相对误差 δ 均小于试验总误差，所以熔渣为牛顿流体，按牛顿流体处理试验数据，给出保护渣的本构方程。试验编号10～12与牛顿流体的相对误差 δ 都大于试验总误差，所以它们是非牛顿流体。试验编号1～3是在同一温度下的平行试验，在该条件下，保护渣为牛顿流体，黏性因子是熔渣的黏度，3次平均值为0.993Pa·s，与每次测定黏度的误差很小。同样试验编号7～9的黏度平均值和试验编号10～12黏性因子的平均值，与每次测定值误差也不大，这表明改造后的设备在高温条件下的稳定性也较好。

比较试验编号3～6本构方程中的黏性因子可见，随着温度升高，保护渣的黏度下降。从图3－9所示的温度对保护渣流变特性的影响也可以看出，温度升高后，保护渣流变曲线的斜率下降。温度升高后，体系中分子运动的频率增加，使保护渣的黏度下降。在1200℃，保护渣仍然是牛顿流体。从试验编号7～12的本构方程可见，在加入 SiO_2 后，保护渣的黏度从0.553Pa·s增加到0.711Pa·s（平均值）。而再加入CaO后，黏性因子为

0.815，流变特性也发生了变化，为非牛顿流体中的膨胀性流体。在图 3 - 10 中加入 CaO 后的流变曲线不再是直线，而略呈现出 3 次方的曲线。随着剪切速率的增加，黏度略有增加。其原因是渣中的 CaO 增加后，在温度不高的情况下，会在熔渣中有悬浮的颗粒，使得熔渣的流变特性发生了变化。

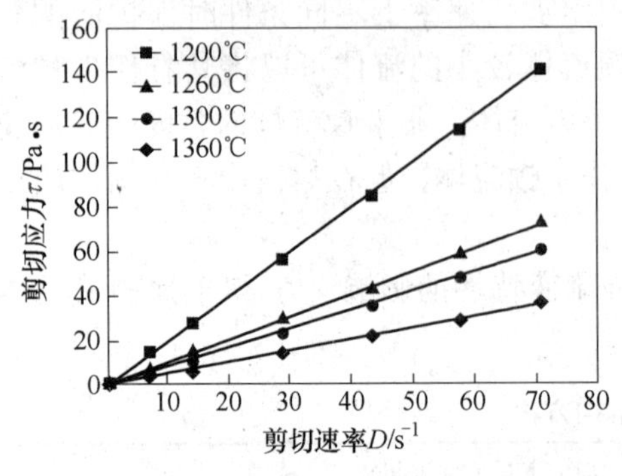

图 3 - 9　在不同温度下保护渣的流变曲线

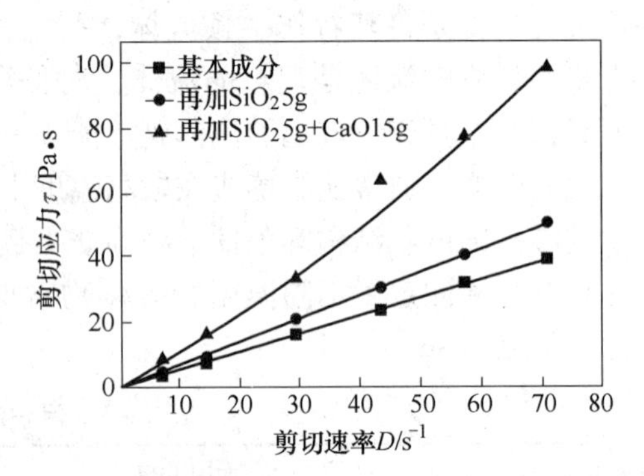

图 3 - 10　1360℃不同 SiO_2 和 CaO 含量保护渣的流变曲线

参考文献

[1] 蔡开科，等. 连铸结晶器［M］. 北京：冶金工业出版社，2008，10.

[2] 李殿明，邵明天，杨宪礼，等. 连铸结晶器保护渣应用技术［M］. 北京：冶金工业出版社，2008.

[3] Nichols M W，Lingras A P，Apelian D. Viscosity characteristics of commercial fluxes for bottom poured ingots［C］//Second International Symposium on Metallurgical Slags and Fluxes，1984：235 ~ 251.

[4] 万爱珍，朱立光，王硕明. 连铸保护渣黏度特性及机理研究［J］. 炼钢，2000，04.

[5] Nakano T，Kishi T. Trans. ISIJ，1984，24：950 ~ 956.

[6] Rama Bommaraju. Steelmaking Conference Proceedings，1991：131 ~ 146.

[7] Wolf M. Trans ISIJ，1980，20：710 ~ 717.

[8] Rama Bommaraju. Steelmaking Conference Proceedings，1991：281 ~ 296.

[9] Robert V. Branion. Steelmaking Conference Proceeding，1996：95 ~ 106.

[10] Nakai K，et al. Proc. of Int Ⅰ. Conf. on Contin - casting，London，1985（5）：52.1 ~ 52.6.

[11] Nakai K，et al. Iron and Steelmaker，1988（5，6）：12 ~ 16.

[12] 顾颜，刘润藻，吴铿，等. 高速连铸结晶器保护渣流变特性的研究［J］. 特殊钢，2004，25（1）：18 ~ 20.

4 结晶特性

4.1 结晶温度

结晶温度是指保护渣在冷却过程中开始析出晶体的温度，又称为析晶温度。结晶温度不同于凝固温度和玻璃相转变温度，对于高碱度渣，晶体在温度略低于液相线温度时就已产生。而对于低碱度渣，结晶温度甚至远低于凝固温度。结晶温度是表征连铸保护渣结晶行为的重要指标，控制着铸坯与结晶器之间渣膜的分布和结构，是协调传热与润滑的重要参数[1]。

保护渣结晶性能是保护渣渣膜控制传热非常重要的参数，因而受到冶金工作者的广泛关注。析晶温度对保护渣在结晶器内润滑和传热都有较大的影响。这是因为保护渣液渣熔化进入结晶器和坯壳之间形成固态渣膜和液态渣层，当析晶温度高时液渣中就容易析出硅灰石、（钠、钙）黄长石和枪晶石等高熔点晶体，从而影响保护渣的润滑性能。同时在固态渣膜中析出大量晶体改变了渣膜热量传递的热阻。在浇注包晶钢等裂纹敏感性钢时，为了达到控制传热的目的可以适当提高保护渣的析晶温度。另一方面，晶体析出增大了铸坯与结晶器之间的摩擦力，从而增加了黏结漏钢的可能性，保护渣的析晶温度越高，结晶比例越大，这种影响就越显著。保护渣的析晶特性与渣中所含有的能形成玻璃态的化合物量有关。玻璃体比率 $R_2O/(Si_2O+Al_2O_3)$ 可表示此特性，式中 R = Na，Li，K。结晶温度随着玻璃体率值的增长而降低，比值增大时，网络的破裂也会随之加剧，形成玻璃体的趋势也将下降。

近年来有些研究者提出用解聚指数 DI 来衡量保护渣的结晶程度。它的定义为所有氧化物中氧的总摩尔分数与保护渣中能形成网络的氧化物（$Si_2O+Al_2O_3+B_2O_3$）的摩尔分数之比。这种参数考虑了所有氧化物对结晶的影响，比玻璃体比率更加全面。

4.2 析晶率

析晶率是指固态渣膜中结晶相所占比例。析晶率可以用来推测保护渣的润滑性能和传热能力。这是因为在固态渣膜的形成过程中不断有晶体析出，由于体积收缩使得形成的固态渣膜中有许多空隙，从而增加了保护渣的传热热阻，达到了控制传热的效果；同时，由于晶体质膜的润滑能力不如玻璃质膜，当晶体质膜较厚时将影响保护渣的润滑性能。碱度对析晶率有明显的影响，随着碱度的升高，保护渣的析晶率有明显的提高。对于浇注中碳钢、包晶钢等裂纹敏感性钢就需要适度增加保护渣的析晶率来控制保护渣的传热能力，降低发生纵裂的可能性。

目前对析晶率的测试及评价方法主要有：观察法、X 衍射法、热分析法、线膨胀系数法以及理论预测等。测试研究方法分成三类：通过比较渣膜与 100% 纯玻璃的性质来测量渣膜中玻璃体的百分比含量；通过比较渣膜和纯结晶物质（参照的纯结晶体物质是枪晶石

$3CaO \cdot 2Si_2O \cdot CaF_2$）的性质来测量渣膜中结晶体的百分比含量；利用岩相学（岩相显微镜）直接测量渣膜中结晶体和玻璃体的百分比[2]。

4.3　保护渣熔体结晶过程

保护渣熔融体是保护渣在温度较高时能量较高的一种状态。当温度降低，熔体就放出能量进行结晶或者变成玻璃体。如果放出了所有多余的能量，则将全部变成晶态物质，使物系处于最稳定的状态。保护渣熔体的结晶过程同溶液的晶体生长过程相比，显得更为复杂，不过其基本规律是相同的。晶体的形成包括两个步骤：首先是产生晶芽，即结晶时的成长中心，这一步骤常称为核化或者成核过程；然后是围绕晶核的成长，即晶体长大，这一步骤称为晶化或成长过程[2]。

在相变过程中，新相常常容易围绕某些不均匀处产生和发展。如液体中悬浮着的杂质，晶体中夹杂着的杂质以及晶体内部的缺陷位错、晶界等，都比其他区域更容易引起新相核心的形成。这时晶核将不是均匀地分布，称为非均匀核化或非均质形核。实际具体进行着的多是非均匀的核化过程。另外一种理想的均匀核化过程是由均匀的单一母相中形成新相结晶核心的过程，称为均匀核化或均质形核。

4.3.1　均匀核化

对于均质形核，保护渣从熔体中结晶时其温度和自由能的关系如图 4－1 所示。$G_{固}$表示结晶相在不同温度下的自由能，$G_{液}$表示液相在不同温度下的自由能。当温度等于 T_0 时，二者自由能相等，表示两个相可以同时存在，此温度即结晶温度。当温度高于 T_0 时，液相具有较小的自由能，故晶体熔融。当温度降低时，固相的自由能较低，故而熔体结晶。

当熔体处于稳定条件下，体系本身只有一个均匀的相。但是一旦进入过冷状态，就会产生新相，即结晶的趋向。固相形成量越多（即晶核的半径越大），则自由能减少得越多，如图 4－2 中曲线 a 所示。但是固相晶核形成的同时，也形成了新相的表面，因而产生表面能，这将导致体系自由能的增加，如图 4－2 中曲线 b 所示。晶核的半径越大，形成表面积越大，能量增加也越多。综合这两方面因素，所以晶核形成时，晶核的半径 r 和体系自由能总的变化 ΔG 之间的关系如图 4－2 中曲线 c 所示。体系内自由能的变化，可以用下式表示：

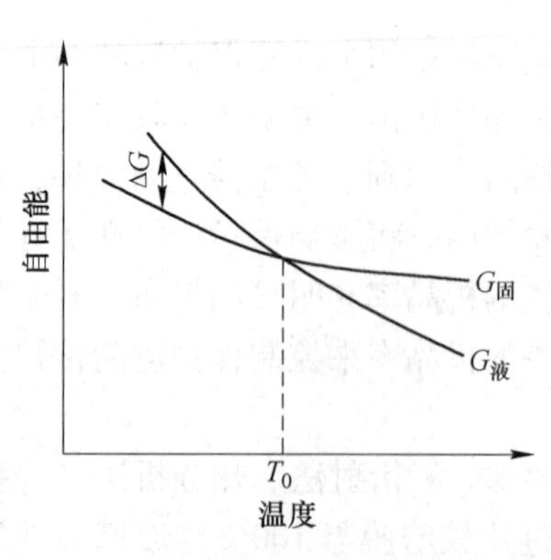

图 4－1　均匀核化时自由能和温度的关系

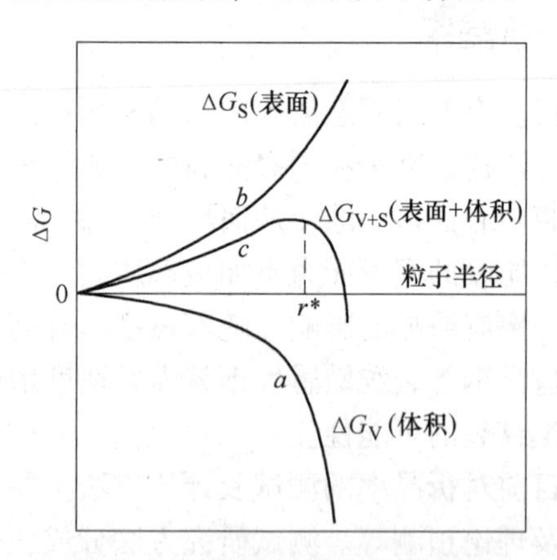

图 4－2　晶核半径和 ΔG 的关系

$$\Delta G = -V\Delta G_V + A\sigma \tag{4-1}$$

式中 ΔG——固液相之间单位体积自由能之差；

V——形成新相的体积；

A——新相的表面积；

σ——新相单位面积的表面能，也就是表面张力系数。

设形成的晶核为圆球形，其半径为 r，则：

$$\Delta G = -\frac{4}{3}\pi r^3 \Delta G_V + 4\pi r^2 \sigma \tag{4-2}$$

ΔG_V、ΔG_S 和 ΔG_{V+S}由图 4 -2 可见，只有当 $r > r^*$ 时，晶核的长大会使 ΔG 降低，这个晶核就有可能长大。当 $r = r^*$ 时，这个核心可能长大也可能重新溶解。未长大成核的原子集团通常称为晶胚或胚芽。熔体内时起时伏的一些固相结构（相涨落）就是晶胚或晶核的来源。当 $r < r^*$ 时，晶核长大的几率极小。可见 r^* 就是一定温度下成核的临界半径。令 $\mathrm{d}\Delta G/\mathrm{d}r = 0$，求 r^*，得：

$$r^* = 2\sigma/\Delta G_V \tag{4-3}$$

将式（4 -3）的临界半径值代入式（4 -2），即得临界半径晶核形成时体系的自由能变化 ΔG^*：

$$\Delta G^* = 32\pi\sigma^3/3\Delta G_V^2 + 16\pi\sigma^3/\Delta G_V^2 = 16\pi\sigma^3/3\Delta G_V^2 = \sigma A^*/3 \tag{4-4}$$

式中 ΔG^*——形成临界核心时所需做的功，其值相当于临界核心表面能量的 1/3；

A^*——当 $r = r^*$ 时的晶核表面面积。

换句话说，形成核心的过程可以看作是个激活过程，核心形成所需做的临界功 ΔG^* 就是这个激活过程的活化能。临界核心形成时必须克服的势垒，其高度等于核心表面能量的 1/3。可以看出，对于同样的 r^*，单位表面能量 σ 大的核心，在形成时需要较大的功；而由单位表面能量小的晶面所围成的晶核，形成时所需的临界功 ΔG^* 小。

在微观运动中，体系存在着能量的涨落（热起伏）。因此当 $r = r^*$，形成晶核所不足的 ΔG^* 值可以由能量涨落来补偿。所以说，能量的起伏是晶核得以形成的必要条件。

考虑物质的过冷度，应用热力学关系可以推导出：

$$\Delta G^* = a\sigma^3/\Delta G_V^2 = a\sigma^3(VT_0/\Delta TQ_0)^2 \tag{4-5}$$

式中 a——晶核半径，对于圆球状的晶核，$a = 16\pi/3$；

Q_0——摩尔潜热；

V——摩尔体积。

式中假设单位表面能量 σ 不随温度改变，这是近似地符合实际的。从式（4 -5）中可以看出，如果过冷度 $\Delta T = 0$，就不可能发生核化；对于小的过冷度，临界功很大，核化的激活过程中势垒很高，形核速率 I 很小；当过冷度增加时，可以使核化速率增大。但从另一方面看，温度降低使热起伏减弱，并且分子的运动也减小，核化速率又可能减小。如果后面的原因起主导作用，则熔体可以保持在过冷状态，这对于黏度很大的熔体，如玻璃体就是如此。从式（4 -5）中还可以看出，如果其他条件一样，潜热 Q_0 越大，核化时所需做的临界功越小，核化速率就越大。在这里无形中假设了所释放出的潜热迅速地全部被移去。如果不能把潜热移去，潜热就使得熔体的温度升高，过冷度减小，核化过程中的活化能增加，从而使形核速率降低。实际情况往往就是如此。所以，熔体中晶体的生长机构受潜热的影响很大。

当温度低于 T_0 和 $r \geq r^*$ 时，单位体积熔体内在单位时间所形成的晶核数（核化速率）受两个因素的控制，即获得能量涨落的几率因子（$e^{-\Delta G^*/KT}$）和原子扩散的几率因子（$e^{-U/KT}$，U 为扩散活化能）。因此成核速率 I 可列成下式：

$$I = C\exp[-\Delta G^*/(KT) - U/(KT)] \tag{4-6}$$

式中，C 为比例常数。可得成核速率与过冷度之间的关系，如图 4 - 3 所示。

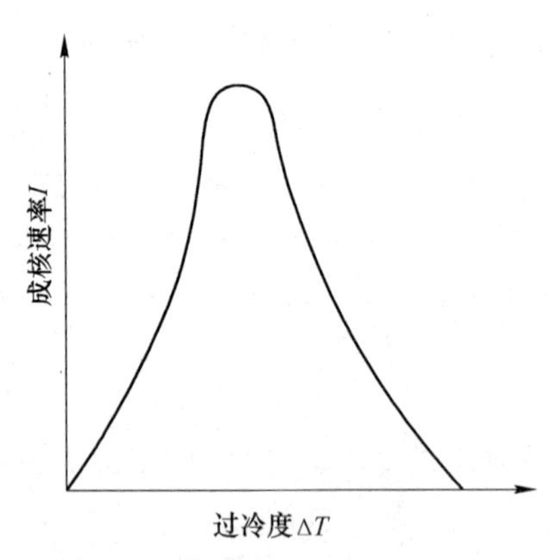

图 4 - 3　成核速率和过冷度的关系

4.3.2　非均匀核化

对于非均匀核化的问题，主要就在于考虑不均匀处临界核心所需要的功是否比较小。非均匀成核可以由于表面能的作用引起。假设在熔体母相 L 中悬浮着一颗杂质颗粒 B，那么杂质 B 的表面是否更有利于新相 S 核心的形成，将取决于 S 相和杂质 B 间表面能 σ_{SB} 和熔体 L 相和杂质 B 间表面能 σ_{LB} 两者的差值，如图 4 - 4 所示。显而易见，如果 $\sigma_{SB} - \sigma_{LB} < \sigma_{LS}$（熔体与晶核之间的表面能），也就是晶核在熔体和杂质界面上形成时所增加的表面能比在熔体中形成时所增加的小，那么杂质的存在便有利于晶核 S 的形成。

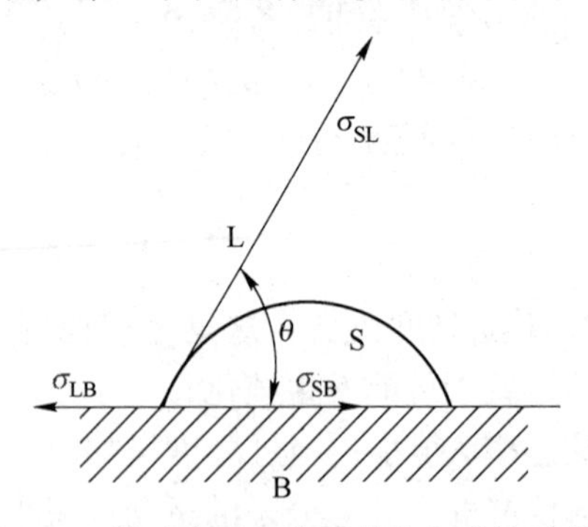

图 4 - 4　熔渣在固相表面非均匀形核示意图

通过计算可得非均匀成核时所需的能量涨落 $\Delta G^*_{非}$ 为：

$$\Delta G^*_{非} = \Delta G^*(2 + \cos\theta)(1 - \cos\theta)^2/4 \tag{4-7}$$

在通常情况下，θ 角在 0 ~ 180°之间，即：

$$\Delta G^*_{非} < \Delta G^* \tag{4-8}$$

θ 角越小，$\Delta G_{非}^{*}$ 值越小。利用这种现成基底（杂质或器壁）成核所需的功越小，所需的过冷度也越小。因此非均匀成核所需要的过冷度较均匀成核小得多。

根据 Frank1949 年提出的位错理论，晶体内存在的螺旋位错可使晶体迅速长大。晶体中位错的出现将使晶面上产生永不消逝的阶梯，在接近位错轴线之处，永远存在三角面，新的质点附着时，将首先在接近轴线附近的三面角位置上成长，使晶面成螺旋形发展，层层叠加。

晶体长大的速度以单位时间内晶体长大的线性长度来表示，所以称为长大线速度。按照晶体成长理论，长大速度也决定于成核所需的能量涨落因子（$e^{-E'/KT}$）和扩散因子（$e^{-U'/KT}$），即与晶核的形成速度有相似关系，即：

$$I = C'\exp[-(E' + U')/(KT)] \tag{4-9}$$

因此长大线速度和过冷度也有相似关系，如图 4－5 所示。

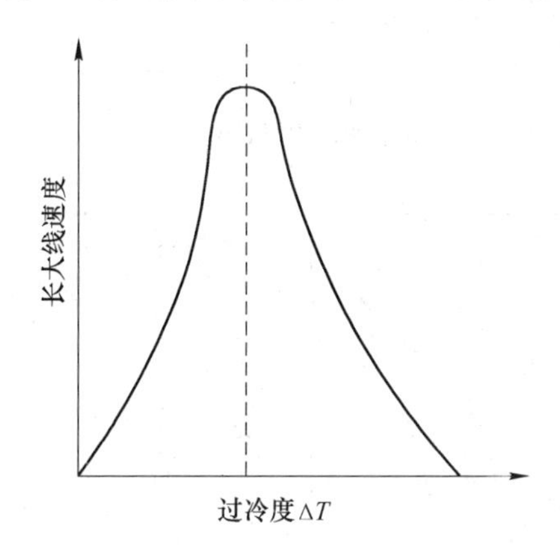

图 4－5 长大线速度与过冷度的关系

4.4 保护渣结晶性能的影响因素

4.4.1 碱度对保护渣结晶性能的影响

根据化学成分的不同表述形式，通常将连铸保护渣碱度分别表示为二元碱度 $R = \frac{CaO}{SiO_2}$ 和综合碱度 $\sum R = \frac{CaO + (56/78)CaF_2}{SiO_2}$。保护渣碱度与结晶率 R_p 的关系如图 4－6 所示。从图 4－6 可知，随着碱度升高，表明保护渣玻璃化特性减弱，保护渣冷凝后玻璃体减少，结晶率增大。当碱度 R 大于 1.0，保护渣中开始析出晶体；二元碱度 R 达到 1.05～1.10，综合碱度 $\sum R$ 达到 1.20 时，保护渣结晶率达到 30%～60%，说明在这种碱度值下保护渣已基本丧失玻璃化特性。当保护渣碱度大于 1.1，保护渣黏度－温度曲线上的转折温度超过 1200℃（图 4－7），易导致液态渣膜急剧减薄，铸坯得不到充分的润滑，并且析晶温度 T_p 随碱度升高的幅度加大，黏结漏钢的危险性加大，这在国内外的许多连铸生产中已得到证实。因此，片面强调提高保护渣碱度以加强结晶能力而控制铸坯凝固传热的方法并不可取。为协调保证铸坯的润滑和控制传热，可将碱度 R 控制在 0.9～1.05 之间，这种条件下保护渣黏度－温度曲线的转折温度为 1130～1160℃、析晶温度为 1000～1140℃、结晶体比例为 30%～70%。根据该结果，要求保护渣碱度变化范围较窄，针对具体的连铸工艺条件，碱度值所允许波动的范围可能更窄，这就要求提高保护渣原材料的稳定性和加强生产工艺的可控性。

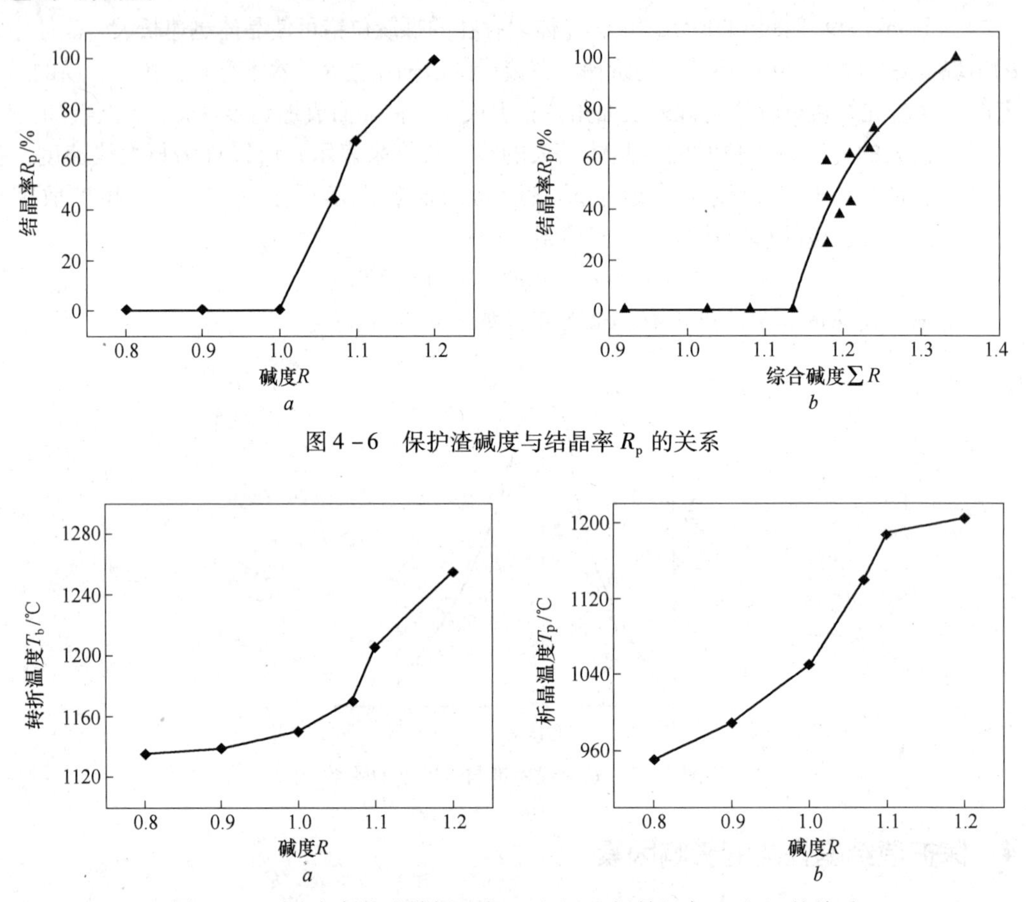

图 4－6　保护渣碱度与结晶率 R_p 的关系

图 4－7　碱度与保护渣转折温度 T_b（a）和析晶温度 T_p（b）的关系

4.4.2　CaF_2 对保护渣结晶性能的影响

随着 CaF_2 含量的增大，熔渣的黏度降低，而且枪晶石形成离子的浓度提高，这均促进保护渣结晶，如图 4－8～图 4－10 所示。

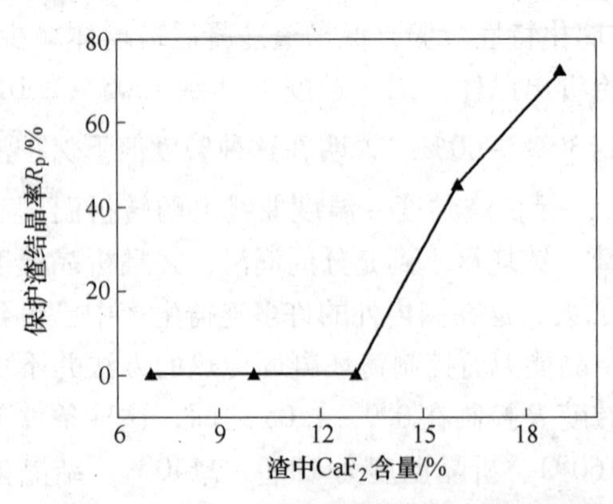

图 4－8　CaF_2 含量与保护渣结晶率 R_p 的关系

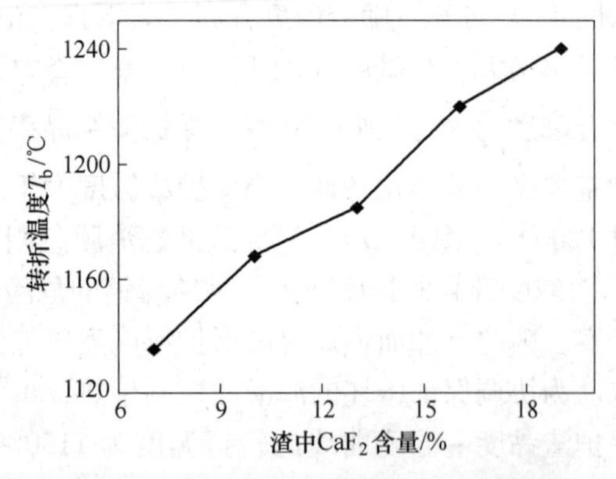

图 4－9　CaF_2 含量与转折温度 T_b 的关系

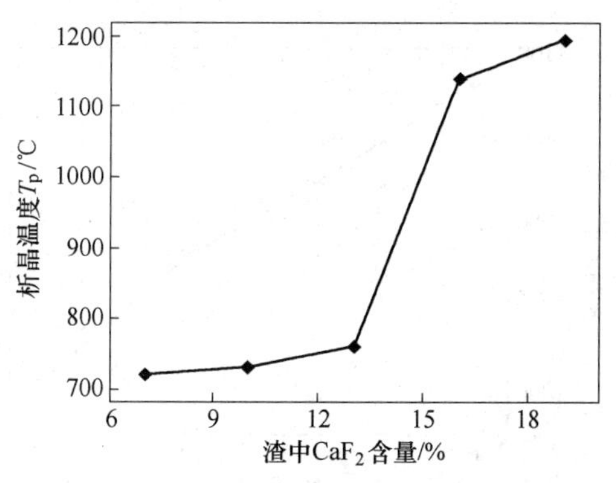

图 4－10 CaF_2 含量与析晶温度 T_p 的关系

4.4.3 MgO、Na_2O 等对保护渣结晶性能的影响

MgO 在保护渣中能使复合阴离子解体，并且能与 Al_2O_3、SiO_2 和 CaO · SiO_2 形成一系列熔点较低的化合物，如黄长石、镁蔷薇灰石、钙镁橄榄石等，这抑制了枪晶石和霞石等晶体的析出，降低了保护渣结晶温度。

Na_2O 能显著降低保护渣的凝固温度，这相当于提高了熔渣的过热度，相同条件下，结晶过程要克服的势垒大，抑制了保护渣析晶，降低了保护渣的结晶温度。

MgO、Na_2O 对保护渣结晶性能的影响如图 4－11 ~ 图 4－15 所示。

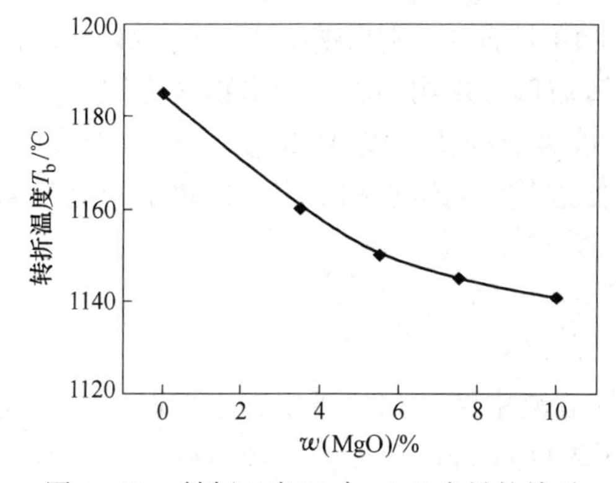

图 4－11 转折温度 T_b 与 MgO 含量的关系

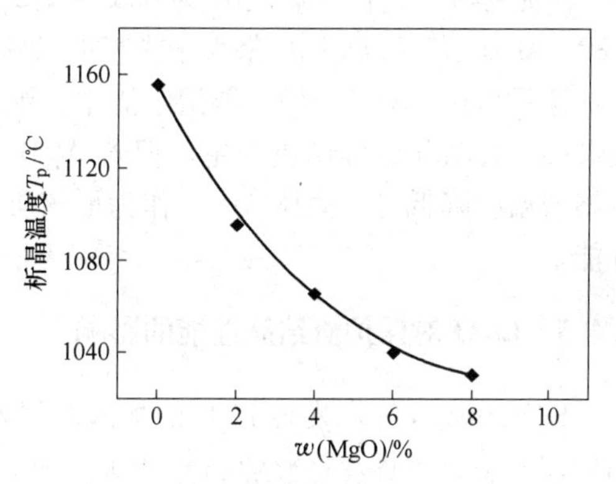

图 4－12 析晶温度 T_p 与 MgO 含量的关系

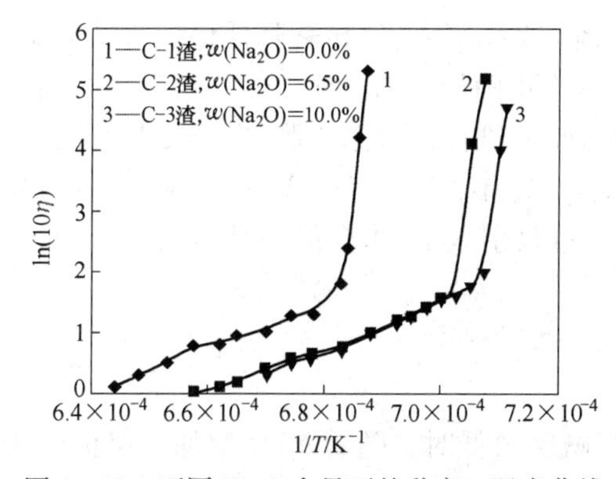

图 4－13 不同 Na_2O 含量下的黏度－温度曲线

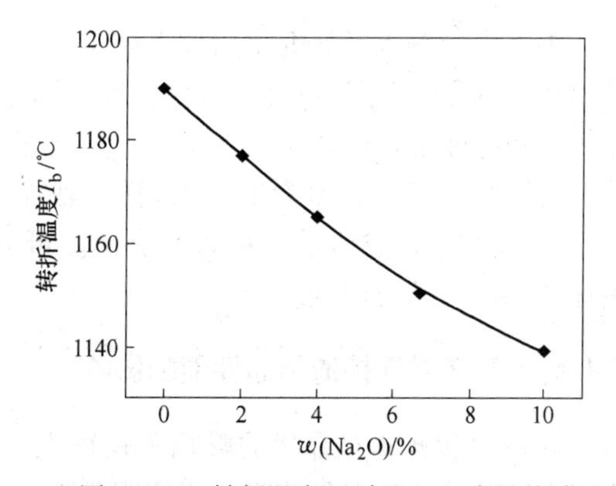

图 4－14 转折温度 T_b 与 Na_2O 含量的关系

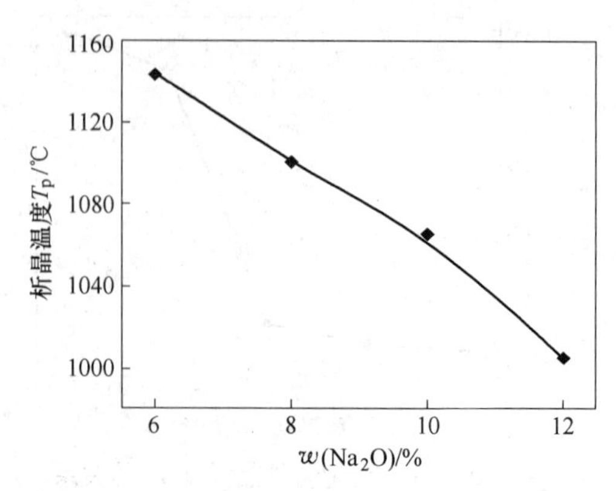

图 4 – 15 析晶温度 T_p 与 Na_2O 含量的关系

4.4.4 Al_2O_3 对保护渣结晶性能的影响

Al_2O_3 能抑制枪晶石的析出，有利于霞石的析出，使保护渣的结晶化率降低。Al_2O_3 含量过多，易形成钙长石，使熔点升高，对润滑不利。谢兵认为 Al_2O_3 含量主要影响黄长石结晶程度，熔渣中随着 Al_2O_3 含量的增加，黄长石结晶越来越好，晶粒越来越大。李继铮等也认为 Al_2O_3 含量主要影响黄长石结晶程度和硅酸钙矿物结晶晶体尺寸，Al_2O_3 含量高使黄长石结晶越来越好，但熔渣黏度增大，结晶质点不容易迁移，从而使硅酸钙晶体细小。陈兆喜等研究认为碱度 R 为 0.85 ~ 1.2 时，2% 以上的 Al_2O_3 即可能出现黄长石；$R <$ 0.80，Al_2O_3 和 Na_2O/K_2O 都大于或等于 10% 时，除黄长石外，则出现酸性至中性斜长石相。

谢兵指出，只要 Al_2O_3 能溶于渣中，则对熔渣玻璃性影响不大，析出物多为细小黄长石骸晶，且渣相以玻璃质为主。但若 Al_2O_3 不能被熔渣同化，以 Al_2O_3 固体存在于渣中，在熔渣温度降低时，固体 Al_2O_3 作为形核质点可促进其他高熔点物析出，恶化了熔渣玻璃性能。

4.4.5 Li_2O 对保护渣结晶性能的影响

F. Nenmann 等[4]发现 Li_2O 的加入能很好地抑制渣中结晶相的析出，改善保护渣的玻璃性能，而对于具有良好玻璃性的渣，加入的少量 Li_2O 对这类保护渣的玻璃性几乎没有影响。

朱立光[5]等人经研究得出如下结论：简单地认为 Li_2O 能够显著降低保护渣结晶温度、结晶率，有利于改善保护渣玻璃化倾向的观点是不正确的，如图 4 – 16 所示。从凝固渣膜晶体矿物特征上也可证明这一点，Li_2O 含量为 1% 的试样，凝固渣膜晶体形貌为柱状，晶粒发育良好；Li_2O 含量为 2% 的试样，晶粒细小，只有少量的短柱状晶体；而 Li_2O 含量为 4%，出现大量的纺锥状、粗条状晶体。可见，过量引入 Li_2O 会促进晶体的析出和长大，破坏了保护渣的玻璃性。

4.4.6 MnO 对保护渣结晶性能的影响

MnO 对保护渣结晶率的影响不是很大。当碱度较低时，随着 MnO 增加，保护渣渣膜仍然全为玻璃体，但是渣膜透明度明显降低，导温系数降低；当碱度较高时，渣膜中有少

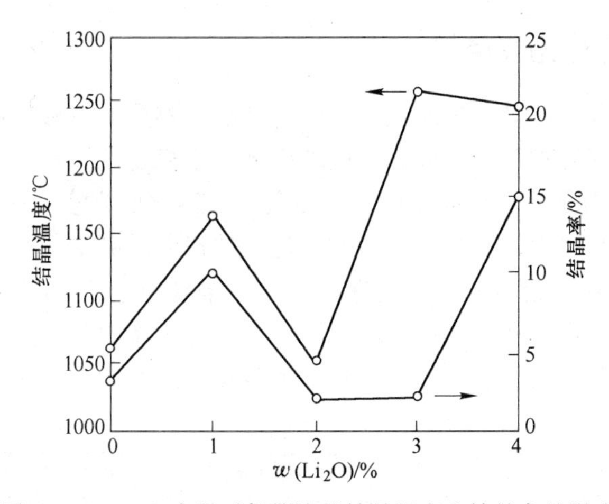

图 4－16 Li_2O 含量对保护渣的结晶温度和结晶率的影响

量含锰矿物的析出。一些研究表明，MnO 在低碱度下不但可以保持渣膜玻璃性能，保证渣膜润滑，而且通过改变玻璃体对红外光谱的吸收控制渣膜辐射传热。一般随着 MnO 的增加，结晶倾向是减小的，MnO 抑制枪晶石的析出，促进硅灰石析出，结晶化率降低。有研究发现，加入 MnO 后，熔渣中有低熔点的锰橄榄石形成。MnO 含量大于 7% 的熔渣有微晶体生成，达到一定含量时，能够促进 $Ca_4F_2Si_2O_7$、$Ca_2Si_2F_2$、$MnSiO_3$、$(CaMn)_3Si_3O_9$ 等微晶体的析出[3]。

4.4.7 B_2O_3、TiO_2、ZrO_2 对保护渣结晶性能的影响

B_2O_3 可促进熔渣玻璃化，抑制晶体的析出。TiO_2 易与 CaO 生成钙钛矿，随 TiO_2 含量的增加，可以提高钙钛矿的结晶率，结晶体尺寸也逐渐增大，当 TiO_2 含量为 8% 时，渣样中有钙钛矿和巴依石两种晶体析出。ZrO_2 促进硅灰石析出，提高结晶温度，减少热流，从而降低纵裂纹的产生。

4.4.8 其他相关研究综述

朱传运[6～10]等研究表明，连铸保护渣的结晶温度、结晶率与冷却速率有关。冷却速率越大（不超过临界冷却速率），结晶温度越低。冷却速率超过一定值时，保护渣不结晶。冷却过程中保护渣结晶时具有一定过冷度（熔化温度与开始结晶温度之差为过冷度）。随着冷却速率提高，过冷度也增大。冷却速率大于 30℃/s 时，结晶化率低于 100%，这是冷却速率大时结晶不完全所致。

Y. Kashiwaya 等人在冷却速度为 15℃/s、50℃/s 和 80℃/s 的条件下，研究了保护渣的结晶性能。结果表明析出晶体的比率随冷却速度而变化，15℃/s 时每个形核点之间的距离为 160～170μm，在 50℃/s 时为 75～100μm[11]。晶体的形貌从高冷却速度下（80℃/s）的树枝状晶体到低冷却速度（50℃/s）下的块状有小面的晶体[12]。

C. Orrling[13]等研究表明，结晶相的数量和形态在极大程度上取决于冷却速度。冷却速度提高，试验渣样中晶体的比率显著减少，冷却速度为 1℃/s 时结晶率为 50%、6℃/s 时为 16%、9℃/s 时则不超过 10%。

4.5　保护渣结晶的热力学条件

从热力学角度来看，玻璃态物质较之相应的结晶态物质具有较大的内能，故它总是有降低内能向结晶态转变的趋势，所以通常说玻璃体是不稳定的，或亚稳定的，在一定条件下（如冷却）可转化为晶体。当连铸保护渣在钢液面熔化形成液体渣时，原料中晶态物质原有的晶格和质点的有规则排列被破坏，发生键角的扭曲或断键等一系列无序化现象。这是一个吸热过程，体系内能增大。然而在高温下，描述其状态的 $\Delta G = \Delta H - T\Delta S$ 方程中“$-T\Delta S$”项起主导作用。而代表焓效应的“ΔH”项居于次要地位，液渣熵对自由能的负的贡献超过热焓“ΔH”的正的贡献，固体系具有最低自由能态，从热力学上说，熔体属于稳定相[4]。

当液渣流入结晶器与铸坯之间时，受到强制冷却，由于温度降低，“$T\Delta S$”项逐渐居次要地位，而与焓效应有关的因素（如离子的场强、配位等）则逐渐增大其作用。当降到某一定的温度时（如液相点以下），ΔH 对自由能正的贡献超过液渣熵的负的贡献，使体系自由能相应增大，从而处于不稳定态，故在液相点以下，体系往往通过析出晶体的途径释放能量，使其处于低能量的稳定态。

熔体生长系统中的过冷熔体是亚稳相，系统中的晶体是稳定相。液、固两相之间自由能差值 ΔG 是结晶过程的驱动力，用式（4－10）表示：

$$\Delta G = -L\Delta T/T_e \tag{4-10}$$

式中　L——熔化潜热；

T_e——固－液平衡温度；

ΔT——过冷度。

对于自发成核系统，在结晶的起始阶段必须提供很大的过冷度，结晶过程中释放出来的潜热也必须由界面处导走，如果这部分热量不能全部导走，界面附近的温度将会升高，ΔT 减小，从而减小了结晶驱动力。一般而言，晶体与玻璃体内能差别越大，则在不稳定过冷下，晶化倾向大，在冷却时越容易析出晶体。

4.6　保护渣结晶的动力学条件

保护渣过冷液体的结晶过程可分为成核与晶核长大两个阶段，成核速度和晶体长大速度都是过冷度和黏度的函数[3]。温度较低时，晶核形成热容易导走，因而随着温度降低，成核加速；但是随着温度降低，黏度却随着迅速增大，在较低温度下晶核形成减慢，故在某一温度下，成核达到一个极大值。晶体生长速度与成核速度有类似的地方。由于晶体生长与晶核形成是两个不同的过程，极大值所在的温度是不一样的，如图 4－17 所示。对大多数硅酸盐熔体来讲，晶粒形成的最大速度是在较低温度区，而晶体生长的最大速度在较高温度区。

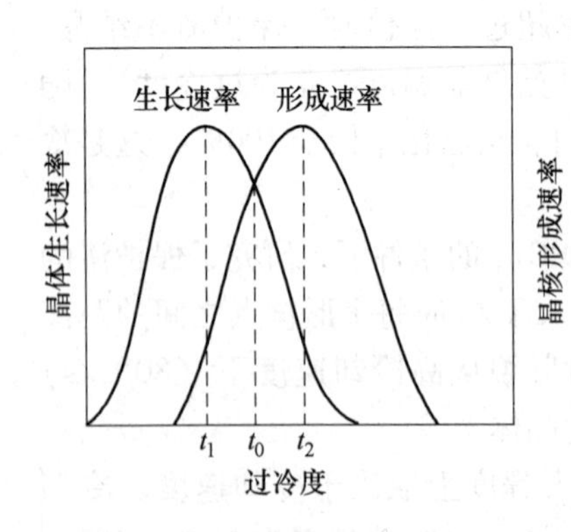

图 4－17　晶核形成速率与晶体生长速率和过冷度的关系

成核速度 J、晶体长大速度 v 和熔体过冷度之间的关系如图 4－18 所示。这三者之间有下述的三种典型关系：

(1) 晶体成长速度最快点的温度（T_m）在晶核形成所必需的过冷度范围以外（图4－18*a*）时，结晶不能发生。因为在晶体成长的温度下，熔体不能自发地形成晶核；当熔体的过冷度增大时，熔体中可以自发地形成晶核，但晶体又不能生长，故熔体中不可能自发地析出晶体。

(2) 晶核形成速度曲线与晶体生长速度曲线相交（图4－18*b*）时，晶核的形成和晶体的生长可以在低于晶体生长最大速度温度（T_m）的某一温度范围内同时进行。在这种情况下，熔体中可以析出晶体，只是晶体的生长速率较慢，晶体的数量也较少。

(3) 如果晶体成长最大速度的温度（T_m）在晶核形成速度曲线之内（图4－18*c*），则熔体在低于晶体熔点（T_0）的某一温度时，晶核的形成和晶体的生长可以同时进行，只是两者的相对速度随着熔体的过冷度而不同。在这种情况下，只要熔体的过冷度控制得适当，结晶可以较快地进行。

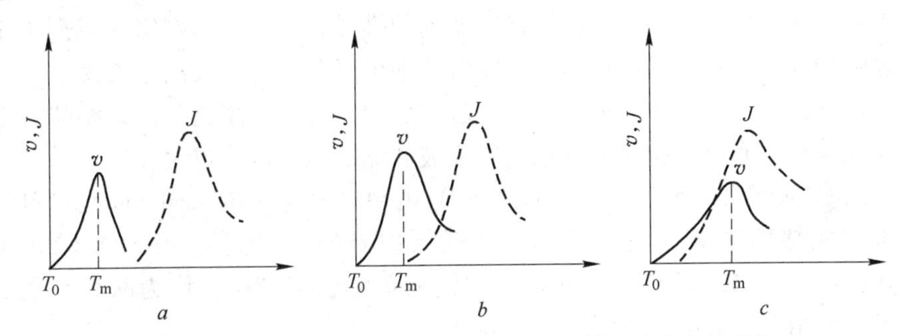

图4－18 成核速度 J、晶体长大速度 v 和熔体过冷度之间的关系

当熔体的温度高于晶体的熔点（T_0）时，晶核形成以及晶体生长都不能发生。同时，熔体必须在晶核形成和晶体成长的合适过冷度温度条件下，保持一定的时间，没有一定的时间，结晶也是无法进行的。

从晶体析出的条件分析可以看出，对于任何组成形式的保护渣，在降温凝固过程中都存在析出晶体的倾向，但由于析晶的热力学条件和动力学条件的差异，析晶能力受到影响。

4.7 保护渣结晶的化学条件

保护渣结晶规律还需要从其内在结构——负离子团的大小、结构的堆积排列状况、化学键的类型和强度等物质的根本性质来分析。

硅酸盐熔体的结构比较复杂，其结构含有多种负离子团，如$[SiO_4]^{4-}$、$[Si_2O_7]^{6-}$、$[Si_6O_{18}]^{12-}$、$[SiO_3]_n^{2n-}$、$[Si_4O_{11}]_n^{6n-}$，这些集团可能时分时合，不断变化。随着温度下降，聚合过程渐占优势，而后形成大型负离子集团。这种大型负离子集团可以看做是由不同的$[SiO_4]^{4-}$以不同的连接方式歪扭地聚合而成，宛如歪扭的链状或者网络结构。

硅酸盐熔体的结构中，不同的O/Si比对应着一定的聚集负离子团结构。如当O/Si比为2时，熔体中含有大小不等的歪扭的$[SiO_2]_n$聚集团；随着O/Si比的增加，硅氧负离子团不断变小；当O/Si比增加至4时，硅氧负离子集团全部拆散成为分立状的$[SiO_4]^{4-}$，这时结晶能力就比较强。因此保护渣结晶倾向能力的大小和熔体中负离子团的聚合程度有关，聚合程度越低，越容易结晶；聚合程度越高，特别当具有三维网络或歪扭链状结构时，结晶倾向能力就越小，越容易形成玻璃体，因为这时网络错杂交织，质点作空间位置的调整以析出对称良好、远程有序的晶体就比较困难。

（1）单键强度。从不规则的熔体变成周期排列有序的晶格是结晶的重要过程，熔体在结晶过程中，原子或离子要进行重新排列，熔体结构中原子或者离子间原有的化学键会连续破坏，并重新组合成新键。这些键越强，越不易被破坏，结晶的倾向越小，越容易形成玻璃体。

根据键强的大小，可将氧化物分成三类：单键强度大于80kcal/mol(1kcal = 4.184kJ，下同）的氧化物能单独形成玻璃，成为网络形成剂，其中正离子为网络形成离子；单键强度小于60kcal/mol的氧化物不能单独形成玻璃，但能改变网络结构，处于网络外，成为网络改变剂，其中正离子为网络改变离子；单键强度介于60～80kcal/mol的氧化物，其作用也介于玻璃网络形成剂和网络改变剂之间，称为中间剂，其中正离子称为中间离子。

相对来看，网络形成剂的键强比网络改变剂的键强高。正因为网络形成剂中正离子和氧离子的键强较大，相对键强比较高，所以熔体中可以存在各种负离子集团。在一定温度和组成下，键强越高，熔体中负离子集团也就越稳固。这些集团越稳固，意味着键的破坏和重新组合也越难，而成核和晶化越难，形成玻璃体的倾向也就越大。

B_2O_3 的单键强度为119kcal/mol，高于 SiO_2 的单键强度（106kcal/mol），所以 B_2O_3 是网络形成剂，能够抑制保护渣的结晶，降低保护渣的结晶温度。Na_2O（20kcal/mol）、Li_2O（36kcal/mol）、MgO（37kcal/mol），它们的单键强度较小，均为网络改变剂，所以能促进保护渣的结晶，提高保护渣的结晶温度。

（2）键性。MnO的单键强度低于60kcal/mol，但其对结晶温度的影响却比较复杂，这说明仅仅考虑单键强度来判断结晶倾向能力的大小具有局限性。MnO有两种配为数，4或者6，配位数也是影响结晶的一个因素。在典型的离子晶体中，不存在负离子集团，解体以后的单独离子在冷却时，由于正负离子间的距离和相对的几何位置容易改变，作用范围也大，结晶活化能小，容易按照最紧密堆积原理排列成有规则的晶体。但当离子和金属键向共价键过渡时，或极性过渡键具有离子键和共价键的双重性质时，极性键的共价键成分，促进生成具有固定结构的配位多面体，构成近程有序性，极性键的离子性成分促进配位多面体不按一定方向连接的不对称性，才能构成远程无序的网络结构，在能量上有利于形成一种低配位数构造，所以结晶的倾向性降低。

4.8 研究保护渣结晶性能的主要方法

填充于铸坯坯壳与结晶器壁间隙内的保护渣，主要作为拉坯过程的润滑剂和铸坯向结晶器的传热介质。结晶温度低，玻璃化好的保护渣渣膜，有利于提高拉速，减小铸坯受到的摩擦力；而结晶性能良好的保护渣，可以减弱铸坯的传热密度，避免坯壳因传热不均导致的裂纹缺陷。为了控制传热，必然要求保护渣结晶性能良好，但结晶性能过强会导致铸坯和结晶器之间的摩擦力增加，易产生坯壳撕裂、黏结等现象。因此，有必要研究化学成分对保护渣结晶性能的影响规律，探求不同组分对结晶性能的控制机理，为开发包晶钢等裂纹敏感性钢种的保护渣奠定理论基础。

结晶性能是保护渣冷凝过程中析出晶体的能力。目前研究保护渣结晶性能的方法主要有：差热分析法（DTA）、黏度-温度曲线法和热丝法。

4.8.1　差热分析法

差热分析是在程序控制温度下，测定物质和参比物之间温度关系的一种技术。其原理是：在同一炉体中放入分别盛有被测样和参比样的两个坩埚，在坩埚的底部放入相同材质的热电偶，并将两支热电偶冷端相连，另一端和仪表相连。如果试样相变过程中有热效应产生，线路中将产生差热电势，并在差热分析曲线上表现出相应的吸热峰或放热峰，从曲线上便可以确定该保护渣的结晶放热峰值温度。图 4－19 所示为差热分析仪。

图 4－19　差热分析仪

图 4－20 所示为差热分析曲线。AB 为反应的基线，ACB 为峰，A 点为峰的开始，B 点为峰的终结，C 为峰的极值点。AB 与弧形曲线所引出最大斜率切线的交点温度值 T_e 为热效应的起点，代表了保护渣中矿物初始结晶温度点；热峰的极值点 T_m 表明此时析出的结晶相最多；T_B 点表明在 $T_A \rightarrow T_B$ 冷却过程中析晶反应结束。

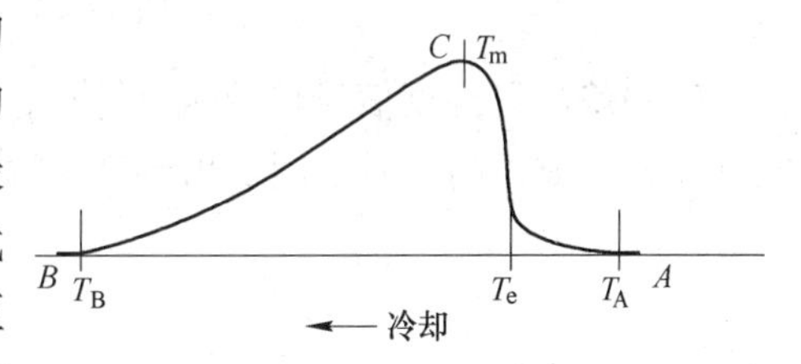

图 4－20　差热分析曲线

4.8.2　黏度－温度曲线法

保护渣黏度－温度曲线测试仪器是旋转黏度计，如图 4－21 所示。实验中，坩埚固定不动，吊杆在电动机的带动下，以一定的转速均匀旋转；在坩埚和测试头之间的径向距离上，液体内部出现速度梯度，于是在液体中便产生了内摩擦力，作用在旋转的测试头上就产生一个切应力，测量出这个切应力就可以测试出该熔体的黏度。作用在测试头上的切应力传递给弹性钢丝，使弹性钢丝受到一个扭力而产生一个扭转角 φ。该扭转角 φ 与熔体的黏度 η 及电动机转速 n 成正比，即：

$$\varphi = \eta \times n \tag{4-11}$$

$$\eta = K\varphi / n \tag{4-12}$$

或

$$\eta = K \times (T - T_0) \tag{4-13}$$

当 n 一定时

$$\eta = K \times \varphi \text{ 或 } \eta = K \times \Delta T \tag{4-14}$$

式中　T——测试头在熔体中旋转所产生的并由光电系统测试出的上、下指针的时间差；

T_0——测试头进入熔体前在空气或水中旋转产生的上、下指针间的初始时间差；

K——仪器常数，在悬杆尺寸一定的条件下，K 值只与金属丝的弹性模量及金属丝的长度有关。

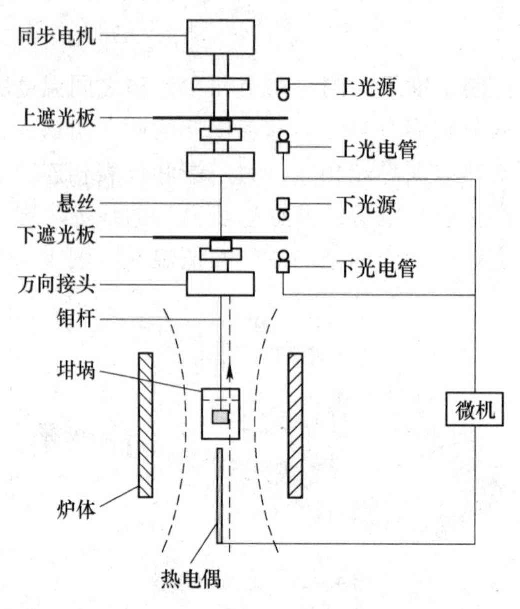

图 4－21　旋转黏度计示意图

时间差 T 和温度信号传输至计算机，数据经过计算机软件程序运算和处理后，即将光电信号转换成时间信号，测试出黏度－温度关系曲线，如图 4－22 所示。

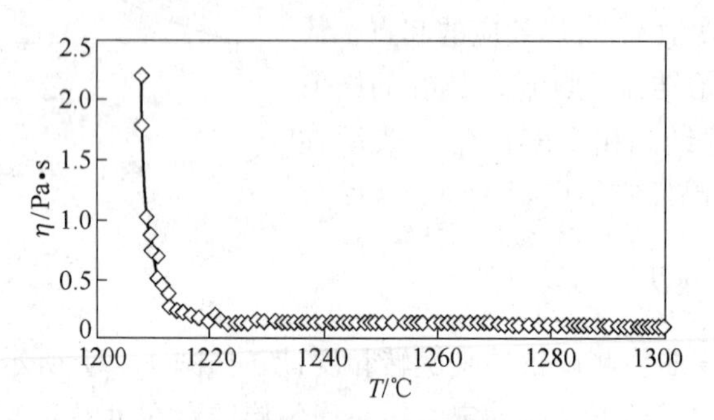

图 4－22　黏度－温度曲线

4.8.3　热丝法

热丝法结晶温度测定仪如图 4－23 所示，实验装置由计算机、控制器、微型电炉、显微镜四大部分构成。将双铂铑丝（分度号为 B）做成 U 形，构成微型电炉的加热元件，同时又作测温部件。将试样混合均匀，磨成 0.074mm（200 目）以下粒度，用小药勺蘸取少许试样，在 U 形热丝上均匀地铺上试样薄层。图 4－24 所示为热丝结构及其熔渣示意图。计算机系统控制热电偶按预定程序加热，同时采集热电偶的热电势，数据通过计算和线性化处理后传送给计算机，计算机以图文方式直接显示出热电偶的温度值。同时通过图像采集卡将拍摄到的图像在显示屏上显示出来，整个试样的物性变化过程都可以在显示屏上观察，可以测量出试样的熔化温度、流动温度、结晶温度等参数[14]，如图 4－25 所示。

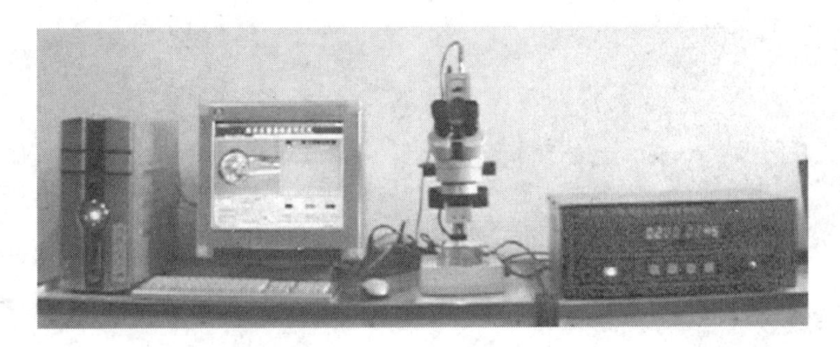

图 4－23 热丝法结晶温度测定仪

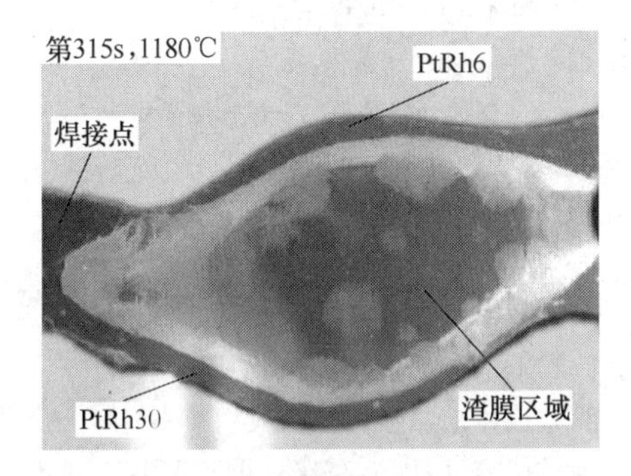

图 4－24 热丝结构及其熔渣示意图

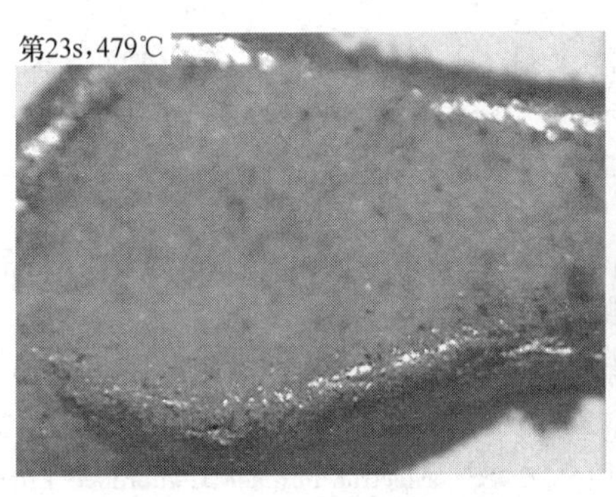

a

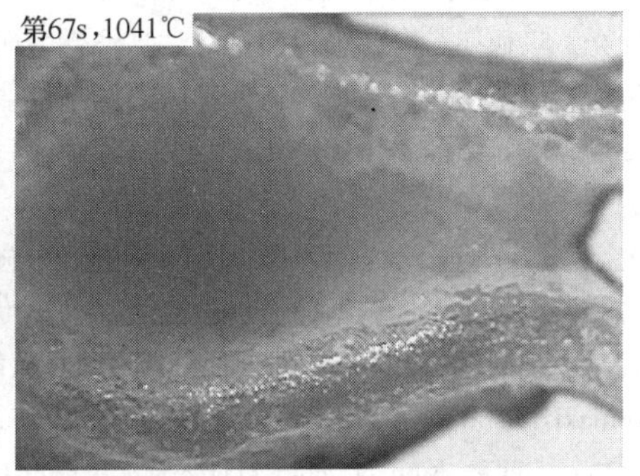

b

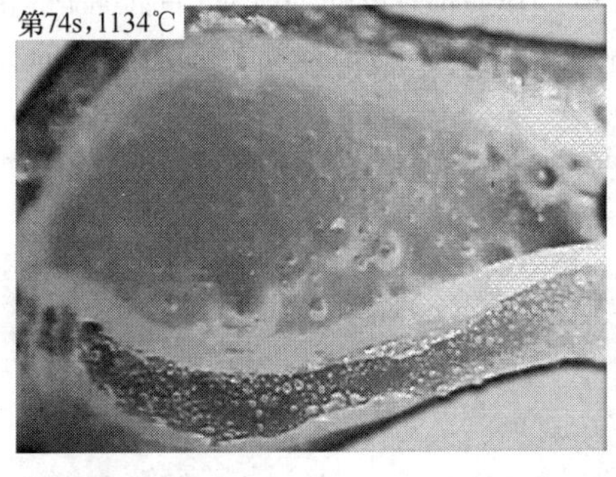

c

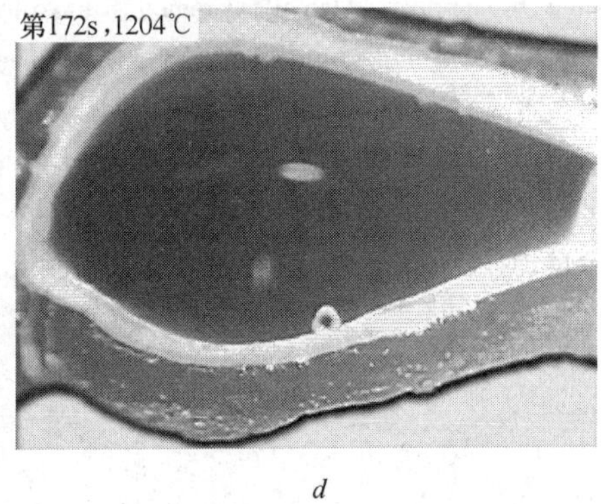

d

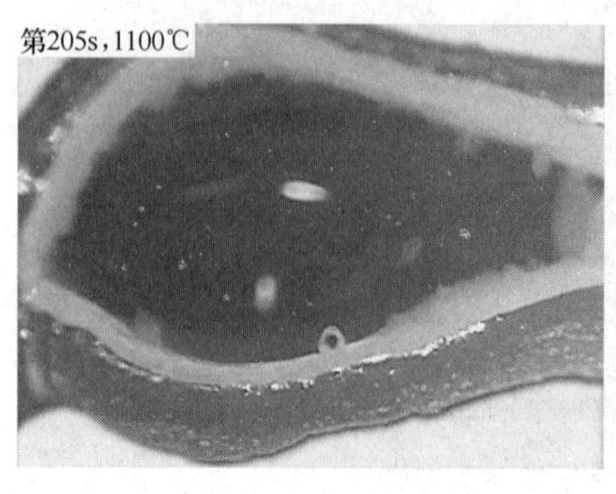

e

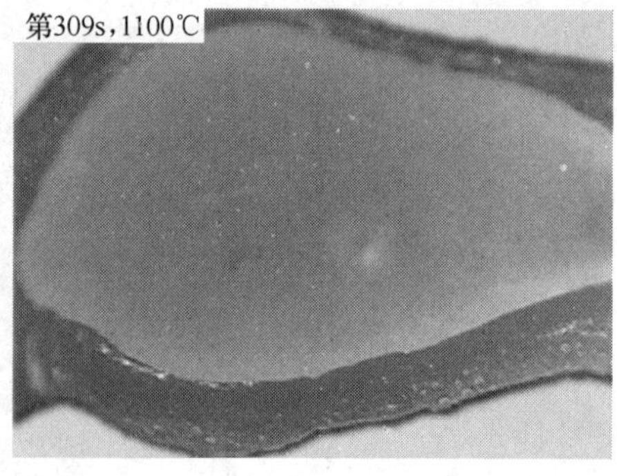

f

图4－25　试样熔化过程示意图

a—试样装入时；*b*—试样开始熔化；*c*—试样完全熔化；*d*—试样熔清；*e*—试样开始结晶；*f*—试样结晶完毕

参考文献

[1] 蔡开科．连铸结晶器［M］．北京：冶金工业出版社，2008.

[2] 李殿明，邵明天，杨宪礼，等．连铸结晶器保护渣应用技术［M］．北京：冶金工业出版社，2008.

[3] 刘慧．基于热丝法保护渣性能的研究［D］．重庆：重庆大学，2008.

[4] Nenmann F，Neal J，Pedroza MA. Mold fluxes in high speed thin slag casting［C］//Steelmaking Conference Proceedings，1998（79）：249～257.

[5] 朱立光，王硕明．高速连铸保护渣结晶特性的研究［J］．金属学报，1999，35（12）：1280～1283.

[6] 朱传运，等．中碳钢板坯连铸保护渣的结晶性能［J］．钢铁研究学报，2004，16（3）：19～22.

[7] 朱传运，等．结晶器保护渣结晶温度的影响因素［J］．东北大学学报（自然科学版），2004，25（10）：128～132.

[8] 舒俊，等．冷却速率对连铸保护渣结晶性能的影响［J］．北京科技大学学报，2001，23（5）：421～423.

[9] 解志芳，王怀宇．连铸结晶器保护渣的结晶温度［J］．宽厚板，2002，4（2）：27～28.

[10] 朱传运，等．中碳钢板坯连铸保护渣的结晶性能［J］．钢铁研究学报，2004，16（3）：19～22.

[11] Yoshiaki Kashiwaya，Alan W，Cramb，Kuniyoshi Ishi. Development of Double hot thermocouple technique for direct observation of mold slag crystallization［C］//ISS：Electric Furnace Conference Proceedings，1997：617～622.

[12] Yoshiaki Kashiwaya，Alan W，Cramb，Kuniyoshi Ishi. Development of double and single hot thermocouple technique for in situ observation and measurement of mold slag crystallization［J］. ISIJ International，1998，38（4）：348～356.

[13] Orrling C，et al. Melting and solidification of mold slags［C］//ISS：82nd Steelmaking Conference Proceedings，1999：417～424.

[14] 施金良，贾碧，吴云君，等．热丝法炉渣熔化和结晶过程测定装置的研制［J］．特殊钢，2005，26（4）：23～25.

5 矿物特性

保护渣的结晶矿相直接影响着结晶器的润滑和传热，研究还发现矿物特性对铸坯纵裂以及黏结漏钢都有影响。当保护渣加热时，多种组分反应形成不同的矿物，因而结晶矿相也变得比较复杂。由于结晶矿相的复杂性以及它对于结晶器与铸坯间传热及润滑的重要性，有必要对结晶矿相进行研究，以便了解哪些矿物对优化润滑及传热有利，从而增加有利矿物，抑制不利矿物的生成[1]。

5.1 原渣的矿物组成

保护渣厂常用的保护渣原料有硅灰石、水泥熟料、玻璃粉、高炉渣、烟道灰、固态水玻璃、苏打、萤石等，由这些原料按照不同比例制成需要的保护渣。因此，保护渣是一个高度混合的多元硅酸盐粉体。目前保护渣的原材料无统一标准，多数原材料是根据本地区资源情况选用的。原材料种类繁多，因而原渣中的矿物成分也不尽相同，即使相同的原材料，其成分、性能等都有很大差异。

原渣中的矿物组成与原材料有关，如 F^- 可以以 CaF_2 或 Na_3AlF_6、NaF 形式加入。因此，虽然保护渣有相同的化学成分，但其中的各种矿物相与其存在状态不一样。选择不同的基料，原渣的矿物相种类及数量均不一样。例如，以硅灰石为基料的粉渣，晶体矿物相比例要高，主要矿物相为硅灰石，少量萤石、石英、石墨等，玻璃相率低于85%；以水泥熟料为基料的粉渣，玻璃矿物相比例高，主要矿物相为少量石英、硅酸二钙、铁铝酸四钙、石墨等，1000℃时，玻璃相率达85%以上。王兆达[2]等研究了粉煤灰为基料的矿物组成，主要有五种颗粒：含铁铝的硅酸盐（60% ~85%）、石英（1% ~10%）、磁铁矿（氧化铁含量2% ~5%）、硫酸盐（1% ~4%）、碳粒（2% ~5%），主要以玻璃态存在；另有一部分莫来石、α 石英、方解石及 β 硅酸二钙等少量晶体矿物。

陈兆喜[3]等发现：

（1）颗粒保护渣的矿物组成与预熔型保护渣、粉渣的矿物组成基本相同。

（2）随着温度的升高，原料中的石灰石、苏打、萤石、长石等不断分解熔化，使高温烧结渣中基本上见不到这几种物相。

（3）石英、硅酸二钙、铁铝酸四钙等属较高熔点、较高黏度物相，虽能形成较低共熔相而不断减少，但仍有少量出现。

（4）晶体矿物相多为较高熔点矿物。在连铸中，对渣的润滑性不利，使渣在结晶器中的熔化速度降低。

（5）粉渣主要是矿物原料的机械混合，为保证粉渣的均一性和高玻璃相（>90%），应注意矿物原料纯度并制成预熔料再加工成粉渣。

目前，发现原渣中矿物组成主要为硅灰石、石英、萤石、斜长石、黄长石、枪晶石、霞石、钾长石、碳酸盐、玻璃球、玻璃屑、方镁石、石墨、焦炭、珍珠岩等，有时会出现钙金云母、人造硅灰石等稀有矿物。当保护渣加热时，多种组分反应形成不同的矿物，因而冷却析出的结晶矿相也变得比较复杂。国外也有研究者认为，原料在熔化和凝固过程中成分不断地变化，引起凝固渣矿物成分的不同。

5.2　原渣的矿物组成对保护渣性能的影响

Chimani[4]等认为保护渣原料的矿物组成和相应的显微结构显著地影响着保护渣的物化特性。迟景灏[5]认为，原渣的矿物组成类型主要对保护渣的熔化特性起重要影响。

原渣中若斜长石和石英含量较多，会使渣的黏度提高。斜长石使保护渣熔化速度变慢，不利于渣的润滑性及导热性[6]。

原渣中玻璃相可大致分为硅酸钙玻璃相、钠钙硅酸盐玻璃相和斜长石玻璃相，碱度高时，以前两者为主，碱度低、Al_2O_3 含量高时，以后两者为主。后两者玻璃相含量大，渣的黏度显著提高。由于玻璃质原料没有固定的熔点，其熔化温度较低，具有低温烧结特性，保护渣分熔倾向较大，容易结渣圈[7]。

5.3　渣膜的矿物组成

研究认为，熔融保护渣中析出的矿物为霞石（$Na_2O \cdot Al_2O_3 \cdot 2SiO_2$）和枪晶石（$3CaO \cdot 2SiO_2 \cdot CaF_2$）两类。为了抑制霞石的析晶，减小 Na_2O/Al_2O_3 的比值是有效的。根据 ERMA[8] 研究，从弯月面处取出渣膜，在结晶层中探测到枪晶石和霞石。Y. Kashiwaya[9]等发现在 1048℃以下晶相为枪晶石，在 1053～1190℃，硅酸二钙为主要相。J. Cho[10]等直接观察了低碳钢和中碳钢用结晶器保护渣从熔融态冷却下来的结晶现象，发现：一次结晶相皆为枪晶石，低碳钢保护渣二次结晶相为霞石，中碳钢保护渣还未识别出明确的二次结晶矿相（$Na_2O \cdot Al_2O_3 \cdot xMgO \cdot ySiO_2$，$x = 1 \sim 3$，$y = 2 \sim 6$）。

国内也采用 LEITZ 偏光岩相显微镜结合电子显微镜，研究了实验室自制渣和工业结晶器保护渣的结晶矿相，结果表明，渣样的结晶矿相主要有枪晶石、黄长石和硅灰石。李继铮[11]等对熔渣的结晶性能进行了研究，发现结晶相中主要有黄长石和硅酸钙，针状硅酸钙常与黄长石伴生。辽宁科技大学对中碳钢连铸保护渣显微结构做了研究，发现：中碳钢保护渣的结晶矿相主要都是枪晶石和硅灰石，在高温时还出现了少量的金属铁；中碳钢保护渣在低温时以枪晶石为主，随着处理温度的升高，硅灰石晶体数量增多，晶体发育程度越来越明显。黏度低的适合拉速快的中碳钢保护渣，在 1250℃时枪晶石晶体发育比较明显，硅灰石的数量比较少而且发育不完整；黏度高的适合中等拉速的中碳钢保护渣，枪晶石在 1200℃结晶程度较为明显，硅灰石在 1200℃时也明显出现，数量比较多，而且晶体发育较明显，在 1350℃下其结晶程度最大[12]。

韩秀丽[13]等针对某厂低碳钢连铸过程中的漏钢事故，通过对比优化前和优化后两种渣膜的显微结构，分析了事故原因。指出，低碳钢连铸保护渣应具有好的导热性和低的结晶率，所以应降低渣膜结晶率，增大玻璃化倾向，并且要避免钾钠长石、斜长石、霞石、枪晶石等高熔点矿物析出，从润滑性和导热性统一优化考虑，出现硅灰石、黄长石是比较好的。加入 B_2O_3 和 LiO_2 后，渣膜中晶体尺寸减小，玻璃化倾向增大，使铸坯质量明显改善。

5.4 渣膜矿相的微观形貌

杨慧平[14]等将脱碳干净的原渣样制作成光薄片，在德国蔡司透/反两用研究型偏光显微镜（Axioskop40Apol）下观察，得到渣膜不同矿相的显微结构，如图 5-1 ~ 图 5-8 所示。

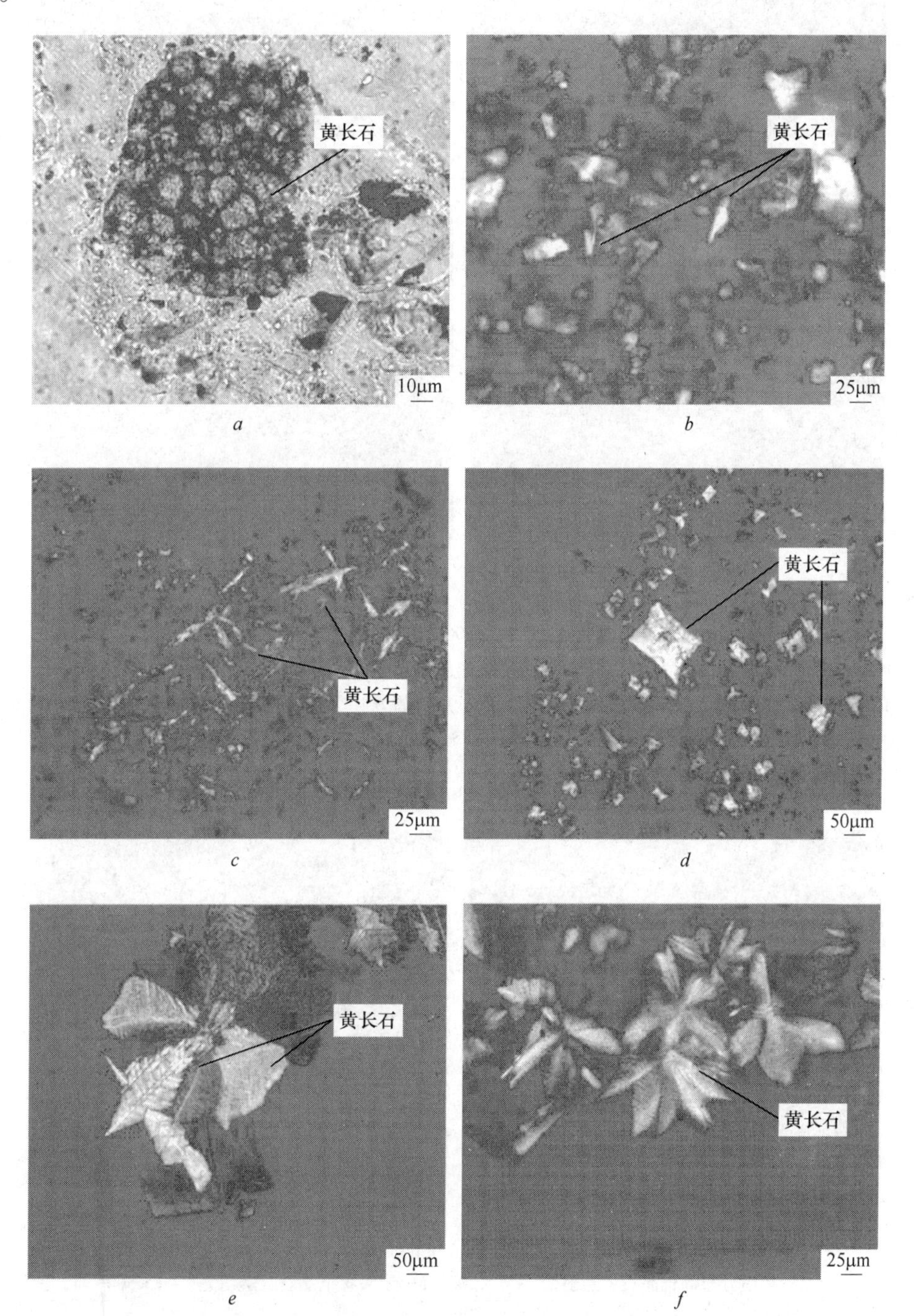

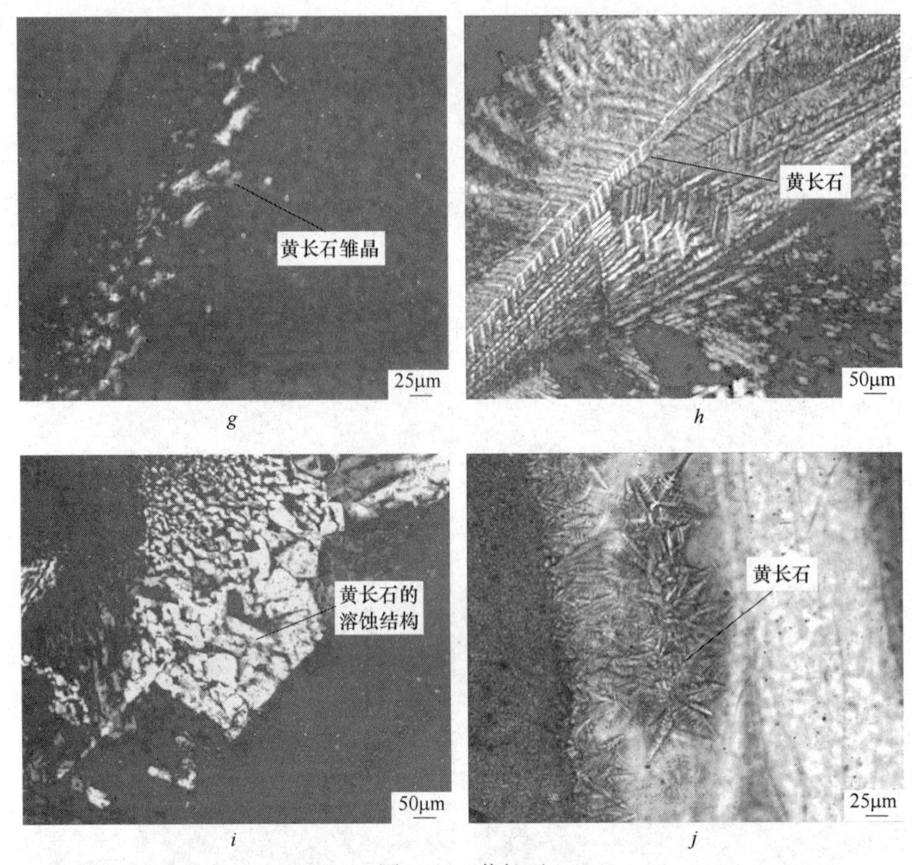

图 5－1　黄长石

a—集中分布的黄长石集合体，透射光(－)×500；*b*—晶粒细小的黄长石，透射光(＋)×200；
c—对顶状黄长石，透射光(＋)×200；*d*—玻璃层中分布的短柱状黄长石，透射光(＋)×100；
e—结晶层中分布的编织状黄长石，透射光(＋)×100；*f*—结晶层中分布的放射状黄长石，透射光(＋)×200；
g—结晶层中分布的黄长石雏晶，透射光(＋)×200；*h*—编织状黄长石，透射光(＋)×100；
i—黄长石的溶蚀结构，透射光(＋)×100；*j*—结晶层中分布的放射状黄长石，透射光(－)×200

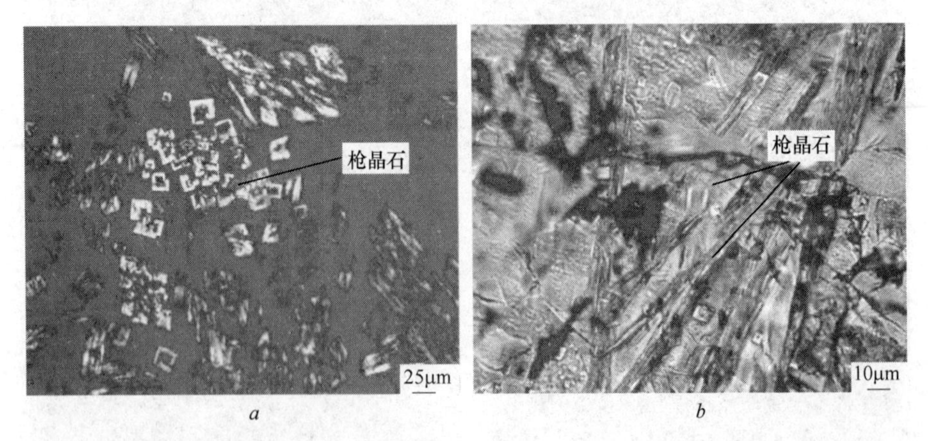

图 5－2　枪晶石

a—集中分布的枪晶石，透射光(＋)×200；*b*—矛头状枪晶石，透射光(－)×500

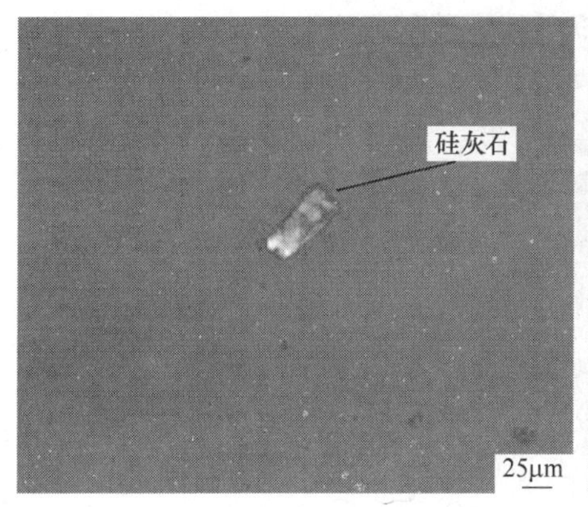

a

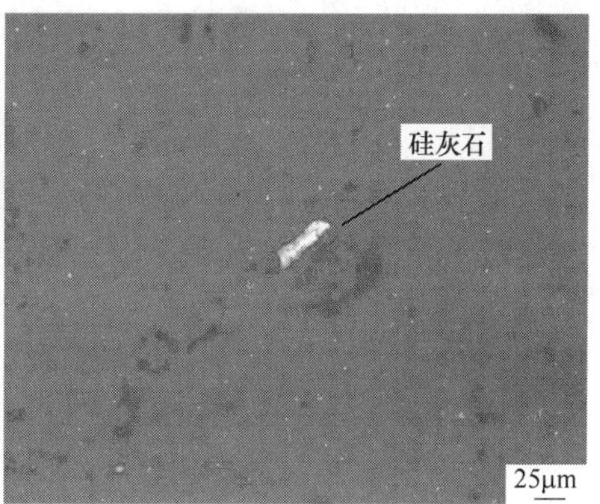

b

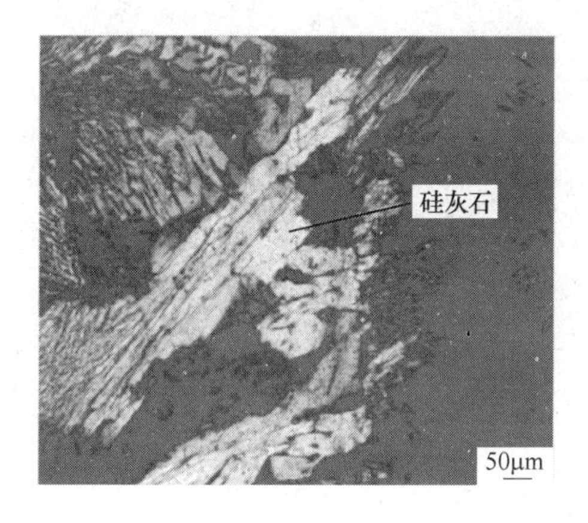

c

图 5－3 硅灰石

a—硅灰石，透射光（＋）×200；*b*—细小柱状硅灰石，透射光（＋）×200；
c—细小柱状硅灰石，透射光（＋）×200

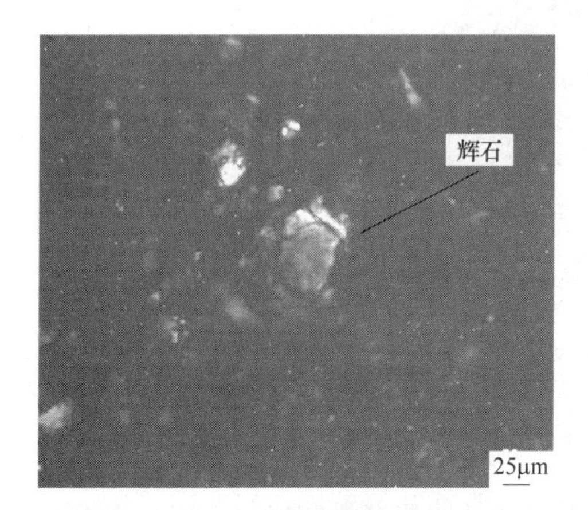

图 5－4 辉石颗粒，透射光（＋）×100

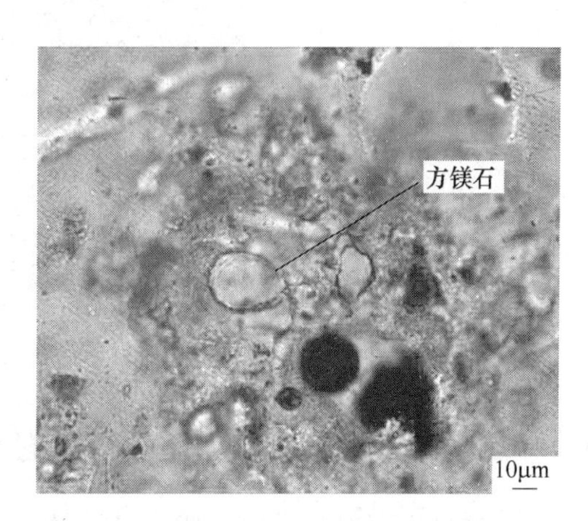

图 5－5 球粒状方镁石，透射光（－）×500

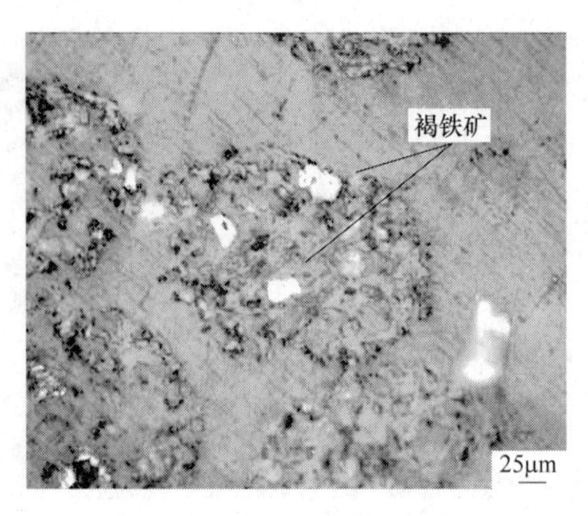

图 5 – 6　局部集中分布的褐铁矿，反射光(–) ×200

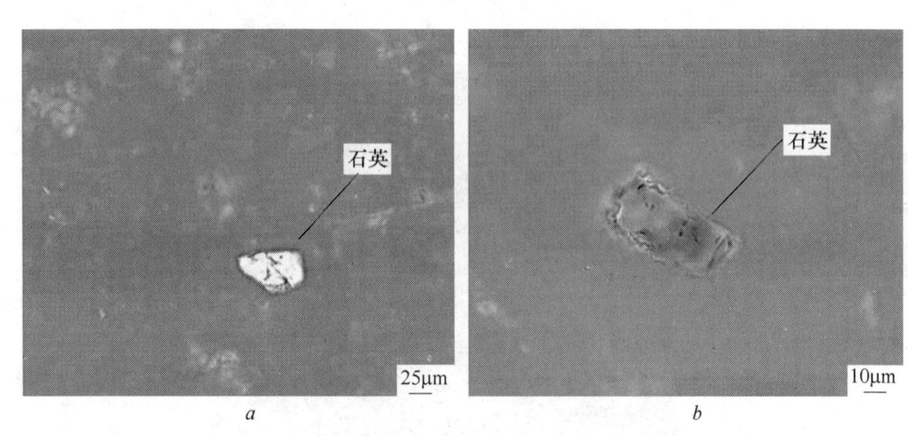

图 5 – 7　石英

a—石英颗粒，透射光(+) ×200；*b*—短柱状石英，透射光(+) ×500

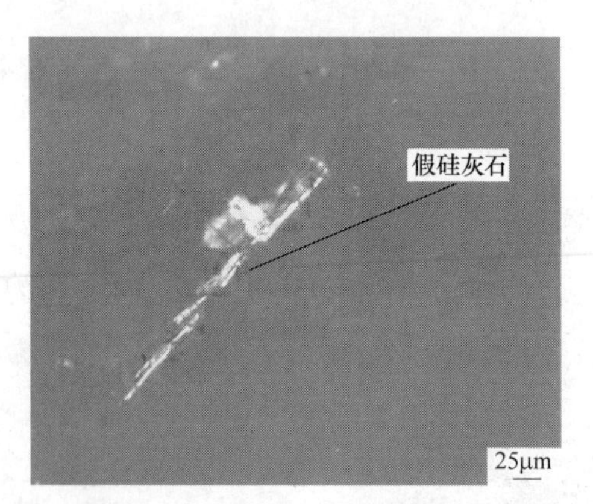

图 5 – 8　长柱状假硅灰石，透射光（ + ） ×200

5.5　渣膜的矿相结构对润滑和传热的影响

Grieveson[15]指出，保护渣的结晶矿相直接影响结晶器的润滑和传热。渣膜中结晶率低，或出现导致黏度较低、摩擦力较小的矿物则有利于润滑；若提高结晶率，或渣膜中出现导致黏度较高、摩擦力较大的矿物虽有利于控制传热，但会降低渣膜的润滑性能。Wolf先生在1995年的ISS年会上对渣膜的润滑和传热这两种重要因素曾做过详尽的阐述，控制传热与控制润滑是矛盾的两个方面：提高保护渣的润滑性能，将很难控制通过保护渣膜的传热量；反之，控制保护渣膜的传热，将恶化润滑。Riboud 和 Roux[16]发现，结晶器的润滑取决于渣的熔化温度范围和黏度，而这两者都取决于熔渣凝固相的矿物特性。Hering[17]等人认为铸坯与结晶器之间的摩擦力取决于结晶器保护渣的黏度及熔渣中析出晶体相的类型。有文献[18]报道了不同保护渣由于矿物特性的差异引起结晶器摩擦力的不同，如摩擦力会因为使用产生大量霞石的保护渣而急剧增大，而产生钙黄长石的保护渣则使摩擦力明显下降。Sorimachi[19,20]等人还发现黏结漏钢率与矿物特性有明显的依赖关系。黏结漏钢发生时，漏钢的坯壳上黏附有枪晶石的树枝晶。

K. C. Mills[21]认为：传热也受矿物特性的影响。结晶矿相影响着导热系数、辐射传热、结晶器与渣膜间的接触热阻（矿物的热膨胀率不同，空隙大小不同）、流入渣膜的厚度，从而影响着结晶器的热流。有文献[22,23]报道了矿物特性对铸坯纵裂的影响，研究指出，各种矿物具有不同的导热系数，从而影响铸坯的凝固。导热系数按顺序排列为：硅灰石（CS）>钙黄长石（C_2AS）>尖晶石（MA_2）>霞石（NAS_2）。熔渣玻璃性能或结晶能力是引用玻璃或晶体的概念，指熔渣从液态到固态的过程中形成玻璃体或析出晶体的多少。熔渣玻璃性能好，析晶能力弱，即形成玻璃体多、析出晶体少；反之，则相反。从以前连铸生产的角度出发，要求熔渣尽可能地呈玻璃态，凝固后则为玻璃体，这样可减少铸坯与结晶器之间有固相摩擦而恶化铸坯表面质量。但从润滑性和传热性统一优化考虑，出现硅灰石、黄长石、枪晶石是比较好的[24]。熔渣中结晶相比例越高，越有利于降低通过渣膜的传热速率，因为结晶层中形成许多孔隙以及晶粒对辐射热的散射导致总传热中辐射热降低。

近年来，有很多人研究无氟保护渣。由于氟的存在除涉及环境问题外，对连铸机设备也有不良的影响，并对人体造成伤害；另外，F^-容易使渣膜中产生枪晶石，虽能够较好地控制传热，但枪晶石摩擦力大，容易引起黏结漏钢。所以，开发可替代污染环境、侵蚀设备的传统含氟渣的新渣系——连铸结晶器无氟保护渣是保护渣发展的一个趋势。苗胜田[25]等研究认为，在保护渣中加入 TiO_2，用结晶性能强的钙钛矿代替含氟保护渣中的枪晶石，可以对结晶器传热进行有效控制，同时渣膜中还发现有巴依石生成。王艺慈[26]等也对无氟保护渣的结晶矿相进行了研究，发现渣膜中的结晶矿相为黄长石，实际上是铝黄长石、镁黄长石和钠黄长石的固溶体，其中以镁黄长石为主，通过调整渣膜中黄长石的析晶率，同样可控制结晶器与坯壳间的传热，从而解决无氟保护渣冷凝过程中因不能析出枪晶石而无法控制传热的问题。韩文殿[27]等研究了无氟保护渣渣膜的传热性和矿物结构，发现添加2.5%的 TiO_2，可使结晶器无氟保护渣具有较好的流动性和较低的熔化温度，可使渣膜的硅灰石相区缩小、黄长石相区扩大，从而降低渣膜的传热系数。

5.6　保护渣结晶矿相影响因素的分析

硅酸盐结晶理论认为，保护渣熔渣连续冷却结晶是一种过冷结晶，结晶出来的晶体的化学成分与熔体本身的成分并不一致。在熔体结晶的整个过程中，不同的阶段结晶出不同的矿物，并且有一定的析出顺序。保护渣成分对形成晶体熔渣结晶过程的影响因素可从热力学条件和动力学条件两方面进行分析。

（1）热力学条件。相对于某种保护渣来讲，改变一种成分含量，如果该成分为析出晶体的组成成分，增加该成分含量，意味着形成晶体的离子浓度增加，该成分很可能促进保护渣析晶。实验中增加 CaO、CaF_2 质量分数，能促进枪晶石的析出，增加 Na_2O、Al_2O_3 质量分数，促进霞石析出，都属于这种机理。

（2）动力学条件。相对于某种保护渣来讲，如果改变一种成分含量，该成分不是析出晶体的组成成分，增加该成分含量，对于形成晶体的离子浓度影响不大，但改变了保护渣的黏度，改变了晶体析出的动力学条件，从而影响保护渣析晶。如增加 K_2O、Li_2O 质量分数，降低了保护渣黏度，降低了晶体组分离子迁移位阻，促进保护渣析晶。MgO、MnO 等能与渣中其他成分形成熔点较低的黄长石、橄榄石、镁蔷薇灰石等，降低了保护渣的熔化温度，相当于减小了保护渣的过冷度，抑制晶体析出。BaO 能显著降低保护渣的凝固温度和黏度，增大渣的玻璃化率。任何一种组分的改变，都应从动力学和热力学两方面来考虑，如增加 CaO 质量分数既增大了晶体析出的热力学条件，又降低保护渣黏度，改善了晶体析出的动力学条件，促进保护渣结晶。而增加 SiO_2 含量，增加了枪晶石（$Ca_4F_2Si_2O_7$）的组分浓度，但增大了保护渣的黏度，增大了晶体组成离子的迁移位阻，这种作用更大，即抑制保护渣析晶。

5.7　表面粗糙度

表面粗糙度是表面特征的重要指标之一，是指表面上具有较小间距和峰谷所组成的微观几何形状特征。Koichi Tsutsumi 首次将这一概念引入到保护渣研究领域，来探讨表面粗糙度和临界冷却速率的关系。目前测量表面粗糙度的方法主要有接触式测量和非接触式测量两类。

研究者们发现，保护渣的结晶性能与铸坯的质量有很大的关系，保护渣的结晶性能是影响铸坯和结晶器之间传热的一个重要因素。在拉速一定的情况下，结晶温度升高，结晶器与铸坯之间的平均传热速率减小，降低通过结晶器的热流可以减小表面纵裂纹产生的概率。有研究结果表明，结晶态的保护渣膜导热和辐射传热均大于全玻璃相的渣膜，说明结晶渣膜内产生“孔”和结晶体的消光作用并不能降低传热，反而还增加传热。但事实上增加保护渣的结晶能力，确实又能降低结晶器热流，这就说明控制结晶器传热主要因素可能就是渣膜与结晶器壁之间的界面热阻，也就是与结晶器壁侧的渣膜的表面粗糙度有关的热阻。渣膜的表面粗糙度越大，所形成的气隙也大，降低热流越明显，保护渣与结晶器之间的摩擦力也会相应增加。渣膜的表面粗糙度是控制结晶器传热和润滑的关键参数。

苗胜田[28]利用表面粗糙度轮廓仪，研究了保护渣的化学成分对表面粗糙度的影响规律，结论如下：

（1）在 0.7% ~1.2% 范围内，随着碱度的升高，表面粗糙度线性增加。

（2）在 2% ~10% 范围内，TiO_2 含量增加，保护渣的表面粗糙度呈上升趋势。

（3）在 0.5% ~2.5% 范围内，Li_2O 含量增加，表面粗糙度升高。

（4）在 2% ~8% 范围内，随着 Na_2O 含量的增加，表面粗糙度升高，当含量超过 8% 时，表面粗糙度略有降低。

（5）在2% ~10%范围内，随着 B_2O_3 含量的增加，表面粗糙度降低。

（6）在2% ~6%范围内，随着 MnO 含量的增加，表面粗糙度先升高后降低，在4%时，取得最大值。

（7）在3% ~8%范围内，随着 MgO 含量的增加，表面粗糙度升高。

（8）随着化学成分的变化，结晶温度和表面粗糙度的变化趋势相同。

参考文献

[1] 杜方．连铸保护渣渣膜润滑模拟研究［D］．重庆：重庆大学，2009.

[2] 王兆达，徐兵，徐永斌．不锈钢模铸复合型固体保护渣的研制和应用［J］．宝钢技术，2005（3）：64 ~68.

[3] 陈兆喜，陈拥军．连铸保护渣的物质组成及理化性质研究［J］．矿物岩石地球化学通报，1999，18（4）：348 ~351.

[4] Chimani C M，Resch H，Morwald K，et al. Precipitation and phase transformation modelling to predict surface cracks and slab quality［J］. Ironmaking and Steelmaking. 2005，32（1）：75 ~79.

[5] 迟景灏，甘永年．连铸保护渣［M］．沈阳：东北大学出版社，1993：3 ~6.

[6] 陈兆喜，张清军．颗粒保护渣的物质组成和结晶率的研究［J］．矿物岩石地球化学通报，1997，16（增刊）：54 ~55.

[7] 吴杰，刘振清．连铸结晶器保护渣渣圈的研究［J］．包头钢铁学院学报，2001（3）：266 ~267.

[8] Kyoden H. Development of mold powders for high speed continuous casting of steel［C］//Steelmaking Conference Proceedings，1986.

[9] Kashiwaya Y. An investigation of the crystallization of a continuous casting mold slag using the single hot thermocouple technique［J］. International ISIJ，1998，38（4）：357 ~365.

[10] Cho J. In – situ observation of crystallization of mold fluxes for continuous casting of steel［J］．东北大学素材工学研究所简报，1997，53（1，2）：47 ~52.

[11] 李继铮，陈宝云．保护渣熔渣结晶性能的研究［J］．钢铁研究，1998（1）：11 ~15.

[12] 张国栋，邵雷，等．中碳钢连铸保护渣显微结构的研究［J］．耐火材料，2004，38（6）：423 ~428.

[13] 韩秀丽，杨慧平，刘丽娜．低碳钢连铸保护渣固态渣膜显微结构分析［J］．钢铁钒钛，2008，29（2）：32 ~36.

[14] 杨慧平．连铸保护渣及渣膜的矿物组成和显微结构研究［D］．唐山：河北理工大学，2008.

[15] Grieveson P. Physical properties of casting powders：Part 2 mineralogical constitution of slags formed by powders［J］. Ironmaking and Steelmaking，1988，15（4）：181 ~186.

[16] Riboud P V. Fundamental study of the behavior of casting powders. Research Contract［C］//Commission of European Communities，1984.

[17] Kashiwaya Y. Development of double and single hot thermocouple technique for in situ observation and measurement of mould slag crystallization［J］. ISIJ International，1998，38（4）：348 ~356.

[18] 巩小军，译．板坯连铸保护渣研究［J］．太钢译文，1993（4）：14 ~17.

[19] Mills K C. Causes of Sticker breakout during continuous casting［J］. Ironmaking and Steelmaking，1991，18（4）：253 ~265.

[20] Imai T. Influence of gas on lubrication of mould powder［J］. Transactions ISIJ，1986，26（3）：253 ~256.

[21] Mills K C. Effect of casting powder on heat transfer in continuous casting [J]. Continuous Casting, 1985, 57: 1 ~ 7.
[22] Taylor R. Physical properties of casting powders. Thermal conductivities of casting powders [J]. Ironmaking and Steelmaking, 1988, 15 (4): 187 ~ 194.
[23] Billany T J H. Surface cracking in continuously cast products [J]. Ironmaking and Steelmaking, 1991, 18: 403 ~ 410.
[24] 谢兵. 连铸结晶器保护渣相关基础理论的研究及其应用实践 [D]. 重庆: 重庆大学, 2004.
[25] 苗胜田, 文光华, 唐萍, 等. 无氟连铸结晶器保护渣的结晶性能 [J]. 钢铁研究学报, 2006, 18 (10): 20 ~ 35.
[26] 王艺慈, 董方, 王宝峰. 无氟结晶器保护渣结晶矿相研究 [J]. 内蒙古石油化工, 2006 (11): 5 ~ 7.
[27] 韩文殿, 仇圣桃, 张兴中, 等. 结晶器无氟保护渣渣膜的传热性和矿物结构 [J]. 钢铁研究学报, 2007, 19 (3): 14 ~ 16.
[28] 苗胜田. 含钛无氟连铸结晶器保护渣结晶性能研究 [D]. 重庆: 重庆大学, 2006.

6 传热特性

结晶器中的传热是坯壳均匀生长的重要保障，结晶器内的传热分为水平传热和纵向传热，水平传热约占总传热的95%以上，主要影响铸坯表面纵裂的产生，纵向传热可以影响振痕深度、针孔的形成、保护渣熔池的深度、液渣向结晶器与铸坯间通道的填充以及润滑。由于保护渣在结晶器中充当控制铸坯与结晶器间的传热介质、钢液表面上的保温介质的重要作用，深入研究保护渣自身的传热特性具有非常重要的理论和实际意义。

6.1 传热环节

从钢水和坯壳界面到结晶器的传热由以下步骤组成：

（1）钢液熔池的对流换热；

（2）渗入坯壳和结晶器壁的保护渣层的传热；

（3）坯壳和结晶器壁间形成的气隙的传热；

（4）结晶器壁的导热；

（5）结晶器－冷却水界面的对流换热。

一般情况下最大热阻为（2）~（4）三个环节，所以气隙的形成和保护渣的特性对传热起着非常大的作用。通常，将气隙的传热热阻当做渣膜的界面热阻来考虑。一般而言，拉速、钢种、保护渣特性为传热控制的主要环节，同时结晶器形状、振动频率、浸入式水口设计和浸入深度、钢液中的氢含量等都有一定的影响。典型的结晶器窄面纵向热流图如图6－1所示。

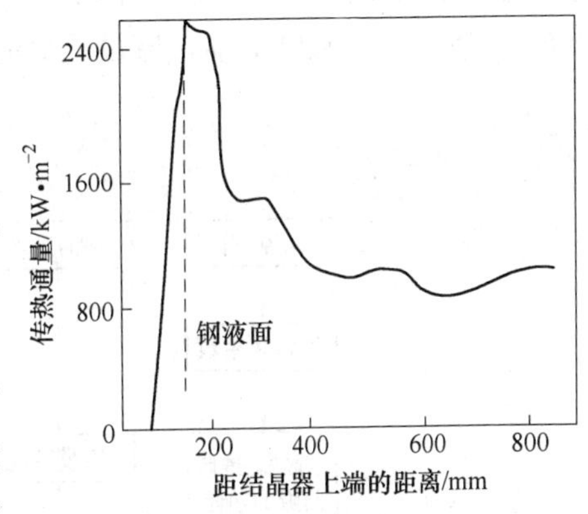

图6－1 典型的结晶器窄面纵向热流图

由图6－1可见，弯月面或其以下200mm内，热流密度达到最大值，再往下热流减小，至出口前轻微上升，弯月面下热流密度的减小主要由于气隙增加、固态渣膜增厚、坯壳生长和液芯对流换热的减少等综合作用的结果。出口处热流密度的轻微上升是由于结晶器锥度过大或坯壳的黏结所致。

6.2 结晶器保护渣传热机制

结晶器保护渣的传热性能与其组成成分、渣膜厚度及结构等因素有关，通常用有效导热系数或热阻来表征。在实际连铸过程中，结晶器保护渣在结晶器壁与铸坯坯壳之间形成的渣膜非常薄，通常在1mm左右。其中，液渣层厚度一般在0.2mm左右，液渣流速小，而且以层流流动为主。

由于液渣膜较薄，并与钢坯同向运动，因此垂直于结晶器壁的对流运动可以忽略不计，则对流传热可以忽略不计。结晶器壁与铸坯坯壳之间的热流以导热和辐射两种方式通过渣膜进行传递，并假设导热和辐射是相互平行、互不干扰的两个过程。综上所述，保护渣渣膜的有效导热系数（k_{eff}）为导热系数（k_e）和辐射系数（k_r）之和。保护渣渣膜热阻 R 是由导热热阻（R_{cond}）和辐射热阻（R_{rad}）构成的，可以由下面公式表达：

$$1/R = 1/R_{cond} + 1/R_{rad} \tag{6-1}$$

或

$$R = \frac{d}{\lambda} \tag{6-2}$$

式中 d——保护渣渣膜厚度；

λ——导热系数。

从式（6－2）可以看出，保护渣渣膜厚度增大，热阻增加，则通过渣膜的热流密度就减小。

纵向裂纹与铸坯和结晶器之间传热有着密切的关系，结晶器与坯壳之间的传热受下列因素影响[1]：

（1）浇铸参数，包括浇铸速度、钢水过热度、结晶器液面控制和水的流量。

（2）固态和液态渣膜的热特性和物理特性，包括渣膜的厚度和结晶程度、热传导和吸收系数等。

（3）铜壁和渣界面的热阻，包括气隙、渣的线膨胀系数和渣膜表面粗糙度。

由于结晶器内的传热受到如上一些因素的影响，因此其传热机制非常复杂。此外，透过固态渣层的传热有传导传热和辐射传热两种机制。影响结晶器/铸坯之间传热的因素如图6－2所示。导致结晶器热流量减少的因素见表6－1。

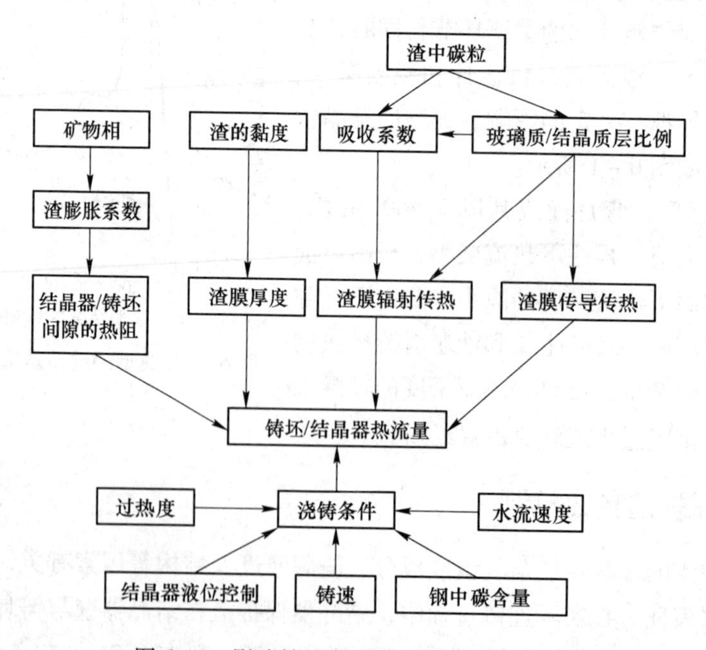

图6－2 影响结晶器/铸坯之间传热的因素

表 6－1 导致结晶器热流量减少的因素

浇铸参数	传导传热	辐射传热	钢/渣界面
铸速减慢	渣层厚度增大	辐射传热减小	界面热阻增大
冷却水流速加快	导热性降低	结晶性增高	气隙增大
过热度减少	黏度增高、结晶性减小	吸收（消光）系数减小	渣的膨胀系数增大

由图 6－2 可知，渣膜厚度、渣膜导热系数、渣膜辐射传热系数、结晶器和渣膜界面的空隙及状态等因素影响着结晶器壁和铸坯之间的传热。众多研究者对辐射传热进行的研究表明，辐射传热在渣膜总传热中存在差异。对导热系数的研究则表明不同保护渣存在有效导热系数的变化，但要简单地在各种渣的化学组成成分上找到描述它们的一种固定模式是不可能的。

另外，保护渣在结晶器与坯壳之间的间隙形成的渣膜介质，影响着坯壳向结晶器的传热，其润滑特性直接影响着连铸过程的顺利进行和铸坯表面质量。渣膜的不均匀及其传热的不均匀性是坯壳表面裂纹产生的主要影响因素。熔渣的热物性对铸坯和结晶器的润滑作用以及最佳传热能力的确定都有很大的影响。T. Kanazawa[2] 等人得出低碳钢（0.05%）和中碳钢（0.11%）在弯月面下方 45mm 处的临界局部热通量分别为 $2.8\times10^{6}\mathrm{W/m^{2}}$ 和 $1.7\times10^{6}\mathrm{W/m^{2}}$。当然，考虑保护渣传热应针对钢种的特性而选择相应的保护渣，如中碳钢连铸时，采用高熔点、高碱度、高结晶率的保护渣，降低弯月面区域的传热，可有效防止纵裂纹的产生；而有的钢种需要增加其传热，则采用低熔点、高玻璃化的保护渣，提高润滑和传热，但是必须注意黏结是在弯月面开始的，而不是在坯壳存在于结晶器中开始黏结，因此过多的传热也有缺点，高的传热将增加渣圈的形成，导致皮下缺陷[1]。

结晶器内通过保护渣渣膜的传热是非常复杂的。这种传热一般涉及两大机理：晶格传热和辐射传热。有的研究者认为保护渣晶体层的存在会显著减少辐射传热[3]。Cho[4] 等人认为，晶体层的存在对结晶器/渣膜界面热阻的影响要大于对辐射传热的影响。热阻可以分解表述为一系列的阻力，不少研究者得到了结晶器/渣膜的界面热阻：Watanabe[5] 等人得到的数据是 $4.1\times10^{-4}\sim5.6\times10^{-4}\mathrm{W/(m^{2}\cdot K)}$，Shibata[6] 等人的数据是 $5\times10^{-4}\sim10\times10^{-4}\mathrm{W/(m^{2}\cdot K)}$，Yamauchi[7] 等人的数据为 $4\times10^{-4}\sim8\times10^{-4}\mathrm{W/(m^{2}\cdot K)}$，Cho[4] 等人的数据为 $5\times10^{-4}\sim25\times10^{-4}\mathrm{W/(m^{2}\cdot K)}$。这些数据构成了凝固坯壳与结晶器间总热阻的重要部分。一般条件下，固相渣膜的热阻大于总热阻的 50%。在模拟实验中，Cho 将水冷铜管浸入钢板上 1350℃ 的液渣中，记录铜管中的两个已知点的温度，精确测量渣膜的厚度及表面粗糙度，通过数据分析确定界面电阻 $R_{\mathrm{Cu/sl}}$，以此来确定界面热阻。

有研究探讨了保护渣的理化特性如碱度和结晶温度等对界面热阻的作用规律如下：碱度对界面热阻的影响，热流密度和传热系数与碱度的关系如图 6－3 所示。由图 6－3 可以看出，随保护渣碱度增大，热流密度和传热系数有着相似的规律，即先降低后升高，在碱度为 1.00 附近存在极小值。

界面热阻、渣膜热阻及总热阻与碱度的关系如图 6－4 所示。由图 6－4 可以看出，三者变化规律相似。随碱度增大，热阻都先升高后降低，在碱度 1.00 附近出现极大值。图 6－3和图 6－4 中曲线的变化规律相反是因为热阻和导热系数是呈反比关系的。

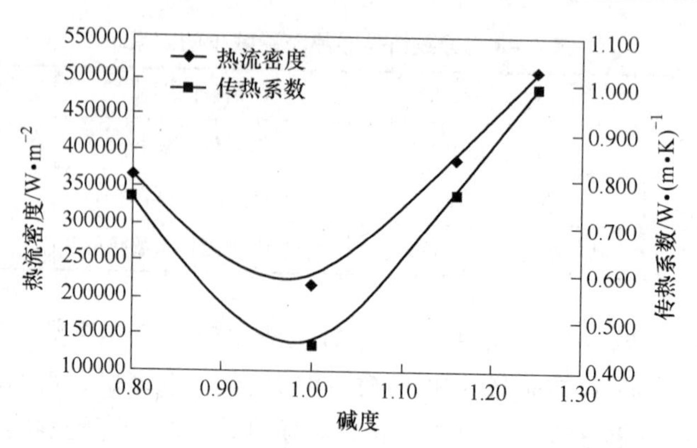

图 6－3　热流密度和传热系数与碱度的关系

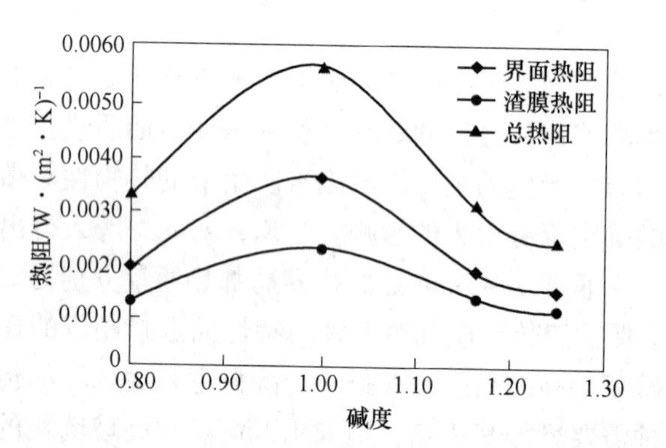

图 6－4　界面热阻、渣膜热阻及总热阻与碱度的关系

图 6－5 所示为 Na_2O 含量对界面热阻、渣膜热阻及总热阻的作用规律。可见，随 Na_2O 含量增大，界面热阻和渣膜热阻都降低，从而使得总热阻也降低。且随着 Na_2O 含量增大，界面热阻和渣膜热阻的差值减小。

图 6－6 所示为 F^- 含量对热流密度和传热系数的影响。随 F^- 含量增大，热流密度和传热系数下降幅度很大。图 6－7 所示为 F^- 含量对界面热阻、渣膜热阻及总热阻的影响。由图 6－7 可见，随着 F^- 含量增大，界面热阻和渣膜热阻都显著增大，从而使得总热阻增大。而且，随着 F^- 含量增大，界面热阻和渣膜热阻的差值越来越大，界面热阻明显大于渣膜热阻。

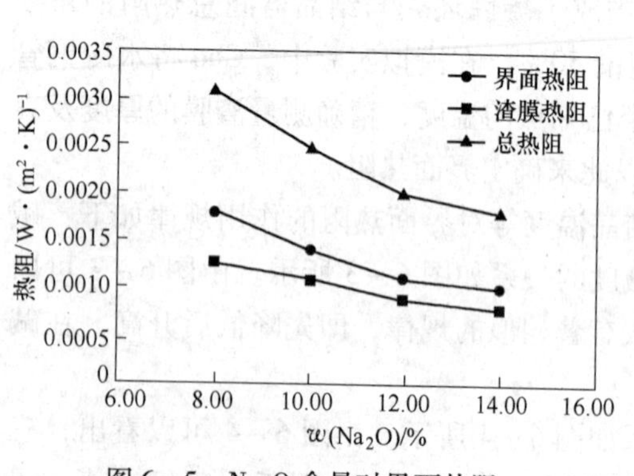

图 6－5　Na_2O 含量对界面热阻、渣膜热阻及总热阻的影响

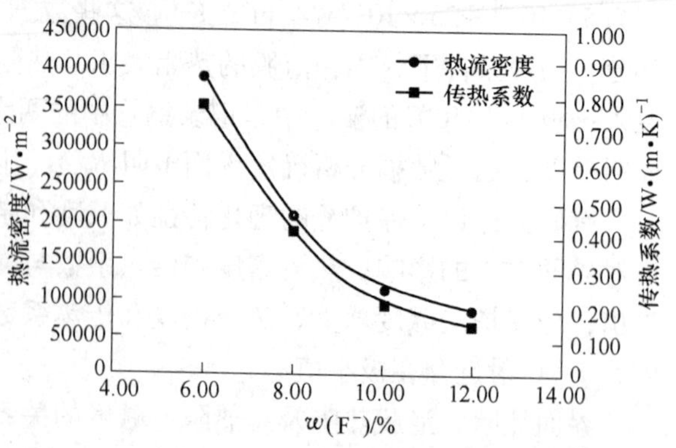

图 6－6　F^- 含量对热流密度和传热系数的影响

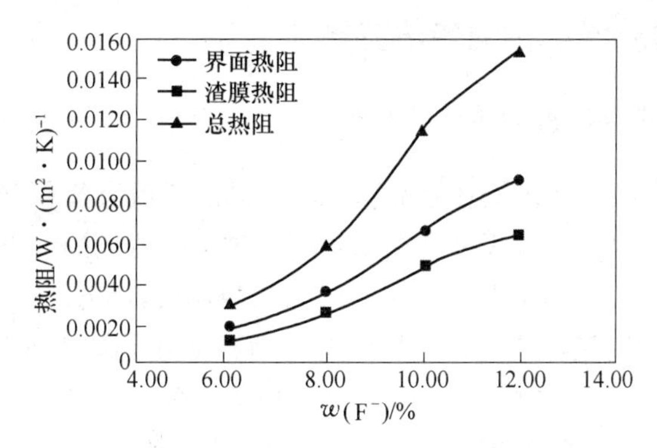

图 6-7 F^-含量对界面热阻、渣膜热阻及总热阻的影响

变化 Al_2O_3 的含量依次为0.32%、1.31%、2.31%和4.30%，通过保护渣膜的热流密度、传热系数的变化如图6-8所示。由图6-8可以看出，随 Al_2O_3 含量增大，热流密度和传热系数先降低后升高，大约在 Al_2O_3 含量为1.40%附近出现极小值。渣膜热阻和总热阻的影响，三者先增大后降低，图6-9所示为 Al_2O_3 含量对热阻的影响，在1.40%附近出现极大值。由图6-8和图6-9可以看出，Al_2O_3 含量变化对界面热阻、渣膜热阻、总热阻和整个保护渣膜的有效导热系数的影响十分复杂，从而对通过保护渣膜的传热影响很大。

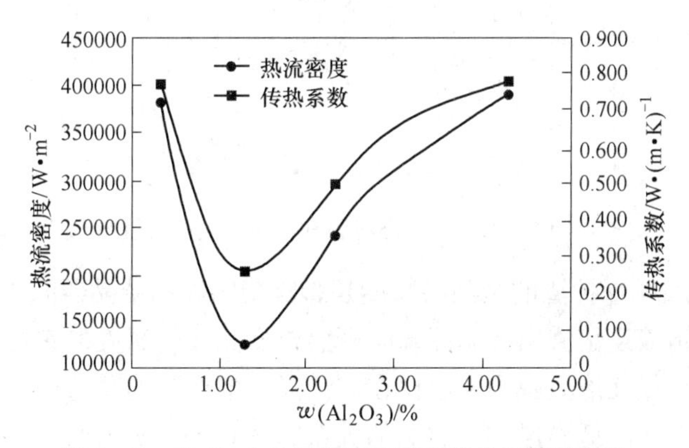

图 6-8 Al_2O_3 含量对热流密度和传热系数的影响

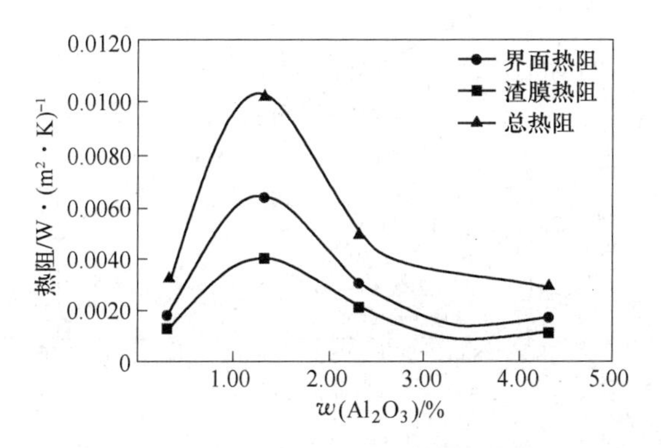

图 6-9 Al_2O_3 含量对界面热阻、渣膜热阻及总热阻的影响

6.3　结晶器保护渣渣膜结构对传热的影响

6.3.1　保护渣结晶性能及厚度对传热的影响

流入结晶器和坯壳间的保护渣在结晶器和坯壳间形成液态渣膜和固态渣膜。液态渣膜的物理性能如熔点、黏度及液渣膜厚度控制着连铸过程中铸坯的润滑，而固态渣膜的厚度及其结晶行为（结晶率、结晶温度和晶体的形态）控制着连铸过程中铸坯的传热。结晶温度在1373K以上的保护渣能够通过降低热流有效地降低连铸坯表面纵裂纹的发生概率[8]。钢液凝固释放出来的热量以传导传热和辐射传热两种形式通过保护渣渣膜传递给结晶器[9]。结晶器和铸坯坯壳之间的渣膜状态与结晶器的热面和铸坯表面温度分布有关。在正常情况下结晶器热面的温度应该在670K以下，结晶器内铸坯表面的温度介于钢液的液相线温度至1423~1123K之间。渣膜两边的温度差必然引起渣膜横断面内存在着相当大的温度梯度。图6－10所示为结晶器和连铸坯之间不同位置处的温度分布。

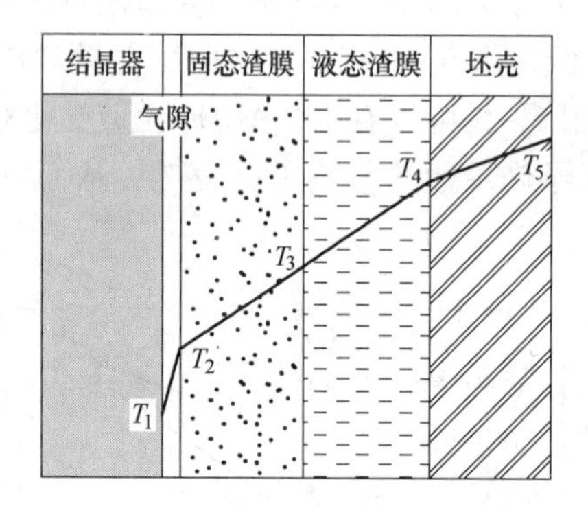

图6－10　保护渣固态渣膜和液态渣膜的温度分布

大量研究[10,11]表明保护渣的结晶层厚度是影响凝固壳和结晶器间传热的重要因素。保护渣的结晶温度是指液态熔渣由高温冷却时开始析出晶体的温度，它是保护渣化学成分和冷却速率的函数。热量在液渣膜中传递比在与结晶器壁相连的固渣膜中传递更有效，热流随着保护渣结晶温度的降低而增加，它们的关系如图6－11所示[6]。

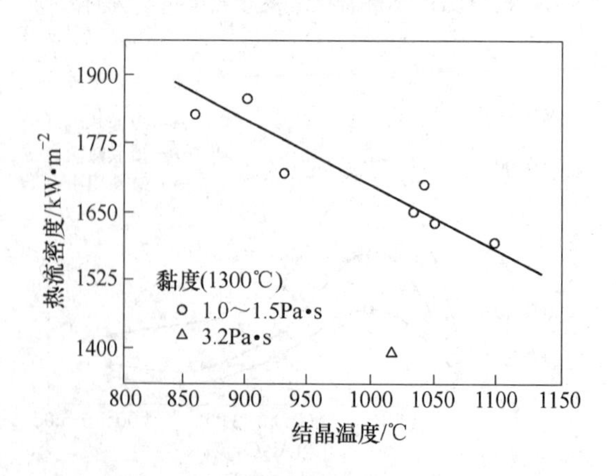

图6－11　保护渣结晶温度与热流量的关系

Jung Wook Cho[4]等人研究结晶层厚度和结晶器保护渣之间界面热阻的关系，如图6－12所示。

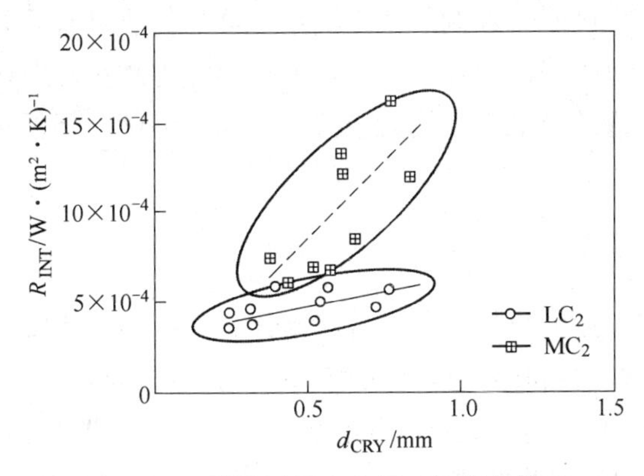

图6－12 结晶层厚度和界面热阻的关系

在此研究的基础上得出了结晶层厚度（mm）和界面热阻（$\times10^{-4}$，W/($m^2\cdot K$)的关系式。

对于低碳钢（LC），关系式如下：

$$R_{INT}=2.94d_{CRY}+3.52(0.3\leqslant d_{CRY}\leqslant1.0) \tag{6-3}$$

对于中碳钢（MC），关系式如下：

$$R_{INT}=16.4d_{CRY}(0.4\leqslant d_{CRY}\leqslant0.9) \tag{6-4}$$

式中 R_{INT}——界面热阻，W/($m^2\cdot K$)；

d_{CRY}——保护渣结晶层厚度，mm。

保护渣的结晶温度越高，渣膜中结晶层所占的比例越大，就能较大地抑制传热，对连铸坯进行缓冷，降低表面纵裂纹发生的概率。另外，保护渣在结晶过程中伴生的孔洞，以及靠近结晶器侧保护渣渣膜因冷却收缩而与结晶器之间形成的气隙也能显著增加界面热阻，使热流得到很好的控制。关于保护渣结晶温度、保护渣的结晶层厚度等指标对传热影响的研究，无不表明：保护渣的结晶性能对于结晶器和凝固坯壳之间的传热起着决定性的作用。而传热的速度及其均匀性对于坯壳的生长、可允许的浇铸速率，以及连铸坯的表面质量都具有极大的影响[12]。

保护渣的结晶特性在结晶器和连铸坯之间的热传递中发挥着特殊而又重要的作用。同时，它也是影响渣膜厚度的一个重要因素，结晶温度决定了有多少间隙被固体保护渣填充和有多少液态渣膜留下来作为坯壳的黏性流体润滑。固体保护渣与结晶器的界面热阻来源于保护渣结晶和凝固产生的表面变形，且随结晶能力的增大，界面热阻增大。

固态渣膜厚度的大小主要受保护渣熔化温度的影响，熔化温度越高，则固态渣膜厚度越厚。保护渣渣膜通过两种机理传热即晶格传导传热和辐射传热。K. C. Mills[13]通过测定表明，辐射传热是坯壳向结晶器传热的总热通量的10%～20%。K. C. Mills[14]等人还对五种不同渣膜的热特性进行了研究，其结果表明辐射热通量是传导传热通量的15%，并且指出渣膜的结晶程度是辐射传热的决定因素。固态渣膜的厚度主要影响渣膜的晶格传导传热和渣膜自身的凝固收缩程度[1]。

6.3.2　保护渣渣膜表面粗糙度对传热的影响

固态渣膜的表面粗糙度对于控制从铸坯到结晶器的传热具有重要影响，表面粗糙度越大，界面热阻越大，通过渣膜从铸坯到结晶器的传热能力越小。对于中碳钢，需要通过减缓冷却速度，提高保护渣的结晶率，增大渣膜的表面粗糙度，降低热流，从而减少铸坯表面纵裂纹[15]。

6.4　热流密度

结晶器内钢水凝固传递的热量主要经过凝固坯壳、结晶器渣膜、铜－渣界面热阻及结晶器壁四个环节。钢水在结晶器内开浇一段时间，拉速恒定后，可以把温度场看成是稳定温度场。因此，整个体系沿传热方向具有相同的热流密度，结晶器的热流密度应等于居于结晶器板热面与坯壳表面中间的渣膜的热流。Savage 在静止水冷结晶器内测定了热流（kW/m^2）与钢水停留时间的关系，见式（6－5）：

$$\Phi = 2688 - 355t \tag{6-5}$$

将此式用于连铸结晶器，得到式（6－6）：

$$\Phi = 2688 - 355L/v \tag{6-6}$$

式中　t——钢水在结晶器停留时间，min；

L——结晶器长度，m；

v——拉速，m/min。

式（6－6）说明热流是随结晶器高度逐渐减少的。Ribound、H. F. Schrewe 等人研究发现，沿结晶器高度方向热流密度呈图 6－13 分布，在弯月面以下几厘米处热流最大，随后由于坯壳厚度增加，相应的热阻增大而热流逐渐减小，这与 Savage 在实验室所得公式相似。

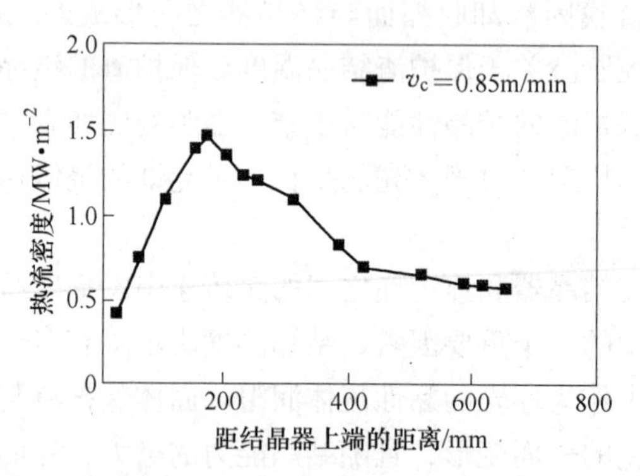

图 6－13　结晶器热流密度分布

巴钧涛[16]对保护渣组分（碱度 R、F^-、Na_2O、Al_2O_3、MgO、B_2O_3、Li_2O 及 MnO）及物理性能（熔点、黏度、渣膜厚度及结晶率）对热流密度的影响进行了研究，得到了化学组分和物理性能对保护渣传热影响的规律：

（1）$CaO-SiO_2-Na_2O-CaF_2$ 四元渣系和 $CaO-SiO_2-Na_2O-CaF_2-Al_2O_3$ 五元渣中碱度、F^- 和 Na_2O 含量对热流密度的影响规律相似。R 为 0.8～1.1 的范围内，热流密度增

大，此后随碱度增大，热流密度减小；F^- 对热流密度的影响较为明显，流值降低的很快；Na_2O 随其含量增加，热流密度增大。五元渣系中，Al_2O_3 含量对热流密度的影响比较复杂，Al_2O_3 含量为6%时，热流最低，此后又升高，到9%时，热流基本保持不变。

（2）保护渣中微量熔剂对热流的影响规律如下：随着 MgO 含量的增加，热流密度呈逐渐上升趋势，但变化较小；B_2O_3 含量为1% ~3%时，热流密度基本保持不变，此后略微上升，B_2O_3 含量在5%达到最大值后，热流密度开始下降；加 Na_2O 和不加 Na_2O 的渣系，热流密度都随着 Li_2O 含量的增加而增加；MnO 含量对热流的影响较小，MnO 含量为0% ~2%时热流密度下降较快，当超过2%时，随着 MnO 含量的增加，热流有略微的下降趋势，但变化不大。

（3）随着熔点的升高，热流密度呈下降趋势。黏度在小于0.24Pa·s时，随黏度的增加热流密度呈增大趋势；当黏度大于0.24Pa·s时，随黏度的增加热流密度呈下降趋势。

6.5 保护渣渣膜传热的测试方法

保护渣渣膜传热的测试方法如下：

（1）一维稳态平板法。一维稳态平板法测试装置如图6－14所示。该装置通过SUS304模拟铜结晶器，AlN板模拟铸坯，保护渣填充与模拟结晶器与AlN板之间，厚度可控。通过热电偶记录AlN板的下表面温度 T_3，以及冷却块内部处于同一纵向上相距为8mm的不同点温度 T_2 及 T_1，当温度不随时间的改变而变化时，此时系统处于稳态传热的情况，通过各层各点的热流密度相等。热流密度 q_r 可用式（6－7）计算，保护渣的总热阻 R_r 可用式（6－8）计算。

$$q_r = k_{sus}(T_1 - T_2) \tag{6-7}$$

$$R_r = (T_s - T_m)/q_r = R_{INT} + d_p/K_p \tag{6-8}$$

式中 q_r——热流密度；

R_r——总热阻；

T_s——渣膜与 AlN 接触温度；

T_m——渣膜与冷却壁的接触温度。

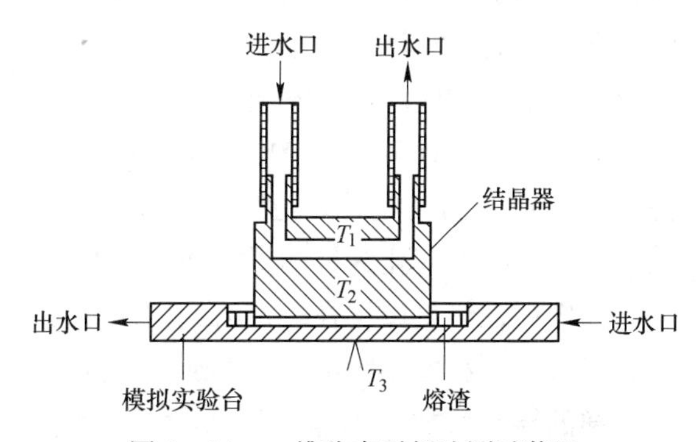

图6－14 一维稳态平板法测试装置

T_s、T_m 分别可用式（6－9）和式（6－10）计算。

$$T_m = T_1 + q_r d_1/K_{SUS} \tag{6-9}$$

$$T_s = T_3 + q_r d_{AlN}/K_{AlN} \tag{6-10}$$

因此，R_T 可以通过实验数据计算得到，通过计算得到的 R_T 与渣膜厚度作图，即可通过斜率的倒数得到渣膜有效传热系数，截距为界面热阻 R_{INT}。

（2）激光脉冲仪法。激光脉冲仪法测试液渣导热能力装置示意图如图 6-15 所示。此方法是将保护渣粉末分别制成两种试样：一种是直径 8mm、厚 1.0～1.5mm 的烧结渣试样，并将烧结渣试样两面镀上一层 1μm 厚的镍；另一种是直径 10mm、厚 1.0～1.3mm 的玻璃态渣试样，并在玻璃态试样两面喷涂上一层 2μm 厚的铬。用激光脉冲仪发射出一束时间短且能量大的脉冲打在试样前面，用红外探测仪测温在背面测试数据并送入微机中处理，计算出扩散系数和导热系数。

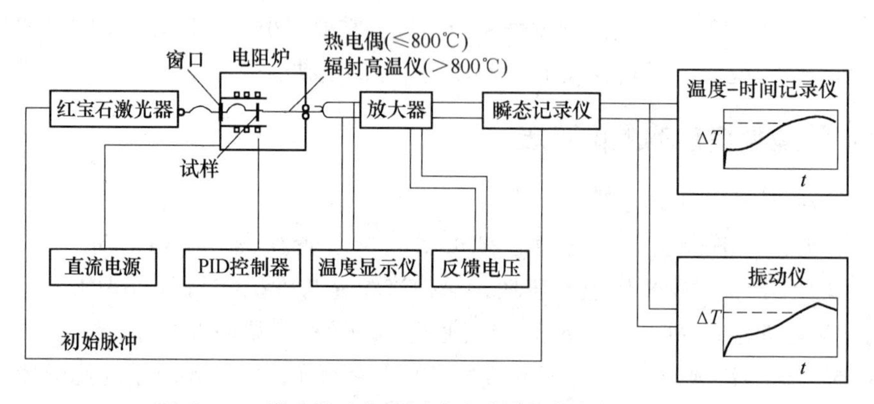

图 6-15　激光脉冲仪法测试液渣导热能力装置示意图

当数据的数学分析扩展到三层系中后，把渣注入坩埚中压紧成一层 0.5mm 厚的渣层。将厚 2mm 的盖子嵌入坩埚里，并用雾状石墨喷射四周。激光脉冲打在盖子上，连续测定坩埚底部的温度数据。

应用此实验方法可以准确测定烧结渣、玻璃态渣及粉渣的热扩散系数和导热系数，但不能测出保护渣处于液态时的热扩散系数和导热系数。

（3）渣柱法。渣柱法测量熔渣导温系数是利用热电偶测定渣柱内两点的温度变化的方法。首先将两只热电偶垂直放入刚玉坩埚内，保证其中一只沿坩埚的中轴线放置，而另一只放在平行相距 12mm 处，确保热电偶的热端保持在与坩埚一半高度的水平面上，待注入的熔渣冷却后整个放入电阻炉，记录炉内温度从室温升到渣的熔点温度过程中渣柱内两点的温度，然后应用热传导有限差分方程计算出熔渣的导温系数。

（4）热线法。热线法是通过测定温度随时间的变化求出导热系数的测试方法。其原理是：因热电偶测量的热线温度随时间的变化为被测保护渣导热系数的函数，因此将线形热源沿试样长度方向埋设于试样中后，测量试样在一定时间内的温度差。热丝笔直通过长方体或圆柱形试样中心，并保持一定大小的持续电流连续通过，此时热丝的温度将按指数规律上升，由公式计算得出试样的导热系数。

（5）铜管浸入法。Yovermeulen[17] 等人巧妙地运用铜质探头在感应炉内研究了保护渣化学成分对保护渣的结晶行为和固态渣膜传热特性的影响，采用以铜管温度的高低来表征保护渣渣膜传热能力的方法比较了相近渣膜厚度下铜管的温度。

参考文献

[1] 谢兵．连铸结晶器保护渣相关基础理论的研究及其应用实践［D］．重庆：重庆大学，2004.

[2] Kanazawa T，et al. 高速连铸技术［J］．国外钢铁，1995，8：28～37.

[3] Neumann F，et al. Mold fluxes in high speed thin slab casting［J］. Steelmaking Conference Proceedings，1996：249～257.

[4] Cho J W，Emi T，Shibata H，Suzuki M. Heat transfer across mold flux film in mold during initial solidification in continuous casting of steel［J］. ISIJ Int.，1998，38（8）：834～842.

[5] Watanabe K，et al. Effect of crystallization of mold powder on the heat transfer in continuous casting mold［J］. Tetsu－To－Hagane/Journal of the Iron and Steel Institute of Japan，1997，83（2）：115～120.

[6] Shibata H，et al. Thermal resistance between solidifying steel shell and continuous casting mold with intervening flux film［J］. ISIJ Int.，1996，36：S179.

[7] Chavez J F，et al. Heat transfer in mold flux－layers during slab continuous casting［J］. Steelmaking Conference Proceedings，1996：321～329.

[8] Kanazawa T，et al. 高速连铸技术［J］．国外钢铁，1995.

[9] 张平，魏庆成，胡建军．连铸结晶器中渣膜的传热研究［J］．重庆大学学报（自然科学版），1996，19（4）：77～81.

[10] Parka J，Badrib A B，Wolfe J T. The effect of mold flux films on radiative heat transfer on copper［C］//ISS Tech. Conference Proceedings. 2003：575～587.

[11] Kawamoto M，Tsukaguchi Y，Nishida N，et al. Improvement of the initial stage of solidification by using mild goofing mold powder［J］. ISIJ International，1997，37（2）：134～139.

[12] 文光华，迟景灏，王谦．亚包晶钢连铸板坯表面纵裂纹的研究［J］．钢铁钒钛，1999，20（3）：1～5.

[13] Mills K C. The Making，Shaping and Treating of Steel［M］. 2003：9～13.

[14] Mills K C，et al. Heat transfer through infiltrated slag layer. Process Technology Conference Proceedings［C］//ISS，USA，Uol. 13：157～162.

[15] 赵艳红．结晶器保护渣渣膜结构对传热影响规律研究［D］．重庆：重庆大学，2008.

[16] 巴钧涛．连铸结晶器内渣膜水平传热模拟研究［D］．重庆：重庆大学，2008.

[17] Yovermeulen，et al. The influence of chemical composition on the crystallization and the heat transfer of synthetic mould fluxes［J］. Canadian Metallurgical Quarterly，2004，143（4）：527～534.

7　界面特性

熔渣的表面张力和渣钢界面张力是研究渣钢界面现象和界面反应的重要参数。它们不仅影响到界面反应的进行，而且影响到熔渣与金属的分离、钢液中夹杂物的排出、反应中新相核的形成、熔渣的起泡、渣－金的乳化、熔渣对耐火材料的侵蚀等。此外，它们对反应机理的探讨（传质是通过界面进行的）及相界面结构的研究也有重要的作用[1]。

界面性质对熔渣吸收钢中非金属夹杂有重要的影响。保护渣能够充分吸收夹杂物，本身又不被卷入钢液内，取决于钢液－夹杂物、夹杂物－熔渣、熔渣－钢液界面上界面张力的大小[2]。为了使保护渣易于吸附夹杂物，熔渣－钢液的界面张力及钢液－夹杂物的界面张力越大就越有利。因此，在钢液成分和夹杂物的类型一定时，降低保护渣的表面张力是有利的。

7.1　表面张力

表面张力的物理意义是指生成单位面积的液相与气相的新的交界面所消耗的能量。位于与气相接触的液体或固体表面上的质点，比其内部的质点具有较高的能量，这种单位面积上的过剩能量称为表面自由能，它有力图缩小表面、降低过剩能量的趋势。这种收缩的趋势，也可设想为沿液面存在着使液体表面收缩的力，即为表面张力。表面张力与表面自由能在数值上相等，但物理意义与单位不同。表面张力的单位为 N/m，而表面自由能的单位为 J/m^2。

保护渣的表面张力决定了液渣润湿钢的能力，它对控制夹杂物分离、吸收夹杂物和渣膜的润滑起了重要作用。保护渣中 CaF_2、SiO_2、Na_2O、K_2O、FeO 等组元为表面活性物质，可降低熔渣的表面张力；而随着 CaO、Al_2O_3、MgO 含量的增加，熔渣的表面张力增大。降低熔渣表面张力，可以增大钢渣的界面张力，有利于钢渣的分离，也有利于夹杂物从钢液中上浮排除。结晶器内钢液由于表面张力的作用形成弯月面，钢液面上有无液渣覆盖，弯月面的曲率半径不同。有保护渣覆盖浇铸，弯月面的曲率半径比敞开浇铸时要大，曲率半径大有利于弯月面坯壳向结晶器器壁铺展变形，也不易产生裂纹。

钢液的表面张力与弯月面性质密切相关。钢液表面张力越大，弯月面的弹性薄膜功能越强，对初生坯壳的形成和表面质量越有利；并且，表面张力越大，钢渣润湿角也大，即便由于外界因素的干扰使弯月面破损，形成钢渣直接接触，因两者互不润湿，夹渣的可能性较小，弯月面容易恢复，可重新形成钢渣的分界面。

保护渣的表面张力，可由实验测定，或用经验公式计算得出。常用的表面张力测定方法为最大气泡压力法，误差小于 1.0%。不过熔渣表面张力的测定较难，往往不同研究者所测出的数据差别较大。一般要求保护渣的表面张力不大于 0.35N/m。

7.2 表面张力的影响因素

有研究指出，表面张力取决于保护渣的化学成分。保护渣的基本成分包括：SiO_2、CaO、MgO、Al_2O_3、Fe_2O_3、MnO、K_2O、Na_2O、Li_2O、B_2O_5、F^-、C，其基本是氧化物组成的熔体，因此保护渣的表面张力与各氧化物的表面张力有关。而氧化物的表面张力和其内部离子键能有关。氧化物的表面主要为 O^{2-} 所占有，因为 O^{2-} 的半径比阳离子半径大，所以在形成熔体时，氧化物表面张力的变化主要决定于表面 O^{2-} 与邻近阳离子的作用力[3]。根据这种理论将保护渣影响表面张力的成分分成以下几类：

（1）复合阴离子。SiO_2、Fe_2O_3、B_2O_5 中的阳离子静电势大，和 O^{2-} 能形成静电势较小的复合阴离子团，容易被排挤到表面上，降低保护渣表面张力。

（2）Na_2O、K_2O、Li_2O 的阳离子静电势较小，对 O^{2-} 的吸引力小，因而表面张力也很小。

（3）CaO、MgO 的阳离子静电势较大，对 O^{2-} 的吸引力大，因而表面张力也很大，MnO、FeO、Al_2O_3 的阳离子和 CaO、MgO 的阳离子静电势差不多，表面张力也相近。

（4）F^- 比 O^{2-} 有更小的静电势，能够排斥 O^{2-} 到表层，因而能大大降低保护渣的表面张力。

另外，有研究指出如下两个影响保护渣表面张力的因素为：

（1）碱度降低，保护渣体系表面张力随之降低；相反，碱度升高，体系表面张力随之增大。

（2）Al_2O_3 能使熔渣的表面张力升高，为非表面活性物质。但当保护渣中的 Al_2O_3 含量为5%～7%时，熔渣表面张力增速平缓[4]。

7.3 界面张力

液相与气相接触时表面存在的收缩力为表面张力，而两凝聚相（液－液及液－固）的接触界面上质点间存在的张力称为界面张力，它是由于两相及其界面的组成及结构不同而引起的，金属与熔渣间的界面张力属于液－液相间的界面张力。

钢－渣间的界面张力，可由下式计算：

$$\sigma_{钢-渣} = \sqrt{\sigma_{钢}^2 + \sigma_{渣}^2 - 2\sigma_{钢}\sigma_{渣}\cos\theta}$$

式中 $\sigma_{钢}$——钢液的表面张力，N/m；

$\sigma_{渣}$——熔渣的表面张力，N/m；

θ——润湿角，(°)。

上式说明，钢－渣间界面张力越大，则 $\cos\theta$ 越小。润湿角 θ 越大，两相间润湿程度越小，表示钢渣越易分离；反之，钢渣越难分离[5]。$\theta > 90°$时，液相部分发生润湿，而界面张力增大。$\theta = 180°$时，液相完全不发生润湿，而界面张力达到其最大值，等于两相表面张力之和。温度提高能使接触角减小，润湿度增加。

界面张力 $\sigma_{钢-渣}$是属于热力学平衡条件下的。当两相间有化学反应发生或组分在此两相间转移时，$\sigma_{钢-渣}$就会减小，这称为动态或非平衡界面张力。界面张力的下降值与两相发生的化学反应的化学势有关，因为反应的生成物会使两相间的润湿性改变。

7.4　界面张力的影响因素

界面张力决定于两相的化学成分、结构。两接触相的性质越相近，界面张力就越小。当异类组分间的作用力大于其自身分子间的作用力时，两相在相界面就有相当大的互溶性，而使界面张力减小。虽然表面活性组分对金属液及熔渣的表面张力的影响都很大，但是，因为金属液的表面张力比熔渣的表面张力要大得多，所以，同一表面活性物在金属液中存在时，要比在熔渣中存在时对界面张力的影响大得多。

影响界面张力的熔渣组分可分为两类：

（1）不溶解或溶解于金属液中的熔渣组分，如 SiO_2、CaO、Al_2O_3 等不会引起 $\sigma_{钢-渣}$ 明显变化。

（2）能分配在熔渣与金属液间的组分，如 FeO、FeS、MnO、CaC_2 等对 $\sigma_{钢-渣}$ 的降低很大，因为这些组分中的金属元素能进入金属液中，使金属液和熔渣的界面结构趋于相近，降低了表面质点力场的不对称性。特别是进入金属液中的氧对 $\sigma_{钢-渣}$ 的降低起着决定性的作用[1]。

影响界面张力的金属液的元素如下：

（1）不转入渣相中元素，如 C、W、Mo、Ni 等对钢－渣间的界面张力基本无影响。

（2）能以氧化物形式转入渣中的元素，如 Si、P、Cr、Mn 能降低钢－渣间的界面张力，因为它们能形成络离子，成为渣中的表面活性成分。

（3）表面活性很强的元素，如 O、S 降低钢－渣间的界面张力作用就很强烈。虽然它们的浓度很低，但其所起的作用却很大，远超过酸性氧化物带来的作用[1]。因为这些元素能在金属和熔渣两相中存在，使两相的相界面结构趋于相近，降低了界面质点场的不对称性。

（4）钢液中的溶解物，如 FeO 和 MnO 可溶解于钢液，降低界面张力。钢液中存在大量的溶解氧不仅减弱了渣的凝聚力，而且降低渣与钢间的界面张力，FeO 在钢液中的可溶性大于 MnO，所以含 FeO 渣的界面张力低于含 MnO 渣的界面张力。

（5）氧活度。氧的活度可明显降低钢－渣间的界面张力。有研究指出，渣中添加相当数量氧活度的 Na_2O 和 CaF_2，可增大界面张力；而添加相当数量氧活度的 FeO、MnO、MgO 和 TiO_2 在平衡条件下会降低界面张力。

参考文献

[1] 危志文. 电场作用下熔融保护渣性能的基础研究 [D]. 重庆：重庆大学，2010.
[2] 迟景灏，甘永年. 连铸保护渣 [M]. 沈阳：东北大学出版社，1992：19～31.
[3] 蔡开科，等. 连铸结晶器 [M]. 北京：冶金工业出版社，2008.
[4] 程红艳，等. 连铸保护渣组分对熔渣表面张力的影响 [J]. 连铸，2008，04.
[5] 李殿明，邵明天，杨宪礼，等. 连铸结晶器保护渣应用技术 [M]. 北京：冶金工业出版社，2008.

8 导电特性

熔融炉渣是可以导电的。X射线衍射研究表明，固态炉渣具有离子特性，而且随着温度的升高，其离子特性增强[1]。连铸保护渣的化学成分和普通炉渣大致相同，其物理、化学性质也有相似之处。因此保护渣熔融后可以导电。

粉渣中没有电离的离子，又由于保护渣颗粒之间的间隙较大，含量很少的炭也被阻隔开，所以导电性很差，几乎不导电。烧结层中已经开始生成液相物质，电离出一些离子，有一定的导电性。随着液相的增加，电离出的离子越来越多，导电性随之增强。当保护渣熔化达到半球点时，保护渣主要以离子状态存在，导电性会迅速增大[2~4]。

8.1 导电机理

保护渣属于 $CaO-Al_2O_3-SiO_2$ 或 $SiO_2-CaO-CaF_2$ 三元系，其导电性的物理本质是熔渣（包括固态和液态）在外电场的作用下，其中离子向两极迁移而产生的导电现象。

8.1.1 熔渣的离子结构模型

离子结构理论是 Herasymenko 在 1938 年首先提出的。离子理论认为，熔渣是由带电质点（原子或原子团），即离子所组成，但并不否定其内有氧化物或复合化合物的出现，可是它们不是分子，而是带电荷的离子群聚团。连铸保护渣属于硅酸盐体系，与普通炉渣具有相似的性质[5]。

各冶金学家提出了不同的模型，目前应用的最多的是完全离子溶液模型和正规离子溶液模型[6]。

（1）完全离子溶液模型。完全离子溶液模型是前苏联学者捷姆金（Temkhh）在 1946 年提出来的，它的主要内容如下：

1）熔渣完全是由正、负离子构成。正离子为 Ca^{2+}、Fe^{2+}、Mn^{2+} 等金属离子。负离子为 O^{2-}、S^{2-}、F^- 及 SiO_4^{4-}、PO_4^{3-}、AlO_2^-、FeO_2^-，没有比 SiO_4^{4-} 更复杂的硅氧离子。

2）正、负离子相间分布，正、负离子不能互相交换位置。

3）熔渣是完全溶液。

（2）正规离子溶液模型。鲁门斯顿（Lumsden）及科热乌诺夫（Koxeypos）分别提出正规溶液模型，正规溶液模型的要点是：

1）熔渣由简单的正离子 Ca^{2+}、Fe^{2+}、Mn^{2+}、Mg^{2+}、Si^{4+}、P^{5+} 及唯一的负离子 O^{2-} 组成。

2）各正离子完全无序地分布于 O^{2-} 周围，与完全离子溶液模型一样，即混合熵与完全离子溶液一样。

3）各种正离子与 O^{2-} 的作用力不等，因此其混合热不等于零[2]。

8.1.2　熔渣中离子存在的实验根据

可由下列事实证实熔渣是离子结构的熔体：

（1）X 射线衍射结构分析指出，组成炉渣的氧化物及其他化合物的基本组成单元均是离子，即带电的原子或原子团。如 FeO、MnO、CaO 等是 NaCl 晶格，其中每个金属阳离子 Fe^{2+}、Mn^{2+}、Ca^{2+} 等为 6 个阴离子 O^{2-} 所包围，而每个 O^{2-} 为 6 个金属离子所包围，形成八面体结构（配位数为 6）。不同晶型的 SiO_2 的单位晶胞，则是在硅离子 Si^{4+} 周围有 4 个氧离子 O^{2-} 的正四面体结构：SiO_4^{4-}（配位数为 4）。这些四面体在共用顶角的氧离子下，形成有序排列的三维空间网状结构。复合化合物，如 $2CaO \cdot SiO_2$ 是由 Ca^{2+} 与 SiO_4^{4-} 组成，$3CaO \cdot P_2O_5$ 由 Ca^{2+} 及磷氧离子 PO_4^{4-} 组成，而 FeO、Al_2O_3 由 Fe^{2+} 及铝氧离子 AlO_2^- 所组成。这些物质熔化形成熔渣后，其内的离子有更高的独立性，但不会形成分子[7~9]。

（2）熔渣是离子导电的，它的电导率虽比液体金属的低，但比分子状的物质高，为 $(0.1 \sim 1.0) \times 10^{-2}$ S/m。电渣重熔精炼及电弧炼钢是利用熔渣的离子导电性质。

（3）熔渣能被电解，在阴极析出金属。这证明有电子、离子参与的电化学反应过程在进行。如 $Fe^{2+} + 2e = Fe$ 的电极反应。此外，熔渣还作为高温原电池的电解质。

（4）SiO_2 浓度高的熔渣有较高的黏度，证实其内有 $Si_xO_y^{z-}$ 离子的存在。熔渣的表面张力（$0.3 \sim 0.6$ kJ/m²）比分子态物质（<0.05 kJ/m²）的表面张力高得多，证明其内没有分子态物质的饱和键存在。另外，向金属液 - 熔渣界面通入电流时，界面张力也发生变化，证明它们的界面上有离子和电子在两相间转移[5]。

8.1.3　熔渣中的离子种类

虽然各种固体氧化物是离子晶体结构，但离子之间的键很强，以致在固态时离子的导电性很小，即不会分解成单独活动的离子。组成熔渣的基本离子包括：简单的金属阳离子如 Cu^{2+}、Mn^{2+}、Fe^{2+}、Mg^{2+} 等；简单的阴离子如 SiO_4^{4-}、PO_4^{3-}、AlO_3^{3-}、FeO_2^-，以及由它们聚合而生成的复杂阴离子 $Si_2O_7^{6-}$、$P_2O_7^{4-}$ 等。

由于各种离子的半径不同，所带电荷也有差异，因此在各种氧化物中，不同阳离子对氧离子的极化能力是不相同的。众所周知，阳离子的极化能力与电场强度成正比，阳离子的半径越小，电荷越多，电场强度越大，因而极化能力越强。

碱性氧化物给出 M^{2+} 及 O^{2-}，而酸性氧化物则吸收 O^{2-}，形成络离子。这是由于阳离子和 O^{2-} 之间的键能不同所致。酸性氧化物中的阳离子（如 Si^{4+}）比碱性氧化物中的阳离子（如 Ca^{2+}）半径小而电荷多，因而其极化能力强。如果把碱性氧化物 CaO 加入到 SiO_2 熔体中，由于 Si^{4+} 离子施加给 O^{2-} 离子的极化能力比 Ca^{2+} 离子强得多，其结果是在 Ca - O - Si 离子团中，Ca - O 键削弱，甚至完全消失，而硅和氧则形成共价键的硅氧阴离子 SiO_4^{4+}。除 Si^{4+} 外，P^{5+}、Al^{3+}、Fe^{3+} 离子的半径也小，因而电荷也多，它们均能分别形成复杂的阴离子，如 PO_4^{3-}、AlO_3^{3-}、AlO_2^-、FeO_2^- 或 $Fe_2O_5^{4-}$ 等。

由此可以看出，当 SiO_2、P_2O_5 等酸性氧化物加入渣中，将消耗渣中的 O^{2-}，形成复杂的阴离子，即：

$$SiO_2 + 2O^{2-} \longrightarrow SiO_4^{4-}$$

$$P_2O_5 + 3O^{2-} \longrightarrow 2PO_4^{3-}$$

$$Al_2O_3 + 3O^{2-} \longrightarrow 2AlO_3^{3-}$$

而碱性氧化物在渣中则产生 O^{2-} 离子，即：

$$CaO \longrightarrow Ca^{2+} + O^{2-}$$

$$FeO \longrightarrow Fe^{2+} + O^{2-}$$

复合阴离子的结构是很复杂的，用 $Si_xO_y^{z-}$、$P_xO_y^{z-}$、$Al_xO_y^{z-}$ 表示（x、y 分别为 Si 及 P 等和氧的原子数，z 为离子团的电荷数），即可在它们的基本离子团（SiO_4^{4-}、PO_4^{3-} 等）的基础上，聚合成结构更复杂、体积更大的离子团。

其中硅氧复合阴离子（$Si_xO_y^{z-}$）是硅酸盐渣系中的最主要复合阴离子。SiO_4^{4-} 离子是一个四面体结构，Si^{4+} 位于四面体的中央，O^{2-} 分布在四个顶点上。它是各种硅酸盐的基本结构单位，这个基本结构单位可以发生聚合作用，并放出一个 O^{2-} 离子，即：

$$SiO_4^{4-} + SiO_4^{4-} \longrightarrow Si_2O_7^{6-} + O^{2-}$$

SiO_4^{4-} 还可以与已聚合的 Si－O 离子进一步聚合，生成更复杂的阴离子，如：

$$SiO_4^{4-} + Si_2O_7^{6-} \longrightarrow Si_3O_{10}^{8-} + O^{2-}$$

$$SiO_4^{4-} + Si_3O_{10}^{8-} \longrightarrow Si_4O_{13}^{10-} + O^{2-}$$

写成一般通式为：

$$SiO_4^{4-} + Si_nO_{3n+12}^{(n+1)-} \longrightarrow Si_{n+1}O_{3n+4}^{2(n+2)-} + O^{2-}$$

式中的 $Si_nO_{3n+12}^{(n+1)-}$ 是各种 Si－O 离子的概括表达式。按不同的 n 值，可以形成不同结构的 Si－O 聚合离子，如环状离子（SiO_3^{3-}）、网状离子（$Si_2O_5^{2-}$）及线链状或支链状离子等。

8.2 保护渣导电性的影响因素

保护渣的导电性常用电导率 K(S/m) 来表示，即电导率值越大，保护渣的导电性越强。保护渣导电性的物理本质是炉渣（包括固态和液态）在外电场的作用下，离子向两极迁移而产生的导电现象。影响液态保护渣导电的因素有：

（1）温度。随着温度的升高，离解出的离子数增多，导电性随之增强。在 1000～1100℃时，保护渣导电性迅速增强，这是因为此温度接近保护渣的熔化温度，保护渣迅速熔化。当达到 1200℃时，电阻率减小速度减慢，最后稳定在一个恒定值，这是因为此时离解出的离子数量接近最大值。

保护渣的电阻之所以呈现上述变化趋势，是与其熔化过程有关。保护渣属于一种复合的硅酸盐材料，在完全的粉渣状态下基本不导电。随着温度的升高，粉渣固相颗粒之间进行直接反应。保护渣中由于存在一些 Na_2O、K_2O、氟化物等助熔剂，这些熔剂形成液相的温度远低于主要组成物的共熔温度。而先在保护渣中出现液相，这些少量的液相物质将颗粒表面润湿，依靠表面张力作用使粉渣颗粒靠近、拉紧、并重新排列，使得保护渣的电阻率减小。粉渣经过固相反应烧结形成小液滴，随着温度的升高，这些小液滴相互接触聚集成大液滴，液滴逐渐增加。当出现大量液相时，保护渣电阻减小的速率增大。温度达到保护渣的半球点温度时，保护渣处于熔融状态，整个液相基本处于均相状态，其电阻也就处于基本稳定值。

（2）黏度。对于一定组成的熔盐或熔渣降低黏度有利于离子的运动，由于聚合离子的分解造成熔渣黏度降低，有利于阳离子的迁移，使熔渣的电导率增大。但是电导率主要取决于尺寸小、迁移速度快的简单离子的运动，而黏度则决定于尺寸大、迁移速度慢的复合阴离子的运动。

人们对熔盐和硅酸盐熔体进行测定，得知电导率 K 与黏度 η 有下述关系：$K_n\eta =$ 常数。

（3）熔渣组分。在一定条件下（温度、压力及外电场等），熔渣的导电性与导电离子的浓度和结构状态（如简单或复杂）有关，而这些又与熔渣的化学组成有关。

1）SiO_2 的影响。渣中其他组分保持不变而单独增加 SiO_2 时，K 值下降。其原因是，聚合反应生成了复杂的硅氧复合离子，同时又消耗了导电性强的简单离子。

2）碱性氧化物。当向渣中添加碱性氧化物时，一方面使复杂阴离子解体，同时又增加了简单离子的浓度，致使渣的导电性增强。而 FeO 的作用比较特殊，它具有电子导电的作用，可使渣的导电性大幅度增加，而且随温度升高其电导率值降低，这是电子导电与离子导电的区别。因为浮氏体是一种空位式固溶体，在其晶体中有铁空位，部分 Fe^{2+} 被 Fe^{3+} 取代，产生了“过剩电子”，在外电场的作用下，“过剩电子”便参与导电。具有类似性质的化合物还有 FeS 和 TiO_2 等。

3）Al_2O_3。Al_2O_3 是两性氧化物，在熔渣中主要以 Al^{3+} 形式参与导电。对于 $Al_2O_3-SiO_2$ 二元系熔渣，当其中 Al_2O_3 浓度很低时，渣中 Al^{3+} 相对 $Si_xO_y^{2-}$ 浓度低得多，使渣的电导率值很小；当其中 Al_2O_3 浓度很高时，Al 将形成铝氧或铝硅复杂阴离子如 $Al_2O_7^{5-}$、$Al_2O_7^{4-}$ 等，也使熔渣导电性变差。

4）CaF_2。CaF_2 加入渣中，既可使复杂阴离子解体，同时又增加了导电性强的简单离子浓度，所以可使熔渣电导率值大幅度增加。

8.3　熔渣电导率的测量方法

熔渣电导率的测量方法如下：

（1）毛细管法。毛细管法被广泛地应用于测量熔盐电导率的实验中[10]。毛细管法测量熔盐电导的原理是将待测盐装入毛细管内，要求控制毛细管的尺寸使被测体系电阻 $R=C/K$ 足够大，这里 C 表示电池常数，它等于 $C=L/A_s$，L 和 A_s 分别是毛细管的长度和横截面积。由于渣的熔点很高，因此这种方法测量熔渣的电导率必须选择高温下既容易加工又具有化学稳定性的材料作电导池。熔盐或熔渣的电导率较大，使用交流法测量电阻时，为了获得精确的测量结果，电阻值应在 100Ω 以上。

由于制作高温毛细管电导池的材料难以选择或不易加工，高温下熔盐或熔渣电导率的测定通常都采用坩埚电池法。

（2）坩埚电池法。盛放熔体的坩埚内插入两个电极，测两个电极之间的电阻计算熔体的电导率。

这种方法的缺点是测得的电阻远小于毛细管法，并且电导池常数与电极插入熔体深度有关。但此方法较为简便，并且数据采集准确。

（3）中心电极电池。将一根电极放在坩埚中心，坩埚作为另一电极。其主要优点是电极面积较大，缺点是中心电极必须准确放在坩埚中心。

（4）网环电极法。两个同轴圆柱和圆环分别作为两个电极。其主要优点是避免电流渗漏，电极面积较大；主要缺点是两个电极面积不相同。

（5）四电极体系。四电极体系中，两个辅助电极流过电流，监测另外两个待研究电极的电位。由于没有电流通过所研究的电极，所以没有产生极化，测量较准确[11]。

参考文献

[1] 梁连科，车荫昌，杨怀，等．冶金热力学及动力学［M］．沈阳：东北工学院出版社，1990.

[2] 沈文珍，等．连铸保护渣导电性能的研究［J］．材料与冶金学报，2004，3（4）：258～260.

[3] 吴杰，李正邦，林功文．连铸结晶器保护渣的熔化［J］．特殊钢，1999，20（4）：43～44.

[4]［日］佐藤哲郎．连铸保护渣熔融特性的改善［J］．陈宝云，译．武钢技术，1995，33（174）：29～33.

[5] 危志文．电场作用下熔融保护渣性能的基础研究［D］．重庆：重庆大学，2010.

[6] 车荫昌，杨怀，李宪文，等．冶金热力学［M］．沈阳：东北工学院出版社，1989：144.

[7] 毛裕文．冶金熔体［M］．北京：冶金工业出版社，1994，6：190～192.

[8] 丁子山，王民权．硅酸盐物理化学［M］．北京：中国建筑工业出版社，1980.

[9] 李正邦．电渣冶金原理及应用［M］．北京：冶金工业出版社，1996.

[10] 王常珍．冶金物理化学研究方法［M］．北京：冶金工业出版社，1992：349.

[11] 周秀丽．利用电导电极法测量保护渣熔化温度的研究［D］．沈阳：东北大学，2006.

9 吸附特性

连铸保护渣的主要作用之一是对钢水中夹杂物的吸附作用，良好的保护渣能够有效地吸附钢中夹杂物，如果熔渣不能溶解这些夹杂物，就可能出现两种情况：一是它们进入熔渣将形成多相渣，破坏了液渣的均匀性和流动的稳定性，使熔渣不能顺利地进入坯壳和结晶器间的气隙，不能形成均匀的渣膜；二是不能进入熔渣的固相夹杂物将会富集在钢-渣界面处，使流入坯壳和结晶器间的熔渣变得不稳定。这些都将严重恶化保护渣的润滑性能，同时，聚集的固相夹杂物还可能卷入坯壳中，产生表面和皮下夹杂等缺陷[1]。因此在满足保护渣其他物性指标的同时确保其有良好的夹杂物吸附能力是改善保护渣性能的主要任务之一。

钢中成分不同，所生成的夹杂物也就不同。虽然经过一系列的精炼措施，钢中仍存在夹杂物，而连铸是决定钢坯洁净度的最后环节，如在此不对夹杂物进行有效控制，将直接影响钢坯的质量。因此研究保护渣对钢中夹杂物的吸附能力是十分有意义的。

9.1 影响保护渣吸附夹杂物的因素

Al_2O_3 夹杂物是连铸保护渣吸附作用的重点对象，特别是浇铸低碳铝镇静钢时，要求结晶器内的熔渣对钢液界面上的夹杂物迅速溶解。如熔渣不能溶解这种夹杂物，就可能会出现使流入结晶器与坯壳间的熔渣变得不稳定，严重恶化了保护渣的润滑作用。所以使保护渣具有很强的溶解吸收 Al_2O_3 的能力，而吸附溶解 Al_2O_3 后又不易改变熔渣物性的特点是非常重要的[2]。

TiO_2 是连铸含钛不锈钢、Ti 稳定 IF 钢和其他一些含钛（或 Ti 处理）钢时的常见夹杂物。由于 TiO_2 转入熔渣后易于析出高熔点化合物 $CaTiO_3$，这些高熔点物质在钢渣界面的大量聚集，会形成“冷皮”。钢液“冷皮”的产生会直接引起铸坯的皮下夹杂物、气孔等缺陷，严重时甚至使伸入式水口与铸坯凝固壳结为一体，拉断水口，酿成事故。因此，避免结晶器内钢液冷皮的产生是含钛钢（尤其是含钛不锈钢）连铸过程中的技术难点之一。因此，研究熔渣吸收 TiO_2 的能力及影响因素同样具有重要意义[1]。

（1）碱度。碱度是保护渣的一个重要理化指标。对于铝镇静钢，钢中主要夹杂物是 Al_2O_3，碱度是影响保护渣溶解 Al_2O_3 能力的主要因素。不同碱度条件下，熔渣吸收 Al_2O_3 的能力是不同的。在一定范围内随着碱度的增加，熔渣吸收 Al_2O_3 夹杂物的能力是增大的。CaO/SiO_2 为 1.0～1.1 时，吸收速度最大；$CaO/SiO_2>2$ 时，吸收速度反而下降[3]。这是因为碱度高，渣中 Al_2O_3 形成 AlO_2^- 的八面体，其顶点上的 O^{2-} 容易与 Ca^{2+} 结合，析出钙（铝）黄长石的初晶，从而使表观黏度增大，故溶解 Al_2O_3 的速度下降。Al_2O_3 被渣溶解是在界面上进行的，熔渣黏度低不仅 Al_2O_3 易被渣润湿，而且使溶解后的 Al_2O_3 的迁移速度加快。

对于含 Ti 不锈钢，就可能在熔渣和金属界面上出现比较多的聚集物。碱度超过0.8 以后，升高碱度使 TiO_2 的吸收速度下降。对于其他夹杂物，碱度也是影响吸收的主要因素。

（2）黏度。保护渣黏度与熔渣吸收和溶解钢液中上浮的非金属夹杂物的能力有关。为了吸收钢液中上浮的非金属夹杂物，希望保护渣的黏度尽可能低，但是低黏度的保护渣对水口的腐蚀显然不利。Al_2O_3 对连铸保护渣的黏度有明显的影响。熔渣黏度随 Al_2O_3 含量的增加而升高，Al_2O_3 含量低时，黏度的增量小，Al_2O_3 含量高时，黏度增加明显[4]。当原始黏度低时，渣的黏度并不随 Al_2O_3 含量的增加而明显增大。但当原始渣中的黏度高时，随 Al_2O_3 含量的增加，渣的黏度会急剧上升[5]。

降低熔渣黏度有助于吸收 Al_2O_3，连铸保护渣吸收 Al_2O_3 夹杂物是在渣－金界面上进行，降低熔渣黏度不仅可以增加熔渣对 Al_2O_3 夹杂物的润湿性，而且可以加快溶解之后 Al_2O_3 在渣中的迁移速度，所以黏度是吸收速率的主要控制因素。随着熔渣黏度的提高，连铸保护渣对 Al_2O_3 夹杂物的吸收速率逐渐降低[6,7]。

（3）界面性质在吸收非金属夹杂物的作用。界面性质对熔渣吸收钢中非金属夹杂物有重要的影响。保护渣能否充分吸收夹杂物，本身又不被卷入钢液内，取决于钢液－夹杂物、夹杂物－熔渣、熔渣－钢液界面上界面张力的大小。

为了使保护渣易于吸附夹杂物，熔渣－钢液之间的界面张力和钢液－夹杂物之间的界面张力越大就越有利。对于 Al_2O_3 夹杂物，保护渣溶解吸收 Al_2O_3 夹杂物在渣－金界面上进行，主要取决于 Al_2O_3 在渣中的饱和度和 Al_2O_3 在渣钢及界面的扩散速度[8]。

（4）保护渣的原始成分对熔渣吸附夹杂物能力的影响。

1）原始 Al_2O_3 含量对熔渣吸收 Al_2O_3 能力的影响。相同的碱度，随着渣中原始 Al_2O_3 含量的增加，熔渣吸收 Al_2O_3 的速度是下降的，即降低渣中初始 Al_2O_3 含量有助于吸收 Al_2O_3[9]。

2）保护渣中 F^- 和 Na^+ 含量对熔渣吸收 Al_2O_3 能力的影响。保护渣中 F^- 和 Na^+ 的含量对吸收 Al_2O_3 的速度也有影响，因为 F^- 可以使复合硅氧离子解体，大大降低熔渣的黏度，随着 F^-、Na^+ 含量的增加，熔渣吸收 Al_2O_3 的速率逐渐增加，并且速率的变化趋势逐渐减小。P. V. Riboud 等人明确提出含 Na_2O、CaF_2 高的保护渣有利于吸收非金属夹杂物。

3）原始 TiO_2 含量对 TiO_2 溶解速度的影响。尽管 TiO_2 在含钛钢连铸保护渣中，一般不作为组分配入，但在浇铸过程中，不断有 TiO_2 转入渣中。当渣中吸收的 TiO_2 小于 10% 时，随 TiO_2 的增加黏度变化不大，吸收 TiO_2 的速度提高，使熔渣吸收 TiO_2 夹杂物的过程成为“正反馈”过程。但当 $TiO_2 > 10\%$ 时，熔渣体系易于进入 $CaTiO_3$ 析出的初晶区，TiO_2 的增加使熔渣理化性质恶化，吸收 TiO_2 的速度降低。因此，设计保护渣时应使不断消耗的熔渣中 TiO_2 含量小于 10%[10]。

（5）其他物质加入对吸附夹杂物能力的影响。

1）BaO 和 $Na_2B_4O_7$ 加入对吸附 TiO_2 能力的影响。TiO_2 是含钛不锈钢中主要夹杂物之一，应防止 TiO_2 进入熔渣中形成高熔点的 $CaTiO_3$。$CaTiO_3$ 不仅能恶化熔渣的物化性能，还给浇铸工艺带来困难（$CaTiO_3$ 是结晶器液面形成“冷皮”原因之一）。保护渣中加入一定量 BaO，使黏度降低，既可以增加熔渣溶解 TiO_2 的速度，又可以防止熔渣中 $CaTiO_3$ 的形成。

$Na_2B_4O_7$ 在高温下分解为 Na_2O 和 B_2O_3，是较强的助熔剂，能降低保护渣的熔化温度，同时降低黏度，因而有提高 TiO_2 溶解速度的作用。此外，B^{3+} 可以钝化熔渣中 TiO_2 的结晶倾向，防止 $CaTiO_3$ 的生成[11]。

2）BaO 和 B_2O_3 对熔渣吸收 Al_2O_3 速度的影响。BaO 之所以能增强熔渣吸收 Al_2O_3 的能力，是由于 Ba^{2+} 的静电势小于 Ca^{2+} 的静电势，BaO 中 O^{2-} 与 Ba^{2+} 结合力较弱，Ba^{2+} 能更多地呈离子状，在熔渣中自由游动，而静电势弱的 AlO_2^- 则群聚在 Ba^{2+} 周围，可能形成弱离子对。所以 BaO 的增加，使熔渣吸收 Al_2O_3 的能力增强。同时由于 BaO 能够降低熔渣的熔化温度和黏度，改善了熔渣的传质条件，有利于熔渣对 Al_2O_3 夹杂物的吸收。

因 B_2O_3 的熔点较低，能与含 B_2O_3 的熔点较高的物质进一步形成低共熔物。保护渣中含有一定量的 B_2O_3，可降低熔化温度和黏度，同时，B^{3+} 离子容易渗透到 Al_2O_3 颗粒内部界面，扩大了熔渣与 Al_2O_3 的作用面，改善了保护渣吸收 Al_2O_3 的动力学条件，因此吸收 Al_2O_3 特别有效。在一定含量内各种熔剂对熔渣吸附 Al_2O_3 的作用为[10]：$B_2O_3 > CaF_2 > Na_2O > BaO > MnO$。

9.2　吸附夹杂物后保护渣稳定性的变化

目前做到使保护渣具有吸收夹杂物的能力并不难，而难在保护渣吸收大量夹杂物之后，还要保持其良好的性能，以满足连铸工艺的要求，特别是润滑性能和均匀传热性能。因此，提高保护渣对钢中夹杂物的吸收能力和吸收夹杂物后的稳定性，是高质量保护渣开发的重要研究内容。

有研究通过测量原渣加入不同含量 Al_2O_3、TiO_2 后黏度、黏度 - 温度曲线及熔点的变化，分析保护渣吸收 Al_2O_3、TiO_2 夹杂物后的稳定性。

（1）保护渣熔渣吸收 Al_2O_3 后的稳定性。对含氟和无氟保护渣分别研究得出，在加入 Al_2O_3 后，两种保护渣的熔点和黏度均单调升高。其中每增加 1% 的 Al_2O_3，含氟渣熔点平均升高约 5℃，黏度平均增加 0.0163Pa · s。而无氟渣熔点平均升高约 6℃，黏度平均增加 0.056Pa · s，尤其在 Al_2O_3 加入量从 2% 增至 4% 时，黏度陡增了 0.335Pa · s。因此无氟熔渣吸收 Al_2O_3 后黏度稳定性较差，熔点变化相对平稳，含氟渣的化学稳定性要强于无氟熔渣。这是因为 Al_2O_3 和 TiO_2 均属于两性氧化物，两者之间不会产生结构上的相互作用，由于无氟熔渣中已有 6% 的 TiO_2，再加入 Al_2O_3 则会使黏度迅速升高。含氟渣中加入了 7% 的 F^-，同时还引入了 Ca^{2+} 离子，使原渣熔点和黏度降低，增加了溶解熔渣 Al_2O_3 的最大浓度，因此黏度的变化量相对较小。

随 Al_2O_3 含量增加，无氟熔渣热稳定性变差，黏度对温度的敏感性程度增加，黏度相对稳定的温度区间变窄。与无氟熔渣相比，含氟熔渣有明显的短渣特征，转折温度随吸收 Al_2O_3 的量增加而降低，平均 1% 的 Al_2O_3 使转折温度降低了 8℃，在高于温度拐点时，温度变化对黏度影响较小，Al_2O_3 含量增加时，黏度对温度的敏感性程度略有升高。因此，含氟熔渣黏度热稳定性强于无氟熔渣。

Al_2O_3 是一种熔点比较高的物质，含量较高时，由于易生成钙长石，使保护渣熔点升高。同时 Al_2O_3 属中间体氧化物。当熔渣中网络外体/（网络形成体 + 中间体）大于 1 时，Al_2O_3 作用与网络形成体 SiO_2 相似，每个 Al^{3+} 离子周围有 4 个 O^{2-} 离子，形成类似于 $[SiO_4]^{4-}$ 硅氧四面体结构的 $[AlO_4]^{5-}$ 铝氧四面体，使由于 Na_2O、CaO 等造成的断网得到重新连接，网络结构变得更加紧密，熔渣流动性变差，使黏度升高、若网络外体/网络形成体 + 中间体小于 1 时，在连铸保护渣范围内则极易形成 Al_2O_3 高熔点质点，熔渣黏度急剧升高。

（2）保护渣熔渣吸收 TiO_2 后的稳定性。对于无氟熔渣，随 TiO_2 含量增加，熔渣黏度有所提高，其中在初始加入 1% 时，黏度增加最为明显，从 0.322Pa·s 上升到 0.619Pa·s，增加了 0.297Pa·s。而含氟熔渣中添加 TiO_2 后，黏度变化较小，平均 1% 的 TiO_2 使黏度升高了 0.003Pa·s。随 TiO_2 含量增加，含氟渣的半球点温度整体呈升高趋势，但在加入量为 5% 时，出现了较小值。无氟渣在加入 1% 的 TiO_2 后，熔点迅速增加，再加入则趋于平缓。

含氟熔渣加入 TiO_2 后黏度 - 温度曲线仍具长渣特征，熔渣的拐点温度降低，黏度保持相对稳定的温度区间增加。而无氟熔渣随加入 TiO_2 含量增加，黏度的温度敏感性增加，黏度随温度变化程度增加明显，热稳定性变差。由矿相分析研究已知，熔渣添加 TiO_2 后，易与 CaO 生成钙钛矿以高熔点物质形式析出，其生成量随 TiO_2 添加量增加而增加，由于无氟熔渣中已含有 6% 的 TiO_2，因此其溶解吸收 TiO_2 的能力明显下降；另外加入 TiO_2 后，易生成高熔点矿物钙钛矿，导致黏度升高较快。而选用的含氟熔渣原渣黏度较无氟原渣低，且没有配加 TiO_2，因此溶解 TiO_2 夹杂的能力较强，加入 TiO_2 后，黏度上升比较小，热稳定性也相对较好[1]。

9.3 保护渣吸附夹杂物能力与各理化性能的关系

杨柏杰等[12]在实验条件下，得出如下结论：

（1）碱度。当碱度在 0.9～1.24 之间时保护渣吸附夹杂物后熔化温度、黏度的变化很小，理化性能稳定；当碱度在 1.03～1.24 之间时，表面张力的变化很小；当碱度在 0.85～1.2 之间时，保护渣对夹杂物的吸附量增加得比较快，具有较强的吸附夹杂物的能力。综合上述变化得出最适合保护渣吸附夹杂物的碱度范围是 1.0～1.2。

（2）黏度。保护渣吸附 Al_2O_3 夹杂物后，黏度增加；随着保护渣原始黏度的增加，保护渣吸附夹杂物的能力下降，所以低黏度保护渣有利于夹杂物的吸附。

（3）表面张力。保护渣吸附 Al_2O_3 夹杂物后，表面张力有下降的趋势；随着保护渣原始表面张力的增加，保护渣吸附夹杂物的能力增强。

（4）原始 Al_2O_3 含量。随着保护渣中原始 Al_2O_3 含量的增加，吸附量减少，即降低原始 Al_2O_3 含量有利于保护渣吸附夹杂物。

（5）熔化温度。保护渣吸附 Al_2O_3 夹杂物后，熔化温度上升；保护渣的熔化温度过高，不利于保护渣吸附夹杂物。

（6）结晶状态。随着 Al_2O_3 夹杂物的增加，枪晶石和硅灰石减少；随着碱度的增加，保护渣结晶性能增强。

参考文献

[1] 刘永庆．连铸无氟结晶器保护渣的熔融及流变特性研究［D］．重庆：重庆大学，2009.

[2] Mills K C. The Making，Shaping and Treating of Steel. 11#Edition Casting Volume. Chapter 8. Mold Powders for Continuous Casting. The AISE Steel Foundation. Pittsburgh. PA，2003.

[3] 朱立光，许虹，张淑会．方坯连铸保护渣吸收夹杂能力的数学分析［J］．河北冶金，1999（3）：3～5.

[4] 陈家祥．连续铸钢手册［M］．北京：冶金工业出版社，1991：687.

[5] Takato Nakano，et al．Trans，Iron Steel Inst Japan，1984（24）：950～956.

[6] 刘承军，王云盛，朱英雄，等．连铸保护渣的夹杂物吸收速率［J］．钢铁研究学报，2000，12：46～50.

[7] 章耿，刘承军．高拉速连铸保护渣的理化性能研究［J］．炼钢，2002，18（3）：35～38.

[8] 沈明钢，唐复平，马学忠，等．新型中间包碱性改质淬裂保护渣的研制［J］．炼钢，1998（1）：39.

[9] 张莉萍，葛建国，赵爱军．浅谈钢中夹杂物的控制对钢质量的影响［J］．包钢科技，2002，28（4）：85～87.

[10] 谢兵．连铸结晶器保护渣相关基础理论的研究及其应用实践［D］．重庆：重庆大学，2004.

[11] ［日］山田桂一．国外连铸新技术（译文集）第一册［M］．北京：冶金工业出版社，1982：306～363.

[12] 杨柏杰．连铸保护渣吸附夹杂能力的研究［D］．鞍山：辽宁科技大学，2006.

10 保温特性

连铸保护渣必须具有良好的绝热保温性能，这样可以抑制连铸过程中在结晶器内形成搭桥和浮体，同时可以提高弯月面温度，维持渣流通道，减轻振痕，减少表面及皮下缺陷（如针孔）[1,2]。尤其在超低碳钢连铸生产过程中，为避免铸坯表面渗碳和结晶器内钢液增碳，连铸保护渣配碳量大大减少。在配碳量减少的条件下仍应保证连铸保护渣具有一定的绝热保温性能[3]。

将固体保护渣加入结晶器钢液面上，其隔热保温作用不仅在于防止钢液面上凝结冷钢，更重要的作用是提高弯月面区域温度，一方面提高弯月面初生凝固坯壳的热塑性变形能力，另一方面促进弯月面处钢－渣的分离以提高坯壳纯净度。近年来的研究还发现，通过改善保护渣的保温特性，还可减少圆坯或方坯的皮下针孔缺陷[4]。粉渣层可以延缓弯月面初生坯壳和钢液表面的提前凝固，由于钢的初凝坯壳可能会捕获钢液中上浮的非金属夹杂物，造成一个硬壳组织，这对连铸坯的质量有非常大的危害。钢液面上的粉渣层可以实现对钢液的保温作用。

10.1 保护渣保温性能的影响因素

保护渣的保温性能主要与以下几个方面有关：配碳量、炭质材料的类型、粉渣的堆密度（体积密度）。粉渣颗粒的形态对保温性能有一定的影响。就保温性能而言，粉渣和空心颗粒渣比柱状渣好。由于高速连铸的开展，体积密度小，保温性能好的空心颗粒渣得到广泛应用。

（1）炭质材料对钢液面隔热保温的影响。炭质材料的存在使得保护渣的熔化形成多层结构，在最上面有一层粉渣层，由于这一层孔隙多，热阻大，减少了热的纵向传递，对钢液面起到了保温的作用，这个作用与炭质材料的粒度、比表面积都有很大的关系。

有研究通过在单向炉内使用功率补偿法即通过记录加入保护渣后单向炉功率的变化来判定保护渣的绝热保温效果。曲线起点的高低及下降的斜率反映了保护渣加入后到基本与外界趋于平衡的一段时间内，向单向炉吸热的快慢和多少。曲线起点越高、下降斜率大，则这种保护渣向系统吸热快。

还要测定不同碳含量对保护渣绝热保温性能的影响。从图 10－1 中可知，碳含量低时（$w(C)=3\%$）功率曲线较高，随着碳含量的增加，功率曲线变化降低。碳含量越高，功率曲线就越低，同时平衡时功率也相应降低。说明保护渣中碳含量越高，粉渣的保温效果就越好[5]。

保护渣的绝热保温与炭质材料的类型和含量有关，刘承军等人使用炭黑、石墨和活性炭，采用单向加热实验测定了连铸保护渣的绝热保温性能，认为随着配碳量的增加，绝热

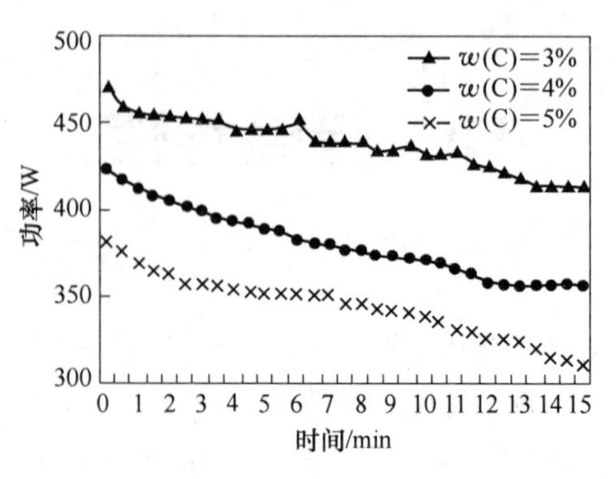

图 10－1　不同碳含量功率曲线

保温性能逐渐增强，炭黑、石墨和活性炭对连铸保护渣绝热保温性能的影响并不完全相同，当配碳量较少时，含活性炭的连铸保护渣绝热保温性能较好，其次为炭黑和石墨；当配碳量较多时，含石墨的连铸保护渣绝热保温性能较好，其次为炭黑和活性炭[3]。为适应高速连铸对保护渣熔融特性的要求，高速连铸用保护渣普遍采用复合配碳。Sakuraya 等研究结晶器内取出的预熔渣样的熔化行为，发现细碳粒子阻碍了渣滴间的聚合，有利于薄层半熔物质的形成（α－型熔化行为）；而粗碳粒子导致较大的液滴聚合体的形成（β－型熔化行为）。结晶器内弯月面处渣层内温度分布如图 10－2 所示。由图 10－2 可知，“α－型”温度梯度较陡，半熔层较薄，因而绝热性能好，熔融特性更稳定。

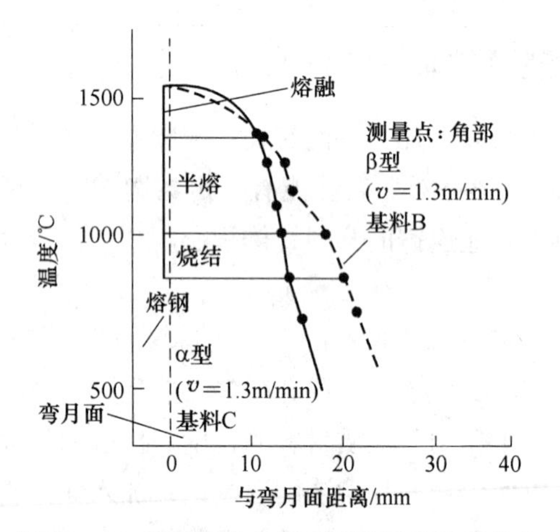

图 10－2　结晶器内弯月面处渣层内温度分布

根据不同的配碳量和配碳类型对结晶器保护渣的熔融结构的影响，谢兵等人得到了三种不同的熔融结构，如图 10－3 所示。为了进一步改善连铸保护渣的绝热保温性能和保护渣对不稳定浇铸时的适应性，有研究提出使用加热膨胀剂的连铸保护渣，这些膨胀剂包括未膨胀珍珠岩、酸化石墨和生蓝晶石等，结晶器内的观察表明：当保护渣受热时，球形体崩溃为不规则形状，减小了保护渣在结晶器内的流动性，从而对结晶器钢液面进行均匀的绝热保温，将此种保护渣用于超低碳钢的连铸生产，使连铸坯的裂纹和中心缩孔显著减小。

（2）粉渣颗粒形态的影响。保护渣粉体是由渣料固体颗粒与气相组成，因此传热状况

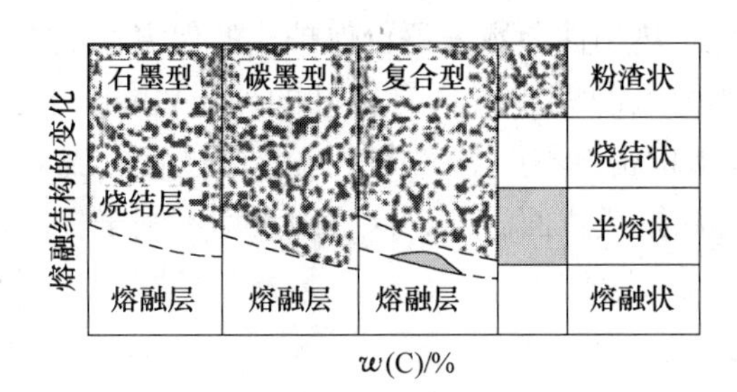

图 10－3 碳对保护渣熔化结构的影响

受渣料导热系数、温度、渣料之间的接触状态、气相性质及气、固相比率及分布的影响，按 Roller 经验公式：$\varepsilon = K/r^n$（式中，ε 为气孔率%；r 为粒子半径），即在临界半径（10～30μm）以内时，K、n 均为常数，所以保护渣渣料粒度越小，气孔率越高。若 $\varepsilon = 70\%$，根据 Ridgway－Tabnk 公式，$\varepsilon = 1.072 - 0.1198K_p + 0.00431K_p^2$（式中，$K_p$ 为一个质点与邻近质点的接触点数），可求出 $K_p = 3.5$，即一个质点与邻近质点的接触点数仅 3.5。从固体渣料传热来看，由于接触面积很少，它对保护渣保温性能影响很少。这种多孔物质的传热与气孔率及气孔大小关系很大，气孔率越大保温性能越好，在一定气孔率下，气孔直径越小，由于在一定厚度条件下，固体被气孔隔开层数就越多，那么辐射传热率就越低，保温性能就越好。而气孔大小除本身结构原因外，主要受渣料粒度影响。渣料粒度越小，保温性能越好[6]。

近年来发展起来的空心颗粒型保护渣，具有与粉渣相当的绝热保温性和对结晶器的适应性，具有与球形颗粒渣相当的流动性、化学成分控制的均匀性和对环境污染小等优点。所以空心颗粒连铸保护渣近年来被国内外连铸和保护渣生产企业普遍采用。

10.2 提高保护渣保温性能的作用

通过提高保护渣的保温效果，可明显改善下列钢种铸坯的表面质量：

（1）低碳类钢，如 10 钢、SUS304、H08A 等，这类钢种初生铁素体坯壳中［P］、［S］偏析小，初生坯壳强度高，铸坯振痕较深，除设定合适的结晶器振动参数外，使用保温性较好的保护渣提高弯月面初生坯壳温度，有利于减轻振痕过深带来的危害。

（2）钢液中［S］、［O］等表面活性元素含量较高的钢种，钢－渣界面张力小，钢与渣难分离，易引起铸坯夹渣。如含硫易切钢（［S］、［O］含量高）、部分焊条焊丝钢（［O］含量高），其铸坯夹渣（夹杂物）严重时往往引起高速线材轧制过程中频繁断线。通过提高保护渣的保温性可使上述缺陷得到缓解。

（3）超低碳钢使用的保护渣，由于渣中自由碳含量非常低（一般为 1.0%～1.5% 或更低），通过提高保温性，增大渣层中的温度梯度，有助于有效控制保护渣的熔化过程。

10.3 保护渣保温性能的评价方法

通常模拟保护渣在结晶器内的受热状况，在实验室采用底部单向加热的加热炉，用热电偶测量相同时刻时各渣层的温度分布或不同时刻时同一测量点的温度变化情况，以此数据来评价保护渣的保温性能。也可通过各渣层的温度分布采用模型计算确定保护渣的导热系数[7]，采用导热系数这一热物性参数来评价保护渣的保温性能更加直观、准确。

为了维持结晶器钢液面上的保护渣具有良好的保温性能，在连铸生产过程中应采用“黑渣面”操作，分段式水口密封不严吸气多、吹氩量过大、流股失控液面翻卷及操作习惯等因素均会造成钢液面裸露或渣面泛红，这些因素均不利于提高铸坯质量[4]。

参考文献

[1] Pinheiro C A, Samarasekera I V, Brimacomhe J K. Mold flux for continuous casting of steel [J]. Iron and Steel Maker, 1995 (5): 59 ~ 61.

[2] Goldschmit M B, Gonzalez J C, Dvorkin E N. Finite element model for analyzing liquid slag development during continuous of round bars [J]. Ironmaking and Steelmaking, 1993, 20 (5): 379 ~ 385.

[3] 刘承军，王振林，胡军宏，等. 连铸保护渣的绝热保温性能 [J]. 钢铁研究学报，2002，14 (3): 1 ~ 4.

[4] 王谦，等. 合金钢连铸结晶器保护渣的基本功能 [J]. 特殊钢，2004，25 (1): 1 ~ 4.

[5] 杜恒科. 宽板坯连铸结晶器保护渣理化性能研究及应用 [D]. 重庆：重庆大学，2006.

[6] 金山同. 固体粉状保护渣 [J]. 北京钢铁学院学报，1981，01.

[7] 王谦. 超低碳钢连铸保护渣理论与实践 [D]. 重庆：重庆大学，1998.

第二篇

连铸保护渣 LIANZHU BAOHUZHA

冶金行为篇 YEJIN XINGWEI PIAN

11 润滑行为

连铸保护渣渣膜润滑状态对连铸坯质量和连铸生产率有非常大的影响，特别是高速连铸的发展对结晶器与铸坯间保护渣的润滑提出了更高的要求[1,2]。Rama[3]认为在结晶器整个长度范围内保持有液态渣膜存在是获得良好润滑效果的保障。其根据在于，结晶器内保护渣的存在状态，即固态或液态，决定结器与铸坯的摩擦方式，即液－固摩擦或固－固摩擦。由此可见，结晶器内保护渣渣膜的存在状态对润滑性能有非常大的影响。因此，在实际的连铸生产中，必须考虑所用保护渣的润滑能力及铸坯的润滑状态。保护渣渣膜分布示意图如图11－1所示。朱立光等人[4~8]应用传热学和黏性流体力学原理，对结晶器和铸坯间渣膜的润滑行为进行了数学模拟，并利用模型对影响渣膜润滑的各种因素进行计算及分析，以期为正确选取工艺参数及铸坯获得良好润滑提供依据。

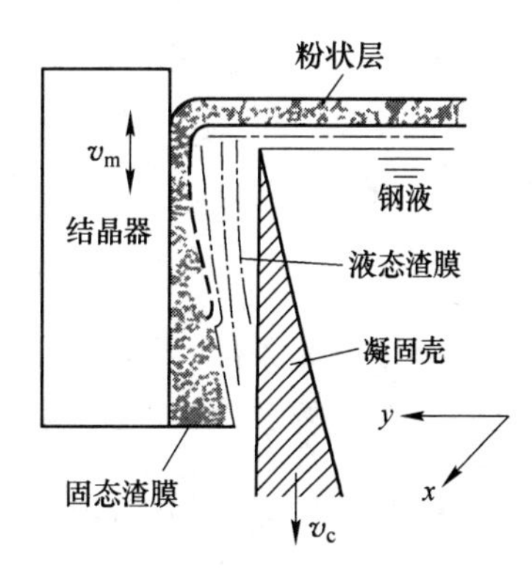

图11－1　保护渣渣膜分布示意图

11.1　连铸保护渣润滑模型

11.1.1　传热方程[9~11]

作为传输现象，一般方程可以写成：

$$\rho c_V \frac{\mathrm{d}T}{\mathrm{d}t} = -(\nabla \cdot q) - T\left(\frac{\partial p}{\partial T}\right)_p (\nabla v) - (\tau \cdot \nabla v) \qquad (11-1)$$

式中　ρ——密度，kg/m^3；

c_V——定容比热容，kJ/(kg·℃)；

T——温度，K；

t——时间，s；

p——压强，N/m^2；

q——热通量，W/m^2；

v——速度，m/s；

τ——切应力，N/m^2。

为简化计算，假设：铸坯为不可压缩材料，忽略因黏滞性而引起的能耗，忽略拉坯方向的铸坯传热，铸坯只存在传导传热；铸坯以拉速 V 匀速运动，铸坯是稳态导热，钢的比热、导热系数与铸坯的空间位置无关，只是温度的函数。由此，方程式（11－1）可简化为：

$$\rho c \frac{\partial T}{\partial x} = \frac{\partial}{\partial x}\left(\lambda \frac{\partial T}{\partial x}\right) + \frac{\partial}{\partial y}\left(\lambda \frac{\partial T}{\partial y}\right) \tag{11-2}$$

式中　λ——导热系数，W/(m·K)。

（1）几何条件。$0 \leqslant x \leqslant L, 0 \leqslant y \leqslant S$，如图 11－2 所示。

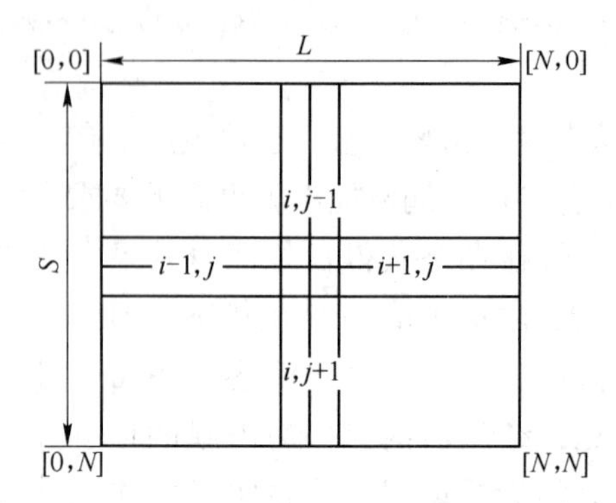

图 11－2　差分方程的网格及边界条件示意图

（2）初始条件。$t = 0, 0 \leqslant x \leqslant L, 0 \leqslant y \leqslant S, T = T_c$。

（3）边界条件，$0 \leqslant t \leqslant t_{结}$。

$x = L, 0 \leqslant y \leqslant S$ 时，$-\lambda \dfrac{\partial T}{\partial x} = q_x$。

$y = S, 0 \leqslant x \leqslant L$ 时，$-\lambda \dfrac{\partial T}{\partial y} = q_y$。

对于方坯：$q_x = q_y = q_{mold}$。

其中，L 为铸坯在 x 方向上宽度的二分之一；S 为铸坯在 y 方向上宽度的二分之一；T_c 为浇铸温度；$t_{结}$ 为钢水在结晶器内的滞留时间；q_x 为铸坯在 x 方向上的热流密度；q_y 为铸坯在 y 方向上的热流密度。

开浇一定时间后，达到稳定传热状态时沿导热方向整个体系具有相同的热流密度，因此结晶器的热流应等于通过居于凝固坯壳与结晶器热面铜管壁之间的渣膜热流，即：

$$q_{mold} = q_{slag} = \frac{T_s - T_m}{d_p/k_c + R_{INT}} + \frac{n^2\sigma}{0.75a_p d_p + \varepsilon_m^{-1} + \varepsilon_s^{-1} - 1}(T_s^4 - T_m^4) \tag{11-3}$$

式中　q_{mold}——结晶器内总的热流密度，W/m²；

n——折射率；

ε_m——结晶器表面辐射率；

ε_s——铸坯表面辐射率；

R_{INT}——界面热阻，W/(m²·K)；

σ——斯蒂芬－玻耳兹曼常数，取值为 5.67051×10^{-8} W/(m²·K⁴)；

T_s——铸坯表面温度，K；

T_m——结晶器表面温度，K；

k_c——渣膜导热系数，W/(m·K)；

d_p——保护渣渣膜厚度，mm；

a_p——吸收系数，1/m。

利用上述传热数学模型，计算结晶器内钢水的凝固传热，求出铸坯断面上的节点温度 T_i。

11.1.2 气隙宽度计算

气隙的形成非常复杂，为了计算方便，$\delta \to \gamma$ 的固态相变不予考虑，认为奥氏体是唯一的固相；凝固壳的力学行为，液渣剪应力、固体渣摩擦力和钢水静压力也未考虑。求得铸坯断面节点温度基础上，利用式（11-4）计算出结晶器弯月面下某一位置的气隙宽度：

$$G_H = \sum_{i=1}^{i'} (T_{sol} - T_i) E\left(\frac{W}{2}\right) - \left[h\left(\frac{\theta_{mold}}{100}\right)\left(\frac{W}{2}\right)\right] \tag{11-4}$$

式中 G_H——弯月面下距离为 H 处由于铸坯线收缩出现的气隙宽度，mm；

i——节点，$i=1$ 为铸坯表面节点，$i=i'$ 为最后凝固节点；

T_{sol}——钢的固相线温度，K；

T_i——铸坯节点温度，K；

E——钢的线收缩系数，1/℃；

W——结晶器宽度，mm；

h——弯月面下距离，mm；

θ_{mold}——结晶器的倒锥度，%。

11.1.3 渣膜温度场计算

假设结晶器与铸坯间气隙内充满渣膜，且渣膜内温度呈线性梯度变化，如图 11-3 所示[6]。

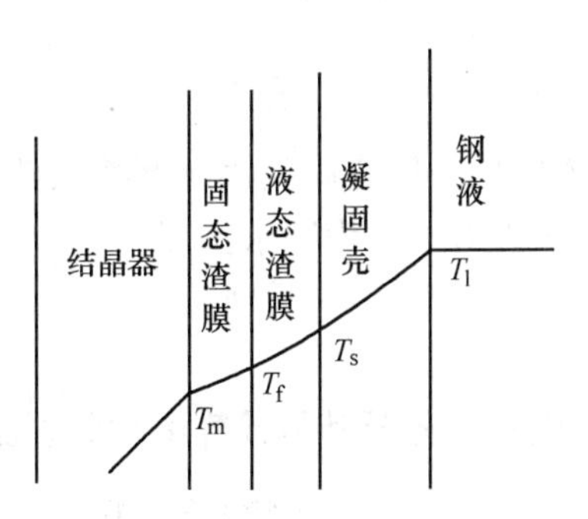

图 11-3 结晶器内温度分布

这样，渣膜内的温度分布可由下式求得：

$$R_H = \frac{T_{surf} - T_{mould}}{G_H} \tag{11-5}$$

式中 R_H——弯月面下距离为 H 处渣膜内温度梯度，K/mm；

T_{surf}——凝固壳表面温度，℃；

T_{mould}——结晶器铜板热面温度，℃。

11.1.4　渣膜的液、固态及厚度计算

有了温度场分布，就可以根据式（11－6）～式（11－8）计算已知熔化温度的保护渣渣膜内任一截面上液固渣膜的厚度和任一点的温度及存在状态：

$$d_l = \frac{T_{surf} - T_{melt}}{R_H} \tag{11-6}$$

$$d_s = d_p - d_l \tag{11-7}$$

$$T_x = T_{surf} - xR_H \tag{11-8}$$

式中　d_l——液体渣厚度，mm；
d_s——固态渣厚度，mm；
d_p——渣膜总厚度，mm；
T_{melt}——保护渣熔化温度，K；
T_{surf}——凝固壳表面温度，℃；
T_x——渣膜内某点的温度，℃；
x——渣膜内某点距凝固坯壳表面的距离，mm。

11.1.5　摩擦力计算

液体摩擦力 f_l 取决于液体渣层的厚度和保护渣的黏度，f_l 可由下式计算[10]：

$$f_l = \eta \frac{v_m - v_c}{d_l} \tag{11-9}$$

式中　v_m——结晶器运动速度；
v_c——拉速；
η——保护渣黏度；
d_l——液体保护渣层厚度。

固体摩擦力 f_s 计算公式为：

$$f_s = \eta_s H \tag{11-10}$$

式中　η_s——结晶器壁与固体保护渣层之间的固体摩擦系数；
H——钢水静压力，$H = 7.4h$，h 为钢水深度。

11.2　计算结果及讨论

计算用的连铸工艺条件、钢水成分及其他计算参数分别见表 11－1～表 11－3。

表 11－1　连铸工艺参数

项　目	参　数	项　目	参　数
结晶器长度/mm	700	结晶器倒锥度/%	0.67
结晶器断面面积/mm^2	135×135	浇铸温度/℃	1545

表 11－2　钢水化学成分　　(%)

元　素	C	Mn	Si	S	P	Al
含　量	0.12	0.45	0.23	0.025	0.025	0.006

表 11－3　计算选择其他参数

拉坯速度 /m · min^{-1}	保护渣导热系数 k	保护渣熔点 /℃	频率 f /次 · min^{-1}	振幅/mm	R_{INT} /W · (m^2 · K)$^{-1}$	η/Pa · s
2.5	1.0	1100	150	5.0	1.0	0.2

11.2.1　熔化温度

图 11－4 表示不同熔化温度的保护渣在结晶器气隙内渣膜润滑状态。曲线的趋势表明，随着保护渣熔化温度的降低，液态渣膜存在区域逐渐增大，铸坯液态润滑的范围扩大。对于同一种保护渣，随着距弯月面距离增大，液体摩擦逐渐增大，直至液渣膜消失，变为固态摩擦。对于使用不同熔点的保护渣在结晶器的同一位置处，随着保护渣熔点的升高，摩擦力逐渐增大。

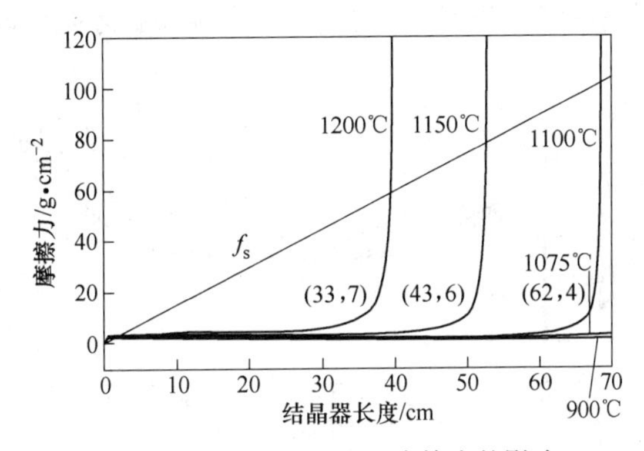

图 11－4　保护渣熔点对摩擦力的影响

11.2.2　黏度

在其他参数不变的条件下，只改变保护渣的黏度计算对铸坯润滑状态的影响，结果如图 11－5 所示。对于不同黏度的保护渣，随着黏度的升高，在结晶器的同一位置上液体摩擦力依次增大，并且由液体润滑转变为固体润滑的位置提前。对于不同黏度保护渣，黏度越小，摩擦力变化越小；黏度越大，摩擦力的波动越大。这说明保护渣的黏度越大，润滑越不稳定，润滑条件越不好，对提高拉速不利；保护渣的黏度越小，润滑越稳定，润滑条

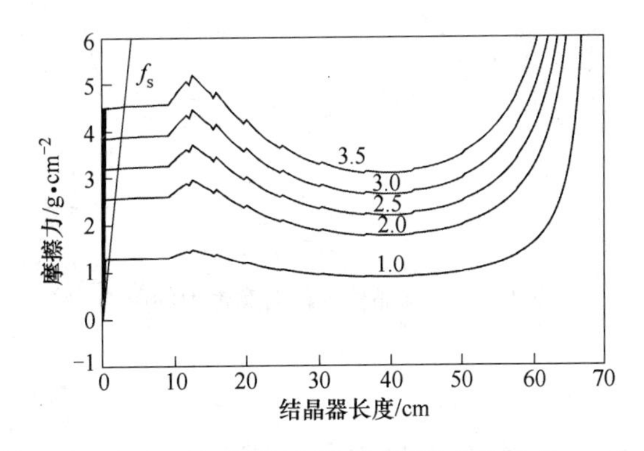

图 11－5　保护渣黏度对摩擦力的影响

件越好，对提高拉速有利。但这并不表明，使用的保护渣的黏度越小越好，如果黏度太小，有可能由于渣耗量过大，熔渣池供渣不足，从而导致渣膜不均，恶化润滑。黏度的选取，应根据具体的浇铸钢种，遵循黏度与拉速相匹配的原则。

11.2.3　浇铸温度

在保护渣及其他工艺参数不变时，只改变浇铸温度时结晶器气隙内渣膜润滑状态的变化曲线如图 11－6 所示。随着浇铸温度的升高，在靠近弯月面的区域，液体摩擦逐渐减小，在结晶器中部区域，随着浇铸温度的升高，液体摩擦力逐渐升高。从几条线的总体变化趋势看，随着浇铸温度的升高，液渣膜存在区域逐渐扩大。但这并不能单一说明浇铸温度越高对铸坯润滑越有利。浇铸温度直接影响出结晶器下口的铸坯表面温度和凝固壳厚度，浇铸温度越高，出结晶器下口的铸坯表面温度越高，而凝固壳厚度越小。在较高拉速条件下，提高浇铸温度，必然导致出口坯壳厚度太小，易发生漏钢事故。在高速连铸条件下，钢水浇铸温度的提高不利于铸坯的快速凝固，低温浇铸才是可取的工艺思想。

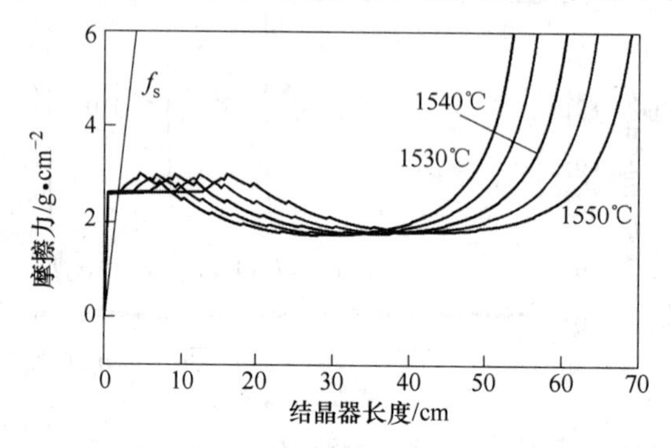

图 11－6　浇铸温度对摩擦力的影响

11.2.4　振幅

图 11－7 表示在相同振动频率下，不同的振幅对气隙内渣膜润滑的影响。由图 11－7 可知，在结晶器振动频率不变的情况下，随着的振幅增大，铸坯的液体摩擦力增大。

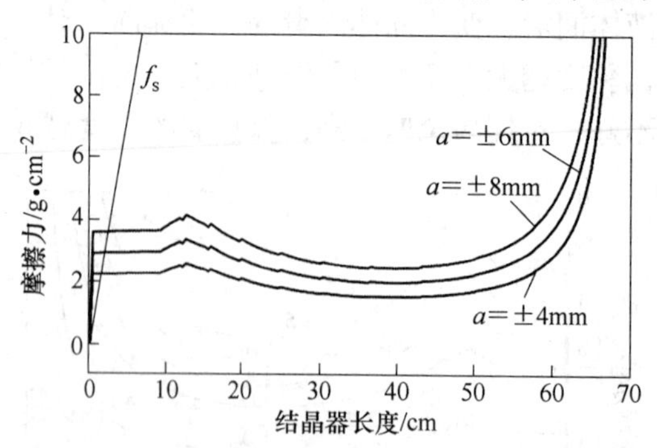

图 11－7　结晶器振幅对摩擦力的影响

11.2.5　频率

在振幅不变时，不同振动频率下气隙内渣膜润滑状态如图 11－8 所示。由图 11－8 可知，在振幅不变时，随着结晶器的振动频率由100次/min增大到200次/min，铸坯的液体摩擦力依次增大，存在范围变小。这是因为振幅不变，振动频率升高时，由于弯月面区域渣渗入周期性变化速度加快，渣消耗量下降，致使恶化润滑，且拉速高时更明显。

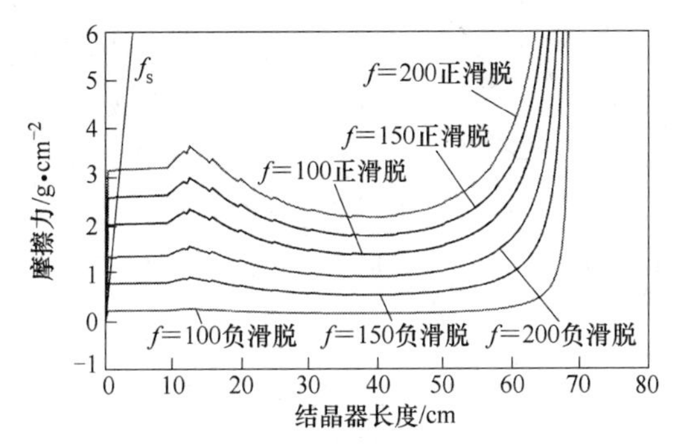

图11－8　结晶器振动频率对摩擦力的影响

对一定拉速下的连铸工艺条件下，通过采用低频、低幅的振动模式可以获得较高的渣耗量和较好的润滑状态。

11.2.6　拉坯速度

以保护渣（$T_m = 1100℃, \eta_{1300℃} = 2P$）为例，其他工艺参数不变只改变拉坯速度时，气隙内渣膜润滑状态如图11－9所示。分析表明，拉坯速度对渣膜润滑状态的影响很复杂。由图11－9可以看出，随着拉坯速度的增大，液态润滑的范围逐渐扩大。在结晶器上部的液态润滑区域，随着拉速的增大，液体摩擦力逐渐增大。但是，当拉速由1.8m/min增大到1.9m/min或2.0m/min时，出现了液体摩擦力随着拉坯速度增大而增大的相反的现象。拉速为2.0 m/min的液体摩擦力曲线位于拉速为1.8m/min和1.9m/min的液体摩擦力之间，即所计算的几种拉坯速度中，以1.9m/min时液体摩擦力最大。但是在结晶器下部区域随着拉速的升高，液体摩擦力又逐渐减小。因此，从保持铸坯液体润滑的角度出发，对于一定熔化温度和黏度的保护渣，存在一个最佳拉坯速度，低于或高于这一速度都会使液态摩擦力变大，不能发挥应有的润滑作用。

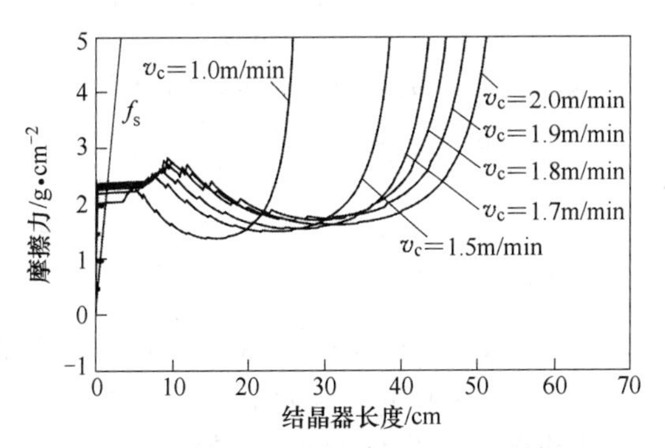

图11－9　拉坯速度对摩擦力的影响

11.2.7　结晶器的倒锥度

在其他条件不变时，只改变结晶器的倒锥度计算的液体摩擦力如图11－10所示。由曲线分析表明，在靠近弯月面的结晶器的顶端区域，改变结晶器的倒锥度，液体摩擦力的大小没有发生变化。结晶器的其他区域，随着结晶器倒锥度增加，液体摩擦力逐渐增大，液体润滑范围变化不大。

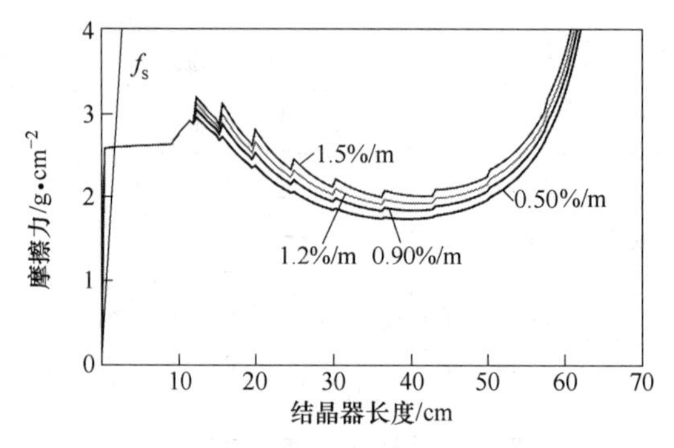

图 11－10　倒锥度变化对摩擦力的影响

11.2.8　波形偏移率

在其他工艺条件不变的情况下，改变波形偏移率对气隙内渣膜润滑的影响如图 11－11 所示。分析可知，随着波形偏移率的增大，正滑脱液体摩擦力逐渐减小，负滑脱液体摩擦力逐渐增大。由以上分析可知选用合适波形偏移率的非正弦波振动方式是实现高拉速是一个重要的工艺措施。

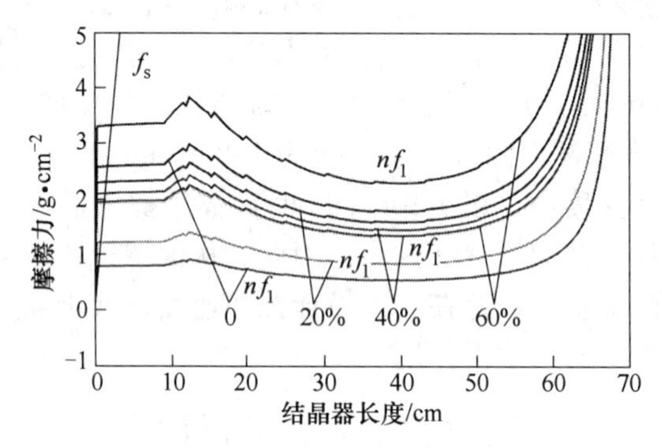

图 11－11　波形偏移率对摩擦力的影响

参 考 文 献

[1] Kenneth C M. The Performance of casting powders and the effect on surface quality [C] //The 74th Steelmaking Conference Proceedings. Washington：ISS－AIME，1991，121.

[2] Kenneth C M. Ironmaking & Steelmaking，1991，18（4）：253.

[3] Rama B. Optimum selection and application of mold fluxes for carbon steel [C] //In：Washington Iron and Steel Society，ed. Washington：Steelmaking Conference Proceedings，1991，131.

[4] 朱立光，王硕明，金山同，等．连铸结晶器内保护渣渣膜状态的数学模拟 [J]．北京科技大学学报，1999，21（1）：13～16.

[5] 朱立光，王硕明，张玉文，等．结晶器/铸坯气隙内渣膜润滑行为的数学模拟［J］．钢铁，2004，39：546～548.

[6] 张玉文，丁伟中，朱立光，等．方坯连铸保护渣渣膜润滑行为的理论研究［J］．炼钢，2002，18（2）：25～28.

[7] 朱立光，曹立军．FTSC 薄板坯连铸结晶器内保护渣渣膜状态的数学模拟［C］//河北省冶金学会炼钢连铸技术与学术交流会论文集，2006，8：95～99.

[8] 朱立光．高速连铸保护渣性能优化及神经网络的保护渣设计专家系统［D］．北京：北京科技大学，1997.

[9] 赵兴武．国外板坯高速连铸技术［J］．钢铁钒钛，1996，17（2）：42～50.

[10] 周筠清．传热学［M］．北京：冶金工业出版社，1989.

[11] 王致清．黏性流体力学［M］．哈尔滨：哈尔滨工业大学出版社，1990.

12 流动行为

流动性是保护渣一项重要的冶金性能。在一定的浇铸条件下，一定量的熔融保护渣流进结晶器与坯壳之间，即可在铸坯表面维持一层均匀的熔融态渣膜，可以减少拉坯阻力，均匀传热，减少因热应力集中所产生的裂纹[1]。因此，在设计和使用保护渣时，必须考虑液渣的流入能力和流动行为。

12.1 气隙处液渣的流动行为

连铸过程中，结晶器弯月面下凝固坯壳收缩形成了缝隙，结晶器与铸坯之间的缝隙可视为一个垂直向下的毛细管，它是保护渣流入的通道[2]。由于结晶器振动和毛细现象的作用，把弯月面上的液体渣吸入坯壳与铜板的缝隙中形成渣膜[3]。如果保护渣在结晶器的下半部分完全结晶，会使保护渣液态润滑的作用消失，可能导致诸如裂纹等问题的产生。

在良好的润滑状态下，铸坯表面至结晶器之间的保护渣，可以看作有液相渣膜区和固相渣膜区两个区域，从结晶器到铸坯由外向内的温度变化和分层结构如图 12－1 所示。液相渣膜的润滑对铸坯质量起到至关重要的作用。

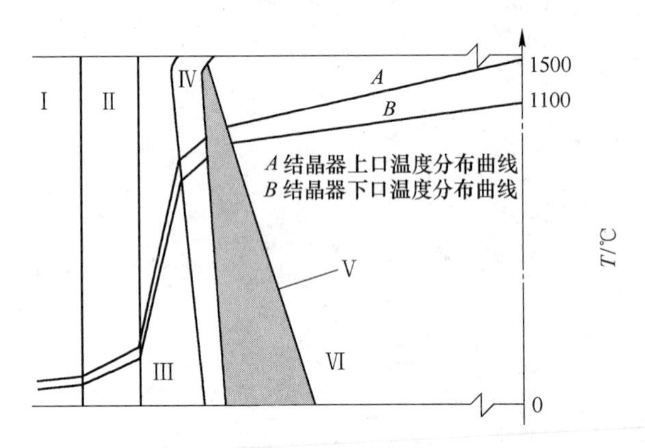

图 12－1 从结晶器到铸坯由外向内的温度变化和分层示意图

Ⅰ—冷却水区；Ⅱ—结晶器铜板区；Ⅲ—渣膜固相区；

Ⅳ—渣膜液相区；Ⅴ—坯壳区；Ⅵ—液钢区

关于液渣在结晶器与铸坯间气隙内流动的研究已有报道，但由于各研究中模型定解条件过分简化（如忽略结晶器的振动）及采用分析求解方法对模型求解的局限性，使计算结果与实际情况存在较大偏差。朱立光等人[4]充分考虑了结晶器的振动，将结晶器与铸坯气隙内液渣的流动视为匀速下移的平板和振动平板间不可压缩流体的薄层层流流动，采用数值分析方法，对方程进行离散，通过试验选取适当的时间步长和空间步长，求出任意时刻、任意横向位置的液渣流动方向、流动速度及每一时刻渣膜横断面的平均流动速度和每一振动周期的平均流动速度。

12.1.1　数学模型

建立模型的几点假设：

（1）考虑结晶器内最初几个振动周期的液渣流动，因此可认为其黏度和渣膜厚度不变。

（2）在结晶器的弯月面处，气隙尚未形成，凝固壳和结晶器壁之间的间隙被液渣完全充满。

（3）液渣流动性能为牛顿流体性能。

（4）忽略垂直于拉坯方向的液渣流动速度。

（5）将液渣密度视为常数。

描述液渣流动的 Navier－Stokes 方程为：

$$\rho_f \frac{\partial v}{\partial t} = -\frac{\partial p}{\partial y} + \eta \frac{\partial^2 v}{\partial x^2} \tag{12-1}$$

在 y 轴方向上的压力梯度由方程式（12－2）确定：

$$\frac{\partial p}{\partial y} = g(\rho_{Fe} - \rho_f) = g\Delta\rho \tag{12-2}$$

式中　ρ_f，ρ_{Fe}——液渣及钢液密度，g/cm^3；

v——液渣的流动速度，cm/s；

η——液渣的黏度，Pa·s；

t——时间，s；

p——液渣的静压力，Pa；

g——重力加速度，$980cm/s^2$。

定解条件如图 12－2 所示。

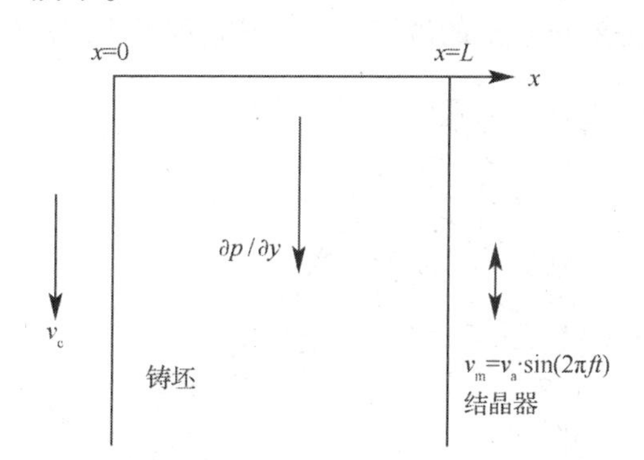

图 12－2　结晶器与铸坯间气隙内液渣流动状态示意图

v_c—拉坯速度，m/min；v_m—结晶器运动速度，cm/s；

v_a—结晶器最大运动速度，cm/s；L—结晶器与铸坯间气隙宽度，mm

初始条件：$t \leqslant 0$ 时，$v=0$；

边界条件：$x=0$ 时，$v=v_c$；

$x=L$ 时，$v = v_a \sin(2\pi ft)$。

与方程式（12－1）相容的差分方程为：

$$v_i^{n+1} = v_i^n + \frac{\eta}{\rho_f}\frac{v_{i-1}^n - 2v_i^n + v_{i+1}^n}{(\Delta x)^2}\Delta t - \frac{g}{\rho_f}(\rho_{Fe} - \rho_f)\Delta t \tag{12-3}$$

式中，v_i^{n+1}为 i 节点 n 时刻液渣的流动速度，cm/s。

沿 x 轴方向，网络划分示意图如图 12 -3 所示。

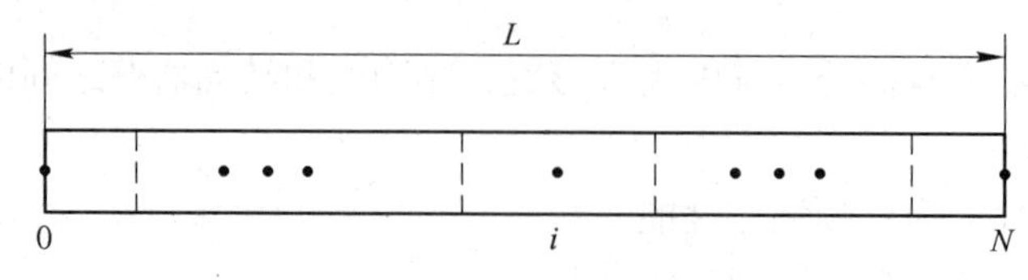

图 12 -3　计算网络示意图

对于节点 0：　$v_0 = v_c$

对于节点 N：　$v_N = v_a\sin(2\pi ft)$

对于内部节点 i（$i>0$，$i<N$）：

$$v_i^{n+1} = v_i^n + \frac{\eta}{\rho_f}\frac{v_{i-1}^n - 2v_i^n + v_{i+1}^n}{(\Delta x)^2}\Delta t - \frac{g}{\rho_f}(\rho_{Fe} - \rho_f)\Delta t$$

方程式（12 -3）的稳定性条件为：

$$\beta = \frac{\eta\Delta t}{\rho_f(\Delta x)^2} \leqslant 0.5$$

12.1.2　计算结果

由方程式（12 -3）及初始条件、边界条件计算出气隙内液渣流动速度分布，结果如图 12 -4 所示。图中 i =0、1、2、…、10 曲线分别代表渣膜厚度方向上各节点在一个振动周期内的流动速度变化。其中 i =0 节点为与铸坯接触的液渣节点，其流动速度等于拉坯速度；i =10 节点为与结晶器壁接触的液渣节点，其速度等于结晶器的运动速度。

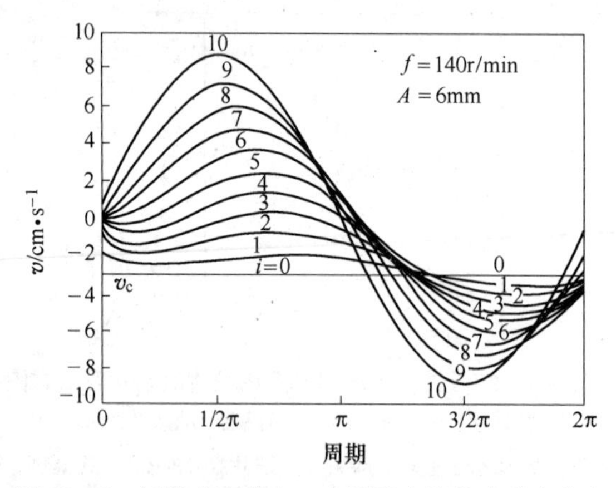

图 12 -4　气隙内液渣在一个周期内的流动速度分布

目前，对于一个振动周期内液渣流入机理的认识有两种不同的观点，即正滑脱期流入[5]和负滑脱期流入[6]。本研究的模型计算表明，简单地划分在哪一个振动时间阶段液渣流入、流出是不科学的。如图 12 -4 的计算结果所示，在一个振动周期内，液渣流入、流出状态比较复杂，应针对不同的具体条件确定整个振动周期内液渣流动状态。

以振幅A为4mm的情形为例（见图12－5），在0～π/4时，液渣平均流动速度v的方向与拉坯速度方向相同，表现为总体向下流动；从π/4～π时，液渣平均流动速度方向与拉坯速度方向相反，表现为总体向上的流动；π～2π时，液渣平均流动速度方向向下。因此可以认为，在振幅为4mm的振动条件下，大部分液渣是在负滑脱期内流入结晶器的，但在正滑脱期1/4时间内，液渣平均流动速度方向向下。可见，把液渣流入、流出状态纯粹地划分为在正滑脱期内完成还是在负滑脱期内完成是不恰当的。这也可从图12－5更清楚地看出，靠近铸坯的0、1、2、3节点，即1/3厚度的液渣在整个振动周期内始终呈现向下的流动，唯一不同的只是在正、负滑脱期内液渣向下流动的速度不同。

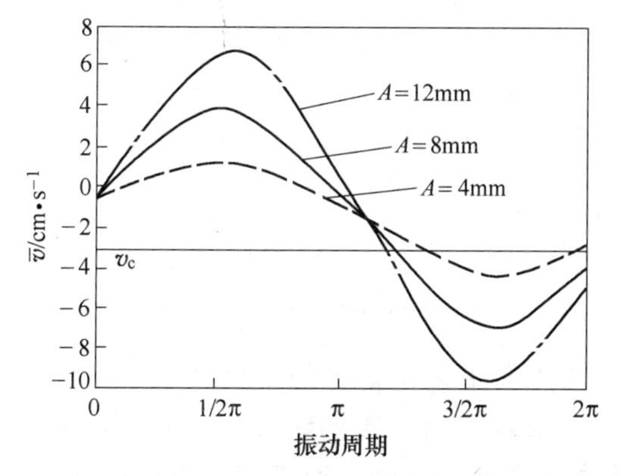

图12－5　一个振动周期内渣膜横断面上液渣平均流动速度

12.1.3　影响结晶器与铸坯间气隙内液渣流动速度的因素

影响结晶器与铸坯间气隙内液渣流动速度的因素包括：

（1）振幅的影响。振幅对液渣平均流动速度的影响计算结果如图12－6a所示。随着振幅的增大，气隙内液渣的平均流动速度显著降低。

（2）振动频率的影响。图12－6b所示为振动频率对液渣平均流动速度影响的计算结果。随着振动频率的增大，液渣流入结晶器的平均流动速度降低。

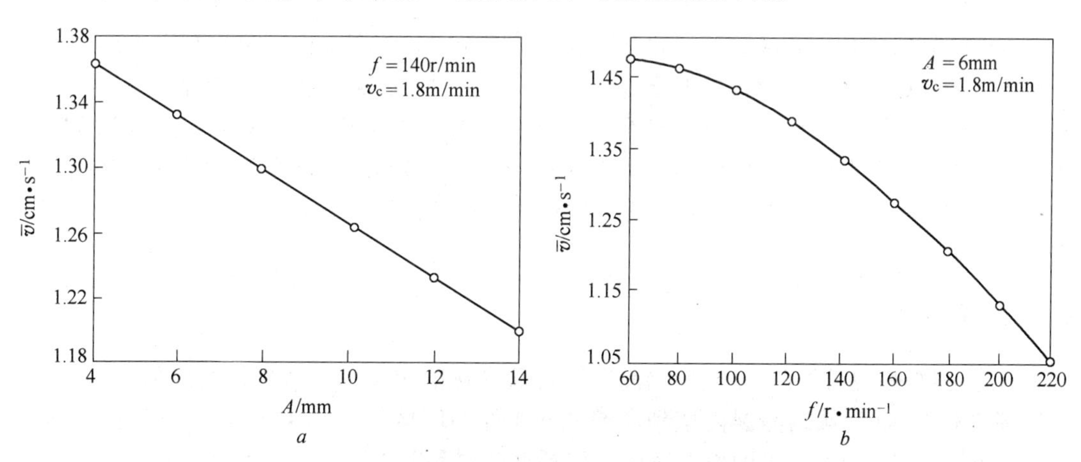

图12－6　振幅（a）和振动频率（b）对液渣平均流动速度的影响

（3）正滑脱时间的影响。图12－7a所示为正滑脱时间t_p对液渣平均流动速度的影响。

（4）负滑脱率的影响。图 12－7*b* 所示为负滑脱率 *NSR* 对液渣平均流动速度的影响。

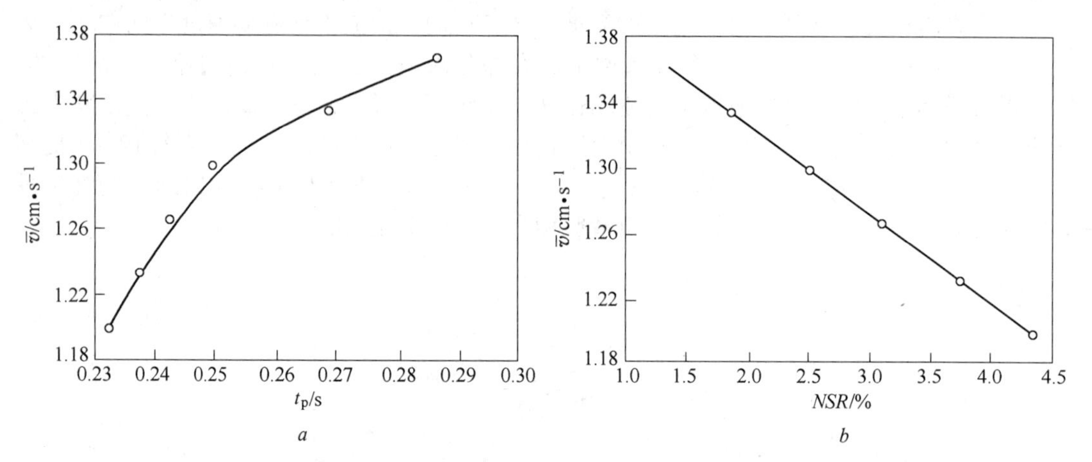

图 12－7 正滑脱时间（*a*）和负滑脱率（*b*）对液渣平均流动速度的影响

（f = 140 r/min；v_c = 1. 8 m/min）

增大渣耗量是实现高速连铸工艺正常化的重要技术条件[6]。通过上述计算及分析可知，欲获得较高的渣耗量，即较高的液渣平均流动速度，对于一定拉速下的连铸工艺条件，必须采取低频率、低振幅的振动形式。对于正弦波，由于过低的频率不能保证脱模和愈合裂纹所需要的最小负滑脱时间，因此频率不能过低。O. D. Kwon[7] 推荐，对于中低碳钢，负滑脱时间要求应不小于 0. 1 ~ 0. 2s。因此，只有通过降低振幅来提高正滑脱时间，达到增大渣耗量的目的。对于高速连铸，应采用能够满足最低负滑脱时间要求的较低频率和振幅的正弦波振动形式。对于采用非正弦波振动，由于负滑脱时间缩短，正滑脱时间延长，使液渣流动速度提高，即渣耗量增大。目前国外采用非正弦波振动的板坯连铸机，实现了拉速达 4m/min 的高速连铸。

12. 2 弯月面处保护渣的流动行为

连铸结晶器弯月面处保护渣行为对钢液的初期凝固和铸坯表面质量均有很大影响。结晶器弯月面区域内液渣流动状况十分复杂，很少有人对此区域内渣的流动行为进行数学模拟。钢铁研究总院工艺研究所颜慧成等人[8] 曾用引入变量 *m* 和 Yang－Mills 型规范变换的数学方法对情况复杂的弯月面区域求解 N－S（Navier－Stokes）方程，并对渣圈存在时的流动行为进行了分析，旨在弄清弯月面区域保护渣流动行为对钢液初始凝固和铸坯振痕深度的影响。

12. 2. 1 数学模型

首先是物理模型的建立。连铸结晶器弯月面区域的定义为：从弯月面根部以下 45mm 到根部以上 45mm、从结晶器内壁到离壁 20mm 处的区域（见图 12－8）。弯月面曲线由 Bikerman[9] 方程给出，弯月面以上区域（包括液渣层和半烧结层）是本小节的计算区域。

由于渣池中液渣流动速度不大，而且具有一定黏度（经雷诺数计算得知其值远小于临界值），故为层流，可视为不可压非正常黏性流体。

在流体力学计算中，继 V. I. Oseledete 之后，T. F. Buttke 等[10]引入新变量 m(冲量密度) 和 Yang - Mills 型的规范变换 $m = \mu + \mathrm{grad}\varphi$，将原始变量的 N - S 方程转化为规范 - 不变量的形式。这种规范 - 不变量形式的方程与原始变量的 N - S 方程在数量上完全相等，但实际使用效果却不同。前者不仅将速度与压力分离，而且当速度场为已知条件时可显式地单独计算压力，这样就使得用现有的数学物理方法来求解流体力学的各种问题变得容易了。N - S 方程的规范不变量形式为：

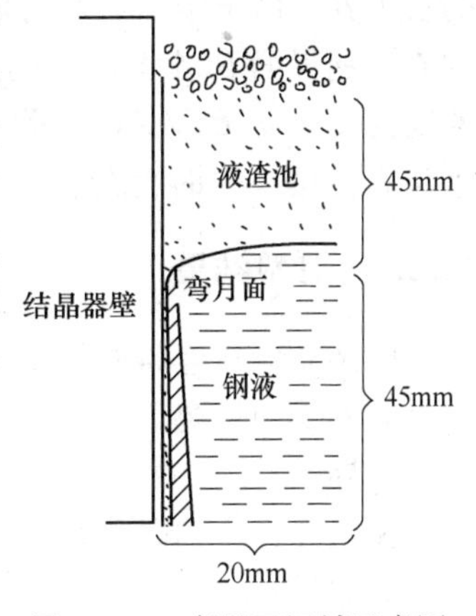

图 12 - 8 弯月面区域示意图

$$\frac{\partial m}{\partial \tau} + u\nabla \boldsymbol{m} = -(\nabla \boldsymbol{u})m + \nu\Delta \boldsymbol{m} + F \qquad (12-4)$$

式中 τ——时间；

$\boldsymbol{u}$——液渣流动速度；

ν——液渣黏度；

F——摩擦力；

∇——矩阵。

边界条件为：

左边界： $u = 2\pi fA\cos 2\pi ft$

右边界： $u = 0$

上边界： $u = 0$

下边界（C 点处液渣流动速度（见图 12 - 9））：

$$u = u_c \boldsymbol{BC/AB}$$

式中 f——结晶器振动频率；

A——振幅；

u_c——拉坯速度。

因为在渣池左边界处，渣随结晶器一起振动，故左边界条件取结晶器振动速度。渣池上边界是粉渣层与烧结层相连接的界面，该界面处质点向下运动的速度由粉渣的熔化速度来决定，在此可认为是零。右边界和下边界的确定基于以下分析：在结晶器弯月面区域，渣在渣 - 钢界面处的运动速度是个比较复杂的问题，弯月面可能存在固相区、固 - 液两相区和液相区。王来华[11]曾用水和油模拟了板坯卷渣现象，发现靠近结晶器窄壁处油层较薄，在水口和结晶器窄壁中间油层较厚，水口周围的油层居中。随着水流动速度的增加，油层较厚处开始有油卷入水中，说明靠近结晶器窄壁处钢液流动速度很小或出现死角。X. Huang[12]等对钢液三维流场分布和温度场分布的计算结果也证明结晶器弯月面处是钢液流动速度较慢的相对低温区。所有这些研究结果表明，在水口与结晶器壁之间居中一段处的钢液面上存在一个钢液流动速度的波峰，这里容易卷渣。在结晶器弯月面区域，由于温度相对较低使钢液凝固成坯壳后沿结晶器下移，这就需要弯月面处不断补充新的钢液，从而形成一股与中央波峰流动方向相反的钢液（见图 12 - 9），假设在这两种流动方向不同的钢液之间存在一段流动速度为零的静止区，将它作为计算区域

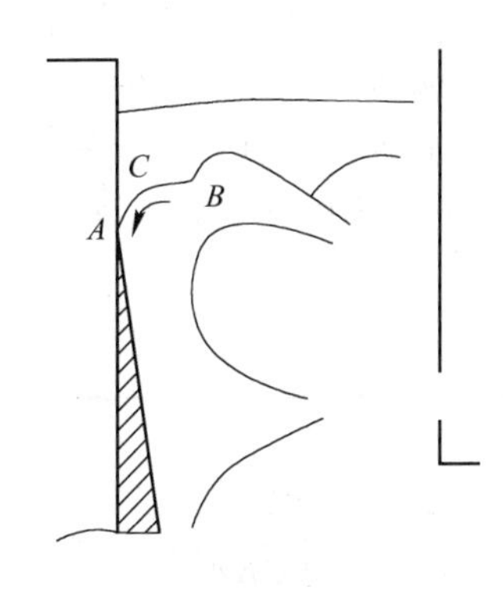

图 12 - 9 钢液面流动模型

的右边界。由于结晶器弯月面根部 A 点处钢液初始凝壳速度为拉坯速度，颜慧成等[8]人认为渣－钢界面 BCA 上质点的速度是由静止线性增加到拉坯速度，于是界面上 C 点处的线速度为 $u = u_c \boldsymbol{BC/AB}$。此外，为了使流场计算满足连续方程，在渣－钢界面处虚拟了一个与渣耗相等的钢液流量。

12.2.2　计算结果

以某立弯式连铸机的试验数据为例，计算结晶器弯月面区域渣池内液渣的流场及渣－钢界面的受力情况。

边界条件为：

左边界：$u = 83.775 \times \cos 20.944t$；

右边界：$u = 0$；

上边界：$u = 0$；

下边界：C 点处液渣流动速度 $u_c = 1.13\boldsymbol{BC}$，渣黏度 $\eta_{1300℃} = 0.067\text{Pa}\cdot\text{s}$。

经过计算得到的流场动态分布情况如图 12－10 所示。

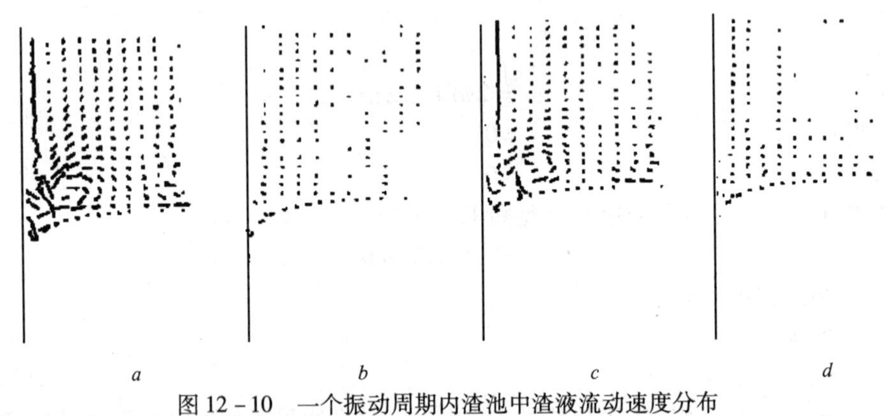

图 12－10　一个振动周期内渣池中渣液流动速度分布

a—$t=0$；b—$t=\frac{1}{4}f$；c—$t=\frac{1}{2}f$；d—$t=\frac{3}{4}f$

由图 12－10 可知，渣池中液渣的流动呈周期性变化。在不同时刻、不同的结晶器振动速度下，液渣的流动速度分布不同。一个振动周期内渣池中液渣流动速度的分布情况见表 12－1。由表 12－1 可以看出：$t=0$ 时，钢液产生顺时针旋涡，结晶器弯月面根部的渣流分成三股：一股继续沿旋涡运动，一股返回，一股进入缝隙，这是渣耗的主要来源；$t=\frac{3}{4}f$ 时，钢液产生逆时针旋涡，当旋涡与渣－钢界面接触时，渣流分成两股：一股继续向前流动，一股先返回，然后沿结晶器壁向上运动，进入缝隙的渣很少。此外，还具有产生剧烈旋涡的区域。计算结果表明，在离结晶器壁 10mm、离钢液面 10mm 范围内钢液旋涡强烈，并呈周期性变化。

表 12－1　渣池中液渣流动速度的分布情况

时　刻	弯月面区域		
	结晶器壁附近	缝隙入口处	其余区域
0	向下速度最大， 最大速度值 83.775mm/s	产生顺时针旋涡， 根部液渣向下流动速度较大	速度较小

续表 12－1

时　刻	弯月面区域		
	结晶器壁附近	缝隙入口处	其余区域
$\frac{1}{4}f$	速度为零	速度较小	速度很小
$\frac{1}{2}f$	向上速度最大	产生逆时针旋涡	速度较小
$\frac{3}{4}f$	速度为零	速度较小	速度很小

根据渣－钢界面的受力情况，可将界面分为4个特征段：结晶器弯月面根部、前半弧段、后半弧段和水平段。这4个特征段在一个振动周期中的受力情况见表12－2。由表12－2可知，受力与流场分布严格对应，当液渣向渣－钢界面流动时，它对界面形成正压；当液渣背离界面运动时，则对界面产生负压；弯月面根部始终呈现正压，在 $y=0.15$mm（即弯月面上部至结晶器壁距离为0.15mm）处，液渣对界面的压力开始呈现正、负压变化，显然，此点可以认为是振痕根部，振痕深度为0.15mm。这和相同浇铸条件下板坯表面测得的振痕深度一致[13]；分析流场与受力是基于界面不偏移的假设，由于液渣对渣－钢界面的受力有正、负压变化，其最大值达56Pa，因此，渣－钢界面会在平衡位置发生适当的偏移，以达到新的平衡。计算结果能预示界面偏移的趋势和偏移的起点。由此可见，在有保护渣的情况下，渣池中液渣压力对振痕的形成影响很大。

表12－2　一个振动周期内渣－钢界面的受力情况

时　刻	渣－钢界面			
	弯月面根部	前半弧段	后半弧段	水平段
0	呈现正压，值较小	正压，达最大值（56Pa）	呈现最大负压值	呈现最大正压值
$\frac{1}{4}f$	呈现正压，值增大	接近正压	呈现正压，值较小	呈现负压，值较小
$\frac{1}{2}f$	呈现最大正压值	呈现最大负压值	呈现最大正压值	呈现最大负压值
$\frac{3}{4}f$	呈现正压，值变小	接近无压	呈现正压，值变小	呈现负压，值较小

计算主要针对无渣圈或渣圈很薄的情况，而实际生产中渣圈不仅不可避免，而且常常出现在液渣层、烧结层与结晶器壁交汇处，即离钢液面10～20mm（即液渣层高度）处。这说明渣圈正好位于产生剧烈旋涡的临界范围内。因此，为了避免渣圈对液渣流动行为的干扰，选择渣池深度（15±5）mm、结晶器振幅小于5mm、渣圈厚度小于10mm为宜，这与实际生产相符合。

参考文献

[1] Billany T J H, Normanton A S, Mills K C, et al. Surface cracking in continuously cast products [J]. Ironmaking and Steelmaking, 1991, 18 (6): 403～410.

[2] Koji Yamaguchi. Effect of refining conditions for ultra low carbon steel decarburization reaction in RH degasser

[J]. ISIJ International, 1992, 32 (1): 126 ~ 135.
[3] 黄虹，金山同. 连铸用保护渣的黏度与流动性关系的研究 [J]. 炼钢，2003，19 (4): 43 ~ 46.
[4] 朱立光，金山同. 结晶器与铸坯间气隙内液态保护渣流动行为的数学解析 [J]. 钢铁研究学报，1998，10 (4): 9 ~ 12.
[5] Shinzo Harada. ISIJ International, 1990, 30 (4): 147.
[6] Lee I R. Development of new mold fluxes at pohang works [C] //In: The Chinese Society for Metals. Conference of Continuous Casting of Steel in Developing Countries. Beijing: The Chinese Society for Metals, 1993: 832.
[7] Kwon O D, Choi J. Optimization of mold oscillation pattern for the improvement of surface quality and lubrication in slab continuous casting [C] //In: ISS – AIME. The 74th Steelmaking Conference Proceedings. Washington: ISS – AIME, 1991: 561.
[8] 颜慧成，郭征，张孟亭，等. 连铸结晶器弯月面处保护渣的流动行为 [J]. 钢铁研究学报，2000，12 (3): 10 ~ 13.
[9] Bikerman J J. Physical Surfaces [M]. London: Acadandc Press, 1970.
[10] Buttke T F, Chorin A J. Turbulence calculation in magnetization variables [J]. Appl Num Math, 1993, 12: 47 ~ 54.
[11] 王来华. 薄板坯连铸结晶器内流动及传热研究 [D]. 北京：冶金部钢铁研究总院，1990.
[12] Huang X, Thomas B G. Modeling superheat removal during continuous casting of steel slabs [J]. Metallurgical Transaction, 1992, 23B (6): 339 ~ 356.
[13] Takeuchi H. Actual state and formation mechanism of surface segregation on oscillation Marks of continuously cast austenitic stainless steel slabs [J]. Tetsu – to – Hagane, 1983, 69 (16): 1995.

13 碳迁移

炭质材料作为保护渣中必须配加的原料之一，其通常在保护渣中起骨架的作用，用来调节保护渣的熔化速度，保持保护渣在使用中液渣层的厚度，决定保护渣熔化结构模型，调节未熔渣层的传热、保温、润滑等。合适的熔化速度可以得到合理的熔渣层厚度，好的吸收夹杂物能力、保温性能、铺展性等，从而获得无缺陷铸坯。因此，研究结晶器内保护渣中碳的行为有着重要的意义。

13.1 碳的分布

连铸过程中结晶器保护渣中碳的行为很重要，它调节保护渣的熔化速度和熔渣的流动性，决定能否形成稳定而有效的渣层结构，决定能否充分发挥保温、防氧化、传热、润滑和吸收夹杂物等功能。保护渣中的碳自始至终都对保护渣的性能起到至关重要的作用，故研究保护渣中碳的分布对了解和改善保护渣的性能，以及保护渣中碳的行为起到重要作用。

当保护渣基料熔化形成熔渣后，配入的碳主要有四个去向[1]：(1) 与空气中的氧反应进入大气中；(2) 在浮力作用下浮出熔渣，在渣层和过渡层之间形成富集碳层；(3) 溶于熔渣中；(4) 扩散进入钢中。保护渣中碳的行为去向如图 13-1 所示。

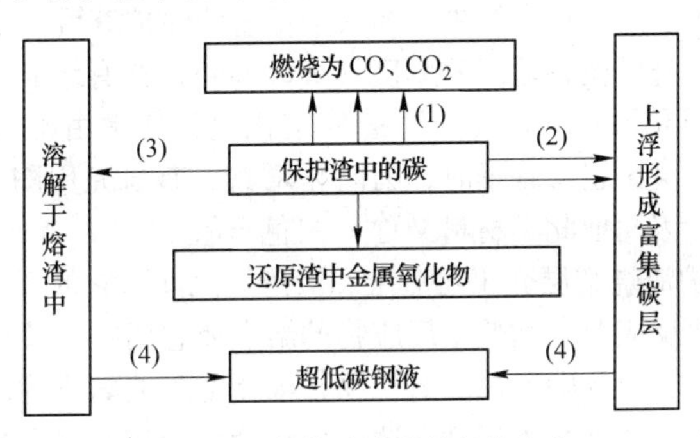

图 13-1 保护渣中碳的行为去向

碳在高温下易溶于钢液中，由其反应的吉布斯自由能可以看出：

$$C(石墨) \Longrightarrow [C] \qquad \Delta G^\ominus = -22590 - 42.26T \ \mathrm{J/mol}$$

当 $T=1873\mathrm{K}$ 时，$\Delta G^\ominus = -56563\mathrm{J/mol} < 0$。但是碳在熔渣层的溶解度却很小，为 0.1% ~0.2%[2]，实际上大多数碳粒没有进入熔渣，而保护渣通过熔渣层扩散进入钢液的碳也是微乎其微的。另外燃烧了的碳对钢液增碳没有影响。因此，只有富集碳层最容易引起钢液增碳。

通常保护渣在结晶器内分为四层结构，即粉渣层（或粒渣层）、烧结层、半液渣层和液渣层。液渣层又称熔渣层，烧结层和半液渣层又称烧结层，烧结层又称过渡层。各层的厚度在一定程度上是需要控制的，粉渣层和液渣层是必不可少的。当烧结层的厚度很薄时，也可以认为保护渣呈粉渣层和液渣层的双层结构。保护渣各渣层中的碳含量如图 13-2 所示。

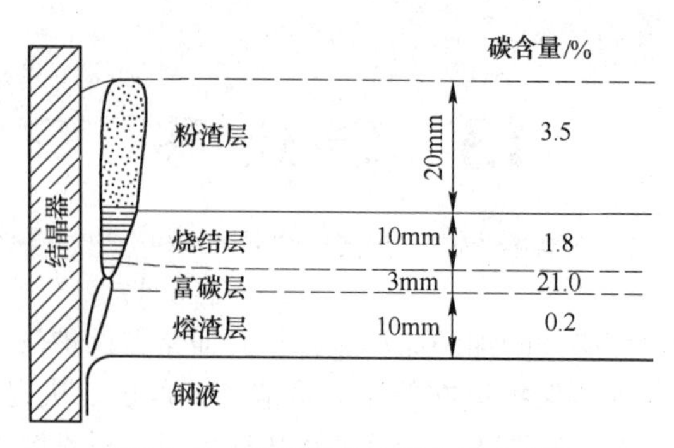

图 13 - 2　保护渣各渣层中的碳含量

（1）粉渣层（或粒渣层）。颗粒层的渣由于只有少量游离的碳燃烧，碳含量比较接近保护渣的原始碳含量。目前，保护渣一般以粉状和空心颗粒状形式使用，呈现粉体特性。粉体本身具有既不同于一般固体，也不同于气体或液体的运动规律。构成粉状特性的因素有粒度大小、粒子间的相互作用力、粒子充填状态、粒子的表面能等，其中粒子的大小是粉体最基本的特性。粒度越细小，越有利于提高保护渣的绝热保温性能和熔化速度，降低熔化温度，但不利于铺展性，易增加粉尘对环境的污染。连铸保护渣的粒度较细，粉状渣的粒度一般小于 0.147mm(100 目)，其中小于 0.074mm(200 目）的又占绝大部分。颗粒渣粒度一般也在 0.5 ~ 1.0mm 之间[3]。由于连铸保护渣粒度细、熔化温度又低，因此接触钢水部分的粉渣会很快熔化，形成液渣层。又由于渣层具有一定的绝热保温性能，保护渣厚度方向存在较大的温度梯度，这样渣层上部温度较低，粉渣的熔化速度不会很快，不至于加入后立即全部形成液渣。在实践中，加入一定量的保护渣后，粉（粒）渣层应保持一段时间。换句话说，粉渣层应有适当的厚度（≥20mm），在有结晶器液面自动控制的条件下，粉（粒）渣层还可稍厚些。粉（粒）渣的熔化速度通常由配入炭质材料的种类、粒度、含量等来控制。在浇铸超低碳钢时，为防止增碳，有研究用陶瓷材料（如 BN）取代保护渣中的炭质材料，因而把此类材料又称“白色石墨”[4]。

（2）烧结层。保护渣烧结层介于粉渣层和液渣层之间。它的形成机理为：首先是粉渣固相之间进行反应，而反应温度远低于反应物的熔点或它们的低共熔点。如果保护渣中存在着一些助熔剂，如碱金属的碳酸盐、氧化物、氟化物和玻璃质等，它们开始形成液相的温度远低于主要组成物质的低共熔温度，这些少量液相会在反应中起很大的作用。液相将固体颗粒表面润湿，靠表面张力作用，使粉渣颗粒靠近、拉紧，并重新排列。除了温度、压力、加热时间等因素外，凡是能促进外扩散及内扩散进行的因素都能促进粉渣烧结，如保护渣的细粉末、多晶转变、脱水、分解等反应[5]。烧结层温度接近于液渣层，温度升高很容易形成液渣，可以保证连续地供给液渣，维持一定的液渣层厚度。

在烧结层，保护渣中大部分碳在控制保护渣成渣过程中与氧发生燃烧反应生成 CO_2 进入大气，这部分碳对钢液增碳影响不大。另一部分未燃烧的碳被固 - 液并存的半熔层带动着下沉，因接触空气的机会减少，更不易氧化。随着渣温的升高，熔渣数量增多，这部分碳由于不易与熔渣浸润而从熔渣中分离出来，分布在液滴周边界面上，有一部分在缺氧的情况下与渣中金属氧化物发生反应，即：

$$y\mathrm{C} + \mathrm{Me}_x\mathrm{O}_y = x\mathrm{Me} + y\mathrm{CO}\uparrow$$

这部分碳对钢液增碳的影响也不明显[6]。

（3）液渣层。液渣层的厚度对超低碳保护渣尤为重要，其过厚或过薄不仅直接引起铸坯的裂纹、夹渣、凹坑等缺陷的出现，更影响铸坯的表面增碳量。如前所述，无论是哪种原因增碳，都与液渣层厚度有关。也就是说在整个浇铸过程中，保护渣必须保持一定的而且是稳定的液渣层厚度，否则钢液必然增碳[6]。

通过测定碳在保护渣的熔化结构中的分布发现：液渣层中碳含量为0.10%～0.40%，且与保护渣的原始碳含量无关。而那些未能参与反应的碳在液滴聚合的过程中因其密度比熔渣小而不断上浮，聚集在熔渣层与半熔层界面的上方，从而形成了很薄但碳含量很高的富碳层。该富碳层厚为0.3～3.0mm，但碳含量高于原始配碳量1.5～5.0倍（见图13－2），甚至更多。富碳层的形成和它本身的特点及其不稳定性，是结晶器内保护渣使铸坯增碳的主要原因（见图13－2）[7]。表13－1给出了不同碳形式下富碳层的碳含量[8]。连铸坯增碳原因较复杂，图13－3对其进行了综合分析。

表13－1 不同碳形式下富碳层的碳含量

碳质材料	原始配碳量1.5%		原始配碳量1.0%	
	富碳层碳含量/%	增碳倍数	富碳层碳含量/%	增碳倍数
基料＋石墨	31.21	20	2.18	2.18
基料＋焦炭	56.44	37	15.50	15.50
基料＋炭黑	6.00	4	3.26	3.26

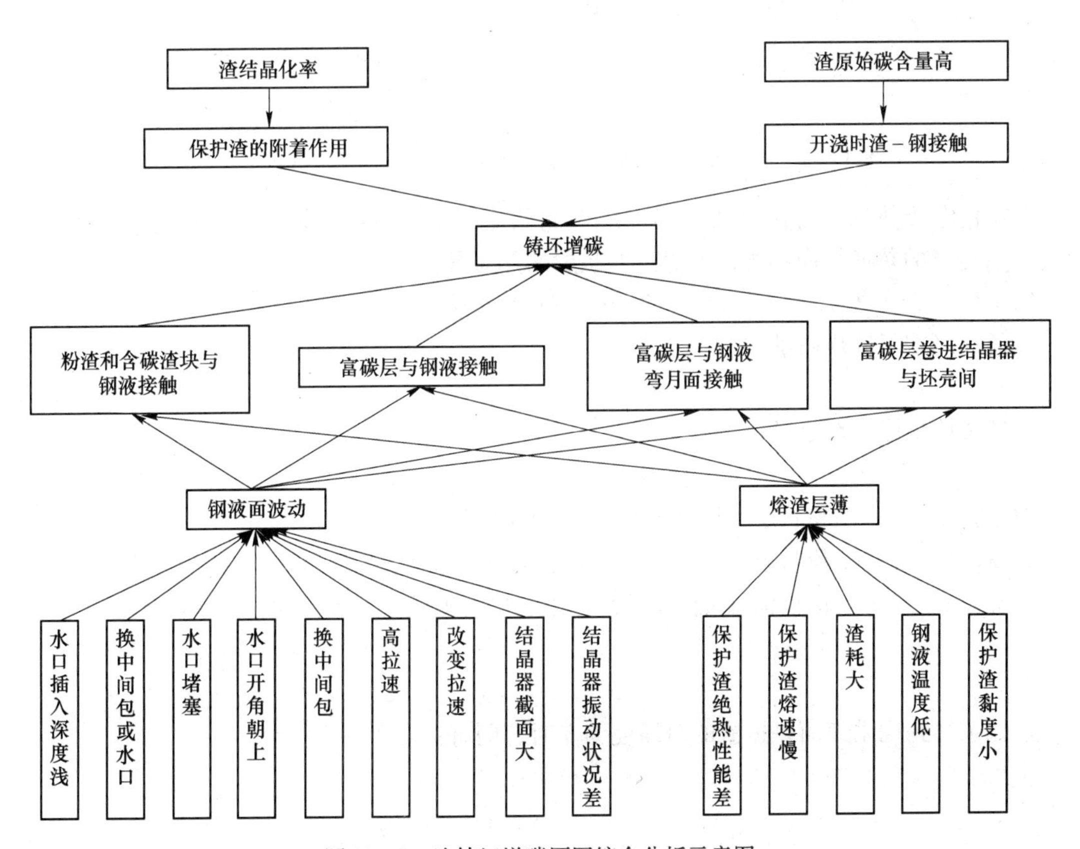

图13－3 连铸坯增碳原因综合分析示意图

13.2　保护渣熔融结构的数学模型

保护渣熔化模型多为三层结构，即粉状层、烧结层和熔融层，当其加在钢水表面上时，形成具有合理厚度分布的三层结构是必需的。保护渣三层结构的形成及厚度分布与其熔化温度和传热状态密切相关。朱立光等人[9]运用传热学原理，建立保护渣在使用过程中的传热数学模型，揭示其传热状态，描述其自上而下的温度分布，对于实现合理的渣层结构和优化其熔化温度起到理论指导作用。

13.2.1　数学模型的建立

假定三层内的传热为稳定状态，即三层内的温度梯度是稳定的，各层传热不随温度的变化而变化，且不考虑保护渣的熔化热。根据上述的假设，保护渣的温度分布模型如图 13－4 所示。

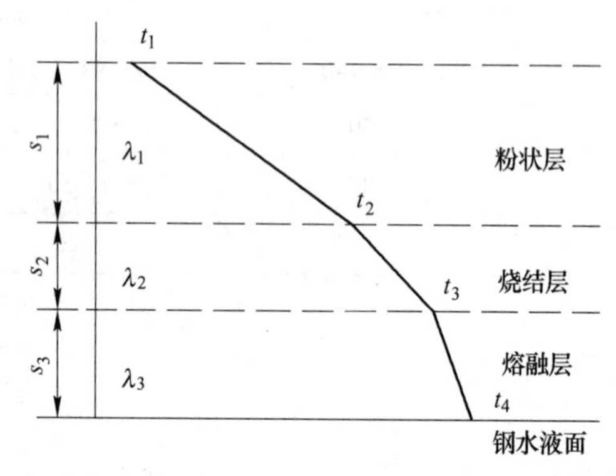

图 13－4　钢液面上三层结构保护渣在稳定传热下的温度分布示意图

在稳定传热的条件下，通过第一层（粉状层）、第二层（烧结层）和第三层（熔融层）所传导的热通量应相等，即通过粉状层的热通量：

$$Q_1 = \lambda_1(t_2 - t_1)/s_1 \tag{13-1}$$

通过烧结层的热通量：

$$Q_2 = \lambda_2(t_3 - t_2)/s_2 \tag{13-2}$$

通过熔融层的热通量：

$$Q_3 = \lambda_3(t_4 - t_3)/s_3 \tag{13-3}$$

式中　s_1, s_2, s_3——粉状层、烧结层和熔融层的厚度，mm；

$\lambda_1, \lambda_2, \lambda_3$——粉状层、烧结层和熔融层的导热系数，W/(m · K)；

t_1, t_2, t_3, t_4——保护渣表面的温度、烧结终了温度、熔化温度和钢水表面温度，℃或 K。

$$Q_1 = Q_2 = Q_3$$

如果加到钢水表面保护渣的总厚度为 h 时，则有：

$$s_1 + s_2 + s_3 = h$$

$$\lambda_1(t_2 - t_1)/s_1 = \lambda_2(t_3 - t_2)/s_2$$

$$\lambda_3(t_4 - t_3)/s_3 = \lambda_2(t_3 - t_2)/s_2$$

各层的导热系数 λ_1、λ_2、λ_3 为已知时，设：

$$a = \lambda_1(t_2 - t_1)$$

$$b = \lambda_2(t_3 - t_2)$$

$$c = \lambda_3(t_4 - t_3)$$

由以上联立方程可解得：

$$s_1 = ah/(a + b + d) \tag{13-4}$$

$$s_2 = bh/(a + b + c) \tag{13-5}$$

$$s_3 = ch/(a + b + c) \tag{13-6}$$

13.2.2 计算结果及分析

13.2.2.1 熔化温度对保护渣各层厚度的影响

设保护渣的总厚度 $h = 30\text{mm}$，保护渣的表面温度 $t_1 = 200℃$，烧结终了温度 $t_2 = 900℃$，保护渣的熔化温度 t_3 分别取1000℃、1050℃、1100℃、1150℃、1200℃、1250℃、1300℃。钢水表面温度 $t_4 = 1550℃$，各层的导热系数：$\lambda_1 = 0.60\text{W}/(\text{m}\cdot\text{K})$、$\lambda_2 = 0.8\text{W}/(\text{m}\cdot\text{K})$、$\lambda_3 = 1.0\text{W}/(\text{m}\cdot\text{K})$。经过计算可得表13-2中保护渣的各层厚度，图13-5所示为各层厚度随熔化温度变化的曲线。

表13-2 不同熔化温度下保护渣的各层厚度 (mm)

名称	熔化温度/℃						
	1000	1050	1100	1150	1200	1250	1300
粉状层	12.00	12.11	12.23	12.35	12.48	12.6	12.73
烧结层	2.29	3.46	4.66	5.88	7.13	8.4	9.70
熔融层	15.71	14.43	13.11	11.77	10.39	9	7.57

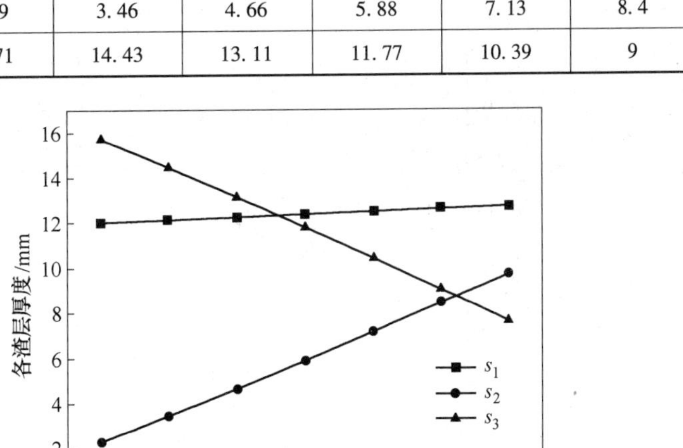

图13-5 保护渣各层厚度随熔化温度变化的曲线

由图13-5可知，随着熔化温度的升高，粉状层和烧结层的厚度增加，而熔融层的厚度急剧减少。这说明随着保护渣熔化温度的提高，在其总厚度一定的条件下，粉状层和烧结层的总厚度增加而熔融层变薄，这样保护渣总的保温性能会变好。但为了使保护渣既具有一定的保温性能，并且也能形成一定厚度的熔融层，具有吸附钢液夹杂物、防止二次氧化的能力，其熔化温度不能太高，也不能太低，如果熔化温度太高，则熔融层太薄，不仅使保护渣防止二次氧化、吸附夹杂物的能力减弱，而且还可能引起钢液增碳；另一方面，随着熔化温度的升高，烧结层变得很厚，这样容易引起钢渣结盖。熔化温度一般取在 1050 ~ 1200℃范围内。

13.2.2.2　保护渣的总厚度对其各层厚度的影响

设总厚度 h 依次取：30mm、35mm、40mm、45mm、50mm，各层面温度：$t_1=200$℃、$t_2=900$℃、$t_3=1100$℃、$t_4=1540$℃，各层的导热系数：$\lambda_1=0.60$W/(m·K)、$\lambda_2=0.8$W/(m·K)、$\lambda_3=1.0$W/(m·K)。通过计算得表 13－3 中保护渣的各层厚度，图 13－6 所示为各渣层厚度随保护渣总厚度变化的曲线。由表 13－3 及图 13－6 可知，随着保护渣总厚度增加，各层厚度都增加，但粉状层和烧结层的厚度增加的较快，而熔融层增加得相对较慢，这样，随着保护渣总厚度的增加，其保温绝热性能可显著提高。增加保护渣的总厚度，熔化温度等温面 t_3 上移，实际相当于起到了降低保护渣熔化温度的作用。在实际使用过程中，从经济角度考虑，保护渣不能太厚；另外随着厚度的增加，烧结层会变得很厚，会出现钢渣结盖、处理困难的问题。但保护渣的总厚度也不能太薄，否则就不能起到应有的保温冶金功能。根据现场使用经验，保护渣的总厚度可以取在 30 ~ 50mm 之间。

表 13－3　不同总厚度下保护渣的各层厚度　(mm)

名　称	总　厚　度				
	30	35	40	45	50
粉状层	12.35	14.41	12.12	14.13	16.15
烧结层	4.71	5.49	11.54	13.46	15.38
熔融层	12.94	15.10	6.35	7.40	8.46

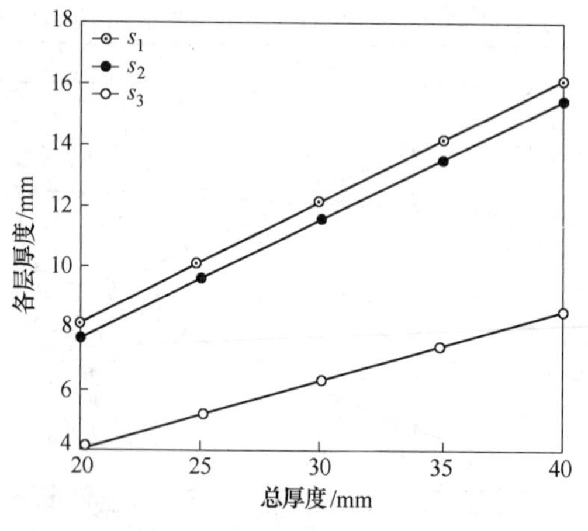

图 13－6　保护渣各层厚度随总厚度变化的曲线

13.2.2.3　粉状层导热系数对保护渣各层厚度的影响

设保护渣的总厚度 $h=30$mm，各层面温度：$t_1=200$℃、$t_2=900$℃、$t_3=1400$℃、$t_4=1620$℃，烧结层和粉状层的导热系数：$\lambda_2=0.8$W/(m·K)、$\lambda_3=1.0$W/(m·K)。假设以上各参数取值一定，变化粉状层导热系数 λ_1 时，通过计算程序得表 13－4 中保护渣的各层厚度，图 13－7 所示为各渣层厚度随粉状层导热系数 λ_1 变化的曲线。由表 13－4 及图

13－7 可知：在保护渣总厚度一定的条件下，随着粉状层绝热性能提高即其导热系数 λ_1 减小，粉状层厚度急剧减小，烧结层变大，熔融层的厚度也增加，即熔化温度 t_3 的等温面上移，保护渣总体的保温性能降低。在保护渣的配制中，粉状层导热系数可以取在 0.5～1.0W/(m·K) 之间。

表 13－4 不同粉状层导热系数下保护渣的各层厚度 (mm)

名 称	导热系数/W·(m·K)$^{-1}$						
	0.4	0.5	0.6	0.7	0.8	0.9	1.0
粉状层	9.33	10.82	12.12	13.24	14.24	15.12	15.91
烧结层	13.33	12.37	11.54	10.81	10.17	9.60	9.09
熔融层	7.34	6.80	6.35	5.95	5.59	5.28	2.00

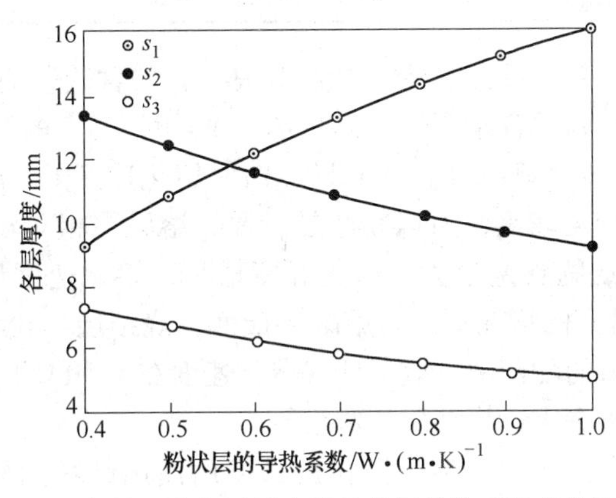

图 13－7 保护渣的各层厚度随粉状层导热系数变化的曲线

13.2.2.4 炭质材料及熔点较高的组成物对保护渣熔化速度的影响

保护渣必须能够覆盖于钢液面上，这就有必要确定及控制其熔化速度。保护渣的熔化速度主要与其配入的炭质材料有关，炭质材料阻止各种矿相间的化合反应，降低了覆盖剂的熔化速度，如图 13－8 所示[10]。

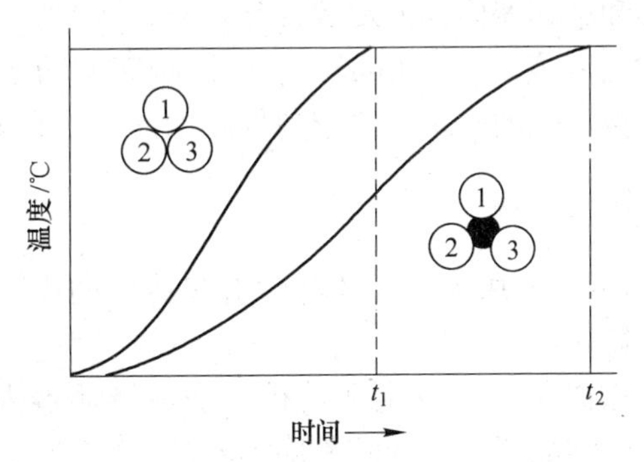

图 13－8 碳对熔化速度的影响
1—α% SiO_2；2—β% CaO；3—γ% Al_2O_3

随着含碳量的增加，保护渣的熔化速度降低，碳的配入量一般要超过 5%（不锈钢用保护渣和无碳保护渣除外）。表 13－5 和表 13－6 列出了三种保护渣的化学成分及理化性能[11]。

表 13 -5　保护渣的化学成分　(%)

保护渣	SiO_2	CaO	Al_2O_3	Na_2O	C	MgO	FeO	Fe_2O_3	S
A	34 ~48	2 ~6	16 ~22	7.5 ~8.5	8 ~10	0.5 ~2	0.5 ~4	0.5 ~5	<2
B	32 ~3	12 ~15	13 ~18	5 ~6	9 ~12	2 ~5	2 ~5	0.5 ~4	<0.4
C	36 ~4	9 ~13	17 ~24	—	7 ~11	2 ~4	2 ~4	0.5 ~5	<0.4

表 13 -6　保护渣的理化性能

保护渣	半球温度/℃	熔速（1450℃）/s	原高/mm	熔融层厚度/mm	烧结层厚度/mm	粉状层厚度/mm
A	1352	24（半球）	26	0.5 ~0.8	20	5
B	1234	30（全塌）	25	0.51	20	4
C	1366	50（全塌）	38	0.5	28	10

由表 13 -5 和表 13 -6 分析：三种保护渣 *A*、*B*、*C* 的含碳量基本相当，但各自配入的高熔点物质（SiO_2 和 Al_2O_3）含量不同，其中 $C>A>B$，三者的半球温度（熔化温度）*C*(1366℃)>*A*(1352℃)>*B*(1234℃)。在 1450℃时，熔化速度 $C<B$，*A*、*B* 的试样总高度基本相当，但由于 *A* 的熔点较高，所以粉状层较厚，熔融层相对较薄，其保温性能较好。这三者中 *C* 的高熔点组成物含量最大，熔化温度最高，熔化速度最小。这样在试样原高(总厚度）增加、熔点升高的情况下，其熔融层最薄，烧结层与粉状层相对很厚，所以其保温性能最好。在保护渣的配制中，应保证其熔化速度在 1450℃下在 20s 以上。此外，由熔融模型各层厚度分布可看出，烧结层相对很厚。

由上面讨论可知：保护渣的绝热保温作用，可由使用细粒的炭质材料来增加碳的含量，以降低覆盖剂的体积密度来进行控制，也可通过使用熔点较高的组成物加以控制。在这些因素中，不可独立而确切地应用其中的一种，必须通过模拟实验来评价。

13.3　增碳机理

对于浇铸普碳钢来说，一般不会引起铸坯增碳，而对于超低碳钢的连铸生产过程中，很容易发生铸坯表面渗碳和结晶器内钢液增碳，往往有 0.001% ~0.003% 的增碳量，增碳层的厚度在增碳区内严重的厚度可达 100mm，表面影响区波动于 100 ~2000m^2 之间[6,12]。因此，探明保护渣引起钢液增碳的机理对改善超低碳钢的质量有重要意义。

13.3.1　粉渣与钢液直接接触增碳

在连铸生产过程中，保护渣中的炭质材料会引起铸坯的表面渗碳和结晶器内钢液增碳，造成铸坯缺陷，影响铸坯质量。

粉渣与钢液直接接触增碳，一般发生在铸机开浇或结晶器内钢液面严重扰动的情况下。铸机开浇，保护渣加到结晶器内后，熔渣层不能马上形成，此时，粉渣与钢液面直接接触，接触面温度为 1470 ~1530℃，部分粉渣会被扰动的钢液卷入，由于粉渣的原始碳含量比钢液高，造成保护渣中的碳进入钢液中，使铸坯增碳或渗碳[8,13]。

13.3.2　保护渣的附着作用使铸坯表面渗碳

如果熔渣对铸坯的润湿性好，在铸坯出结晶器之后，熔渣则易附着在铸坯的表面，之后冷却结晶硬化，呈烧结态而不易剥落，被拉辊压入铸坯表层。铸坯温度只要大于462.5℃，其表面都可能渗碳，并且碳的扩散系数随铸坯的温度升高而增大[8,13]。

13.3.3 熔渣层中富碳层的渗碳

理论上炭粉在493~561℃即开始氧化，在升温到保护渣熔融温度前（约1100℃），碳就可能被全部烧掉。而实际上熔渣层和烧结层之间有富碳层存在，富碳层的厚度和碳含量与保护渣中炭质材料的种类和含量有关，由于保护渣熔化过程中大气中的氧渗透较困难，碳无法完全燃烧，以及在造渣和保护渣烧结过程中形成的“碳核”中的碳在熔渣层上部不断集聚，最终形成富碳层[13]。富碳层的存在是超低碳钢增碳的主要原因。有人提出富碳层主要是渗碳[10]，主要原因为：

（1）富碳层靠近钢液弯月面；

（2）富碳层具有非烧结性；

（3）富碳层碳含量很高，有较强的传质驱动力。

鉴于以上原因，加之碳在钢液中的溶解度和溶解速度很高、结晶器的振动、浸入水口钢流对钢液的搅拌，尤其是浇铸速度不稳定造成的结晶器内钢液面波动，弯月面附近的富碳层就会进入铸坯与结晶器之间，造成铸坯表面渗碳。如果此时熔渣层厚度不够，不仅会造成富碳层进入铸坯与结晶器之间，与铸坯壳接触，还有可能造成弯月面附近的富碳层与液渣和钢液接触，甚至混合，致使铸坯渗碳和增碳。

13.4 富碳层向钢液增碳的数学模型

为了能够定量地描述保护渣增碳的机理，林功文、郭培民[7]对保护渣引起超低碳钢增碳的机理并进行了数学分析，并且建立了稳态状态下和非稳态状态下操作时富碳层向钢液增碳的模型。该模型的基本前提是：

（1）增碳模型符合双膜理论；

（2）熔渣层中成分均匀。

稳态状态下操作时富碳层向钢液增碳的模型如下。

保护渣中的碳向钢液增碳的反应式为：

$$(\mathrm{C}) \longrightarrow [\mathrm{C}] \qquad \Delta G^{\ominus} = 22590 - 42.26T \tag{13-7}$$

增碳过程如下所示：

$$(\mathrm{C}) \xrightarrow[\beta_s]{\text{扩散}} (\mathrm{C}) \xrightarrow[K_{\text{化}}]{\text{界面反应}} [\mathrm{C}] \xrightarrow[\beta_m]{\text{扩散}} [\mathrm{C}] \tag{13-8}$$

根据动力学理论[10]，经推导可得到：

$$r = -\frac{\mathrm{d}W_{(\mathrm{C})}}{\mathrm{d}\tau} = \frac{1}{\frac{V_s}{A}\frac{1}{\beta_s} + \frac{V_m}{A}\frac{1}{\beta_m K}} W_{(\mathrm{C})} \tag{13-9}$$

式中 r——钢液增碳速率；

$W_{(\mathrm{C})}$——碳在渣中的质量分数；

τ——时间；

V_m, V_s——钢液体积和渣体积；

A——反应界面面积；

β_s，β_m——碳在渣中和钢液中的传质系数；

K——化学平衡常数。

即稳定状态下操作时，渣中碳含量的变化率仅取决于 β_s 。

当操作状态不稳定时，可能发生钢液卷渣现象，一部分富碳层将与钢液接触或被卷入钢液中，此时将使钢液发生增碳。此种条件下增碳量的计算式如下：

$$\Delta W_{[C]} = \frac{V_s \rho_s W_{(C)_0}}{V_m \rho_m}\left[1 - \exp\left(-\frac{1}{\frac{V_s}{A}\frac{1}{\beta_s} + \frac{V_m}{A}\frac{1}{\beta_m K}}\tau\right)\right] \tag{13-10}$$

由式（13－10）可知，钢液增碳量与 β_s 、$\frac{V_s}{A}$ 和 $\frac{V_m}{A}$ 等多种因素有关，包括富碳层与钢液的接触状态、富碳层碳含量、卷入钢液中的富碳层渣粒等，如图 13－9 和图 13－10 所示。

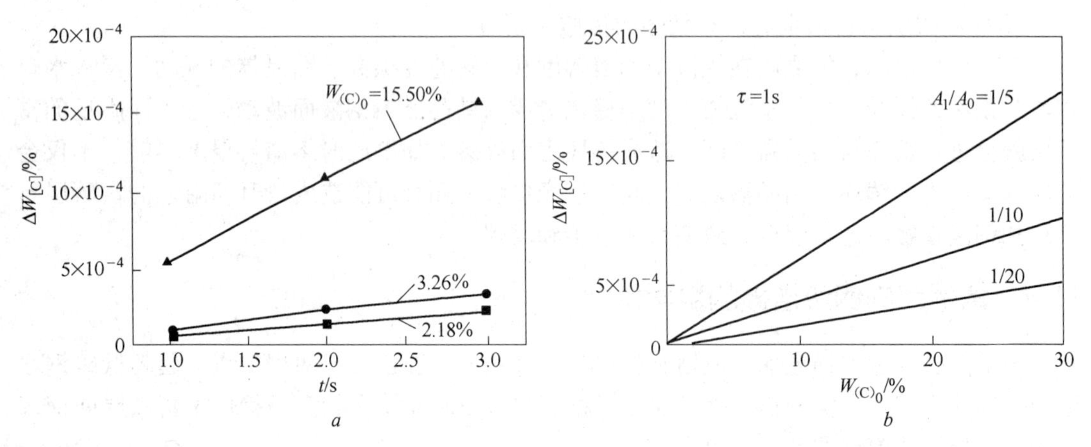

图 13－9　富碳层与钢液的接触时间（a）和接触面积（b）对钢液增碳的影响

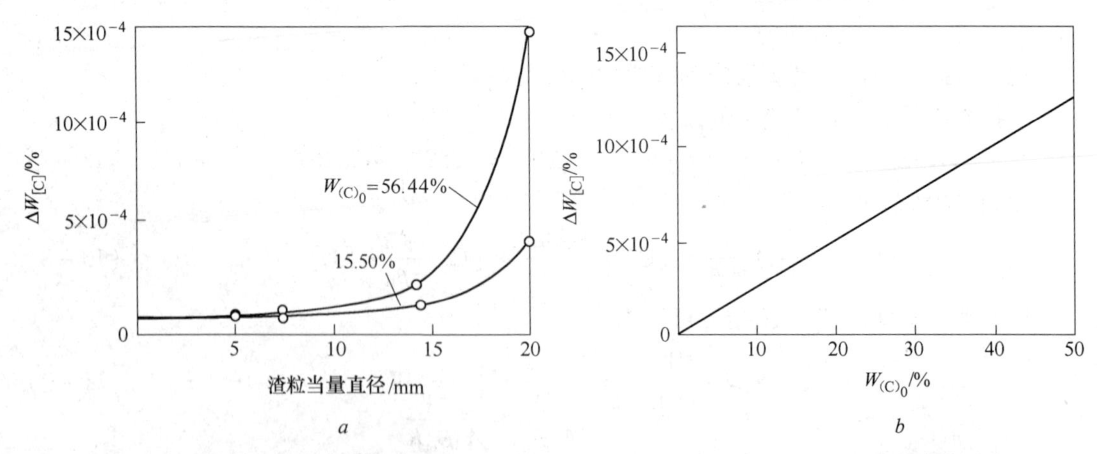

图 13－10　卷入钢液中的富碳层的渣粒大小（a）和渣粒碳含量（b）对钢液增碳的影响

通过对保护渣增碳机理的定性和定量描述，要求在连铸生产过程中，为了防止钢液增碳，保证在稳定状态下操作（拉坯速度稳定、结晶器正常振动），避免异常情况出现（如水口突然堵塞）以及控制一定厚度的熔渣层是必需的。

13.5 抑制超低碳钢增碳的主要措施

13.5.1 抑制铸坯增碳

可采用加入氧化剂和快速燃烧型碳使碳氧化的方法抑制铸坯增碳。

（1）加入氧化剂使碳氧化。保护渣中加入氧化剂二氧化锰可使熔渣层厚度增加，富碳层中碳含量降低（保护渣中加适量的二氧化锰可以促使渣中的碳氧化，有效抑制富集碳层和熔渣层碳含量），而有效控制铸坯增碳量。在保护渣中碳含量相等的条件上，采用含二氧化锰保护渣和不含二氧化锰保护渣相比较，超低碳钢增碳量减少30%～50%[14]。向保护渣中加适量的MnO_2、Fe_2O_3等可以促使渣中的碳氧化，增加熔渣层厚度、降低富碳层和熔渣层碳含量。

（2）采用快速燃烧型碳使碳氧化。S. Terada 等人[15]对不同类型的碳进行差热分析，发现活性炭的燃烧温度较炭黑、石墨和焦炭低。实际表明，采用含活性炭的保护渣可使溶渣层厚度增加，富碳层中碳含量下降，从而抑制铸坯增碳。

13.5.2 开发低碳保护渣

鉴于炭质材料在连铸保护渣中的骨架作用，单纯降低保护渣中碳含量，虽然能够减少结晶器内钢液增碳和铸坯表面渗碳，但是由于连铸保护渣在熔化过程中缺少骨架粒子，熔化速度过快，从而引发一系列工艺问题和质量问题。因此在降低保护渣中原始碳含量的同时，必须采取措施使保护渣中存在足够的骨架粒子，控制保护渣的熔化速度[14]。

（1）加入强还原性物质抑制碳的氧化。向低碳（碳含量小于1%）保护渣中配入一定数量的强还原性物质，由于强还原剂的强还原性，其具有对氧亲和力比碳大的特点，在保护渣熔化过程中优先与氧发生反应，降低了炭质材料的氧化速度，这样就可以降低炭质材料的加入量[16]。理论上讲，Mg、Ca、Al、Ti、V、Mn、Na、Zn、Ce、Si、Li、Cr等金属都可优先与氧反应，可以用来保护保护渣中的碳粒子免受氧化。强还原性物质含量应控制在0.5%～5.0%范围内，炭质材料含量应小于1.0%。炭质材料加入量大于1.0%时，很难避免增碳问题。炭质材料加入量小于1.0%时，若强还原性物质含量不足0.5%，则保护渣熔化速度过快；若强还原性物质含量超过5%，则又会出现强还原性物质未完全氧化而残留于保护渣中。

（2）加入碳酸盐调节熔化速度。在低碳保护渣中配入一定数量碳酸盐，如碳酸镁、碳酸锰、碳酸钠和碳酸锂等。在结晶器内利用碳酸盐分解时的吸热反应来控制保护渣的熔化速度。渣中的碳酸盐含量限定在7%～20%之间[16~18]。碳酸盐含量不足7%时，吸热量很小，起不到降低熔化速度的作用；而碳酸盐含量超过20%时，吸热量过大，造成保护渣熔化不良，致使结晶器内钢液面冷却，引起铸坯表面起皮和结疤。

朱立光等人[19]通过实验发现不同碳酸盐有助于提高保护渣熔化速度，同样浓度的碳酸盐加快保护渣熔化的能力顺序为$Li_2CO_3 > K_2CO_3 > CaCO_3 > Na_2CO_3$。

（3）采用碳化物替代部分炭质材料。在低碳保护渣中配入一定数量的碳化物，控制保护渣的熔化速度。该类碳化物主要包括碳化硅、碳化钨、碳化钛、碳化锆以及其他碳化物。之所以采用碳化物替代部分炭质材料，是因为：1）碳化物在高温下难以与钢液发生反应，结晶器内钢液增碳和铸坯表面渗碳都很轻微。2）碳化物在高温下难与基料发生反应，可在基料颗粒间发挥骨架作用。

从图 13 - 11[20] 所示的碳势图中可看出这些碳化物很多，如 ZrC、V_2C、TiC、NbC、TaC、WC 等，而且稳定性都较 SiC 好，但从价格和存在的普遍性上考虑一般常用的碳化物主要为 SiC，SiC 中的碳在钢液中的溶解速度较小。使用 SiC 应注意以下三点：

1）SiC 粒径应小于基料粒径，否则起不到控制熔化速度的作用。

2）炭质材料和 SiC 混合使用时，两者应有合理的比例。

3）单独使用 SiC 时，其加入量应控制在 1.0% ~10.0% 范围内，与炭质材料混合使用时，最好使用 0.5% ~0.9% 的碳化硅和 0.5% ~3.0% 的炭质材料[14]。

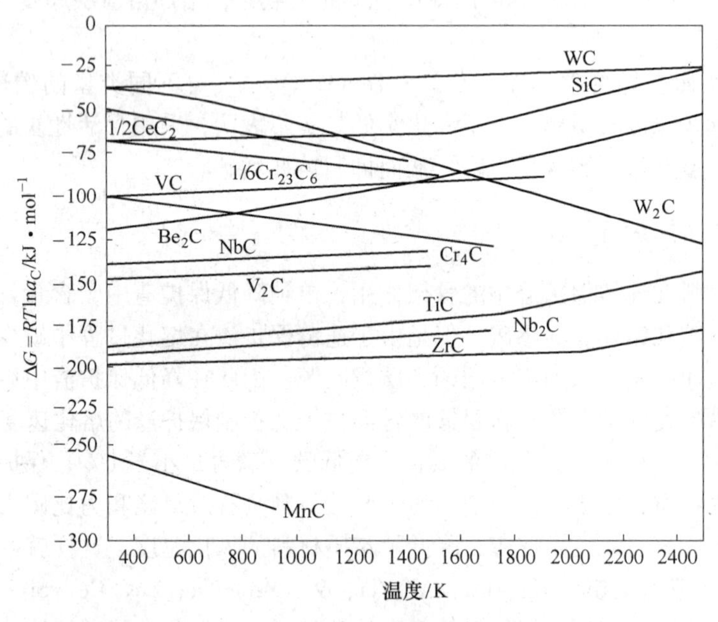

图 13 - 11　碳势图

（4）添加有机纤维调节熔化速度。在保护渣基料中配入 0.5% ~5% 粒径小于 0.074mm 的炭质材料和 0.1% ~4% 粒径小于 0.074mm 的有机纤维，可以控制保护渣的熔化速度，同时抑制铸坯增碳[16]。当保护渣中含有炭质材料和有机纤维时，有机纤维先于炭质材料燃烧并放出气体，减少了炭质材料的消耗，同时有机纤维燃烧后的残渣和炭质材料可以防止保护渣形成结块和产生渣条，保持熔渣层厚度稳定，改善铸坯表面质量[14]。

（5）采用二钙硅酸盐作基料，调节熔化速度。以 30% ~90% 的二钙硅酸盐作基料，可避免无碳保护渣或低碳保护渣的缺点，即保护渣在结晶器内钢液面上熔化速度过快，熔渣层过厚。由二钙硅酸盐组成的保护渣加入钢液面后，发生 α、α′、β、γ 等结晶组织的相变，导致保护渣的熔化速度延缓。该保护渣按照 1300℃ 黏度配置炭质材料，当黏度大于 0.3Pa · s 时可以不加炭质材料，当黏度小于 0.3Pa · s 时加入炭质材料[16]。

13.5.3　开发无碳保护渣

作为控制熔化速度的骨架粒子，炭质材料广泛用于各种保护渣中，这是造成超低碳钢增碳、渗碳的根本原因。要彻底解决这个问题，必须采用无碳保护渣[10]，即寻找控制保护渣熔化速度的新型骨架粒子。

S. Terada 等人[21]研究采用新型陶瓷材料替代保护渣中的炭质材料，如氮化物。比较熔渣与不同陶瓷材料制成的平板间的接触角发现，氮化硼板与熔渣之间的接触角最大。竹内英磨等人[22]选择 8 种氮化物分别作为骨架粒子配入保护渣中，通过坩埚实验测定各种保护渣的烧结性、发泡性和熔化温度。研究表明，含氮化硼保护渣具有较弱的烧结性和发泡性，表现出与含碳保护渣显著的一致性。T. Yamasaki 等人比较了氮化硼与石墨的物理性质，见表 13－7。氮化硼有和石墨相似的结晶结构和物理性质[14]。

表 13－7　氮化硼与石墨的物理性质

材　料	晶体结构	密度/$g \cdot cm^{-3}$	粒径/μm	熔化温度/℃	纯度/%
氮化硼	六角形	2.26	0.5～3.0	3000	>99.5
石墨	六角形	2.52	—	3650	—

理论上讲氮化硼不是熔点最高的氮化物，从图 13－12 所示的氮势图上看，氮化硼也不是最稳定的氮化物，如 ZrN、TiN、TaN、AlN 等均比 BN 熔点高且稳定。但从市场价格及来源上考虑还是 BN 最合适。作为骨架粒子，氮化硼粒子和炭黑粒子对熔化速度具有相同程度的调节机能。竹内英磨等人[22]研究了含氮化硼保护渣的熔化特性。加入氮化硼粒子可使保护渣的熔化温度降低，这是因为在高温条件下氮化硼发生如下氧化反应：$4BN + 3O_2 = 2B_2O_3 + 2N_2$，生成的 B_2O_3 对保护渣有很强的助熔作用。这对氮化硼的应用是个缺点，克服此缺点就是创造还原性气氛，减少渣面上的氧势。

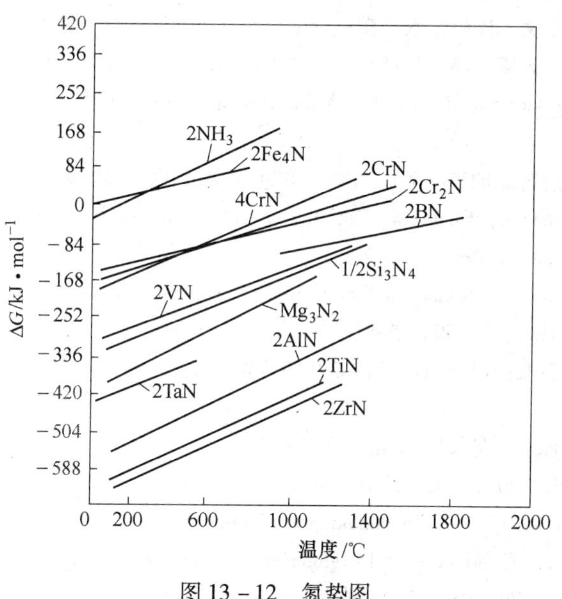

图 13－12　氮势图

生成的氧化硼作为助熔剂导致保护渣熔化温度降低。为了抑制氮化硼粒子发生氧化反应，在高温条件下保持其骨架功能，向保护渣中加入强还原性物质，如铝粉或硅钙粉，取得一定效果。在渣中氮化硼含量为 2% 的条件下，强还原性物质含量为 3%～5%。

含氮化硼的无碳保护渣虽然可完全解决超低碳钢的增碳、渗碳问题，但与之相伴也产生了一些新问题。

（1）含氮化硼保护渣结块性强，影响熔化均匀性。

（2）含氮化硼保护渣在结晶器内容易产生鼓泡、膨胀，影响操作工艺。

（3）氮化硼价格较贵，导致保护渣成本增加[14]。

参考文献

[1] 林功文，吴杰，李正邦，等. 超低碳钢连铸结晶器用保护渣研究现状［J］. 钢铁，1999，34（2）：67～69.

[2] 黄希祜. 模铸保护渣性能的作用及机理［J］. 四川冶金，1987（1）：30.

[3] 蔡开科. 连续铸钢［M］. 北京：科学出版社，1990：522.

[4] 蔡开科，程士富. 连续铸钢原理与工艺［M］. 北京：冶金工业出版社，1994：145.

[5] 吴杰，李正邦，林功文. 连铸结晶器保护渣的熔化［J］. 特殊钢，1999，20（4）：43～44.

[6] 孙兰. 低碳和无碳连铸保护渣的研究［D］. 唐山：河北理工大学，2004.

[7] 林功文，郭培民. 保护渣向超低碳钢液增碳的原因及数学分析［J］. 钢铁研究学报，2001（12）.

[8] 林功文，等. 结晶器保护渣对超低碳钢增碳的影响［J］. 钢铁研究学报，1992（2）.

[9] 朱立光，张玉文，张淑会. 钢水覆盖剂传热及熔融结构的数学模型［J］. 炼钢，1999（4）：2932.

[10] 贾强，等. 铸钢保护渣译文集［M］. 重庆：重庆大学出版社，1986：233.

[11] 陈家祥. 连续铸钢手册［M］. 北京：冶金工业出版社，1990：989.

[12] 李殿明，等. 连铸结晶器保护渣应用技术［M］. 北京：冶金工业出版社，2008.

[13] 吴杰，李正邦，林功文. 连铸钢水增碳机理的研究［J］. 工艺技术，2001（2）.

[14] 姜茂发，刘承军，王云盛，等. 超低碳钢连铸保护渣的发展［J］. 炼钢，2000（6）.

[15] Terada S, et al. Development of mold fluxes for ultra low carbon steels［J］. Iron & Steelmaker, 1991（9）: 41.

[16] 迟景灏，甘永年. 连铸保护渣［M］. 沈阳：东北大学出版社，1993.

[17] Kawamoto M, Nakajima K, Kanazawa T et al. The Melting rate of the mold powder for continuous casting［J］. Iron and steelmaker, 1993: 65～70.

[18] Kawamoto M, Nakajima K, Kanazawa T et al. Design principles of mold powder for high speed continuous casting［J］. ISIJ, 1994, 7: 593～598.

[19] 朱立光，万爱珍. 碳酸盐对连铸保护渣熔化速度的影响［J］. 河北理工学院学报，1999，21（3）：1～4.

[20] 黄希祜. 钢铁冶金原理［M］. 北京：冶金工业出版社，1990.

[21] Terada S, Kaneko S, Ishikawa T et al. Research of substitution for carbon（developments of mold fluxes for ultra－low－carbon steel）［J］. Steelmaking Conference Proceedings, 1991, 74: 635～638.

[22] Takeuchi H, Morl H, Nishida T et al. Development of a carbon－free casting powder for continuous casting of steels［J］. ISIJ, 1979, 19: 274～282.

14 吸附夹杂物及保护渣性能变化

随着炼钢技术的发展，要求用于连铸的钢水质量也在不断提高。但与模铸法相比，连铸时钢水与空气接触的机会较多，更容易产生氧化物夹杂。为了提高铸坯质量，必须采取必要的生产工艺以保证钢水有较高的洁净度。连铸结晶器是去除夹杂物的最后一个机会，保护渣吸附夹杂物的能力直接影响着钢坯的质量。连铸保护渣必须能吸收和溶解非金属夹杂物，尤其是存在于液态保护渣和钢水界面的铝夹杂物。同时为了保证铸坯和结晶器之间的润滑，又不能因为吸收铝夹杂物后显著改变保护渣的特性。

14.1 Al_2O_3 含量对保护渣的影响

常用连铸保护渣是以 $CaO-SiO_2-Al_2O_3$ 三元系为基，并加入一定熔剂所组成，Al_2O_3 进入渣中会影响保护渣的性能。

14.1.1 Al_2O_3 含量对保护渣结晶性能的影响

对 Al_2O_3 含量分别为3%、5%和7%的渣系进行对比研究，通过 CCT(连续冷却转变)曲线和 TTT(时间-温度转变) 曲线确定其晶体相演变过程。

图14-1所示为 Al_2O_3 含量分别为3%、5%和7%渣系的 CCT 曲线。由图可知，随着 Al_2O_3 含量增加，渣样的临界冷却速度减小。Al_2O_3 的增加对黏度增加的影响为0.04Pa·s/1%，Al^{3+} 结合氧离子生成复杂阴离子，增大复合硅氧离子形成的链状或网状结构，使硅酸盐熔渣结构更加紧密，致使黏度增大，从而增大渣样的玻璃化倾向。

图14-2所示为 Al_2O_3 含量为3%渣样的 TTT 曲线及其 X 衍射图谱。以1140℃为分界线，经 X 衍射证明，温度高于1140℃析出的晶体为硅灰石（$CaO \cdot SiO_2$），温度低于1140℃时析出枪晶石（$Ca_4Si_2O_7F_2$）晶体。

图14-3所示为 Al_2O_3 含量为3%、5%和7%渣系的 TTT 曲线。可见，随 Al_2O_3 含量增加，渣样 TTT 曲线向温度降低、孕育时间延长的方向移动，进一步说明 Al_2O_3 增强渣样的玻璃性。

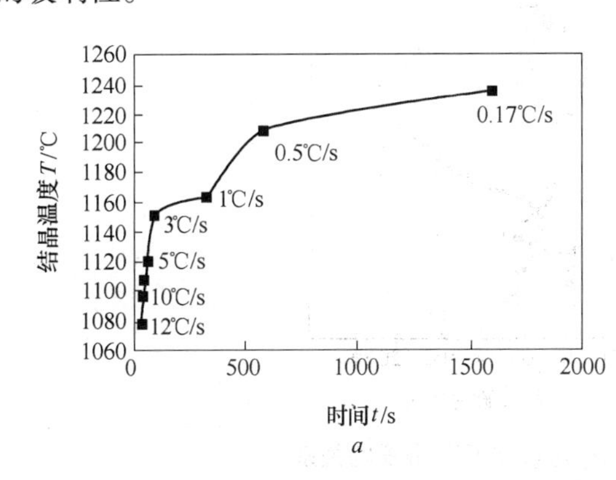

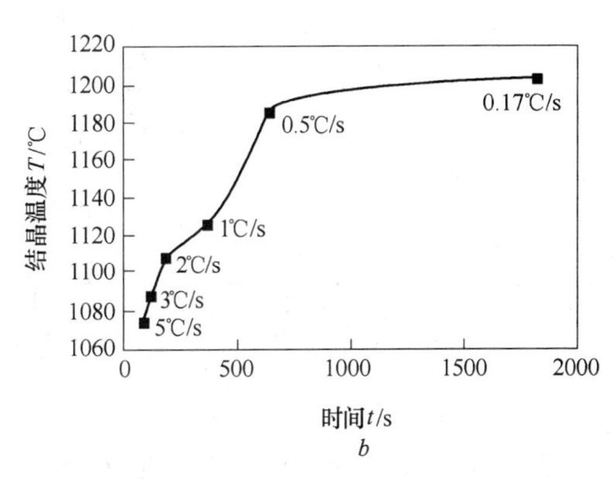

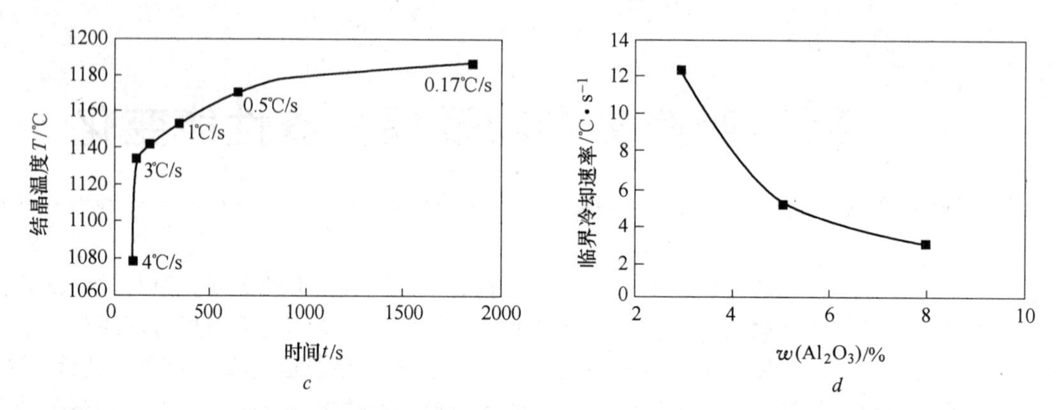

图 14-1 Al_2O_3 含量分别为3%、5%和7%渣系的 CCT 曲线及对保护渣临界冷却速度的影响

a—$w(Al_2O_3)=3\%$；*b*—$w(Al_2O_3)=5\%$；*c*—$w(Al_2O_3)=7\%$；*d*—临界冷却速率

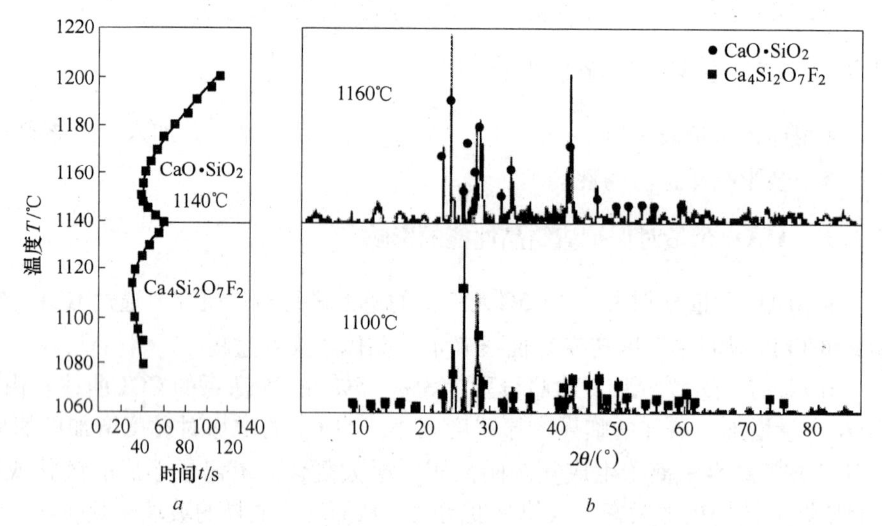

图 14-2 Al_2O_3 含量为3%渣样 TTT 曲线及其 X 衍射图谱

a—TTT 曲线；*b*—X 射线衍射图谱

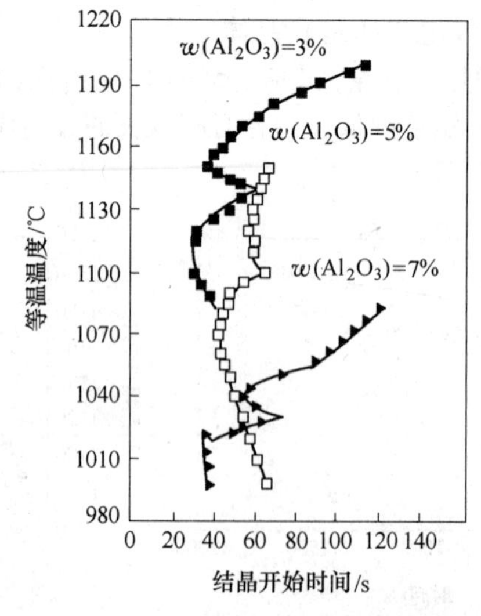

图 14-3 Al_2O_3 含量与 TTT 曲线的关系

所以，随 Al_2O_3 含量的增加，保护渣临界冷却速度减小，TTT 曲线向孕育时间延长的方向移动，结晶能力减弱[1]。

在有足够的金属氧化物存在时，Al_2O_3 可作为网络形成体而改善熔渣的玻璃性能，使硅酸盐的链状结构加长，增大保护渣的玻璃化倾向，抑制熔渣中晶体的析出，降低结晶温度；熔渣中金属氧化物含量较低时，Al_2O_3 部分转变为网络修饰体，使熔渣的结晶温度升高。

14.1.2 Al_2O_3 含量对保护渣表面张力的影响

Al_2O_3 含量对保护渣表面张力的影响如图 14－4 所示。由图 14－4 可知，当 Al_2O_3 含量从 3% 增至 9% 时，熔渣表面张力从 0.4419N/m 增大到 0.5029N/m，增幅达到 13.8%。当 Al_2O_3 含量较少时，在熔融保护渣中 Al_2O_3 主要以 Al^{3+} 和 O^{2-} 形式存在，Al^{3+} 静电势为 6.00，具有较大的静电势，对熔渣表层 O^{2-} 作用力强；当 Al_2O_3 含量增加时，表层 O^{2-} 受到向液体内部的作用力不断增大，熔渣的表面张力呈上升趋势。

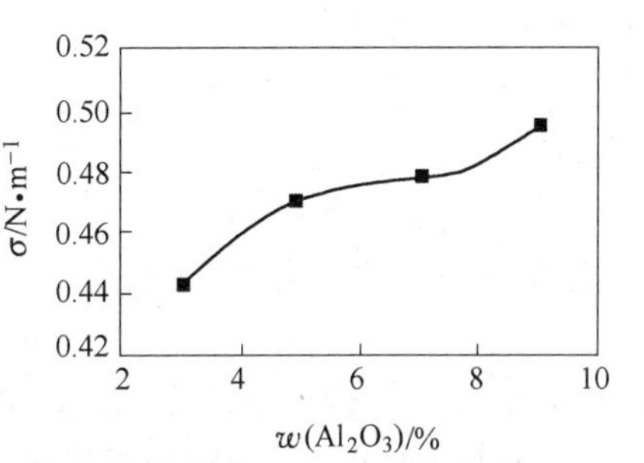

图 14－4 Al_2O_3 含量对保护渣表面张力的影响

与此同时，由图 14－4 可见，当加入 Al_2O_3 的量达到 5% 后，熔渣表面张力增加趋于平缓。这是因为 Al^{3+} 的静电势较大，有很强的极化能力，它能强烈地吸引 O^{2-}，而形成具有共价键结构的复合阴离子 AlO_2^-，即发生反应：$Al_2O_3 + O^{2-} = 2AlO_2^-$。复合阴离子 AlO_2^- 由于离子半径大而使其静电势较弱，因此被排挤到熔体的表面，降低了熔渣的表面张力，由此降低的表面张力与升高的部分表面张力相互抵消，从而使表面张力的增速较为平缓。从整体趋势来看，随着 Al_2O_3 含量的增加，保护渣的表面张力不断增大。因此，Al_2O_3 属非表面活性物质[2]。

14.1.3 Al_2O_3 含量对保护渣熔点的影响

Al_2O_3 含量对保护渣熔点的影响如图 14－5 所示。从图 14－5 中可以看出，Al_2O_3 含量小于 6% 时，增大 Al_2O_3 含量，保护渣熔点呈缓慢降低趋势；当 Al_2O_3 含量大于 6% 时，继续增大 Al_2O_3 含量，保护渣熔点逐渐升高。这是因为当 Al_2O_3 含量较低时，Al_2O_3 主要起同 CaO、SiO_2 等组元共熔的作用，其含量增加使保护渣的熔点缓慢降低；当 Al_2O_3 含量超过一定量时，继续增大其含量，共熔作用退居为次要影响因素，作为高熔点氧化物对保护渣熔点的增大作用上升为主导影响因素，此时，随 Al_2O_3 含量的增大，保护渣熔点逐渐升高[3]。

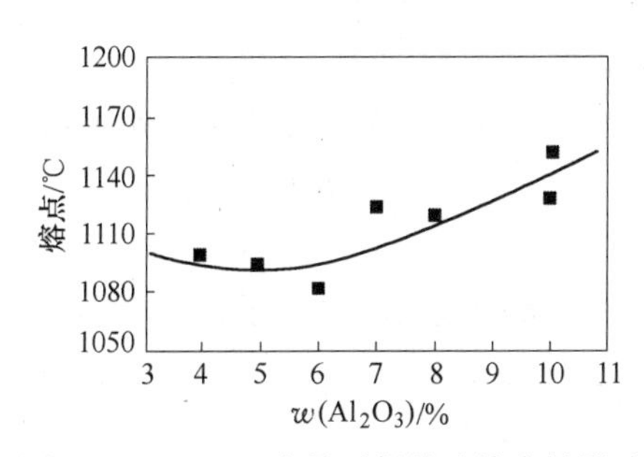

图 14－5 Al_2O_3 含量对保护渣熔点的影响

14.1.4 Al_2O_3 含量对保护渣黏度的影响

熔渣黏度随 Al_2O_3 含量增加而升高。原始渣的黏度高时，随渣中 Al_2O_3 增加，黏度会急剧上升。但当保护渣的碱度高，配入的 CaF_2 含量高，并配入少量 Li_2O 时，保护渣的黏度随渣中 Al_2O_3 含量增加的变化较小。有关研究认为，渣中 Al_2O_3 的含量在 2% 以前时，熔渣黏度几乎无变化，但 Al_2O_3 的含量大于 10% 时，黏度急剧升高。

14.2　保护渣吸附 Al_2O_3 数学模型的建立

生产铝镇静钢时，尽量减少钢中夹杂物 Al_2O_3 是极其重要的，不然就会造成产品表面缺陷或损害产品的可锻性，尤其为了连铸浇铸的顺行，对钢中 Al_2O_3 含量的限制更严格。

连铸时要求结晶器内的熔渣对钢中积聚的 Al_2O_3 能迅速吸附并溶解。否则，将严重恶化保护渣的润滑作用，同时积聚的 Al_2O_3 夹杂物还可能卷入坯壳，产生皮下夹杂等缺陷。

在连铸生产中，方坯占有重要的地位。方坯连铸品种繁多、断面差别大，因此保护渣性能要求也有较大差别；方坯连铸的拉速差别也较大，如大断面方坯拉速为 0.6 ~ 1.2m/min，而小断面可达 2.5m/min 以上，故此对保护渣性能的要求也不一样；不同的工艺条件，熔渣溶解 Al_2O_3 的能力也不同。

因此，朱立光等人[4]建立了方坯连铸保护渣吸收 Al_2O_3 的数学模型，分析了熔渣溶解 Al_2O_3 的能力、钢水及渣中 Al_2O_3 的浓度变化，阐述保护渣碱度及理化性能对其的影响，为合理设计连铸保护渣组成提供了理论依据。

14.2.1　数学模型的建立

假定 Al_2O_3 的原始浓度为 c_0 的保护渣被加入结晶器，形成熔渣池。熔渣吸收从钢中上浮的和被水口带入的 Al_2O_3 后，Al_2O_3 浓度达 c，浓度为 c 的熔渣流出熔池。

根据上述假定条件熔渣池内 Al_2O_3 的质量平衡示意图如图 14 - 6 所示。

假设加入的保护渣的数量等于流出熔渣池保护渣的量，熔池中 Al_2O_3 的质量平衡可以用下式表示：

$$dc/dt = (\omega_{c_0} + 100\alpha - \omega_c)/W \quad (14-1)$$

$$c - c_0 = 100\alpha[1 - \exp(-\omega_t/W)]/\omega \quad (14-2)$$

式中　c——熔渣中 Al_2O_3 的浓度，%；

c_0——原始保护渣中 Al_2O_3 的浓度，%；

α——熔渣吸收 Al_2O_3 的速率，g/s；

ω——保护渣消耗率和供给率，g/s；

W——熔渣池总量，g；

t——时间，s。

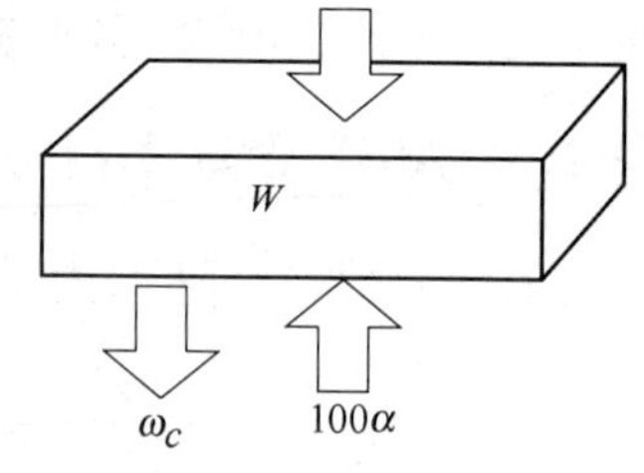

图 14 - 6　熔渣池中 Al_2O_3 的质量平衡示意图

方程式（14 - 2）中，熔渣吸收 Al_2O_3 速率 α 可以用熔渣的吸收率 β 表示：

$$c - c_0 = 100\beta[1 - \exp(-\rho_m v_c Qt/\rho_p L_p)]/(\rho_m V_c Q) \quad (14-3)$$

式中　β——熔渣吸收 Al_2O_3 的速率，g/cm^2；

v_c——拉坯速度，cm/s；

L_p——熔渣池的深度，cm；

ρ_m——钢液的密度，g/cm^3；

ρ_p——熔渣的密度，g/cm^3；

Q——保护渣耗量，g/t 钢。

在给定的条件下，若已知熔渣吸收熔渣池 Al_2O_3 的速率，即可得到熔渣中 Al_2O_3 增加量（$c-c_0$）随时间变化的曲线。计算的条件见表 14－1。

表 14－1　计算条件

项目	结晶器尺寸 /mm×mm	拉坯速度 /m·min^{-1}	保护渣消耗量 /kg·t^{-1}	钢液密度 /g·cm^{-3}	熔渣密度 /g·cm^{-3}	熔渣池深度 /mm
数值	150×150	1.5	0.45	7.0	2.5	10

14.2.2　模型分析及讨论

14.2.2.1　熔渣吸收 Al_2O_3 的速率 β 对熔渣中 Al_2O_3 浓度的影响

改变熔渣吸收 Al_2O_3 的速率 β，得到熔渣池 Al_2O_3 含量的增加随浇铸时间变化的曲线，如图 14－7 所示。

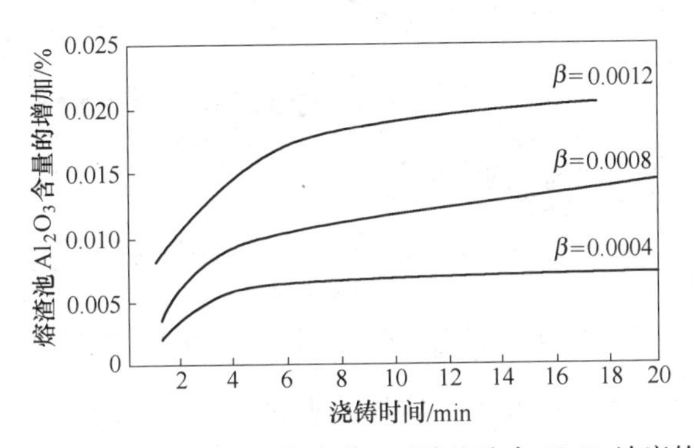

图 14－7　熔渣吸收 Al_2O_3 的速率 β 对熔渣池中 Al_2O_3 浓度的影响

图 14－7 表明，熔渣池中 Al_2O_3 的含量依据 α 或 β 随时间增加，并逐渐接近一个相当于 α 或 β 的值。这与方程式（14－2）或式（14－3）中假设时间趋于无穷大，熔渣池中 Al_2O_3 浓度的增加（$c-c_0$）收敛于 $100/\omega$ 或 $100\beta/\rho_m V_c Q$ 这一事实是一致的。

由以上分析可知，熔渣吸收 Al_2O_3 的量在很大程度上依赖于熔渣吸收 Al_2O_3 的速率 α 或 β。可以认为，α 或 β 表征着保护渣吸收 Al_2O_3 的能力。

14.2.2.2　拉坯速度对熔渣吸收 Al_2O_3 的影响

不同拉坯速度下的熔渣吸收 Al_2O_3 浓度曲线如图 14－8 所示。

由图 14－8 可知，增大拉坯速度，熔渣吸收的 Al_2O_3 减少。因此，为了得到较好的 Al_2O_3 吸收效果，必须合理地设计拉速。

14.2.2.3　碱度对熔渣吸收 Al_2O_3 的影响

研究采用碱度的计算方法如下：

$$R=\frac{1.53(CaO\%)+1.51(MgO\%)+1.94(Na_2O\%)+3.55(Li_2O\%)+1.53(CaF_2\%)}{1.48(SiO_2\%)+0.10(Al_2O_3\%)}$$

不同碱度熔渣吸收 Al_2O_3 的浓度曲线如图 14－9 所示。图 14－9 说明：随着熔渣的碱度增大，熔渣池 Al_2O_3 的浓度也增加，熔渣吸收 Al_2O_3 的能力与碱度有密切的关系。

碱度是影响 α 或 β 的主要因素，不同碱度（CaO/SiO_2）条件下熔渣吸收 Al_2O_3 的能力

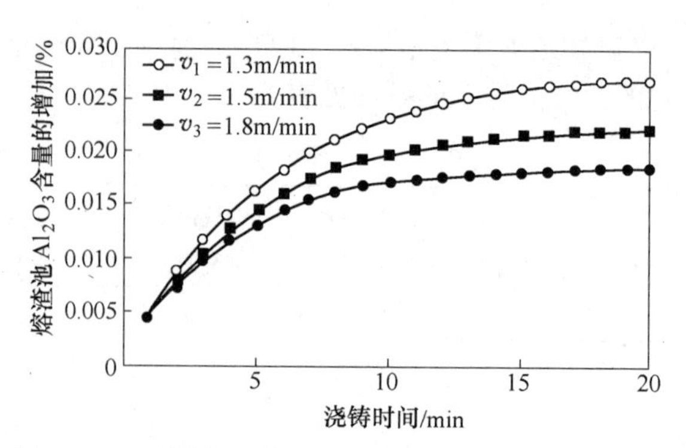

图 14-8　不同拉坯速度下熔渣吸收 Al_2O_3 的浓度曲线

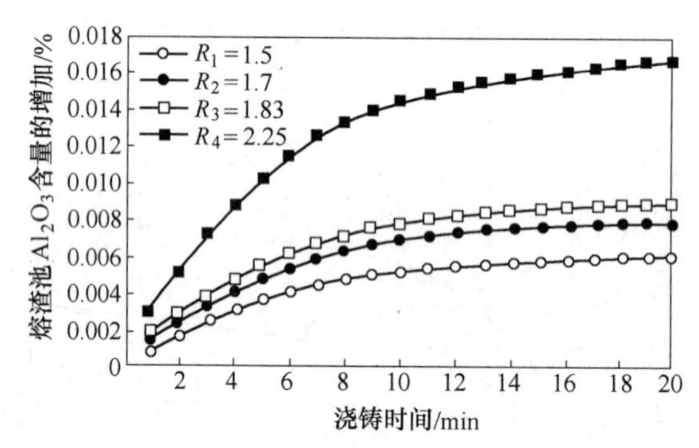

图 14-9　不同碱度熔渣吸收 Al_2O_3 的浓度曲线

是不同的（见图 14-9）。随着碱度的增加，吸收 Al_2O_3 的能力是增大的。CaO/SiO_2 为 1.0~1.1时，吸收速度最大；$CaO/SiO_2>2$ 时，吸收 Al_2O_3 的速度反而下降。

14.2.2.4　保护渣的原始成分对熔渣吸收 Al_2O_3 能力的影响

A　原始 Al_2O_3 浓度的影响

渣中原始 Al_2O_3 浓度对熔池吸收 Al_2O_3 速度的影响如图 14-10 所示。图 14-10 表明，相同的碱度，随渣中原始 Al_2O_3 浓度的增加，熔渣吸收 Al_2O_3 的速度是下降的。

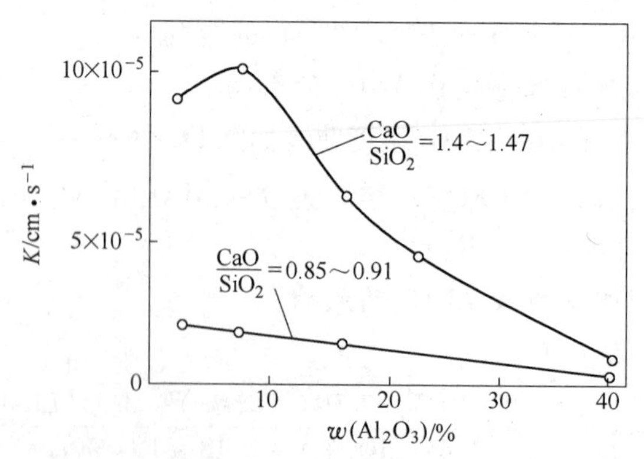

图 14-10　原始 Al_2O_3 浓度对熔渣吸收 Al_2O_3 速度的影响

B　保护渣中 F^- 和 Na^+ 的影响

保护渣中 F^- 和 Na^+ 的含量对吸收 Al_2O_3 的速度也有影响，各种氟化物和氧化钠的影响如图 14－11 和图 14－12 所示。随着 F^-、Na^+ 含量的增加，熔渣吸收 Al_2O_3 的速率逐渐增加，并且速率的变化趋势逐渐减小。

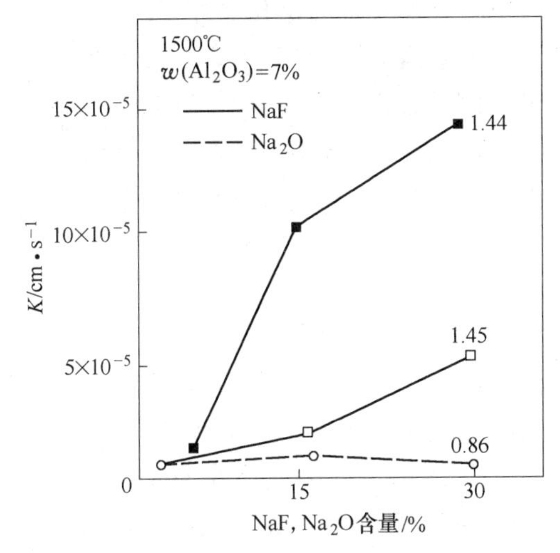

图 14－11　Na^+、F^- 含量对熔渣吸收 Al_2O_3 速度的影响

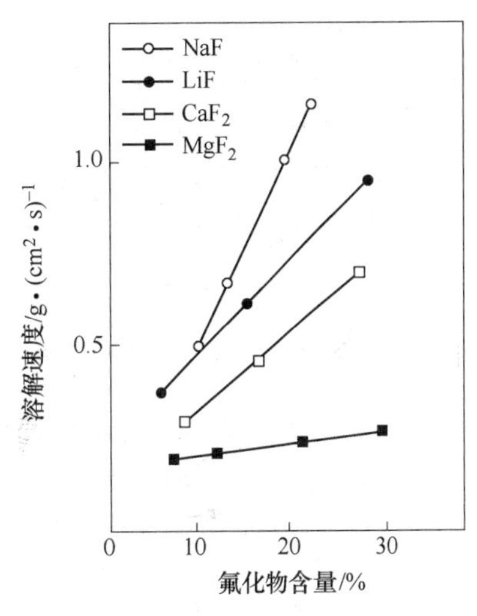

图 14－12　不同氟化物含量对 Al_2O_3 溶解速度的影响

比较图 14－11 和图 14－12 可知：F^- 影响熔渣吸收 Al_2O_3 的效果比 Na^+ 影响效果要大。这是因为 F^- 可以使复合硅氧离子解体，大大降低了熔渣的黏度，特别是熔渣吸收 Al_2O_3 后仍能保持较低的黏度。

14.3　MnO 含量对保护渣的影响

近几年来，MnO 被广泛应用于薄板坯连铸保护渣中，在实践中发现，对于锰含量较高的钢种（如 16Mn 等）连铸，沿用相同碳含量的钢种（如 Q235 等）连铸用保护渣，铸坯表面出现振痕加深等质量问题。在钢中锰、硫和氧较高的钢水连铸过程中，有 MnO 积聚在熔渣中[5]，必然影响保护渣原始设计的性能、如黏度[6]、凝固时结晶倾向[7]等。

14.3.1　MnO 含量对保护渣黏度的影响

MnO 含量对保护渣黏度的影响如图 14－13 所示。MnO 在 0%～5% 范围内，随着 MnO 含量的增加，连铸保护渣的黏度逐渐降低，在 5%～8% 范围内随着 MnO 的增加，连铸保护渣的黏度基本不变。这是因为 MnO 能向保护渣熔渣提供 O^{2-}，能在一定程度上使复杂硅氧阴离子团解体，离子半径变小，熔渣黏流活化能降低，因而使保护渣黏度降低。另外，MnO 能形成低熔点的锰橄榄石，降低保护渣的熔化温度，使熔渣在较宽的温度范围内保持均匀的液态，从而降低保护渣的黏度[8]。

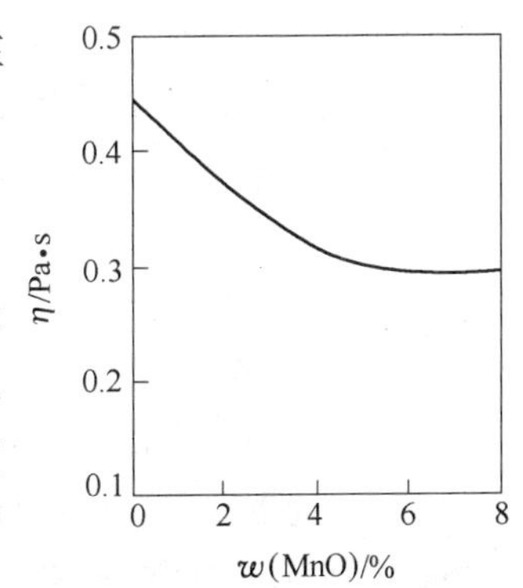

图 14－13　MnO 含量对保护渣黏度的影响

14.3.2　MnO 含量对保护渣结晶动力学特性的影响

通过将不同含量的 MnO 加入到保护渣中，采用差示扫描

量热仪（DSC）方法研究 MnO 对保护渣结晶动力学特性的影响，再通过分析 XRD 图谱对结论进行评价。

结果表明，加入一定量的 MnO（2% ~6%）能使保护渣析晶活化能先减小、再增大，随着 MnO 含量的增加，其作用主要表现为抑制保护渣析晶。对试样的 XRD 图谱进行分析得出，MnO 主要抑制了枪晶石 $Ca_4Si_2O_7F_2$ 的析出，但同时又促进微量 $CaMnSi_2O_6$ 和 $NaMnSi_2O_6$ 等晶体析出[9]，从而保证结晶器内靠近铸坯表面的渣膜为液渣状态以实现对铸坯的润滑功能，而靠近结晶器壁的固态渣膜呈结晶状态以达到减缓和均匀传热的功能，协调了润滑和控制传热的矛盾。

14.3.3　MnO 含量对夹杂物的影响

保护渣熔渣在很大的成分范围内都对 TiN 有良好的润湿性，但很难同化 TiN 夹杂物。TiN 夹杂物主要富集在钢 - 渣的界面，当渣中含有一定量的 MnO 时，TiN 可以转变为 TiO_2 完成向渣中的转移，被保护渣同化。保护渣熔渣中加入少量的高氧势的 MnO、FeO 等物质，可以有效消除从钢液上浮至保护渣中的 TiN 夹杂物，起到稳定保护渣熔渣及渣膜物理性能的作用。

在 $w(BaO) < 13\% \sim 16\%$、$w(Na_2O) < 15\%$、$w(MnO) \leqslant 6\%$、$w(B_2O) \leqslant 10\%$ 时，提高各种熔剂的含量，可保证保护渣具有较强的吸收 Al_2O_3 夹杂物的能力[10]。

14.4　连铸过程结晶器内液态保护渣中 MnO 含量变化模型

金山同等人[11]建立了凝固结晶器内保护渣中 MnO 含量在不同条件下的变化动力学模型，分析连铸保护渣使用过程中，液渣层 MnO 在不同条件下的变化趋势及其影响因素。

14.4.1　MnO 含量变化模型

结晶器内保护渣与钢液间发生界面反应，生成 MnO 的反应形式为：

$$[Mn] + (FeO) \xlongequal{} (MnO) + [Fe] \tag{14-4}$$

在结晶器内，保护渣随钢液的浇铸不断消耗，保护渣与钢液的接触过程处于两相界面不断更新状态；另外，对于结晶器内生成 MnO 的反应全过程，高温下界面反应处于局部动态平衡，且熔渣中 O^{2-} 的浓度也大大高于 Fe^{2+} 的浓度，（FeO）的扩散实际上由 Fe^{2+} 的扩散决定，因此，反应的速率主要由［Mn］在钢液和 Mn^{2+} 在熔渣中的传质混合控制。该界面反应的速率可用下式表示[12]：

$$J_{Mn} = k(c_{Mn} - c_{Mn^{2+}}/L_{Mn}) \tag{14-5}$$

式中　k——反应的表观速率常数；

c_{Mn}，$c_{Mn^{2+}}$——Mn 在钢液中和 Mn^{2+} 在熔渣中的浓度；

L_{Mn}——Mn 在渣 - 钢间的平均分配系数。

若不计因 Mn 在钢液和 Mn^{2+} 在熔渣中的浓度变化所引起的钢液和熔渣体积变化，则根据结晶器内 Mn 的质量平衡，解得液渣中 MnO 的变化速率模型：

$$\frac{dc_{Mn^{2+}}}{dt} = -\frac{kA_{ine}}{W_f}\left(\frac{QL_{Mn}+1}{L_{Mn}}c_{Mn^{2+},0} - c_{MnO} - Qc_{Mn^{2+},0}\right) \tag{14-6}$$

式中 c_{MnO}，$c_{Mn^{2+},0}$ ——钢液中 Mn 的初始浓度和熔渣中 Mn^{2+} 的初始浓度；

W_f ——参加反应的熔渣体积；

Q ——保护渣消耗量；

A_{ine} ——渣－钢间的界面面积。

由此可知，结晶器内液渣中 MnO 含量变化速率值与体系的动力学条件 $\frac{kA_{ine}}{W_f}$，以及体系的热力学性质 $L_{Mn}Q$ 有关。积分式（14－6），得：

$$c_{Mn^{2+}} = \frac{(c_{Mn^{2+},0} - L_{Mn}c_{MnO})\exp\left(-\frac{kA_{ine}}{W_f} \times \frac{L_{Mn}Q+1}{L_{Mn}}t\right) + L_{Mn}(c_{MnO} + Qc_{Mn^{2+},0})}{L_{Mn}Q+1} \tag{14-7}$$

令 $k_{op} = \frac{kA_{ine}}{W_f}t$ 则：

$$c_{Mn^{2+}} = \frac{1}{1+L_{Mn}Q}\left[L_{Mn}Q + \exp\left(-k_{op}\frac{1+L_{Mn}Q}{L_{Mn}}\right)\right]c_{Mn^{2+},0} + \frac{L_{Mn}}{1+L_{Mn}Q}\left[1 - \exp\left(-k_{op}\frac{1+L_{Mn}Q}{L_{Mn}}\right)\right]c_{Mn} \tag{14-8}$$

式中 k_{op} ——反应操作系数，代表体系的动力学条件；

$L_{Mn}Q$ ——结晶器内熔渣吸收 MnO 的能力，是体系的热力学性质。

由此建立起连铸结晶器内熔渣中 MnO 的浓度变化模型。

14.4.2 模型的分析与讨论

14.4.2.1 动力学条件对渣中 MnO 含量变化程度的影响

根据式（14－7）可知，动力学条件 $\frac{kA_{ine}}{W_f}t$ 越大，$c_{Mn^{2+}}$ 值越大，即保护渣中 MnO 含量越高。也就是说，增大反应的表观速率常数 k、渣－钢界面面积 A_{ine} 以及反应时间 t，则保护渣中 MnO 含量提高。结晶器内［Mn］向保护渣中转移的影响因素有：

（1）界面反应的表观速率常数与结晶器搅拌有关，在浸入式水口流出的钢流、外加氩气流对结晶器内钢水的搅拌及外加电磁搅拌作用下，反应的表观速率常数将大大增加，在一定程度上促进了渣－钢界面反应的进行。

（2）渣－钢界面面积主要与结晶器的形状有关。对于相同体积量的钢水，断面面积大小的顺序为板坯、大方坯、大断面圆坯、薄板坯、小方坯。因此，在相同连铸条件下，板坯更有利于界面反应的进行，从而对熔渣性能影响也更大。

（3）反应时间主要由钢水浇铸速度决定。提高浇铸速度，则在结晶器内钢水与熔渣接触的时间缩短，界面反应程度减小。因此，高拉速下更有利于减轻 MnO 对保护渣性能的影响。

14.4.2.2 初始［Mn］对渣中 MnO 变化程度的影响

根据式（14－8），$c_{Mn^{2+}}$ 值随 c_{Mn} 的增大而增大，即钢中合金元素 Mn 含量提高，则通过渣－钢界面反应生成的 MnO 进入保护渣中的量增多，对保护渣溶解 MnO 的能力或吸收 MnO 后熔渣性能的稳定性提出了更高的要求。

14.4.2.3　保护渣原始 MnO 含量对渣中 MnO 变化程度的影响

根据式（14－8），$c_{Mn^{2+}}$ 值随 $c_{Mn^{2+},0}$ 值的增大而增大，即提高保护渣中 MnO 的初始含量，界面反应发生后，保护渣中 MnO 含量也将增大。但渣中 MnO 含量的相对变化量不一定更大，式（14－9）对此进行了进一步的证明：

$$c_{Mn^{2+}} - c_{Mn^{2+},0} = \frac{1}{1 + L_{Mn}Q}\left[1 - \exp\left(-\frac{kA_{ine}}{W_f} \times \frac{1 + L_{Mn}Q}{L_{Mn}}t\right)\right](L_{Mn}c_{MnO} - c_{Mn^{2+},0}) \tag{14-9}$$

由此可知，$c_{Mn^{2+},0}$ 增大，则 $c_{Mn^{2+}} - c_{Mn^{2+},0}$ 减小，即结晶器内液渣中 MnO 的相对变化量随渣中 MnO 的初始值增大而减小。换句话说，保护渣中 MnO 的初始含量增大，则其对 MnO 的吸收将减少。因此，保护渣初始 MnO 含量的大小，影响液渣层中 MnO 含量变化及最终渣中 MnO 含量的大小，从而将导致保护渣性能上的不同变化。

由式（14－9）可知，平衡状态下（$t \to \infty$）渣中 MnO 含量的相对变化量表示为：

$$c_{Mn^{2+}} - c_{Mn^{2+},0} = \frac{1}{1 + L_{Mn}Q}(L_{Mn}c_{MnO} - c_{Mn^{2+},0}) \tag{14-10}$$

式（14－10）即为连铸过程中，渣－钢界面反应达平衡状态时，渣中 MnO 变化量的表达式，该变化量的值取决于钢中初始［Mn］、保护渣中初始 MnO 含量以及界面反应的热力学条件，包括 Mn 在渣－钢间的平均分配系数和渣消耗量。

参考文献

［1］张江．Al_2O_3 含量对 $CaO - SiO_2 - Al_2O_3 - CaF_2 - Na_2O$ 保护渣结晶性能的影响［J］．铸造技术，2011，32（4）：511～513.

［2］程红艳，王雨，李丹科，等．连铸保护渣组分对熔渣表面张力的影响［J］．连铸，2008，4：42～44.

［3］王庆祥，肖聪，余其红，等．连铸结晶器保护渣熔点影响因素的研究［J］．武汉科技大学学报，2010，33（3）：248～249.

［4］朱立光，许虹，张淑会．方坯连铸保护渣吸收夹杂能力的数学分析［J］．河北冶金，1999，3：3～5.

［5］Bommaraju R，Clennon R，Frazee M. Analysis of the cause and prevention of longitudinal midface cracks and depressions on continuously cast free－machining steel blooms［C］//Proceedings of the First European Conference on Continuous Casting，Florence，Italy，1991：1599.

［6］Pinakin Chaubal，Rama Bommaraju. Development and use of a model to predict in－mold slag composition during the continuous casting of steel［C］//In：Iron and Steel Society，Inc. Steelmaking Conference Proceedings，1992（75）：665.

［7］舒俊．连铸保护渣传热性能的基础研究［D］．北京：北京科技大学，2001：46.

［8］潘志胜，王谦，何生平，等．连铸保护渣组分对黏度的影响［J］．四川冶金，2010，32（5）：17～21.

［9］雷云，谢兵，齐飞，等．MnO 对保护渣结晶动力学特性的影响［J］．过程工程学报，2008，8：185～187.

［10］谢兵．连铸结晶器保护渣相关基础理论的研究及其应用实践［D］．重庆：重庆大学，2004.

［11］王新月，金山同，苍大强．连铸过程结晶器内液态保护渣中 MnO 含量变化模型［J］．特殊钢，2006，27（6）：15～17.

［12］华一新．冶金过程动力学导论［M］．北京：冶金工业出版社，2004：291.

15 渣道动态压力

在连铸中引入结晶器的振动，被认为是连铸技术的一大革命。振动改善了铸坯的润滑，避免了坯壳的黏结和漏钢，但这种振动却会使铸坯表面产生周期性的横向皱折，并进而在振痕底部产生横向裂纹、偏析等缺陷[1]。

关于振痕形成的机理，目前已提出了很多模型和理论，如弯月面凝固收缩模型、"拉漏"模型、机械顶弯凝壳或活塞效应模型、保护渣作用模型等。实验及生产证明，保护渣作用模型较为合理，得到了普遍的应用与认同。

该模型认为，在连铸中用保护渣润滑时，振痕的形成与结晶器振动时弯月面与结晶器壁之间保护渣通道的压力变化有关。渣道内的压力变化越大，振痕就越深。弄清保护渣渣道内压力的变化规律，对于理解振痕的形成机理具有极为重要的意义。为简化起见，现有的保护渣渣道内压力的计算都假设保护渣渣道形状为直线，这与实际的保护渣渣道的形状显然不符。

雷作胜等人[2]利用 Bikerman 公式计算保护渣道的形状，并按此形状计算保护渣道的压力。同时，分析不同情况下保护渣渣道内动态压力的变化规律，以对铸坯振痕的形成有更为深入的了解。

15.1 计算模型

保护渣渣道示意图如图 15 - 1 所示，保护渣同钢水的接触面采用 Bikerman 公式计算。为计算保护渣渣道内的压力，假设：

（1）该过程是稳态的，也就是说，保护渣渣道内的压力场和速度场是在瞬间建立起来的。

（2）因为保护渣的流速较小，黏度又相对较大，所以可忽略其惯性力。

（3）认为保护渣是牛顿黏性流体，且其密度和黏度在结晶器振动过程中保持不变。

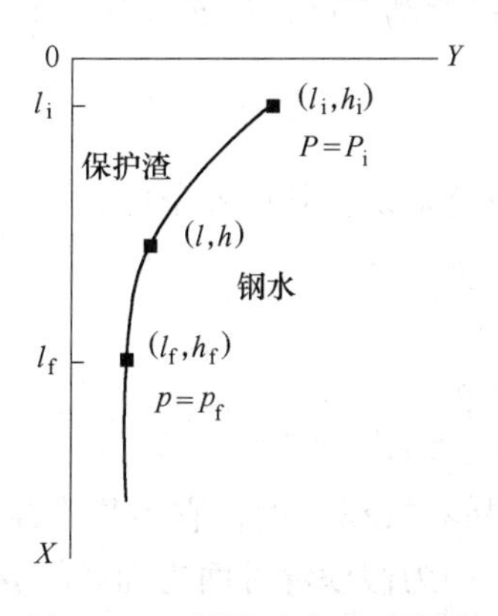

图 15 - 1　保护渣渣道示意图

（4）忽略保护渣在 y 方向的速度，因为结晶器和铸坯都仅有 x 方向的速度，保护渣在 x 方向的速度远大于 y 方向。

（5）认为计算区域的弯月面为一固体凝壳，在结晶器的振动过程中其形状不变。弯月面的形状由 Bikerman 公式计算为：

$$h(x)=-\sqrt{2a^2-x^2}+\frac{\sqrt{2a^2}}{2}\ln\left(\frac{\sqrt{2a^2}+\sqrt{2a^2-x^2}}{x}\right)+\left[1-\frac{1}{\sqrt{2}}\ln(\sqrt{2}+1)\right]a+h_f \tag{15-1}$$

式中 a^2——毛细血管常数，$a^2=\dfrac{2\sigma}{(\rho_s-\rho_f)g}$；

σ——钢渣间的界面张力，N/m；

ρ_s——钢水的密度，kg/m^3；

ρ_f——保护渣的密度，kg/m^3；

h_f——保护渣渣道下端出口宽度，m。

出口宽度 h_f 保证保护渣能顺畅地从渣道流出，即此处阻力为零。Bikerman 公式中，当 $l=0$ 时，保护渣渣道的宽度趋于无穷大，为避免计算中出现这种情况，取保护渣渣道入口处 l 为一确定的值，这种处理不会影响保护渣道压力的分布。

（6）认为保护渣渣道的长度就是弯月面的高度，在这里由 Bikerman 公式中的毛细管常数确定，即 $l_f=a$ 根据以上的假设，保护渣道内的压力梯度满足方程：

$$\frac{dp}{dx}=\mu_f\frac{\partial^2 u_x}{\partial y^2}+\rho_f g \tag{15-2}$$

又根据连续性要求，应有：

$$\frac{dQ_R}{dx}=\frac{d}{dx}\left(\int_0^{h(x)}u_x dy\right)=0 \tag{15-3}$$

式中 p——保护渣渣道内压力；

μ_f——保护渣黏度；

ρ_f——保护渣密度；

g——重力加速度；

u_x——保护渣相对于铸坯的运动速度，即 $u_x=v_f-v_s$（v_f，v_s 分别为保护渣和铸坯的运动速度）；

Q_R——保护渣的耗用量。

对图 15－1 所示的保护渣渣道来说，其边界条件为：

（1）$l_i\leqslant x\leqslant l_f, y=0, u_x=v_m-v_s$。

（2）$l_i\leqslant x\leqslant l_f, y=h(x), u_x=0$。

（3）$x=l_f, 0\leqslant y\leqslant h_i, p=p_i$。

（4）$x=l_f, 0\leqslant y\leqslant h_f, p=p_f$。

第一个边界条件中 v_m 为结晶器振动速度，它表明在结晶器侧，保护渣和结晶器没有相对滑动。第二个边界条件则是因为假设弯月面为固体凝壳时，保护渣与凝壳间无相对滑动。将边界条件代入控制方程（2）和（3）求解，可得保护渣渣道内动态压力的计算公式为：

$$p(x) - p_i = p_f g x + 6\mu_f(v_m - v_s)\varepsilon(x) - \left[p_f g l_f + 6\mu_f(v_m - v_s)\varepsilon(l_f) - (p_f - p_i)\right]\frac{\zeta(x)}{\zeta(l_f)} \tag{15-4}$$

式中　p_i, p_f——分别为保护渣渣道进口、出口的压力，Pa；

v_m——结晶器的振动速度，m/s；

v_s——拉坯速度，m/s；

μ_f——保护渣黏度，Pa·s。

其中

$$\zeta(x) = \int_i^x \frac{1}{h^3(x)}dx$$

$$\varepsilon(x) = \int_i^x \frac{1}{h^2(x)}dx$$

15.2　计算结果及分析

15.2.1　线性弯月面和 Bikerman 弯月面保护渣道压力的比较

根据上述模型，取保护渣渣道出口宽度 $h_f = 0.05$mm，进口压力 32Pa，保护渣黏度 0.034Pa·s，保护渣密度 820kg/m^3，钢水密度 7800kg/m^3，拉坯速度 1m/min，结晶器最大振动速度为 1.12m/min，振动频率为 1Hz（此时连铸振动的负滑脱率为 15%，与生产实际一致），保护渣和钢水的界面张力分别为 0.42N/m 和 1.8N/m。保护渣渣道长度由毛细管常数计算而得，保护渣渣道出口处的压力等于结晶器静止时保护渣在该处产生的静压力。

在上述条件下，计算出保护渣渣道的压力分布，如图 15－2 所示。在其他条件相同的情况下，当保护渣渣道的形态设为线性，且取保护渣渣道的入口为 1.2mm 时，计算的保护渣渣道的压力分布如图 15－3 所示。图 15－2 与图 15－3 中各字母与结晶器振动状态相对应（见图 15－4）。

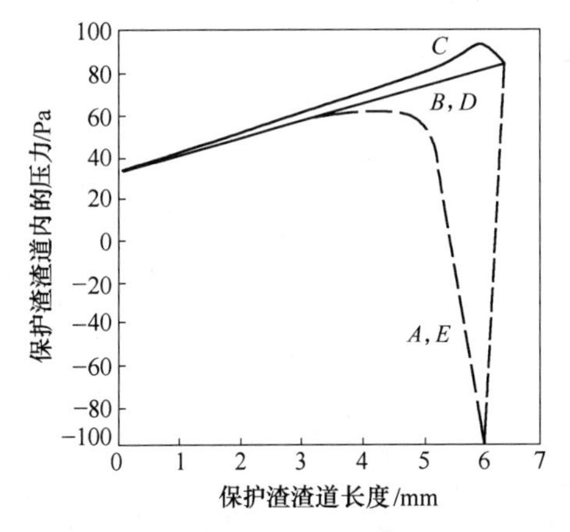

图 15－2　用 Bikerman 公式计算的保护渣渣道压力分布

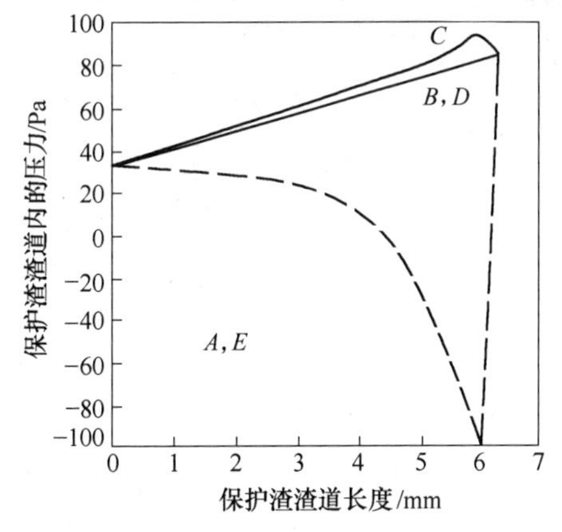

图 15－3　用线性公式计算的保护渣渣道压力分布

由图 15－2 和图 15－3 可知，采用 Bikerman 公式计算的保护渣渣道压力的分布和变化趋势与采用线性计算时基本相同。在振动的负滑脱期（图 15－4 中的 *BCD* 弧段），保护渣

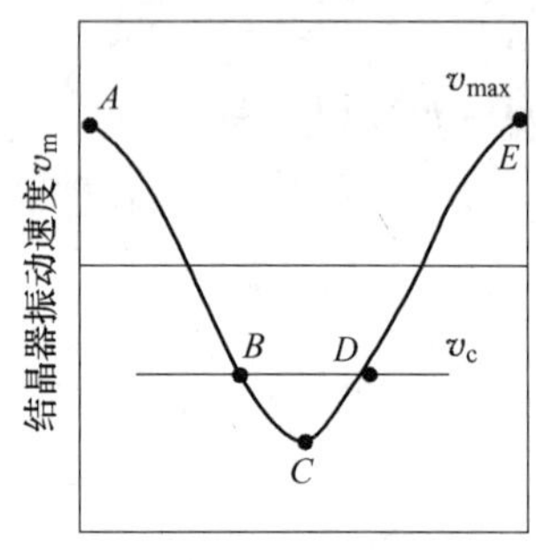

图 15－4　结晶器振动周期

渣道内的压力为正压，且在结晶器向下振动速度达最大（即点 C）时，正压达到最大。在振动的正滑脱期（图 15－4 中的 AB、DE 两弧段），保护渣渣道内的压力为负压，且在结晶器向上振动速度达最大（即点 A、E）时，负压达到最大。结晶器振动速度等于拉坯速度时（即图 15－4 中的 B、D 两点），结晶器与铸坯的运动相对静止，保护渣渣道内的压力同静止时一样呈线性分布。

保护渣渣道内的压力就在最大正压和最大负压间随结晶器的振动周期性地变化。当保护渣内的压力为正压时，初凝壳被推离结晶器壁，当进入正滑脱期转为负压后，初凝壳又被回推向结晶器壁。可能正是初凝壳这种周期性的远离－回推运动导致了铸坯周期性振痕的形成。

比较而言，采用 Bikerman 公式计算弯月面形态时，保护渣渣道内负压在保护渣渣道的上部变化较小，而在下部变化较大。而采用线性弯月面计算的结果，负压的变化就比较平滑。这是因为相比线性的保护渣渣道，按 Bikerman 公式计算的保护渣渣道上部的宽度更大，压力就容易释放。

15.2.2　保护渣黏度对保护渣渣道压力的影响

振痕的形成在很大程度上取决于保护渣渣道内压力在结晶器振动一个周期内的正负压的最大值。这是因为，在负滑脱期的正压越大，初凝壳被推离结晶器壁的程度越大，在正滑脱期的负压越大，初凝壳被推回结晶器壁的程度也越大。所以，下面的计算仅考虑正负压的最大值随各参数的变化规律。

在其他条件相同的情况下，当保护渣黏度由 0.03Pa · s 增加到 0.05Pa · s 时，保护渣渣道内的最大正压和最大负压均呈直线增加，如图 15－5 所示。从图 15－5 中可看出，保护渣黏度对负压最大值的影响远大于对正压最大值的影响，正压从 0.03Pa · s 时的 89.5Pa 增至 0.05Pa · s 时的 95.3Pa，而负压则从 76.4Pa 增至 180.8Pa。

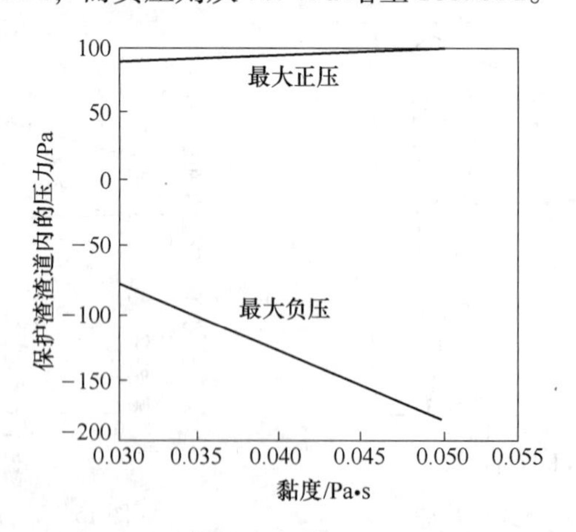

图 15－5　保护渣渣道压力随黏度变化

根据计算结果，保护渣黏度增加，渣道内的正负压力均增加，铸坯的振痕应该增加。但根据生产实践，黏度增加，振痕深度不仅不增加反而减少，有文献认为[7]这是因为随黏度的增加保护渣的耗用量减少所致。实际上，当保护渣的黏度变化时，其再结晶温度、流动性、热传导系数等物理、化学性能也会有大的变化，其对振痕形成的影响是多方面的，不能简单地用保护渣渣道内压力的变化来解释。

15.2.3 拉坯速度对保护渣渣道压力的影响

随着连铸技术的发展，拉坯速度越来越大，对表面质量的要求也越来越高。在其他条件不变的情况下，保持负滑脱率为15%时，保护渣渣道内的最大压力随拉速变化的关系如图15－6所示。可见，随着拉速的提高，保护渣渣道内的最大正、负压力都呈直线增加，这将导致振痕加深。但实际生产表明，拉速增加，将使振痕减小。这是因为，在实际生产中，拉速提高时，振动参数不变，使得负滑脱时间减小，从而减小振痕。

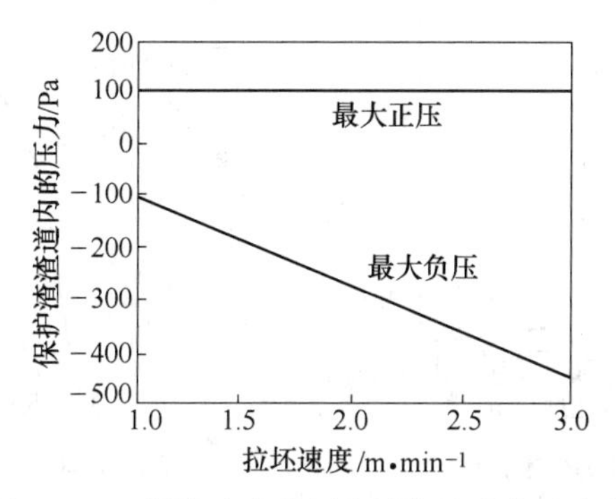

图15－6 保护渣渣道压力随拉坯速度的变化

15.2.4 负滑脱时间对保护渣渣道压力的影响

连铸中的负滑脱时间是指在结晶器振动的一个周期中结晶器向下运动的速度大于拉坯速度的那段时间。在结晶器做正弦振动的情况下，负滑脱时间用下式表示：

$$NS_t = \frac{1}{\pi f}\arccos\left(\frac{v_s}{\pi sf}\right) = \frac{1}{\pi f}\arccos\left(\frac{v_s}{v_{mmax}}\right) \tag{15-5}$$

式中 f——振动频率，Hz；

s——振幅，m；

v_s——拉坯速度，m/s；

v_{mmax}——结晶器振动最大速度，m/s。

保持拉坯速度、振动频率不变，通过改变结晶器振动最大速度，可以改变负滑脱时间。当负滑脱时间由0到0.33s时，保护渣渣道内的最大正、负压力变化如图15－7所示。由图15－7可见，负滑脱时间对正、负压力的影响基本相同，随着负滑脱时间的增加，正、负压力均相应增加。这与生产实际完全符合，负滑脱时间越大，振痕越深。为减轻振痕，常常采用小振幅、高频率的振动方式，以缩短负滑脱时间。也有采用非正弦振动的方式，缩短负滑脱时间，减轻振痕。

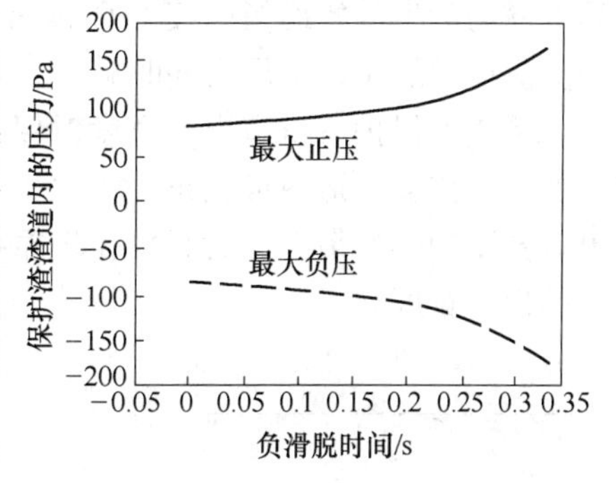

图15－7 保护渣渣道内的最大正、负压力随负滑脱时间的变化

15.2.5　保护渣渣道出口宽度对压力的影响

在以往保护渣渣道压力的计算中，保护渣渣道出口宽度是根据保护渣的耗用量来进行计算的，并把它作为一个不变值来处理。但通过实验发现，保护渣的出口宽度对保护渣渣道压力的影响非常大。在其他条件不变的情况下，当保护渣出口宽度由 0.01mm 变化到 0.1mm 时，保护渣渣道最大正、负压力的变化如图 15－8 和图 15－9 所示。可见，随保护渣出口宽度增加，最大正、负压力均呈指数关系下降。其中，尤其以最大负压的变化明显，在出口宽度为 0.01mm 时为 1800Pa，在 0.04mm 时为 186.5Pa，到 0.1mm 时则仅为 17.3Pa。

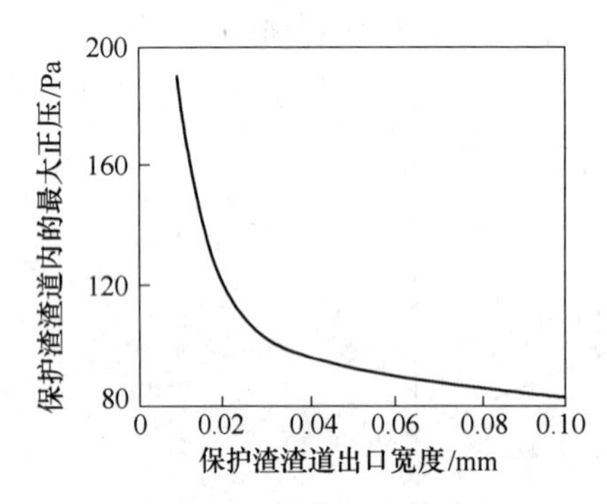

图 15－8　保护渣渣道最大正压随出口宽度变化

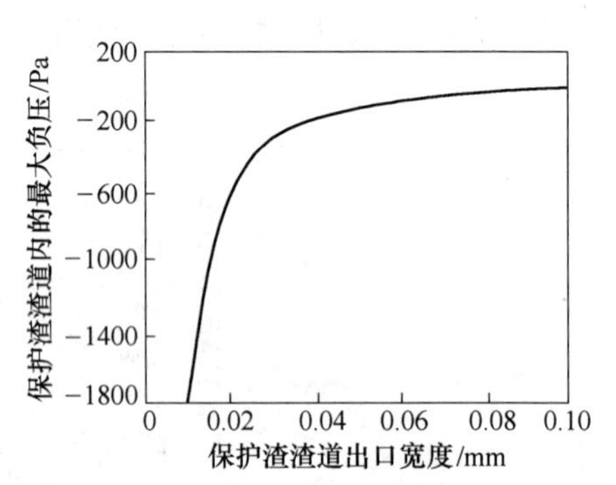

图 15－9　保护渣渣道最大负压随出口宽度变化

相比于保护渣的黏度、拉坯速度和振动的负滑脱等参数对保护渣渣道压力的影响，保护渣出口处宽度的作用要大得多，因而也是减轻铸坯振痕深度最有效的办法之一。

一般而言，有三个因素影响保护渣渣道出口宽度的大小：一是初始坯壳的凝固收缩特性；二是保护渣渣道内的压力对初凝壳的作用；三是外力的作用[3,4]。

一旦浇铸钢种、振动参数和保护渣的品种确定后，前两个因素就难以进行有效的调整，并且由计算可知，即使能够调整也对保护渣渣道内的压力影响程度不大。如果施加一种外力拓宽保护渣渣道出口宽度，必能减轻铸坯振痕深度，改善铸坯表面质量。

近几年提出的软接触电磁连铸技术[5,6]，将高频电磁场施加到结晶器内的液态金属上，使液态金属与结晶器壁的接触减轻，从而改善了连铸坯的表面质量。其机理可能是：由高频电磁场产生的始终指向液态金属内部的 Lorentz 力拓宽了保护渣渣道的出口宽度，使保护渣渣道内的正、负压力同时减小，从而减轻了铸坯振痕的深度。

考查了保护渣渣道出口宽度对保护渣渣道动态压力的影响，随保护渣渣道出口宽度的增加，保护渣渣道内最大正、负压力均成指数下降。在影响保护渣渣道压力的诸因素中，出口宽度的影响最大。为减轻铸坯振痕深度，有效的办法之一是施加外力以拓宽保护渣渣道的出口宽度。

参考文献

[1] Edward S, Szekeres. Overview of mold oscillation in continuous casting [J]. Iron and Steel Engineer, 1996

(7)：29.

[2] 雷作胜，任忠鸣，杨松华．连铸保护渣道动态压力的研究［J］．上海金属，2001，23（2）：14~18.

[3] 王宏明，王振东，李桂荣，等．连铸保护渣道动态压力计算模型及影响因素［J］．北京科技大学学报，2009，31（6）：777~781.

[4] 王宏明，宋邦民，李桂荣，等．非正弦振动结晶器内保护渣道动态压力变化规律［J］．中南大学学报，2010，41（2）：501~507.

[5] 孟祥宁，朱苗勇，刘旭东，等．高拉速连铸结晶器非正弦振动因子研究［J］．金属学报，2007，43（2）：205~210.

[6] 雷作胜，任忠鸣，闫勇刚，等．软接触结晶器电磁连铸保护渣道的动态压力［J］．金属学报，2004，40（5）：546~550.

16 传热行为

在连铸过程中，结晶器内的传热对铸坯质量起着非常重要的作用。铸坯与结晶器间水平传热的良好控制可以避免纵裂纹的产生，纵向传热可以影响铸坯振痕深度、针孔的形成、金属熔池的深度、液渣向结晶器与铸坯间通道的填充以及润滑。

由于保护渣是控制铸坯与结晶器间的传热介质、钢液表面上的保温介质。因此，深入研究保护渣自身的传热特性和渣膜结构，研究组分、骨架材料和微观结构等对传热特性的影响，对认识保护渣的作用，以及对不同的连铸工艺及连铸钢种选取合适的连铸结晶器保护渣都具有非常重要的理论和实际意义。

16.1 结晶器内坯壳的传热特征

凝固坯壳与结晶器之间的传热取决于两者的接触状态，一般可分为 3 个区域：弯月面区域、紧密接触区域、气隙区域。3 个区域的大小由钢种、保护渣性能等因素决定。

在弯月面区，钢液与铜壁紧密接触，形成坯壳的区域，其冷却速度可达 100℃/s，弯月面形状决定于钢液的表面张力和该区域的温度场。

在紧密接触区，弯月面形成的凝固坯壳与铜壁紧密接触，或者是坯壳 - 保护渣 - 铜壁的紧密接触，主要以传导方式传热。

气隙区的主要特征是 $\delta \to \gamma$ 相变产生体积收缩的积累，使铸坯坯壳与铜壁分离。气隙形成后由于坯壳过热及钢液静压力作用，使得气隙重新消失。当坯壳达到一定厚度时，其强度可抵抗钢液静压力时，便形成了稳定的气隙。气隙的形成改变了原有的传导传热方式，形成了辐射和对流综合作用的传热方式，使传热过程趋于复杂化。假定形成的稳定气隙全部充满保护渣膜，则铸坯在结晶器内的传热过程可以转换为如图 16 - 1 所示的物理模型。

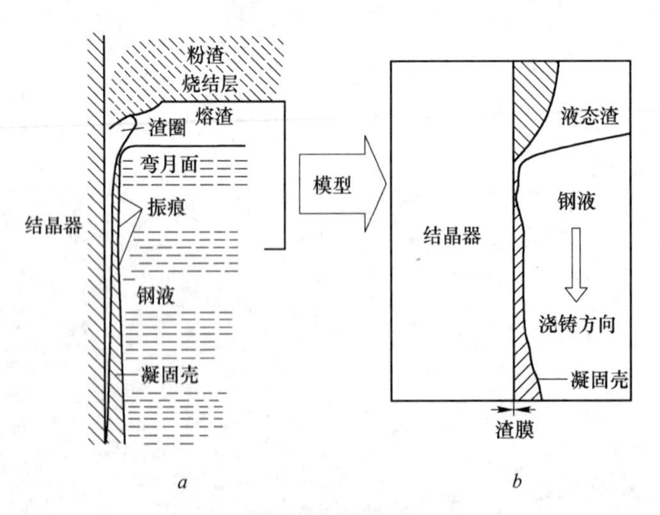

图 16 - 1 结晶器与铸坯的接触状态

连铸结晶器保护渣可分为铸坯与结晶器间的气隙保护渣和覆盖在钢液表面的表层保护渣。气隙保护渣是初熔的液态保护渣沿着铸坯与结晶器间的通道流入其缝隙中形成的渣膜，渣膜靠近铸坯一侧，由于温度较高保持液态，而另一侧靠近结晶器受冷而凝固呈现固态，与结晶器一起振动[1]。弯月面上的颗粒或粉状保护渣可以吸收钢液热量，烧结、熔化，最后形成沿结晶器纵向分布的层状结构：粉状层、烧结层和液渣层，这就是我们所说的渣池，即表层保护渣。图 16－2 为结晶器中表层保护渣和缝隙保护渣分布示意图。

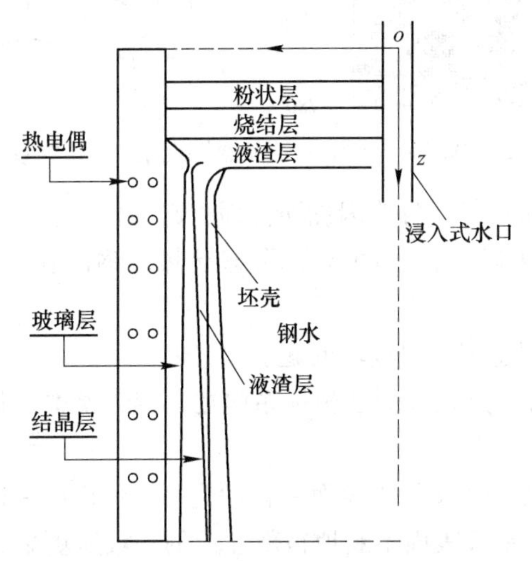

图 16－2 结晶器表层保护渣和缝隙保护渣分布示意图

16.2 保护渣－结晶器传热模型的建立

为了真实地模拟实际生产中的连铸过程，准确反映表层保护渣的温度分布和缝隙保护渣的厚度分布，大连理工大学姚曼等人[2]以圆坯、结晶器及表层保护渣为研究对象，应用有限差分方法，以实测非均匀热流为边界条件，建立三维计算模型，对圆坯、结晶器及表层保护渣的传热现象进行数值模拟，此外，还引入气隙计算公式，计算了结晶器与圆坯间缝隙渣膜的厚度分布。

16.2.1 数学模型的建立

建立了圆坯－保护渣－结晶器热过程的三维数学模型，如图 16－3 所示。计算过程中对表层保护渣做如下假设：

（1）表层保护渣以传导传热为主，渣自由表面与环境气体以对流换热方式发生热交换。

（2）温度场为稳定态，钢液表面形状不变，在接近结晶器区域弯月面形状近似为抛物线，如图 16－2 所示。

（3）保护渣的导热系数只依赖于温度。

（4）保护渣自由面为平面，保护渣的供给是均匀稳定的。

对圆坯模型做如下假设：

（1）圆坯传热以热传导方式为主，钢液流动对传热的影响以增大钢液导热性能来体现。

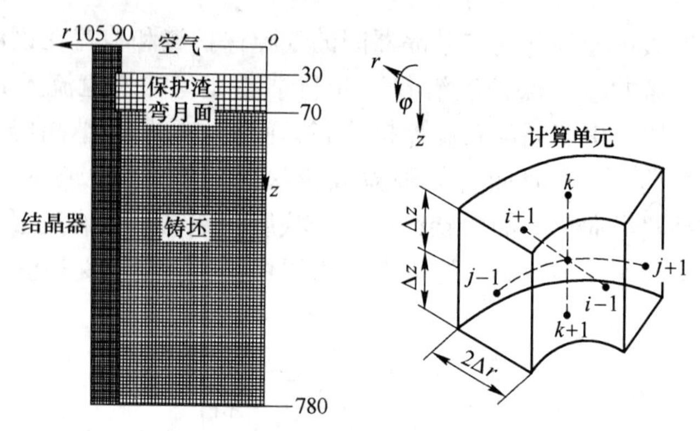

图 16－3　圆坯－保护渣－结晶器传热过程的三维数学模型

（2）圆坯为不可压缩材料，忽略因黏滞性而引起的能耗。

（3）圆坯以拉速匀速运动，且圆坯是稳态导热，钢的比热、导热系数只是温度的函数。

（4）连铸过程是空间稳定的温度场问题。

根据圆坯形状的对称特点，在圆柱坐标系内建立传热模型，整个模型区域的网格剖分如图 16－3 所示。

为模拟生产的连续性，引入了“表面更新理论”（见图 16－4）[4]，即在根据拉坯速度计算的一定时间间隔内，钢液表面不断地被新注入的钢液所更新，原来的表层钢液随着拉坯的进行向结晶器出口以拉速运动，当初始时刻的表层钢液到达结晶器出口时，浇铸过程结束，整个过程持续稳定进行。

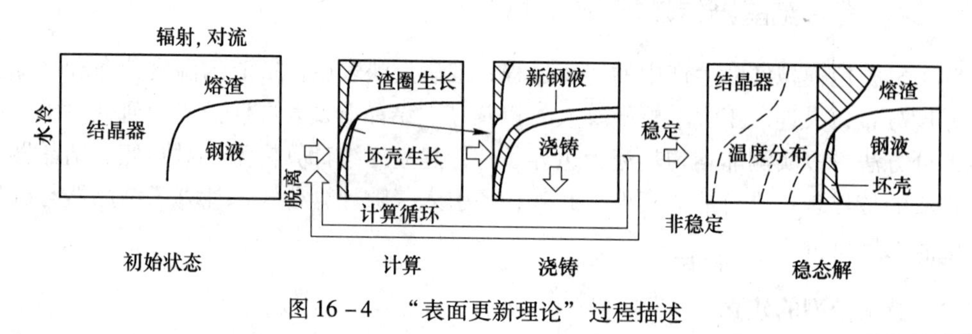

图 16－4　“表面更新理论”过程描述

圆坯－保护渣－结晶器传热计算的基本控制方程如下：

$$\frac{1}{\alpha}\frac{\partial T}{\partial r} = \frac{1}{r}\frac{\partial T}{\partial r} + \frac{\partial^2 T}{\partial r^2} + \frac{1}{r^2}\frac{\partial^2 T}{\partial \varphi^2} + \frac{\partial^2 T}{\partial z^2} + Q \qquad (16-1)$$

$$\alpha = \lambda/(\rho c)$$

式中　λ——导热系数；

ρ——密度；

c——比热容；

r，φ，z——圆柱坐标系 3 个方向的坐标；

T——温度变量；

Q——内热源。

在计算表层保护渣的温度场时，其熔化热通过液相分数法来体现；计算铸坯温度场时，其潜热通过固相分数法来体现；计算结晶器温度场时，其内热源为零。

16.2.2 模型的计算条件

初始条件：$t=0$，$T_s=T_p$，$T_c=30℃$，$T_m=200℃$，$T_f=T_i$。

边界条件：

结晶器上、下边界（$z=0$ 或 $z=780$，且 $r>90$），$-\lambda\dfrac{\partial T_c}{\partial z}=0$；

结晶器/冷却水边界（$r=105$），$-\lambda\dfrac{\partial T_c}{\partial r}=h_{cw}(T_c-T_{cw})$；

表层渣/结晶器边界（$r=90$，$30\leqslant z\leqslant 70$），$-\lambda\dfrac{\partial T_c}{\partial r}=-\lambda\dfrac{\partial T_f}{\partial r}=\dfrac{T_c-T_f}{R_{int}}$；

表层渣/钢水边界（$z=70$，$r\leqslant 90$），$-\lambda\dfrac{\partial T_f}{\partial z}=-\lambda\dfrac{\partial T_s}{\partial z}$；

圆坯/结晶器边界（$z>70$，$r=90$），$-\lambda\dfrac{\partial T_c}{\partial r}=-\lambda\dfrac{\partial T_s}{\partial r}=q_c$；

表层渣自由面（$z=30$，$r<90$），$-\lambda\dfrac{\partial T_f}{\partial z}=h_f(T_f-T_{ev})$。

式中 t——时间变量；

T_p——钢水的浇铸温度；

T_i——保护渣的初始温度；

T_m——结晶器热面温度；

h——对流换热系数；

R_{int}——渣/结晶器界面接触热阻[3]，设定其值在 0.0004W/(m · K)左右；

下角标 c，f，s，cw，ev——分别代表结晶器、保护渣、圆坯、冷却水和环境。

q_c 计算采用的是实测数据，其确定方法如下：

根据宝钢连铸生产现场的大量实测热流数据，经过分析选取一组工艺参数稳定的实测热流，分别取各测点位置热流数据的值作为对应高度处的边界热流，由于实测热流数据中测点值有限，非测点值根据测点数值采用二次差值算法计算得到，从而计算得到圆坯－保护渣－结晶器的温度分布，再与实测的结晶器测点温度比较，从而可以验证模型的准确性。

16.2.3 工艺参数及保护渣物性参数选择

工艺参数及保护渣物性参数选择见表 16－1～表 16－3。

表 16－1 连铸工艺参数

参数	铸坯尺寸(直径)/mm	拉速/$m \cdot min^{-1}$	弯月面高度/mm	冷却水初始温度/℃	渣池深度/mm	浇铸温度/℃
数值	180	2.4	700	30	40	1528

表 16 – 2　铸机参数

参数	结晶器长度 /mm	结晶器壁厚 /mm	铜管密度 /kg · m^{-3}	铜管比热 /J · (g · ℃)$^{-1}$	铜管导热系数 /W · (m · ℃)$^{-1}$	结晶器锥度 /%
数值	780	15	8900	413	390	1.2/1.1

表 16 – 3　保护渣物性参数

参数	熔速 /kg · min^{-1}	熔化热 /J · (g · ℃)$^{-1}$	比热 /J · g^{-1}	密度 /kg · m^{-3}	初温 /℃	熔化温度 /℃	烧结温度 /℃	有效导热系数 /W · (m · K)$^{-1}$
数值	6	384.2	1200	2000	550	1000	750	5.2

另外，本节计算模型所采用的浸入式水口为直通式水口，浸入深度为 168mm，水口内径为 30mm、外径为 70mm。

16.3　计算结果及分析

16.3.1　结晶器实测热流分布及温度验证

图 16 – 5 所示为计算工艺参数下，结晶器热流实际测量数据的平均值。结晶器上热电偶沿高度方向从上至下依次为第 1 排、第 2 排，…，第 6 排。从图 16 – 5 中可以看出，在结晶器不同高度、不同弧度上的热流分布是非常不均匀的，产生这种不均匀的原因主要是由于实际生产中结晶器和圆坯间渣膜厚度分布不均匀。

图 16 – 6 所示为在相同的工艺条件下，4π/3 弧度结晶器冷、热面温度的计算值与实际测量值的比较。从图 16 – 6 中可以看出，在第 4 排测点处结晶器温度的测量值与计算值差值相对较大，而相应位置处的热流值并不大。分析其原因是由于结晶器在此位置出现水垢，使得铜壁与冷却水之间的热阻增大，传热效率降低，而本小节的计算模型中没有考虑水垢的影响，所以会出现实测值与计算值之间的差值偏大。通过比较发现，除第 4 排测点外，其他测量值与实测值拟合误差在 15% 以内，从而可以说明模型和算法的准确性。

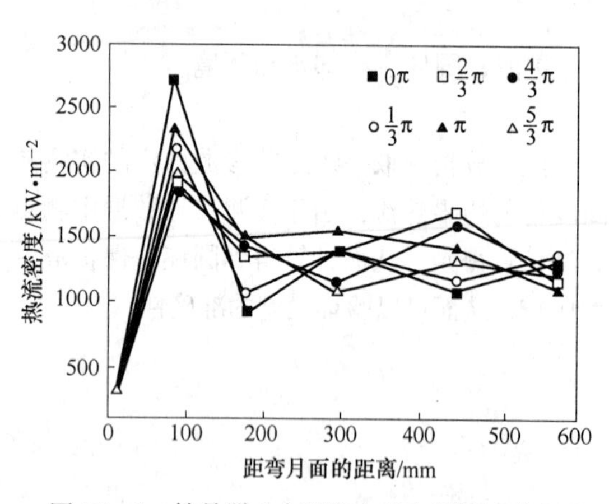

图 16 – 5　结晶器 6 个弧度上的实测热流分布

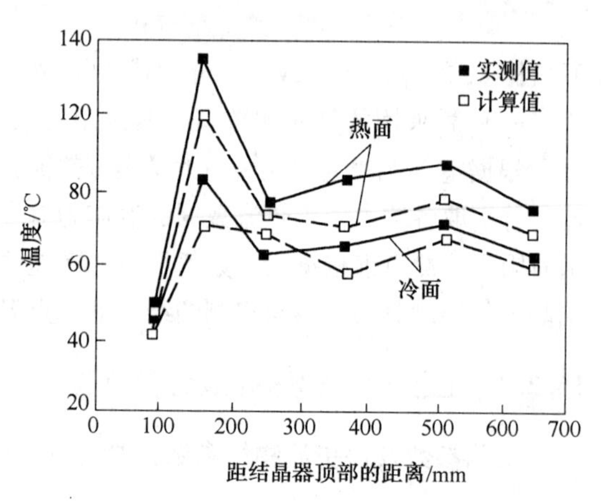

图 16 – 6　结晶器温度计算值与实测值的比较

16.3.2　气隙保护渣计算结果

图 16 – 7 所示为沿结晶器高度方向 6 个弧度上的总渣膜厚度分布和液渣膜厚度分布曲

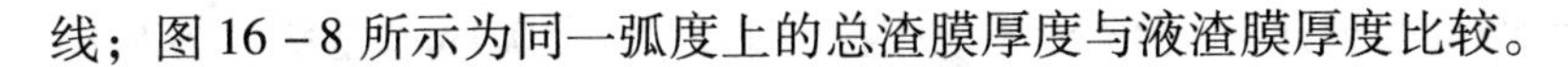

线；图 16－8 所示为同一弧度上的总渣膜厚度与液渣膜厚度比较。

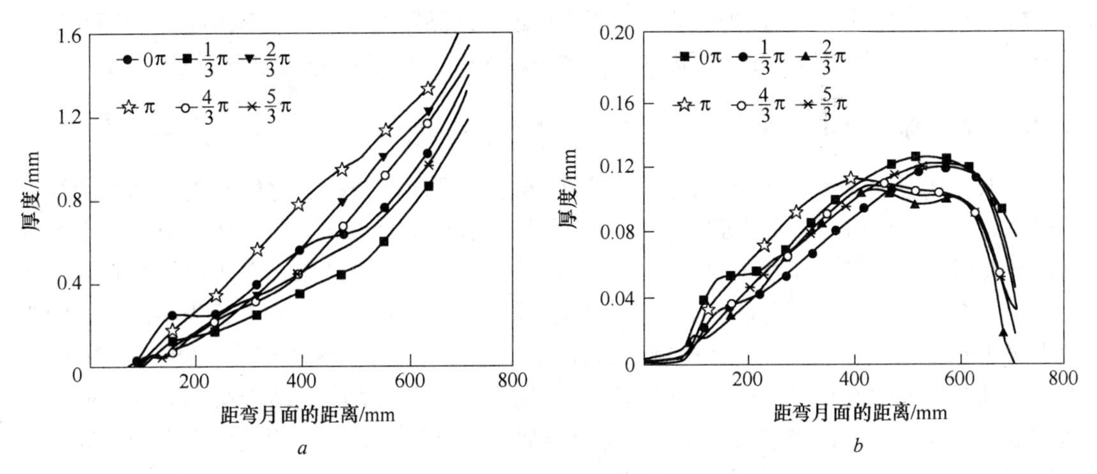

图 16－7 气隙内 6 个弧度上的总渣膜厚度和液渣膜厚度分布

a—总渣膜厚度；*b*—液渣膜厚度

分析图 16－7*a* 可以看出，由于坯壳的不断凝固降温，圆坯收缩不断增加，故总渣膜厚度沿结晶器高度方向逐渐增加，维持在 1mm 量级；各弧度处的总渣膜厚度分布很不均匀，π 弧度处的总渣膜厚度明显大于其他弧度，在出口处可达到 1.7mm，而 π/3 弧度处的总渣膜厚度增加缓慢，在出口处只有 1.18mm，主要是由于 π 弧度处坯壳冷却速度快，故圆坯在此位置的收缩要大于其他弧度，所以这里出现了总渣膜厚度的最大值；同一高度上各弧度的渣膜厚度差最大可达 0.5mm，从而可以说明热流对渣膜厚度的影响很明显，因此考虑模拟实际生产中的非均匀热流是非常有意义的。

分析图 16－7*b* 和图 16－8 可以看出，在弯月面区域由于保护渣填充了钢水与结晶器间的气隙，所以弯月面处具有一定的液渣膜厚度，由于钢水静压力的作用，致使液渣膜厚度逐渐减小，随后由于坯壳的迅速冷凝收缩，液渣膜厚度又迅速增加。距弯月面 140mm 处至结晶器出口，总渣膜厚度始终缓慢增加。0π、π/3 和 5π/3 弧度处液渣膜在距弯月面 140～500mm 处缓慢增加，之后由于坯壳温度的迅速降低而逐渐减小，直到结晶器出口；而另外 3 个弧度处的液渣膜在距弯月面 400mm 处就开始减小，这与图 16－6 中在这些弧度

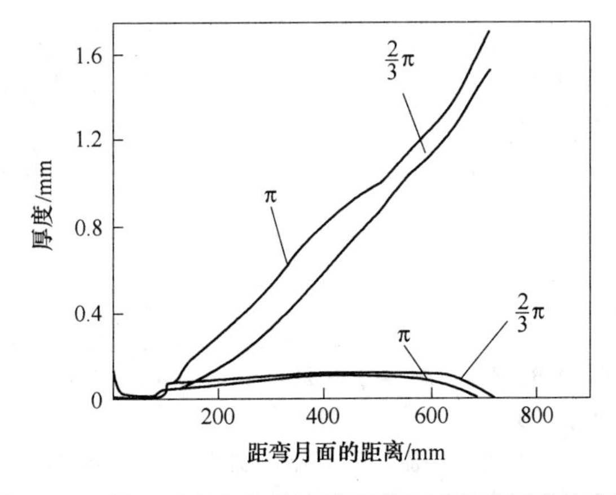

图 16－8 同一弧度上的总渣膜厚度和液渣膜厚度的比较

上坯壳温度在距弯月面400mm处迅速降低相一致。液渣膜厚度在0.1mm量级。另从图16－7b中还可以看到，π弧度处的液渣膜厚度在距离结晶器出口9mm处减小为零，而其他弧度处的液渣在出口处仍有一定的厚度，这与图16－6中π弧度处坯壳温度较低相一致。

16.3.3　表层保护渣计算结果

图16－9所示为表层保护渣的液渣层厚度和烧结层厚度分布。此处液渣层厚度计算是在整个熔化区间内进行差分得到的；烧结温度及烧结层厚度与其类似。从图16－9中可以直观地看出保护渣沿半径方向的厚度分布，熔融层和烧结层的最深处在渣池的中心处；在距渣中心49mm的范围内液渣层厚度基本保持不变，厚度在8.3mm左右，当距渣中心的距离大于49mm时，液渣层厚度迅速减小，在结晶器内壁附近，液渣层非常薄，在2mm左右，结晶器较大的冷却强度迫使这里的液渣冷凝，形成固态渣膜黏结于结晶器内表面，为渣圈的形成提供条件；烧结层的厚度变化也类似于液渣层，只是在距渣中心35mm处就开始迅速减小，渣中心处烧结层厚度为20.4mm左右，结晶器内壁处烧结层厚度为3mm左右；液渣层计算结果与实验测得的结果[5]及数值计算结果[6]相近。另外，由于本计算忽略了表层保护渣的不断消耗及新渣的注入，导致烧结层厚度会略大于实际值。

图16－10所示为表层保护渣沿高度方向的温度分布，其中R表示距渣池中心的距离。距离表层保护渣上表面越远，保护渣温度越高，即表层保护渣温度沿高度方向从上而下逐渐升高；距离渣池中心越远，保护渣温度越低，沿结晶器高度方向保护渣的温度梯度越大；在接近保护渣熔点附近曲线斜率增加，说明升温速度加快；任意深度处渣节点的最高温度在渣池中心。

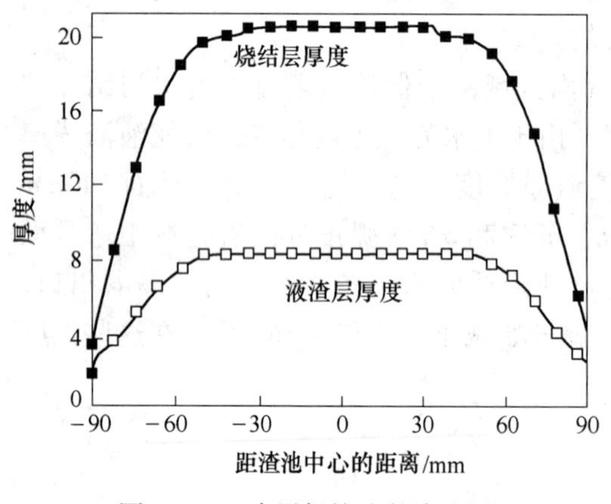

图16－9　表层保护渣的液渣层厚度和烧结层厚度分布

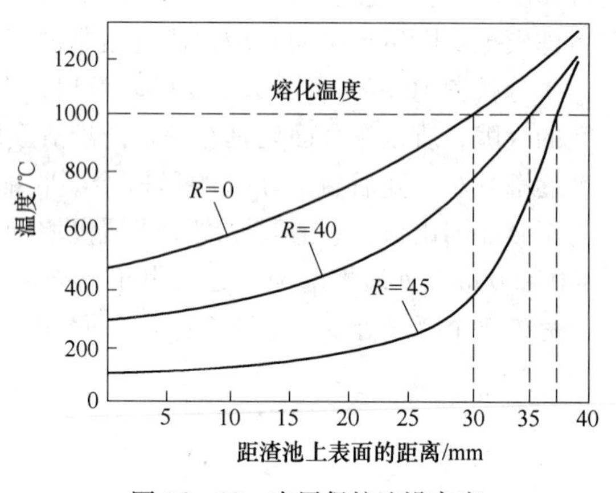

图16－10　表层保护渣沿高度方向的温度分布

参考文献

[1] Mills K C. Kertney L, Fox A B, et al. Use of thermal analysis in determination crystalline fraction of slag film [J]. Thermochimica Acta, 2002, 391 (2): 175～184.

[2] 姚曼，肖洪波，尹合壁．基于实测热流的圆坯结晶器保护渣三维传热计算［J］．钢铁研究学报，2007，19（4）：22～27.

[3] 干勇，仇圣桃，萧泽强．连续铸钢过程数学物理模拟［M］．北京：冶金工业出版社，2001.
[4] 山内　章，等．连铸保护渣在结晶器和铸坯之间传热特性的基础性研究［J］．国外钢铁，1994（3）：17 ~ 23.
[5] 张铁军，郭进毅，成永久，等．圆坯 ϕ180 专用保护渣应用研究［J］．包钢科技，2001，27（增刊）：43 ~ 47.
[6] 伍成波，郑斌，王谦．连铸保护渣在结晶器中熔融行为的计算机仿真［J］．重庆大学学报，2002，25（10）：5 ~ 8.

第三篇

连铸保护渣 LIANZHU BAOHUZHA

成分、性能设计篇

CHENGFEN XINGNENG SHEJI PIAN

17 成分设计的理论基础

17.1 相图基础

相图是经试验测定的相平衡体系的几何表示，常用的试验方法有淬冷法，热分析法。随着新的实验技术的不断出现，实验精度不断提高，逐步修改与完善了原来的相图。相图与热力学密切相关，1908 年，J. J. 冯·拉尔提出可由体系的热力学数据绘制相图。计算方法与实验方法一样，也是在于求出各个温度下体系达到平衡后各相的成分。其中用到的热力学知识包括：恒温或恒压下总的吉布斯能对各组分浓度偏微商为零；组分在各项中的化学势为零，然后建立方程，运用计算机解方程，得到各相的平衡成分[1]。

17.1.1 二元相图

17.1.1.1 $CaO-SiO_2$ 系相图

由于保护渣的主要成分是 SiO_2 和 CaO，因此 $CaO-SiO_2$ 相图对研究保护渣比较重要。$CaO-SiO_2$ 系相图如图 17－1 所示。

图 17－1 所示相图中共有六种化合物。其中除了 SiO_2、CaO 外，还有两个同分熔点化合物：偏硅酸钙 $CaO \cdot SiO_2$（常写成 CS）和正硅酸钙 $2CaO \cdot SiO_2$（常写成 C_2S）；两个异分熔点化合物：二硅酸三钙 $3CaO \cdot 2SiO_2$（常写成 C_3S_2）及硅酸三钙 $3CaO \cdot SiO_2$（常写成 C_3S）。

同分熔点化合物熔化后稳定的程度可以根据液相线的形状定性地判断。若液相具有圆滑的最高点，则此化合物熔化后部分分解，如 CS 及 C_2S。但 CS 的液相线更平滑一些，因此分解的程度较 C_2S 更大些。若液相线具有尖锐的最高点，则此化合物熔化后不分解，如 SiO_2、CaO、CS、C_2S 等有同素异性的晶型转变。

此图有 4 个平衡点：a 点是二元共晶点，即 $L_1(a) = CaO + C_2S$；b 点是转熔点，当 C_3S_2 加热至 1475℃时，分解为具有 b 点成分的熔相及 $\alpha-C_2S$，即 $C_3S_2 = L_1(b) + \alpha-C_2S$；$d$ 点是二元共晶点，即 $L_1(d) = \alpha-SiO_2 + \alpha-C_3S_2$；$c$ 点为偏晶点，当液相 L_2 冷却至 e 点时，结晶出 $\alpha-SiO_2$，液相成分转变为 L_1 的 f 点，即 $L_2(e) = SiO_2 + L_1(f)$。

由于同分熔点化合物是体系相组成的组分，因此从 CS 和 C_2S 组成点处 $CaO-SiO_2$ 二元系相图可分为三个独立的二元相图，即 $C-C_2S$ 系、C_2S-CS 系、$CS-S$ 系。

（1）$C-C_2S$ 系是具有一个共晶体的相图，其内有 C_3S 但它仅存在于 1250～1900℃内，高于或低于此温度段将分解为 CaO 和 C_2S。相图中的垂直线是 C_3S 的组成线。

（2）C_2S-CS 系相图中具有一个异分熔点化合物 C_3S_2，其是由转熔反应形成的：$L + C_2S = C_3S_2$，它在 1475℃发生分解：$C_3S_2 = L + C_2S$。

（3）$CS-S$ 系相图中液相中的组分溶解度是有限的，形成两液相分层区。互为饱和的两液相大约在 1700℃共存，相平衡关系为：$L_2 \rightleftharpoons L_1 + SiO_2$，温度低于 1700℃时，$L_2$ 相消

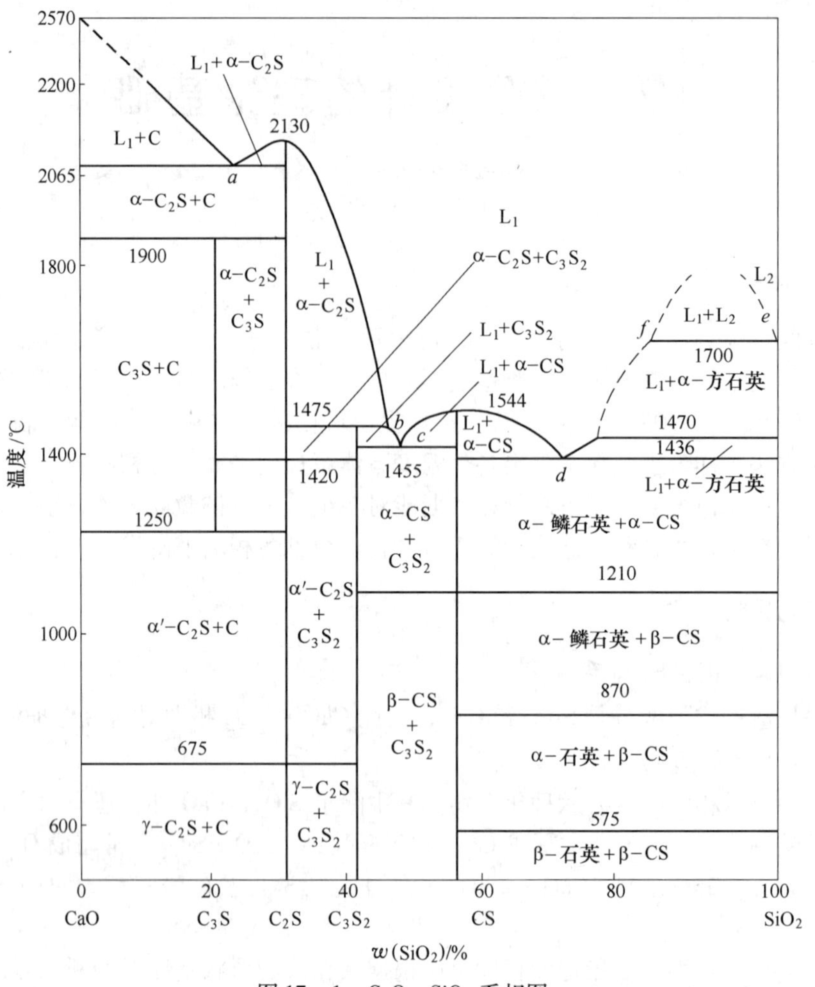

图 17-1 $CaO-SiO_2$ 系相图

失，L_1+SiO_2 存在，随温度下降 L_1 不断析出 SiO_2。在1436℃时，有 CS-S 共晶体形成。

17.1.1.2 $SiO_2-Al_2O_3$ 系相图

两性氧化物 Al_2O_3 与酸性氧化物 SiO_2 可生成一种异分熔点化合物 $3Al_2O_3\cdot2SiO_2$，称为莫来石。莫来石中可以溶解部分 Al_2O_3 形成莫来石固溶体，含 Al_2O_3 的莫来石固溶体稳定化合物的熔点为1850℃，并与 Al_2O_3 有一个二元共晶点，即 $L_a = Al_2O_3 + (A_3S_2)_{溶解体}$。莫来石固溶体同时也可与 SiO_2 形成共晶体，纯 SiO_2 中加入 Al_2O_3 后可使熔点显著降低，共晶点为 b，共晶反应为：$L_b = SiO_2 + (A_3S_2)_{溶解体}$。$SiO_2-Al_2O_3$ 系相图如图 17-2 所示。

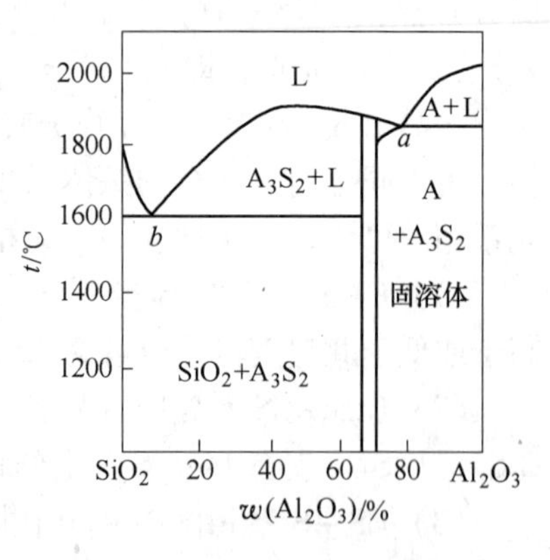

图 17-2 $SiO_2-Al_2O_3$ 系相图

17.1.1.3 $CaO-Al_2O_3$ 系相图

碱性氧化物 CaO 能与两性氧化物 Al_2O_3 形成五种化合物，其中 C_3A 及 CA_6 是异分熔点化合物，稳定性差。

而 $C_{12}A_7$、CA、CA_2 是同分熔点化合物，稳定性高。由图 17－3 可以看出，此体系可以分为四个独立的二元系即 CaO－$C_{12}A_7$、$C_{12}A_7$－CA、CA－CA_2、CA_2－Al_2O_3。这些复杂化合物及 CaO 与 SiO_2 的熔点都比较高，仅在 $C_{12}A_7$ 组成附近的较窄区（CaO 44%～52%）内才有较低的温度（1450～1550℃）下出现液相。CaO－Al_2O_3 系相图如图 17－3 所示。

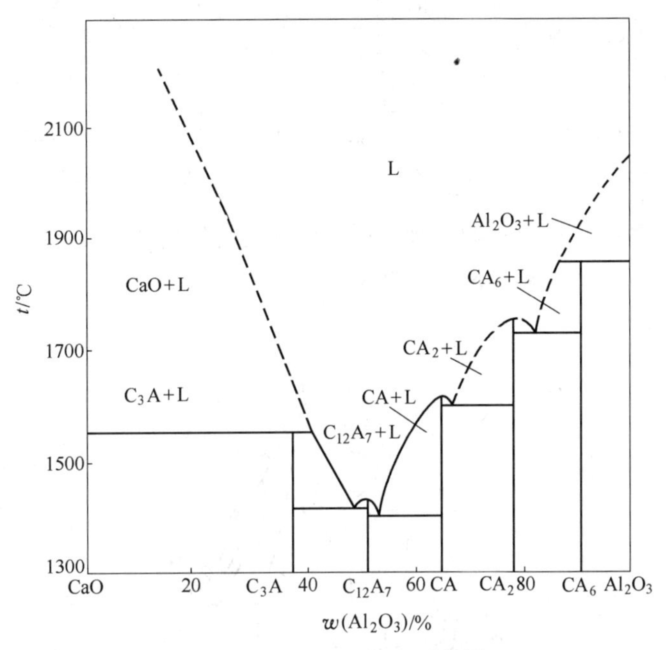

图 17－3　CaO－Al_2O_3 系相图

17.1.1.4　FeO－SiO_2 系相图

FeO－SiO_2 系相图如图 17－4 所示。由图 17－4 可以看到，FeO 与 SiO_2 仅形成一个同分熔化化合物 2FeO·SiO_2（铁橄榄石），其熔点低，稳定性差，较高温度下有一定程度的离解，并且在 SiO_2 浓度较高时，出现液相分层。

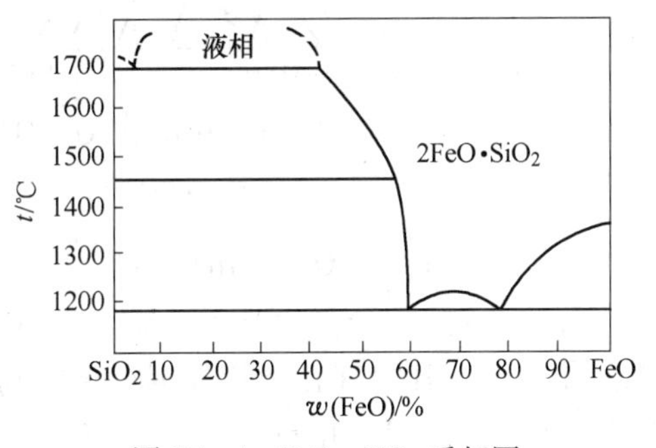

图 17－4　FeO－SiO_2 系相图

17.1.1.5　CaF_2－CaO 系，CaF_2－Al_2O_3 系，CaF_2－MgO 系相图

CaF_2－CaO 系，CaF_2－Al_2O_3 系，CaF_2－MgO 系相图如图 17－5 所示。CaF_2 能与 CaO、Al_2O_3 及 MgO 形成低共熔体，熔点分别为 1360℃、1415℃及 1356℃。因此，显著降低了化合物 CaO（2570℃）、Al_2O_3（2072℃）、MgO（2800℃）的熔点。

17.1.2　三元相图

17.1.2.1　SiO_2－CaO－Al_2O_3 三元系

SiO_2－CaO－Al_2O_3 三元系相图对研究保护渣有重要的作用，因为 CaO、SiO_2、Al_2O_3 是保护渣中的主要成分。图 17－6 表明各种硅酸盐材料在此三元系中大致的范围，利用这

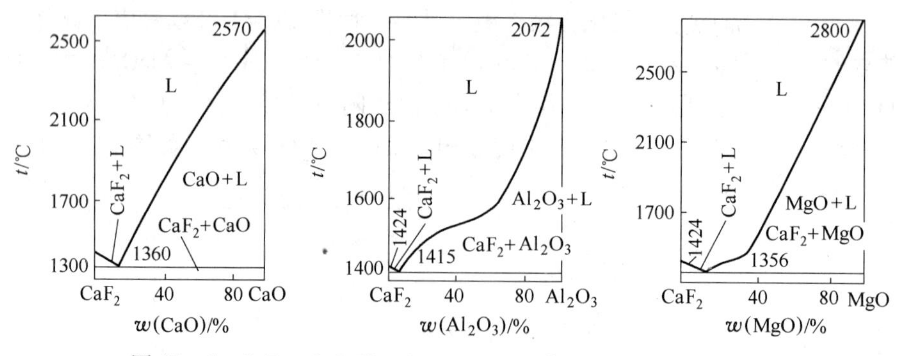

图 17－5　CaF_2－CaO 系、CaF_2－Al_2O_3 系、CaF_2－MgO 系相图

个相图可以确定各种硅酸盐材料的配制，选择烧制及熔化温度，以及了解材料在冷却过程中的变化和性能，从而获得需要性能的材料。

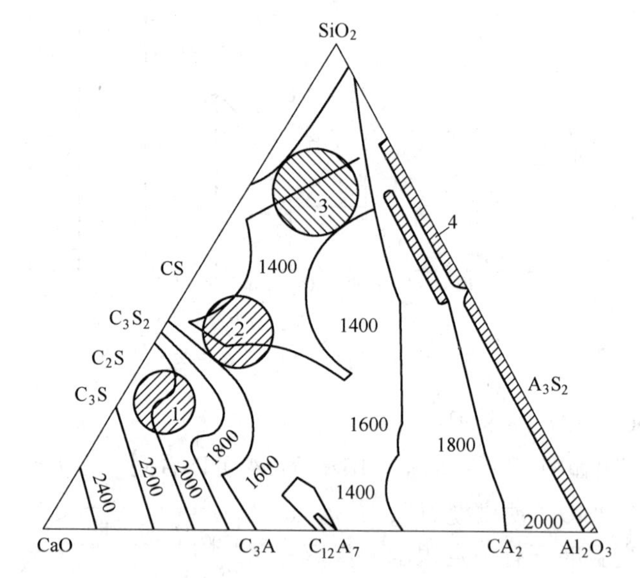

图 17－6　SiO_2－CaO－Al_2O_3 渣系相图中各种材料的组成范围

1—硅酸水泥；2—高炉渣；3—玻璃；4—耐火材料

SiO_2－CaO－Al_2O_3 系相图如图 17－7 所示。SiO_2－CaO－Al_2O_3 三元系内有两个稳定的三元化合物：CAS_2（钙长石，熔点 1550℃）及 C_2AS（铝方柱石，熔点 1590℃）。有十个二元化合物，其中有五个共分熔点化合物：CS（硅灰石，熔点 1540℃）、CS_2（硅酸盐，熔点 2130℃）、$C_{12}A_7$（熔点 1420℃）、CA（熔点 1600℃）及 A_3S_2（莫来石，熔点 1900℃）；五个异分熔点化合物：C_3S_2（二硅酸三钙）、C_3S（硅酸三钙）、C_3A、C_2A 及 CA_6。

根据三元系相图的切线规则，此相图可分为七个独立部分，分别为：（1）S－CS－CAS_2；（2）CS－CAS_2－C_2AS；（3）CS－C_2S－C_2AS；（4）S－A－CAS_2；（5）C－C_2S－$C_{12}A_7$；（6）C_2S－C_2AS－CA－$C_{12}A_7$；（7）A－CAS_2－C_2AS－CA。图 17－8 所示为划分出的这七个独立部分。

此独立体系内还有两个不稳定化合物（CA_2 及 CA_6），有两个三元共晶点（点 6 及点 10）及两个三元转熔点（点 9 及点 8）。CaO－SiO_2－Al_2O_3 三元系中无变量点的性质见表 17－1。

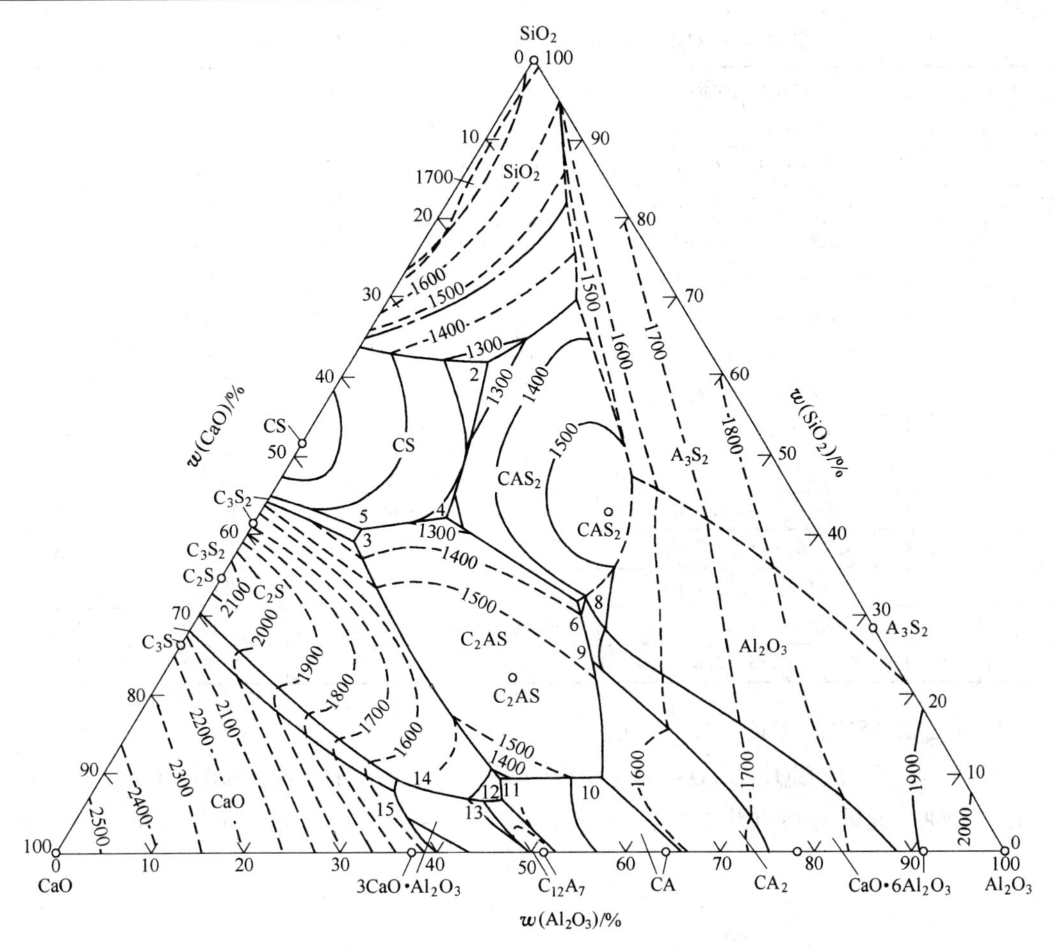

图 17－7 $SiO_2-CaO-Al_2O_3$ 系相图

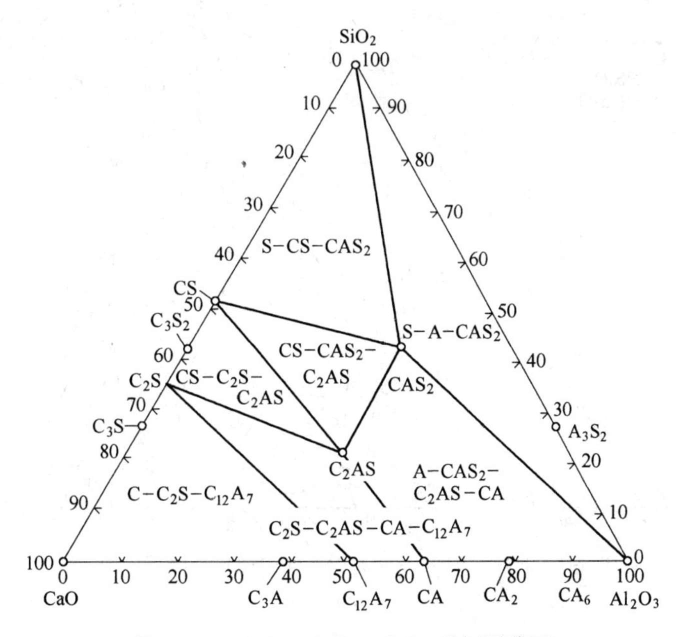

图 17－8 $SiO_2-CaO-Al_2O_3$ 系相图分区

表 17-1　$CaO-SiO_2-Al_2O_3$ 三元系中无变量点的性质

无变量点	对应分三角形	相平衡关系	性质	温度/℃
1	$S-CAS_2-A_3S_2$	$L = CAS_2+A_3S_2+S$	共晶点	1345
2	$S-\alpha-CS-CAS_2$	$L = CAS_2+S+\alpha-CS$	共晶点	1170
3	$C_3S_2-C_2AS-\alpha'-C_2S$	$L+\alpha-C_2S = C_3S_2+C_2AS$	转熔点	1315
4	$CAS_2-C_2AS-\alpha-CS$	$L = CAS_2+C_2AS+\alpha-CS$	共晶点	1265
5	$C_2AS-C_3S_2-\alpha-CS$	$L = CAS_2+C_3S_2+\alpha-CS$	共晶点	1310
6	$CAS_2-C_2AS-CA_2$	$L = CAS_2+C_2AS+CA_2$	共晶点	1380
7	$A-CAS_2-A_3S_2$	$L+A = CAS_2+A_3S_2$	转熔点	1512
8	$A-CAS_2-CA_6$	$L+A = CAS_2+CA_6$	转熔点	1495
9	$CAS_2-CA_2-CA_4$	$L+CA_2 = CAS_2+CA_6$	转熔点	1475
10	$C_2AS-CA-CA_2$	$L = CAS_2+CA+CA_2$	共晶点	1505
11	$\alpha'-C_2S-C_2AS-CA$	$L+C_2AS = CA+\alpha'-C_2S$	转熔点	1380
12	$\alpha'-C_2S-CA-C_{12}A_7$	$L = CA+C_{12}A_7+\alpha'-C_2S$	共晶点	1335
13	$\alpha'-C_2S-C_3A-C_{12}A_7$	$L = C_3A+C_{12}A_7+\alpha'-C_2S$	共晶点	1350
14	$C_3S-\alpha-C_2S-C_3A$	$L+C_3S = C_3A+\alpha-C_2S$	转熔点	1455
15	$C-C_3S-C_3A$	$L+C = C_3A+C_3S$	转熔点	1470

17.1.2.2　$SiO_2-CaO-Na_2O$ 相图

图 17-9 所示的 $SiO_2-CaO-Na_2O$ 相图是玻璃工业常用的相图。$SiO_2-CaO-Na_2O$ 三元系有三种三元同分熔点化合物：NC_2S_2、NC_2S_3、NCS；有三种三元异分熔点化合物：

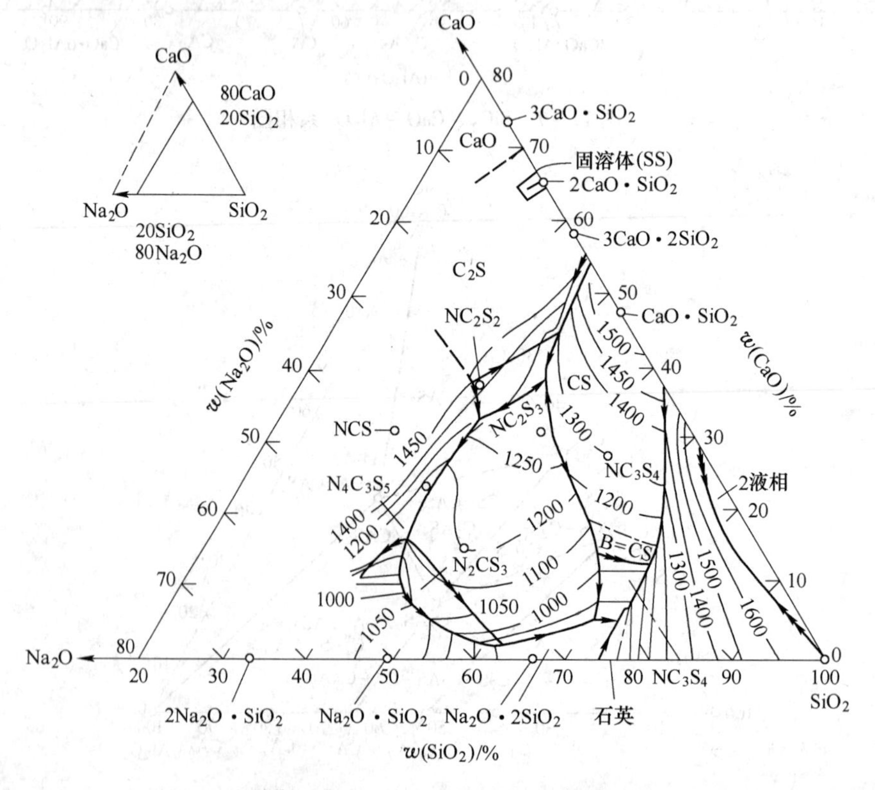

图 17-9　$SiO_2-CaO-Na_2O$ 相图

$N_4C_3S_5$、N_2CS_3、NC_3S_4。在 Na_2O-SiO_2 二元系中，有二元同分熔点化合物 NS、NS_2，二元异分熔点化合物 N_2S。在 $CaO-SiO_2$ 二元系内，有二元同分熔点化合物 CS、C_2S、NS 及 NS_2，二元异分熔点化合物 N_2S。在 $CaO-SiO_2$ 二元系内，有二元同分熔点化合物 CS、C_2S，二元异分熔点化合物 C_3S_2、C_3S。在 $CaO-Na_2O$ 二元系内，目前尚未发现任何化合物，Na_2O 对降低保护渣熔点十分有效。由 $CaO-SiO_2-Na_2O$ 三元系相图可以看出，随着 Na_2O 浓度的增加，体系的熔点降低。一些三元共晶点具有最低的熔化温度，如 SiO_2、NS_2 及 NC_3S_6 和 NS_2、NS 及 N_2CS_3 的三元共晶点均只有 800℃左右。

17.1.2.3　$SiO_2-CaO-CaF_2$ 相图

$SiO_2-CaO-CaF_2$ 三元系内仅存在四种 CaO 与 SiO_2 的二元化合物，即 CS、C_3S_2、C_2S、C_3S。由图 17－10 中的等温线可以看出，当 CaF_2 的含量大致为 30%～50%时，体系有最低的熔点，再继续增加 CaF_2，体系的熔点也将增加[2~4]。

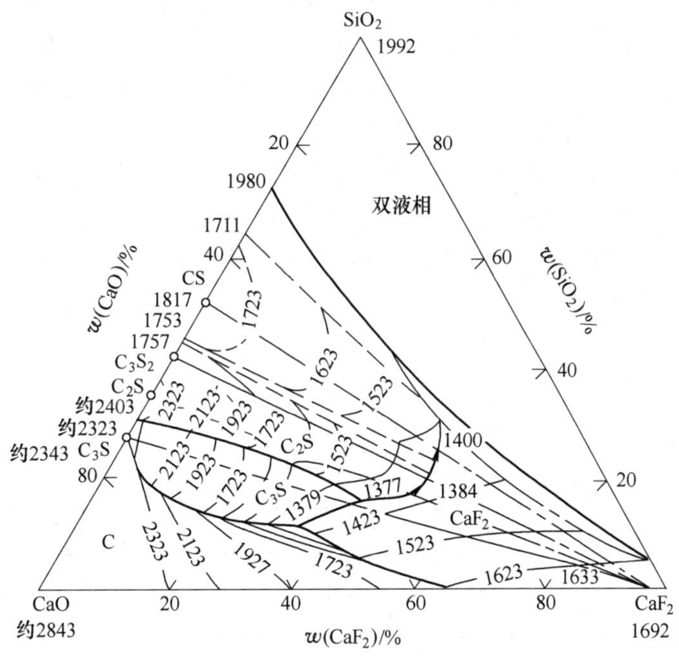

图 17－10　$SiO_2-CaO-CaF_2$ 相图

17.2　离子模型

1938 年海拉西门科（Herasymenko）首先提出了熔渣的离子结构理论，他认为熔渣中不存在中性分子，而是由离子及离子团组成。以后通过各国冶金工作者的不断研究，对高温熔渣的离子结构有了更全面的了解。当涉及金属熔体与熔渣间反应的计算时，各学者又提出了很多种模型，根据这些模型计算熔渣中各组分的活度。但至今利用熔渣的结构模型进行定量计算，仍有一定局限性。

17.2.1　熔渣离子结构的依据

熔渣离子结构的依据如下：

（1）熔渣可以导电，电导率虽低，但比分子状的物质高。电渣重熔精炼及电炉炼钢均是通过熔渣离子导电性质而获得高温。

（2）熔渣可以电解，当电解熔渣时，在阴极析出金属，在阳极析出氧气，说明熔渣中至少存下金属正离子及氧负离子；并且熔渣可以作高温原电池的电解质。

（3）X 射线分析，天然及人造矿石是晶体结构，结点上存在的是简单的离子或复合阴离子。这种物质熔化后其内的离子有更高的独立性，不形成分子。

（4）当向金属－熔渣界面通入电荷时，可以改变金属－熔渣的界面张力，称为电毛细现象。说明金属－熔渣间的反应是离子反应，熔渣中存在着离子。

17.2.2 熔渣中离子的种类及相互作用

各种固体氧化物是离子晶体结构，离子之间的键很强，固态时离子氧化物的导电能力很弱，因为不会分解为单独活动的离子。当熔化后，离子的活动性加强，出现电离过程。因此可以认为组成熔渣的基本离子是简单离子 Ca^{2+}、Mg^{2+}、Fe^{2+}、Mn^{2+}、O^{2-}、S^{2-}、F^{-}等，以及两个以上原子或离子结合成的复合阴离子 SiO_4^{4-}、$Si_2O_7^{6-}$、FeO^{2-}、PO_4^{3-}、AlO^{2-}等。硅氧复合阴离子是熔渣的主要复合阴离子。

熔渣中各离子之间的作用力可以用静电势来衡量。静电势是离子的电荷数与半径的比值。表 17－2 列出了各种离子的静电势。由于同种电荷的离子相互排斥，异种电荷的离子相互吸引，在正离子的周围总是负离子。静电势越大的离子，其作用力越强，因此各离子对之间的作用力是不等的。

表 17－2 各种离子的静电势

离子	K^{+}	Na^{+}	Ba^{+}	Ca^{2+}	Mn^{2+}	Fe^{2+}	Mg^{2+}	Cr^{3+}	Fe^{3+}
离子半径 r	1.39	0.95	1.43	1.06	0.91	0.75	0.65	0.64	0.60
静电势 I	0.72	1.05	1.40	1.89	2.20	2.67	3.08	4.69	5.00

离子	Al^{3+}	Ti^{4+}	Si^{4+}	P^{5+}	O^{2-}	S^{2-}	F^{-}	PO_4^{3-}	SiO_4^{4-}
离子半径 r	0.50	0.68	0.41	0.34	1.32	1.74	1.36	2.76	2.79
静电势 I	6.00	5.88	9.76	14.71	1.52	1.15	0.74	1.09	1.44

P^{5+}、Si^{4+}、Al^{3+}、Fe^{3+}离子的静电势分别为 14.71、9.76、6.00、5.00，有很强的极化能力，它们强烈地吸引 O^{2-}而形成具有共价键结构的复合负离子 PO_4^{3-}、SiO_4^{4-}、AlO^{2-}、FeO^{2-}，这些复合负离子由于离子半径大而使其静电势较弱。

熔渣中主要的酸性氧化物是 SiO_2，因此复合负离子主要是 SiO_4^{4-}。当熔渣中的碱度降低时，由于 O^{2-}不足而使 SiO_4^{4-} 结合为更加复杂的 $Si_3O_9^{6-}$、$Si_4O_{12}^{8-}$、$Si_6O_{18}^{12-}$等硅氧离子。硅氧复合离子越复杂，其半径就越大，静电势也就越小，常被排斥在熔渣表面，使熔渣的表面张力降低。又由于复杂的硅氧离子是链状及网状结构，硅氧比越小，网就越大、越复杂。尺寸大的网状离子在熔渣中移动很困难。因此使熔渣黏度增大。以上例子说明熔渣的结构与其性质有紧密的关系。

熔渣中的各离子的静电势不同，离子间的作用力不等，造成的另一结果是熔渣不是绝对均匀的。例如 CaO、SiO_2 和 FeO 的组成的熔渣，存在着 Ca^{2+}、Fe^{2+}及 O^{2-}、SiO_4^{4-} 离子，它们的静电势分别为1.89、2.67及1.52、1.44，静电势大的正离子 Fe^{2+} 周围主要是静电势大的负离子 O^{2-}，静电势小的 Ca^{2+} 周围主要是静电势小的 SiO_4^{4-}，因而造成熔渣中微观的不均匀性。当熔渣中 SiO_2 的量不断增多时，这种微观不均匀性将继续扩大，最后造成熔渣分为两个有明显界面的液渣层。

17.2.3 熔渣的离子结构模型

当利用熔渣的离子理论计算熔渣组元的活度时，各冶金学家提出了不同的模型，目前应用最多的是完全离子溶液模型和正规离子溶液模型。

17.2.3.1 完全离子溶液模型

完全离子溶液模型是前苏联学者捷姆金（Temknhh）在1946年提出来的。它的主要内容是：熔渣完全由正、负离子构成，正离子为 Ca^{2+}、Fe^{2+}、Mn^{2+} 等金属离子，负离子为 O^{2-}、S^{2-}、F^- 及 SiO_4^{4-}、PO_4^{3-}、AlO^{2-}、FeO^{2-}，没有比 SiO_4^{4-} 更复杂的硅氧离子；正、负离子相间分布；熔渣是完全溶液。

根据完全离子溶液模型，用统计的方法，可以推导出计算熔渣组元活度的公式。例如溶液中 FeO 的活度为：

$$a_{FeO} = a_{Fe^{2+}}a_{O^{2-}} = x_{Fe^{2+}}x_{O^{2-}} \tag{17-1}$$

式中

$$x_{Fe^{2+}} = \frac{n_{Fe^{2+}}}{\sum n_+} = \frac{n_{FeO}}{n_{FeO} + n_{CaO} + n_{MgO} + \cdots}$$

$$\frac{n_{O^{2-}}}{\sum n_-} = \frac{\sum n_+ - 2n_{SiO_2} - 3n_{P_2O_5} - n_{Al_2O_3} - n_{Fe_2O_3}}{\sum n_+ + n_{SiO_2} - n_{P_2O_5} + n_{Al_2O_3} + n_{Fe_2O_3}}$$

式（17-1）只能应用于 SiO_2 小于10%的熔渣中，当 SiO_2 超过10%时，必须引进活度系数：

$$a_{FeO} = \gamma_{Fe^{2+}}x_{Fe^{2+}}\gamma_{O^{2-}}x_{O^{2-}} \tag{17-2}$$

式中，$\gamma_{Fe^{2+}}\gamma_{O^{2-}}$ 由经验公式计算：

$$\lg\gamma_{Fe^{2+}}\gamma_{O^{2-}} = 1.53\sum x_{SiO_4^{4-}} - 0.17 \tag{17-3}$$

式中

$$\sum x_{SiO_4^{4-}} = x_{SiO_4^{4-}} + x_{AlO^{2-}} + x_{PO_4^{3-}} + x_{FeO_2^-}$$

17.2.3.2 正规离子溶液模型

鲁门斯顿（Lumsden）及科热乌诺夫（Kookeypob）分别提出了正规溶液模型。正规溶液模型的要点是：

（1）熔渣有简单的正离子 Fe^{2+}、Mn^{2+}、Ca^{2+}、Si^{4+}、P^{5+} 及唯一的负离子 O^{2-} 组成；

（2）各正离子完全无序地分布于 O^{2-} 周围，与完全离子模型一样，即混合熵与完全离子溶液一样；

（3）各正离子与 O^{2-} 的作用力不等，因此其混合热不等于零。

根据正规溶液模型，熔渣中氧化物的活度等于正离子的活度（因为 $a_{O^{2-}} = x_{O^{2-}} = 1$）。例如对于 FeO、MnO、CaO、MgO、$SiO_2$、$P_2O_5$ 六种氧化物所组成的渣系，存在着 Fe^{2+}、Mn^{2+}、Ca^{2+}、Mg^{2+}、Si^{4+}、P^{5+} 及 O^{2-}，各氧化物的活度为：

$$a_{FeO} = \gamma_{Fe^{2+}} x_{Fe^{2+}} \qquad a_{MnO} = \gamma_{Mn^{2+}} x_{Mn^{2+}}$$

$$a_{CaO} = \gamma_{Ca^{2+}} x_{Ca^{2+}} \qquad a_{MgO} = \gamma_{Mg^{2+}} x_{Mg^{2+}}$$

$$a_{SiO_2} = \gamma_{Si^{4+}} x_{Si^{4+}} \qquad a_{P_2O_5} = \gamma_{P^{5+}}^2 x_{P^{5+}}^2$$

各氧化物的正离子的活度系数由以下公式计算[5]：

$$\lg\gamma_{Fe^{2+}} = \frac{1000}{T}[2.18x_{Mn^{2+}}x_{Si^{4+}} + 5.90(x_{Ca^{2+}} + x_{Mg^{2+}})x_{Si^{4+}} + 10.50x_{Ca^{2+}} + x_{P^{5+}}] \qquad (17-4)$$

$$\lg\gamma_{Mn^{2+}} = \lg\gamma_{Fe^{2+}} - \frac{2180}{T}x_{Si^{4+}} \qquad (17-5)$$

$$\lg\gamma_{Mg^{2+}} = -\frac{5900}{T}(x_{Fe^{2+}}x_{Mn^{2+}} + x_{Ca^{2+}})x_{Si^{4+}} \qquad (17-6)$$

$$\lg\gamma_{P^{5+}} = \lg\gamma_{Fe^{2+}} - \frac{10500}{T}x_{Ca^{2+}} \qquad (17-7)$$

17.3　网络结构

硅酸盐熔渣体系中，硅氧四面体内部原子间存在着坚固的共价键，而硅氧四面体与金属原子间存在着不牢固的极性键，在高温下，硅氧四面体与金属原子间形成离子键，所以熔体基本上是离子结构。在钢水温度下保护渣中的 CaO、MgO、FeO、MnO 等氧化物大部分离解为离子状态，把两个价电子给予硅氧离子。

硅酸盐渣的基本结构是硅氧四面体 SiO_4^{4-}，Si—O 键长为 1.62×10^{-8}cm，O—O 键长为 2.7×10^{-8}cm，四面体上的氧原子与其他四面体共用时，属于原子晶体结构。这个结构在熔化时断裂，并且熔渣中各种金属阳离子促进其断裂，阳离子越多，形成游离的 SiO_4^{4-} 四面体结构也越多，阳离子越少，形成复杂的硅氧离子团的可能性就越大，硅氧阴离子团的复杂程度视渣的成分而定。根据各组分对熔渣结构的作用将熔渣划分为三类：（1）结网物，也称网络形成体，如 SiO_2、B_2O_3；（2）中性物，如 Al_2O_3、Cr_2O_3、TiO_2；（3）破网物，也称网络外体，如 Na_2O、Li_2O、CaO、BaO、SrO。渣中的破网物增多，提供了多余的氧离子，使得硅氧四面体的聚集状态发生变化，用系数 F 可形象地描述这种变化：

$$F = \frac{Na_2O + 3B_2O_3 + 3Cr_2O_3 + MnO + ZnO + 2CaF_2 + 3Al_2O_3 + 2TiO_2 + CaO + BaO + SrO + MgO + 2SiO_2}{3B_2O_3 + 2Cr_2O_3 + 2Al_2O_3 + TiO_2 + SiO_2}$$

随着 F 的增大，硅氧阴离子团从复杂聚集状态向简单聚集状态转变，见表 17－3。渣中破网物增多，提供了多余的氧离子，使得硅氧四面体的聚集状态发生变化。基料中带入或外加的氧化物组分可以通过改变保护渣网络结构的大小和硅氧骨干的类型来调整熔渣的物理性质。表 17－4 列出了保护渣中的主要氧化物组分对网络结构的影响。

表 17－3　构成保护渣熔体的硅氧团及其特征

类　型	表达式	硅氧数量比	每个四面体的氧原子数
岛状	$[SiO_4]^{4-}$	1:4	0
簇状	$[Si_2O_7]^{6-}$	1:3.5	1
环状	$[SiO_3]^{2-}$	1:3	2
链状	$[SiO_3]$	1:3	2

续表 17－3

类 型	表 达 式	硅氧数量比	每个四面体的氧原子数
层状	$[Si_2O_5]$	1:2.5	3
框状	$[SiO_2]$	1:2	4

网络结构的复杂程度决定了熔渣的黏度和玻璃化倾向，可以根据表 17－4 确定熔渣黏度、复杂化倾向时应该增加或减少的氧化物种类和数量。例如，为了提高渣的玻璃化倾向，可适当地降低渣的碱度，加入适量 B_2O_3、Al_2O_3 等物质；为了降低黏度，可添加适量的 Na_2O、Li_2O、BaO 等。

表 17－4 保护渣中的主要氧化物组分对网络结构的影响

氧化物 M_xO_y	对应的阳离子	阳离子半径/mm	配位数	M—O 键强度/kJ · mol^{-1}	对网络的作用
SiO_2	Si^{4+}	0.48	4	444	结网物
Al_2O_3	Al^{3+}	0.61	4	423 ~ 331	结网物
MgO	Mg^{2+}	0.80	6	155	破网物
Li_2O	Li^+	0.82	4	151	破网物
Na_2O	Na^+	1.10	6	84	破网物
K_2O	K^+	1.48	9	53	破网物
CaO	Ca^{2+}	1.08	8	135	破网物

上述氧化物对应的阳离子中，Si^{4+} 在保护渣熔体中形成硅氧四面体骨干，由于保护渣中存在大量的碱性氧化物，Al^{3+} 配位数和 Si^{4+} 相同，以 AlO_4^{5-} 四面体的形式出现，成为结网物；Mg^{2+}、Li^+、Na^+、K^+、Ca^{2+} 处于 O^{2-} 所构成的多面体空隙中，起着连接硅氧骨干的作用。保护渣的硅酸盐链状结构如图 17－11 所示[6]。

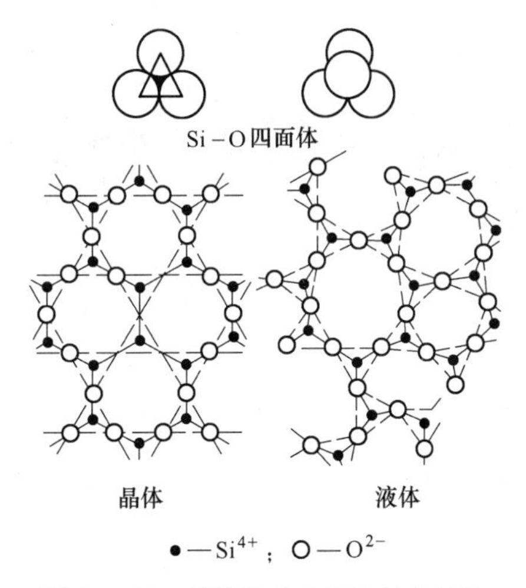

图 17－11 保护渣的硅酸盐链状结构

参 考 文 献

[1] 李广田，陈敏，杜成武，等．钢铁冶金辅助材料 [M]．北京：化学工业出版社，2010.

[2] 黄希祜．钢铁冶金原理 [M]．北京：冶金工业出版社，1984.
[3] 陈家祥．钢铁常用图表数据手册 [M]．北京：冶金工业出版社，1989.
[4] 德国钢铁工程师协会．渣图集 [M]．王俭，等译，北京：冶金工业出版社，1989.
[5] 迟景灏，甘永年．连铸保护渣 [M]．沈阳：东北大学出版社，1992.
[6] 李殿明．连铸结晶器保护渣应用技术 [M]．北京：冶金工业出版社，2008.

18 成分设计的基本思路

保护渣成分设计应遵循如下原则：(1) 合理的熔化温度、熔化速度和熔融结构；(2) 稳定适宜的黏度；(3) 合理的结晶温度和矿物组成；(4) 足够的吸收夹杂物容量；(5) 保护渣的加工、使用符合卫生及环保要求。

18.1 保护渣成分设计

在实验室，通过对保护渣组成与性能关系的研究，掌握调节保护渣理化性能和工艺性能的原理及基本途径，这不仅可以直接服务于试验渣组成和原材料配方的确定，而且也有利于连铸保护渣的系列化解析。

18.1.1 化学成分对保护渣理化性能的影响

18.1.1.1 组分对保护渣熔化温度的影响[1]

各组分对保护渣熔化温度的影响，按单位变化量的作用强度排序，由大到小依次为：CaO/SiO_2、Li_2O、Na_2O、B_2O_3、Al_2O_3、F、BaO、SrO、MgO。

B_2O_3 对保护渣的软化点和熔化温度均有很大的影响。当 B_2O_3 加入量在10%以下时，对熔化温度的影响显著。每增加1%的 B_2O_3，可降低熔化温度约25℃，但超过10%后，其影响较小[2]。而当 B_2O_3 加入量在20%以下时，其对保护渣软化点的影响均比较显著。

CaF_2 能显著降低渣的熔化温度。周仁等人[3]的研究表明，在高碱度的 $SiO_2-CaO-Al_2O_3-CaF_2$ 四元系的合成渣内，CaF_2 对熔化温度的影响较大。例如碱度为1的渣中加入10% CaF_2 能使熔化温度降低约100℃。在同一四元系渣中，CaF_2 含量在20%以下时，其对熔化温度影响较大，而在20%以上时，对熔化温度的影响则较小。但是在多元系保护渣中，由于碱度偏于酸性范围，并且渣中还含有其他的助熔剂，CaF_2 降低熔点的作用就小得多。

BaO对保护渣的熔化温度也有明显的影响。BaO的加入不但能抑制晶体的析出，促进润滑，而且还有明显的助熔作用。重庆大学迟景灏等人[4]提出，在连铸保护渣的常用碱度范围内，BaO对降低渣的熔化温度的效果是明显的。

Li_2O 是一种强烈的助溶剂，即时渣中 Li_2O 含量很低时，对熔化温度也有较大的影响。

18.1.1.2 组分对保护渣黏度的影响

各组分对保护渣黏度的影响，按单位变化量的作用强度排序，由大到小依次为：CaO/SiO_2、Li_2O、F、Al_2O_3、SrO、Na_2O、B_2O_3、MgO、BaO。

在连铸保护渣的碱度范围内，随着 SiO_2 含量的增加，复合的硅氧离子结构变大，保护渣的黏度随之变大。连铸保护渣 SiO_2 含量超过35%，对黏度的影响明显增大。

熔渣黏度随 Al_2O_3 含量的增加而升高，当 Al_2O_3 含量低时，黏度的增量小；Al_2O_3 含量高时，黏度增加明显。当原始渣黏度低时，渣的黏度并不随 Al_2O_3 含量的增加而明显增加；当原始渣中的黏度高时，随 Al_2O_3 含量的增加，渣的黏度会急剧上升。如果渣中单独加入 Al_2O_3 对熔渣的黏度影响较大；如果以等量的 Al_2O_3 代替 SiO_2，则 Al_2O_3 含量对保护渣黏度的影响就较小。

连铸保护渣的碱度一般在酸性或者中性的范围内，Al_2O_3 含量一般在10%以下。在渣中加入 MgO 能使复合阴离子解体，并且 MgO 能与 SiO_2、Al_2O_3 及 $CaO \cdot SiO_2$ 形成一系列低熔点化合物，因此 MgO 的加入可以降低保护渣的黏度。渣中加入 MgO 的同时应当相应减少 CaO 的含量，MgO 的配入量不应当太高，一般在6% ~10%的范围内。

MnO 的作用主要是降低渣的熔化温度，使熔渣在较宽的温度范围内保持均匀液态。加入 MnO 可以形成低熔点的锰橄榄石。迟景灏等人[5]指出 MnO 加入量在2% ~10%的范围内可以使熔渣的黏度明显降低。

BaO 的主要作用是降低熔化温度与黏度，增大渣的玻璃化率。由于 BaO 向渣内提供 O^{2-} 能力大于 CaO，因此 BaO 的加入使熔渣的黏度降低，可以有效地调节黏度等物理性质。迟景灏等人[5]指出，用 BaO 取代部分 CaO 时，对黏度的影响，比不含 BaO 的熔渣对黏度的影响大。必须指出的是，渣中加入 BaO 均以含有 $BaSO_4$ 或 $BaCO_3$ 的原料加入后分解而得到，因此对一般的混合型粉渣是不宜采用这种原料配制的。同时 Ba 的相对原子质量大，增加 BaO 的含量就会增大保护渣的体积密度，影响粉渣的铺展性。因此，渣中的 BaO 含量不宜太高。

无论酸性渣和碱性渣，CaF_2 都能使黏度下降，但对酸性渣来说，CaF_2 降低黏度的作用更大。渣中 CaF_2 含量在0% ~10%范围时，提高 CaF_2 含量对降低黏度的影响最大；CaF_2 含量超过20%，降低黏度的影响就减弱了。

CaF_2 具有上述作用是因为它除了促进 CaO 的溶解（形成熔点为1386℃的低共熔物）外，又是网状或链状硅氧离子的破坏者，F^- 能替代 O^{2-} 促使 $Si_xO_y^{2-}$ 解体。由于熔渣内网状硅氧离子收到破坏，分裂成较小的复合阴离子，从而使黏度下降。

CaF_2 使用时的注意事项：（1）CaF_2 含量高的熔渣，黏度易发生急剧变化。这是由于 CaF_2 具有矿化剂作用，使黏滞成玻璃态的熔渣易结晶，而且 CaF_2 含量高的保护渣容易在结晶器壁形成渣圈，影响熔渣向弯月面与结晶器的流入。（2）CaF_2 加入碱度较低的保护渣中时，将与 SiO_2 发生反应生成 SiF_4 有害气体。因此如果加入过量的 CaF_2 将会导致粉末保护渣迅速熔化，形成黏度很低的过渡性熔渣，只有在 CaF_2 与 SiO_2 反应完全后，才能生成稳定的保护渣。目前使用的保护渣 CaF_2 含量一般在10%左右。

Na_2O 含量在0% ~20%范围内，对黏度的影响不大。但是对于 Li_2O，在0% ~10%内变化，对黏度降低的影响很大。在保护渣中加入少量的 Li_2O 对于改善保护渣的性能是有好处的，但是由于原料太贵等原因我国含有 Li_2O 的保护渣并不多。

各组分变化对保护渣熔化温度和黏度的影响如图18 -1 ~图18 -6[6]所示。

18.1.1.3　组分对吸收 Al_2O_3 夹杂性能的影响

连铸生产中，由于钢液脱氧和钢水二次氧化等产生的 Al_2O_3 夹杂物，会有一部分在结晶器中上浮，这就要求结晶器内的熔融保护渣能对钢渣界面聚集的夹杂物迅速溶解。如果

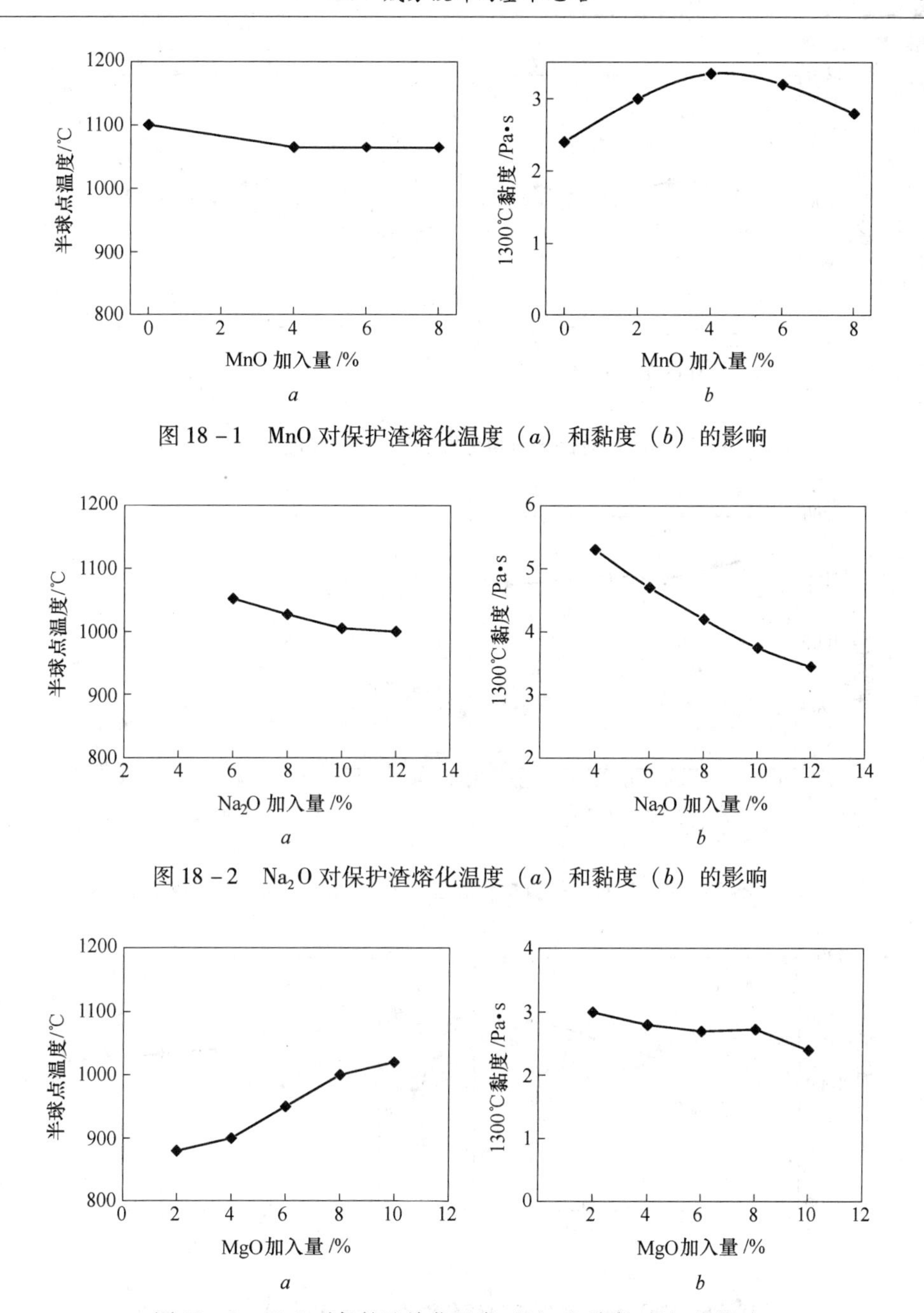

图 18－1　MnO 对保护渣熔化温度（*a*）和黏度（*b*）的影响

图 18－2　Na_2O 对保护渣熔化温度（*a*）和黏度（*b*）的影响

图 18－3　MgO 对保护渣熔化温度（*a*）和黏度（*b*）的影响

熔渣不能溶解这些聚集物，就可能出现两种情况：一是它们进入熔渣将形成多相渣，破坏了液渣的均匀性和流动的稳定性，使熔渣不能顺利地进入坯壳和结晶器间的间隙，不能形成均匀的渣膜；二是不能进入熔渣的固相 Al_2O_3 夹杂物将会富集在钢－渣界面处，使流入坯壳和结晶器间的熔渣变得不稳定。这些都将严重恶化保护渣的润滑性能；同时，聚集的固相夹杂物还可能卷入坯壳，产生表面和皮下夹杂等缺陷。提高保护渣对钢中 Al_2O_3 夹杂物的吸收能力，是高质量保护渣开发的重要研究内容。通过保护渣吸收 Al_2O_3 实验可以得出保护渣中各组分对熔渣吸收 Al_2O_3 夹杂具有如下规律。

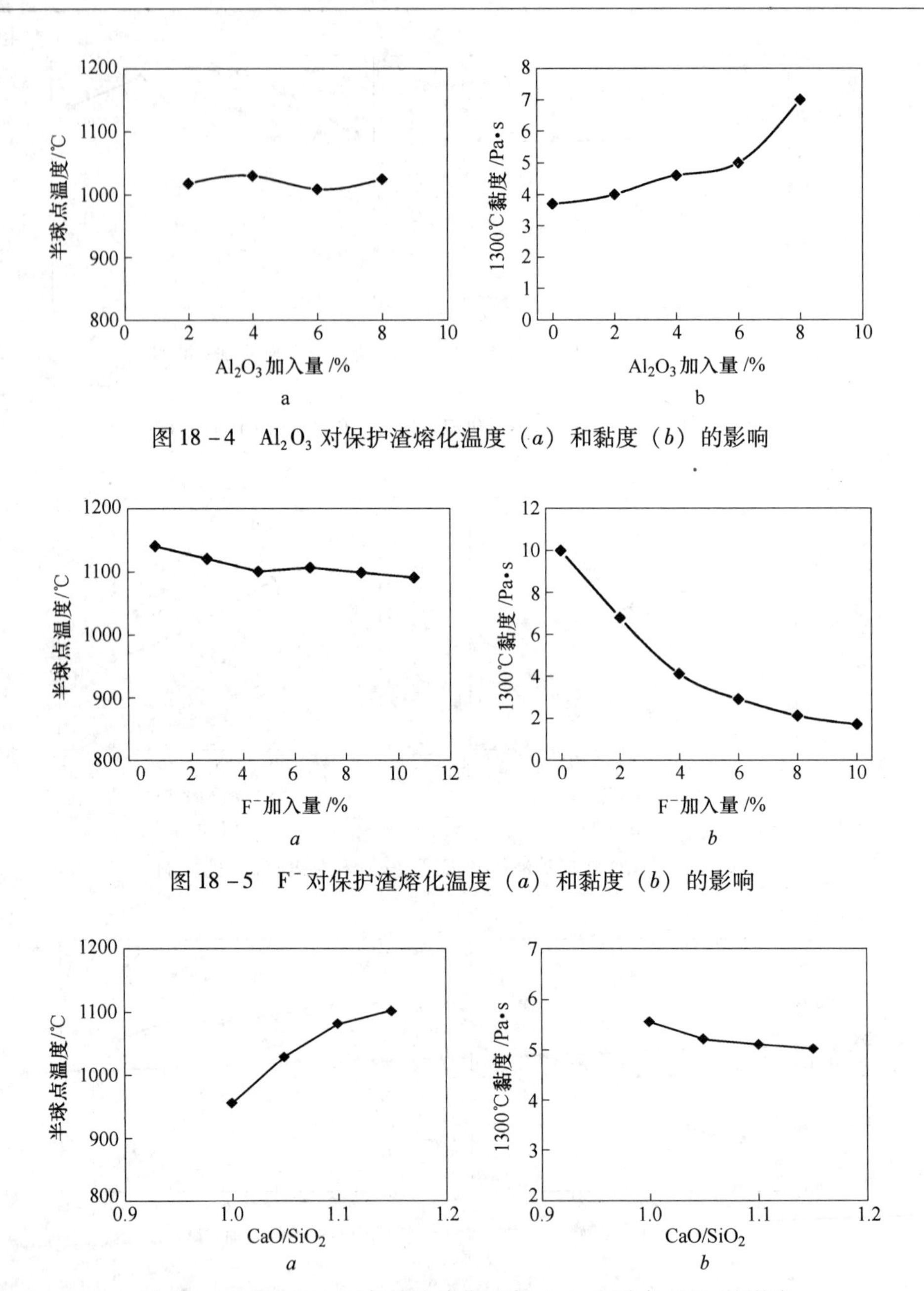

图 18－4　Al_2O_3 对保护渣熔化温度（*a*）和黏度（*b*）的影响

图 18－5　F^- 对保护渣熔化温度（*a*）和黏度（*b*）的影响

图 18－6　CaO/SiO_2 对保护渣熔化温度（*a*）和黏度（*b*）的影响

（1）碱度对熔渣吸收 Al_2O_3 速度的影响。碱度 $R<0.8$ 时，溶解速度 v 随 R 的升高而增大，而且 R 对 v 影响较大，当 $R>0.8$，增加碱度，溶解速度 v 减小。这可能是因为在实验温度和黏度的条件下，当 R 过高时生成高熔点物，如钙铝黄长石（$2CaO \cdot Al_2O_3 \cdot SiO_2$）、钙长石（$CaO \cdot SiO_2 \cdot Al_2O_3$）等所致，这些高熔点聚集于熔渣－$Al_2O_3$ 固体界面，阻止了 Al_2O_3 的进一步溶解。因此，从提高熔渣吸收夹杂物能力的角度考虑，实验碱度最好保持在 0.8 左右。

（2）CaF_2 对熔渣吸收 Al_2O_3 速度的影响。当渣中 $w(CaF)_2<25\%$ 时，增加 CaF_2 可增

大 v；$w(CaF_2)>25\%$，v 随 CaF_2 增加而减少。因为渣中 CaF_2 增加，除降低熔渣黏度外，还由于引入了 Ca^{2+} 离子，因此与碱度增加相似，在一定含量范围内可增大 v。但渣中加入过高的 CaF_2，将会有枪晶石和萤石晶体析出，降低吸收 Al_2O_3 的能力。因此，渣中 CaF_2 以不超过 25% 为宜。

（3）Na_2O 对熔渣吸收 Al_2O_3 速度的影响。Na_2O 的加入能降低熔渣熔点，也能降低黏度，改善了熔渣传质动力学条件，对吸收夹杂有利。在实验所测定的含量范围内（$w(Na_2O)=3\%\sim15\%$），v 随 Na_2O 增加而增大。

（4）MnO 对熔渣吸收 Al_2O_3 速度的影响。从熔渣结构的观点看，在实验渣组成范围内，MnO 充当熔渣网络外体，可降低熔渣的黏度，对提高熔渣吸收夹杂的能力有利，因此其含量在 0% ~12% 范围内，增加 MnO 可增大 v。

根据以上熔剂对 Al_2O_3 在熔渣中溶解速度 v 影响的实验研究可知，当 $R<0.8$、$w(CaF_2)\leqslant25\%$、$w(BaO)\leqslant10\%$、BaO 部分代替 CaO 可扩大到 $w(BaO)<13\%\sim16\%$、$w(Na_2O)<15\%$、$w(MnO)\leqslant6\%$、$w(B_2O_3)\leqslant10\%$ 时，提高各种熔剂含量，可保持保护渣具有较强的吸收 Al_2O_3 夹杂物能力。

18.1.1.4 组分对保护渣结晶性能和玻璃化特性的影响

保护渣润滑铸坯和控制铸坯凝固传热的功能，主要是通过填充于铸坯与结晶器壁间的渣膜来实现的。渣膜的结构及其热力学性质是决定其传热与润滑功能的本质所在。研究和实践表明，结晶温度低、玻璃化特性好的保护渣渣膜，有利于提高拉坯速度，减小拉坯过程中铸坯受到的摩擦阻力，减少和避免黏结漏钢事故的发生；而结晶性能强（结晶温度高、结晶率高）的渣膜，能降低铸坯坯壳向结晶器壁传热的热流密度，避免凝固冷却强度过高导致坯壳传热和生长不均匀而诱发的裂纹缺陷。但是，析晶温度高、结晶率高的保护渣渣膜对坯壳的摩擦阻力也大，容易导致漏钢，不利于拉坯速度的提高。图 18 -7 所示为部分保护渣物理性能与传热/润滑特性的关系。

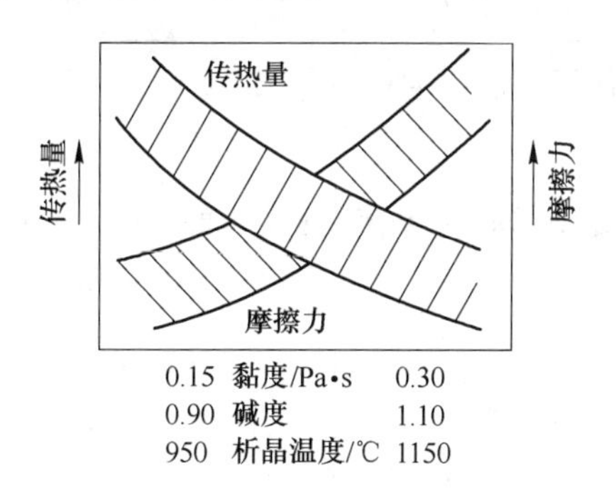

图 18 -7 部分保护渣物理性能与传热/润滑特性的关系

在方坯（矩形坯）连铸生产中，随拉坯速度增大，为避免黏结，要求保护渣对铸坯润滑作用更加充分。同时，结晶器中特别是弯月面处热流密度更大，对于中碳钢等凝固过程中发生包晶反应的钢种，为避免铸坯表面纵裂纹，需要通过保护渣减缓传热的作用更加明显。许多生产实践表明，采用镀层结晶器、调节结晶器水量、优化深入式水口及结晶器流场、优化结晶器振动参数等措施对缓解润滑与传热之间的矛盾有一定效果，但作用最显著的途径还是协调控制保护渣的结晶性能和玻璃化特性。

根据化学成分的不同表述形式，通常将连铸保护渣碱度分别表示为二元碱度 $R=\frac{w_t(CaO)}{w_t(SiO_2)}$ 和综合碱度 $\sum R=\frac{w_t(CaO)+\frac{56}{78}w_t(CaF_2)}{w_t(SiO_2)}$。随着碱度升高，保护渣玻璃化特性减弱，保护渣冷凝后玻璃体减少，结晶率增大，如图 18－8 所示。由图 18－8 可知，当碱度 R 大于 1.0，保护渣中开始析出晶体；二元碱度 R 达到 1.05～1.10、综合碱度 $\sum R$ 达到 1.20 时，保护渣结晶率达到 30%～60%，说明在这种碱度值下保护渣已基本丧失玻璃化特性。如图 18－9 所示，当保护渣碱度大于 1.10 时，保护渣黏度－温度曲线的转折温度超过 1200℃，易导致液态渣膜急剧减薄，铸坯得不到充分的润滑，并且析晶温度 T_p 随碱度升高的幅度加大，黏结漏钢的危险性加大，这在国内外的许多连铸生产中已得到证实。因此，片面强调提高保护渣碱度以加强结晶能力而控制铸坯凝固传热的方法并不可取。相关研究表明，为协调保证铸坯的润滑和控制传热，可将碱度 R 控制在 0.9～1.05 之间，这种条件下保护渣黏度－温度曲线的转折温度为 1130～1160℃，析晶温度为 1000～1140℃，结晶体比例为 30%～70%；根据该结果，要求保护渣碱度变化范围较窄，针对具体的连铸工艺条件，碱度值允许波动的范围可能更窄，这就要求提高保护渣原材料的稳定性和加强生产工艺的可控性。CaF_2、MgO 和 Na_2O 对保护渣对保护渣结晶性能的影响如图 18－10～图 18－13 所示。

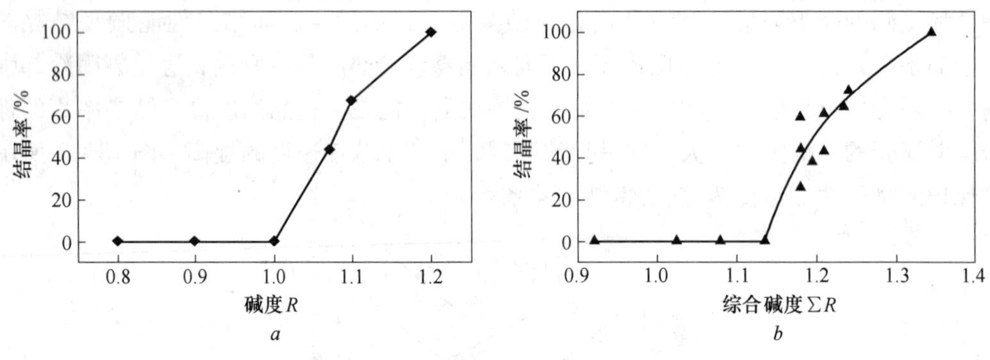

图 18－8 保护渣碱度与结晶率 R_p 的关系

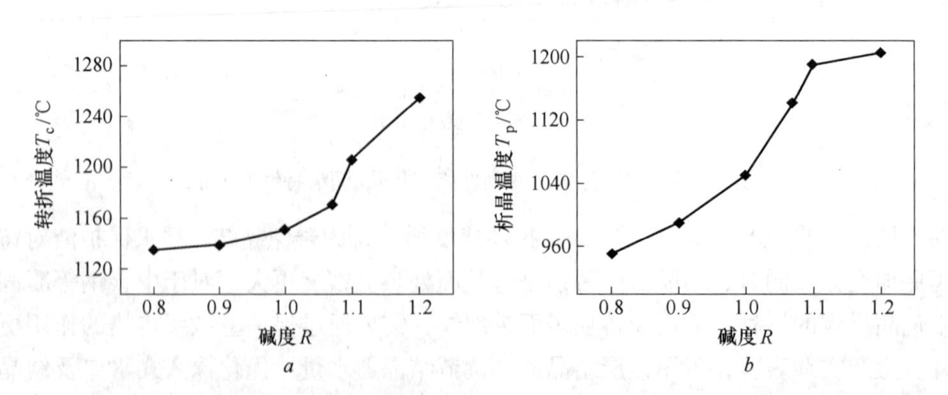

图 18－9 碱度与保护渣转折温度 T_c（a）和析晶温度 T_p（b）的关系

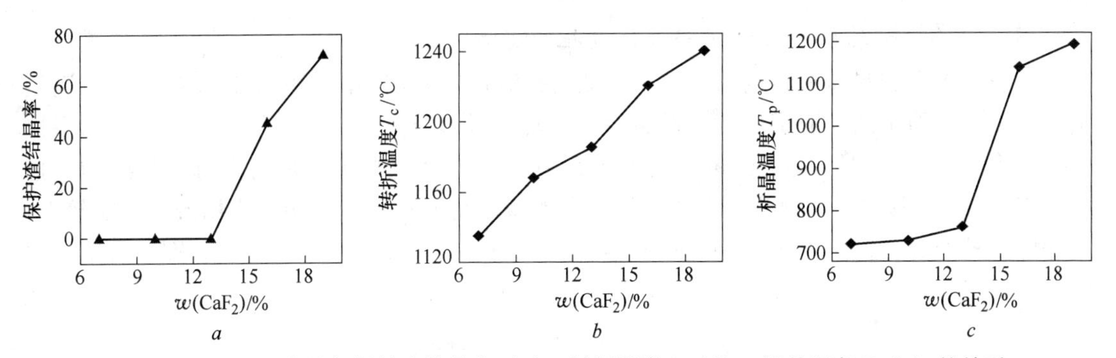

图 18 - 10　CaF_2 含量与保护渣结晶率（a）、转折温度 T_c（b）、析晶温度 T_p（c）的关系

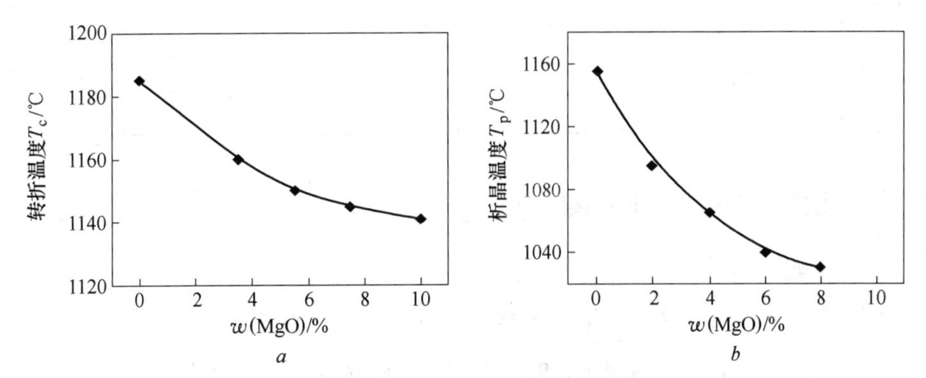

图 18 - 11　MgO 含量与保护渣转折温度 T_c（a）和析晶温度 T_p（b）的关系

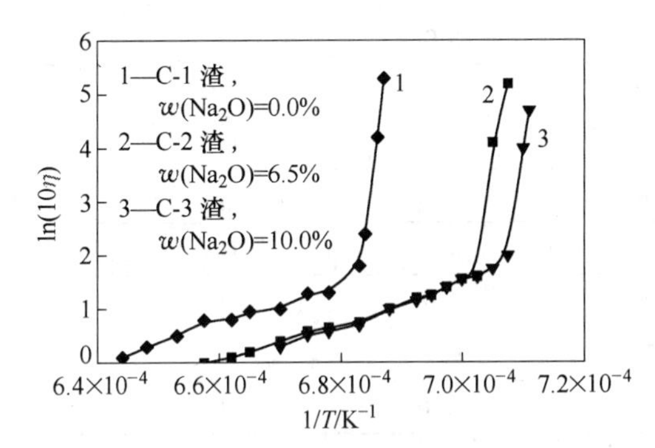

图 18 - 12　不同 Na_2O 含量下的黏度 - 温度曲线

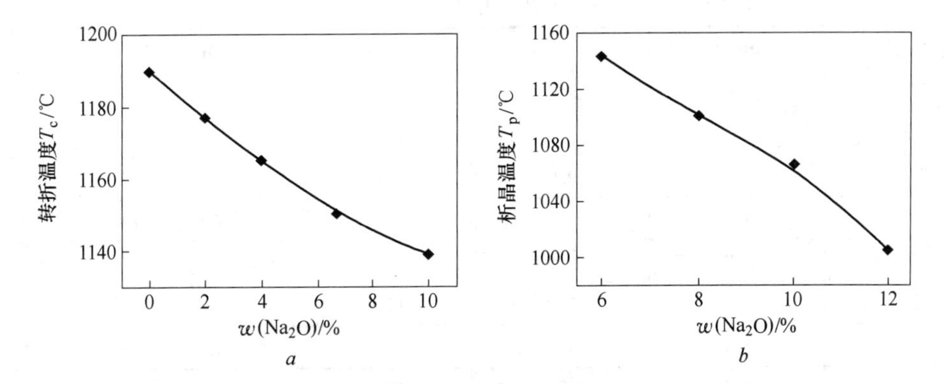

图 18 - 13　Na_2O 含量与转折温度 T_c（a）和析晶温度 T_p（b）的关系

18.1.1.5　炭质材料对保护渣熔化过程的影响

保护渣中配加炭质材料的目的在于有效地控制保护渣在结晶器内熔化过程，获得满足消耗量需求的稳定的熔渣层厚度，避免因烧结发达引起的渣条、渣团的出现。常用的保护渣配碳模式有“石墨”型配炭和“炭黑＋石墨”的混合型配炭。常用炭质材料的物理指标见表18－1，其中比表面积和着火点及灰分对炭质材料在保护渣中的作用效果影响较大。根据国内外经验，对于方坯（矩形坯）连铸保护渣，倾向于采用细颗粒炭，即以石墨为主的配炭模式。

表18－1　常用炭质材料的物理指标

骨架粒子	微粒类型	密度/$kg \cdot m^{-3}$	晶粒度/μm	比表面积/$m^2 \cdot g^{-1}$	着火点/℃
石墨	灰黑色片状六方晶系结构	2240	5～20	6～9	825
炭黑	黑色粉末状无定形结构	1920	0.019～0.030	110～130	634
活性炭	黑灰色粉末状无定形结构	2020	0.010～0.014	500～1000	593

18.1.2　化学成分最佳含量确定的实验

18.1.2.1　实验方案

为了确定Na_2O、CaF_2最佳含量，实验方案见表18－2和表18－3。

表18－2　碱度为0.9时Na_2O、CaF_2最佳含量实验方案　（%）

No.	Na_2O	F^-	No.	Na_2O	F^-
T1	3.0	5.0	T9	7.0	5.0
T2	3.0	7.0	T10	7.0	7.0
T3	3.0	9.0	T11	7.0	9.0
T4	3.0	11.0	T12	7.0	11.0
T5	5.0	5.0	T13	9.0	5.0
T6	5.0	7.0	T14	9.0	7.0
T7	5.0	9.0	T15	9.0	9.0
T8	5.0	11.0	T16	9.0	11.0

表18－3　碱度为1.0时Na_2O、CaF_2最佳含量实验方案　（%）

No.	Na_2O	F^-	No.	Na_2O	F^-
TT1	3.0	5.0	TT9	7.0	5.0
TT2	3.0	7.0	TT10	7.0	7.0
TT3	3.0	9.0	TT11	7.0	9.0
TT4	3.0	11.0	TT12	7.0	11.0
TT5	5.0	5.0	TT13	9.0	5.0
TT6	5.0	7.0	TT14	9.0	7.0
TT7	5.0	9.0	TT15	9.0	9.0
TT8	5.0	11.0	TT16	9.0	11.0

以试样 T10 为基础成分，加入不同种类的炭质材料测其熔化速度，确定其适宜含量及配比（见表 18 -4）。

表 18 -4 熔化速度实验方案 （%）

No.	石墨	炭黑	No.	石墨	炭黑
R1	4	0.5	R8	4	1.0
R2	6	0.5	R9	6	1.0
R3	8	0.5	R10	8	1.0
R4	10	0.5	R11	10	1.0
R5	12	0.5	R12	12	1.0
R6	14	0.5	R13	14	1.0
R7	16	0.5	R14	16	1.0

18.1.2.2 实验结果

实验结果见表 18 -5 ~ 表 18 -7。

表 18 -5 熔化温度和黏度实验结果（一）

No.	T_m/℃	$\eta_{1300℃}$/Pa·s	No.	T_m/℃	$\eta_{1300℃}$/Pa·s
T1	1190	0.41	T9	1147	0.28
T2	1183	0.40	T10	1132	0.21
T3	1165	0.34	T11	1131	0.20
T4	1140	0.26	T12	1116	0.15
T5	1182	0.29	T13	1130	0.24
T6	1177	0.24	T14	1119	0.20
T7	1136	0.23	T15	1098	0.14
T8	1134	0.19	T16	1066	0.11

表 18 -6 熔化温度和黏度实验结果（二）

No.	T_m/℃	$\eta_{1300℃}$/Pa·s	No.	T_m/℃	$\eta_{1300℃}$/Pa·s
TT1	1202	0.39	TT9	1163	0.26
TT2	1188	0.33	TT10	1150	0.19
TT3	1175	0.29	TT11	1149	0.18
TT4	1150	0.24	TT12	1132	0.12
TT5	1186	0.28	TT13	1140	0.24
TT6	1184	0.26	TT14	1127	0.19
TT7	1145	0.24	TT15	1110	0.12
TT8	1138	0.14	TT16	1074	0.09

表 18 -7 熔化速度 *R* 实验结果（1350℃）

No.	*R*	No.	*R*
R1	15	R3	23
R2	21	R4	30

续表 18 - 7

No.	R	No.	R
R5	30	R10	27
R6	31	R11	34
R7	32	R12	36
R8	18	R13	38
R9	23	R14	38

18.1.2.3　系列渣成分确定

根据上述实验结果，确定三个钢种、两种断面的保护渣化学成分和性能见表 18 - 8。

表 18 - 8　系列保护渣研制化学成分和性能

钢　种	碱度	MgO/%	Na_2O/%	F/%	炭黑/%	石墨/%	熔点/℃	熔速/s	黏度/Pa · s
低合金	0.90	4	6	6	0.5	9	1160	30	2.1
普碳钢	1.00	4	4	5	0.5	9	1180	30	2.5
高碳钢	0.90	4	7	7	0.5	11	1135	32	2.0

此外，对三种成分的渣试样，进行了结晶温度和结晶率的研究，实验结果见表 18 - 9。由表 18 - 9 可见，其结晶特性基本满足要求。

表 18 - 9　系列保护渣的结晶特性

钢　种	结晶温度/℃	结晶率/%	渣膜晶体矿物组成
低合金	972.3	5	硅灰石、黄长石
普碳钢	1063.5	15	硅灰石、枪晶石
高碳钢	1038.1	5	硅灰石、黄长石

按照低合金钢、普碳钢、高碳钢各自凝固特点及其对保护渣的性能要求，参考国外方坯连铸保护渣成分特点，确定低合金钢、高碳钢连铸保护渣碱度（CaO/SiO_2）为 0.90，普碳钢连铸保护渣碱度（CaO/SiO_2）为 1.0，成分组成为 CaO、SiO_2、Na_2O、CaF_2、MgO、Al_2O_3、C。其中 MgO 含量为 5%，Al_2O_3 含量小于 3%，Na_2O、C 含量则通过实验选择满足性能要求的最佳含量。

18.2　渣系的选择及化学组成的设计

18.2.1　基本渣系选择的原则[7]

基本渣系选择的原则如下：

（1）保证保护渣在连铸过程中理化性能的稳定；

（2）保护渣的理化性能必须满足连铸工艺要求；

（3）原材料化学成分稳定，尽可能地接近保护渣的组成；

（4）渣系组成应简单，便于生产管理。

18.2.2 基本渣系的设计

18.2.2.1 选择渣系的理化性能指标

根据冶炼及工艺参数选择渣系的理化性能指标，其中渣系的主要理化性能有：(1) 熔化特性；(2) 黏度；(3) 碱度（CaO/SiO_2）；(4) 吸收夹渣物的能力；(5) 玻璃化性能；(6) 熔化温度。以上的理化性能主要通过以下工艺参数来确定：(1) 浇铸温度及拉坯速度；(2) 结晶器振动频率及振幅；(3) 炉外处理工艺；(4) 结晶器断面形状和尺寸；(5) 钢中的易氧化元素加入量；(6) 钢种；(7) 保护浇铸的状况及伸入水口的各参数。

保护渣的基本渣系根据 $CaO-SiO_2-Al_2O_3$ 三元相图来确定。由相应的相图选择要配制保护渣的所处位置，通过相图中选定的区域，可大致判断保护渣的熔化温度、黏度等物理特性。根据保护渣的物理特性值决定配入其他熔剂的种类和数量。配制保护渣时，选择相图基本区域是很重要的，连铸保护渣一般是在伪硅灰石区域，碱度（CaO/SiO_2）一般在0.7～1.10之间。

应用相图选择渣系时的注意事项：

(1) 实际上，保护渣在结晶器内熔化和冷却都是在快速、极冷条件下进行的。而相图是理论性的，它是由纯物质组成的体系，无论是冷却速度，还是平衡条件，都为晶体析出创造最为理想的条件，因此与相图的条件有一定的差异。此外，相图只能说明系统达到平衡的状态（相及相组成等），但是不能说明系统趋向平衡的速度，故由相图选择出区域的物性，还必须进行实验来确定，测出各物质性质。

(2) 目前，国内使用的基料一般是四五元或者多元系，均非单一的三元系，一般将原料的组分简化，找出其中三元主要组分，其余原料作为调剂另加分析。

18.2.2.2 渣系化学组成的设计

保护渣化学组成的设计，以 $CaO-SiO_2-Al_2O_3$ 三元系相图中伪硅灰石区域为基础，但所选择的物性值是近似值，不是精确的，甚至有时差异很大。目前还没建立起保护渣组成与各性能之间的精确数理模型，因此很大程度上要依靠试验和经验去进行调整。通常情况下，根据下列关系来确定保护渣的化学组成：

(1) 熔化温度用 f_1 表示（组成）；

(2) 黏度用 f_2（T，组成）；

(3) 熔化速度用 f_3 表示（熔化温度、η、炭质材料的种类、数量）；

(4) 吸收夹渣物能力用 f_4 表示（组成）；

(5) 玻璃化性能用 f_5 表示（组成）。

式中，f_i 为函数关系；T 为温度；η 为黏度。

18.2.3 保护渣的类型

目前，国内外使用的保护渣类型有混合型、预熔型、烧结型和发热型四大类。前两种采用较广泛。我国目前主要采用混合型、预熔型和空心颗粒渣。

基本渣系确定之后，首先要确定采用哪种类型的保护渣，因为不同类型保护渣所采用的原材料是不同的。

（1）混合型渣。与预熔型渣相比，混合型渣成本低，加工简单。它主要是将所需要的各种原材料混合均匀、磨细、烘干，并达到一定的粒度即可成为混合粉渣。但它易吸潮，在运输过程中易发生偏析（不均匀），在熔化过程中有分熔现象。

（2）预熔型渣。随着连铸技术的完善，要求热送直轧无缺陷的铸坯，尤其是合金钢和高速板坯连铸的发展，对保护渣提出更高的要求，故预熔型保护渣近十年得到较快的发展。

预熔型保护渣具有熔化均匀性好，成渣速度快，无分熔现象，不易吸潮和易保管运输等优点。因此，该渣有利于提高铸坯表面质量和工艺的顺行。但是成本高，加工比较复杂。

（3）发热型渣。这种保护渣主要以硅酸盐和氟化物为主，再配入部分金属粉（如铝粉和硅钙粉等）和氧化剂（如 Fe_2O_3 粉等）。其特点是成渣速度快、能提高钢渣液面的温度。但成本高，烟气和火焰大，易使钢中夹杂物增多。发热渣曾在前苏联被广泛应用过。

（4）烧结型渣。烧结型保护渣与预熔型保护渣有相同的优点，即熔化均匀和无分熔现象等，只是加工制造有所区别，预熔型渣是由电炉或冲天炉冶炼而成，烧结型保护渣是经竖炉或回转窑烧结而成的，当然成本比混合型粉渣高，但比预熔型渣低。

（5）开浇渣。随着合金钢和高速板坯连铸的发展，为了改善第一块铸坯的质量，提高原始合格率，以及使连铸工艺顺行，许多企业都采用开浇渣。有的开浇渣采用液渣，多数采用混合型粉渣，其特点是熔点低（一般在 800～1000℃）、黏度低（0.05～0.15Pa·s）、成渣速度快，并且有较强的吸收夹杂物的能力。

开浇渣与正常用渣在结晶器内有一段混合过渡期，两者相混合之后，其性能不一定满足工艺的要求，而且混合比例是不断变化的，如配制不当，同样使铸坯产生缺陷，也可能引起工艺不顺行。因此，配制开浇渣及其加入量时，应考虑与正常渣的配合问题。

18.2.4　保护渣基料的选择

当保护渣化学成分确定之后，应选择与其相应的基料，如水泥熟料、高炉渣、玻璃粉等，即经烧结或预熔过的基料，当然也可以选择天然矿物稳定的基料，如硅灰石等。如果选择预熔型保护渣时，则可以用一些工业废料。此外在选择基料时，还应考虑下列因素（指混合粉渣）：

（1）使用的基料种类应尽量少。由于各种基料本身组分基本都是由匀质组成的，其熔化温度稳定，但由于不同类型的基料，其熔化温度有较大差异，在保护渣熔化过程中，会出现熔化不均匀现象（即易熔的先熔）。保护渣组分间熔化温度相差越大，则熔化不均匀现象越严重。

（2）采用组分及熔化温度相近的基料，这是防止保护渣熔化过程中出现分熔现象的有效措施之一。

（3）各种基料的吸水性，这对保护渣性能的稳定以及加工保管等都是很重要的。常用的各种原材料的吸水程度见表 18－10。

表 18－10　各种原材料的吸水程度

材料名称	水泥	高炉渣	玻璃粉	冰晶石	石英砂	长石	苏打	固体水玻璃	萤石	石墨	烟道灰
吸水率/%	0.43	微	0.45	0.55	微	0.70	15.62	1.26	0.38	微	0.31

（4）测得基料各组分的容重及混合粉渣的容重，以便掌握其保温性能。

（5）掌握各组分的主要物相，以便了解熔化过程中的相变。

参考文献

[1] 迟景灏，甘永年．连铸保护渣［M］．沈阳：东北大学出版社，1993.

[2] 马田一ほか. 连铸モ－ルドパゥダ－消耗量におよぼすパゥダ－性状の影响［J］．鉄と鋼，1983（S1）：3.

[3] 周仁，邹元曦，徐元森，等．氟在高炉冶炼中的行为—氟对高炉型熔渣黏度、熔化性及脱硫力的影响［J］．金属学报，1958，3（1）：17～29.

[4] 迟景灏．冶金石灰、精炼粉剂和浇注保护渣国际技术交流会论文［C］//沈阳，1988，7.

[5] 王家荫，迟景灏．含铝钢连铸保护渣的研究［J］．重庆大学学报，1988，4：6～13.

[6] 谢兵．连铸结晶保护渣相关基础理论的研究及其应用实践［D］．重庆：重庆大学，2004.

[7] 朱立光，王硕明，杨春政，等．连铸系列保护渣性能优化与成分设计［J］．炼钢，1999，15（5）：24～27.

19 性能设计

19.1 连铸保护渣性能设计的基本原则

由于连铸保护渣具有绝热保温、防止钢水二次氧化、吸收钢中夹杂物、润滑铸坯和改善传热等多项冶金功能而备受重视。尤其进入20世纪80年代，随着钢铁工业的迅速发展，对连铸保护渣提出更高的要求，产品系列化、性能稳定化及与连铸工艺条件的高度匹配，成为连铸保护渣的发展方向[1]。因此，连铸保护渣的性能设计应根据现场连铸生产条件，如钢种及钢水温度、拉坯速度、结晶器形状及大小、结晶器振动等参数来确定。

19.1.1 不同钢种连铸保护渣设计原则

19.1.1.1 低碳钢

低碳钢主要指钢中 $w(C)=0.01\% \sim 0.08\%$ 的钢。这类钢在凝固过程中，初生铁素体坯壳中［S］、［P］偏析小，坯壳强度高，高温力学性能好，凝固生长较均匀，凝固过程中不存在严重的相变体积变化，内应力及裂纹敏感性小。

基于低碳钢本身的凝固特点和质量要求，设计时主要考虑渣的润滑和消耗以及结晶器热流，同时还应考虑润滑状态良好情况下，保护渣吸附夹杂物后性能的稳定性。低碳钢保护渣设计应遵循如下原则：(1) 为了防止黏结漏钢事故的发生，应选择析晶温度和熔化温度低的渣系，保证玻璃体渣膜的形成，提高保护渣的润滑。(2) 渣膜须具有良好的导热能力，其目的是为了形成足够厚度的坯壳来抵抗摩擦力。(3) 高拉速浇铸时，为了使得液渣能够顺畅地流入结晶器内壁与坯壳之间，在保证铸坯润滑和渣耗的前提下，要求保护渣的黏度要低。(4) 凝固形成的初生铁素体坯壳中［S］、［P］偏析小，坯壳强度高，铸坯的振痕比较深，通过提高弯月面初生坯壳温度可有利于减轻振痕，这就要求保护渣应具有良好的保温性能[2]。(5) 低碳钢中 Al_2O_3 夹杂物相对较多，设计保护渣时应考虑保护渣吸附夹杂物后理化性能的稳定。

19.1.1.2 中碳钢

通常将钢中 $w(C)=0.09\% \sim 0.25\%$ 的钢称为中碳钢。此类钢种都处于包晶相变区，其中碳含量在 $w(C)=0.09\% \sim 0.17\%$ 的裂纹敏感性最强，由于 δ 相转变为 γ 相时，伴有较大的凝固收缩，并且其凝固坯壳极不均匀[3]。图19-1所示为凝固坯壳厚度不均匀性与钢中碳含量的关系。因此在浇铸过程中易造成结晶器与坯壳间横向传热不均匀，从而导致纵向裂纹。

浇铸包晶钢所用保护渣得关键措施是控制其传热，实现弱式冷却。保护渣应遵循以下原则：(1) 提高渣膜热阻。国外普遍采用较高熔化温度的结晶器保护渣。高的熔化温度，固渣膜增厚，热阻提高，有利于弱式冷却的实现。美国内陆厂的生产经验表明，当熔化温度为1140～1220℃时，保护渣工作状况良好。(2) 注意黏度控制，切忌黏度偏低。为了保证足够的渣耗量，希望渣的黏度低些，但由于黏度降低会引起渣膜厚度不均，导致传热不均，引起不均匀凝固，故应考虑黏度不宜偏低，认为取 $v_c\eta_{1300℃}$ 乘积的上限为宜。（3）提高析晶温度，除了提高保护渣的熔化温度，还需通过结晶相的析出来控制结晶器壁与铸坯壳间的传热。这是因为随着结晶相的析出、长大，使结晶器与坯壳间的固态渣膜中产生孔洞，降低了渣膜的传热作用，甚至阻碍了横向温降，这样就会减少纵向裂纹的发生频率。为此，应采用较高的碱度以提高保护渣的析晶温度[1]。

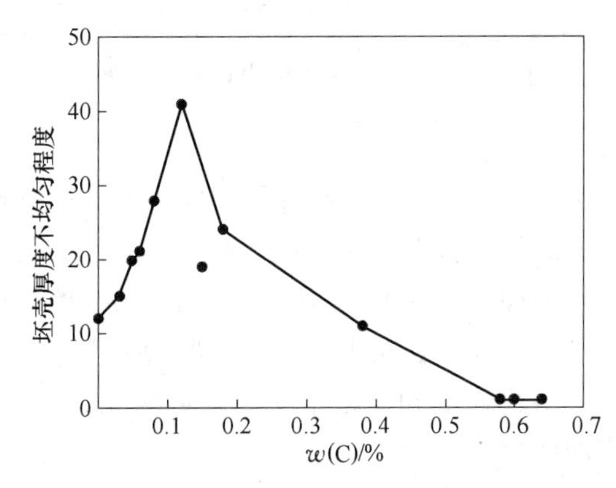

图 19－1　凝固坯壳厚度的不均匀性与钢中碳含量的关系

碳含量在0.16%～0.25%之间的钢种，其凝固收缩率要比碳含量在0.09%～0.17%之间的钢种小，中碳钢凝固到包晶点以下温度时，产生奥氏体相和剩余液相，因此它对裂纹敏感，也易黏结。

因此，对此类钢保护渣的设计与亚包晶钢相似。（1）提高保护渣的熔化温度，增加固态渣膜厚度，提高渣膜热阻，实现铸坯的弱式冷却。（2）控制黏度。为保证渣耗量一定，应使黏度值低些，但是过低的黏度可能导致渣膜分布不均匀，导致传热不均匀。另外，还要维持黏度的稳定性。温度波动和钢中夹杂物都将导致黏度发生波动。因此，设计保护渣时应将对黏度的影响因素考虑其中，保证黏度波动不大，从而维持稳定的渣膜热阻，稳定的传热和润滑[4]。（3）提高析晶温度，增加传热热阻。

19.1.1.3　高碳钢

对于碳含量在大于0.40%的高碳钢，随着钢中碳含量的增加，导致了钢冷却过程中线收缩量变小，弯月面处渣流通道变窄，保护渣的流入受到限制，从而导致铸坯润滑状态恶化，出现黏结漏钢[5]。同时，随着高碳钢碳含量的增加，凝固坯壳和液相线温度降低。在浇铸过程中，拉速应当低一些。以保证形成足够的坯壳厚度和合适的出结晶器下口温度。

高碳钢保护渣设计的重点应该在保证坯壳润滑和保温上。首先，保护渣的黏度和碱度要低些，使保护渣形成玻璃体渣膜，保证润滑良好；另外，由于高碳钢的液相线温度要比其他钢种低，在设计保护渣时还应考虑保护渣保温性能，可以通过添加游离碳来实现。

19.1.2　不同工艺参数的连铸保护渣设计原则

保护渣在维持浇铸顺利进行，提高铸坯质量方面起着至关重要的作用。因此，在选择连铸保护渣时应综合多因素考虑。通常情况下，可以按图 19－2 对保护渣进行选择、设计。

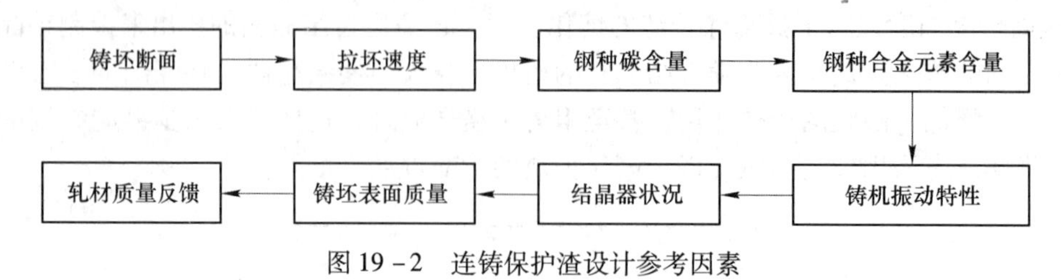

图 19－2　连铸保护渣设计参考因素

19.1.2.1　铸坯断面形状

结晶器的形状决定所生产铸坯的形状。结晶器形状发生改变则会导致结晶器传热和铸坯冷却发生相应的变化。结晶器形状变化造成铸坯单位比表面积传热比发生改变。随着铸坯断面的增大，铸坯单位比表面积传热量减小，则可能导致出结晶器下口坯壳厚度不足，须采用低拉速浇铸；铸坯单位比表面积减小，意味着保护渣消耗量的增加，渣膜厚度也增加。这就要求保护渣具有低熔化速度和高的熔化温度。因此，为了生产符合要求的铸坯，保护渣的性能需要做相应的调整[4]。

（1）方坯连铸品种繁多，对于同一钢种在不同断面的条件下生产，其所使用的保护渣性能也存在着差异。由于角部和边部传热的不均匀造成大方坯角部纵裂和凹陷，从保护渣角度出发，则应均匀传热，使用较低黏度的合成颗粒保护渣；对于小方坯而言，其散热量快，熔渣易于凝固黏附于结晶器壁，生产小方坯所用拉速较高，则要求保护渣的成渣速度加快。

国内外在生产小方坯时，在保护渣的使用上存在着两种不同的观点，这两种观点下的保护渣均能够很好应用于生产实践。其观点一认为：低黏度、低熔点和高熔化速度的保护渣能够适应小方坯散热快和液面钢液温度低的浇铸特点。其黏度和熔点范围大致为 0.25～0.35Pa·s 和 950～1080℃，保护渣消耗量大致为 0.7～0.9kg/t。观点二认为：高熔点、高黏度和低熔化速度的保护渣。其黏度和熔点范围大致为 0.4～0.8Pa·s 和 1100～1240℃，保护渣消耗量大致为 0.4～0.6kg/t。

（2）对于板坯连铸机，结晶器内腔比表面积小，且在宽度方向上导出的热量多且不均匀，容易造成铸坯宽面纵裂；反之，则会导致铸坯黏结。为适应板坯连铸机生产，要求保护渣的成渣速度快，能够及时填充于坯壳与结晶器内壁间，防止黏结漏钢的发生。对于薄板坯，其散热快、拉速快，容易产生裂纹，因此要求保护渣具有良好的传热性能、成渣速度以及低的黏度和熔化温度。

（3）对于异型坯连铸机而言，铸坯在结晶器内受到的应力比板坯和方坯更加严重，如腹板和倒圆角处的表面纵裂纹，一般可以通过提高保护渣的黏度来减轻纵裂纹的生成。异型坯的中心缺陷与浇铸钢种中硫含量以及高拉速有关，可以通过采用低黏度和低熔化温度的保护渣来解决。综上所述，应考虑铸坯的总体质量情况来设计保护渣黏度等参数。

（4）圆坯结晶器内热流波动大，容易导致铸坯的纵向裂纹。通常通过使用速熔开浇渣，并将其黏度降低来减轻热流波动。黏度低利于保护渣顺利填充于结晶器壁和坯壳之间，但是过低的黏度也将带来渣膜厚度不均匀的危险，因此在设计保护渣时要多次试验，选择合适的黏度值。另外，圆坯也容易产生星状裂纹，其主要原因是在结晶器下部液态渣膜过薄且不稳定，容易在该处产生固－固摩擦所导致。因此在设计圆坯保护渣时应选择熔化温度和黏度低的保护渣。

19.1.2.2 拉坯速度

连铸机的拉坯速度是连铸生产的重要工艺参数之一。在生产中往往通过提高拉速来实现增加产量的目标。提高拉速，可以减少铸机使用台数或减少流数，从而实现低成本运行。提高拉速对浇铸过程各参数的影响见表19－1。

表19－1 提高拉速对浇铸过程各参数的影响

V_c	铸坯表面温度	结晶器热面温度	坯壳凝固收缩	固态渣膜厚度	液态渣膜厚度	振痕深度
↑	↑	↑	↓	↓	↓	↓
V_c	坯壳厚度	负滑脱时间	渣黏度	渣耗	渣圈厚度	热流
↑	↓	↓	↓	↓	↓	↑

提高拉速，对于改善铸坯质量和稳定性操作带来了较大困难。提高拉速带来如下几个负面作用：结晶器液面波动严重；出结晶器下口坯壳厚度变薄；润滑条件恶化；传热状况不稳定以及不利于微小裂纹的焊合。诸如上述问题，与结晶器保护渣的使用有直接关系[6]。

鉴于高拉速浇铸时所出现的问题，在设计保护渣时则应当从如下方面考虑：为保证能够快速补充液渣的消耗，应当使用熔化速度高的保护渣；与普通保护渣相比较，高速连铸保护渣需要较低的黏度、较低的熔融温度以及较低的结晶温度来改善液渣的流入，满足渣量消耗的正常，减轻坯壳与结晶器壁之间的摩擦，使坯壳处于良好的润滑状态。

浇铸低碳铝镇静钢时，浇铸速度增大时，固态渣层不能及时熔化，出现部传热延迟，则会导致对应部位坯壳厚度变薄；而当拉速减小时，液态渣层凝固延迟造成传热过多，而使得铸坯表面和液态渣膜温度降低，在渣黏度低的情况下，会继续形成固态渣膜而减少液渣层厚度，最终导致坯壳与结晶器壁间摩擦力增加，增加黏结漏钢的危险。通常采用降低保护渣的黏度和结晶温度、增加渣耗的方法来避免。对于浇铸裂纹敏感性钢种时，提高拉速，单位热流量增加，增加裂纹发生几率。通常采用提高碱度、降低保护渣黏度和提高熔化速度的方法来设计保护渣。通过向保护渣加入 F^- 和 Na_2O 的方式来降低黏度。提高熔化速度可以采用减少碳含量或者增加碳酸盐的方式来实现。

通常认为保护渣黏度与拉速之积在0.15～0.3之间时，可以保证均匀传热，减少摩擦，润滑铸坯，从而生产合格铸坯。

19.1.2.3 钢中合金元素

对于低合金钢连铸，由于拉速的进一步提高，拉漏事故发生率增大，其中黏结性拉漏约占80%，因此，问题的关键是克服黏结漏钢的发生。分析表明，消除低合金钢连铸黏结漏钢的关键在于：减少含碳块状物在结晶器四周的形成；增大液渣流入能力，满足液渣耗量的要求，避免坯壳与结晶器壁直接接触；降低熔点，增大结晶器内液态润滑长度，实现“全程液态”润滑；改善保护渣玻璃化倾向，增大热传导能力，减少摩擦力[1]。

因此，对于低合金钢连铸，保护渣的设计应按如下方法进行：

（1）优化配碳技术。通过优化配碳，减少含碳块状物在结晶器四周的析出。配碳模式为0.5%～1.0%的炭黑、4.5%～10%的石墨；

（2）合理确定渣的黏度范围。按 $v_c\eta_{1300℃}=0.15\sim0.3$ 进行黏度设计。考虑到小方坯对黏度指标的要求不如大板坯严格，取上限，对于1.4～2.5m/min的拉速连铸，$\eta_{1300℃}=0.25Pa\cdot s$ 左右。黏度的设计除遵守上述原则外，其稳定性也是必须予以考虑的重要内容。黏度稳定性包含两层含义，即热稳定性和化学稳定性，使保护渣黏度在整个结晶器内不会由于渣的成分及温度变化而引起的较大波动。

（3）确保熔化温度不高于结晶器出口铸坯表面温度。使熔点稍低于或等于结晶器下口处坯壳表面温度，保证在结晶器长度方向始终存在一定厚度的液渣膜，即实现“全程液态润滑”。同时，降低熔化温度，固态渣膜厚度减薄，有利于加强结晶器传热，进而为提高拉速提供了可能。

（4）改善保护渣的结晶特性。拉漏与保护渣的结晶特性有关，结晶能力的降低可以减少拉漏次数。确保低碳钢结晶器保护渣在950℃以上处于非晶体状态，可使发生黏结漏钢的可能性最小。

弹簧钢、轴承钢、电工硅钢、钢轨钢等高合金钢，形成的初生坯壳厚度刚度低，在钢水静压力作用下与结晶器壁紧密接触，增加黏结漏钢的危险。在设计此类保护渣时应该考虑保护渣的润滑特性。保护渣的结晶温度低，有利于提高保护渣的润滑。

19.1.2.4　铸机振动条件

结晶器振动技术的发展，促进了铸坯的顺利脱模，与保护渣的润滑功能配合则能够生产出质量优异的铸坯。浇铸初形成的坯壳的质量直接关系铸坯表面质量和内部质量，若初期坯壳形成出现问题，则可能导致连铸事故。因此，结晶器振动形式以及保护渣的性能对坯壳形成所起的作用至关重要。

振幅对保护渣消耗量的影响。高频率振动时，若要保证保护渣耗量，则应采取降低振幅的手段来实现；低频率振动时，稳定保护渣耗量可以通过增加振幅来完成。

振动频率对保护渣耗量的影响。低频率振动时，保护渣消耗主要取决负滑脱量，即结晶器相对于铸坯向下移动的距离；高振频时保护渣的消耗量由正滑脱时间决定。生产实践表明，负滑脱时间延长，铸坯表面振痕较深，此时，应适当提高保护渣的黏度。振频加快时，为保证润滑，则应将其黏度降低。图19－3所示为中户参研究的关于熔渣黏度与振动频率的乘积与渣膜厚度的关系，说明振动频率高的结晶器应当使用低黏度的保护渣，才能保证稳定的渣膜厚度。

拉速提高，振频提高，负滑脱时间降低能够使振痕深度减轻。图19－4所示为负滑脱时间与振痕深度的关系[7]。张洪波[8]指出，保护渣的消耗量是拉坯速度和保护渣黏度的减函数，并得到保护渣消耗量计算公式：

$$Q=k_1\frac{t_p}{v_c\sqrt{\eta}} \tag{19-1}$$

式中　Q——保护渣消耗量，kg/m^2；

t_p——正滑脱时间，s；

v_c——拉坯速度，m/min；

η——保护渣黏度，Pa·s；

k_1 ——比例常数。

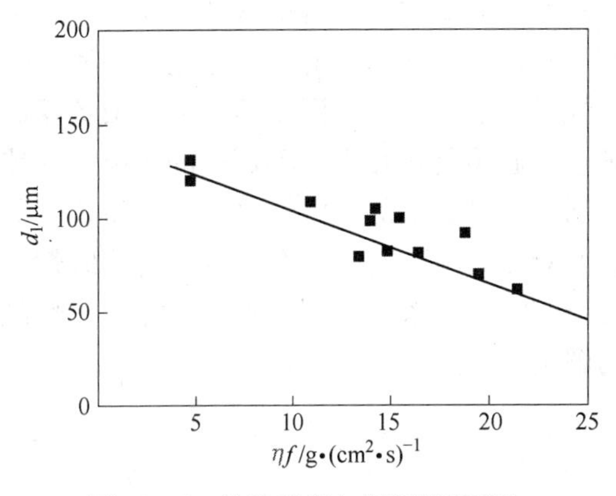

图 19－3 熔渣黏度与振频的乘积与渣膜厚度的关系

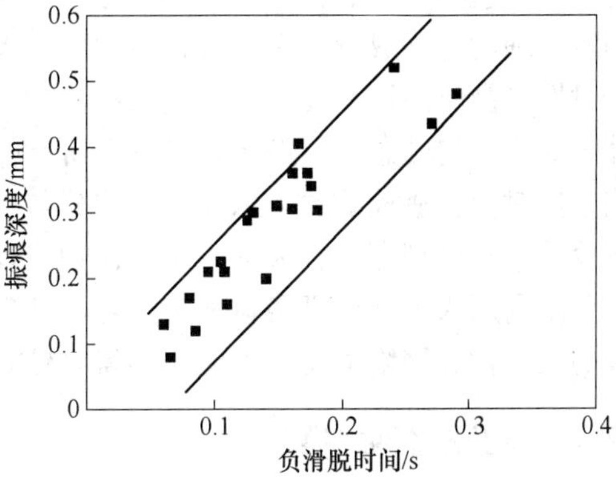

图 19－4 负滑脱时间与振痕深度的关系

从式（19－1）可知，保护渣消耗量与正滑脱时间成正比例关系，而与拉速、黏度成反比例。同时张洪波指出，若要使坯壳在结晶器内所受阻力最小，铸机所选择的振动参数和拉速必须满足如下关系式：

$$\eta v_c = \frac{\sqrt{k\sigma_0 \frac{1-\alpha}{\pi}\cos^{-1}\left(\frac{(1-\alpha)v_c}{2\pi sf}\right)\left[1-\frac{1-\alpha}{\pi}\cos^{-1}\left(\frac{(1-\alpha)v_c}{2\pi sf}\right)\right]}}{f\sqrt{\frac{2\pi sf}{(1+\alpha)v_c}+1}} \qquad (19-2)$$

式中 k ——比例常数；

s ——振幅，mm；

α ——振动偏斜率，%；

f ——振动频率，Hz；

σ_0 ——钢种铸态高温强度。

式（19－2）可以简化为下式：

$$\eta v_c^n = k_n\sqrt{\sigma_0} \quad (1 \leqslant n \leqslant 2) \qquad (19-3)$$

式中 k_n ——振动参数和拉速匹配关系所确定的常数。

非正弦振动有利于提高正滑脱时间，降低负滑脱时间，提高保护渣耗量，结合高振频、小振幅使用，不仅可以保证保护渣消耗量，还有利于初生坯壳的形成，从而可以得到优质铸坯。非正弦振动上振平缓，对于降低坯壳拉应力有显著地作用，正滑脱时间延长能有效地保证渣耗量，润滑效果良好。

19.1.2.5 铸坯的质量及轧材质量反馈

通过对铸坯的质量跟踪，确定由保护渣引起的铸坯质量问题，分析原因并对保护渣进行优化和改进，从而更进一步实现连铸工艺生产的顺行化。

19.2 基于神经网络的保护渣性能设计

连铸过程中钢水在结晶器内快速凝固成无缺陷均匀坯壳需要良好的润滑和传热条件，

因此对保护渣质量有非常严格的要求。保护渣的设计包括两个重要步骤，即首先确定连铸工艺条件，包括钢种、拉速、铸坯尺寸等对保护渣性能的要求，然后依据性能与组成的关系确定合理的化学成分。多年来，有关研究者们一直采用统计回归的方法建立保护渣化学成分对性能影响的计算公式，这些保护渣的理化性能（黏度、熔化温度等）－组成关系的计算公式有一定的意义，但要得到适合所有保护渣的通用公式几乎是不可能的。由于连铸工艺条件对保护渣性能要求以及化学成分与性能间存在着复杂的非线性关系，使得建立保护渣设计数学模型存在较大的困难。保护渣理化性能与其组成之间存在着复杂的非线性关系，可以利用人工神经网络自适应学习、处理复杂非线性关系的功能，建立起保护渣性能预测的人工神经网络模型，可使问题得以较好的解决[9,10]。

19.2.1 人工神经网络模型

19.2.1.1 人工神经网络

人工神经网络是对人脑一定程度上的简化、抽象和模拟。它是模拟生物神经网络对外部环境进行学习过程的“突触假说”建立起来的信息智能处理系统，具有自适应学习的功能，特别适合处理复杂的非线性现象[11,12]。它能够通过对由条件和结果组成的样本的学习，记忆和掌握样本条件和结果之间的规律，并根据掌握的规律对新的应用实例进行推理[13]。

与生物神经网络相同，人工神经网络是由大量神经元广泛互连而成的网络，当神经元模型确定之后，一个神经网络模型的特性及功能主要取决于网络的连接结构和学习方法。人工神经网络的基本结构形式有如下四种：前向网络；有反馈的前向网络；层内有互联的前向网络，互联网络。而 BP 网络是一单向传播的多层前向网络，可在所希望的任意精度上实现任何一种连续函数[14,15]。

19.2.1.2 神经网络的特性

图 19－5 所示为一个简单的神经网络的基本形式。其中每个圆圈表示一个神经元，各个神经元之间通过相互连接形成一个网络拓扑，这个网络拓扑的形成称为神经网络的互联模式。人工神经网络就是由这种大量简单的高度互连的处理元素所组成的计算系统，该系统处理信息是通过它的状态动态变化对外部的输入作出响应。

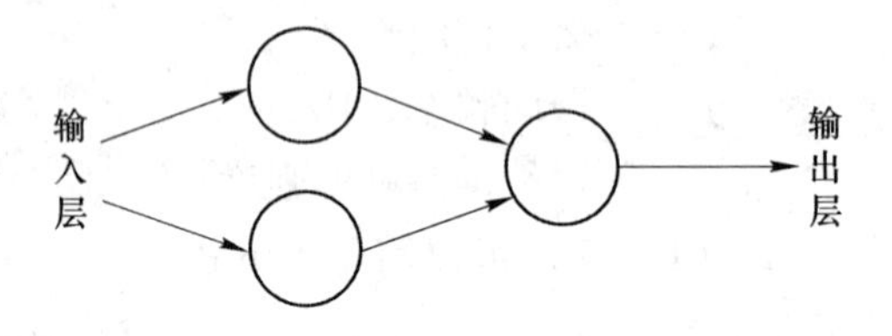

图 19－5 简单的神经网络模型

A 非线性

非线性关系是自然界的普遍特性，大脑的智慧就是一种非线性现象，人工神经元处于激活或抑制两种不同的状态，这种行为在数学上表现为一种非线性的关系。具有阈值的神经元构成的网络具有更好的性能，可以提高容错性和存储容量。

B 非局域性

一个神经网络通常由各个神经元广泛连接而成，一个系统的整体行为不仅仅取决于单个神经元的特征，而且可能主要是由单元之间的相互作用、相互连接所决定，通过单元之间的大量连接模拟大脑的非局域性。联记忆是非局域性的典型例子。

C 非定常性

人工神经网络具有自适应、自组织、自学习能力。神经网络不但处理的信息可以有各种变化，而且在处理信息的同时，非线性动力系统本身也在不断地变化，经常采用迭代过程描述动力系统的演化过程。

D 并行处理方法

对于每一层的神经元信息处理以并行方式进行，层与层之间的信息处理方式为串行，由于一个神经网络的层数比各层的神经元数小很多，因此，对于神经网络而言，并行处理方式为主要的信息处理方式。其处理信息的能力大、速度快。

19.2.2 保护渣性能预测神经网络的建立

应用误差反向传播神经网络结构（BP 网络），建立连铸保护渣性能预测模型。对于加入隐单元的多层人工神经网络，当输出存在误差时，确定是哪个连接权产生的误差并调整，这个问题只有 Rumelhart 提出的反向传播（Back - Propagation）模型使之得到了很好的解决。因此，BP 网络模型是 ANN 模型中目前发展最为成熟、应用最广、联想、自学习、自适应及计算能力都很强的模型[16]。

19.2.2.1 神经网络拓扑结构的确定

一个前馈神经网络由一个输入层、一个输出层和一个或多个隐含层组成。为了得到对保护渣性能预测比较准确的神经网络，对保护渣的熔化温度和黏度同时进行预测及分开对两者进行预测的共三个网络，并对三个网络的预测结果进行了比较。

输入层神经元为保护渣组成神经元，输入与之相对应的保护渣组成，此处神经元对所接收到的输入整理成符合神经元网络允许的数值，不作其他处理，直接将其送入隐含层中与之相连的神经元。

隐含层的神经元是模仿人工神经网络计算过程而建立的，它用于把保护渣因素抽象到较高层次的概念上，使神经网络具有非线性分类的能力。隐含层神经元接收输入层神经元送来的信息，并对其进行加权求和，根据加权求和的总输入，以及原来神经元的活跃值而计算出该神经元当前新的活跃值，然后再计算出神经元的输出值。一般来讲，隐含层神经元的输入值与其输出值相等。

输出层由保护渣理化性能神经元组成，它在隐含层神经元输出的作用下，根据保护渣条件而完成对保护渣理化性能的分析操作。输出层神经元从隐含层神经元接收输入信息，并对其进行加权求和，计算出神经元的输出值，各神经元输出值即为保护渣的理化性能值。

A 输入层神经元

输入层神经元个数由样本输入模式的特征数确定，保护渣性能是由其成分决定的，不同成分的保护渣具有不同的性能，本研究选取 R（碱度）和 Al_2O_3、Na_2O、CaF_2、MgO、Li_2O、K_2O 六种成分的百分含量共 7 个数据作为输入神经元。因此，保护渣性能预测网络输入节点数为 7 个。

B 隐含层数和隐含层节点

隐含层的选取则需要根据问题的复杂性而定。合理的隐含层应与问题的决策的复杂程序和非线性程度相适应。为确定合适的隐含层数，按以下条件进行机上试验：选学习速率 $\eta=0.9$，动量系数 $\alpha=0.6$，固定总体误差 $E=0.0001$，变动隐含层数和隐含层节点数，观察迭代次数和学习时间。试验发现：当隐含层节点数相同时，隐含层数增加，则迭代次数和学习时间均增大。一般隐含层节点数满足样本学习容量的要求时，以一个隐含层为宜。本研究选取隐含层数为1。

隐含层节点数的确定较复杂，可以采用自适应的方法选取。这种方法是使用同一组样本，变化隐含层节点数，合理的隐含节点数应使学习误差最小。本研究利用这种方法选取隐含层神经元个数（同时预测黏度和熔化温度；预测黏度；预测熔化温度）分别为14、10和8。

C　输出层节点数

输出层节点数与问题的输出结果数一致，要分别预测保护渣的黏度和熔化温度，则输出层节点数分别为2、1、1。

由以上分析实验可知：保护渣性能预测（同时预测黏度和熔化温度；预测黏度；预测熔化温度）神经网络拓扑结构分别为7－14－2、7－10－1和7－8－1。

19.2.2.2　合理网络学习参数的确定

用BP算法训练多层前馈神经网络，网络权值在学习过程中不断地得到修正，直到达到稳定的值。学习速率 η 和动量系数 α 是两个学习时可供选择的参数。由BP学习算法原理可知，η 和 α 的大小选取直接影响网络的收敛稳定性和学习效率。

学习速率 η 决定着权值改变幅度值，η 越大，权值改变越剧烈，可能引起系统误差振荡。由实验可知：一般 η 越大，迭代次数越小。η 应在不导致系统误差振荡的情况下尽可能取大值。

冲量系数 α 的加入可在一定程度上抑制系统误差振荡，避免系统误差突升突降情况的发生。在当前权值修正量加入前次修正量的影响，相当于使用了误差修正的“惯量”。因此，为保证权值当前修正量为主要部分，可取 $\alpha\leqslant\eta$。由实验可知：α 在0.6～0.8时，迭代次数相对少。事实上，η 和 α 的不同选择均能取得相似的结果，而较大的 η 及其与 α 合理组合将使收敛速度加快。应用中一般可取 $\alpha=0.7$，但试验中发现 α 采用先大后小的变参数学习策略最为理想。

19.2.2.3　初始权值的确定

网络学习是先给予初始权值，经过反复调整，获得稳定的权值。研究表明，初始权值彼此相等时，在学习过程中将始终保持不变，无法使误差降到最小。所以，初值不能取一组完全相同的值。在网络的初次学习时应用一些小的随机数作为网络的初始权值。在网络连续学习时，前次网络的权值可以作为后续学习的初始值。

19.2.2.4　网络学习样本的无量纲化

由保护渣性能预测选取的样本可知，各指标的数值相差很大，黏度一般是零点几泊，而熔化温度一般在1000℃左右。故为了提高网络的预测精度要对原始数据进行无量纲化处理。经过对样本进行无量纲处理和不进行处理的样本网络学习进行比较，样本进行无量纲处理后的网络学习速率和精度比不进行处理的样本都高。对每一个指标 χ_i，按下式进行无量纲化处理[17]：

$$\chi_i = \frac{(\chi_i - \chi_{imin})^{0.8}}{(\chi_{imax} - \chi_{imin})^{-0.1}} \tag{19-4}$$

19.2.3 网络的学习、检验及分析

网络学习的误差分析：

提供的学习样本数为120个，三个网络都经过100万次训练学习得到网络预测模型，对120个学习样本的相对输出误差都不大于2%，网络表现出对全体样本良好的映射能力，并选择了新的保护渣样本对网络进行检验，检验结果见表19－2。

表19－2 保护渣人工神经网络模型预测值和实测值的比较

样本	输出	实测值	a网络		b网络		c网络	
			预测值	误差/%	预测值	误差/%	预测值	误差/%
1	η_{1300}/Pa·s	0.50	0.47	6	0.49	2.0		
	T_m/℃	1120	1140	1.7			1135	0.8
2	η_{1300}/Pa·s	4.50	3.73	-25	4.45	-1.11		
	T_m/℃	1070	1073	0.28			1080	0.93
3	η_{1300}/Pa·s	0.92	0.87	-5.43	0.91	-1.1		
	T_m/℃	1178	1181	0.25			1170	0.68
4	η_{1300}/Pa·s	0.60	0.66	10	0.62	3		
	T_m/℃	1040	1029	-1.05			1045	-0.48
5	η_{1300}/Pa·s	0.70	0.60	-16.7	0.61	1.7		
	T_m/℃	1120	1123	0.3			1120	0
6	η_{1300}/Pa·s	0.90	0.93	3.7	0.92	2.2		
	T_m/℃	1130	1138	0.70			1135	0.5
7	η_{1300}/Pa·s	1.12	1.2	7.10	1.15	2.4		
	T_m/℃	1060	1068	0.75			1054	-0.33
8	η_{1300}/Pa·s	0.90	0.81	-10	0.87	-3.2		
	T_m/℃	1100	1104	0.36			1101	0.1
9	η_{1300}/Pa·s	0.90	0.80	-11.1	0.88	-2.5		
	T_m/℃	1025	1027	0.2			1024	-0.1
10	η_{1300}/Pa·s	1.97	2.24	13.7	1.97	0		
	T_m/℃	1210	1123	0.72			1209	-0.1

检验结果可知：黏度和熔化温度同时进行预测时（a网络），熔化温度的预测结果比较理想，而黏度预测结果误差较大；单独对黏度（b网络）或熔化温度（c网络）预测时，两者的预测结果误差均较小，预测值和实测值的吻合较好。可见，对黏度和熔化温度分开进行预测时，网络的输出误差小，精度较高，可用于保护渣黏度和熔化温度的预测。

19.2.3.1　化学组成对黏度的影响

A　碱度对黏度的影响

CaO/SiO_2 的值称为碱度。在碱度范围内，SiO_2 含量的增加可使复合的硅氧离子的结构复杂化，各质点间移动阻力增加，导致黏度增加。而当碱度升高时，熔渣中的 O^{2-} 含量增加，破坏了 Si－O 四面体结构，越来越多的聚合物出现断链，使原先的硅氧聚合物变小，从而导致黏度降低。图 19－6 所示为黏度随碱度变化曲线。该图表明黏度随碱度的增大而减小[18,19]。

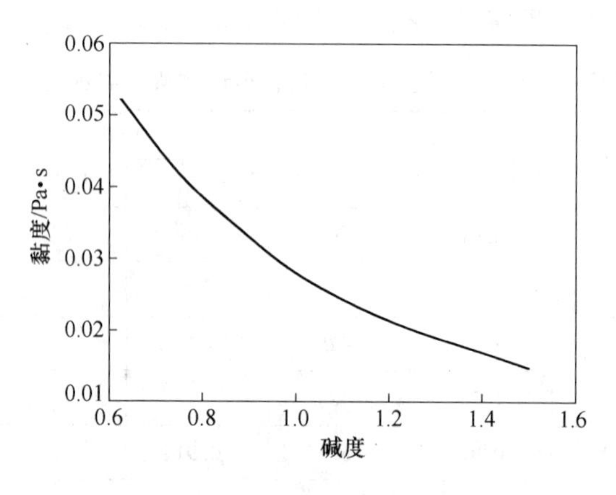

图 19－6　黏度－碱度曲线

B　萤石对黏度的影响

CaF_2 能引入静电势较小而数量较多使硅氧阴离子团解体的 F^-；另一方面，CaF_2 又能与高熔点氧化物 CaO、MgO、Al_2O_3 形成低熔点共晶体，提高熔渣的过热度及均匀性，也使熔渣的黏度大幅降低。图 19－7 所示为黏度随 CaF_2 变化曲线。该图表明黏度随 CaF_2 含量的增加而减小，与人工网络预测结果和实际理论符合。

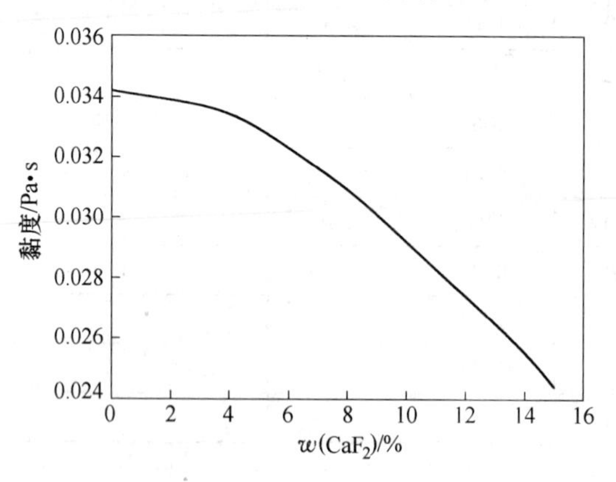

图 19－7　萤石－黏度曲线

19.2.3.2　化学组成对熔化温度的影响

A　碱度对熔化温度的影响

保护渣的熔化温度越高，则难以熔化，从而造成渣层不均匀、润滑和传热性能下降以及吸附夹杂物的能力低下；反之，保护渣的绝热保温作用则不能很好地实现。碱度提高以后，保护渣的析晶比例增加，同时有高熔点矿物质如钙铝黄长石、硅灰石、硅酸二钙等生成，因此，保护渣的熔化温度是随着碱度的增大而升高的。图 19－8 所示为保护渣熔化温度和碱度关系。

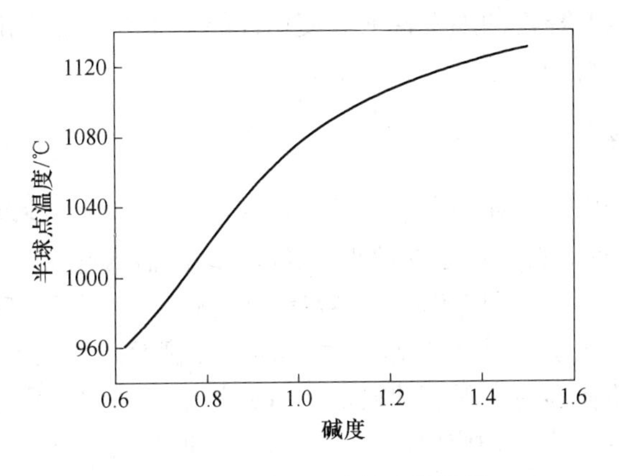

图 19－8 碱度－熔化温度曲线

B CaF_2 对熔化温度的影响

保护渣中 CaF_2 主要的作用为助熔剂。对于同一种渣，最初添加 CaF_2 对保护渣的熔化温度的作用比较明显，能够使保护渣的熔化温度在较大程度上降低，其主要原因是由于 F^- 的静电势比 O^{2-} 弱得多，且两者半径接近，F^- 与硅氧网络发生反应导致保护渣网络破裂。但随着 F^- 的加入，保护渣的熔化温度的影响减弱。一种观点是：多元保护渣中含有其他助熔剂，对于 CaO/SiO_2 偏于弱酸性渣的范围，CaF_2 降低其熔化温度所起的作用不大[18]。另外一种观点认为：过多的 CaF_2 与硅氧离子团结合已经不能再使硅氧链彻底断裂。因此，加入过多的 CaF_2 对降低保护渣的熔化温度所起的作用很小[20]。图 19－9 为 CaF_2 与其熔化温度关系曲线。

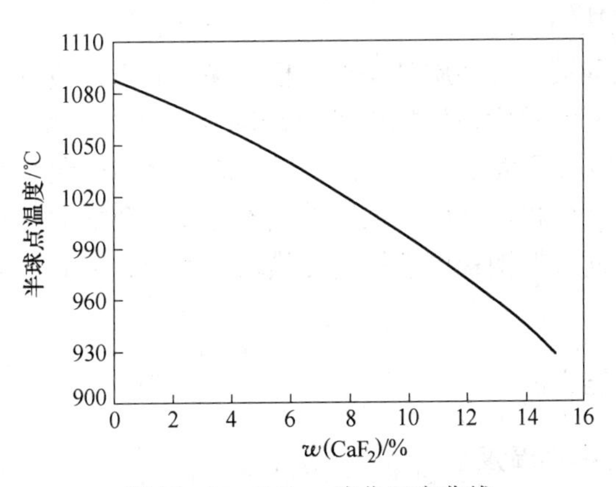

图 19－9 CaF_2－熔化温度曲线

应用神经网络技术，建立了连铸保护渣黏度和熔化温度预测模型，应用训练后的对保护渣黏度和熔化温度分开进行预测的神经网络模型，预测结果与实验数据吻合，因此在连铸保护渣的设计、性能预测方面具有广阔的应用前景。

19.3　板坯连铸保护渣性能设计

板坯连铸机具有产量大、金属收得率高的优势，其在连铸生产中占有相当大的比重。在钢材市场竞争激烈的情况下，不仅要稳定产量，更应注重质量的提高。只有提高铸坯的质量，才能保证钢材具有稳定的加工性能和使用性能，才能立足于市场，而稳定的铸坯质量与连铸保护渣有着密切的关系。

19.3.1　板坯连铸的特点

在高拉速板坯生产中，存在两大技术难题：黏结漏钢和铸坯缺陷。

在高拉速板坯连铸时，由于液态保护渣难以流入结晶器内壁与坯壳之间，使得铸坯局部表面没有润滑的保护渣，增大了拉坯阻力，容易产生黏结，情况严重时则发生漏钢事故。

板坯结晶器的浸入式水口下流的速度大，容易冲刷窄边坯壳或窄边坯壳在高温下熔薄。在此种情况下，铸坯容易出现两种缺陷：（1）钢液面的波动易造成卷渣，导致铸坯夹渣；（2）窄面坯壳变薄，在拉伸应力的作用下容易出现窄面裂纹。

在结晶器内，钢水与结晶器壁接触而发生冷凝收缩，此时坯壳由于发生相变收缩，体积收缩产生收缩应力。如果初期坯壳形成不均匀，则使得坯壳在应力集中处被拉断而形成纵裂纹；另外，初生坯壳收缩离开结晶器壁却又在钢水静压力的作用下贴紧型壁。而与此同时，宽边坯壳的两边被窄边所牵制，其实质上是宽边的中心贴紧型壁的程度最大，而往两窄边的长度方向上会稍微偏离，也就是说板坯越宽，其所承受的弯曲应力越大，越容易形成裂纹[4,21]。

板坯属于较大断面浇铸，其保护渣表面散热面积增大，散热量呈平方式增加。如果设计的保护渣保温性不好，则容易使液渣凝结形成渣圈，将液渣流入通道封住，使得坯壳与结晶器之间无液态渣膜，润滑恶化，则容易导致铸坯缺陷的产生。由于浸入式水口布局的影响，板坯宽面中心温度要高于两侧边，如果保护渣传热效果不好，同时钢水流动性能差，就会导致局部温度过高或低，导致保护渣熔化速度存在不一致，出现局部液渣供应不及时，就容易出现铸坯缺陷。

为了避免出现黏结漏钢和铸坯质量缺陷，板坯保护渣设计应具有如下特性：提供适宜的渣耗量；维持充分的液渣深度，以抵消液面波动及保证结晶器上升期边缘有液渣存在；随 Al_2O_3 等夹杂物的吸收及环境温度的变化，保护渣的性能变化很小，同时在拐点温度以上，黏度也应随温度的变化相当平缓；控制结晶器的纵向和横向传热，纵向要求保护渣具有良好的绝热特性，横向根据钢种要求控制传热均匀适中，以满足某些钢种控制热流的要求（如中碳钢）[22]。

19.3.2　板坯保护渣性能分析

19.3.2.1　保护渣熔化温度

保护渣渣膜是铸坯将热量传递给结晶器的中介。因此，保护渣能否均匀地分布于结晶器与坯壳之间是相当关键的。保护渣的熔化速度过低，必然导致熔化减慢，液渣层变薄，流入渣道的液渣减少，润滑性能恶化，容易产生黏结漏钢。保护渣的熔化温度偏低，则液渣形成过快，结晶器与坯壳之间的液渣层增厚且分布不均，造成凝固坯壳传热不均匀，引发铸坯表面纵裂纹。此外，熔化温度偏低，由于粉渣消耗太快，易使液渣层结壳，影响液渣的流入。

对于保护渣熔化温度的控制，一种观点认为熔化温度低于结晶器内钢液弯月面的温度即可；另一种观点支持熔化温度比出结晶器下口的坯壳温度低50℃，这样保证保护渣在钢液弯月面处保持熔融状态，结晶器上部铸坯凝固表面的渣膜处于黏滞的流动状态，起到充分润滑铸坯的作用。因此要求保护渣的熔点应低于1200℃[23]。

19.3.2.2　保护渣碱度

保护渣的碱度是保护渣的一个重要理化指标。碱度的改变不仅对保护渣的熔化温度有影响，而且对其他物性指标也存在着一定的影响。根据 $CaO-SiO_2-Al_2O_3$ 相图可知，碱度在1.0~1.2范围内，熔点变化较平坦。当碱度小于1时，随着碱度的增加，保护渣的熔化温度增加较快（见图19-10）。另外，碱度过高，在浇铸过程中，对石英质水口侵蚀比较严重，易使铸坯形成硅质夹杂物[24]。

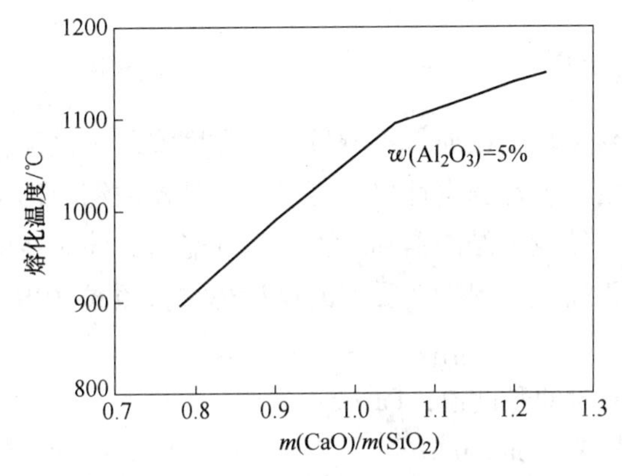

图19-10　碱度对熔化温度的影响

为保证低碳钢保护渣具有良好的导热能力和润滑特性，其碱度应维持在0.8~1.0的范围内，能够得到析晶率较低、熔融保护渣具有较高玻璃化率的保护渣。中碳钢保护渣必须满足导热性能低、析晶率高的特性，特别是亚包晶钢的生产，适合用缓冷保护渣，需要通过控制传热来稳定、弥补包晶反应引起的铸坯表面裂纹缺陷。相关文献指出，碱度在1.0以上的渣系的析晶率较高，因此选择碱度在1.0~1.35范围内。另外，还要考虑碱度对钢中 Al_2O_3 夹杂物的吸附作用，确保保护渣在吸附夹杂物后特性变化很小。

19.3.2.3　保护渣中的碳含量

保护渣中碳的主要用途是控制保护渣的熔化速度和提高保护渣的绝热能力。保护渣中的碳是以炭黑、石墨或焦炭粉的形式加入的。在不同形式的碳中，石墨的燃烧温度最高，炭黑的燃烧温度最低。保护渣中碳分为结合碳和自由碳，目前，保护渣基本上使用的炭质材料为复合碳。对保护渣熔化速度有影响的还包括结晶器内流场情况、结晶器断面宽度等，所以计算保护渣中配碳量应当综合考虑。相关文献[4]指出，保护渣中配碳量按如下经验公式计算：

$$w(C)=1+0.5/F \tag{19-5}$$

式中　F——结晶器断面面积，m^2；

$w(C)$——保护渣中的碳含量，%。

炭黑导致熔化速度降低，使熔化时间延长。另外，炭黑易于造成铸坯中的横向凹痕和裂纹缺陷。当保护渣中的炭黑改为焦炭时，可以消除由炭黑造成的铸坯上的凹痕和裂纹缺陷。保护渣中炭质材料的含量可以提高保护渣的绝热能力，但是却增加了熔化时间。为了解决这一难题，发明了空心颗粒保护渣，其密度可低至 0.5g/cm³。这种保护渣有效地减少了碳含量，却可以补偿由于减少保护渣中的碳而造成的绝热能力的损失，起到很好的绝热保温作用。保护渣中碳的种类和含量与熔化速度的关系如图 19－11 所示。

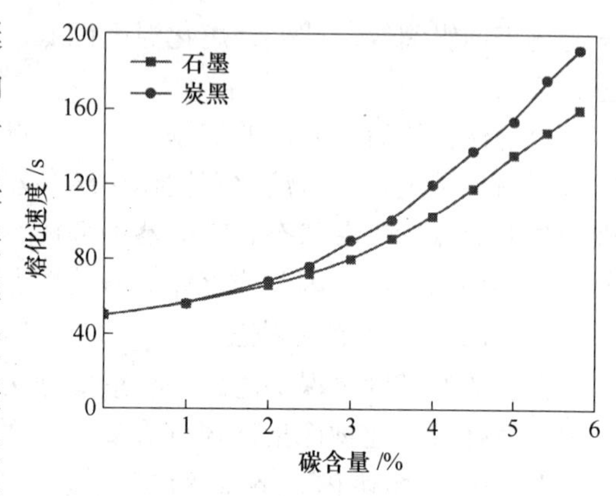

图 19－11　保护渣中碳的种类和含量与熔化速度的关系

19.3.2.4　保护渣黏度

连铸保护渣的黏度对铸坯表面质量影响较大。黏度实际上是流体内的摩擦力，由流体自身结构决定。保护渣的黏度热稳定性好，可以使结晶器内钢液面上整个熔渣层的黏度波动幅度小，保护渣具有连续流入结晶器和坯壳之间的能力，同时在整个气隙长度上黏度变化也小，能够很好地润滑铸坯。保护渣黏度的设计往往参照式（19－6）进行计算：

$$\eta_{1300℃}v = 0.1 \sim 0.35 \qquad (19-6)$$

式中　$\eta_{1300℃}$——1300℃时的黏度值，Pa·s；

v——浇铸拉速，m/min。

保护渣的黏度过小，形成的渣膜厚度不均匀，严重影响铸坯传热；保护渣的黏度过大，流入弯月面困难，不可能在坯壳和结晶器之间形成厚度均匀的渣膜。在设计保护渣的黏度时，必须考虑连铸机的断面、拉速、钢种以及和转炉的生产匹配，根据不同的钢种和质量要求规定不同的拉速范围，确定拉速后，再根据拉速确定保护渣的黏度。

某钢厂连铸机断面，与转炉的冶炼周期匹配时，不同断面的拉速控制见表 19－3。

表 19－3　某钢厂连铸分断面和转炉冶炼周期匹配的拉速控制表

断面/mm × mm	匹配的拉速/m · min⁻¹	实际生产控制的拉速/m · min⁻¹
150 × 1600	1.7 ~ 2.0	1.4 ~ 1.6
150 × 1800	1.55 ~ 1.95	1.3 ~ 1.55
150 × 2000	1.35 ~ 1.75	1.3 ~ 1.55
150 × 2200	1.25 ~ 1.6	1.2 ~ 1.4
150 × 2400	1.15 ~ 1.45	1.15 ~ 1.35
150 × 2600	1.05 ~ 1.35	1.05 ~ 1.25
150 × 2800	1.0 ~ 1.25	1.05 ~ 1.2
150 × 3000	1.0 ~ 1.25	1.0 ~ 1.15
150 × 3200	0.9 ~ 1.1	1.0 ~ 1.1

该厂根据生产实际情况，以 150mm × 2400mm 断面为划分低拉速和高拉速断面的界限，低拉速范围在 1.0 ~ 1.35m/min，高拉速范围在 1.2 ~ 1.6m/min。针对特定钢种和拉速再确定使用保护渣的黏度。

19.3.3 板坯保护渣设计应用

19.3.3.1 保护渣设计应用实例一

本钢连铸保护渣是从德国 Stollberg 和 Metallurgica 两家公司进口。表 19 - 4 和表 19 - 5 所示分别为进口渣的化学成分和理化性能[25]。

表 19 - 4 进口保护渣化学成分和理化性能

渣 号	化学成分/%								
	CaO	Si_2O	Al_2O_3	MgO	Fe_2O_3	R_2O	F	C	R
低碳 SL170M	28.5	33.5	5.0		1.7	13.0	8.7	3.5	0.85
低碳 ST - C/89	27.6	32.4	4.8	1.6	1.8	12.2	9.0	3.5	0.85
中碳 XL26	35.5	32.0	5.2		1.0	7.7	6.8	6.8	1.11
中碳 SB2 - 3/4	35.0	32.0	3.5	0.3	0.5	5.05	5.5	8.0	1.10

表 19 - 5 进口保护渣理化性能

渣 号	熔点/℃	黏度（1300℃）/Pa · s	堆密度/g · cm^{-3}	水分/%
低碳 SL170M	1090	1.1	0.9	<0.8
低碳 ST - C/89	1090	1.1	0.89	<1.0
中碳 XL26	1195	1.7	0.95	<0.8
中碳 SB2 - 3/4	1185	1.8	1.05	<0.5

所浇铸钢种分别为 Q195、Q195Al、Q235B 和 20。浇铸板坯厚度为 210mm、230mm、250mm。浇铸宽度为 800 ~ 1600mm。浇铸拉速分别为 Q195：1.1 ~ 1.5m/min；Q195Al：1.1 ~ 1.5m/min；Q235B：1.0 ~ 1.45m/min；20：1.0 ~ 1.4m/min。

由于进口渣价格高，铸坯存在质量缺陷，本钢决定实现保护渣国产化，其化学组成和理化性能见表 19 - 6 和表 19 - 7。

表 19 - 6 国产结晶器保护渣化学成分和理化性能

渣 号	化学成分/%								
	CaO	Si_2O	Al_2O_3	MgO	Fe_2O_3	R_2O	F	C	R
XLD - 9	32.9	35.6	3.11	1.93	1.23	8.15	8.01	3.25	0.92
XBSGL - 1	30.3	36.65	5.38	2.57	0.60	8.89	6.36	3.21	0.83
XBSGM - 2	33.88	27.55	5.19	5.29	0.66	8.58	8.44	4.02	1.28

表 19－7 国产结晶器保护渣理化性能

渣 号	熔点/℃	黏度（1300℃）/Pa · s	堆密度/g · cm⁻³	水分/%
XLD－9	1085	1.80	0.70	0.27
XBSGL－1	1072	1.81	0.62	0.30
XBSGM－2	1091	1.92	0.60	0.31

国产化后的保护渣与进口渣使用情况对比见表 19－8 ~ 表 19－10。

表 19－8 XBSGM－2 与 SB2－3/4、XL26 的使用情况对比

钢种	渣号	中包温度/℃	拉速/m · min⁻¹	用量/kg	熔渣厚度/mm	有无渣条	液面情况
Q235B	SB2－3/4	1537 ~ 1562	1.0 ~ 1.15	210	8 ~ 13	少量	良好
	XBSGM－2	1537 ~ 1562	0.9 ~ 1.3	220	9 ~ 14	少量	良好
	XL26	1514 ~ 1557	1.2 ~ 1.4	250	8 ~ 15	少量	良好
	XBSGM－2	1537 ~ 1562	0.9 ~ 1.3	220	8 ~ 14	少量	良好
	SB2－3/4	1532 ~ 1551	1.0 ~ 1.40	320	8 ~ 13	少量	良好
	XBSGM－2	1537 ~ 1562	0.9 ~ 1.3	310	9 ~ 14	少量	良好
	XL26	1543 ~ 1555	1.1 ~ 1.4	270	9 ~ 13	少量	良好
	XBSGM－2	1543 ~ 1555	0.9 ~ 1.4	280	8 ~ 13	少量	良好
	SB2－3/4	1532 ~ 1551	1.0 ~ 1.40	320	8 ~ 13	少量	良好
	XBSGM－2	1537 ~ 1562	0.9 ~ 1.40	310	9 ~ 13	少量	良好

表 19－9 XBSGL－1 与 ST－C/89 的使用情况对比

钢种	渣号	中包温度/℃	拉速/m · min⁻¹	用量/kg	熔渣厚度/mm	有无渣条	液面情况
Q195	ST－C/89	1548 ~ 1570	1.0 ~ 1.5	270	8 ~ 13	少量	良好
	XBSGL－1	1548 ~ 1570	0.9 ~ 1.3	260	8 ~ 14	少量	良好
	ST－C/89	1552 ~ 1569	1.0 ~ 1.45	210	9 ~ 15	少量	良好
	XBSGL－1	1552 ~ 1569	1.0 ~ 1.3	220	9 ~ 14	少量	良好
	ST－C/89	1551 ~ 1573	1.2 ~ 1.5	320	9 ~ 14	少量	良好
	XBSGL－1	1544 ~ 1573	0.9 ~ 1.4	320	8 ~ 14	少量	良好
	ST－C/89	1546 ~ 1567	1.1 ~ 1.5	180	8 ~ 13	少量	良好
	XBSGL－1	1546 ~ 1567	1.1 ~ 1.5	180	10 ~ 14	少量	良好
	ST－C/89	1548 ~ 1563	1.0 ~ 1.5	240	8 ~ 14	少量	良好
	XBSGL－1	1548 ~ 1563	1.0 ~ 1.5	250	9 ~ 15	少量	良好

表 19－10 XLD－9 与 ST－C/89 的使用情况对比

钢种	渣号	中包温度/℃	拉速/m · min⁻¹	用量/kg	熔渣厚度/mm	有无渣条	液面情况
Q195	ST－C/89	1547 ~ 1567	1.0 ~ 1.5	320	9 ~ 134	少量	良好
	XLD－9	1547 ~ 1567	0.9 ~ 1.3	330	8 ~ 14	少量	良好
	ST－C/89	1552 ~ 1568	1.0 ~ 1.4	230	9 ~ 14	少量	良好

续表 19－10

钢种	渣号	中包温度/℃	拉速/$m \cdot min^{-1}$	用量/kg	熔渣厚度/mm	有无渣条	液面情况
Q195	XLD－9	1552～1568	1.0～1.3	220	9～14	少量	良好
	ST－C/89	1554～1571	1.1～1.5	270	9～15	少量	良好
	XLD－9	1554～1571	0.9～1.5	280	8～14	少量	良好
	ST－C/89	1546～1572	1.1～1.5	280	8～15	少量	良好
	XLD－9	1546～1572	1.1～1.5	280	10～14	少量	良好
	ST－C/89	1548～1573	1.2～1.5	240	8～14	少量	良好
	XLD－9	1548～1573	1.2～1.5	240	9～13	少量	良好

本钢使用国产保护渣后，其保护渣消耗和液渣层厚度满足连铸生产要求，与进口渣相比较国产保护渣具有较强的吸附夹杂能力，使用过程中无黏结漏钢发生，铸坯质量稳定。节省购买资金，效益可观。

19.3.3.2　保护渣设计应用实例二

由于高碳钢容易黏结漏钢，应选用低黏度、低熔点、渣耗量高的保护渣。韩国浦项钢厂浇铸高碳钢采用低氟保护渣，使用过程中，效果良好。其保护渣性能见表 19－11。

表 19－11　韩国浦项钢厂高碳钢用保护渣

CaO/SiO_2	F/%	B_2O_5/%	MgO/%	熔点/℃	黏度（1300℃）/Pa·s	结晶比/%	耗量/$kg \cdot t^{-1}$	漏钢率指数
1.0	3.8	6.9	8.4	998	0.11	0	0.46	0

19.3.3.3　保护渣设计应用实例三

宝钢新建 3 号连铸机，主要生产断面：220mm、250mm、300mm ×（1200～2300）mm。在生产某些敏感包晶钢时出现纵裂缺陷。根据铸坯产生的缺陷，该厂对保护渣的性能进行了改进，成功设计了具有缓冷作用的保护渣[26]。其原渣与改进渣性能见表 19－12。

表 19－12　缓冷型保护渣与原渣理化性能对比

保护渣	CaO/Si_2O	Al_2O_3/%	$Na_2O+F+Li_2O$/%	F/Na_2O	熔化温度/℃	结晶温度/℃	1300℃黏度/Pa·s
缓冷型	1.45	3～5	18～20	>1.2	1130	1211	0.07
原渣	1.27	3～5	18～20	<0.8	1080	1069	0.10

该保护渣按照高碱度、高结晶性能进行设计。与原渣相比，该保护渣的熔化性能、渣层厚度、渣耗基本和原渣保持一致。缓冷型保护渣有较强的析晶能力，有利于提高结晶器壁与渣膜的界面热阻。该保护渣的设计有效地解决了生产中碳亚包晶钢时所产生的纵向裂纹，从而提高了产品的合格率。

19.4　方坯连铸保护渣性能设计

方坯连铸机用于生产线材，依据产品性能的不同，应用于各行各业。方坯断面尺寸繁多，不同断面有其配套的拉速制度。即使相同的钢种，由于断面不同，其保护渣的性能也有所差异。因此，必须针对特定断面，根据钢种对保护渣性能进行设计。生产实践表明，方坯的主要缺陷是偏离角纵裂和凹陷，这与钢液在冷却时，角部传热和边部传热不均匀有关；小方坯结晶器散热速度快，液面温度低，熔渣易于凝固，易发生结晶器壁粘渣现象，铸坯易产生脱方、皱皮、结疤、重结等缺陷。

19.4.1　方坯保护渣性能分析

19.4.1.1　保护渣熔化温度

吴夜明[27]在其文章中指出，随着保护渣熔化温度的增加，结晶器的热流量将减小，并且离钢水弯月面距离越远，结晶器热流量越小。这就表明保护渣的熔化温度越高，对减缓结晶器传热的影响越显著。吴夜明利用层状结构模型得到保护渣的熔化温度与结晶器热流密度的关系，如图 19－12 所示。

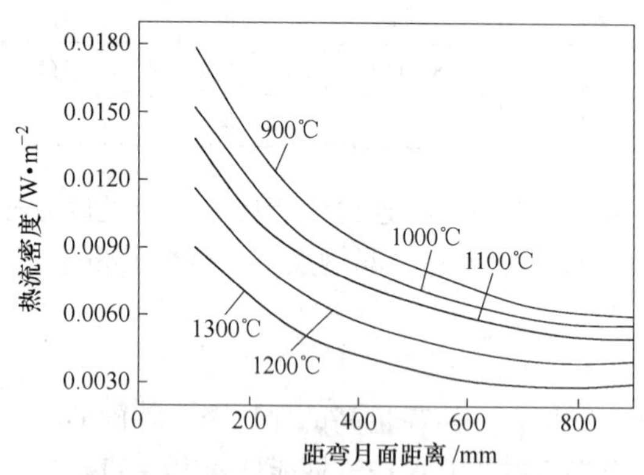

图 19－12　保护渣熔化温度与结晶器热流密度的关系

朱立光[28]建立了方坯保护渣润滑模型。其结果表明，随着保护渣熔化温度的降低，液态渣膜存在区域逐渐增大，铸坯液态润滑的范围扩大。在结晶器的同一位置处，随着保护渣熔化温度的升高，液渣膜变薄，铸坯所受的摩擦力逐渐增大，如图 11 －4 所示。图中 f_s 表示固体摩擦力曲线，其中固体摩擦力和钢水的静压力成正比；未标明的曲线为结晶器正滑脱达到最大速度时的液体摩擦力曲线，在液体摩擦力突然剧增的位置，液渣膜逐渐消失，铸坯由液体摩擦转变为固体摩擦。

结晶器保护渣的熔化温度基本处于 900 ~ 1300℃之间。对于（150mm × 150mm）~（250mm ×250mm）断面，拉速为 1. 0 ~1. 35m/min 的铸机上，建议熔化温度为1100 ~1180℃。

19.4.1.2　保护渣黏度

保护渣的黏度升高，铸坯受到的液体摩擦力增大，并且液体润滑转变为固体润滑的位置提前。保护渣黏度对摩擦力的影响如图 11 －5 所示。保护渣黏度越大，摩擦力的波动越大。这说明保护渣的黏度越大，润滑越不稳定，润滑条件越不好，对提高拉速不利。但这并不表明，使用的保护渣黏度越小越好，如果黏度太小，有可能由于渣耗量过大，熔渣池供渣不足，从而导致渣膜不均，恶化润滑。

保护渣的黏度对渣耗量有一定的影响。黏度高流入困难，消耗量相对偏低。保护渣的黏度可以通过添加助熔剂来降低。加入助熔剂后，保护渣的黏度降低，同时可能影响保护渣的熔化温度。吴夜明指出液态渣膜与 $\sqrt{v\eta}$ 成正比（这里 v 是拉速，η 是熔渣黏度）。因此，保护渣的黏度对液态渣膜的形成有直接作用，但是对传热几乎没有影响。

对于（150mm ×150mm）~（250mm ×250mm）断面，拉速在 1. 0 ~3. 5m/min 之间的铸机上，建议保护渣的黏度（1300℃时）控制在 0. 25 ~0. 5Pa · s 之间。

19.4.1.3　保护渣熔化速度

熔化速度是指保护渣熔化成为液态渣的速度，通常用保护渣形成液态渣池的厚度来衡量。而控制熔化速度的目的是为了保持钢水液面上粉渣层的稳定性。众所周知，保护渣基料熔化后，穿过碳质层才能进入液渣层。积碳层对基料的熔化有着决定性影响，因此，保护渣中配碳的目的是为了控制熔速。而在生产过程中，保护渣的熔化速度应该和其消耗量一致。过快的熔速将会导致钢液面上粉渣层变薄，熔渣层和烧结层增厚，可能导致保护渣在结晶器内结团；熔速太慢，保护渣熔渣层变薄，液渣不能及时供应，可能出现润滑不良等现象。经相关文献指出，方坯保护渣熔化速度应控制在 40 ~ 70s[29,30] 之间。

19.4.1.4 表面张力

界面张力是指两种不互相溶解相之间的表面张力。如果两相中有相似组元，界面张力减小。钢 - 渣的界面张力和液渣的表面张力决定了液渣润湿钢的能力，它影响夹杂物分离、夹杂物吸收、渣膜的润滑和铸坯的表面质量，是一项重要的冶金特性。提高保护渣的表面张力和钢 - 渣的界面张力可以减少卷渣。结晶器液面有保护渣层覆盖时，钢液弯月面半径与表面张力和界面张力的关系为：

$$r_a = 5.43 \times 10^{-2}\left(\frac{\sigma_{m-s}}{\rho_m - \rho_s}\right)^{\frac{1}{2}} \tag{19-7}$$

$$\sigma_{m-s} = \sigma_m - \sigma_s \cos\theta \tag{19-8}$$

式中 r_a ——弯月面半径；

σ_{m-s} ——钢 - 渣界面张力；

σ_m, σ_s ——钢、渣表面张力；

θ ——润湿角；

ρ_m, ρ_s ——钢、渣密度。

若 r_a 大，在钢水静压力的作用下，弯月面凝固壳越容易贴向结晶器壁，能够实现坯壳均匀润滑，坯壳裂纹也就难以发生；若 r_a 小，弯月面的薄膜弹性性能被破坏，诱发裂纹、夹渣等表面缺陷的产生[31]。

19.4.1.5 保护渣吸收夹杂物的能力

提高保护渣的碱度，有利于改善保护渣吸附和溶解夹杂物的动力学条件，达到吸收夹杂物的功效。但是，对于低黏度保护渣来讲，增大碱度的同时保护渣的析晶温度提高，恶化了保护渣的润滑效果。因此，在提高碱度上不能盲目随从。热力学观点认为，只要到达钢 - 渣界面的夹杂物都能被渣所吸收，但其吸收后的溶解速度受保护渣的物性所制约。

朱立光对方坯连铸保护渣吸收夹杂物（Al_2O_3）的能力进行了数学分析[32]，得出如下结论：随着熔池吸收 Al_2O_3 速率的增大，熔池中的 Al_2O_3 含量增加并逐渐趋于一个稳定值；增大拉坯速度，熔渣吸收 Al_2O_3 量减少。大断面方坯拉速较小，熔渣吸收 Al_2O_3 的效果比较好。小断面方坯拉速较大，吸收 Al_2O_3 的效果比较差。碱度是影响熔渣吸收 Al_2O_3 的主要因素。在一定范围内随着碱度的增加，熔渣吸收 Al_2O_3 的能力是增大的。CaO/SiO_2 为 1.0 ~ 1.1 时，吸收速率最大；$CaO/SiO_2 > 2$ 时，吸收速率反而下降。保护渣原始 Al_2O_3 浓度增加，熔渣吸收 Al_2O_3 的速率下降。F^- 对熔渣吸收 Al_2O_3 的影响比 Na^+ 的影响效果大。

武钢一炼钢厂针对方坯连铸低碳普钢保护渣吸收夹杂物的问题，采用旋转法测试渣吸收 Al_2O_3 的速率，得到保护渣吸收 Al_2O_3 的速率为 2.87×10^{-3} g/(cm^2 · min)。

19.4.2 方坯保护渣设计应用

19.4.2.1 保护渣设计应用实例一[33]

水钢浇铸 H08 和 ESR70S - 6 焊条焊丝钢，碳含量在 0.05% ~ 0.08% 之间。在浇铸过程中，保护渣熔点在 1120 ~ 1130℃之间，吨钢消耗保护渣 0.29kg，铸坯存在表面纵向凹陷，漏钢率较高。

针对上述问题对保护渣进行优化，将保护渣熔点提高至 1160 ~ 1180℃，增大连铸保护渣的凝固温度至 1160 ~ 1190℃。其目的是为了增加固态渣膜厚度，控制铸坯向结晶器传热，并调节配碳模式和配碳量，提高保护渣渣耗，减弱浇铸过程拉坯阻力。保护渣性能设计见表 19 – 13。

表 19 – 13 水钢保护渣物性参数

性能	黏度（1300℃）/Pa · s	CaO/Si_2O	熔化温度 /℃	渣耗量 /kg · t^{-1}
数值	0.5 ~ 0.65	0.85 ~ 0.95	1160 ~ 1180	0.4 ~ 0.45

现场使用效果良好，铸坯凹陷比例明显减少，漏钢率降低。

19.4.2.2 保护渣设计应用实例二[34]

武钢股份公司一炼钢分厂生产钢种 42CrMo，其生产断面包括：320mm × 480mm、320mm × 420mm、280mm × 380mm、280mm × 250mm。该厂大方坯连铸机主要工艺参数及浇铸钢种参数见表 19 – 14 和表 19 – 15。

表 19 – 14 武钢某炼钢分厂大方坯连铸机浇铸工艺参数

指 标	参 数
弧形半径/m	12
冶金长度/m	36.5
流间距/mm	1800
结晶器液面控制	Co60 液面自动控制
结晶器高度/mm	800
浇铸方式	保护渣浇铸，带塞棒系统和结晶器 EMS
二冷段	3 个扇形段共 5 个二冷区
正常工作拉速/m · min^{-1}	0.3 ~ 0.8
切割长度/m	3.7 ~ 8.0

表 19 – 15 武钢某炼钢分厂合金钢和重轨钢主要浇铸参数

钢种	结晶器单流过钢量/t · min^{-1}	液相线温度/℃	钢种碳含量/%	渣耗量/kg · t^{-1}
合金钢	0.36 ~ 0.60	1495	0.38 ~ 0.45	0.87
重轨钢	0.41 ~ 0.58	1465	0.67 ~ 0.77	0.37

浇铸合金钢使用重轨钢保护渣，使用该保护渣后铸坯内弧面上出现大面积凹坑，深度为 2 ~ 3mm，且保护渣消耗量剧增，约为吨钢 0.87kg。该保护渣的碱度、黏度、熔点分别为 0.72、0.409Pa · s、1112℃。其化学组成见表 19 – 16。

表 19 – 16 重轨钢保护渣化学组成 （%）

SiO_2	Al_2O_3	CaO	F	MgO	Na_2O	C
34.2	3.98	24.79	3.74	3.55	9.85	14

在对保护渣重新设计时主要考虑以下内容：增加保护渣熔化温度，提高黏度，降低熔化速度，提高碱度。新保护渣的碱度、黏度、熔点分别为1.06、0.72Pa·s、1155℃。使用新保护渣结晶器液面平稳，铸坯表面光滑，渣耗约为0.48kg/t，无铸坯凹坑。其化学组成见表19－17。

表19－17 新保护渣化学组成 (%)

SiO_2	Al_2O_3	CaO	F	MgO	Na_2O	C
22	15.3	23.37	4.02	3.05	7.69	15

19.5 薄板坯连铸保护渣性能设计

薄板坯连铸连轧是钢铁工业近年来最重要的技术进步之一。1989年8月由德国SMS公司制造的世界上第一台工业化的薄板坯连铸连轧生产线CSP在美国纽科公司的格拉福特斯维尔厂投产后，迅速体现出其巨大优越性。与传统的连铸连轧工艺相比，其具有单位投资低、能耗低、生产成本低、维护费用低、生产周期短、钢材性能好、劳动生产率高等优点，并得到快速地推广应用。

19.5.1 薄板坯连铸的特点及对保护渣的要求

薄板坯与厚板坯连铸存在较大的差异，其主要体现在以下方面：

（1）高拉坯速度，意味着单位时间流入结晶器内的钢液量大，液面稳定性差，容易引起铸坯皮下和表面夹渣或产生裂纹。拉速过高，出结晶器下口坯壳厚度变薄，且拉坯阻力增大，容易出现横裂纹。严重情况下，甚至发生漏钢。高拉速浇铸，钢液在结晶器内停留时间短，不利于夹杂物上浮。对于薄板坯连铸而言，提高铸坯质量，减少钢中夹杂物，应从提高钢水质量和防止二次氧化着手。

（2）在同等拉速条件下，薄板坯较其他坯型热流密度大，产生纵裂纹的几率增加。因此，薄板坯结晶器冷却强度高，以保证出结晶器下口有足够的坯壳厚度。

（3）薄板坯连铸，保护渣消耗量低。拉速在4m/min以上时，保护渣耗量在$0.1kg/m^2$左右[35]。

（4）薄板坯结晶器浸入式水口与铸坯宽面距离近，且受水口形状限制，容易在此处形成冷区，造成“搭桥”。

保护渣对薄板坯质量有着决定性的作用，为了获得稳定、优质的铸坯，保护渣应该满足以下要求：

（1）能够及时补充液渣的消耗，维持保护渣的正常消耗。由于薄板坯在高拉速下浇铸，若要维持正常渣耗，则要求保护渣的熔化速度要高。但是在浇铸过程中，结晶器内单位钢水液面面积对应弯月面区域多，钢液散热速度快，容易造成钢液面结壳及产生渣圈[35,36]。提高保护渣的熔化速度则要求降碳，而降碳则又影响保护渣的保温效果，这一对矛盾应在设计保护渣予以重视。

（2）结晶器与坯壳之间渣膜厚度均匀，防止坯壳与结晶器接触，降低坯壳与结晶器间摩擦力，防止黏结漏钢，并实现均匀传热。低黏度保护渣有利于增大渣耗，减小坯壳与结晶器间的摩擦力。但是，高拉速下，保护渣在结晶器宽面上分布不均匀，易造成传热不均匀，而且结晶器内钢液面波动随拉速的增加而增加，也易造成卷渣。因此设计保护渣应该全面考虑，确定适宜的黏度值。

（3）稳定的保护渣性能。在操作过程中，保护渣的黏度等会随吸附夹杂物等而发生变化，从而影响保护渣的正常使用性能。因此，保护渣应具备吸附夹杂物、净化钢液的功能，但是在吸收夹杂物后保护渣的物性变化不大。

（4）对于裂纹敏感性钢种，在设计保护渣时，应使其具有一定的析晶能力，减缓传热，防止传热迅速而造成应力集中，影响铸坯质量。

19.5.2　薄板坯保护渣性能分析

19.5.2.1　黏度

黏度是决定保护渣消耗量和均匀流入的重要性能之一，它直接关系到熔化的保护渣在弯月面区域的行为[37]。保护渣黏度高，很难流入到钢水弯月面与结晶器壁之间。薄板坯连铸在高拉速条件下，为了增加传热，改善铸坯与结晶器之间的润滑，防止黏结漏钢，必须采用较低黏度的保护渣。在常规板坯连铸的拉坯速度时，满足 ηv_c 为 0.1 ~ 0.35（η 为熔渣黏度、v_c 为拉坯速度）条件下得到的结晶器导热量及渣膜厚度的变化达最低值。对于薄板坯连铸，$\eta v_c = 0.2 \sim 0.3$，以适应高速连铸对液体渣流入的苛刻要求。根据这一关系，可以确定拉速在 3 ~ 6m/min 的薄板坯连铸，结晶器保护渣黏度不应超过 0.1Pa · s。

19.5.2.2　保护渣消耗量

保护渣的消耗量通常用 kg/t 钢或 kg/m^2（铸坯表面积）来表示。保护渣的消耗量是进入流股和结晶器之间空隙的保护渣平均量的一个量度。薄板坯保护渣平均消耗为 0.3 ~ 0.7kg/t。保护渣充填于结晶器壁和坯壳之间，以保证坯壳能够在润滑状况良好的情况下拉出结晶器。就评估保护渣润滑能力而言，铸坯单位面积保护渣消耗更占优势。其主要原因是在给定的保护渣、钢种和振动条件下，吨钢保护渣消耗量与拉速之间的变化关系不明显，随着比表面积的增大，铸坯单位表面积消耗保护渣的量减少。对于薄板坯而言，保护渣消耗量为 0.07 ~ 0.08kg/m^2 基本上可以满足多数钢种[38]。

19.5.2.3　熔化温度

保护渣的熔化温度一般用半球点温度来定义。熔化温度对结晶器弯月面上方的液渣传热和熔渣层的产生以及渣耗有影响，与结晶器保护渣的绝热保温性能和润滑性能密切相关。图 19 – 13 与图 19 – 14 所示分别为熔渣层厚度与熔化温度的关系和熔化温度和保护渣消耗量的关系。

为了能够适应薄板坯连铸生产要求，则应提高保护渣熔化速度，使其快速成渣。因此，与板坯连铸相比，结晶器保护渣的熔化温度应低一些；同时，为了避免渣圈的形成，应尽量提高熔化温度。为了能够使保护渣在结晶器内弯月面保持熔融状态，而且在结晶器长度方向上的铸坯凝固坯壳表面的渣膜始终处于黏滞的流动状态，这样可以避免出现固相，起到充分润滑的作用。根据不同钢种，一般薄板坯连铸保护渣的熔化温度目标值在 950 ~ 1120℃之间。

当坯壳与结晶器间的渣膜为固态渣膜时，坯壳传热受到阻碍，可以达到减缓传热的目的。熔化温度高的保护渣，适应于浇铸裂纹敏感性钢种，如包晶钢；而对裂纹敏感程度弱的低碳铝镇静钢可将其熔化温度控制在990℃或更低[39]。

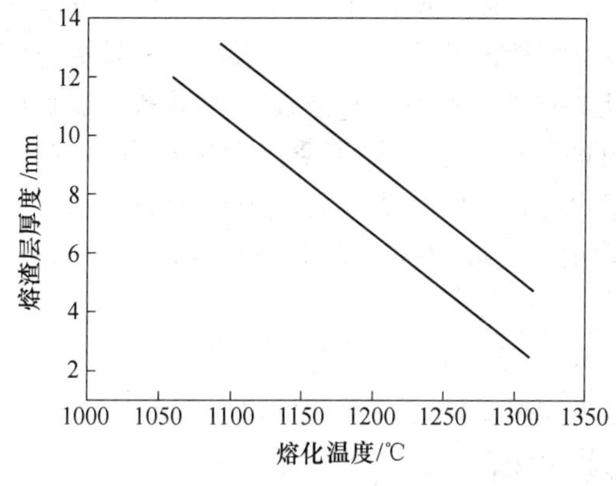

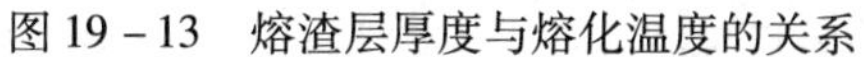

图 19－13　熔渣层厚度与熔化温度的关系

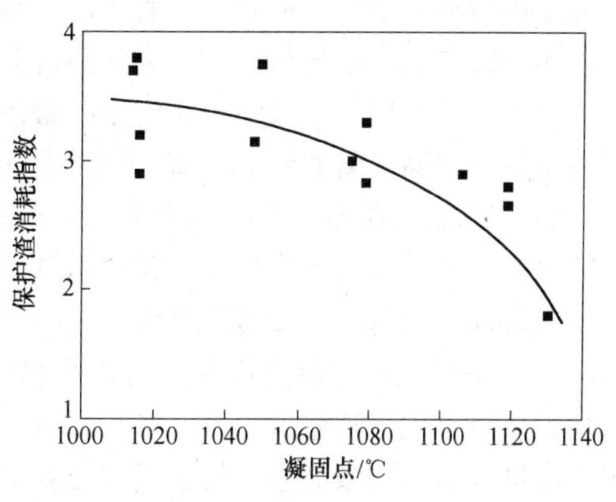

图 19－14　熔化温度和保护渣消耗量的关系

19.5.2.4　熔化速度

保护渣的熔化速度决定熔渣层厚度和保护渣消耗量。因此，合适的熔化速度是保护渣形成合理的渣层结构，充分发挥其冶金性能的重要保证。如果熔化速度太快，势必影响保护渣的保温效果，使得液渣面结壳；而熔化速度慢，则形成液渣层薄，可能造成供给中断，影响润滑和传热。

对于薄板坯连铸的保护渣而言，应具有较快的熔化速度，以保持足够的熔渣层厚度，满足渣膜消耗的需要。保护渣的熔速以保持适宜的熔渣层厚度为宜，熔渣层厚度控制在10～15mm之间。

熔化速度与保护渣中炭质材料的类型、质量分数和粒径，以及配碳方式有关。炭黑、石墨和活性炭是用来调节保护渣熔速和绝热保温性能的必备材料。随着保护渣中炭质材料质量分数的增加，熔化速度逐渐降低。石墨、炭黑和活性炭对保护渣熔化时间的影响如图19－15所示。在低质量分数条件下，无定形结构的活性炭和炭黑具有良好的隔离作用；而在高质量分数条件下，石墨具有良好的骨架作用。在配制保护渣时，应采用复合配碳方式来研制保护渣，使保护渣的熔化速度和绝热保温性能得到良好的兼顾。

一般来讲，熔化时间为25～35s完全能够满足薄板坯连铸的要求[40]。

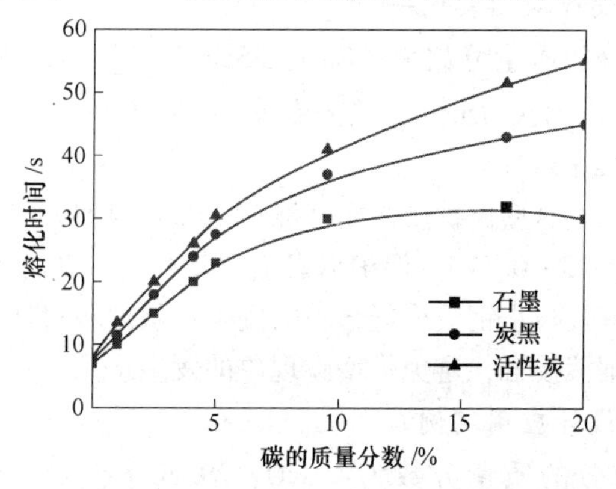

图 19－15　石墨、炭黑、活性炭对保护渣熔化时间的影响

19.5.2.5　结晶特性[41]

从晶体析出的条件分析看出，对于任何组成形式的保护渣，在降温凝固过程中都存在析出晶体的倾向。但由于析晶的热力学条件和动力学条件的差异，析晶能力受到影响。试验结果表明，碱度增大使液渣析晶温度、凝固渣膜中结晶率均有不同程度的提高。这是由于随着碱度的提高，熔渣黏度下降，质点扩散时的阻力减小，便于质点聚集和有序排列，使结晶温度升高，结晶率增大。同时，由于碱度的提高，保护渣液相线温度提高，由结晶形成的热力学条件分析，当熔体的温度降至其液相线温度时便具有了析晶的可能。因此，高碱度渣析晶时的温度高于低碱度渣。

Li_2O 的适量加入可以降低保护渣析晶温度，但大于3%或4%时，结晶温度上升，结晶率增大。这是由于适量的 Li_2O 含量（2%）能大幅度地降低其熔化温度，这相当于体系的过热度提高，相同条件下，结晶过程要克服的势垒大，因此结晶体不易析出，宏观表现为保护渣的结晶温度随 Li_2O 的加入而降低。同时由于 Na^+、Li^+、K^+、Ca^{2+}、Mg^{2+} 等多种金属阳离子的共同作用，各阳离子之间电场的斥力及阳离子与阴离子间键力的综合作用，削弱或抵消了可能析出物中金属阳离子与阴离子的作用力，以致没有一个阳离子在最佳配位方向占明显优势，达到析出结晶化合物的程度，结果使保护渣玻璃性能得到改善。因此，Li_2O 的适量加入使结晶温度下降，结晶率减小。但由于熔渣具有较低的黏度，且 Li^+ 离子半径小，离子移动的位阻小，因此出现了在无 Li_2O 的渣中引入1%的 Li_2O 或过量加入（达4%时）Li_2O 会导致结晶温度升高，且一旦达到初晶析出温度，形核及长大速度迅速提高，致使结晶率明显增大。

同样道理，Na_2O 的加入对结晶温度和结晶率也有类似的影响，只是由于 Na_2O 降低保护渣熔化温度和黏度的作用较小，以及 Na^+ 离子半径较大，使结晶温度降低，总析出量增大幅值较低。

MgO 含量的增大，能够使结晶温度、保护渣渣膜的结晶率明显降低，这是由于 MgO 中的 Mg^{2+} 具有较大的离子势，夺取硅氧四面体中的 O^{2-}，导致硅氧离子团聚合，使网络结构复杂，黏度增大，因此，使析晶困难、析晶率减小。

19.5.3　薄板坯保护渣设计应用

19.5.3.1　保护渣设计应用实例一

设计保护渣组成成分的质量分数为：CaO：35%、SiO_2：42.5%、F：11.0%、Na_2O：9.0%、Al_2O_3：4.0%、Fe_2O_3：15.5%、游离碳小于1.0%。保护渣熔点：1100℃，1300℃时的黏度为0.09Pa·s。

该保护渣为低炭粉状发热型保护渣，在开浇2~5min内加入，初始保护渣加入量：结晶器每100mm宽度加入0.3~0.5kg。保护渣具有如下性能：放热瞬间即刻形成液渣层而不消耗钢液热量，可以有效防止钢液冷凝结壳的发生；保护渣对坯壳润滑效果良好，并防止未反应含碳保护渣和钢液接触，避免了增碳现象的发生。

19.5.3.2　保护渣设计应用实例二

设计保护渣组成成分的质量分数为：CaO：29.50%、SiO_2：29.04%、F：6.53%、Na_2O：9.86%、Al_2O_3：5.92%、Fe_2O_3：1.20%、K_2O：0.24%、MgO：1.75。保护渣熔

点：1112℃，1300℃时的黏度为0.16Pa·s。

该保护渣具有良好的传热能力，在生产中发现，结晶器热像图弯月面区域温度升高，结晶器下部温度也升高，说明该渣结晶性能减弱，玻璃化性能增加，润滑效果良好，无黏结产生；渣条少，液渣层厚度维持在10~15mm之间。实践证明该渣在浇铸过程中稳定，生产顺行，铸坯质量良好。

19.5.3.3　保护渣设计应用实例三

设计保护渣组成成分的质量分数为：CaO：29.48%、SiO_2：29.19%、F：7.82%、R_2O：10.7%、Al_2O_3：3.82%、Fe_2O_3：0.56%、C（固）：7.6%、MgO：1.08%。保护渣熔点：1085℃，1300℃时的黏度为0.135Pa·s。

该低碳保护渣用于生产SPHD冷轧钢，渣耗量在0.4kg/t左右，液渣层厚度维持在10~15mm之间。使用过程中，熔化和填充均匀，热流稳定，对钢水适应性较强，能够有效地避免裂纹和漏钢的发生，生产铸坯质量稳定。

19.6　异型坯连铸保护渣性能设计

异型坯是区别于板坯、方坯、圆坯之外，具有复杂断面形状的坯型。世界第一条H型钢由阿尔戈玛委托瑞士康卡斯特公司（Concast）设计并利用其提供的设备，在1968年正式投产。我国第一条H型钢是由马鞍山钢铁厂在1998年从康卡斯特公司引进，同年年底，莱钢从日本引进小规格H型钢并投产。H型钢是一种经济型断面钢材，广泛用于工业、建筑、桥梁、石油钻井平台等方面。

19.6.1　异型坯连铸的凝固特点

异型坯断面形状复杂，铸坯在凝固过程中，各部位散热条件有所差别。以H型铸坯为例，翼缘处坯壳处于二维凝固区域，其凝固速率快，形成坯壳的强度较高。腹板处处于一维传热，其凝固速率弱于翼缘。内缘处凝固速率比腹板小，在结晶器内缘处钢水过热度相对较大，形成坯壳薄，柱状晶发达。异型坯断面形状示意图如图19-16所示。

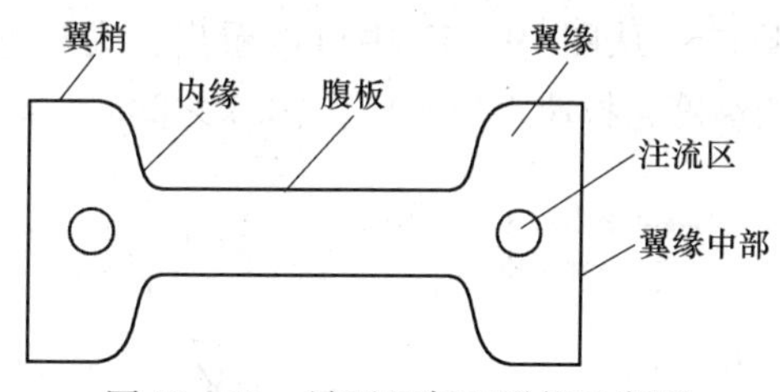

图19-16　异型坯断面形状示意图

翼缘和腹板在凝固的过程中收缩产生拉应力，而两侧内缘的阻挡使得铸坯无法进行位置上的调整来适应拉应力。因此，异型坯的腹板和内缘处往往是裂纹形成的重要部位。

凝固初期，腹板和内缘处产生凝固收缩拉应力，翼缘处同样存在凝固收缩应力，如果铸流本身不对中所引起的机械应力与上述应力共同作用超过了钢种临界抗拉强度，则出现微小热裂纹，如果热裂纹能够在铸坯继续凝固的过程中得到钢水的及时补充，微小裂纹可能愈合；否则，会在热应力和机械应力的作用下继续发展、扩张，最终会延伸到壳表面生成表面裂纹[42]。

翼缘的存在使得异型坯腹板比板坯宽面更容易形成表面裂纹，大的翼缘要比小的翼缘形成裂纹的几率要高。

19.6.2　异型坯保护渣性能分析

19.6.2.1　保护渣碱度

碱度是反映保护渣吸收夹杂物能力大小的重要指标，同时对保护渣润滑性能的优劣起着决定性作用。对于保护渣吸附夹杂能力而言，碱度高利于吸附夹杂物。刘承军等研究认为[43]，碱度在1.2时，保护渣吸附夹杂物的能力达到最大值，约为$8.403\times10^{-4}kg/(m^2\cdot s)$。保护渣碱度高，析晶温度势必提高，影响润滑，其主要原因是形成高熔点化合物，如枪晶石和钙铝黄长石等所造成的。渣膜中玻璃体比例高，坯壳润滑好，无黏结和漏钢现象；渣膜中结晶体比例高，减少了玻璃体，辐射传热的能力减弱。另外，结晶体形成微孔，可达到弱化传热，减少裂纹的目的。对于异型坯结晶器保护渣而言，碱度一般大于1.0，但不超过1.20，既能保证保护渣吸附夹杂物，又可达到减缓传热、均匀润滑和减少裂纹的目的。

19.6.2.2　熔化速度

熔化速度是控制熔渣层厚度、渣膜均匀性和渣耗的主要手段，合适的熔化速度是在结晶器内钢液面上形成并保持合理渣层结构、充分发挥保护渣的冶金功能的重要保证。可以通过三丝测量法（三丝指高碳钢线、铜线、铝线）来测量保护渣的熔化速度，也可以通过观察铸坯表面振痕情况来判断，振痕深，说明液渣层厚，熔化速度偏大。保护渣的熔速以保持适宜的熔渣层厚度为宜，液渣层一般最佳范围在7～12mm之间，否则极易出现裂纹。异型坯Q235B用保护渣的熔化速度控制在30～40s之间，铸坯的润滑和传热效果良好，无裂纹生成[44]。

19.6.2.3　黏度

坯壳与结晶器间渣膜厚度决定了坯壳传热和润滑，与保护渣的黏度有直接关系。黏度太大或太小，都会使渣膜厚薄不均，润滑、传热不良，影响铸坯质量。

在黏度相同的条件下，异型坯规格大的铸坯容易形成裂纹。图19－17综合考虑了拉坯速度与黏度对铸坯裂纹的影响。从图19－17中可以看出，大异型坯的黏度与拉速之积在0.3～0.4之间，小异型坯的黏度与拉速之积在0.2～0.5之间时，裂纹的形成指数较低[45]。

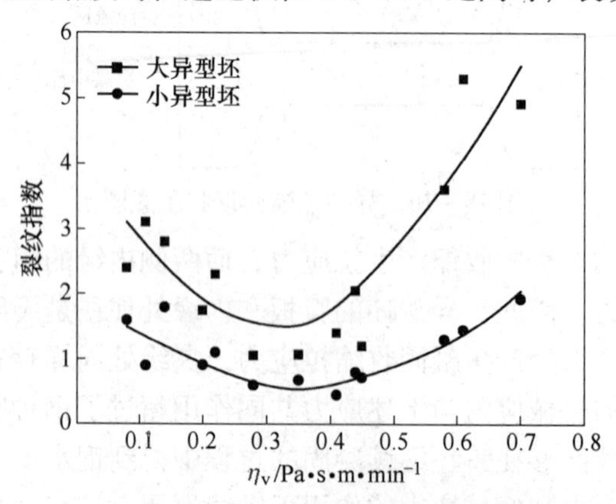

图19－17　黏度、拉速与裂纹指数的关系

19.6.2.4 熔化温度

熔化温度对结晶器弯月面上方的液渣传热和熔渣层的产生以及渣耗有影响，与结晶器保护渣的绝热保温性能和润滑性能密切相关。保护渣熔化温度越高，熔化速度越慢。在连铸过程中，结晶器保护渣的熔化温度影响钢液面上熔渣层的厚度，从而影响保护渣向结晶器和坯壳之间的流入量。

对于异型坯而言，为了获得较低的熔化温度，通常向基料中添加如下助熔剂：B_2O_3、Li_2O、Na_2O、MgO、MnO、CaF_2、Al_2O_3 等[46]，其效果如图 19－18 和图 19－19 所示。

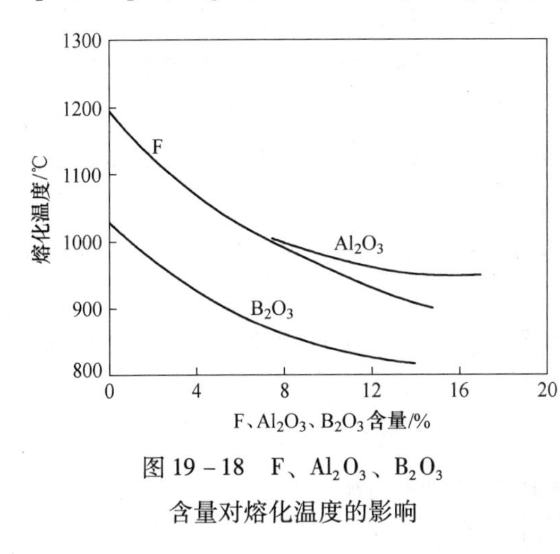

图 19－18 F、Al_2O_3、B_2O_3 含量对熔化温度的影响

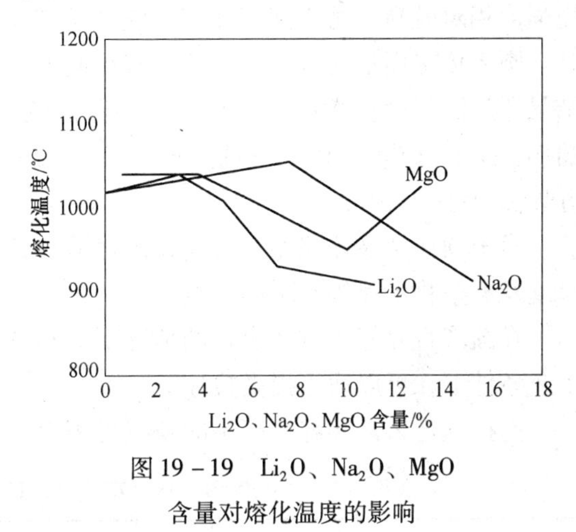

图 19－19 Li_2O、Na_2O、MgO 含量对熔化温度的影响

19.6.3 异型坯保护渣设计应用

19.6.3.1 保护渣设计应用实例一

设计保护渣组成成分的质量分数为：CaO：37.55%、SiO_2：37.5%、CaF_2：7.0%、Na_2O：12.0%、Al_2O_3：6.0%、石墨：7.0%、炭黑：1.5%。保护渣熔点：1092℃，熔化速度：32.5s，1300℃时的黏度为 0.27Pa·s。

该保护渣适用范围：H 型铸坯 Q235B。其断面尺寸为 550mm×440mm×90mm，拉速为 1.2m/min。该保护渣具有一定的析晶能力，能够限制铸坯传热，熔化速度快，能够满足液渣消耗和供给，可以保证良好的润滑。在使用过程中，保护渣液渣层厚度在 10～13mm 之间，结晶器内保护渣消耗量在 0.8～0.9kg/t 之间。保护渣具有良好的铺展性能，润滑均匀，铸坯表面无夹渣和裂纹，铸坯质量良好。

19.6.3.2 保护渣设计应用实例二

设计保护渣组成成分的质量分数为：CaO：33.11%、SiO_2：29.42%、F：1.44%、Na_2O：2.45%、K_2O：0.22%、TiO_2：0.46%、Al_2O_3：9.92%、MgO：2.13%、MnO：1.39%。保护渣熔点：1246℃，熔化速度：112s，1300℃时的黏度为 0.723Pa·s。

该保护渣熔点、黏度、熔化速度偏高，对于浇铸裂纹敏感性钢种比较适合。

19.7 圆坯连铸保护渣性能设计

圆坯连铸主要用于生产无缝管钢，部分圆坯生产轴等。圆坯连铸相对于方坯生产管坯，具有节省工序，提高金属收得率，降低成本等优势。圆坯生产所占比例不大，但是产品重要，不容忽视。

19.7.1　圆坯连铸的凝固特点及缺陷

由于和其他坯型有着不同的断面形状，因此，圆坯与其他坯型有着不同的凝固特点。

钢液注入结晶器后，由于受结晶器壁冷却作用，迅速形成凝固坯壳，并脱离结晶器壁。对于其他坯型而言，棱角处于二维传热，因此凝固速率大，在同一时间内，棱角处坯壳强度相对较高。对于圆坯而言，没有角部可优先凝固，凝固坯壳收缩较均匀。

圆坯传热面积比方坯要小些。直径同方坯边长相等的圆坯的表面积比方坯小25%，其结晶器热流强度要大些。方坯：结晶器热流 40～50cal/(cm^2·s)（1.67～2.08MW/m^2）；圆坯：结晶器热流 50～60cal/(cm^2·s)（2.08～2.5MW/m^2）。同样条件下，圆坯热流比方坯高20%～25%。

对于圆坯结晶器流场，直筒式水口使得结晶器内热中心下移，对保护渣熔化、液渣层厚度及夹杂物上浮等有不利影响。

在圆坯直径等于方坯边长的情况下，圆坯比表面积仅是方坯的75%～80%，在相同的工艺条件下，可以适当提高拉速。

高拉速连铸圆坯容易产生的缺陷见表19－18。

表19－18　高拉速连铸圆坯容易产生的问题

成分范围/%		问题（其中★表示发生，—表示没有发生）			
C	Cr	黏结	纵裂纹	中间裂纹	中心裂纹
0.05～0.07	—	★	—	—	★
	1.0～2.0	★	—	—	★
0.08～0.17	—	★	★	—	★
	1.0～2.0	★	★	—	★
0.18～0.29	—	★	★	—	—
0.30～0.55	—	★	—	★	—

19.7.2　圆坯保护渣性能分析

19.7.2.1　熔化温度

保护渣是由多组元构成，也因此其没有固定的熔点。保护渣在结晶器中的行为按浇铸过程可以分为两个阶段：第一阶段则是保护渣在钢液面上部熔化；第二阶段则是保护渣经渣道流入形成渣膜。阶段一主要受熔化温度的影响。设计的熔化温度通常比出结晶器下口坯壳温度低50℃。熔化温度低，可以增加液态渣膜的厚度，有利于铸坯的润滑，但是熔化温度太低，则会使得渣膜不均匀，而易产生表面缺陷。

天津钢管公司所使用的保护渣对铸坯表面质量的影响如图19－20和图19－21所示。对两图分析时，忽略了保护渣的其他物性对铸坯表面质量的影响。

图19－20和图19－21中，1表示表面质量良好；2表示表面质量较好；3表示铸坯有

个别缺陷；4 表示铸坯有严重缺陷。

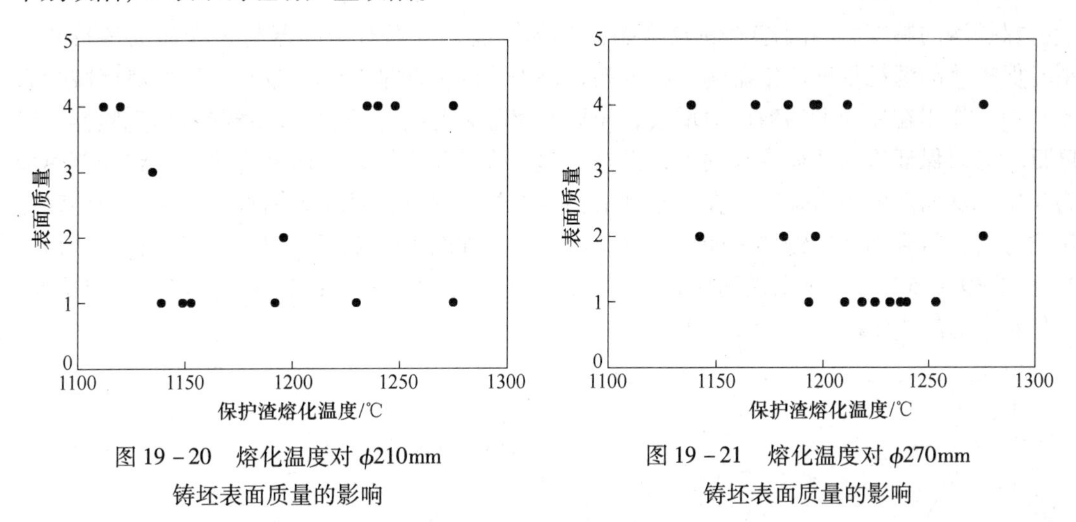

图 19－20 熔化温度对 ϕ210mm 铸坯表面质量的影响

图 19－21 熔化温度对 ϕ270mm 铸坯表面质量的影响

通过图 19－20 和图 19－21 可知，熔化温度处于 1130～1230℃范围内，ϕ210mm 断面铸坯的表面质量较好；而熔化温度在 1200～1270℃范围内，ϕ270mm 断面铸坯的质量较好。对于 ϕ210mm 断面，可将其温度控制在 1150℃，而 ϕ270mm 断面则可将其温度控制在 1230℃[47]。

19.7.2.2 熔化速度

任何坯型熔化速度快都将导致其液渣层增加，粉渣层难以保持，从而造成液渣热损增大，结壳，容易夹渣。熔化速度慢，容易导致液渣层不足，不能形成稳定液渣层，渣膜薄且不均匀，使得铸坯的传热不均匀，润滑性能下降，易形成缺陷，甚至黏结漏钢。对于普通拉速，液渣层厚度在 8～15mm 之间；在高拉速情况下，液渣层厚度在 10～30mm 之间才能满足生产需求[48]。在不考虑其他物性参数的情况下，熔速对铸坯表面质量的影响如图 19－22 和图 19－23 所示。图 19－22 和图 19－23 中，1 表示表面质量良好；2 表示表面质量较好；3 表示铸坯有个别缺陷；4 表示铸坯有严重缺陷。

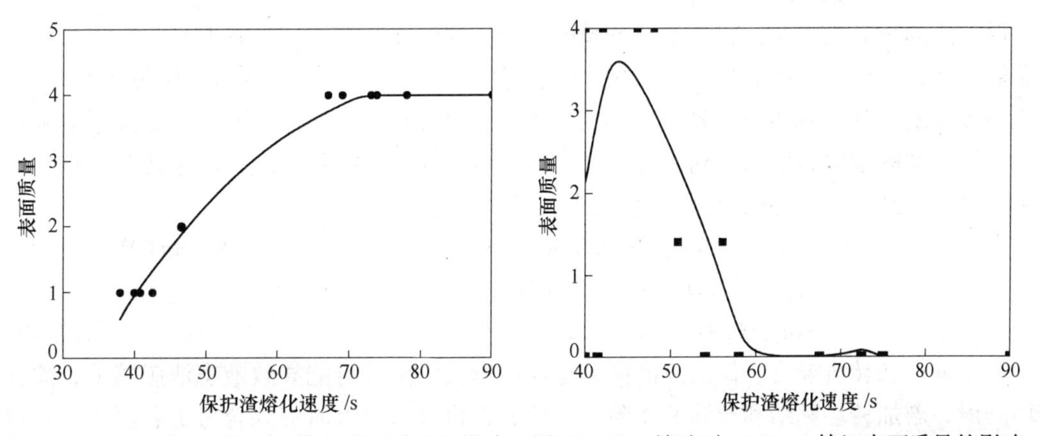

图 19－22 熔速对 ϕ210mm 铸坯表面质量的影响 图 19－23 熔速对 ϕ270mm 铸坯表面质量的影响

通过分析，认为 ϕ210mm 断面的保护渣熔速在 40～50s 时，铸坯表面质量较好；而 ϕ270mm 断面的保护渣熔速应控制在 60～80s，可以实现连铸机的顺行。

19.7.2.3　黏度

保护渣的黏度影响固态渣膜及液态渣膜的厚度，从而对结晶器与坯壳间的传热及润滑、保护渣的消耗量都产生影响。黏度高，保护渣的消耗量下降，液态渣膜的厚度减少且不均匀，作用在坯壳上的剪应力增大，拉坯摩擦阻力升高，增加了坯壳漏钢的危险性。黏度低，可以保证渣的消耗量和润滑，但易引起渣膜厚度不均匀，影响传热，导致局部热应力集中，从而产生表面裂纹。在忽略其他物性参数条件下，对天津钢管公司保护渣的黏度进行分析，得到黏度与铸坯表面质量之间的关系，如图 19－24 和图 19－25 所示。图 19－24 和图 19－25 中，1 表示表面质量良好；2 表示表面质量较好；3 表示铸坯有个别缺陷；4 表示铸坯有严重缺陷。

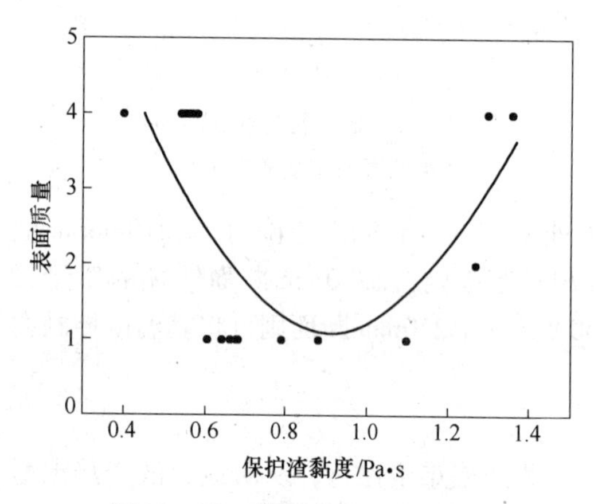

图 19－24　黏度对 ϕ210mm 铸坯表面质量的影响

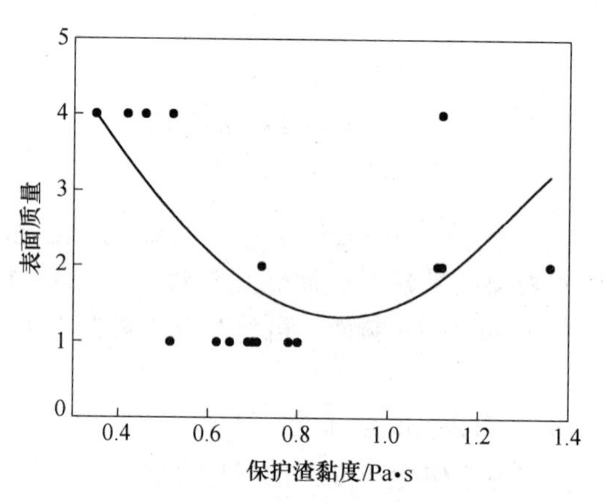

图 19－25　黏度对 ϕ270mm 铸坯表面质量的影响

分析认为，ϕ210mm 断面保护渣黏度在 0.6～1.1Pa·s 可以避免裂纹的形成，当超出此范围，发生表面纵裂纹的几率增加；ϕ270mm 断面保护渣黏度在 0.6～1.0Pa·s 可以避免表面纵裂纹和凹坑的产生。

19.7.2.4　析晶能力

保护渣的析晶能力低，利于玻璃渣膜的形成，能够保证铸坯润滑状况良好。保护渣的析晶能力高，则形成晶体渣膜，必然增大坯壳和结晶器之间的摩擦阻力。摩擦阻力增大，渣膜易被拉断，使钢液和结晶器壁直接接触而发生黏结。有研究认为[48]，渣膜厚度随保护渣转折温度的增加而增加，利用转折温度的这一特性可以控制铸坯的水平传热。保护渣转折温度 T_b 与保护渣组分之间的关系见式（19－9）。

$$T_b - 1180℃ = -3.94w(Al_2O_3) - 7.87w(SiO_2) + 11.37w(CaO) - 9.88w(MgO) + 24.34w(Fe_2O_3) + 0.23w(MnO) - 308.7w(K_2O) + 6.96w(Na_2O) - 17.32w(F) \tag{19-9}$$

提高碱度和转折温度，保护渣的结晶化倾向增大，但是可能导致液态渣膜减薄，恶化铸坯润滑，增加铸坯黏结和拉漏的风险。因此，在设计保护渣时应综合考虑各因素，以确定合适的保护渣。

19.7.2.5　保温性能

保护渣粉体是由渣料固体颗粒和气体组成。因此，保护渣粉体传热受渣料导热系数、温度、渣料之间的接触状态、气相性质以及气固相比率的影响。Roller 经验公式(19－10)指出，保护渣粒度越密小，气孔率越高，而气孔率越高，保护渣的保温性能越好。在气孔率一定的情况下，气孔直径越小，则厚度一定的粉渣被气孔隔开的层数就越多，辐射传热能力下降，从而使保护渣的保温性能提高[49]。

$$\varepsilon = Kr^{-n} \tag{19-10}$$

式中　ε——气孔率；

r——粒子半径。

当临界半径在 10～30 之间时，K、n 均为常数。

保护渣的熔化速度对保温性能有影响。当熔化速度快时，保护渣粉渣消耗快，液渣散热加快，容易导致液渣结壳。

析晶能力增强，保护渣水平方向传热减缓，铸坯散热能力减弱，此种保护渣适合浇铸裂纹敏感钢种，如包晶钢。

保护渣的保温性能差，则可能使得保护渣表面结团和出现渣条的倾向加重，结渣条后则会使得液渣流入渣道困难，从而影响铸坯的润滑和传热。传导传热和对流传热都是随体积密度的增加而增加，因此在设计保护渣时，要考虑保护渣的体积密度，从而来避免热量损失。空心渣的发明，有效地实现了保护渣在结晶器弯月面处的绝热保温。

19.7.2.6　渣耗量

靠近结晶器壁一侧的保护渣是具有一定厚度的固态渣膜，它与结晶器壁之间是固－固摩擦，并随结晶器壁往复振动，滞留在结晶器中基本上是非消耗的；而靠凝固坯壳一侧的液态渣膜与凝固坯壳之间是液－固摩擦，是有效的润滑剂。随着拉坯的不断进行，液态保护渣层在自身的流动和结晶器壁的上下振动以及凝壳向下拉动的综合作用下，被连续地带出结晶器，是消耗性的[50]。保护渣消耗量随着液渣黏度、结晶器振动频率、负滑脱率以及拉速的减少而加大。因此在保护渣的设计时，根据结晶器振动参数来调整保护渣的物性是必要的。

天津钢管公司对不同断面圆坯的保护渣随拉速变动的消耗情况进行统计，其结果见表 19－19。

表 19－19　不同规格圆坯保护渣消耗与拉速间对应关系

圆坯直径/mm	铸机拉速 /$m \cdot min^{-1}$	渣耗量 /$kg \cdot m^{-2}$
210	1.5	0.136
	1.7	0.125
	1.8	0.120
	1.9	0.115
270	0.7	0.230
	0.9	0.210
	1.0	0.205
	1.2	0.190
310	0.4	0.280
	0.5	0.270

续表 19 – 19

圆坯直径/mm	铸机拉速 /m · min^{-1}	渣耗量 /kg · m^{-2}
310	0.7	0.250
	0.8	0.240
	0.9	0.230
	1.0	0.220

19.7.3 圆坯保护渣设计应用

19.7.3.1 保护渣设计应用实例一

设计保护渣组成成分的质量分数为：CaO：22.87%、SiO_2：21.41%、F：2.86%、R_2O：3.48%、Al_2O_3：15.86%、Fe_2O_3：0.97%、MgO：5.06%、H_2O：0.30%、C(固)：8.19%。保护渣熔点：1240℃，1300℃时的黏度为0.926Pa · s。

该渣为20钢专用保护渣，浇铸断面直径500mm。在使用该保护渣前要在线烘烤，保证水分含量不超过0.4%。保护渣在使用中液渣层在10mm左右，具有良好的吸附夹杂物能力，结晶器内热通量波动小，渣膜厚度均匀，铸坯润滑和传热良好，能够有效地提高铸坯质量。

19.7.3.2 保护渣设计应用实例二[51]

设计保护渣组成成分的质量分数为：CaO：29.68%、SiO_2：33.38%、F：3.36%、Na_2O：7.75%、Al_2O_3：5.16%、Fe_2O_3：0.95%、MgO：1.42%、H_2O：0.30%、C(固)：11.48%。保护渣熔点：1128℃，熔速：40s，1300℃时的黏度为0.667Pa · s。

该保护渣用于浇铸高锰油井管钢，其断面直径200mm。生产实践表明，该保护渣黏度适宜，渣膜均匀，保护渣在吸附MnO后黏度变化不大，物理性能稳定，而且保护渣在结晶器内熔化均匀，铺展性好，火苗适中，无结壳、结块现象，生产连铸铸坯表面质量良好，完全能够满足连铸生产要求。

19.7.3.3 保护渣设计应用实例三

设计保护渣组成成分的质量分数为：CaO：27.03%、SiO_2：26.06%、F：2.52%、Na_2O+K_2O：6.22%、Al_2O_3：7.77%、Fe_2O_3：0.78%、MgO：5.20%、H_2O：0.30%、C(固)：11.98%。保护渣熔点：1127℃，熔速：42s，1300℃时的黏度为0.440Pa · s。

该保护渣为天铁集团二炼钢厂为了满足新改造铸机对保护渣性能的要求，进行优化设计的，用于浇铸27SiMn，其断面直径210mm。在使用为优化的保护渣时，容易出现凹陷和裂纹，经电镜扫描，裂纹周围存在非金属夹杂物，属于保护渣与钢种不匹配造成。而采用新设计保护渣，此现象明显不存在，铸坯质量得到了明显改善。

19.8 低碳钢连铸保护渣性能设计

连铸过程中，保护渣性能的好坏对保证工艺的顺行和提高铸坯质量起着极其重要的作用，被视为连铸关键技术之一。低碳钢碳含量一般在0.01%～0.08%之间，因其强度低、硬度低而软，故又称为软钢。这类钢高温力学性能好，凝固收缩率比较低，裂纹敏感性小，所以通常以较高拉坯速度进行生产。基于其凝固特点和质量要求，设计低碳钢保护渣时应主要需要考虑渣的润滑及渣耗。拉速高时要尽量增大结晶器热流密度，以增加坯壳厚度，防止黏结漏钢，这要求保护渣具有较低的结晶温度和较低的熔化温度，以保证在950℃以上保护渣处于非晶体态，最大限度地减少黏结漏钢的发生。同时需要保护渣具有良好的润滑和较高的渣耗，因此需要保护渣拥有较低的黏度和较快的熔化速度。另外，此类钢种初生铁素体坯壳中［P］、［S］偏析小，初生坯壳强度高，铸坯振痕较深，故应使用保温性能好的保护渣，提高弯月面初生坯壳温度，有利于减轻振痕过深带来的危害[2]。

19.8.1 低碳钢连铸结晶器保护渣性能分析

液态保护渣流入坯壳与结晶器壁间形成渣膜利于改善润滑和结晶器传热。坯壳与结晶器壁间的保护渣是由液渣层、结晶态固相渣层和玻璃态固相渣层构成。低碳钢连铸用保护渣应合理调配三个渣层的物性，降低液渣层的黏度来满足润滑，防止拉漏，同时使保护渣具有较低的凝固温度和结晶温度以增加固相层和结晶相比例，增加热流以增加坯壳的厚度[52]。

19.8.1.1 保护渣黏度

保护渣的黏度是衡量熔渣流动性的标志。合适的黏度可以使保护渣在坯壳和结晶器内壁间形成均匀的和一定厚度的渣膜，能稳定传热和改善铸坯的润滑。高黏度保护渣可有效降低低碳、超低碳钢的保护渣性夹杂物缺陷。提高保护渣黏度，可以降低渣的液滴断裂性，降低弯月面钢水刮渣和涡流卷入保护渣。然而如图 19 - 26 所示，保护渣黏度太高，液渣的流动性就会变坏，容易形成渣条，渣耗降低，液渣膜不均匀，易形成凹坑或纵裂，甚至会造成黏结漏钢。保护渣黏度太低，会使渣膜变厚，影响铸坯传热。所以针对不同的钢种，保护渣的黏度必须在一个合理的范围。

Wolf 等人把黏度和拉速结合，认为 $\eta v_{1300℃}$ 值在 0.1 ~ 0.35 范围内选择时最为合理。此时液渣膜厚度、结晶器传热、结晶器温度波动最小。因为低碳钢的拉速相对比较高，希望保护渣的黏度低一些，应取下限。实践表明拉速为 4 ~ 6m/min 的黏度控制范围为 0.15 ~ 0.02Pa · s 比较合适。

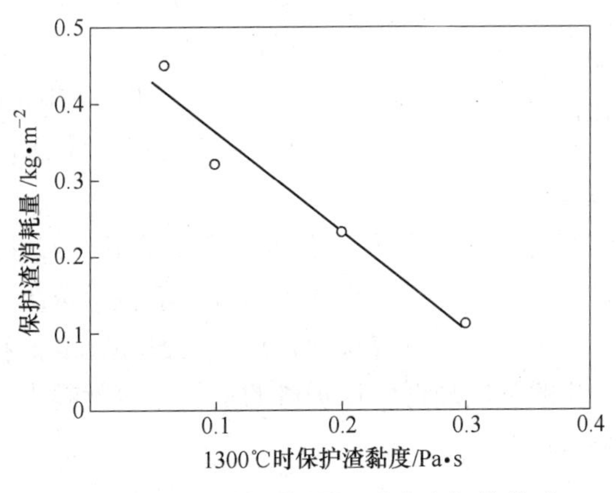

图 19 - 26 保护渣耗量和黏度之间的关系

19.8.1.2　保护渣熔渣层厚度

低碳钢对裂纹敏感性小，设计低碳钢保护渣主要考虑的是润滑。合适液渣层厚度可以存储足够的熔渣，便于熔渣均匀稳定地流入铸坯和结晶器的间隙，以保证对铸坯的润滑；将钢液面与空气隔开，防止钢水被氧化；吸收上浮夹杂物，以减少弯月面处夹杂物聚集造成的铸坯表面或皮下夹杂。

通常认为液渣层厚度在 10 ~ 15mm 最佳。对于高拉速，Mill 推荐最小液渣层厚度为 20mm，但其他研究者并不赞同该结果，Bommaraju 推荐最小液渣层厚度为 6 ~ 12mm。通常液渣层厚度为振幅的 1.5 ~2 倍，约 8 ~ 15mm，特殊情况下达到 20mm。

19.8.1.3　保护渣碱度和析晶温度[53]

设计低碳钢结晶器保护渣应主要考虑保护渣的传热性能，要选择传热性能好、析晶率低的渣系[53]。迟景灏等人[54]研究发现，碱度在 0.8 ~0.95 的范围内时保护渣系的析晶率比较低，熔化后的保护渣能有较高的玻璃化率，导热性能和润滑性能良好。根据现场生产实践，低碳钢的薄板坯保护渣碱度在 1 左右时比较合适。

析晶温度是保护渣开始析出晶体时的温度，析晶温度的高低直接影响保护渣润滑和传热的强弱。析晶温度越低，在结晶器和坯壳之间形成的固体渣膜中玻璃成分越高，玻璃体兼有分子的振动传热和红外辐射传热，所以能有效提高保护渣的传热效率。同时，固态渣膜中的玻璃层还具有较好的润滑能力，降低了坯壳和结晶器内壁之间的摩擦，能有效地减少黏结漏钢的发生。析晶温度越高，固态渣膜中的结晶层越厚，结晶层存在气孔，提高了热阻，使渣膜的传热效率降低。对于低碳钢这种高拉速钢种，降低结晶温度，减少结晶层，提高热流密度，能有效地增加凝固坯壳厚度，减少黏结漏钢。同时，降低结晶温度，增加玻璃层的厚度，提高渣膜的润滑能力，也能降低黏结漏钢的几率。

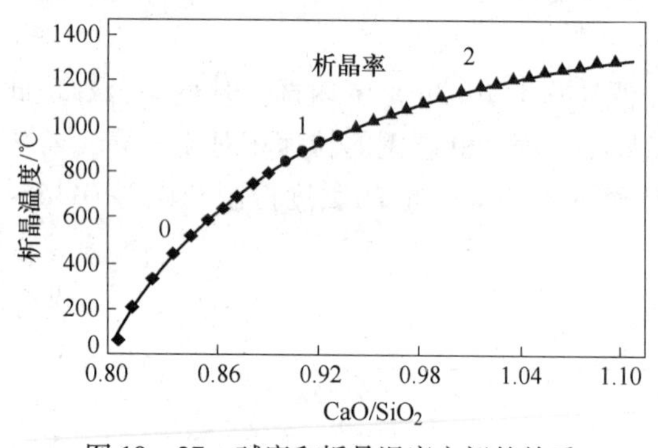

图 19 – 27　碱度和析晶温度之间的关系

在保护渣组分与析晶率关系的研究中，碱度及 Li_2O、BaO、SiO_2、CaO 对析晶率存在较大影响，图 19 – 27 为碱度和析晶温度之间的关系。许多研究得到最一致的结论是：提高碱度，保护渣的析晶倾向增大，析晶温度提高。

从图 19 – 27 中也能看出，为了降低保护渣的析晶温度，要选用碱度比较低的渣系。

19.8.1.4　保护渣消耗量

保护渣的消耗量是评价润滑性能的重要指标。消耗量不当，可能会引起铸坯纵裂纹、黏结漏钢、振痕过深、横角裂、角部纵裂和铸坯凹坑。消耗量取决于浇铸的钢种、铸坯尺寸、结晶器振幅和频率、拉速及保护渣自身的性能等。铸坯比表面积越大、振幅越大、振频越小、拉速越低、保护渣的黏度越低，保护渣的消耗量也就越大。一般厚板坯的保护渣正常消耗量是 0.3 ~0.6kg/m²。

19.8.1.5　保护渣熔化温度

保护渣的熔化温度直接影响连铸过程中结晶器内钢液面上熔渣层的厚度和坯壳与结晶

器内壁之间的渣膜厚度。保护渣的熔化温度也影响渣耗量，熔化温度下降，渣耗量增加，坯壳和结晶器的润滑良好。保护渣的熔化温度过高，渣子熔化困难，液渣层变薄，流入坯壳和结晶器之间的液渣少，保护渣的润滑能力和坯壳的传热能力变差，易导致黏结漏钢。但是，如果保护渣的熔化温度太低，流入结晶器和坯壳间的渣膜厚度会厚薄不均，影响坯壳的均匀传热。对于保护渣熔化温度的选择，可参考铸坯出结晶器下口坯壳表面温度。要保证全程液态保护渣润滑，保护渣熔化温度必须稍低于或等于结晶器下口坯壳表面温度。对于普通板坯连铸，结晶器下口坯壳温度在1150℃左右；对于高拉速铸坯机，保护渣的熔化温度一般控制在1030~1170℃之间，低碳钢一般取下限。

19.8.2 低碳钢保护渣设计应用

19.8.2.1 保护渣设计方案一

钢种：低碳钢，08铝，20号和A3；

拉坯速度：0.9~1.2m/min；

铸坯断面：140mm×1050mm，180mm×1050mm，180mm×1230mm；

化学成分（%）：CaO 35.39、SiO_2 35.18、（Na_2O+K_2O）6.97、F 4.94、Al_2O_3 2.5、Fe_2O_3 2.35、C 6.04；

熔化温度：1120℃；

黏度（1300℃）：0.4 Pa·s；

熔化速度（1400℃）：30s。

19.8.2.2 保护渣设计方案二

钢种：低碳钢（<0.08）；

拉坯速度：1.5m/min；

铸坯断面：（210~250）mm×（900~1930）mm；

化学成分（%）：CaO 36.8、SiO_2 39.1、（Na_2O+K_2O）12.0、F 5.5、Al_2O_3 1.8、Li_2O 0.4、C 3.3；

熔化温度：1080℃；

黏度（1300℃）：0.12Pa·s；

熔化速度（1400℃）：14s。

19.9 包晶钢（中碳钢）连铸保护渣性能设计

连铸过程中，保护渣性能的好坏对保证工艺的顺行和提高铸坯质量起着极其重要的作用，被视为连铸关键技术之一[55]。中碳钢属于对裂纹敏感性钢，凝固过程中会发生包晶反应，即在1495℃时，$w[C]=0.09\%\sim0.53\%$的Fe－C合金在凝固过程中会出现包晶反应：δFe(铁素体)＋L(液体)→γFe(奥氏体)。在此反应中，δFe（$w[C]=0.09\%$）、γFe($w[C]=0.17\%$）和L($w[C]=0.53\%$）三相共存。通常把碳的质量分数在0.09%~0.53%之间的钢种称为包晶钢。这种钢在结晶器弯月面以下50mm区域初生坯壳收缩大，晶粒粗大，初生坯壳生长不均匀，当热流密度过大时，铸坯表面裂纹指数急剧增大，易产生裂纹，这是包晶钢裂纹产生的主要原因。因此，生产中在减弱结晶器冷却强度的同时控制及减弱保护渣的传热能力是目前解决裂纹敏感性钢种连铸坯表面质量的主要及有效手段。

19.9.1　包晶钢的凝固特点及缺陷产生

钢液的凝固过程相图如图 19－28 所示。

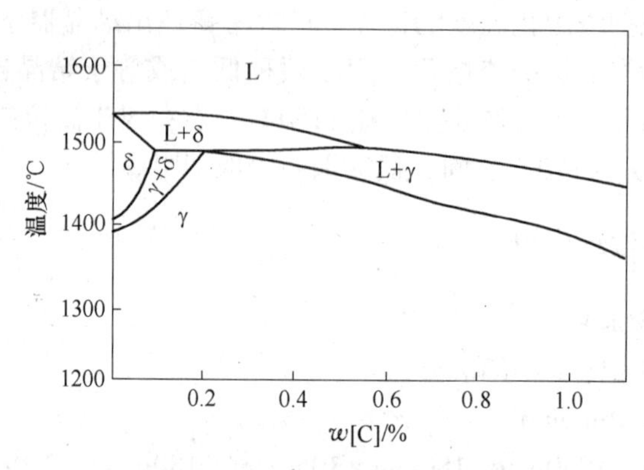

图 19－28　钢液凝固过程相图

包晶钢的凝固正好处于包晶区（δ＋L→γ），在固相线温度以下 20～50℃钢的线收缩最大，此时结晶器弯月面刚凝固的坯壳随温度下降发生 δFe→γFe 转变，伴随着较大的体积收缩（0.38%的体积收缩），坯壳与铜板脱离形成气隙，导致热流最小、坯壳最薄，在表面形成凹陷。凹陷部位冷却和凝固速度比其他部位慢、组织粗化、对裂纹敏感性强，在热应力和钢水静压力作用下，在凹陷薄弱处产生应力集中而出现裂纹。坯壳表面凹陷越深，坯壳厚度不均匀性就越严重，裂纹出现的几率越大。

因此包晶钢连铸坯特别容易产生表面裂纹的原因除与钢液凝固包晶反应时坯壳线收缩最大有关外，还与碳含量在包晶反应点附近时铸态奥氏体晶粒粗大、柱状晶粗大，在晶粒粗大处，坯壳容易形成凹陷有关。

19.9.2　包晶钢连铸结晶器保护渣性能分析

液态保护渣流入坯壳与结晶器壁间形成渣膜利于改善润滑和结晶器传热。坯壳与结晶器壁间的保护渣是由液渣层、玻璃态固相渣层和结晶态固相渣层构成。包晶钢连铸用保护渣应合理调配三个渣层的物性，降低液渣层的黏度来满足润滑，防止拉漏，同时使保护渣具有适当的凝固温度和结晶温度以增加固相层和结晶相比例，减缓传热，抑制板坯表面裂纹的产生[56]。

19.9.2.1　保护渣黏度

黏度是保护渣非常重要的指标，下渣量小有利于凝固坯壳的均匀形成，要求保护渣有稍高的黏度；但当黏度较高时，保护渣消耗量降低，渣膜减薄，厚度不均匀，增大铸坯壳局部的摩擦应力不均，裂纹容易产生。

Wolf 等人把黏度和拉速结合，认为 ηv 值在 0.1～0.35 范围内选择时，效果较好，液渣膜厚度、结晶器传热、结晶器温度波动最小。

拉速较高时为了保证足够的渣消耗量，希望渣的黏度低一些，但生产中发现黏度过低会引起渣膜厚度不均，导致传热不均，引起不均匀凝固。故应注意黏度控制，切忌黏度偏低，取 ηv 乘积的上限为宜，即渣子黏度与拉速乘积应控制在0.20～0.35之间。

19.9.2.2 保护渣熔渣层厚度

对于包晶钢来讲，保护渣的重点应放在控制从铸坯传往结晶器的热流上，限制结晶器的热通量，希望保护渣具有较大热阻。因此，应选用凝固温度高、结晶温度也高的保护渣，利用结晶质膜中的“气隙”，使保护渣的传热速度减缓，有助于减少铸坯在冷却过程中产生的热应力。

为降低保护渣在结晶器中的水平传热，从而使初生坯壳尽可能地薄且均匀，就要求保护渣渣膜要厚，保护渣的析晶率要高，最大限度地减小辐射传热和增加界面热阻。

较厚的熔渣层对防止裂纹有利，为防止裂纹钢水液面上部的液渣层厚度应大于10mm，液渣层厚度小于10mm时对表面缺陷敏感。如图19－29所示[57]，保护渣液渣层厚度大于10mm，裂纹明显减少。某厂在生产包晶钢时，经过多次与保护渣厂家联系调整保护渣成分，最终将液渣层厚度控制在10～15mm之间，铸坯的裂纹发生率明显减少。

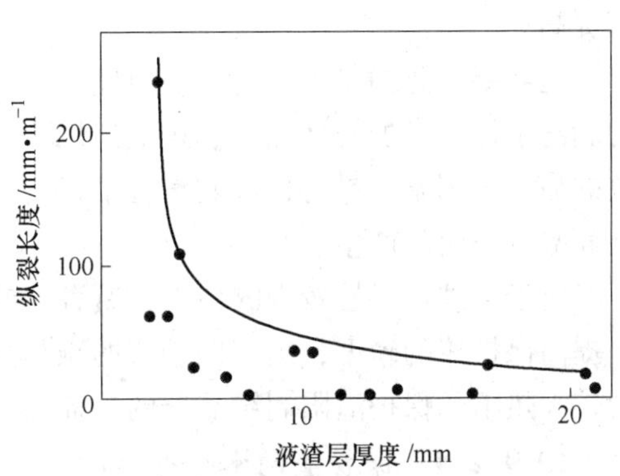

图19－29 保护渣的液渣层厚度与裂纹之间的关系

19.9.2.3 保护渣碱度和析晶温度

除了提高保护渣的熔化温度，还要通过结晶相的析出来控制结晶器壁与坯壳间的传热。因为随着结晶相的析出、长大，使结晶器与坯壳间的固态渣膜中产生孔洞，降低了渣膜的传热作用，甚至阻碍了横向温降，这样就可减少裂纹的发生频率。控制渣膜中孔洞的主要因素是析晶温度。析晶温度升高，结晶器中散出的热量就减少。为此采用较高的碱度来提高保护渣的析晶温度。碱度（CaO/SiO_2）>1.10时，铸坯裂纹发生几率明显减小。保护渣的碱度对导热性影响明显，碱度小于1.0时，渣玻璃性强，导热性好，在同样拉速下，热流增大：碱度大于1.0时，渣析晶率大，渣膜的导热性减弱，相应结晶器热流会低一些。碱度对热流密度的影响如图19－30所示。

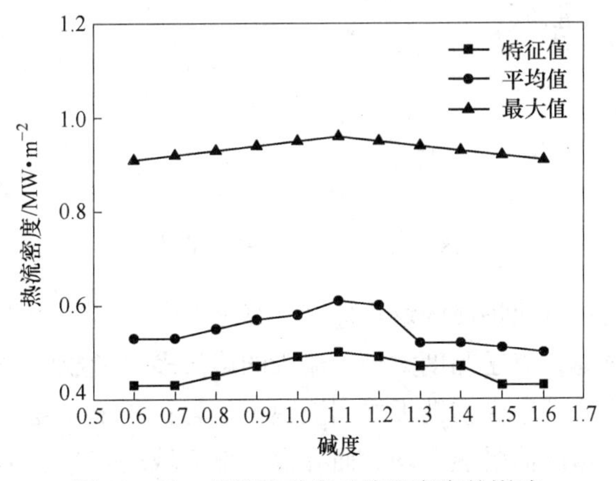

图19－30 保护渣碱度对热流密度的影响

从图 19－30 可以看出，碱度在 0.8～1.1 时，热流密度呈增加趋势，当碱度大于 1.1 时，热流密度开始下降。碱度从 0.8～1.1 变化的过程中，渣膜厚度逐渐减小，因此热流密度增加，当碱度在 1.2 时，渣膜中有气孔出现，表面粗糙度很大，因此有效降低了界面热阻，从而使热流密度下降；此后，碱度越大，析晶率越高，热流密度也随之下降[58]。

在保护渣组分与析晶率关系的研究中，碱度（CaO/SiO_2）、Li_2O、BaO、SiO_2、CaO 对析晶率的影响，许多研究得到最一致的结论是：提高碱度，保护渣的结晶倾向增大，析晶率提高。

但需要注意的是，提高转折温度和提高碱度的做法，可能导致液渣膜减薄，恶化铸坯的润滑条件，增加铸坯黏结、拉漏的风险。同时，保护渣的润滑性能也是影响铸坯表面裂纹的另一个因素。具有良好润滑性能的保护渣，可以减小铸坯与结晶器壁之间的摩擦力，从而减少裂纹的产生。

对于裂纹敏感性较强的包晶钢钢种，应选择低导热性能、高析晶率的保护渣。通过适当提高保护渣的碱度，提高保护渣的结晶温度，降低保护渣黏度，来提高析晶率，从而得到较大热阻的保护渣限制结晶器的热通量，实现结晶器的弱式冷却。

19.9.2.4　保护渣的水分含量

保护渣水分含量也是评价其性能的重要指标。水分含量超过 0.50% 后，熔化性能明显变差；水分含量超过 0.75%，铸坯合格率明显下降。购进水分测定仪，严格控制保护渣的水分含量，有效地稳定了铸坯表面质量。

19.9.2.5　保护渣的消耗量

图 19－31 所示为某一实验条件下拉速与渣耗量的关系。随拉速增加，渣耗量存在下降趋势，但在同一拉速时，渣耗值波动大，这与保护渣的黏度大有较大关系。对于浇铸条件一定时，渣膜的厚度和均匀程度与熔渣的黏度有很大关系。

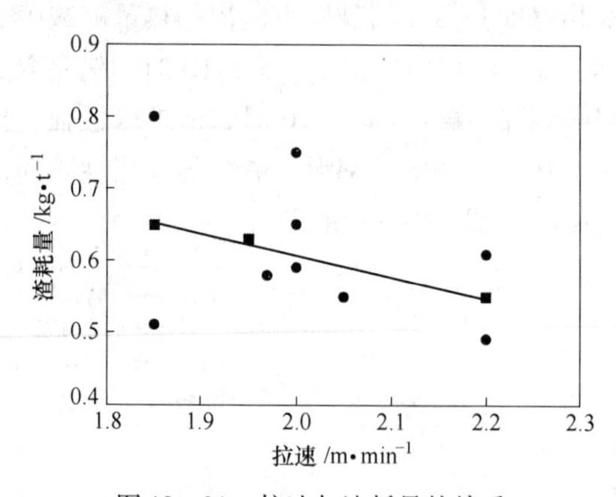

图 19－31　拉速与渣耗量的关系

影响渣耗量的因素还有保护渣的熔化速度、黏度和熔化温度。渣子熔化速度过快或过慢，使液渣层过厚或过薄；渣子黏度太小，流入的熔渣多，形成的渣膜厚，而且由于其过大的流动性，容易造成流入坯壳与铜板之间渣膜不均匀；渣子黏度过高，则影响保护渣的铺展性和熔化性，致使结晶器受热不均匀而导致局部区域坯壳厚度不均匀，使凹陷和纵裂发生。对于亚包晶钢的生产来讲，这种影响对铸坯质量的影响尤其大。

19.9.3 包晶钢保护渣设计应用

平衡和协调好保护渣的润滑与传热，是设计保护渣的关键。已报道的一些包晶钢用保护渣设计思路有：黏度合适、高碱度（$CaO/SiO_2>1.10$）及高析晶温度；较低黏度、较高熔化温度；低碱度（$CaO/SiO_2<1.0$）、高析晶率；黏度和碱度较低、较高熔化温度和析晶温度；高熔化温度和析晶温度等。

19.9.3.1 保护渣设计方案一

保护渣由硅灰石、石灰石、石英砂、萤石、工业用苏打、碳酸锰、炭质材料所配制。其化学成分质量分数满足：CaO：28%～42%、SiO_2：26%～40%、CaF_2：10%～20%、Na_2O：4%～10%、MnO：2%～8%、$0<Al_2O_3<6\%$、C：2%～10%，其中，保护渣中∑CaO与SiO_2的质量比为1.0～1.2。

该设计在传统高碱性连铸保护渣的基础上，严格控制$\sum CaO/SiO_2$的比值，使之在1.0～1.2之间；特别加入过渡族金属氧化物MnO，使保护渣在不显著提高碱度和结晶率的条件下，具有良好的控制红外传热和传导传热的能力，由于碱度不高，结晶率较低，润滑能力较强，可以保证在浇铸裂纹敏感性钢时，减弱铸坯皮壳的热应力和拉坯阻力，从而减轻纵裂纹的产生和微裂纹的出现，保证了连铸工艺的顺行，并保证拉速的稳定和提高。

19.9.3.2 保护渣设计方案二

保护渣成分质量分数如下：硅酸钙70%～80%、硅藻土4.5%～8.5%、保温砖粉4.5%～9.5%、冰晶石1%～7%、高温氧化铝1%～7%、炭黑0.5%～4.5%、石油焦1%～5%、膨胀石墨0.5%～5%。

本设计在某钢厂的连铸机上进行包晶钢浇铸试验，取得了良好的效果，基本上消除了表面凹陷，裂纹也明显减少，解决了包晶钢的连铸质量问题，取得了良好的经济效益。

19.9.3.3 保护渣设计方案三

设计保护渣各组成成分的质量分数为：CaO：38.9%～40.8%、SiO_2：26.38%～28.79%、CaF_2：11.3%～12.3%、Na_2O：8%～8.6%、Al_2O_3：2.85%～3.16%、Li_2O：3.1%～3.58%、MnO：3.8%～4.2%、MgO：余量。

此保护渣具有良好的润滑性、铺展性；有高的熔化速度，能够及时补充液渣的快速消耗；碱度较高，具有很强的吸附夹杂物的能力；黏度适宜、析晶温度合理。实践证明，浇铸中碳亚包晶钢连铸板坯使用此保护渣，由结晶器液面波动引起的卷渣缺陷大幅度减少，传热均匀性大大提高，铸坯表面质量好。

19.10 高碳钢连铸保护渣性能设计

连铸生产高碳钢时，由于磷、硫等杂质元素的偏析较大，与低碳钢相比，高碳钢的高温塑性差、高温抗拉强度低，在钢水静压力下坯壳和结晶器壁接触紧密，拉坯过程中坯壳受到的摩擦阻力大，坯壳易与结晶器壁黏结，且坯壳之间重接能力差，易导致黏结漏钢。其次，铸坯易出现中心疏松和中心偏析。在生产实践中，为提高铸坯内部质量，常采用电磁搅拌，降低铸机拉速和钢水过热度，以及优化二冷制度等技术措施。为防止黏结漏钢除采用高频、小振幅的结晶器振动技术外，另一个重要措施就是使用具有良好润滑性能和不易结渣圈的保护渣；同时还要求保护渣具有良好的吸收夹杂物能力。

19.10.1　高碳钢的凝固特点及缺陷产生

随钢中碳含量增加，钢的液相线温度降低，固液相线温度差增大。与低碳钢相比，高碳钢在凝固过程中的相变为 $L+\gamma\rightarrow\gamma$，凝固组织为100% γ 相，而低碳钢为 $L+\delta\rightarrow\delta+\gamma\rightarrow\gamma$。此外，钢水凝固过程中磷、硫偏析较大，导致很高的裂纹敏感性。凝固组织和显微偏析是影响钢的高温力学性能的重要因素之一。所以，高碳钢的高温强度低、塑性差，其高温抗拉强度比低碳钢低15% ~20%[59]。

在高碳钢连铸生产中，高碳钢在凝固时，由于柱状晶的生长趋势强烈，中心疏松和偏析较为严重。为提高铸坯内部质量，常采用低拉速和低过热度浇铸。此外，由于高碳钢溶质元素的偏析，导致凝固壳的有效厚度较薄，仅为 $w[C]=0.1\%$ 的低碳钢的一半；高碳钢流动性好，有良好的充型能力，在钢水静压力作用下，坯壳和结晶器壁紧密接触，易产生黏结和增大拉坯阻力，加之高碳钢的高温抗拉强度低，韧性和变形能力差，故易产生黏结漏钢。据文献报道，连铸生产高碳钢时产生的漏钢中黏结漏钢占80%，且多发生在开浇和拉速较低时。因此，改善结晶器的润滑是实现高碳钢连铸稳定生产的首要条件。目前在这方面做的工作有优化结晶器振动参数和保护渣性能。通过调整拉速与振动频率的匹配关系、采用高频小振幅，以及根据钢种特性开发与之适应的保护渣，在生产中都取得了较好的效果，不仅降低了漏钢率，而且还提高了铸坯表面质量。

19.10.2　高碳钢连铸结晶器保护渣性能分析

关于高碳钢板坯连铸保护渣的文献资料很少，从宝钢生产实践看，保护渣选用不当，易引起铸坯表面夹渣、气孔、内外部裂纹等缺陷；生产过程中，易结渣圈，需经常捞渣，结渣圈严重时会引起黄牌报警，甚至漏钢，影响或中断生产[59]。

一般而言，高碳钢保护渣需要满足如下基本特性：

(1) 保护渣的熔点要低，以充分发挥其在结晶器与坯壳之间的润滑作用，防止黏结漏钢等事故的发生。

(2) 保护渣的黏度要低，以保证保护渣熔化以后具有良好的流动性。

(3) 保护渣的保温性能要好，因为高碳钢液相线温度较低，浇铸温度、拉速要求相对低，保护渣若没有良好的保温性能，铸坯质量及生产顺行难以得到保证。

(4) 保护渣熔渣的导热性能要好，以保证坯壳与结晶器之间的热传递。

(5) 保护渣应具有优越的吸收夹杂物的能力。

高碳钢保护渣的物化性能[60]：

(1) 保护渣黏度。黏度是保护渣非常重要的指标，具有良好润滑作用的保护渣，应能使坯壳与结晶器壁间的摩擦力降至最小。坯壳和结晶器之间的摩擦力与保护渣的黏度成正比。Wolf 等人把黏度和拉速结合，认为 ηv 值在 0.1 ~0.35Pa · s 范围内选择时，效果较好，液渣膜厚度、结晶器传热、结晶器温度波动最小。唐钢生产断面为 92mm/72mm ×(860 ~1730)mm 的 FTSC 薄板坯时，所使用保护渣黏度为（0.09 ±0.005） Pa · s[60]。攀钢在生产断面为 280mm ×380mm 的重轨钢 U71Mn 时，选用的保护渣黏度为 0.389Pa · s 有效解决了黏结漏钢等问题。

（2）保护渣熔渣层厚度与渣耗。摩擦力与液态渣膜的厚度成反比，而与其黏度成正比。由于摩擦力和渣膜厚度在实际生产中难以准确检测和分离，因此常用与渣膜厚度有直接关系的保护渣消耗量来作为其润滑性能的重要参数。高碳钢保护渣的重点应放在润滑上，基于高碳钢的凝固特点，希望其保护渣应具有良好的润滑性，以减少黏结漏钢的发生。

图 19－32 所示为摩擦力与渣膜厚度的关系。由图可看出，消耗量减少将会导致形成的渣膜厚度减薄，使摩擦力增加[61]。

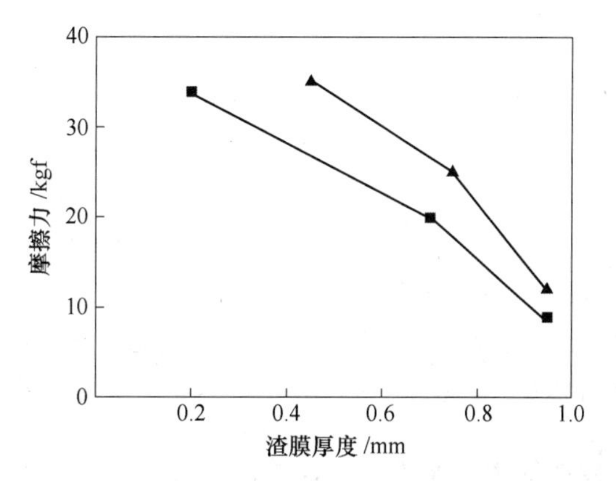

图 19－32　摩擦力与渣膜厚度的关系（1kgf＝9. 8N）

日本通过对生产数据的统计分析，认为保护渣消耗量在常规拉速下大于 0. 3kg/m^2，在高拉速条件下大于 0. 2kg/m^2，可降低漏钢率。保护渣消耗量随拉速的升高而降低，这一点已被较多的研究所证实。结晶器振动频率对保护渣消耗量的影响与拉速的作用类似，频率增加，保护渣消耗量减少，如图 19－33 所示[62]。

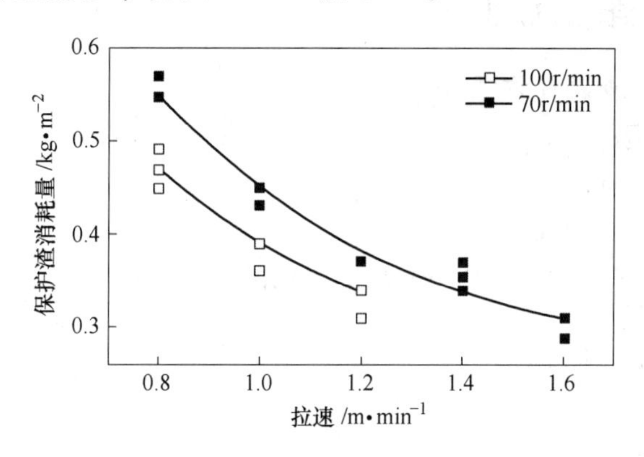

图 19－33　振动频率和拉速对保护渣消耗量的影响

综述，保护渣消耗量的下降会导致渣膜厚度变薄，从而引起摩擦力的上升。提高保护渣液渣膜厚度可降低坯壳与结晶器壁的摩擦力，防止漏钢。

（3）保护渣的熔化温度 T_m、凝固温度 T_s 和析晶温度 T_c。保护渣的黏度 η、凝固温度 T_s，析晶温度 T_c 等物性对其消耗量的影响是显著的。保护渣的消耗量随 η 的升高而降低[62]。凝固温度 T_s、析晶温度 T_c 及熔化温度 T_m 对保护渣消耗量的影响是一致的。保护渣消耗量随 T_s、T_c 和 T_m 的提高而降低。这是由于随 T_s、T_c 和 T_m 的提高，渣膜中流动速度快的液态层变薄，流动速度慢的结晶层变厚。因此，这些物性的变化必然会引起摩擦力的改变，图 19－34 和图 19－35 所示分别为 T_s 和 T_m 对摩擦力的影响[61]。

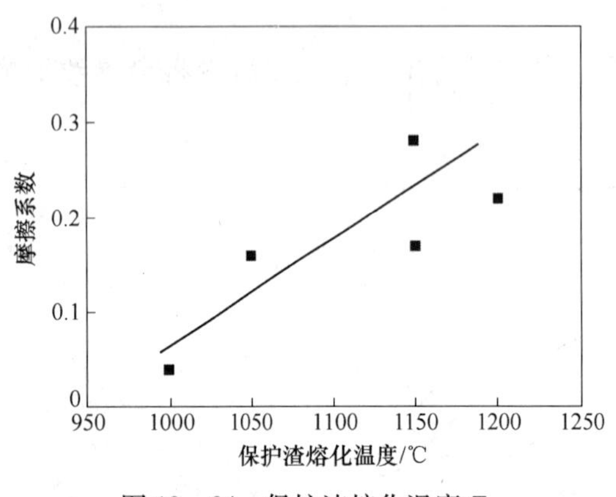

图 19－34 保护渣熔化温度 T_m 对摩擦力的影响

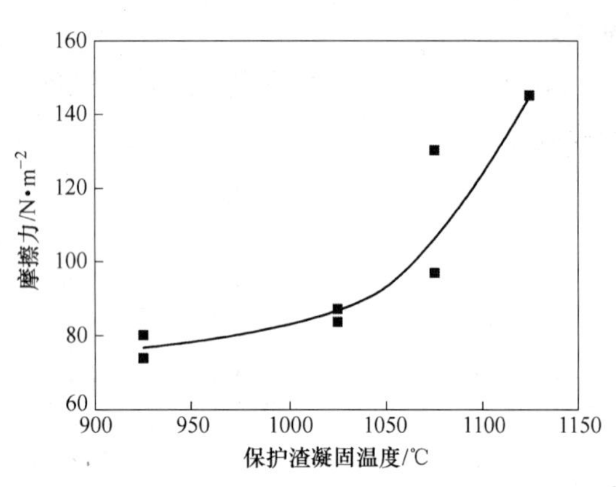

图 19－35 保护渣凝固温度 T_s 对摩擦力的影响

通过上述研究，清楚地知道了摩擦力、保护渣消耗量和渣膜厚度三者间的关系。保护渣消耗量的下降会导致渣膜厚度变薄，从而引起摩擦力的上升。所以，保护渣 η、T_s、T_c 和 T_m 的升高均会增加摩擦力，使保护渣的润滑能力变差。要确保良好的润滑性能，必须根据连铸工艺参数确定适宜的物理性能，并保证这些性能在浇铸过程中不发生较大的改变。

19.10.3 高碳钢保护渣设计应用

19.10.3.1 保护渣设计方案一

钢种：82A 帘线钢；

拉坯速度：0.75m/min；

铸坯断面：325mm × 280mm；

化学成分：CaO 26.73%、SiO_2 30.26%、Na_2O 22.12%、MgO 4.74%、Al_2O_3 2.18%、T_C 3.47%；

熔化温度：1120℃；

黏度（1300℃）：0.35 Pa · s。

19.10.3.2 保护渣设计方案二

钢种：高碳钢管；

拉坯速度：1.2m/min；

铸坯断面：250mm × 1800mm；

化学成分：CaO 28.8%、SiO_2 29.0%、Na_2O 20.6%、F 10.7%、Al_2O_3 4.4%、T_C 3.4%；

熔化温度：940℃；

黏度（1300℃）：0.07 Pa · s。

19.11 不锈钢连铸保护渣

由于不锈钢钢液中镍、铬、钛等合金元素的作用以及含量的不同使不锈钢铸坯具有不同的凝固特性和高温性能，在连铸过程中铸坯表面易出现凹陷、裂纹、深振痕及夹渣等缺陷。由于不锈钢钢液中合金元素多、含量高、夹杂物种类多，这就要求保护渣具有吸收和同化夹杂物的能力，而且吸收后的保护渣性能仍能满足连铸工艺的要求，即保证保护渣物化性能的稳定性。由于不锈钢的高温特性及要求连铸工艺的严格性，应严格控制保护渣的碱度、熔化温度、黏度等性能。

19.11.1 不锈钢的凝固特点及缺陷产生

不锈钢的液相线与固相线温度区间差别很大，奥氏体不锈钢约为50℃，铁素体不锈钢约为25℃。在这个温度区间内凝固组织的变化可以分为4种情况[63]：第一种以是310为代表的奥氏体，其液态金属析出γ相，直致完全凝固为单一的γ相；第二种是以430为代表的铁素体，液态金属析出δ相，直致完全凝固为单一的δ相；第三种以316为代表的液态金属，首先析出初γ相，然后发生L+γ+δ，最后凝固成γ+δ；第四种是以304钢为代表的液态金属，首先析出δ相，然后发生L+δ→γ的包晶反应，最后凝固成γ+δ。

随着温度的降低，连铸钢水将发生从过热温度到液相线温度时约1%的液态收缩和3%～4%液相线到固相线的凝固收缩，最后是7%～8%固态到室温的收缩。影响连铸过程和表面质量的主要是凝固收缩，不锈钢由于凝固组织不同导致不同的收缩率，纯奥氏体和铁素体不锈钢随温度降低发生均匀的体积收缩，而304不锈钢在凝固时要发生L+δ→γ的包晶反应，在这一相变过程中要增加约3.8%的体积收缩，由于收缩率大，弯月面和坯壳受到较大的拉应力，容易发生漏钢或表面质量恶化。

19.11.2 不锈钢连铸结晶器保护渣性能分析

液态保护渣流入坯壳与结晶器壁间形成渣膜利于改善润滑和结晶器传热。坯壳与结晶器壁间的保护渣是由液渣层、玻璃态固相渣层和结晶态固相渣层构成。不锈钢连铸用保护渣应合理调配三个渣层的物性，有效地控制保护渣的黏度来减小振痕深度[64]。

19.11.2.1 保护渣黏度

在相同工艺条件下，保护渣液态渣膜厚度随保护渣黏度的降低而增加，固态渣膜厚度随保护渣黏度的增加而增加，调整保护渣黏度可以改变铸坯经渣膜到结晶器的传热及铸坯润滑，影响结晶器内初始坯壳的形成和铸坯表面质量。

保护渣黏度太低或太高都影响保护渣流入结晶器和铸坯之间的连续性和均匀性。如果结晶器和铸坯间渣膜分布不均会严重影响铸坯传热的均匀性，使得凝固壳局部成长滞后或坯壳较薄。坯壳薄的部位温度比其他部位高、凝固慢、凝固收缩也比别处晚，相邻地区的凝固收缩对其产生作用力，就会形成厚度不均匀的初始坯壳，容易产生凹陷，严重时会恶化为裂纹。针对奥氏体不锈钢应选择低黏度的保护渣来减小振痕深度。为了防止裂纹产生，需要在铸坯周围形成一层厚度均匀的半熔态渣膜，连铸应采用有利于坯壳缓冷的保护渣，实现结晶器内均匀、温和的热量传递，尽可能减少结晶器内坯壳不均匀生长现象，这需要保护渣黏度较低。例如，2Cr13选用黏度为0.25Pa·s（1300℃）的保护渣比较合适。

19.11.2.2　保护渣熔渣层厚度

保护渣熔化速度应与渣耗量匹配，而渣耗量与拉速、结晶器振动参数、断面等有关，从而影响液渣层厚度的稳定性，因此在相同工艺条件下，熔化速度直接影响液渣层厚度。

稳定、适宜厚度的液渣层可以保证保护渣流入弯月面通道的连续性和形成渣膜的均匀性，其对铸坯表面凹陷和裂纹影响很大，但是在不同连铸工艺和设备条件下，要求液渣层的厚度不一定相同。如图 19－36 和图 19－37 所示，在浇铸 304 钢，断面为 150mm × 1600mm，拉速为 0.6～0.8m/min 时，液渣层厚度稳定在 15mm 左右时，凹陷出现率和纵裂长度都较小。作者通过试验证明在浇铸 2Cr13、150mm × 150mm 方坯、拉速稳定在 1.3m/min 左右时，液渣层厚度控制在 8～10mm，铸坯表面凹陷同样大大减少。

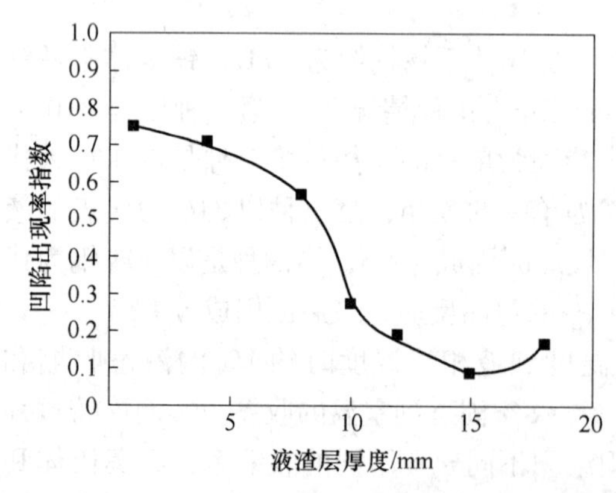

图 19－36　凹陷出现率指数与液渣层厚度之间的关系

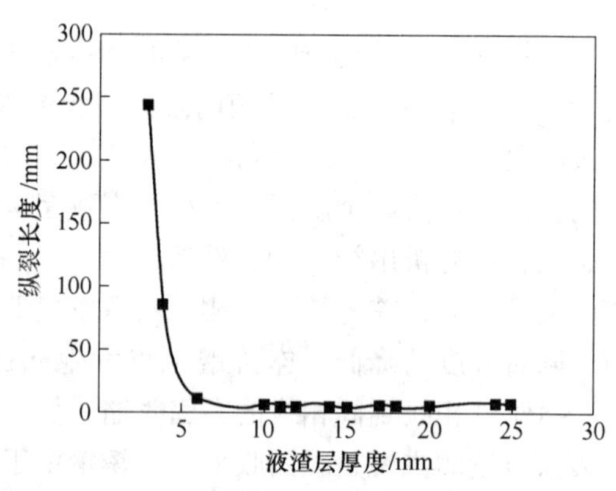

图 19－37　纵裂长度与液渣层厚度之间的关系

19.11.2.3　保护渣的碱度和析晶温度

保护渣碱度直接影响渣膜的结晶率，高碱度一般易形成高结晶率的渣膜。高结晶率的保护渣可以有效降低和控制铸坯经渣膜向结晶器的传热，低结晶率（高玻璃性）表征渣膜的润滑性能强。对于在凝固过程收缩应力敏感的不锈钢，保证渣膜激冷后，既有晶体又有部分玻璃相，保证良好的渣膜润滑和有效的控制传热。研究表明，304 钢用保护渣的 CaO/SiO_2 控制在 0.9～1.1 之间，2Cr13 钢控制在 0.7～0.9 之间，可以有效地防止凹陷及裂纹的产生，保证连铸工艺顺行。

不锈钢钢液中存在大量的夹杂物和氧化物，需要通过保护渣吸收和同化。对于含钛不锈钢，保护渣碱度应该相对低一点，因为在浇铸含钛不锈钢时，钛还与渣中 SiO_2 发生反应，降低了 SiO_2 含量，增加了保护渣的碱度，因此 CaO/SiO_2 可以控制在 0.5～0.7 之间。但对于易出现 Al_2O_3 的不锈钢，碱度不宜过低，因为碱度低的保护渣对吸收 Al_2O_3 夹杂物是不利的，因此 CaO/SiO_2 可以大于 1。

19.11.2.4　保护渣的水分含量

保护渣水分含量也是评价其性能的重要指标。水分含量超过 0.50% 后，熔化性能明显变差；水分含量超过 0.75%，铸坯合格率明显下降。购进水分测定仪，严格控制保护渣的水分含量，有效地稳定了铸坯表面质量。

19.11.2.5　保护渣的熔化温度

在相同工艺条件下，保护渣熔化温度直接影响结晶器钢液面上的液渣层厚度及结晶器与铸坯之间的固渣膜厚度，影响结晶器内初始坯壳形成的厚度和均匀性。不锈钢用保护渣的熔化温度随钢种有很大的差异，应充分考虑钢种、钢液夹杂物和连铸工艺参数对保护渣熔化温度的影响。

对于易出现表面凹陷和裂纹的钢种，保护渣熔化温度应高一点，在结晶器和铸坯之间形成厚度均匀的固渣膜，保证结晶器对连铸坯的弱冷却。如太钢304和321不锈钢板坯用保护渣的熔化温度都不低于1100℃；2Cr13保护渣熔化温度控制在1150～1170℃之间，铸坯因表面凹陷和裂纹造成的翻修率大大降低。

19.11.3 不锈钢保护渣设计应用

19.11.3.1 保护渣设计方案一

钢种：1Cr18Ni9Ti不锈钢板坯连铸；

化学成分：CaO/SiO_2 1.14、Al_2O_3 2.13%、F 7.25%、（Na_2O+K_2O）6.72%、TiO_2 0.26%、Cr_2O_3 <0.01%；

熔化温度：1092～1133℃；

黏度（1300℃）：0.16 Pa·s。

19.11.3.2 保护渣设计方案二

钢种：1Cr18Ni9Ti不锈钢方坯连铸；

化学成分：CaO/SiO_2 0.88、B_2O_3 2.4%、Li_2O 0.5%、Fe_2O_3 2.7%；

熔化温度：1118℃；

黏度（1300℃）：0.19Pa·s。

19.12 超低碳钢连铸保护渣性能设计

由于超低碳钢（碳含量小于0.005%）的优质性能，近年来在国际范围内取得飞速发展，逐渐取代铝镇静钢成为第三代深冲钢。超低碳钢的成分特点主要包括：超低碳、微合金化、钢质纯净。超低碳钢的生产已经成为一个国家汽车用钢板生产水平的标志。我国由于冶炼条件及连铸工艺等诸多方面的限制因素，超低碳钢生产面临严峻挑战，尤其是直接影响铸坯表面质量的连铸保护渣。

连铸保护渣作为结晶器与铸坯之间相互作用的介质，对于连铸工艺至关重要。在超低碳钢的连铸生产过程中，由于保护渣中含有一定数量的炭质材料，容易引起铸坯表面渗碳和结晶器内钢液增碳，造成铸坯精整合格率降低、表面质量恶化等问题。目前，我国钢铁企业现场使用的超低碳钢连铸保护渣基本上依赖进口，这不但大幅度增加了连铸成本，而且进口保护渣并未从根本上解决超低碳钢增碳这一世界性难题。超低碳钢的增碳问题，这是国内外冶金工业亟待解决的课题之一。

19.12.1 连铸过程中超低碳钢的增碳机理

目前，国内外研究人员对铸坯增碳、渗碳机理进行了大量的研究。虽然这些研究都认为保护渣中的碳是引起铸坯增碳、渗碳的根本原因[65]，但不同研究人员对铸坯增碳、渗碳的机理提出了不同的观点。陈炎[66]认为在中间包开浇时，当加入结晶器内的保护渣尚未形成一定厚度的液渣层时，粉渣与钢水的直接接触可导致铸坯增碳。S. Terada[67]等人认为结晶器内的钢水出现波动或紊流时，钢水与未熔化的结晶器保护渣直接接触，发生钢水吸碳现象，造成铸坯增碳。竹内英磨[68]认为，保护渣在熔化过程中形成的富碳层在与钢液或凝固壳接触时会引起铸坯增碳。此外，还有一些研究人员认为，附着在铸坯表面的保护渣在冷却过程中因结晶硬化而不能从铸坯表面剥离，在被铸辊压入铸坯表层后，也会起铸坯的渗碳。上述观点中，认为在浇铸过程中，因结晶器内钢液面不稳定，保护渣在熔化过程中形成的富碳层与钢液接触引起的增碳是造成铸坯增碳的主要方式。这是由于富碳层的碳含量很高，为保护渣原始碳含量的 1.5 ~5 倍，加之富碳层靠近钢水弯月面，易与钢水接触的缘故。

19.12.2 超低碳钢连铸结晶器保护渣性能分析

与普通低碳钢相比，超低碳钢连铸时，除铸坯易产生一些常见的表面缺陷外，更容易因保护渣造成铸坯增碳，严重影响钢的成材率。这要求保护渣不仅要有较好的溶解、吸收夹杂物的能力和良好的绝热性能，还要求保护渣在配碳量尽可能低的情况下，仍具有合适的熔化速度，以保持足够的熔渣层厚度，才有可能避免铸坯增碳和卷渣。

保护渣的特性是建立在渣的物理性能上的。超低碳钢用保护渣必须有较高的黏度和界面张力、较低的凝固温度和结晶化率以及合适的熔化速度。表 19 -20 列出了超低碳钢结晶器用保护渣的物理性能。

表 19 -20 超低碳钢结晶器用保护渣的物理性能

熔速/m · min^{-1}	黏度（1300℃）/Pa · s	凝固温度/℃	熔化温度/℃
0.8 ~1.2	0.15 ~0.40	950 ~1050	1000 ~1040
1.3 ~1.8	0.12 ~0.26	950 ~1000	980 ~1000

保护渣具有高黏度和高界面张力时，可避免卷渣和铸坯粘渣。尤其对于无取向硅钢，保护渣黏度高还可以弥补低拉坯速度对熔渣层厚度的负面影响。因为拉坯速度较低，除了渣耗高外，铸坯纵向传热也低，热流量减小，导致熔渣层变薄。日本新日铁提出 1300℃最佳黏度与拉坯速度关系的经验式为 $\eta v=2$。但保护渣黏度太高对铸坯与结晶器间渣膜的横向传热有不利影响。因此，高黏度渣必须有较低的凝固温度作为补偿。

19.12.3 抑制超低碳钢增碳的主要技术方向

鉴于炭质材料在连铸保护渣中的骨架功能，单纯降低保护渣中碳含量，虽然能够减少结晶器内钢液增碳、铸坯表面渗碳，但是由于连铸保护渣在熔化过程中缺少骨架粒子，熔化速度过快，从而引发一系列工艺问题和质量问题。因此，在降低保护渣中原始碳含量的同时，必须采取措施保护渣中存在足够的骨架粒子，控制保护渣的熔化速度。

（1）加入氧化剂使碳氧化。向低碳（碳含量小于 1%）保护渣中配入一定数量的强还原性物质，如硅钙粉、锰铁粉和铝粉等。由于其具有对氧亲和力比碳大的特性，在保护渣熔化过程中优先与氧发生反应，降低了炭质材料的氧化速度，这样就可以适当降低炭质材料的加入量。保护渣中加入二氧化锰可使熔渣层厚度增加，富碳层中碳含量降低，从而有效控制铸坯增碳量。在保护渣中碳含量相等的条件上，采用含二氧化锰的保护渣和不含二氧化锰的保护渣相比较，超低碳钢增碳量减少 30% ~50%。

强还原性物质含量应控制在0.5%～5.0%（质量分数）范围内，炭质材料含量应小于1.0%（质量分数）。炭质材料加入量大于1.0%（质量分数）时，很难避免增碳问题。炭质材料加入量小于1.0%（质量分数）时，若强还原性物质含量不足0.5%（质量分数），则保护渣熔化速度过快；若强还原性物质含量超过5.0%（质量分数），则又会出现强还原性物质未完全氧化而残留于保护渣中。

（2）采用快速燃烧型碳使碳氧化。研究发现，活性炭的燃烧温度较炭黑、石墨、焦炭低。实验结果表明，采用含活性炭的保护渣可使熔渣层厚度增加，富碳层中碳含量下降，从而可抑制铸坯增碳。

（3）采用碳酸盐替代部分炭质材料。在低碳保护渣中配入一定数量的碱金属和碱土金属的碳酸盐，如碳酸钙、碳酸镁、碳酸钠和碳酸锂等。利用结晶器内钢液的热量，使碳酸盐分解时的吸热反应来控制保护渣的熔化速度。将含碳酸盐的保护渣制成空心粒渣使用效果最佳。

渣中的碳酸盐含量限定在7%～20%（质量分数）范围内。碳酸盐含量不足7%时，吸热量很小，起不到降低熔化速度的作用；而碳酸盐含量超过20%（质量分数）时，吸热量过大，造成保护渣熔化不良，致使结晶器内钢液面冷却，引起铸坯表面起皮和结疤。

（4）采用碳化物替代部分炭质材料。在低碳保护渣中配入一定数量的碳化物，来控制保护渣的熔化速度。该类碳化物主要包括碳化硅、碳化钨、碳化钛、碳化锆以及其他碳化物。

之所以采用碳化物替代部分炭质材料，是因为：

1）碳化物在高温下难以与钢液发生反应，结晶器内钢液增碳和铸坯表面渗碳都很轻微。

2）碳化物在高温下难以与基料发生反应，可在基料颗粒之间发挥骨架作用。

3）碳化物价格便宜。

常用的碳化物主要为碳化硅。碳化硅中的碳在钢液中的溶解速度极小，同时在碳化硅颗粒和碳质颗粒配合使用时，碳化硅有抑制碳溶解到钢液中的作用。

（5）添加有机纤维调节熔化速度。在保护渣基料中配入0.5%～5.0%（质量分数）、粒径小于0.074mm的炭质材料和0.5%～5.0%（质量分数）、粒径小于0.074mm的有机纤维，可以控制保护渣的熔化速度，同时抑制铸坯增碳。当保护渣中含有炭质材料和有机纤维，有机纤维先于炭质材料燃烧并放出气体，减少了炭质材料的消耗，同时有机纤维燃烧后的残渣和炭质材料可以防止基料形成烧结块和产生渣条，保持熔渣层厚度稳定，改善铸坯表面质量。

（6）开发无碳保护渣。作为控制熔化速度的骨架粒子，炭质材料广泛用于各种保护渣中，这是造成超低碳钢增碳、渗碳的根本原因。要彻底解决这个问题，必须采用无碳保护渣，即寻找控制保护渣熔化速度的新型骨架粒子。目前，为此项工作做得较多的是氮化硼。研究发现含氮化硼的无碳保护渣可完全解决低碳钢和超低碳钢的增碳、渗碳问题[65]。但是，使用含氮化硼的无碳保护渣也存在一些缺点，如：

1）钢中增硼。

2）含氮化硼保护渣块性强，影响熔化均匀性。

3）含氮化硼保护渣在结晶器内容易产生鼓泡、膨胀，影响操作工艺。

4）氮化硼价格昂贵，致使保护渣成本增加。

19.12.4　超低碳钢保护渣设计应用

19.12.4.1　保护渣设计方案一

钢种：超低碳钢薄板钢；

拉坯速度：1.0～1.6m/min；

铸坯断面：240mm×（980～2300）mm；

化学成分：CaO 35.3%、SiO_2 38.2%、Na_2O 12.6%、F 7.5%、Al_2O_3 1.5%、T_C 5.1%；

熔化温度：1060℃；

黏度（1300℃）：0.185Pa·s。

19.12.4.2　保护渣设计方案二

钢种：超低碳钢薄板钢；

铸坯断面：250mm×（1100、1200、1300、1400、1500、1650、1700）mm；

化学成分：CaO 34.7%、SiO_2 39.1%、Na_2O 14.5%、F 6.4%、Al_2O_3 4.4%、T_c<1.0%；

熔化温度：1060℃；

黏度（1300℃）：0.22Pa·s。

19.13　稀土处理钢连铸保护渣性能设计

稀土处理钢是加入适量稀土元素以改变其组织和性能的钢。稀土元素包括周期表中第Ⅳ周期的钪，第Ⅴ周期的钇和第Ⅵ周期的镧族元素镧、铈、镨、钕等总共17个元素。这些元素具有相似的电子层结构，在外面的d和s层都有3个价电子，因而它们有相似的化学和物理性质，且在矿石中往往是共生的，提炼时不易分离，在冶金工业中应用也常为混合稀土金属。稀土处理的钢种主要有工程结构钢、齿轮钢、超高强度结构钢、弹簧钢、轴承钢、工具钢、耐候钢、不锈耐酸钢、耐热钢和电热合金、高锰钢、铸钢等。

19.13.1　稀土处理钢在连铸过程中遇到的问题

稀土处理钢的稀土加入方法是通过结晶器喂稀土丝，此方法具有稀土金属回收率高的优点。但是，在稀土丝通过保护渣时，必然发生化学反应，从而产生稀土氧化物，同时钢中也有部分稀土氧化物上浮到渣中。因此，保护渣对稀土氧化物的溶解能力就直接影响到保护渣的使用性能，也就影响到铸坯的表面质量。普遍的问题是保护渣对稀土氧化物的溶解能力不强，熔渣为严重的非玻璃相，易形成渣条，未完全溶解的稀土化合物在结晶器壁或水口沉积[69]。

前人研究了稀土氧化物对保护渣物理化学性能的影响。在保护渣组成一定的条件下，稀土氧化物对保护渣熔化温度、黏度的影响如图19－38所示。

由图19－38可知，一定组成的保护渣随着渣中稀土氧化物含量的增加，保护渣的熔化温度升高，黏度也逐渐升高。究其原因主要是：（1）保护渣组元与稀土元素的反应是引

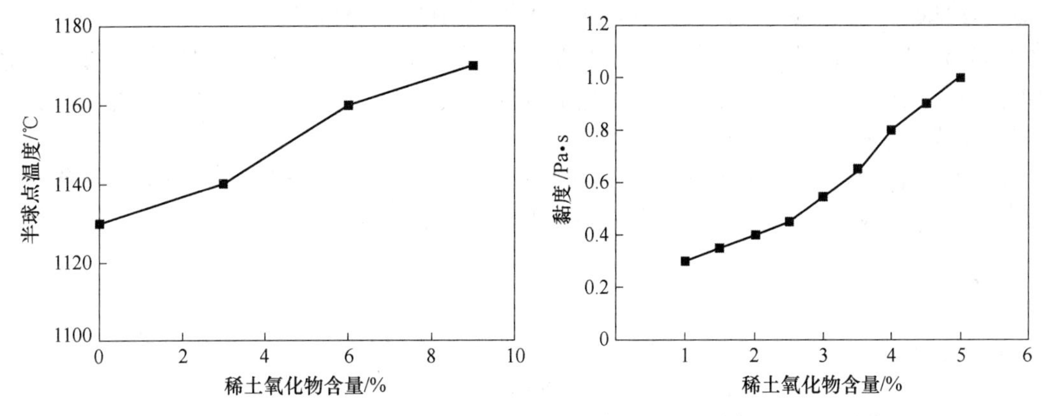

图 19－38 稀土氧化物对保护渣半球点温度（a）和黏度（b）的影响

起保护渣性能发生变化的重要原因之一。(2) 保护渣对稀土氧化物溶解能力较差。高熔点稀土氧化物进入熔渣中，若保护渣对其溶解能力较差，则熔渣中会有稀土氧化物或其与保护渣组元形成的高熔点复合氧化物存在，必然会引起保护渣性能发生变化。

19.13.2 稀土钢保护渣的性能要求

保护渣加入到结晶器内，在钢水表面依次形成液渣层、烧结层和颗粒（粉渣）层；在铸坯凝固壳与结晶器内壁之间依次形成液渣膜、结晶膜和玻璃膜。其在结晶器内的分布如图 19－39 所示。

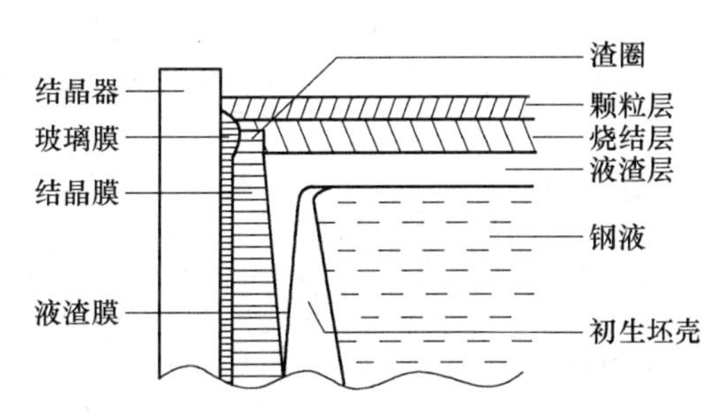

图 19－39 保护渣在结晶器内的状态

保护渣加入到结晶器钢水表面起到覆盖钢液面，减少热量损失；阻隔空气与钢水接触，避免钢水二次氧化；吸收钢液中上浮的夹杂物，提高弯月面洁净度；填充于铸坯与结晶器内壁间隙中，润滑移动的铸坯；作为传热介质，控制铸坯向结晶器壁的传热作用。

在结晶器内通过保护渣层喂入稀土丝时，由于稀土元素（如 Ce、Pr、Lu）十分活泼，迅速与钢水中的 O、S 等反应，生成大量的稀土氧化物、稀土硫化物等夹杂物。另外，稀土元素通过熔渣层时有可能与熔渣发生反应，改变熔渣的结构和性质。因此，对稀土钢保护渣的性能有着特殊的要求[70]：

(1) 熔渣的氧化能力要小。稀土处理钢中由于生成较多的稀土夹杂物，因此需要保护渣氧化能力较小，以迅速溶解和吸收钢液面上的非金属夹杂物，且在溶解过程中渣的结构和性质不能有较大的波动。

(2) 熔渣的表面张力要小。熔渣的表面张力小，则钢液与熔渣界面张力增加，这样不仅能使弯月面曲率半径变大，且能更好地吸收钢液面的稀土夹杂物。

（3）熔渣的熔化性和流动性要好。保护渣中加入低熔点碱性组分，可使保护渣有较好的熔化性和流动性。另外，在弯月面薄壳形成的温度下，熔渣完全浸润结晶器内壁与坯壳之间的间隙，形成均匀的渣膜。

（4）熔渣的熔融特性要好。渣层上面要经常有粉末层覆盖，不应产生过分的烧结。

（5）润滑性能要好。熔渣应具有玻璃性状，难以析出初晶。

19.13.3 稀土钢保护渣设计应用

根据以上要求，稀土钢保护渣应从以下几方面入手[71]：

（1）改变保护渣成分，使之尽量少地与稀土进行反应。

（2）改变保护渣成分，使之能快速、大量地溶解稀土氧化物并且形成均匀的玻璃相。

根据以上要求，稀土保护渣设计如下：

（1）减少氧化钠、二氧化硅，增加三氧化二铝，以减少稀土氧化物的产生。

（2）增加五氧化二硼组元作助熔剂，并且提高溶解稀土氧化物的能力。

（3）适量增加组元氧化镁、氧化钾，改善保护渣熔融特性，兼作助熔剂。

保护渣设计方案一：

钢种：09CuTiRe；

拉坯速度：0.9～1.2m/min；

铸坯断面：210mm×1050mm；

化学成分：（$CaO+MgO$）30%～35%、SiO_2 28%～33%、（Na_2O+K_2O）2.0%～6.0%、F 6.0%～10.0%、Al_2O_3 3%～10%、B_2O_3 2.0%～8.0%、C 3.0%～6.0%；

熔化温度：1100～1160℃；

黏度（1300℃）：0.13～0.25Pa·s；

熔速（1400℃）：20～30s。

保护渣设计方案二[72]：

钢种：P510L，X52，09CuPRe，16Mn；

拉坯速度：0.7～1.1m/min；

铸坯断面：200mm×（900～1300）mm；

化学成分：CaO 31%、SiO_2 32%、（Na_2O+K_2O）6.3%、F 6.3%、Al_2O_3 2.9%、C 4.0%；

熔化温度：1096℃；

黏度（1300℃）：0.22 Pa·s；

熔速（1250℃）：61s。

19.14 耐候钢连铸保护渣性能设计

耐候钢在融入现代冶金新机制、新技术和新工艺后得以可持续发展和创新，它属于世界超级钢技术前沿水平的系列钢种之一。耐候钢，即耐大气腐蚀钢，是介于普通钢和不锈钢之间的低合金钢系列。耐候钢由普碳钢添加少量铜、镍等耐腐蚀元素而成，具有优质钢的强韧、塑延、成型、焊割、磨蚀、高温、抗疲劳等特性；耐候性为普碳钢的2～8倍，涂装性为普碳钢的1.5~10倍。同时，它具有耐锈，使构件抗腐蚀延寿，减薄降耗，省工节能等特点。耐候钢主要用于铁道、车辆、桥梁、塔架等长期暴露在大气中使用的钢结构，用于制造集装箱、铁道车辆、石油井架、海港建筑、采油平台及化工石油设备中含硫化氢腐蚀介质的容器等结构件。

19.14.1 耐候钢在连铸过程中容易出现的问题及原因

黏结漏钢是指坯壳粘在结晶器壁而拉断造成的漏钢。黏结漏钢的形成有外部因素和内部因素。外部因素主要指因拉速过快或拉速变化过大引起结晶器内钢液面波动过大，导致弯月面出现破损等；内部因素指由于钢液表面张力或钢渣界面张力降低，使钢液弯月面强度下降，稍有干扰，便会破损。弯月面一旦破损，和铜板直接接触，弯月面与铜板之间没有液渣，便形成黏结。此时拉坯摩擦阻力会增大，如超过坯壳的高温强度，黏结处就会被拉断，并向下和两边扩大，形成V型破裂线，到达结晶器口就发生漏钢。

耐候钢出现黏结漏钢的原因：

（1）钢种特性。该钢种Cu、Cr、Ni等合金元素含量较高，而钢中此类合金元素含量越高，铸坯凝固收缩比就越大，坯壳减薄；并且坯壳与结晶器铜板有一定的亲和力，坯壳容易与铜板发生黏结，导致黏结漏钢发生率较高。

（2）保护渣自身特性。由于该钢种含有Nb及较高的P、C又多处于亚包晶反应区，高温塑性较差；同时由于异型坯形状复杂，表面裂纹敏感性较强。为了降低表面裂纹发生率，采用了较高析晶率的保护渣。但由于其析晶率较高，导致保护渣润滑效果下降，容易导致黏结漏钢。

（3）钢种化学成分及其对保护渣性能的影响。对铝含量较高的钢种，浇铸过程中，结晶器保护渣 Al_2O_3 含量会逐渐增加，导致其高温物理化学性能恶化，流动性差，不易流入坯壳和铜板之间形成润滑渣膜，容易造成黏结漏钢。

19.14.2 耐候钢连铸保护渣性能分析

液态保护渣流入坯壳与结晶器壁间形成渣膜，利于改善润滑和结晶器传热。坯壳与结晶器壁间的保护渣是由液渣层、玻璃态固相渣层和结晶态相固渣层构成。包晶钢连铸用保护渣应合理调配三个渣层的物性，降低液渣层的黏度来满足润滑，防止拉漏；同时使保护渣具有适当的凝固温度和结晶温度以增加固相层和结晶相比例，减缓传热，抑制板坯表面裂纹的产生。

19.14.2.1 保护渣黏度

在相同工艺条件下，保护渣液态渣膜厚度随保护渣黏度的降低而增加，固态渣膜厚度随保护渣黏度的增加而增加，调整保护渣黏度可以改变铸坯经渣膜到结晶器的传热及铸坯润滑，影响结晶器内初始坯壳的形成和铸坯表面质量。保护渣黏度太小或过大都影响保护渣流入结晶器和铸坯之间的连续性和均匀性。如果结晶器和铸坯间渣膜分布不均会严重影响铸坯传热的均匀性，使得凝固壳局部成长滞后、坯壳薄。坯壳薄的部位温度比其他部位高、凝固慢、凝固收缩也比别处晚，相邻地区的凝固收缩对其产生作用力，就会形成厚度不均匀的初始坯壳，容易产生凹陷，严重时会恶化为裂纹。梅钢在生产耐候钢时选用的保护渣黏度为0.15~0.25Pa·s，能满足其生产要求。

19.14.2.2 保护渣碱度和析晶温度

保护渣碱度直接影响渣膜的结晶率，高碱度一般易形成高结晶率的渣膜。高结晶率的保护渣可以有效降低和控制铸坯经渣膜向结晶器的传热，低结晶率（高玻璃性）表征渣膜的润滑性能强。对于在凝固过程收缩应力敏感的不锈钢，应保证渣膜激冷后，既有晶体又有部分玻璃相，保证良好的渣膜润滑和有效的控制传热。梅钢在生产耐候钢时选用的保护渣碱度为1.20。

19.14.2.3 保护渣的熔化温度

在相同工艺条件下，保护渣熔化温度直接影响结晶器钢液面上的液渣层厚度及结晶器与铸坯之间的固渣膜厚度，影响结晶器内初始坯壳形成的厚度和均匀性。不锈钢用保护渣的熔化温度随钢种有很大的差异，应充分考虑钢种、钢液夹杂物和连铸工艺参数对保护渣熔化温度的影响。梅钢[73]用保护渣的熔点为1100～1150℃。

19.14.3 耐候钢连铸保护渣设计应用

19.14.3.1 保护渣设计方案一

针对不同类型的耐候钢，多数研究工作者已经对它们进行了分析。汪开忠等[74]分析了耐候H型钢的特点，指出了耐候H型钢09CuPCrNi－A需要的保护渣类型。他们指出该钢种含有Nb及较高的P，C又多处于亚包晶反应区，高温塑性较差，同时由于异型坯形状复杂，表面裂纹敏感性较强。为了降低表面裂纹发生率，采用了较高析晶率的保护渣。但由于其析晶率较高，导致保护渣润滑效果下降，容易导致黏结漏钢。在保持黏度、熔点、熔速等物理性能不变的前提下，向渣中加入 B_2O_3 等组元，以提高其对 Al_2O_3 的适应能力。

钢种：耐候H型钢09CuPCrNi－A；

化学成分：CaO/SiO_2 1.0～1.3、F 5.5%、B_2O_3 1%～5%、Li_2O 0.2%～1.0%、MgO 3%～4%；

熔化温度：1110～1180℃；

黏度（1300℃）：0.30～0.60Pa·s；

熔化速度（1400℃）：30～60s。

19.14.3.2 保护渣设计方案二

潘咏忠等[75]与重庆大学合作研制出09CuPTiRe钢专用结晶器保护渣CZD－04。这种保护渣能控制保护渣的析晶温度及析晶体比例，保持坯壳与结晶器铜板之间的均匀传热和良好润滑，从而提高铸坯质量。

钢种：耐候09CuPTiRe钢；

拉坯速度：1.5m/min；

铸坯断面：（210～250）mm×（900～1930）mm；

化学成分：CaO 32.30%、SiO_2 30.64%、(Na_2O+K_2O) 5.83%、Al_2O_3 1.50%、C 5%；

熔化温度：1110℃；

黏度（1300℃）：0.18Pa·s。

19.15 硅钢连铸保护渣性能设计

硅钢是电力、电子和军事工业不可缺少的重要软磁合金，也是产量最大的金属功能材料，主要用作各种电机、发电机和变压器的铁芯。它的生产工艺复杂，制造技术严格，国外的硅钢生产技术都以专利形式加以保护，视为企业的生命。对硅钢的质量来讲，其影响因素主要为钢的洁净度，洁净度越低，其电磁性能也越低。因此，希望钢液有较低的硫以及夹杂物含量[76]。表 19－21 显示了典型取向硅钢和无取向硅钢的成分。

表 19－21 典型取向硅钢和无取向硅钢的成分 （%）

钢 种	C	Si	Mn	S	Al_s	N
取向硅钢	0.03～0.05	2.80～3.50	0.05～0.10	0.015～0.030	<0.015	<0.006
无取向硅钢	<0.015	0.1～1.0	0.25～0.50	<0.015	0.2～0.3	<0.005

19.15.1 设计硅钢保护渣时应重点考虑的问题

设计硅钢保护渣时应重点考虑如下几方面的问题：

（1）选用合适黏度、碱度的保护渣，保证保护渣有较好的吸收能力。

（2）要有合理的熔渣层厚度，由于薄板坯连铸机拉速较高，要求熔渣能及时补充，故其液渣层控制相对较厚。

（3）合理控制保护渣耗量，高渣耗有利于对夹杂物的吸收和稀释，同时高拉速也要求渣耗较高，但渣耗过高易造成熔渣流入不均匀，从而影响结晶器与坯壳传热的均匀性。针对薄板坯连铸无取向硅钢钢种及相应的结晶器保护渣特点，通过降低渣中配碳量（$w(C)<20\%$），并控制液渣层厚度保持在 5～10mm 等措施，可以有效防止保护渣引起的增碳。通过调整保护渣理化性能，即降低保护渣的碱度和熔化温度，可以提高无取向硅钢浇铸过程中的结晶器热流，实现浇铸过程中热流稳定、不引起增碳、板卷质量良好[77]。

19.15.2 硅钢连铸过程碳对硅钢质量的影响

硅钢的硅含量在3%～5%之间，其他主要是铁的硅铁合金。钢中硅、铝和锰含量按规定控制在一定范围，碳、硫、氮和氧含量尽量低。牌号不同，对这些元素含量要求也不同。碳是硅钢中的有害元素，它会导致铁损增加，同时也降低磁感，影响硅钢的高牌号率，因此降低保护渣中碳含量、防止炉外增碳尤为重要。

19.15.3 硅钢在连铸过程中增碳机理

连铸保护渣作为结晶器与铸坯之间相互作用的介质，对于连铸工艺至关重要。固体保护渣成渣速度过慢会使钢锭下部表面恶化，增碳严重；成渣速度过快，则覆盖性不好，渣粉耗用量大，钢锭表面也不佳。正常的成渣速度应在浇铸初期形成液渣层，随着钢液的上升粉渣逐渐消耗，但粉渣始终完全覆盖上部，至浇铸结束不需补加粉渣。对不同的锭型、浇铸温度，不同钢种要求有不同的成渣速度。通常用含碳的石墨粉、煤灰来调节成渣速度。保护渣中碳含量影响保护渣的熔化速度，保护渣的熔化速度随着碳含量的增加而降低，如图 19 - 40 所示。

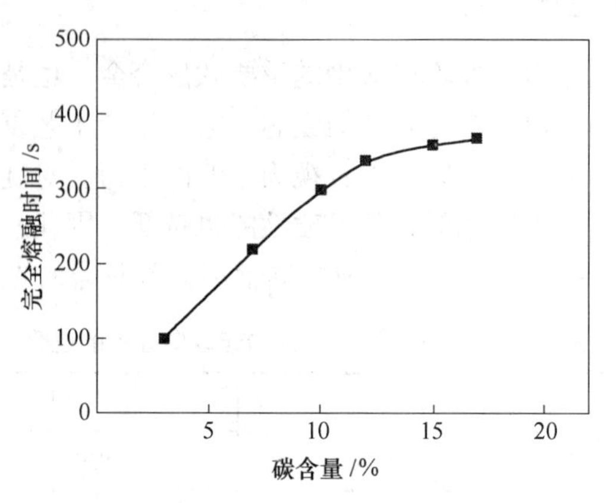

图 19 - 40　保护渣碳含量对熔化速度的影响

过分降低保护渣中碳含量，会导致熔速过快，液渣层和未熔层不稳定，极易造成铸坯表面质量问题；另外还会因液渣层过厚，液渣流入不均，不能形成均匀的渣膜，致使铸坯冷却不均匀，严重时会产生漏钢事故。

结晶器内钢液增碳：在硅钢连铸生产过程中，保护渣中的炭质材料进入钢液中，引起结晶器钢液增碳。结晶器的振动、浸入式水口的流出钢流对钢液的搅拌，尤其浇铸速度不稳定会引起结晶器内钢液面的波动，都将使钢液与保护渣中炭质材料（富碳层或粉渣层）直接接触，产生钢液增碳问题。

铸坯下拉过程铸坯表面渗碳：在硅钢连铸生产过程中，保护渣中的炭质材料向铸坯表面渗透，使铸坯表面碳含量升高。竹内英磨等人测定了碳在保护渣熔化结构中的分布情况，研究发现：（1）熔渣层中碳含量为 0.10% ~0.40%（质量分数），且与保护渣原始碳含量无关。（2）在熔渣层与烧结层之间存在一个碳富集层。当富碳层进入结晶器与铸坯之间，接触凝固坯壳时，将会发生铸坯表面渗碳问题。

19.15.4　设计硅钢保护渣时碳含量的要求

目前，特殊钢连铸采用保护渣浇铸已成为保证连铸坯质量不可缺少的手段。特殊钢连铸保护渣的良好作用与其物理化学性质、渣的黏度、表面张力、熔化速度、熔化均匀性以及稳定性有关。由于保护渣是由多种成分组成的混合物，生产应用中要求它要有合适的化学成分，做到既保温又能有效吸收钢中夹杂物，还能保证一定的物理性能。因此，研制低碳硅钢保护渣不仅仅是简单地把碳含量降低，还需要进行系统全面的分析和研究，包括成分、物性、资源条件、价格等因素。根据硅钢容易氧化、浇铸断面小的特点，对保护渣要求其熔点低、黏度低、熔化速度合适，以提高渣量消耗，防止保护渣的理化性能变坏，影响铸坯质量。

基于炭质材料在连铸保护渣中所起的骨架功能，单纯降低保护渣中碳含量，虽然能够减少结晶器内钢液增碳、铸坯表面渗碳，降低增碳所带来的对硅钢质量的影响，但是会因为连铸保护渣在熔化过程中缺少骨架粒子支撑，熔化速度过快，从而导致一系列工艺问题和质量问题。

（1）加入强还原性物质抑制碳的氧化。向低碳保护渣中配入一定数量的强还原性物质，如锰铁粉和铝粉等。由于其具有对氧更大亲和力，在保护渣熔化过程中优先与氧发生反应，降低了炭质材料的氧化速度，这样就可以适当地降低炭质材料的加入量。

（2）采用碳酸盐替代部分炭质材料。在低碳保护渣中配入一定数量的碱金属和碱土金属的碳酸盐，如碳酸钙、碳酸镁、碳酸钠和碳酸锂等。利用结晶器内钢液的热量，使碳酸盐分解时的吸热反应来控制保护渣的熔化速度。

19.15.5 硅钢保护渣性能设计应用

19.15.5.1 保护渣设计方案一

钢种：普碳钢、硅钢；

拉坯速度：1.1m/min；

铸坯断面：210mm×1050mm；

化学成分：CaO 35.0%、SiO_2 32.0%、(Na_2O+K_2O) 8.5%、F 4.5%、Al_2O_3 6.0%、C 4.5%；

熔化温度：1100℃；

黏度（1300℃）：0.32Pa·s，0.35Pa·s；

熔化速度（1400℃）：40s。

19.15.5.2 保护渣设计方案二

钢种：20 钢管、电机硅钢；

拉坯速度：1.0～1.5m/min；

铸坯断面：170mm×250mm；

化学成分：CaO 21.44%、SiO_2 33.56%、(Na_2O+K_2O) 4.80%、CaF_2 11.28%、Al_2O_3 5.17%、MnO 6.24%、MgO 3.89%、C 2.8%；

熔化温度：1086℃；

黏度（1300℃）：0.2Pa·s；

熔化速度（1400℃）：61.2s。

19.16 高铝钢连铸保护渣性能设计

在冶炼高铝钢时，要加入一定量的铝作脱氧剂或合金剂，因此钢液中的铝易与空气或钢中的氧形成大量 Al_2O_3 夹杂物，这将导致在浇铸过程中保护渣中的 Al_2O_3 含量快速增加，致使保护渣的各种理化性质发生改变（如黏度、碱度和熔化温度都将变化）。同时，钢中的铝还能将保护渣中的 SiO_2 还原，进一步增加保护渣中的 Al_2O_3，会引起保护渣成分发生较大变化，连铸工艺难以稳定。连铸高铝钢的另一个问题就是水口易堵塞，引起结晶器液面波动大和拉坯速度变化频繁，使保护渣不易保持稳定，给铸坯造成夹渣、重皮和重接等缺陷。高铝钢连铸过程中，需要设计一种低碱度、低黏度和低熔化温度的保护渣。

由于钢液中铝与保护渣中 SiO_2 发生反应，因此需要设计一种低 SiO_2、高 Al_2O_3 含量的高铝钢连铸保护渣。

19.16.1 连铸保护渣中 Al_2O_3 的来源

冶炼高铝钢时一个主要的问题就是保护渣中的 Al_2O_3 快速增加，导致保护渣的传热性能改变，影响铸坯质量和连铸工艺操作。进入保护渣中的 Al_2O_3 主要来源有：(1) 铝与钢中氧反应生成的 Al_2O_3 产物，连铸时上浮到结晶器液面进入渣中；(2) 连铸过程中二次氧化生成 Al_2O_3 上浮进入渣中；(3) 由于钢中铝与渣中 SiO_2、MnO 等在钢渣界面上进行反应生成 Al_2O_3[78]。

19.16.2 钢中加铝量对保护渣成分和性能的影响

铝和氧有极大的亲和力，保护渣与钢液接触时，钢中铝与保护渣某些成分迅速地在钢渣界面上进行反应，加之钢中大量 Al_2O_3 进入渣中，使保护渣成分和性能迅速发生变化[79]。

(1) 钢中加铝对保护渣碱度的影响。碱度是连铸保护渣最重要的性能之一，一般控制在 0.5 ~ 1.2 范围内。在使用过程中应保持稳定，波动范围应小。实验结果表明，随着钢中加铝量的增加，保护渣的碱度明显提高，如图 19 - 41 所示。同时可以看出，当钢中加铝量超过 1.5% 时。碱度增加的幅度变得缓慢。这是因为随着钢中加铝量的增加，渣中 Al_2O_3 含量大量增加，SiO_2 含量降低，引起保护渣变稠，流动性变差，阻碍了钢渣界面上反应的进行。如果生产这种现象，将影响保护渣的润滑作用，恶化铸坯表面质量。

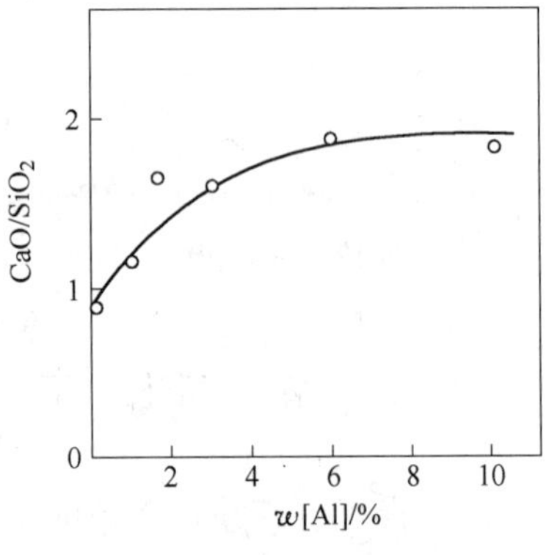

图 19 - 41 保护渣碱度与钢中加铝量的关系

(2) 钢中加铝对保护渣中 Al_2O_3 的影响。保护渣中的 Al_2O_3 含量对保护渣性能有较大的影响，设计保护渣时必须给予控制，一般应在 5% 以下。从实验结果看出，随着钢中加铝量的增加，渣中 Al_2O_3 的含量明显增加，如图 19 - 42 所示。保护渣吸收 Al_2O_3 的浓度增加达到一定程度时有饱和倾向。当渣中 Al_2O_3 超过 25.0% 时逐渐饱和，保护渣吸收 Al_2O_3 能力下降。

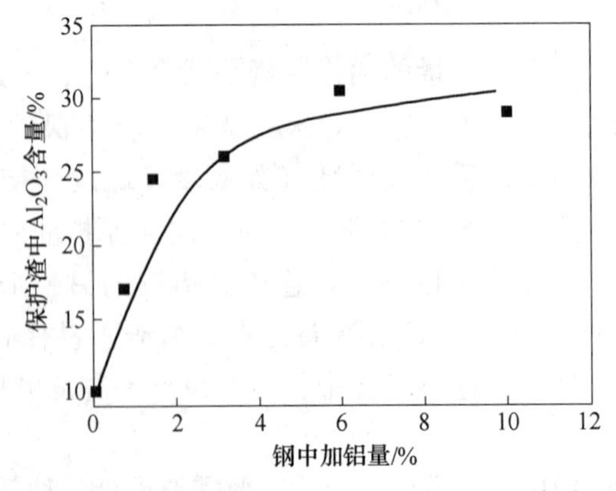

图 19 - 42 钢中加铝量与渣中 Al_2O_3 的关系

（3）钢中加铝对保护渣熔化温度的影响。保护渣的熔化温度是保护渣重要参数之一，必须选择恰当，一般控制在1250℃以下。研究得出，随着钢中加铝量的增加，保护渣的熔点明显升高，如图19－43所示。

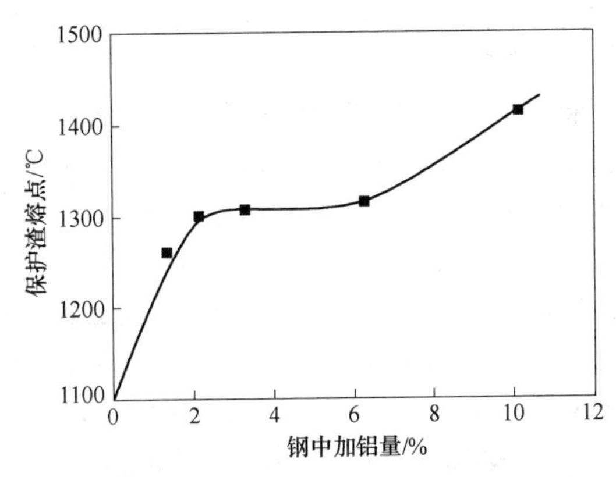

图19－43 保护渣熔点与钢中加铝量的关系

由于钢中加铝量的增加，使渣中Al_2O_3含量和碱度均有增加，从而改变了保护渣的结构组成，形成高熔点的物质钙铝黄长石（$2CaO \cdot Al_2O_3 \cdot SiO_2$）。

（4）钢中加铝量对保护渣黏度的影响。研究结果表明，保护渣的黏度随钢中加铝量的增加而增大。由于大量的Al_2O_3进入渣中，使渣中熔点较高的钙铝黄长石增加，造成黏度增加。此外，碱度的提高也是重要原因。提高熔渣的碱度和熔点均能使其黏度增加，其中碱度对黏度的影响尤为明显。所以设计保护渣时必须有一个合适的黏度。

同时，由于大量Al_2O_3进入渣中，容易形成高熔点物质钙铝黄长石，使渣的玻璃性能变差，从而影响保护渣的润滑作用，恶化了铸坯的表面质量。

19.16.3 高铝钢连铸结晶器保护渣性能选择

高铝钢铸坯和成品的缺陷主要是由Al_2O_3夹杂物引起的。因此，要求高铝钢的保护渣具有极强吸收Al_2O_3夹杂物的能力，而且在吸收Al_2O_3后保护渣不变性，所以其保护渣的性能与一般普通用的保护渣有较大差别。为此，要采用低碱度、低黏度、低熔化温度的保护渣。但碱度过低，对吸收Al_2O_3夹杂物是不利的，采用碱度高的保护渣对吸收Al_2O_3是有利的，但碱度过高对保护渣的玻璃性能是不利的。表19－22是高铝钢（E_2）保护渣组成及性能。

表19－22 高铝钢（E_2）保护渣组成及性能

编号	组成/%								熔化温度/℃	黏度/Pa·s
	CaO	SiO_2	BaO	CaF_2	Na_2O	MnO	B_2O_3	碱度		
W－7	19.23	27.77	10.00	20.00	9.00	4.00	10.00	0.69	900	0.150
W－9	14.78	23.22	14.00	25.00	7.00	4.00	14.00	0.64	865	0.095
W－18	12.78	23.22	16.00	25.00	7.00	4.00	12.00	0.55	830	0.060

有研究认为，钢渣界面处钢液中的铝与保护渣中的SiO_2反应达到平衡后，熔渣组成

发生较大变化，其冶金性能不稳定，难以满足连铸工艺的要求。需设计低 SiO_2、高 Al_2O_3 含量的非反应性保护渣，通过降低熔渣中 SiO_2 活度，同时提高 Al_2O_3 活度，避免或减轻钢渣界面反应的发生，防止保护渣变性，稳定浇铸工艺。

19.16.4　高铝钢保护渣性能设计应用

高碱性、高玻璃化连铸保护渣的理论认为：采用“多组分、各组分含量相当”的配渣原则，通过多组分混合效应、逆性玻璃效应和两性氧化物转化为网络形成体，促进高碱性、高玻璃化保护渣熔体的生成；高碱性、高玻璃化熔渣的结构处于环状、群状和岛状硅酸盐范畴，可大量吸收夹杂物，Al_2O_3 夹杂物进入熔渣中可起到“造链”作用，参与熔渣网络的形成，熔渣结构向链状、层状和架状硅酸盐转化，玻璃性得到改善[80]。

某典型的高碱性高玻璃化连铸保护渣 HBHG 的成分（质量分数,%）为：SiO_2 = 12，CaO = 25，Al_2O_3 = 15，MgO = 6，BaO = 18，MnO = 5，B_2O_3 = 9，Na_2O = 5，CaF_2 = 5。外加不同含量 Al_2O_3 后保护渣的主要性能即 1573K 时的黏度 η_{1573k}、半球点温度 T_m 和断口玻璃体比例 R_g 见表 19－23。由表 19－23 可知，随着渣中 Al_2O_3 的增加，保护渣黏度和熔点逐渐增加，但增加的幅度较小，平均每增加 1% Al_2O_3，黏度增加 0.04Pa · s，熔点增加 2.5K。从熔渣冷凝后断口状态来看，均维持 100% 玻璃体比例，这有利于连铸过程中保护渣对铸坯的充分润滑，防止黏结和黏结漏钢。

表 19－23　HBHG 渣外加 Al_2O_3 后性能的变化情况

外加 Al_2O_3 量/%	η_{1573K}/Pa · s	T_m/K	R_g/%
0	0.28	1403	100
3	0.32	1402	100
6	0.43	1423	100
9	0.59	1404	100
12	0.66	1406	100
15	0.76	1458	100
18	1.02	1454	100
21	1.17	1456	100

基于以上分析，为了保证保护渣性能的稳定性，在高碱性、高玻璃化连铸保护渣中，应采用多组分、各组分含量相当的配置原则，减少了 CaO 和 SiO_2 含量，增加渣中 BaO、SrO、B_2O_3 等含量，特别是在渣中加入 MnO 以抑制反应。

表 19－24 和表 19－25 为两种高碱性、高玻璃化连铸保护渣分别在浇铸 $w(C) < 0.1\%$、$w(Al) = 1.5\% \sim 2.0\%$ 的高铝钢 A 和 $w(C) = 0.3\% \sim 0.4\%$、$w(Al) = 0.7\% \sim 1.2\%$ 的高铝钢 B 使用前后成分和性能的变化，其中浇铸后的渣是指结晶器内取出的渣膜样，高铝钢 B 采用低氟连铸保护渣。由此可知，渣中加入的 MnO 基本上被还原，减少了渣中 SiO_2 被大量还原。尽管渣中 Al_2O_3 增加幅度较大，SiO_2 含量也有所降低，但保护渣半球点温度和 1573K 时的黏度变化不大。使用这两种渣时，保护渣在结晶器内熔化均匀，渣条少，渣面活跃，基本无结团现象。高铝钢 A 在拉速为 0.9 ~ 1.1m/min 条件下，浇铸过程中液渣厚度基本保持在 15 ~ 18mm 之间，吨钢渣耗量为 0.8 ~ 0.9kg。高铝钢 B 在拉速为 0.40 ~ 0.55m/min 条件下，浇铸过程中液渣厚度基本保持在 10 ~ 12mm 之间，吨钢渣耗量为

0.35～0.40kg。两种钢铸坯表面和皮下质量正常，说明这类高碱性、高玻璃化连铸保护渣能够满足高铝钢连铸工艺的要求。

表 19－24 高碱性高玻璃化连铸保护渣浇铸高铝钢 A 使用前后典型成分和性能变化情况

项目	$w(SiO_2)$/%	$w(CaO)$/%	$w(Al_2O_3)$/%	$w(F^-)$/%	$w(MnO)$/%	T_m/K	η_{1573K}/Pa·s
浇铸前	19.54	27.12	2.68	7.69	4.67	1223	0.164
浇铸后	16.29	22.36	22.90	6.34	0.69	1268	0.219

表 19－25 高碱性高玻璃化连铸保护渣浇铸高铝钢 B 使用前后典型成分和性能变化情况

项目	$w(SiO_2)$/%	$w(CaO)$/%	$w(Al_2O_3)$/%	$w(F^-)$/%	$w(MnO)$/%	T_m/K	η_{1573K}/Pa·s
浇铸前	15.53	26.02	18.04	1.6	3.42	1341	0.345
浇铸后	7.69	24.38	38.30		0.62	1407	0.393

19.17 弹簧钢连铸保护渣性能设计

连铸过程中，保护渣性能的好坏对保证工艺的顺行和提高铸坯质量起着极其重要的作用。由于弹簧钢钢液中合金元素多、含量高、夹杂物种类多，这就要求保护渣具有吸收和同化夹杂物的能力，而且吸收后的保护渣性能仍能满足连铸工艺的要求，即保证保护渣物化性能的稳定性。由于弹簧钢的高温特性及要求连铸工艺的严格性，应严格控制保护渣的碱度、熔化温度、黏度等性能。

19.17.1 弹簧钢的缺陷

由于弹簧钢的液相面比普碳钢低，流动性好，采用中、低过热度浇铸即可。弹簧钢的缺陷有中心偏析和表面裂纹、夹杂物、表面氧化，甚至漏钢[81]。

弹簧钢铸坯对表面质量要求很高，但目前一些企业的连铸坯表面出现较多的较深振痕，尤其角部，铸坯表面有小的渣坑以及类似接坯的情况出现，而在类似的生产条件下生产其他钢种时未发生此类情况。这导致了铸坯修磨量很大，增加了成本，也不能满足轧钢厂无缺陷铸坯的要求。经对比分析，认为问题主要出在保护渣上。因此，根据现场及铸坯表面情况，对弹簧钢结晶器保护渣进行研究、工业试验及优化。

19.17.2 弹簧钢连铸结晶器保护渣性能分析

液态保护渣流入坯壳与结晶器壁间形成渣膜，利于改善润滑和结晶器传热。坯壳与结晶器壁间的保护渣是由液渣层、玻璃态固相渣层和结晶态相固渣层构成。弹簧钢连铸用保护渣应合理调配三个渣层的物性，有效地控制保护渣的黏度来减小振痕深度。此外钢中[C]对振痕的影响也很大，这就要求结晶器保护渣具有均匀的传热和良好的润滑，减少横裂纹在结晶器内部产生的概率。弹簧钢类钢种在浇铸过程中铸坯表面易脱碳，严重影响成品材的质量，但依靠保护渣是难以解决的，不过在保护渣配碳上采用石墨类炭质材料，并在可能的情况下尽可能多一点，这样可以缓解其脱碳程度。

（1）保护渣黏度。浇铸时，保护渣的黏度影响其渗透，合适的黏度可以使保护渣在结晶器与坯壳之间形成具有一定厚度、均匀铺展的渣膜，这对改善板坯的润滑性能及稳定传热有重要作用。

保护渣的黏度是衡量熔渣流动性的标志。高黏度保护渣可有效降低弹簧钢的保护渣性夹杂物缺陷。保护渣液态渣膜厚度随保护渣黏度的降低而增加，固态渣膜厚度随保护渣黏度的增加而增加，调整保护渣黏度可以改变铸坯经渣膜到结晶器的传热及铸坯润滑，影响结晶器内初始坯壳的形成和铸坯表面质量。

弹簧钢的性能要求其拉坯速度控制较低，一般为 1.0 ~ 2.0m/min，在实际生产中黏度应控制在 0.3 ~ 0.42Pa · s 就能满足要求。

（2）保护渣熔渣层厚度和保护渣的消耗量。保护渣的熔化速度应与渣耗量相匹配，而渣耗量与拉速、结晶器振动参数、断面等有关，从而影响液渣层厚度的稳定性，因此在相同工艺条件下，熔化速度直接影响液渣层厚度。稳定、适宜厚度的液渣层可以保证保护渣流入弯月面通道的连续性和形成渣膜的均匀性，其对铸坯表面凹陷和裂纹影响很大。

通常认为液渣层厚度在 10 ~ 15mm 最佳。对于高拉速，Mills 推荐最小液渣层厚度为 20mm，但其他研究者并不赞同该结果，Bommaraju 推荐最小液渣层厚度为 6 ~ 12mm。通常弹簧钢液渣层厚度为振幅的 1.5 ~2 倍，8 ~15mm，特殊情况下达到 20mm。

保护渣的消耗量是评价润滑性能的重要指标。消耗量不当，可能会引起铸坯纵裂纹、黏结漏钢、振痕过深、横角裂、角部纵裂和铸坯凹坑。消耗量取决于浇铸的钢种、铸坯尺寸、结晶器振幅和频率、拉速及保护渣自身的性能等。弹簧钢保护渣耗量应为 0.3 ~ 0.6kg/m^2。

（3）保护渣的碱度和析晶温度。保护渣碱度是指渣中碱性氧化物和酸性氧化物质量比。保护渣的碱度是反应保护渣吸收钢水中夹杂物能力的重要指标。刘承军等研究发现，在保护渣其他成分不变的条件下，碱度为 1.2 时，夹杂物 Al_2O_3 的吸收速率达到最大；同时保护渣碱度也反映保护渣润滑性能的优劣，保护渣的碱度越高，析晶温度就越高，保护渣的传热和润滑性能也随之恶化，这主要是因为碱度过高，熔渣已形成枪晶石和钙铝黄长石等晶体，恶化保护渣的玻璃性，破坏保护渣的均匀熔化和传热作用，引起铸坯缺陷，甚至产生漏钢。

弹簧钢具有良好的浇铸性能，既不易氧化又有良好的流动性，因此铸坯表面缺陷少，裂纹和凹坑都不易存在。这种钢种在连铸时，保护渣的碱度不但不增加，反而有所降低，从而保护渣黏度有所增加，消耗量下降，吸收夹杂物能力变差，连铸后期较为明显，所以设计保护渣时，适当提高原始保护渣的碱度，一般应控制在 0.75 以上为宜。

保护渣的析晶温度指降温时从保护渣中开始析出晶体的温度。析晶温度直接影响着保护的润滑和导热性。在浇铸条件相同的情况下，保护渣析晶温度越低，在结晶器壁和坯壳之间形成的固体渣膜中玻璃成分含量较高（玻璃层是靠近结晶器铜板壁形成的一层固态渣膜），由于玻璃体不仅靠分子的热振动传热，而且兼有红外波辐射传热，有效提高了传热效率，同时玻璃体具有较好的润滑效果，降低了结晶器与坯壳之间的摩擦力，有效地降低了黏结漏钢的可能性；相反，析晶温度越高，在结晶器壁和坯壳之间形成的固体渣膜中结晶层成分含量较高（结晶层是液渣层和玻璃层之间的一层固态渣膜），由于晶体的传热是靠晶格振动来实现的，使渣膜的传热效率降低，因此对于裂纹敏感钢种，应适当提高析晶温度，增加固相渣膜厚度和固相渣膜中的结晶层厚度，提高热阻，降低热流密度，控制铸坯向结晶器的传热，降低铸坯表面裂纹等缺陷。相反，对高拉速钢种，通过降低析晶温度，减少固相渣膜中结晶层厚度，提高热流密度，增加结晶器与坯壳之间的传热，提高凝固坯壳厚度，提高生产效率。同时，降低析晶温度，也可提高渣膜的润滑效果，降低铸坯与结晶器之间的摩擦力，降低黏结漏钢几率。

保护渣的碱度及 Li_2O、BaO、CaF_2 对析晶温度有明显影响，碱度越高，析出晶体的倾向越大，析晶温度提高。

（4）保护渣的水分含量。保护渣的水分含量也是评价其性能的重要指标。水分含量超过0.50%后，熔化性能明显变差；水分含量超过0.75%，铸坯合格率明显下降。购进水分测定仪，严格控制保护渣的水分含量，能够有效稳定铸坯表面质量。

（5）保护渣的熔化温度。在连铸过程中，保护渣的熔化温度对结晶器内钢液表面上熔化渣层的厚度和结晶器与坯壳之间的渣膜厚度有直接的影响，从而影响坯壳的表面质量。保护渣熔化温度也影响着其向结晶器和坯壳之间的流入量及消耗量，随着渣的熔化温度的下降，保护渣的消耗量增加。对于弹簧钢用保护渣的熔化温度在1000～1080℃范围内即可。

19.17.3　选择保护渣的考虑因素

根据铸坯缺陷情况分析，铸坯存在渣坑，主要由于化渣不良引起的；角部出现间断的振痕较深，出现类似接坯的情况，应该与保护渣黏度、液渣层厚度与液渣进入坯壳与结晶器间隙的均匀性有关系[1]。保护渣的熔化温度对渣膜厚度和结晶器热流有很大影响。无论保护渣熔化温度如何，结晶器下部渣膜均比上部渣膜厚，但其厚度却随渣熔化温度的提高而增加。保护渣的熔化速度对维护正常浇铸起着决定性的作用。它不但控制着液渣层的厚度，而且决定了液渣流入铸坯与结晶器缝隙的速度。熔速过高，不能维持稳定的粉渣层厚度，将促使钢液表面间断暴露于大气下，不但增加了热损，导致“漂浮物”的形成，而且促使了渣圈的长大及钢水在弯月面处凝固。熔速过低，液渣不充足，不能均匀流入缝隙，导致铸坯表面裂纹等缺陷，甚至造成拉漏。此外，液渣层的厚度还与渣的消耗量有关。液渣黏度越低，流入量越大，对铸坯润滑作用越好，因此要求熔化速度相应提高[82]。保护渣黏度对保护渣的性能及铸坯的质量有很大的影响。降低黏度可促进 Al_2O_3 的吸收，增加液渣膜的厚度，减小铸坯与结晶器间的摩擦，有利于热传导。但黏度过低，又助长了渣钢界面。

湍流时液渣在钢水中的弥散，造成夹杂物；另外黏度渣还使铸坯表面振痕深度增加。因此选择合适的黏度至关重要。考虑要降低振痕深度，消除类似接坯现象，需降低保护渣消耗量与下渣的均匀性；消除小渣坑，需适当降低保护渣熔化温度。

19.17.4　弹簧钢保护渣性能设计应用

19.17.4.1　保护渣设计方案一

钢种：弹簧钢，45号、40Cr、20Cr；

拉坯速度：1.0～2.0m/min；

铸坯断面：180mm×180mm、200mm×200mm；

化学成分：CaO 28.22%、SiO_2 37.05%、（Na_2O + K_2O）8.99%、F 8.61%、Al_2O_3 2.88%、C 2.01%；

熔化温度：1061℃；

黏度（1300℃）：0.42Pa · s；

熔化速度（1250℃）：30.64s。

19.17.4.2 保护渣设计方案二

钢种：弹簧钢、10 号、20 号、45 号、40Cr；

拉坯速度：1.0 ~ 1.8m/min；

铸坯断面：180mm × 180mm、155mm × 155mm；

化学成分：CaO 20.48%、SiO_2 24.41%、($Na_2O + K_2O$) 7.71%、CaF_2 15.16%、Al_2O_3 3.46%、TFe 1.78%、C 1.70%；

熔化温度：1024℃；

黏度（1300℃）：0.3 ~ 0.4Pa · s；

熔化速度（1250℃）：26.90s。

19.18 易切削钢连铸保护渣性能设计

易切削钢是供自动机床进行高速切削制作机械零部件用的钢。易切削钢主要用于制造汽车的零部件（其使用量大约为整车重量的21.1%），以及制造机床的零部件及电动工具的夹头等。易切削钢在国内主要生产硫易切削钢。

19.18.1 含硫易切削钢连铸时易出现的问题

易切削钢虽然具有良好的切削性能，但由于其磷、硫的含量较一般碳素钢高出数倍，因而降低了钢的高温塑性，轧制和热加工时易产生裂纹，降低产品合格率。连铸工艺生产易切削钢具有可以减轻易切削钢中夹杂物的偏析，改善夹杂物的形态及分布，提高钢材切削性能，提高钢水及铸坯收得率、钢材成材率及生产效率等优势。

易切削钢的连铸工艺开发的难点主要在于：易切削钢的高氧含量、高硫含量大大降低了钢水表面张力，使钢渣分离困难，造成钢渣混卷，形成大量表面及皮下缺陷，甚至漏钢，使连铸生产难以进行：易切削钢中锰、氧含量高，高温下会与耐火材料中的某些成分发生化学反应，使耐火材料侵蚀[83]。

19.18.2 含硫易切削钢的特点

含硫易切削钢的特点如下：

（1）易切削钢含硫高，一般含硫量在0.24% ~0.40%之间，并在钢中加入一定量的铅，铸坯出结晶器后的高温强度低。

（2）钢中含氧量高，为了得到较理想的硫化物形态，连铸钢液中含氧量控制在0.01% ~0.02%之间，这样可以获得良好的铸坯质量，如果控制不当，铸坯易产生皮下气孔。含硫易切削钢应采用较低的拉皮速度，因为该钢种易漏钢和产生裂纹。

（3）含硫易切削钢有较高的裂纹敏感性，同时铸坯易产生夹渣、气孔和结疤等缺陷，而振痕较深。

（4）含硫易切削钢的钢渣界面张力小，钢和渣混合后难以分离，铸坯易产生夹渣和粘渣现象，同时恶化了保护渣的润滑效果。

所以，含硫易切削钢铸坯质量和工艺稳定性很大程度上取决于结晶器保护渣的性能是否控制得当。

19.18.3 含硫易切削钢连铸保护渣性能设计要求

含硫易切削钢连铸保护渣性能设计要求如下：

（1）保护渣应具有较强的吸收硫化物和 $MnO-SiO_2$ 夹杂物的能力，而且吸收之后不变性，要能满足连铸工艺要求。

（2）保护渣应具有提高钢渣的界面张力，使钢和渣易于分离，减少铸坯表面和皮下夹渣，并能改善润滑效果。

（3）控制好保护渣的黏度，使保护渣在结晶器内具有良好的流动性，并利于吸收夹杂物。

（4）为提高保护渣的吸收夹杂物的能力，结晶器保护渣的碱度应适当控制得高一些。

（5）含硫易切削钢连铸时，拉坯速度相对低一些，因此保护渣的熔化速度也相对慢一些。

表 19－26 列出了连铸 303 易切削不锈钢时保护渣与铸坯表面质量的关系。

表 19－26 连铸 303 易切削不锈钢时保护渣与铸坯表面质量的关系

保护渣类型	A	B	C	D
熔化速度	慢	中	中	快
熔化温度/℃	1050	1070	1100	1000
黏度（1200℃）/Pa·s	0.3	0.9	1.2	0.5
平均振痕深度/mm	0.9	0.9	0.8	1.5
横向角裂（平均）/m^{-2}	3.2	10.5	19.5	8.0
角裂频率（最大）/m^{-2}	5.5	15	26	15

19.18.4 易切削钢连铸保护渣性能设计应用

19.18.4.1 保护渣设计方案一[84]

钢种：Y45S20 易切削钢；

化学成分：（CaO + MgO）24.0%、SiO_2 26.5%、（Na_2O+K_2O）4.5%、Al_2O_3 11.0%、C 16.0%、MnO 0.1%、Al_2O_3 11.0%、Fe_2O_3 3.0%；

熔化温度：1140℃；

黏度（1300℃）：0.75Pa·s。

19.18.4.2 保护渣设计方案二

钢种：1215 易切削钢；

断面：160mm×160 mm；

拉速：1.9m/min；

化学成分：（CaO + MgO）24.0%、SiO_2 26.5%、（Na_2O+K_2O）4.5%、Al_2O_3 11.0%、C 16.0%、MnO 0.1%、Al_2O_3 11.0%、Fe_2O_3 3.0%；

熔化温度：1140℃；

黏度（1300℃）：0.75Pa · s。

19.19　无氟保护渣性能设计

连铸技术是优化现代钢铁产业结构的关键性技术，而保护渣技术则是现代连铸技术的重要组成部分。保护渣具有防止钢液的二次氧化、吸收非金属夹杂物、对钢水保温、润滑铸坯以及控制铸坯向结晶器的传热功能。保护渣是一种多组元硅酸盐材料，通常为 CaO、SiO_2、Al_2O_3 三元系外配 Na_2O、CaF_2 等助熔剂组成，有的还含有 MgO、MnO、Li_2O 等组元[85]。为了保证保护渣的熔化温度和黏度，通常的保护渣中都配加一定量的含氟物质如萤石等。通常保护渣中均加入 6% ~10% 的氟化物。

19.19.1　氟对保护渣的作用

氟对保护渣的作用如下：

（1）降低黏度。许多研究已经证实，CaF_2 调整酸性渣黏度的作用比碱性氧化物大，这是因为 CaF_2 比 Na_2O 及 CaO 能引入更多的阴离子，并且由于 F^- 的静电势（$Z/r=0.74$）比 O^{2-} 静电势（$Z/r=1.52$）弱得多，且 F^- 离子半径为 0.14nm，O^{2-} 为 0.13nm，非常接近，所以它使硅氧负离子团解体的作用要大得多[86]。Kozakevitch 假设对此情况进行了解释，即对于 F 含量小于 10% 时的情况，认为 F^- 的断网作用占优势，与硅氧负离子团发生如图 19 -44 所示的反应。

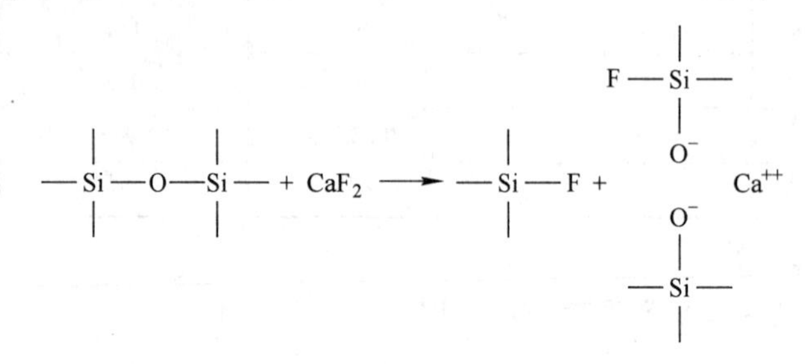

图 19 -44　Kozakevitch 假说

（2）降低保护渣的熔化温度和凝固温度。保护渣中配加氟化钠（NaF）和冰晶石（Na_3AlF_6），可降低保护渣的熔化温度及凝固温度，在浇铸一些高合金钢和高碳钢时，常采用这种方式以获得黏度 - 温度关系曲线上转折点温度非常低的保护渣，且在转折处黏度也较低，以保证消耗量和对铸坯的润滑，对减少高碳钢的漏钢事故有较好的效果。

（3）调节保护渣的结晶性能。含氟物质的加入可以促进保护渣析出结晶相枪晶石（$3CaO \cdot 2SiO_2 \cdot CaF_2$）和钙铝黄长石（$2CaO \cdot Al_2O_3 \cdot SiO_2$），使渣膜中的结晶相增多，由于结晶相渣膜中的含有气孔，降低了渣膜的传热作用。保护渣的结晶趋势增大，有利用控制传热，减少铸坯的表面裂纹等缺陷。

19.19.2　氟的危害

保护渣中氟的危害包括如下几方面：

（1）保护渣中氟的挥发机理。由于保护渣是加在连铸结晶器的钢水表面，因此工作温度很高。而氟又是一种反应能力很强的非金属能同几乎所有的其他元素化合成氟化物。Zaitsev 等人借助质谱努森隙透技术在连铸现场测量结果表明，保护渣在熔化过程中会产生大量有害环境的氟化物气体如 NaF、KF、SiF_4、AlF_3、$NaAlF_4$、CaF_2、BF_3、AlOF 等。氟化物与氧化物相比具有较高的蒸气压，因此比氧化物更易挥发。虽然 CaF_2 的蒸气压在氟化物中是属于比较低的，但由于在炼钢温度下其易与许多氧化物发生反应产生易挥发的氟化物，使得熔渣的挥发现象仍很严重[87,88]。

（2）含氟保护渣的危害。在高温情况下，挥发出来的物质容易与水结合形成 HF，对于循环利用的二冷水来讲，使其具有强酸性，对设备的损害较大，维护投入的精力和财力增大，并且对环境造成污染；另外，现场操作员工直接接触保护渣，挥发出来的氟化物对人体损害较大；保护渣中氟化物含量增加发生 $SiO_2 + 2CaF_2 = 2CaO + SiF_4$（g）反应，对水口的腐蚀也在增加，降低生产的连续性同时提高了成本。基于上述原因和保护渣的发展，无氟保护渣的发展至关重要。

19.19.3 无氟保护渣的研制

当保护渣中氟的含量低于一定值（如2% ~4%）时，保护渣的黏度－温度特性稳定性降低，对结晶器的润滑不利；另外，保护渣中氟含量降低，对于浇铸裂纹敏感的亚包晶钢，如果枪晶石（$3CaO \cdot 2SiO_2 \cdot CaF_2$）和钙铝黄长石（$2CaO \cdot Al_2O_3 \cdot SiO_2$）的析出减少，则其控制传热的能力大大下降。因此，应该从黏度，和控制传热两个方面来找替代氟化物的物质，减少铸坯质量问题，更重要的是降低对环境的污染、设备的损害以及对人体的危害。

无氟保护渣渣系以 $CaO-SiO_2-Al_2O_3$ 为基本渣系。张传兴早已对该三元渣系的平衡状态图（见图19－45）做过分析[89,90]，认为 A 点虽共熔温度较低（1170℃），但 CS、CAS_2、S 三个初晶区液相面较陡，组成对熔化温度反应敏感，随着 Al_2O_3 含量的增加，熔点提高较快（达1400℃），致使熔渣聚合成块，失去应有的性能，且在 CS－CAS_2－S 副三角形中，SiO_2 含量高，熔渣黏度大，不易调节，故不适合作为连铸用保护渣组成点。B 点共熔点虽高（1265℃），但 CS、CAS_2、C_2AS 三个初晶区中液相面均比较平缓。CS 初晶区内，随 Al_2O_3 含量的增加，熔点降低；CAS_2、C_2AS 初晶区内，随 Al_2O_3 含量的增加，熔点升高缓慢。这表明 B 点组成有较大的 Al_2O_3 容纳量，加之 SiO_2 含量低，黏度低，便于调节，故 B 点组成可作为保护渣组成点。研究表明，含氟的保护渣吸收一定量 Al_2O_3 夹杂物后，黏度升高，而流动性变差；无氟保护渣吸收同样含量的 Al_2O_3 夹杂物后，其流动性较好。所以选择 $CaO-SiO_2-Al_2O_3$ 渣系作为渣的主要组成部分。

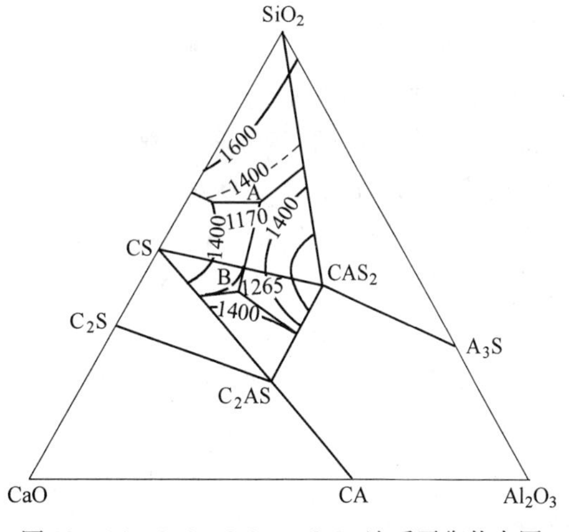

图19－45 $CaO-SiO_2-Al_2O_3$ 渣系平衡状态图

19.19.4　其他组分的选择

在确定保护渣渣系后，张传兴认为 C－S－A 渣系可以通过调节保护渣中碱性氧化物来调节黏度，必须保证黏度低、低熔点和低结晶温度才能满足高拉速的要求。

（1）Li_2O、Na_2O、K_2O 等碱金属氧化物，属网络外体，由于 Na^+、K^+、Li^+ 的电荷少、半径大，和 O^{2-} 的作用力较小，在保护渣液体结构中能提供非桥氧原子，使 O/Si 增大，对渣的网络结构具有较强的破坏作用，使渣的黏度降低。但试验结果表明，虽然 Na^+、K^+ 与 O^{2-} 结合力较 Li^+ 的弱，能够更易提供非桥氧，但在加入等量的 Li_2O、Na_2O、K_2O 后，只有 Li_2O 能够显著降低保护渣的黏度，而 K_2O、Na_2O 的作用却较小。究其原因，这可能是由于 Li_2O 和 Na_2O、K_2O 在液体保护渣熔体中对网络结构的发生起到不同的作用造成的。理论推断的两种对网络的作用模式分别如图 19－46 和图 19－47 所示。

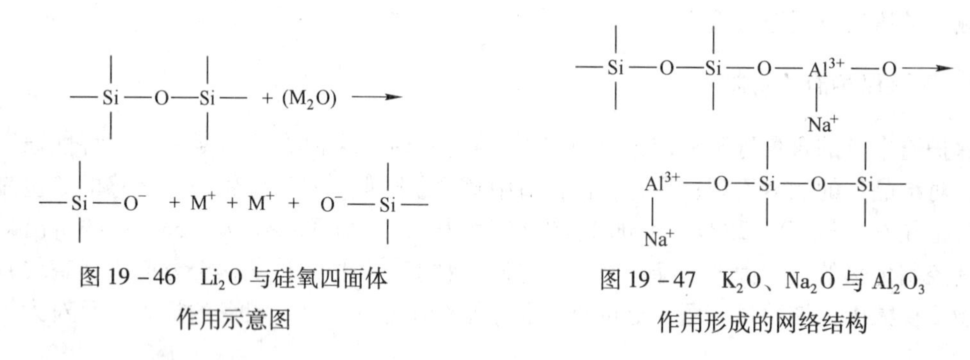

图 19－46　Li_2O 与硅氧四面体作用示意图

图 19－47　K_2O、Na_2O 与 Al_2O_3 作用形成的网络结构

由于 Al_2O_3 的 Al^{3+} 与 O^{2-} 结合成为 $(AlO_4)^{5-}$ 铝氧四面体，而加入的 Na_2O、K_2O，由于具有强于 Li_2O 提供 O^{2-} 的能力，Na^+ 便与占据 $(AlO_4)^{5-}$ 四面体中心的 Al^{3+} 结合在一起，形成如图 19－47 所示的网络结构，其结果不但没有起到断网的作用，反而使熔渣网络加大。因此，削弱了降低黏度的作用。

除了 Li_2O、K_2O、Na_2O 断网作用不同外，还与 Li_2O 的离子极化作用有关。Li^+ 属于非惰性气体型离子，对硅氧键的氧离子极化、变形、减弱硅氧键结合的作用大，容易在熔渣网络结构形成缺陷或不对称中心，因而导致黏度下降。

在连铸保护渣中，当 O/Si 比很低时，对黏度起主要作用的是硅氧四面体［SiO_4］间的键力，极化力最大的 Li^+ 减弱、Si－O－Si 键的作用最大、Na^+ 次之、K^+ 最小，故加入等量的 Li_2O、K_2O、Na_2O 降低黏度作用的顺序为 $Li_2O > Na_2O > K_2O$。

（2）渣中碱土金属氧化物 MgO，也是网络外体，其对保护渣黏度的影响比较复杂。因为，一方面和 Na^+、K^+、Li^+ 等碱金属离子一样，能使硅氧负离子团解聚使黏度降低。但另一方面，它的电价数较大且半径较小，因此，其离子势 Z/r 较 Na^+、K^+、Li^+ 大，能夺取硅氧负离子团中的 O^{2-} 来包围自己，导致硅氧负离子团聚合。如 $2[SiO_4]^{4-} \rightarrow [Si_2O_7]^{6-}$ 被夺去的 O^{2-} 使网络结构复杂，黏度增大。含 MgO 保护渣试样黏度测试结果表明，MgO 取代部分 CaO 保持（$CaO + SiO_2$）/CaO 为定值，使保护渣高温黏度降低，低温黏度升高幅度不大，即在较宽的温度范围内，保护渣黏度具有较高的稳定性，并达到了本研究加入 MgO 降低渣的低温黏度的目的。这种现象是第一方面的原因占主导的结果。这是由于体系的温度降低，MgO 很难夺取硅氧负离子团中的 O^{2-}，聚合作用难以发挥。可见，引入适量的 MgO 能够起到降低、稳定保护渣黏度的作用。

（3）B_2O_3 是酸性氧化物，网络形成体，通常会使渣的黏度升高。但实验结果却表明，在保护渣中加入适量的 B_2O_3，黏度反而降低。这是因为，B_2O_3 熔点较低，为 450℃，易形成低共熔物，极大地提高了保护渣的过热度，使复合阴离子键因热振动的加剧而解体，进而降低了保护渣的黏度。

实验研究证明，向保护渣中添加 Li_2O、B_2O_3，取代 F^-，能够获得连铸所需黏度的保护渣。

对于处于包晶钢范围的钢种必须通过控制其传热来保证铸坯的质量。所以无氟保护渣还应考虑它的析晶能力，由于钙钛矿结晶能力强，因此用钙钛矿来代替含氟保护渣的枪晶石，通过对碱度 R 和 TiO_2 的含量来控制保护渣的结晶率和结晶温度，来实现对结晶器传热的有力控制。

（1）结晶温度。结晶器保护渣的结晶温度随着碱度的增加而提高；同时，TiO_2 含量提高，结晶温度呈现上升的趋势。实验证明，TiO_2 含量为 2% ~8% 时，$(TiO_3)^{2-} + Ca^{2+} = CaO \cdot TiO_2$ 反应向正反应方向进行，使 $CaTiO_3$ 含量增多，单位体积内质点数量增加有利于结晶体形核，所以结晶温度升高。对保护渣的结晶温度影响较大。当 TiO_2 超过 8% 时，由于 TiO_2 含量增加，钛离子与熔渣中多余的 O^{2-} 相结合，使熔渣中的硅氧四面体的 O/Si 减小，Si－O 链的结合方式复杂，熔渣黏度增加，所以此时对结晶温度的影响不是很明显。

（2）结晶率。实验表明，随着 TiO_2 含量的提高，均能使结晶反应向着正反应的方向进行，从而提高保护渣的结晶率。

随着保护渣的碱度和 TiO_2 含量的提高，均能够对保护渣的析晶温度有较大的提高，从而保证保护渣满足裂纹敏感性钢种的要求。

19.19.5　无氟保护渣进一步研究

从目前来看，无氟保护渣研究主要侧重于对黏度的研究，张传兴的 C－A－S 渣系，通过加入碱金属及 B_2O_3，能够将其保护渣的黏度控制在合适的范围，但是保护渣的熔化温度较高，这样就造成了结晶器在长度方向上的润滑不均匀，甚至在结晶器下部出现固态渣膜，从而造成坯壳受到的摩擦力大于坯壳某处的坯壳强度，最终导致将坯壳拉裂。因此，还应从渣系上再做研究，寻找一种更合适的渣系。

另外，无氟保护渣的传热特性是研究的重点，在没有氟元素的前提下，不能形成枪晶石等高熔点晶体，在控制传热方面的效果就差，只有在明确了氟在保护渣中的具体行为，研究的目标就会变得更明确，才会在此基础上找到取代的替代物，才能生产出既满足工业需求又环保的新型保护渣。为此，应从以下方面着手：

（1）探索研究更合理的氟化物的替代物来实现新型保护渣组合。

（2）由于氟化物的成渣能力强，如果使用其他物质来替代氟化物，必然会对原渣系的性能有所改变。因此，在选择合适的保护渣基料组合时，要对保护渣的开始烧结温度和保温性能、吸收夹杂物和润滑能力以及合理控制熔渣的界面张力进行考虑，这样有助于稳定和控制无氟保护渣的熔化过程。

（3）无氟保护渣的传热是新型保护渣研究的重点，应分析其熔层结构、黏度和使用量的优化关系，分析其冷却矿相，定量或半定量分析其传热。在以上研究的基础上确定低碳无氟渣的化学成分，并测定其黏-熔特性和结晶率。要更深入地研究保护渣的传热特性，从而研制出符合工业生产用的保护渣。

参考文献

[1] 朱立光，王硕明，唐国章，等. 连铸系列保护渣研制及应用 [J]. 河北理工学院学报，2000，22(2)：7~12.

[2] 王新月，金山同. 连铸保护渣性能与钢种、工艺参数关系的初探 [J]. 炼钢，2005，21(4)：53~55.

[3] 李殿明. 连铸结晶器保护渣应用技术 [M]. 北京：冶金工业出版社，2008：78~81.

[4] 蔡开科. 连铸结晶器 [M]. 北京：冶金工业出版社，2008：342~347.

[5] 魏颖娟，袁守谦，米静，等. 对连铸保护渣设计的探讨 [J]. 重型机械，2010：139~145.

[6] 李博知. 高速连铸用保护渣技术 [J]. 冶金丛刊，2005，6(160)：9~11.

[7] 焦志明. 连铸结晶器振动方式的探讨 [J]. 武钢大学学报，1997，32(3)：43~47.

[8] 张洪波，王海之. 连铸结晶器振动参数与保护渣物化性能的关系 [J]. 钢铁，1995，30(11)：17~20.

[9] 朱立光，唐国章，万爱珍. 基于神经网络的连铸保护渣设计专家系统的研究 [J]. 钢铁，1999，34(9)：23~25.

[10] 张玉文，丁伟中，朱立光. 基于人工神经网络的连铸保护渣性能预测及试验研究 [J]. 炼钢，2001，17(6)：28~30.

[11] 曹焕光. 人工神经网络原理 [M]. 北京：气象出版社，1992.

[12] 胡上序，程翼宇. 人工神经元计算导论 [M]. 北京：科学出版社，1994.

[13] 焦李成. 神经网络系统导论 [M]. 西安：西安电子科技出版社，1991.

[14] 胡汉涛，魏季和，茅洪祥. 连铸保护渣性能的人工神经网络模型预测 [J]. 上海金属，2004，26(1)：12~16.

[15] 张建明，王涛，王忠礼. 智能控制原理及应用 [M]. 北京：冶金工业出版社，2003：84~95.

[16] 朱立光，万爱珍，唐国章. 神经网络连铸保护渣性能预测模型研究 [J]. 炼钢，1998 (3)：37~39.

[17] Bulary A，Saxen H. Steelmaking Conference Proceeding，1992：883~886.

[18] 张国栋，邵雷，刘海啸. 基于 BP 网络的保护渣性能预测模型的研究 [J]. 耐火材料，2004，38(2)：115~117.

[19] 王玉，杨吉春. 碱度和 Al_2O_3 对中碳钢宽厚板连铸结晶器保护渣粘度和熔化温度的影响 [J]. 内蒙古科技大学学报，2012，31(4)：320~322.

[20] 艾国强，金山同. 助熔剂对保护渣熔化温度的影响 [J]. 炼钢，1999，15(6)：49~52.

[21] 杜恒科，文光华，唐萍. 宽板坯结晶器保护渣的开发 [J]. 钢铁钒钛，2006，27(3)：10~13.

[22] 朱立光，韩毅华，赵俊花. 板坯连铸结晶器保护渣性能的高拉速适用性研究 [J]. 特殊钢，2008，29(4)：1~4.

[23] 王三忠，高新军，程官江. 超宽板坯连铸结晶器保护渣研究与应用 [J]. 连铸，2007 (5)：39~43.

[24] 欧阳飞，程晓文，傅谦惠. 板坯连铸结晶器保护渣的选择和应用 [J]. 南方金属，2001 (118)：22~25.

[25] 姜学锋，宋满堂. 本钢板坯连铸结晶器保护渣国产化研究 [J]. 本钢技术，2001(9)：6~15.

[26] 朱祖民，张晨，蔡得祥，等. 板坯连铸用缓冷型保护渣 [J]. 钢铁，2007，42(8)：29~31.

[27] 吴夜明. 连铸保护渣的层状结构与理化性能的关系 [J]. 特殊钢，1995，16(1)：37~40.

[28] 张玉文，丁伟中，朱立光. 方坯连铸保护渣渣膜润滑行为的理论研究 [J]. 炼钢，2002，18(2)：

25 ~ 28.
[29] 田青，李结根. 方坯连铸低碳普钢结晶器保护渣的研制 [J]. 武钢技术，1999，37(4)：6 ~ 10.
[30] 陈天明，杨素波，文永才，等. 大方坯中低碳钢连铸保护渣研制与应用 [J]. 钢铁钒钛，2007，28(3)：54 ~ 61.
[31] 饶添荣. 连铸保护渣的特性及其选用 [J]. 上海金属，2004，26(2)：50 ~ 53.
[32] 朱立光，许虹，张淑会. 方坯连铸保护渣吸收夹杂能力的数学分析 [J]. 河北冶金，1999，111(3)：3 ~ 5.
[33] 何生平，王丽鹃，王谦. 水钢方坯连铸保护渣系列化探讨 [J]. 钢铁钒钛，2009，30(1)：64 ~ 67.
[34] 陈迪庆，陈光友，李小明. 大方坯合金钢保护渣的选取及优化 [C] //2012 年全国炼钢 - 连铸生产技术会议，2012：880 ~ 882.
[35] 王新月，朱果灵，席常锁，等. 关于薄板坯连铸保护渣应用现状的几点思考 [J]. 连铸，2008(3)：38 ~ 41.
[36] 杨晓江. 薄板坯连铸结晶器保护渣技术 [J]. 连铸，2002(3)：33 ~ 35.
[37] 朱立光，周建宏，刘志宏. 薄板坯连铸保护渣冶金性能实验研究 [J]. 炼钢，2006，22(4)：24 ~ 27.
[38] 张咏庆，段承轶，党昕伟. 保护渣在薄板坯连铸中的应用 [J]. 包钢科技，2004，30(2)：10 ~ 12.
[39] 杨晓江，周晓红，丁广友. 薄板坯连铸结晶器保护渣技术 [J]. 河北冶金，2003，136(4)：3 ~ 9.
[40] 吕晓芳，刘藏者，何洪升. 薄板坯连铸保护渣研究 [J]. 邢台职业技术学院学报，2007，24(1)：29 ~ 32.
[41] 朱立光，王硕明. 高速连铸保护渣结晶特性的研究 [J]. 金属学报，1999，35(12)：1280 ~ 1283.
[42] 李殿明. 连铸结晶器保护渣应用技术 [M]. 北京：冶金工业出版社. 2008：99 ~ 101.
[43] 刘承军，王云盛，朱英雄，等. 连铸保护渣的夹杂物吸收率 [J]. 钢铁研究学报，2000，12(增刊)：46 ~ 50.
[44] 陈伟. H 型钢异型坯表面裂纹和洁净度控制研究 [D]. 秦皇岛：燕山大学，2008.
[45] 乌力平，李建中，汤寅波，等. 保护渣对连铸异型坯表面质量的影响 [J]. 炼钢，2004，20(6)：40 ~ 44.
[46] 韩毅华. H 型钢异型连铸坯凝固过程及保护渣性能研究 [D]. 唐山：河北理工大学，2008.
[47] 成泽伟，陈伟庆，金长佳，等. 保护渣性能对连铸圆坯表面质量的影响 [J]. 钢铁，2002，37(9)：23 ~ 25.
[48] 于平，成泽伟，陈伟庆，等. 保护渣特性和连铸工艺参数对圆铸坯表面质量的影响 [J]. 2003，24(4)：39 ~ 41.
[49] 刘义仁，张露，石超民. 高效连铸包晶钢大规格圆铸坯用保护渣的设计与实践 [J]. 天津冶金，2008，149(5)：47 ~ 50.
[50] 金山同. 固体粉状保护渣 [J]. 北京钢铁学院学报，1981 (1)：15 ~ 27.
[51] 卢洪星，张小华，孙先清，等. 高锰油井管钢专用保护渣的应用实践 [J]. 江苏冶金，2008，36(2)：46 ~ 48.
[52] 魏颖娟，米静. 对连铸保护渣设计的探讨 [J]. 重型机械，2010(s1)：139 ~ 144.
[53] 姜学峰，陶立群. 板坯连铸结晶器保护渣的研制与应用实践 [J]. 炼钢，2004(6)：3 ~ 6.
[54] 李殿明，邵明天，杨宪礼，等. 连铸结晶器保护渣应用技术 [M]. 北京：冶金工业出版社，2008.
[55] Mills K C，Fox A B，Li Z，et al. Performance and properties of mold fluxes [J]. Ironmaking and Steelmaking，2005，32(1)：26.
[56] 汪洪峰. 包晶钢连铸板坯表面质量的控制 [J]. 冶金丛刊，2004(4)：1 ~ 4.
[57] 蔡开科. 连铸坯表面裂纹的控制 [J]. 鞍钢技术，2004 (3)：1 ~ 8.

[58] 李玉娣．梅钢 2 号连铸机包晶钢保护渣的优化与应用［J］．梅山科技，2010(2)：26 ~ 28.
[59] 熊林敞，陈荣欢，黄耀文．高碳钢连铸工艺优化［J］．冶金信息导刊，2004(5)：22 ~ 25.
[60] 曾建华．高碳钢大方坯连铸用保护渣的研究［D］．重庆：重庆大学，2003.
[61] 重庆大学．铸钢用保护渣译文集［M］．重庆：重庆大学出版社，1964.
[62] 卢盛意．连铸坯质量［M］．北京：冶金工业出版社，2000.
[63] 王文学．Cr13 马氏体不锈钢方坯保护渣的研究［D］．重庆：重庆大学，2006.
[64] 王雨，谢兵，王谦，等．不锈钢连铸保护渣概述［C］//2008 年不锈钢连铸技术交流会论文集，2008：147 ~ 158.
[65] 王庆祥，龙伟斌，周检检．浅论超低碳钢连铸保护渣的增碳［J］．连铸，2003(2)：4 ~ 5.
[66] 陈炎．结晶器保护渣对连铸坯增碳的影响［J］．钢铁研究，1989(11)：96 ~ 99.
[67] S. Terada. 超低碳钢用结晶器保护渣的开发［J］．国外钢铁，1992(7)：35 ~ 38.
[68] 竹内英磨．连铸浇注用无碳保护渣的研制［J］．鉄と鋼，1978(10)：1548 ~ 1557.
[69] 唐向东，宋伟，杨会庭，等．稀土处理钢浇铸的工艺难点及对策［J］．钢铁钒钛，2001，22(3)：68 ~ 72.
[70] 姚永宽，马军．连铸稀土钢结晶器保护渣的研制［J］．江苏冶金，2001，29(5)：15 ~ 22.
[71] 万恩同．稀土处理钢保护渣的研究与应用［J］．稀土，2001，22(4)：72 ~ 74.
[72] 曾建华，李桂军，吴国荣，等．稀土处理钢用预熔型连铸保护渣的研究与应用［J］．钢铁，2004，39(增刊)：660 ~ 664.
[73] 汪洪峰，郭振和，姜家和．耐候钢连铸工艺的改进［J］．上海金属，2004，26(2)：26 ~ 28.
[74] 汪开忠，孙维．耐候钢异型坯连铸粘结漏钢原因［J］．安徽工业大学学报（自然科学版），2009，26(1)：9 ~ 11.
[75] 潘咏忠，陈礼生．重钢耐候钢生产工艺及性能研究［C］//2007 年中国铁路用钢技术研讨会，北京，2007：305 ~ 308.
[76] 陈军．硅钢生产技术及其发展［J］．鞍钢技术，2001 (2)：28 ~ 30.
[77] 在设计硅钢保护渣时应重点考虑的方面．涟钢科技与管理，2009(6)．
[78] 王强，仇圣桃，赵沛，等．高铝连铸保护渣的研究现状［J］．炼钢，2012，28(1)：74 ~ 78.
[79] 王家荫，迟景灏．含铝钢连铸保护渣的研究［J］．重庆大学学报，1988(4)：6 ~ 13.
[80] 何生平，王谦，曾建华，等．高铝钢连铸保护渣性能的控制［J］．钢铁研究学报，2009，21(12)：59 ~ 62.
[81] 宋金平，吴建勇，殷皓．连铸小方坯弹簧钢保护渣的选用［J］．重型机械，2012(s1)：140 ~ 142.
[82] 张晨．连铸保护渣性能选择及对铸坯质量的影响［J］．世界钢铁，2009 (2)：20 ~ 24.
[83] 王小红，谢兵，冯仲渝，等．易切削钢连铸工艺开发［J］．西南石油学院学报，2005，27(6)：88 ~ 90.
[84] 周英豪，袁仁平，郭蜀伟．Y45S20 易切削钢连铸坯的生产实践［J］．特殊钢，2003，24(3)：52 ~ 53.
[85] 张晨，蔡得祥，朱祖民．开发无氟环保型保护渣的意义和难点［J］．西部开发与生态环境保护，2005：632 ~ 640.
[86] 万爱珍，朱立光，王硕明．连铸保护渣粘度特性及机理研究［J］．炼钢，2000，16(2)：21 ~ 25.
[87] 张晨，蔡得祥．连铸保护渣中氟的危害［C］//第十六届全国炼钢学术会议，2010：420 ~ 427.
[88] 王谦，何生平，王平，等．连铸保护渣中氟的作用及降低氟含量的相关技术问题［C］//2005 年全国炼钢年会，2005：641 ~ 644.
[89] 张传兴．连铸用无氟保护渣的研究［J］．耐火材料，1998 (2)：121 ~ 122.
[90] 苗胜田，文光华，唐萍，等．无氟连铸结晶器保护渣的结晶性能［J］．钢铁研究学报，2006，18(10)：20 ~ 22.

第四篇

连铸保护渣 LIANZHU BAOHUZHA
生产技术及应用篇
SHENGCHAN JISHU JI YINGYONG PIAN

20 连铸保护渣生产及检测技术

20.1 连铸保护渣的原料

20.1.1 保护渣常用原材料

连铸保护渣主要由基料、熔剂、炭质材料和添加剂组成。基料主要是指配渣所用的主体原料，包括电厂灰、水泥熟料、高炉渣、天然或人造硅灰石、玻璃粉等。熔剂主要是指能够通过降低共晶点促使保护渣熔点下降的材料和能够拆散 Si—O 键促使保护渣黏度降低的材料，这类材料比较多，主要是指碱金属的氧化物 R_2O，部分碱土金属的氧化物 MeO 以及一些复合材料如 NaF、冰晶石、硼砂、含锰材料和萤石等。其中 Na_2CO_3 和 CaF_2 是最常用的两种价格比较适宜的熔剂材料，在保护渣中得到广泛应用。炭质材料是控制保护渣熔化过程的骨架材料和提高保护渣熔速的关键材料，炭质材料的合理选择对保护渣在结晶器内性能的发挥至关重要。常用的含碳材料有炭黑、晶体石黑、隐晶质石黑、焦粉、橡胶粉、碳化稻壳粉、电厂灰等众多材料。添加剂也是保护渣的组分之一，包括黏结剂（比较常用的有 CMC（S）、糊精、植物淀粉、陶土等）、分散剂、减水剂及复合添加剂等，它们在保护渣生产过程中分别对造球的质量、炭黑的分散和料浆流动性控制等方面起着重要的作用。虽然添加剂不能在保护渣使用过程中起直接作用，但是保护渣使用过程中性能稳定和优化与添加剂是分不开的。

20.1.2 保护渣原材料选择依据

连铸保护渣原材料比较多，但是，大多数保护渣的生产都是结合本地的矿产资源进行的。保护渣的原材料一般分为天然矿物、工业原料和工业废料。天然矿物有硅灰石、珍珠岩、萤石、石英石等；工业原料是水泥、水泥熟料等；工业废料包括玻璃粉、烟道灰、高炉渣、电厂烟道灰等。

为了制备性能优越的保护渣，必须对保护渣的原材料进行选择，一般情况下以下列条件为依据[1]：

（1）原材料的化学成分尽量稳定并接近保护渣的成分。

（2）原材料中所含有害物质应当低于目标要求，从而减少对铸坯质量的影响以及对环境和人体的危害。

（3）原材料来源广泛，价格便宜，能够便于加工制造。

20.1.3 保护渣用原材料的主要组成及其性能

随着连铸技术的进步，对保护渣的性能要求更为严格，这就要求在研制保护渣时要对保护渣的原材料有充分的了解，才能在此基础上研制出性能更好的保护渣。原材料的种类较多，即使相同的原材料，它们所具有的化学成分和性能也存在很大的差异。保护渣常用的原材料及其部分性能见表 20－1[1]，常用骨架材料的特性见表 20－2[2]。这里只简单地介绍几种原材料。

表 20－1　保护渣常用原材料及其物理性质

名称	CaO/%	SiO_2/%	Al_2O_3/%	MgO/%	MnO/%	TFe/%	Na_2O+K_2O/%	CaF_2/%	B_2O_3/%	密度/$g\cdot cm^{-3}$	熔点/℃
吉林硅灰石	46.90	42.46	0.35	0.70	0.04	1.00	—	—	—	0.82	1331～1410
水泥熟料	63.54	18.96	5.49	3.79	—	5.79	0.06＋0.27	—	—	1.18	＞1450
高炉水渣	38～47	34～37	8～12	8～10	—	1.00	—	—	—	1.30	约 1320
玻璃粉	6.5～8.0	72～73	0.5～2.3	3.0～4.2	—	0.1～0.22	14.50	—	—	0.89	约 994
电厂灰	2.92	55.23	22.06	14.25	—	Fe_2O_3 7.46	2.19	—	—	0.62	约 1450
赤泥	40.60	22.78	9.26	1.62	—	Fe_2O_3 6.15	4.45	TiO_2 4.73	—	0.67	1250
石英砂	1.04	94.58	2.58	0.12	—	1.68	—	—	—	1.04	1713
萤石	—	7.0～15.0	—	—	—	—	—	75～85		1.33	约 1400
苏打	—	—	—	—	—	—	58.90	—	—	0.43	858
冰晶石	—	＜0.45	Al 13	—	—	—	31.00	F^- 53	—	0.82	978
硼砂	—	—	—	—	—	—	34.00	—	66		450
固体水玻璃	—	75.70	—	—	—		17.14	—	—	0.92	约 900
高炉锰渣	33～37	25～31	8～10	7～9	8～10	1.00	—	—	—	—	—
烧结料	58～62	25～27	≤7	约 2.0	—	≤5	—	—	—	—	—
镁质料	1～3	2～5	2～4	80～85	—	0.2～0.4	—	—	—	—	—

表 20－2　常用骨架材料的特性

名　称	碳含量/%	氧含量/%	着火点/℃	粒度/nm	比表面积/$m^2\cdot g^{-1}$
中超炭黑	约 100	1.5	434	20～25	110～140
灯黑	约 100				
半补强炭黑	约 100	0.41		61～100	17～33
电极石墨	76		＞500		
槽法炭黑	约 100	2.5～3.5	376	24	95～115
通用炉黑			355～385	49～60	27～43
南江石墨	32.8		＞500		

硅灰石，其化学名为 $CaSiO_3$，即硅酸钙，含有害物质少，按理论计算其质量分数：CaO 为 48.28%，SiO_2 为 51.72%，两者质量分数之比基本接近 1∶1，从 $CaO-SiO_2-Al_2O_3$ 三元相图上保护渣设计理论观点来看最为合适，所以硅灰石就成了比较理想的保护渣用原材料。但是用硅灰石制作的保护渣在熔化均匀性和反应性方面不如水泥熟料好。

水泥熟料是成分比较稳定、活性强、熔化均匀且杂质含量不多的一种原材料。所以，许多厂家都选择水泥熟料作为基料。水泥熟料制作的保护渣容易潮解而导致保护渣的一些性能改变，从而影响保护渣理化性能，所以水泥熟料制备的保护渣不易长时间储存。

电厂灰是电厂喷吹煤粉燃烧后含有一定残碳量的灰分，其主要成分以 Al_2O_3、SiO_2、C 为主，该材料经过高温煅烧，以玻璃微珠状态存在，其灰分和碳均属于非晶质材料，从矿相学上讲，其基能相对比较低，适于保护渣使用。但由于该类材料在不同厂家成分相对不稳定，所以电厂灰在使用中受到了一定的限制。

高炉渣是经过熔炼的渣子，它是一种经济型原材料，而且它的加入使得保护渣有较好的熔化均匀性，所以高炉渣也是制备保护渣的比较好的原料。但是由于高炉渣成分不稳定，而且有害杂质含量较高，所以高炉渣在使用中不是很受关注。

玻璃粉的主要成分为 SiO_2，其含量为 72% ~73%。它是成分比较稳定，且杂质含量很少的原材料。因此，对于制造保护渣来讲，玻璃粉的可用性更强；而且玻璃粉价格便宜，易于采购，更为有利的一点是玻璃粉中含有 13% 的 Na_2O，可以减少其他含 Na 物质的加入[1,2]。

20.1.4　人工合成保护渣基料

随着连铸技术的不断发展和完善，要求铸坯直接热送并且无缺陷，这就对保护渣的生产提出了更高的要求，然而保护渣所用原材料的化学成分和物理性能的波动，使得在制造保护渣过程中存在着不统一性，为了对保护渣的原材料做到精确控制，给保护渣生产配渣提供优质条件，使其成分和性能波动很小，把金属氧化物、金属氟化物、碱土金属的碳酸盐组成的原料，在冲天炉等设备熔化成所需要的基料，视为人工合成保护渣基料。

人工合成硅灰石的生产工艺，根据不同种类保护渣基料的要求，在引进国外先进技术的基础上，使用自主开发的配方进行系统的优化设计，选用优质原料，生产出了多种保护渣基料，并可根据用户的要求调节 CaO/SiO_2 的比值[3]。人工合成保护渣基料组成及性能见表 20 -3。

表 20 -3　人工合成保护渣基料组成及性能

产品编号	C/S	SiO_2/%	CaO/%	Al_2O_3/%	MgO/%	Fe_2O_3/%	F^-/%	Na_2O/%	水分/%	密度/$g \cdot cm^{-3}$	熔点/℃	$\eta_{1300℃}$/$Pa \cdot s$
HM -110	1.10 ±0.05	44.0 ±2	48.0 ±2	3.5 ±1	1.0 ±0.2	≤0.5	4.0 ±0.5	0.6 ±0.3	≤0.5	0.85 ±0.3	1050 ±50	0.2 ~0.8
HM -120	1.19 ±0.05	41.0 ±2	49 ±2	2.7 ±1	0.9 ±0.5	≤0.5	4.0 ±0.5	1.2 ±0.5	≤0.5	0.85 ±0.3	1050 ±50	0.2 ~0.8
HM -145	1.45 ±0.05	38.0 ±2	55.0 ±2	2.5 ±1.5	1.0 ±0.2	≤0.5	3.5 ±0.5	0.6 ±0.3	≤0.5	0.85 ±0.3	1050 ±50	0.2 ~0.8
HM -080	0.8 ±0.04	53.5 ±2	55.0 ±2	2.5 ±1	≤1.0	≤1.0	1.0 ±0.3	1.6 ±0.3	≤0.5	0.85 ±0.3	1050 ±50	0.2 ~0.8
HM -109	1.09 ±0.05	43.4 ±2	48.5 ±2	3.3 ±1	≤0.8	≤0.5	4.5 ±0.5	0.5 ±0.3	≤0.5	0.85 ±0.3	1050 ±50	0.2 ~0.8
HM -108	1.085 -1.145	43.5 ±2	48.5 ±2	2.4 ±1	0.7 -1.3	≤0.5	4.5 ±0.3	2 ±0.2	≤0.5	0.85 ±0.3	1050 ±50	0.2 ~0.8
HM -150	1.50 ±0.05	35.0 ±2	54 ±2	2.6 ±1	0.7 ±0.3	≤0.5	4.1 ±0.3	0.8 ±0.3	≤0.5	0.85 ±0.3	1050 ±50	0.2 ~0.8

现代炼钢工艺采用连铸，提高连铸比是提高生产效率、提高轧制成材率、节约能源、降低成本的有效措施；采用钢水精炼和连铸保护渣浇铸是提高钢材质量的重要措施。保护渣及炉外精炼合成渣是连铸和炼钢过程中必不可少的辅料。保护渣基料及预熔型的炉外精炼合成渣系列产品，由于质量优良、成分均匀、价格便宜，因此刚一出现便受到国际同行的重视和青睐，大量出口到日本、韩国等国际市场。

本系列产品配方科学，使用时的渣层结构合理且吸收钢中非金属夹杂物的能力良好。用人造硅灰石作基料生产的连铸保护渣和炉外精炼合成渣，具有成分可控性强、均匀、无结晶水、抗吸水性强、杂质含量低等优点。

人造硅灰石还可作为焊接、涂料、橡胶、塑料、阻燃、陶瓷、电子、农业等领域和部门的新型材料使用，市场前景十分广阔[1,3]。

20.2 预熔型保护渣的生产

20.2.1 预熔型保护渣的特点及加工要求

预熔型保护渣的生产过程为：将预先调制到目标成分的混合物进行预熔化处理，而后通过急冷的方式，获得均匀的玻璃状非晶体质物质，再将其粉碎处理成细粉粒作为基料，然后加入炭质材料混合成型，即为粒状保护渣。这种保护渣在钢水表面熔化后形成的薄膜，能够在铸坯和结晶器之间起良好的润滑作用和散热作用，从而可以有效地防止拉漏和铸坯表面发生的一些质量缺陷[4]。

预熔型保护渣具有在结晶器内熔化后无分熔现象、均匀性好且成渣速度快的特点。结晶器保护渣在坯壳和结晶器之间形成的渣膜，必须保证渣膜均匀分布；否则，就会导致加热和散热效果差的问题，从而易引发保护渣的质量问题。

预熔型保护渣生产应该满足下列要求[1]：

(1) 原材料应混合均匀。为了保证保护渣成分和性能的稳定，必须在熔化前将原材料与熔剂混合均匀，炭质材料除外，这样做是为了避免在熔化过程中造成成品成分和性能的不稳定。对于用竖炉作为熔化设备时更为重要；否则保护渣成分不均匀，物性波动较大，达不到基料的设计要求。

(2) 造块或造球。将原材料混合均匀后制成块或球烘干以后进行熔化加工工艺，对成品渣成分和性能的稳定有着更重要的作用。如果不进行造粒，用粉料进行熔化，其透气性能弱，可能发生喷料现象，并发生分熔现象，最终导致成品渣的性能不稳定，不能满足保护渣的设计要求。

(3) 预熔型保护渣渣粒的控制。经过预熔化的保护渣，基本上已是均匀体，对其粒度的要求不像混合粉渣严格，只要能够使基料与炭质材料混合均匀即可。

(4) 预熔型保护渣吸收水分不像混合型粉渣严重，且吸收水分后不易引起保护渣变质，利于储存。

20.2.2 预熔型保护渣配方

由于连铸技术的不断发展，铸坯基本上是直接热送热轧，对铸坯所使用的保护渣的性能要求更为严格。由于预熔型保护渣具有熔化均匀性好、成渣速度快、没有分熔现象以及易储存保管等优点，这种保护渣有利于提高铸坯的表面质量，稳定连铸生产[1]。保护渣必须经过实验室的研制、现场试验以及投入使用等阶段，然后才能确定其配方。

(1) 保护渣基本渣系的选择：

1) 渣系的选择应保证其组成简单，方便于生产实践。

2) 保护渣预熔基料的化学成分应稳定，其成分含量应接近保护渣配制目标值。

3）研制的保护渣必须满足连铸对其理化性能的要求并保证在连铸中维持其性能稳定。

（2）渣系的设计：

1）在选择渣系的过程中，应该根据冶炼的工艺参数选择渣系应具有的理化性能。渣系设计考虑的因素见表20－4。

表20－4 渣系设计考虑的因素

冶炼及连铸工艺参数	渣系的主要物理化学性能
钢种	熔化温度
钢中易氧化元素加入量	黏度
炉外处理工艺	熔化速度
结晶器断面、形状和尺寸	吸收夹杂物的能力
结晶器振动频率及振幅	碱度
浇铸温度及拉坯速度	结晶化性能
保护浇铸的状况及伸入水口各参数	熔化特性

保护渣基本渣系的选择可以根据 $CaO-SiO_2-Al_2O_3$ 相图来确定。首先应该选择欲配制保护渣所在的位置，根据选定区域可以大致判定保护渣熔化温度、黏度等的区间范围，再根据其他物性值确定其他熔剂的种类和加入方式。

2）基础渣系化学组成的设计，以 $CaO-SiO_2-Al_2O_3$ 三元系相图中伪硅灰石区域为基础，其保护渣的性能值只是一个约值，精确度不高。一般情况下保护渣的化学组成还应根据下列关系来确定：熔化温度 $=f_1$（组成）；黏度 $=f_2$（T，组成）；熔化速度 $=f_3$（熔化温度、η、炭质材料的数量和种类）；吸收夹杂物的能力 $=f_4$（组成）。其中，$f_1 \sim f_4$ 表示函数关系；T 表示温度；η 表示黏度。

（3）配渣计算及步骤：

1）原材料配比的计算。根据所选择保护渣的化学组成以及原材料的成分计算保护渣原材料的配比。以两种原材料配制为例：其原材料总量为100%，假定碱性材料配入量为 a，酸性材料配入量计为 $100-a$，其中碱度 R 可通过所选择相图区域得到。列方程如下：

$$R=\frac{a\cdot w(\mathrm{CaO})_{碱性材料}+(100-a)w(\mathrm{CaO})_{酸性材料}}{(100-a)w(\mathrm{SiO_2})_{酸性材料}+a\cdot w(\mathrm{SiO_2})_{碱性材料}} \tag{20-1}$$

式（20－1）中 a 可求出，从而得到保护渣原材料加入量的配比。

2）配比修正。

①按照已知配比模拟保护渣的工艺生产，配置渣样1kg左右。

②检测保护渣渣样的物理化学性能并做好数据统计。

③然后把测定的渣样物化性能和设计时保护渣所具有的物化性能作比较，检查其误差范围是否在允许范围内，如黏度的检测为1300℃时误差范围 $|\Delta\eta| \leqslant 0.05\mathrm{Pa\cdot s}$。

误差在允许范围内则投入工业生产试验，若超过误差范围，则应找其原因，直到保护渣的理化性能达到目标保护渣性能为止[1]。

预熔型保护渣是保护渣中分类最优级别。将各种造渣原料如硅灰石、石灰石、纯碱、萤石等混匀后放入预熔炉熔为一体，经水淬冷干燥细磨，再添加一定的熔速调节剂炭黑或者石墨等，就制成了预熔保护渣。由于预熔型保护渣要优于机械混合型保护渣，所以在制定预熔型保护渣时，其基料配方的选择就相当关键。表 20－5 列出以 DCS（硅灰石）系列产品为基料的配方[5]。

表 20－5 DCS 预熔基料生产配方

成分	DCS－1	DCS－2	DCS－3	DCS－4	DCS－5	DCS－6	DCS－7	DCS－8	DCS－9
CaO	48±1.5	55±1.5	24±1.5	40±1.5	43±1.5	52±1.5	38±1.5	41±1.5	38±1.5
SiO_2	43±1.5	38±1.5	40±1.5	35±1.5	52±1.5	36±1.5	35±1.5	41±1.5	37±1.5
Al_2O_3	3.5±1.0	2.5±1.0	2±1.0	4±1.0	<2.5	3±1.0	3±1.0	<2.5	<2.5
Fe_2O_3	<0.5	<0.5	<0.5	<0.5	<0.5	<0.5	<0.5	<0.5	<0.5
MgO	<2	<2	<2	<2	<2	<2	<2.5	<2	7±1.0
Na_2O	1±0.5	1±0.5	30±2.0	14±1.0	—	3±1.0	5±1.0	5±1.0	8±1.0
F	4±1.0	4±1.0	—	6±1.0	—	—	15±1.5	<2.0	6±1.0
BaO	—	—	—	—	—	—	—	10±1.5	—
Li_2O	—	—	—	—	—	3±0.5	—	—	—
CaO/SiO_2	1.08～1.16	1.4～1.5	0.56～0.64	1.1～1.2	0.81～0.86	1.45～1.55	1.03～1.13	1±0.5	0.96～1.07
P/S	≤0.05	≤0.05	≤0.05	≤0.05	≤0.05	≤0.05	≤0.05	≤0.05	≤0.05

20.2.3 工艺流程及参数控制

20.2.3.1 预熔型保护渣生产工艺流程

根据需要将各种原料（如硅灰石、石灰石、萤石等）进行破碎并按一定配比混合，然后入化渣炉熔化，液渣经水淬处理、自然脱水、回转筒干燥机干燥后进入悬辊式粉碎机粉碎，其粒度要求在 0.3mm（300 目）左右。为确保保护渣有一定的强度和在结晶器内渣线处不产生渣瘤，此时配入一定量的石墨和黏结剂，混合好后造粒，而后采用流化床干燥机烘干使其水分含量小于 0.2%，干燥后进行分级处理得到预熔型保护渣[7]。

预熔型保护渣生产工艺流程如图 20－1 所示[4]。

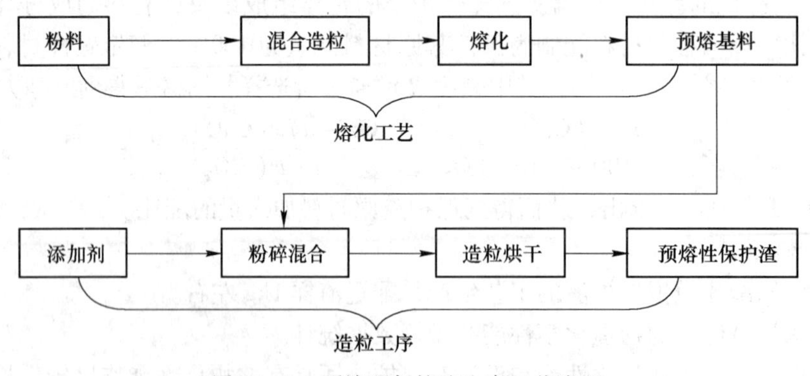

图 20－1 预熔型保护渣生产工艺流程

20.2.3.2 预熔型保护渣生产设备及其生产控制

A 预熔工序生产设备及参数

用于预熔型保护渣的生产设备有电弧炉、单向电炉和冲天炉[1]。之后，在工业化生产时，相比较这三种生产保护渣预熔料的方法，发现从建设成本、炉衬成本、基材质量等投资上考虑，冲天炉是最经济适用的[7]。它可以使用焦炭作能源并且连续不断地生产。图

20－2 所示为冲天炉剖面图。

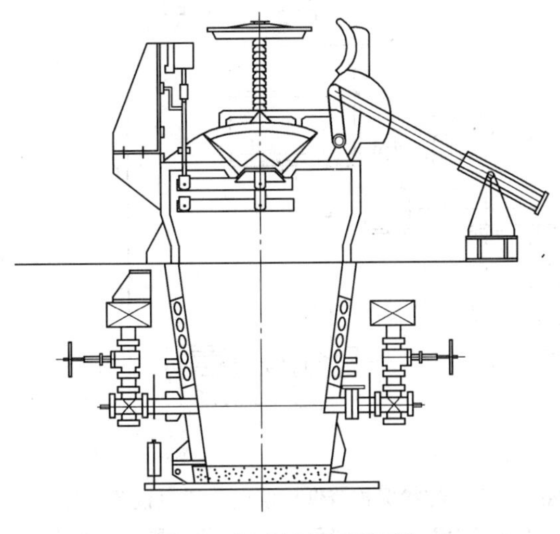

图 20－2　冲天炉剖面图

冲天炉操作步骤如下：预先把焦炭装入炉内规定高度，从下部点火后，从风口送风使焦炭燃烧。接着从炉顶装入球团和焦块，继续从风口送风，原料和烧红的焦炭与高温燃烧气体接触后不断熔化下渗，融化的液态保护渣从炉底出渣口连续流出[6]。

操作过程中参数控制：根据预熔保护渣配方要求，硅灰石粉、水渣粉、水泥熟料、纯碱、萤石等基料按比例配置，经过粗混采用圆盘造球机造粒，制成 10～30mm 大小的颗粒，经过烘干后，入炉熔化；采用水冷炉壁；采用炉壁挂渣的方法进行冶炼，保证预熔成分和性能的稳定；冲天炉冶炼时送风量应控制在 90～110$m^3/(min \cdot m^2)$ 之间，使熔化区温度不至于过高从而保证预熔渣物化性能的稳定；采用焦炭作燃料，应将焦炭的灰分纳入到保护渣配方设计中；熔融渣经渣口流入集渣池，经过水淬使其成为 2～6mm 大小的颗粒；干燥后粉碎成小于 0.04mm 的预熔基料细粉，预熔基料经混匀后取样分析，入库备用[7]。

B　造粒工艺设备及参数控制

a　造粒主要工艺设备

造粒系统主要由料浆输送系统、供热系统、干燥系统和除尘系统组成。其中，压力式喷雾造粒塔是生产空心颗粒保护渣的成粒设备。其工艺布置与设备如图 20－3 所示。其成粒过程为：将各种原料按照设计的配比准确称量好，加入适量的黏结剂与水，制成一定浓度的泥浆料，均匀磨细后再进行喷雾造粒。用于烘干颗粒的高温气体由热风炉提供，形成的雾滴边下降边释放水分，通过调节喷雾压力、热风温度等工艺参数生产出粒度、水分符合要求的颗粒保护渣，一般要求粒度大于 0.37mm 的占 90% 以上，水分小于 0.3%。低压喷雾造粒干燥设备生产的产品呈微粒状，一般平均粒度可以达到 150～200μm[2]。

b　工艺参数控制

到目前为止，在国内已先后有多家企业购买了喷雾造粒干燥设备，用来生产空心颗粒保护渣。但是在使用此设备进行生产时，物料处理不好，设备运行、参数选取不当，生产出的空心颗粒渣就达不到质量要求。为此控制好此设备的工艺参数就成了生产连铸空心颗

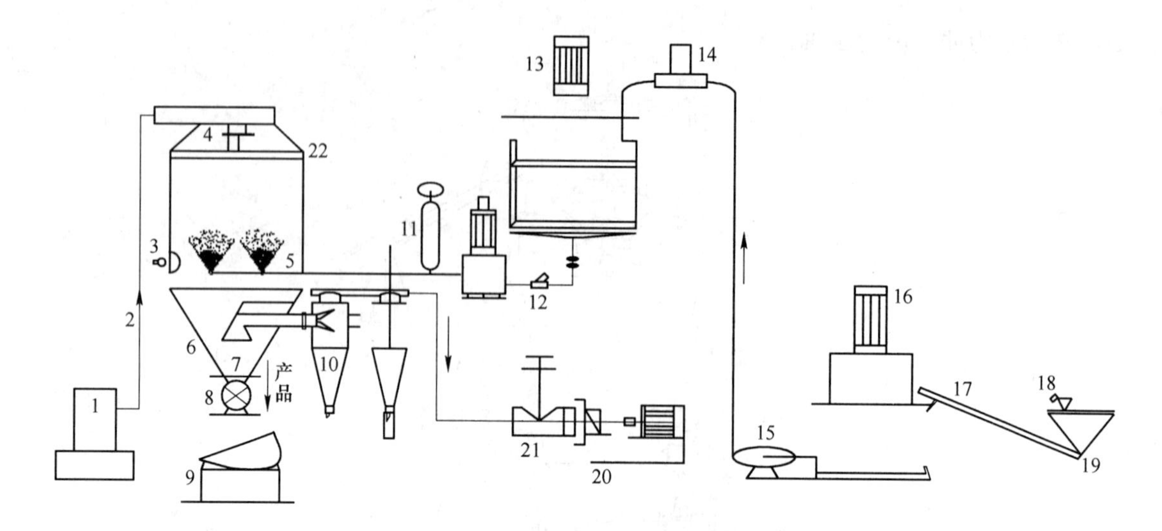

图 20－3　粒状保护渣低压混流干燥机设备工艺流程

1—燃煤燃烧炉；2—热风输送管道；3—观察孔；4—热风分配器；5—喷枪；6—盲孔；7—吸料罩；8—排粉阀；9—冷床；10—组合式旋风分离器；11—雾化泵；12—管道过滤器；13—低速搅拌机；14—振动过滤器；15—送料泵；16—球磨机；17—螺旋输送机；18—喷淋；19—料仓；20—引风机；21—负压调节器；22—喷雾洗涤塔

粒保护渣的一个重要环节[8]。

（1）送料泵压力和喷嘴孔径对产品粒度的影响。从喷雾干燥原理来看，干燥之前的工序是将料液雾化。要想使料浆变成雾状液滴，一种是离心喷雾，另一种是压力喷雾。离心喷雾随之干燥的产品粒度比较细小，多数在60μm左右，流动性不理想，此粒度范围的保护渣在连铸生产过程中铺展性差。用压力喷雾干燥设备生产保护渣，在压力很低时，料液不雾化，压力达0.5MPa，料液开始雾化，但雾化效果不理想，随着压力的升高，雾化效果越来越好，雾滴越来越细、越来越圆。产品的粒度随着雾滴大小变化，雾滴大，干燥后产品的粒度大；雾滴小，干燥后产品粒度小。实践证明，泵压力的大小和保护渣粒度大小有着非常密切的关系。为了保证连铸生产的使用要求，并使保护渣相对具有所需的较大粒度，徐江等人做了大量实验，在实验的基础上，得出了空心颗粒保护渣粒度随泵压变化的规律，如图20－4所示。

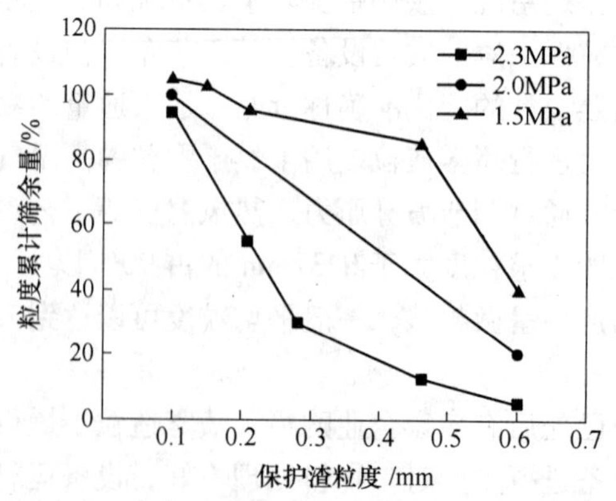

图 20－4　泵压变化与粒度累计筛余量特性曲线

由图20－4可以看到，随着泵压的提高，产品的粒度逐渐变细、变小。泵压在1.5MPa左右时产品的粒度比较理想。泵压超过2MPa时，干燥后产品整体粒度分布变细，颗粒度变小，如图20－5所示。

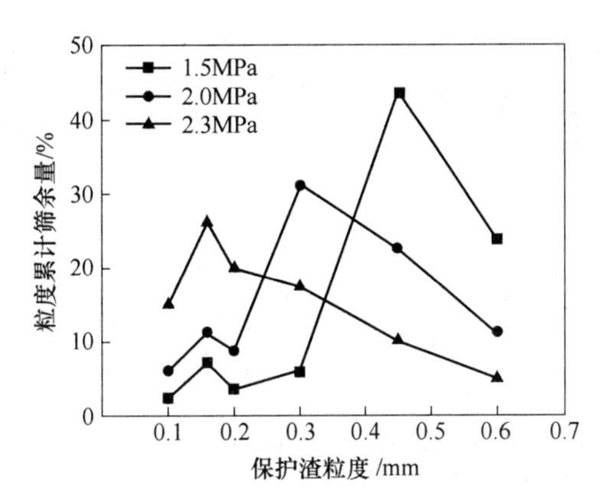

图20－5　干燥后泵压变化与粒度积累筛余量特性曲线

喷嘴孔径对产品粒度的影响：根据喷雾原理，要想增大产品粒度，就要增大雾滴直径。决定雾滴直径的一个主要因素是喷嘴的孔径。在其他条件不变的情况下，喷嘴孔径大，喷雾的雾滴直径就大，干燥出的产品颗粒就大；反之就小，如图20－6所示。所以喷嘴孔径的大小就成了保护渣生产不可忽略的一个重要参数。但喷嘴孔径大小主要是由喷雾干燥设备机型而定，所以在选择生产连铸保护渣的喷雾造粒干燥设备时要全面地考虑。

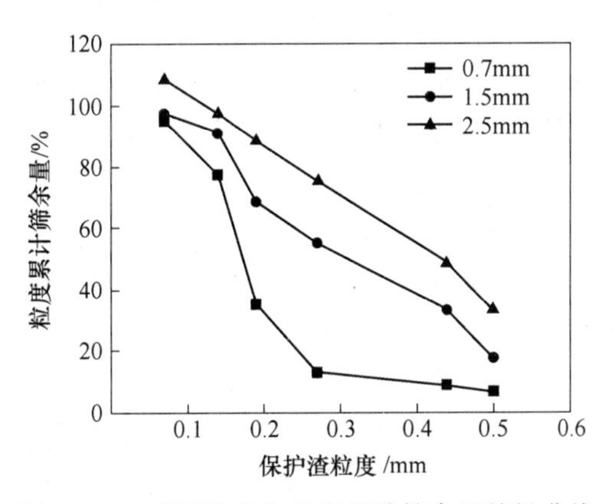

图20－6　喷雾孔径与粒度累计筛余量特性曲线

（2）另外也可从保护渣生产本身的工艺参数及配方等途径考虑增大保护渣粒度。根据喷雾干燥设备在陶瓷行业中干燥的颗粒筛余结果不难看出，提高料浆固性物含量同样可获得大颗粒的产品，如图20－7所示。但要想提高料浆浓度，尤其是提高浓度后的料浆还需保持有较好的流动性，这就需要在料浆中加入能提高料浆流动性的分散剂。目前在陶瓷行业及电子行业中用于提高料浆流动性的分散剂，早已被广大使用喷雾干燥设备的生产和工程技术人员所采用。在冶金行业寻找适合于连铸保护渣生产中应用的分散剂和黏结剂，则成为生产连铸保护渣的工程技术人员的一个重要任务。

从图20－7中可以看到，料浆中水分变化与产品粒度变化有非常重要的关系。水分大，干燥后产品粒度小；水分少，干燥后产品粒度大。要减少料浆中的水分，可在料浆中

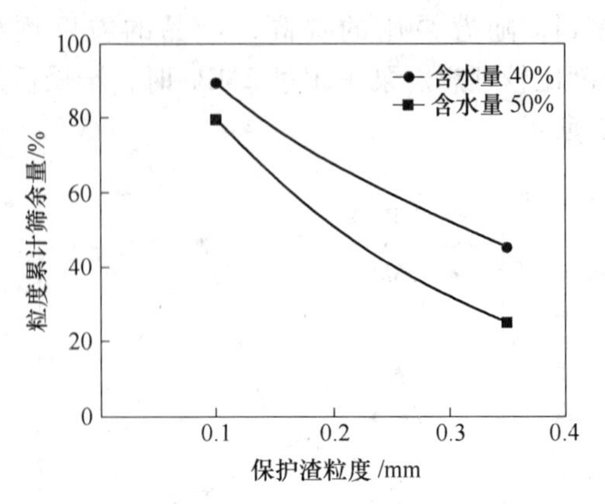

图 20－7　料液水分与产品粒度关系

加入能降低分子之间黏度的物料分散剂。同时要想增大产品的粒度，还需在料浆中加入适量的黏结剂。

（3）干燥塔的排风温度对产品残余水分的影响。用排风温度来控制干燥产品的残余水分是一个比较重要的问题。产品的残余水分过高，直接影响着产品的质量。产品的残余水分过低，又会大量浪费能源，增大运行成本，甚至使喷雾干燥设备达不到原设计的产量。那么如何正确使用喷雾干燥设备，控制好产品的残余水分就成为生产连铸保护渣的一个关键问题。根据多年使用喷雾干燥设备的实际经验，结合保护渣颗粒度大、残余水分不易脱除等特殊情况，通过实验，找出了用喷雾干燥设备生产连铸保护渣时，设备进出口温度同保护渣残余水分的关系（见图 20－8），供有关工程技术人员参考。从图 20－8 中可知，排风温度超过 170℃时产品的残余水分变化很小，而此时热量消耗加大，综合效益降低。根据保护渣的特性，排风温度控制在 170℃以内为宜[8]。

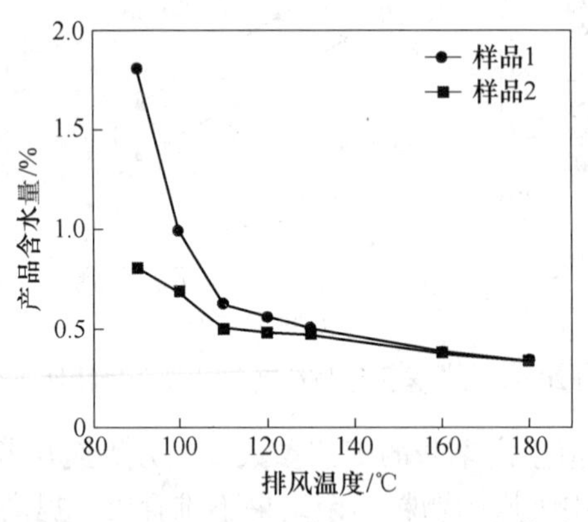

图 20－8　排风温度与产品含水量变化曲线

（4）保护渣粒度与堆积密度、流动性和铺展面积的关系。在连铸生产过程中，要求保护渣有良好的铺展性，为防止结晶器钢液面结壳，以及避免钢液面上的保护渣重新固结，就要求保护渣具有隔热保温性能。保护渣的铺展性及隔热保温性是以其流动性即流动角的大小来衡量的。流动角大，流动性差，铺展性差，铺展面积小；而流动角小，流动性就好，铺展面积就大。这样的保护渣对于实现自动化加料、防止结晶器钢液面二次氧化及对钢液面的保温隔热无疑是有好处的。保护渣的隔热保温性能与其堆密度有关，而其堆密度又与其粒度有关。粒度小、堆密度大，空心状就差、导热性好、隔热性差；粒度大、堆密度小，空心状好、导热性差、隔热性好、保温性好。保温性能好的根本原因是颗粒渣的内部是空心的，外部是一层硬壳，这样的空心颗粒保护渣的隔热保温性能远比粉渣及实心颗粒渣要好得多。此外空心颗粒保护渣与其他保护渣在同样的保温条件下消耗量也少得多，如图 20－9 所示。从图 20－9 和以上分析可以看出，在连铸过程中希望得到的是能及时地铺满结晶器钢液面且有良好保温效果的堆密度小、消耗量少、大颗粒的空心颗粒保护渣[8]。

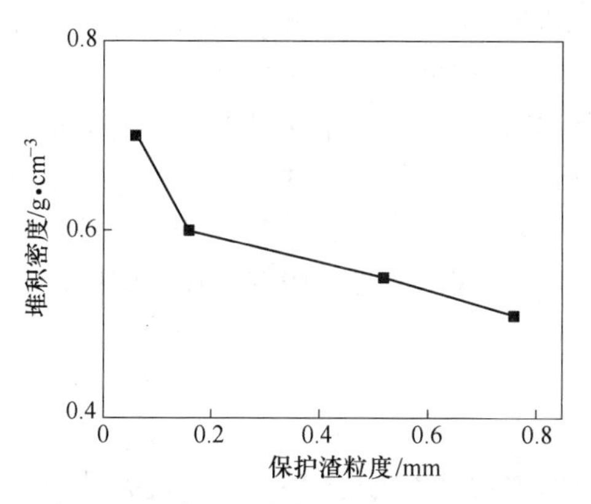

图 20－9　产品粒度与堆积密度变化关系

（5）泥浆浓度。泥浆的浓度取决于产品的性能。泥浆浓度提高时，需蒸发的水量减少，干燥负荷减少，有利于颗粒残余水含量低于 0.5%；同时可增大颗粒粒度。图 20－10 所示为产品颗粒度与泥浆浓度的关系。但泥浆浓度控制过大，流动性变差，易堵枪，且成品密度较大，产品的保温性能降低，一般泥浆浓度应大于 40%。

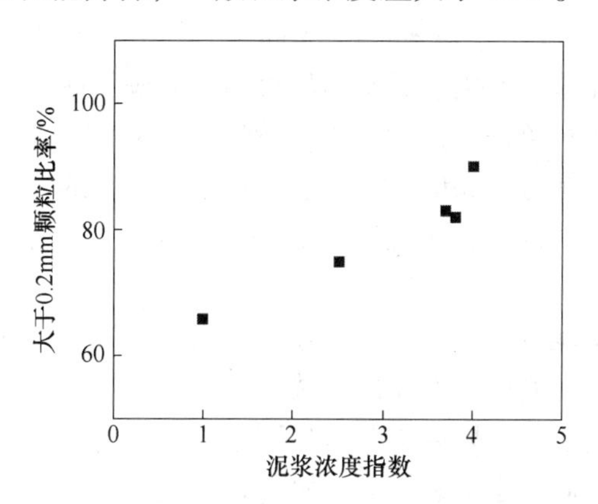

图 20－10　产品颗粒度与泥浆浓度的关系

喷雾干燥设备主要的技术参数指标控制见表 20－6[7]。

表 20－6　喷雾干燥设备主要技术参数指标控制

技术参数	控制指标	技术参数	控制指标
水分蒸发量 / $kg \cdot h^{-1}$	600～1000	干燥温度/℃	进口 560℃，出口 135℃
干燥产品残余水分/%	<0.50	粉尘收集方式	一级组合式旋风分离器

20.2.4　基料的熔化

使用熔化炉是将球团化的基料混合物在其内熔化，促使矿物间反应形成均质熔融体，最后通过快速冷却得到非晶质的均匀玻璃体，进而形成所需要的预熔型保护渣。熔化炉主要有电炉和竖炉（冲天炉），竖炉熔炼是国内主要的熔炼手段。一般认为，熔炼过程中大约有7%的Na_2O、12%的B_2O_3和20%～30%的F^-被挥发。可用改变装料顺序的方法来减少挥发：先在炉内熔化含0.15%～25%萤石的渣，然后在1250～1300℃时加入其余萤石，萤石熔化后再加入含碱成分的炉料。另外，焦炭灰分对预熔渣的成分有很大影响，因此，配料时必须把焦炭灰分计入，才能准确地控制成分[2]。

预熔的最终目的是得到均匀的玻璃质非晶质材料，否则熔化特性就会发生很大变化。因此，预熔后需对熔渣进行急冷。一般采用的急冷方法是水淬法，即在出渣口处装一个水喷嘴，出渣口下配一个水封容器，这样可以生产出粒径为2mm左右的预熔基料。也可直接在出渣口下设置一个大水池，在出渣过程中进行强力搅拌，以确保熔渣的急冷破碎，得到非晶质材料[9]。

20.2.5　造粒与干燥

造粒与干燥是颗粒渣生产的最后一道工序，也是最关键的工序。经验证明，只有当粒径在1mm范围内，并且粒度差别小时，才能保证粉末制成的颗粒渣快速均匀地熔化，目前主要有挤压成型后单独干燥和喷雾造粒干燥法两种工艺[2]。粉料经过干式粗混和湿式精混后，配好浓度，形成料浆，用泥浆泵吸至干燥塔内，经过雾化喷枪雾化，雾流与热气接触，在一定时间内完成其造粒和干燥过程，主要干燥方法如下[7]：

（1）雾化。料浆采用压力喷雾法，在适当的压力范围内，随压力升高料浆雾化效果明显，雾滴越细越圆，通常采用（1.5±0.1）MPa的压力，才能够满足保护渣的铺展性和保温性能的要求。喷嘴孔径的选择关系到雾滴的直径，在操作中考虑到喷嘴的使用寿命，一般选用新喷嘴孔径为0.9mm的喷枪，当其磨损到2.0mm左右时应立即更换。料浆需要保持良好的流动性，其目的是为了保证喷雾作业的正常和造粒的生产能力，通常将料浆的固体物含量控制在（52±3）%时，为了提高雾滴的成球性和提高保护渣颗粒的均匀性，要适当地加入适量的黏结剂。

（2）颗粒的形成与干燥过程，经过压力喷枪喷出的雾滴与由热风炉进入的热气流的接触选用混流方式。也就是说喷口向上喷出料浆，热流向下运动，雾滴随喷出动力向上运动达到某一高度时随热气流在干燥塔内边旋转边下落。雾滴与热气流介质一经接触便开始蒸发。开始蒸发时，雾滴表面处于饱和状态，蒸发以恒速进行。当液体介质降低到不能继续维持饱和状态时，液体表面便形成干燥和光滑的外壳。随着时间的延长，干燥外壳不断加厚，颗粒水分向外扩散的速度逐渐放缓，这时蒸发便进入减速阶段，随着颗粒温度升高至接近于干燥气体温度时，颗粒内部料浆占有的体积由于水分的蒸发已浓缩形成空心状，在塔内颗粒的形成与干燥耗时仅十几秒。通过保持气体入口温度为（560±10）℃和检测气体出口温度为（135±10）℃来自动调节料浆的进给速度，以保证被干燥的颗粒渣在出塔时含水量小于0.5%。

经过干燥的保护渣颗粒96%以上由干燥塔底部进入振动冷却器，少量的细粉随除尘装置回收。回收的粉料的化学成分与原配方基本一致，可以用作预熔基料重新造粒使用。

20.2.6 造粒用添加剂

颗粒状保护渣造粒用的添加剂对保护渣熔化性能有很大的影响。主要的添加剂有两类：一类是结合剂，另一类是表面活性剂（润湿剂）。

结合剂大致分为两大类：无机物（碱金属或碱土金属的铝酸盐、水玻璃等）和有机物（糖浆、糊精、淀粉、聚乙烯醇等）。非晶质的玻璃体几乎不吸水，表面吸附能力极差，因而只能借助外加的结合剂使之成粒。

结合剂一般需要 2 ~ 3 种配合使用才能达到一定的使用效果[10]。例如单独使用水玻璃时，其黏结软化温度为 700 ~ 900℃，在温度升高后，颗粒的表面就会软化，彼此间互相粘连在一起，导致渣圈增大，影响操作。铝酸盐的黏结软化温度为 1600℃左右，但其常温强度低，当加入一定糊精后，熔化性能就会有很大改观。

预熔渣的表面吸附能力极低，在造粒过程中需要润湿，这就必须依靠表面活性剂的有利作用。表面活性剂可改善造粒过程中粉泥料的流动性能并且大幅度降低配水量，一些表面活性剂本身就可做结合剂，因而在喷雾干燥的同时，可通过合理选配表面活性剂来改善泥料的物化性能。另外，适当选择结合剂和表面活性剂还可以调整球形空心颗粒保护渣的体积密度[9]。

20.3 保护渣的性能检测

保护渣性能对铸坯的质量和浇铸工艺的稳定性影响较大。早在 20 世纪 70 年代初，随着保护渣研究的发展，其相关理化性能的检测手段也应运而生。保护渣的性能是评判和剖析保护渣质量的量化标准，因此其性能测定是保护渣研制过程中不可忽视的过程。但至今针对保护渣的相关理化性能测试尚无完整统一的标准化方法，部分保护渣生产厂家多采用“内部”测试方法，这就使得大多数厂家给出的保护渣理化性能缺乏可比性。

国内外对保护渣相关理化性能的测试均做了一定的研究，其基本物理性能测试方法及标准见表 20 – 7。

表 20 – 7 国内外保护渣物理性能测试方法及标准

保护渣物理性能		美国标准	国内标准	测 试 方 法
1	熔点	√	YB/T 186—2001	软化、半球点、流动温度
2	黏度	√	YB/T 185—2001	1200℃、1300℃、1400℃旋转黏度
3	熔化速度	√	×	化渣时间或熔化率
4	析晶温度	√	×	差热分析或热丝法
5	凝固温度	√	×	黏度曲线、差热分析或热丝法
6	结晶率	×	×	热丝法或矿相分析
7	铺展性	√	×	静止角度方法
8	粒度分布	×	YB/T 188—2001	水筛法或干筛法
9	堆积密度	×	YB/T 187—2001	自然堆积条件下测试
10	水分	√	YB/T 189—2001	110℃加热、称重

续表 20 - 7

保护渣物理性能		美国标准	国内标准	测 试 方 法
11	高温膨胀特性	×	×	在 800℃时测试体积变化
12	吸收夹杂物能力	×	×	Al_2O_3 溶解动力学实验
13	表面张力	×	×	测试和计算
14	界面张力	×	×	测试和计算
15	水口侵蚀	×	×	侵蚀实验
16	绝热保温	×	×	单项炉实验

注：表中√代表有；×代表无。

20.3.1　美国连铸保护渣理化性能的测试方法及标准

隶属于美国钢铁协会（AISI）的一个专家组于 20 世纪 90 年代分别对美国十个保护渣生产厂家进行调研，并向美国材料实验学会（ASTM）的 $C_{08.11}$委员会推荐了六个保护渣的试验方法标准。

具体调研结果如下：

（1）化学分析。参与调研的十家单位中有九家采用 X 射线荧光法即光谱分析法（XRF）进行氧化物分析，另外一家采用耦合感应等离子法（ICP）；各厂家均利用原子吸收（AA）/发射法测定 Li_2O、B_2O_3 的含量；针对 S 的含量大多数厂家采用红外线燃烧法，部分厂家采用 XRF 法，也有部分厂家以对外委托的方式进行分析。

（2）水分。针对游离水，有五家企业采用在 110℃下持续 15min ~ 8h 对试样进行干燥的方法；两家则利用加热器将试样加热到 110℃，然后用红外线测定析出的水分；而其余三家并未做相关测试。针对结晶水，有五家企业采用卡尔 · 菲丝恰法（利用碘氧化 SO_2 时需要定量的水的原理测定液体、固体和气体中水含量的方法），两家采用红外线检测法（高于 600℃的高温下），还有一家直接将水分包含在烧损值（LOI）中。

（3）碳。八家企业采用红外线检测的燃烧法测定碳总量，一家依据碳化物量测定碳量，另外一家做委托分析。

（4）黏度/凝固温度：七家企业采用旋转法测定黏度，一家采用天平拉球式黏度计，另外两家采用 IRSID 的 Riboud 和 Larrecq 提出的公式进行计算。凝固温度是用黏度的对数（$\lg\eta$）对绝对温度倒数（$1/T$）的函数图获得的，凝固前各线的交点或者当 $\lg\eta$ 趋于无穷大时的温度即为凝固温度。采用上述方法的原因是试样尚未达到凝固温度时测试黏度的旋杆已经停止转动。

（5）熔化范围。有三家企业采用灰分熔化测定仪，可自动检测不同的熔化温度（软化点、熔化点和完全熔化温度）。同时有两家采用热台显微镜测定熔化温度，有两家使用测温锥（赛格锥），还有两家将渣制成小球再加热，小球呈半球形时的温度即为熔化温度。另外一家采用的方法是反复观察 Al_2O_3 质磁舟中的试样，以确定其变成玻璃体时的温度。

（6）表面张力。实际只有两家企业进行了相关检测，其中一家使用的是浸渍圆柱体法；而另一家称其采用独家的测试方法，但该方法并不标准。除此之外，有一家企业正在做相关研究，还处在实验室开发阶段；而另一家则利用每种氧化物的表面张力与其摩尔分数之和来计算所生产保护渣的表面张力。

（7）界面张力。做相关测试的企业只有一家，采用的是独家方法，但方法并不标准；另外还有一家企业正在做相关研究。

（8）析晶温度。有九家企业做了相关测试。其中有三家企业采用差热分析仪（DTA）；两家企业先将保护渣加热到熔化，然后倒入模中凝固，最后将试样敲碎进行检测；一家采用X射线法；一家采用转杆法；还有一家做出试样随时间冷却的冷却曲线，最终通过曲线确定析晶温度。另外还有一家采用非标准的独家方法。

（9）密度（疏松堆积和致密堆积）。有八家企业做了相关的测试。其中六家将颗粒充满到刻度为100～1000mL的量筒，然后称出已知体积的保护渣，进而确定其疏松密度；一家采用的方法类似上述六家，其先称取250g保护渣，然后测出其所占体积，最后做相关计算；另外还有一家采用的是德国的DIN1060标准。

（10）熔化速度。有九家企业做了相关的测试。其中三家通过测温锥的变化测定熔化速度，其余几家目前开始采用3～150g固定质量的渣样进行测量。其中四家将渣样加热到给定温度后直至渣样全部熔化；而有两家是在给定温度下加热一定时间，然后测定熔化渣的质量，在定时测试中，倒出坩埚中未熔渣并称重，或者将其筛分，小于2500μm（60目）则认为是未熔渣。

（11）粒度或表面积。有五家企业采用筛分法，两家企业采用筛分和粒度测定，一家采用粒度分布法，还有两家采用表面积测定法。针对粒度测定，三家企业中的两家采用激光多普勒技术；而针对表面积采用的是布雷恩气体透气仪，测定一定体积的气体渗透保护渣压紧床所需的时间。

（12）铺展性。仅有三家企业做了相关测试，均采用静止角度法测定。

（13）绝热性。有三家企业做了相关的测试。其中一家采用高温金属丝测定导热性；还有一家的测试设备是：炉底部和炉墙铺有厚的绝热材料，在炉顶装有碳化硅薄板，将已知厚度的保护渣铺在炉顶，然后测定保持炉内温度所需提供的能量，所需供给的能量越少，保护渣的绝热性能越好；另外一家使用的方法保密。与此同时还有一家企业的相关测试方法正处在实验室研究阶段。

（14）吸收夹杂能力。四家企业做了保护渣吸收Al_2O_3夹杂物能力的测试。其中两家是通过Al_2O_3棒在熔渣中的溶解时间曲线来确定保护渣吸收Al_2O_3夹杂物的速度，即Al_2O_3的溶解动力学（ADK）实验。

（15）浸入式水口实验。目前只有一家企业开展了该项工作，其采用静态测试法，将水口的材料制成25mm×25mm×150mm的手指形状，浸入到1425℃的熔渣中1.5h，然后取出测出侵蚀程度。另外一家的相关测试正处在实验室研究阶段。

通过专家组的调研，美国钢铁协会开发和修订了六项保护渣理化性能测试方法，用以判断保护渣的选择是否适应实际生产的工艺条件。

六个实验方法的标准是：水分在内的化学分析；黏度和T_{100}凝固温度；熔化温度范围；析晶温度；熔化速度；铺展性。该调查包括：化学分析、水和碳的测定、黏度和凝固温度、熔化温度、表面张力、界面张力、析晶温度、密度、熔速、粒度及表面积、铺展性、绝热性、吸收Al_2O_3能力和对水口的侵蚀。以下是六个测试方法的建议[2]：

（1）化学分析。对所有适合于X荧光分析法的氧化物应采用X荧光分析法。连铸保护渣和辅助的 XRF 测试需要一个 ASTM（美国材料与实验学会）标准。对其他的氧化物如 Li_2O 和 B_2O_3 的测定，适宜采用原子发射光谱法；对 F 的分析可采用离子选择电极，对 S 和 C 可采用红外线燃烧法。相对于测试精度，方法本身并不是决定性因素。生产厂家可以采用与 XRF 相同精度的分析方法，不需要必备 XRF 仪器。总之，所采用的方法均应包括精确度和偏差（$\pm 2\sigma$）及如何计算每个元素和氧化物含量的测量标准偏差。

（2）水分。游离水、结晶水、总水分的测量可在惰性气体中，在适当的温度范围加热试样，然后用红外线自动探测仪确定。其中测定游离水时，需在 100℃时干燥试样 4h 后称重，然后再干燥 2h，再称重。如果两次所测重量相同，则试样中无游离水。测量结晶水时采用菲丝恰滴定法。

（3）黏度。黏度的测定应按新的 ASTMC1276 标准，连铸保护渣熔点以上的黏度测定方法标准需采用旋转式黏度计，即用旋转杆法测定。虽然大多数厂家已采用该方法，但应注意的是所有测定应在标准设备上，按 C1726 标准规定的操作程序进行。

（4）凝固温度。根据连铸保护渣的特性，建议将黏度达到 10Pa · s 时的温度定为实际温度，称为 T_{100}。为了规范标准化参数报告，要求生产厂提供 T_{100} 作为凝固温度。熔化温度范围的测试采用灰分熔化测试仪，由于其具备照相功能，因此可以通过程序自动确定熔堆的形状变化，并记录与之对应的温度。灰分熔化测试仪应标准化。与灰分熔化测试仪对应的是热台显微镜，该显微镜主要由观测人主观进行测定。析晶温度的测试方法有很多，其中 DTA 是最好的方法，可采用 ASTM 标准。

（5）熔化速度。测试熔化速度的最好方法是与已知熔化性能的材料做直观的比较。将 150g 试样加热到预热了的厚壁石墨坩埚中，记录渣在 1300℃下加热 6min 及 1400℃下加热 90s 的熔化百分率，最后将试样放入水中急冷后进行测试。根据上述方法，材料试验学会组织制定熔速测定方法标准。

（6）铺展性。铺展性测试最简单的方法是静止角测试法。美国金属学会（ASM）金属手册第九版第七卷做了相关规定，其中恒基法简明提供了一个适用于制定 ASTM 标准的起点。

美国钢铁协会化学分会发现现有灰分熔化温度和 XRF 技术的参考资料不足，因此，要求 ASTM 制定合适的标准，包括确保分析使用试样代表性的取样方法标准。取样和制样是测试方法产生误差的主要来源。采用 ICP 或 AA 法比 XRF 法分析技术性更强。化学分会还指出 XRF 法测压制渣的精度不如熔化渣，后者基料影响和干扰很小（但熔渣法不适合测试渣中的挥发物，如 F）。美国材料试验学会将要解决制定 XRF 法试样制备的标准问题。美国钢铁协会认为，保护渣理化性能试验方法标准化不仅是学科发展的要求，同时也将有益于每一个连铸保护渣厂和钢铁生产厂。

20.3.2　国内对保护渣性能测试的研究

连铸保护渣质量的控制直接影响连铸的顺行和连铸坯的表面质量，而保护渣成分的均匀性又直接影响保护渣理化性能的稳定。为使保护渣在实际使用中获得良好的熔化行为，保护渣必须具有稳定的理化性能，因此生产保护渣时需尽量减少成分波动。

若生产工艺流程的选择不当或参数控制不合理，则产品成分及性能难以控制，而引起产品物理性能不稳定，造成产品合格率低。各种原料在制浆设备中的强烈混合，加之部分熔剂的溶解，使各种原料达到最佳的均匀分配。经雾化后，各种原料组分牢固结合形成颗粒，因而避免在生产、储运、使用过程中产生粉尘，引起质量波动。

用 DFX 热损仪测定了喷雾法生产的球形空心颗粒渣及其他颗粒成型法的保护渣的热损值与时间的关系表明：随着时间的延伸，各种保护渣的热损值趋于稳定，颗粒成型法不同，热损值也不同，喷雾法成型的热损值最低。

由于连铸保护渣理化性能测定一直不是采用公认的标准方法，而是由一些企业制定的内部标准进行测定。因此，常常对各种不同连铸保护渣生产厂家的产品性能不能进行直接比较。这样，用户在选择保护渣时就产生许多问题。炼钢工作者普遍感到缺少连铸保护渣验收测试标准。虽然在产品性能说明书（或保证书）上标明的理化性能指标大致相同，但由于不同的测试方法会使其与真实值产生明显的差值，因此测试方法的差异对选择和使用保护渣影响极大，并影响到现场保护渣的应用。

20 世纪 90 年代起，国内各研究单位和生产厂家对保护渣性能检测技术重要性的认识就有了进一步提高，都具备保护渣熔化温度、黏度的检测设备。重庆大学研制了检测保护渣熔化温度、熔速、析晶温度、析晶率的设备，重庆大学开发的保护渣黏度测试设备如图 20－11 所示。东北大学研制了 RDS 全自动炉渣熔点熔速测定仪、RTW 型熔体物性综合测定系统。RDS 全自动炉渣熔点熔速测定仪、RTW 型熔体物性综合测定系统主要用于测试高温熔体黏度、表面张力、熔渣密度等。近两年，北京科技大学也开发了保护渣熔点测定仪和黏度测定仪。

图 20－11　重庆大学开发的保护渣黏度测试设备

目前，国内大部分保护渣生产厂拥有较完善的检测设备，但各生产厂之间的数据可比性较差，很多是自成体系。保护渣性能测试的各种方法虽然在保护渣研究和开发过程中得到了成功的应用，但非标准测试结果显然不利于连铸技术的发展和同行交流。尽管钢铁工业协会已出台部分保护渣检测标准方法，但仍然未得到很好的推广利用；而且还有相当多的性能检测方法未标准化。许多钢厂缺乏成套的适合于检测保护渣的设备，难以对保护渣进行有效的管理和选择。随着高速连铸发展及品种的增多，对连铸保护渣各项性能提出了更高的控制标准，客观上要求对保护渣性能的研究走向全面和精细[2]。

（1）水分含量的测定。保护渣水分分为吸附水和结晶水两大类，在这里仅指吸附水的测定。在测定时一般使用烘箱并配置精密天平，试样在烘干后的损失质量和烘干前的原始质量之比值，就是这个被测保护渣的含水量。这种方法能够得到较高的测试精度，但是比较消耗时间。

现在多采用水分快速测定仪测定，将一台定量天平的秤盘置于红外线灯泡的直接辐射下，试样接受红外线辐射波的热能后，吸附水分迅速蒸发，当试样中的吸附水分充分蒸发后，即能够通过仪器上的光学投影装置，直接读出试样含水率的百分数，测定时间短，操作也很方便。

（2）颗粒度的测定。保护渣颗粒度的测定多采用标准振筛机测定。选用 0.175mm（80目）、0.147mm（100 目）、0.121mm（120 目）、0.180mm（180 目）、0.074mm（200 目）等标准筛一组，按上粗下细的顺序放在振筛机上，称量保护渣粉 50g，放入 80 目筛中，开动振筛机振动 3min，然后分别称量出各筛渣粉的质量，同总渣粉质量的百分比，即可获得保护渣颗粒度分布情况。

（3）熔化温度测定。保护渣的熔化温度是一个温度区间，其熔化温度表征渣样在升温过程中由固态转变为液态的温度，是反映保护渣熔化特性的重要指标。熔化温度的测试方法有热分析法、淬火法、差热分析法以及半球点法和三角锥法等。一般测定保护渣熔化一半时的温度（半球温度）作为其熔点。目前保护渣采用半球点法作为保护渣熔化温度分析的行业标准，部分仍采用三角锥法（见图 20 - 12）。

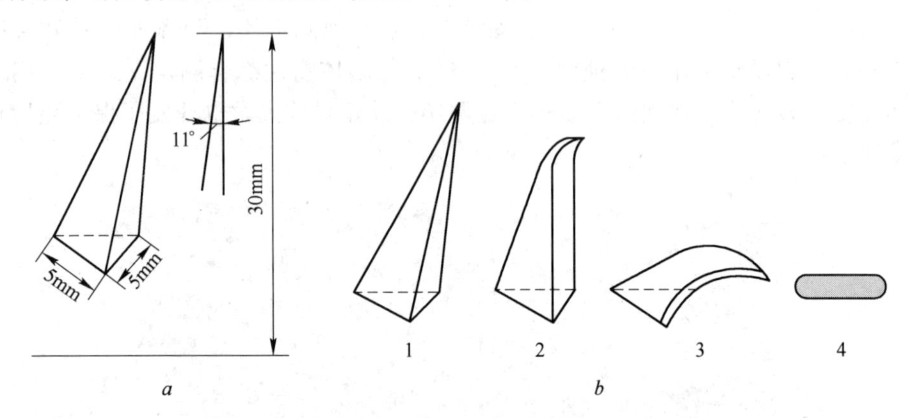

图 20 - 12　三角锥法测保护渣熔化温度示意图

a—保护渣试样锥；*b*—变形温度、熔化温度、流动温度定义

1—初始锥；2—变形温度；3—熔化温度；4—流动温度

保护渣半球点法熔化性能测定仪如图 20 - 13 所示，它采用高温加热，应用计算机测控技术，使试样在高温状态下的形貌变化通过计算机屏幕随时显示，温度、图像、熔速、

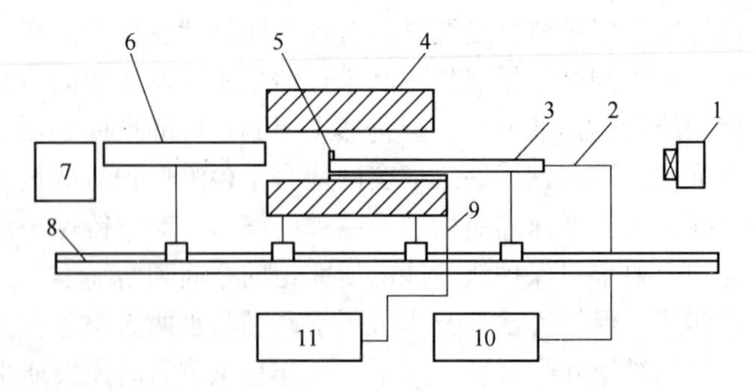

图 20 - 13　保护渣半球点法熔化性能测定仪

1—光源；2—测温热电偶；3—试样支架；4—炉体；5—试样；6—摄像镜头；

7—显示屏；8—轨道；9—控温热电偶；10—测温装置；11—控温装置

熔点由计算机自动按程序设定自动采集判定。设备包括：铂金丝发热体电炉（包括炉管、送样管），一体化电源、成像镜头、摄像头、电子成像系统一套，传感器，计算机控制系统，测定仪本体及备件，温度控制箱。

影响保护渣熔化温度测试的主要因素除了固有的保护渣组成外，还有炉子结构、炉子热容量、试样大小、升温速度以及测温点位置和测温热电偶结构等因素，同时也与试样状态有很大关系。实验发现，同种类型的保护渣，半球点温度采用低速升温（5℃/min）比采用高速升温（40℃/min）要高30～50℃。升温速度对保护渣熔化温度的影响如图20－14所示。

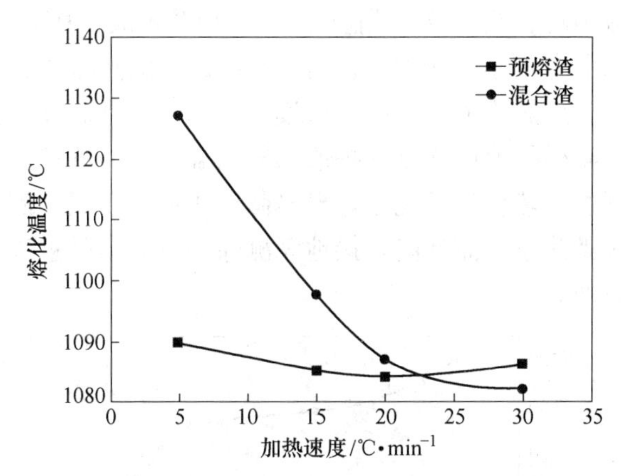

图20－14　升温速度对保护渣熔化温度的影响

冶金标准（YB/T 186—2001）关于连铸保护渣熔化温度的试验方法规定了连铸保护渣熔化温度的测定原理、设备、试样制备、实验步骤、结果表示等。

1）方法提要。采用熔化温度测试装置，将制好的试样放入炉内，按设定的升温速率加热到试样熔化塌下，记录显示屏上的试样高度及对应的过程温度。

2）主要设备。

①加热炉：电加热炉为卧式管式炉，应具有温度调节和控制功能。炉壳内装有保温材料及发热体，炉膛内径一般为20～60mm，恒温带长度不小于10mm(炉温1300℃时，温度偏差为±2℃)。炉膛内为大气气氛。炉体一端装有可调节的成像镜片和刻度屏或其他成像、显示装置。

②炉体支架：支架装有轨道，炉体可水平方向往返滑动。支架一端安装有可伸向炉内恒温区的托架（被测试样放置在其前端的氧化铝或铂金垫片上）和平行光源（提供成像光源）。

③测温装置：测温装置由热电偶、温度显示及记录仪表组成。用双（或单）铂铑热电偶测量、控制炉温，测温热电偶装在被测试试样下方。

④升温、控温部分：装有程序控温系统。

⑤制样器：试样模具由3mm厚的三块同样大小的不锈钢片叠合而成，用螺丝固定，其中上面两片有若干个直径为3mm、深3mm的小孔。压样采用带弹簧的不锈钢小棒。

（4）析晶温度的测定。析晶温度对保护渣润滑铸坯和控制传热有重要影响。目前对析晶温度的测试及评价主要有差热法（DTA）、示差扫描量热法（DSC）、热丝法和黏度－温度曲线法、X射线衍射法等。

通过测定可以判断保护渣的适应性。其测定方法是：预先把保护渣加热到1300℃，成完全熔融状态，再以10℃/min降温，测定保护渣析晶温度。

熔融保护渣在冷凝过程中可能析出晶体，析晶过程是一放热相变，检测该放热过程对应的温度范围即为保护渣析晶温度范围。以差热分析方法（DTA）或示差扫描量热法（DSC）测定渣样的热量 - 温度曲线，曲线中的放热峰对应的温度即为保护渣的析晶温度。保护渣在冷凝过程中可能具有多个放热峰值，对应多个析晶温度，一般取最高值作为析晶温度。

分析表明，T_b（转折温度）与 T_c（析晶温度）不能等同，如图20 - 15所示。在某些情况下，如结晶性能较强时，T_b 与 T_c 可能有关系或相差不大；DTA和DSC法的测量精度较高，但是对于部分结晶率较小的保护渣，由于结晶放出的热量小，差热分析天平不能感应到放热，因此观察不到放热峰值，也就无法读出正确的析晶温度。当前研究者们普遍认为通过黏度 - 温度法所测得的值应该是保护渣的凝固温度，而非析晶温度。近年来，重庆大学连铸研究室研制开发了热台显微镜。热台显微镜法弥补了以往测试方法的不足，该方法测量周期短、测试步骤简单，而且能直接地观测保护渣的结晶过程，为进一步了解保护渣的结晶性能带来了方便。

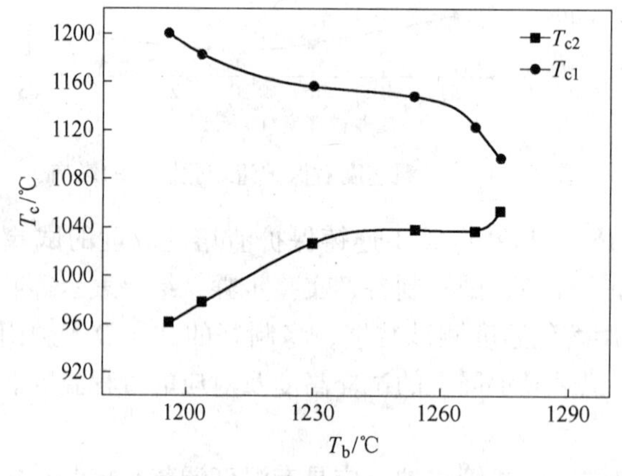

图20 - 15 保护渣 T_b 与 T_c 的关系

1）热台显微镜实验方法。重庆大学连铸研究室研制开发的热台显微镜，由计算机、控制接口机箱、微型电炉、显微镜及配套软件等部分组成。

热台显微镜的测量原理是以U形双铂铑热电偶丝作为微型电炉的加热元件兼测温部件（见图20 - 16）。测试时，将少量待测保护渣平铺在热丝结点附近，操作计算机按预定温速升降温，通过屏幕观察（或直接用显微镜观察）保护渣的熔化及凝固过程。

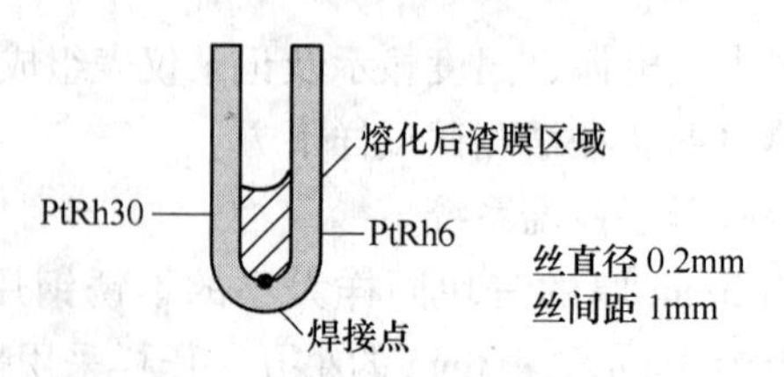

图20 - 16 U形双铂铑热电偶丝结构

用热台显微镜法测保护渣析晶温度 T_c，操作方法为：将少量待测保护渣平铺在热丝结点附近，操作计算机以15℃/s的速度升温，观察渣样变化，到渣熔清时停止升温并保持恒温 2～3min，再以 1℃/s 的速度降温，观察熔渣结晶，将熔渣开始出现晶体时的温度作为该渣的析晶温度。

①热台显微镜法测定析晶温度与黏度－温度曲线法测定转折温度的对比。用黏度－温度曲线法测定保护渣析晶温度原理：黏度对熔渣结构的变化反应敏感，由于晶体的析出，使熔渣由单项均质体成为多项非均质体，熔渣中质点迁移的阻力迅速增加，从而表现为熔渣黏度的迅速增大。基于此，通过测量以一定速度降温的熔渣黏度随温度的变化曲线，以 $\ln\eta/T$ 作图，确定转折点，就可得到熔渣的析晶温度。经过对不同化学成分渣样的实验研究发现，热台显微镜法析晶温度与黏度－温度曲线法转折温度较为接近，见表 20－8。然而，由于黏度－温度曲线法是以黏度作为测定目标，测量过程中，即使晶体没有形成，由于液体向玻璃态转变，会观测到黏度急剧增加，导致所测 T_b 比 T_c 高（如 A）；反之，有少量的晶体形成，而液体黏度可能不会随之剧烈变化，导致所测 T_b 比 T_c 低（如 B）。

表 20－8　热台显微镜法测得 T_c 与黏度－温度曲线法测得 T_b 的对比

样　别	试样 A	试样 B
T_c（热台显微镜法）	1162.7	1229.7
T_b（黏度－温度曲线法）	1175	1228.5
绝对误差 $\Delta\varepsilon$	12.3	1.2

②热台显微镜法与 DTA 法所测析晶温度的对比。DTA 法是研究保护渣结晶的最常见的方法之一。试验时，将渣样放在炉子中加热熔化，然后与标样一起冷却，同时记录渣样与标样间的温差。当试样发生放热或吸热反应时，DTA 能检测到温差。在试样冷却过程中，放热峰的最高温度通常被称为析晶温度。取 C、D 渣，测差热分析法（DTA 法）析晶温度（$T_{结}$），分析 $T_{开始}$与 $T_{结}$ 之间的对应关系，结果对比见表 20－9。由表 20－9 可知，对于同一种物质，DTA 法与热台显微镜法所测得析晶温度具有较好的一致性。

表 20－9　热台显微镜法测得 $T_{开始}$与差热分析法（DTA 法）测得 $T_{结}$ 的对比

样　别	试样 C	试样 D
$T_{结}$（DTA 法）	1238.4	1187.5
$T_{开始}$（热台显微镜法）	1245.0	1203.3
绝对误差 $\Delta\varepsilon$	6.6	15.8

对于自发成核系统在结晶起始阶段必须提供很大的过冷度。结晶过程中释放出来的潜热，也必须由界面处导走，如果这部分热量不能全部导走，界面附近的温度将会升高，ΔT 减小，从而减小结晶驱动力。

分析偏差出现原因：一方面由于热台显微镜法中热电偶及熔渣直接与外部空气接触，其结晶释放的潜热导走比 DTA 的快，所以 DTA 法所测的值偏低；另一方面，由于热台显微镜法中热电偶既是发热元件又是测温元件，克服了在 DTA 法中不可避免的传热滞后的现象，所以 $T_{开始}$ 比 $T_{结}$ 偏大。

经实验对比可知：用热台显微镜法测试保护渣的析晶温度。对于同种物质，黏度－温度曲线法所测得的转折温度与热台显微镜法所测的析晶温度也有较好的一致性；DTA 法所测得的析晶温度与热台显微镜法测得的析晶温度基本相近，而且后者比前者稍大；热台显微镜法测量保护渣析晶温度具有测试快速、操作简单、设备投入小等特点，可作为保护渣现场检验的一种手段，是保护渣性能检验方法的一种补充。

2）热丝法和图像分析技术测定连铸保护渣结晶过程。由重庆大学开发的热丝法技术是以保护渣析晶温度为出发点，将同一根双铂铑热电偶丝（分度号为B）既作加热元件又作测温元件，被测物直接置于热电偶的热接点上，使用计算机系统控制热电偶按预定温速升、降温，并同时采集热电偶的热电势，数据通过计算机和线性化处理后传送给计算机，计算机以图文方式直接显示出热电偶的温度值。同时通过图像采集卡将彩色摄像机拍到的图像在显示屏上显示出来，整个试样的物性变化过程都可以在显示屏上观察，可以测量出试样的开始熔化温度、熔化区间、析晶温度、结晶率、晶粒的大小等参数。还可将有价值的图片及曲线通过自动方式连续捕捉并保存下来，并可随时查看。这种方法直观、迅速、准确、方便，为科研和实际生产提供可靠的测量数据。

测试方法：取50g去碳后的保护渣试样，放在玛瑙研钵中磨细、混匀，至粒度全部通过200目标准筛。用少量无水酒精将待测试样调成糊状，用小药勺取2～3mg试样放于热电偶接点部位，均匀铺好，再用表面皿和茶色平板玻璃盖好微型电炉。将微型电炉置于显微镜下，使试样在视场的中央且清晰。设置好升降温速度，为了消除部分渣样在熔化过程中有可能产生气泡，实验中渣样在冷却前都有5min的保温时间来均匀成分和温度，升降温速度任意设定，最大升降温速度可达150℃/s。

保护渣析晶温度的测定可以采用以下三种方式：

①在线观察。由于采用了视频成像技术，被测物结晶的全过程都能在计算机的显示屏上直接观察。可方便地观察保护渣熔化和结晶过程，得到保护渣开始熔化温度、熔化完毕流动温度、冷却过程中开始结晶的温度和结晶完毕时保护渣的结晶比率。

②曲线分析。纯物质K_2SO_4的析晶温度曲线，测得开始析晶温度为1075℃，结晶终了温度为1060℃。对于结晶率很小的保护渣来讲，很难出现放热高峰，针对这一类物质一般采用离线图片分析的方法。

③离线图片分析。被测渣样整个结晶过程中的所有数据和图片都可以自动捕捉的方式记录并保存在计算机的硬盘中，需要时可随时调出，可以采用图片分析的方式，在图片上记录了每一时刻对应的温度值，如图20－17所示。观察结晶点出现时，应在观察区域内发现有较明显的结晶点出现来判断（通常以小白点形式出现）；并且再出现的新析晶点温度不低于20℃，前一点温度定义为保护渣的析晶温度。

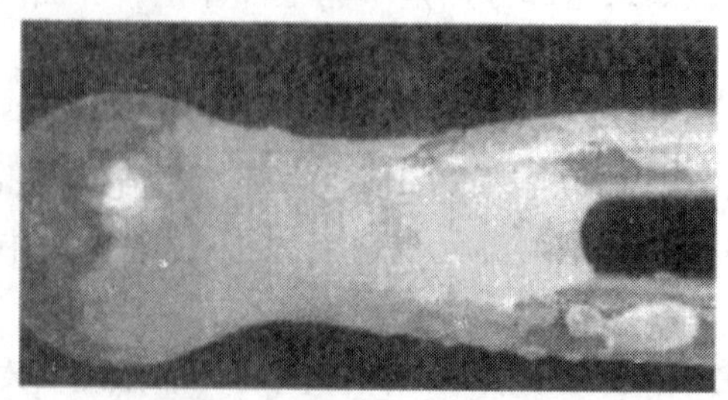

图20－17　冷却过程中渣开始析晶

由图片可以计算结晶比率：由于物质结晶过程，是由液态转变成固态的过程。表现在图像上，结晶点的亮度会高于不结晶点的亮度，也就是渣膜完全凝固后，结晶物质的亮度高于非结晶玻璃态的亮度，根据图片，对所选区域进行结晶率的计算。

采用热丝法技术，能在线观察、离线分析工业结晶器渣和实验室自制渣的结晶过程，同时利用图像识别技术，还可对结晶比率做出准确的计算；经过对比测试结果表明，该系统测定保护渣结晶性能结果可靠，重现性能达到如下要求（析晶温度 ±10℃、结晶比率 ±5%），有效填补了国内对连铸结晶器保护渣结晶过程研究的空白。

（5）熔化速度测定。保护渣的熔化速度是指保护渣在单向受热且受热面温度保持在一定的条件下，单位时间、单位面积上熔化的保护渣量；或一定质量的试样在一定温度（如1350℃）下，完全熔化所需要的时间。保护渣熔速是评价保护渣供给液渣能力的重要参数，是控制熔渣层厚度、渣膜均匀性和渣耗的主要手段。炭质材料对其熔速有很大的影响。

目前熔化速度测定方法主要有西格测温锥、钮扣渣试验（也称小渣柱法）、坩埚试验、熔融滴落试验等。据针对国内保护渣使用厂和生产厂调查研究发现，结晶器保护渣熔化速度测定方法采用 GX－高温物性测试仪的约占 50%，采用灰熔点仪的占 30%，采用炉渣熔化仪和箱式炉的各占 10% 左右。以上测试方法均采用小渣柱法。

（6）析晶率的测定。析晶率是指凝固渣膜中结晶相所占比例。析晶率对保护渣的传热和润滑功能有重要作用。保护渣的结晶性能影响熔渣的流动性能、摩擦润滑特性、夹杂吸收性能、渣膜传热能力等，从而影响铸坯的质量及黏结漏钢的发生。

目前对析晶率的测试及评价主要有观察法、X 射线衍射法、差热分析法、热膨胀系数法以及理论预测等。保护渣析晶率各种测试方法的优缺点见表 20－10。

表 20－10　析晶率各种测试方法的优点和缺点

方　法	渣样质量/mg	优　点	缺　点
功率示差扫描量热法	20～100	可以获得重复的结果（玻璃体百分比含量）	（1）温度不能高于 1000K； （2）结晶化会影响扫描曲线； （3）玻璃体转化成结晶体可能不够完全
差热分析法	20～100	分析所用设备大量普及	（1）随扫描曲线的波动而变化； （2）熔化的出现会干扰渣膜焓变的测量
热膨胀系数法			保持稳定，渣样破损使得热膨胀系数的测量出现困难
金相学	<1	辨别液相和玻璃体	（1）观测的部分只对应一小部分质量； （2）在玻璃体和结晶体的中间区域很难确定
X 射线衍射法	40	相比其他地方需要的时间较少	（1）假设尖晶石是存在的； （2）假设尖晶石样品室 100% 的纯结晶体

测试研究方法所涉及的理论可以分成三类：

1）通过比较渣膜与 100% 纯玻璃的性质来测量渣膜中玻璃体的百分比含量。

2）通过比较渣膜和纯结晶物质（参照的纯结晶体物质是尖晶石 $3CaO \cdot 2SiO_2 \cdot CaF_2$）的性质来测量渣膜中结晶体的百分比含量。

3）利用金相学（金相显微镜）直接测量渣膜中结晶体和玻璃体的百分比。

（7）黏度的测定[2]。黏度是表示熔渣中结构微元体移动能力大小的一项物理指标。保护渣黏度是表征在一定温度和一定剪切力作用下熔渣流入铸坯与结晶器间隙能力的大小。黏度值的大小合适是保证保护渣熔渣能够顺利填入结晶器与铸坯间通道、保证渣膜厚度、保证合理的传热速度和润滑铸坯的关键。熔体黏度的测定和研究，无论对理论研究或冶金生产的实践，都具有重要的意义。测定保护渣黏度采用圆柱体旋转法，其设备有吊丝式黏度计和转杆式黏度计。具体测定方法见中华人民共和国冶金标准《连铸保护渣黏度试验方法》（YB/T 185—2001）。转杆式黏度计如图 20－18 所示。

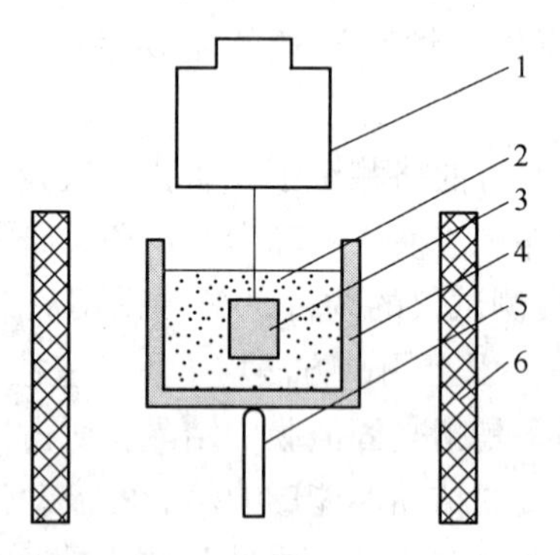

图 20－18　转杆式黏度计示意图（YB/T 185—2001）

1—旋转黏度计；2—连铸保护渣；3—测头；4—石墨坩埚；5—热电偶；6—加热炉炉壳

转杆式黏度计采用旋转柱体法来测试，当外力使内柱体在高温熔体中均匀转动时，而盛熔体的坩埚静止不动，则在两柱体之间径向距离上便产生了速度梯度。于是，在液体中就产生了内摩擦力，若想保持坩埚静止不动，必须由外界施加一个大小与黏滞力矩相等而方向相反的力矩。当液体为层流流动时，该黏滞力矩为 M。

由扭矩传感器可精确地测定仪器主轴的扭矩和主轴的角速度，熔体的黏度可按式（20－2）计算。

$$\eta = \frac{M(1/r^2 - 1/R^2)}{4\pi h\omega} \tag{20-2}$$

式中　M——黏滞力矩；

r，R——同轴内外柱体的半径；

h——内柱体浸入液体的深度；

ω——转动柱体的角速度；

η——液体的黏度。

当 r，R 及插入深度 h 一定，角速度一定时，式（20－2）可改写成式（20－3）：

$$\eta = KM \tag{20-3}$$

式中　K——常数。

转杆式黏度计测试装置内圆柱体（测头）由转轴连接于扭矩传感器，扭矩传感器再连接于同步电机轴上。该传感器是一种灵敏度很高无摩擦的传感器。同步电机带动传感器内转轴旋转，转轴再拖动测头旋转，当测头在熔体中均匀转动时，液体中就产生了内摩擦力，旋转着的转轴发生扭转变形，传感器将测量弹性轴在受扭时的应变信号立即放大后转换为数字信号，再通过环形信号变压器输出，经整形后就成为与转矩呈线性关系的数字信号，同时经光电转换、放大整形后传送到计算机中，计算机经过运算数模转换后，随时可以报出液体当时的黏度。

冶金标准 YB/T 185—2001 关于连铸保护渣黏度的试验方法如下：

1）方法提要。在高于连铸保护渣熔化温度的条件下，将石墨或金属钼圆柱体浸入石墨坩埚盛装的保护渣熔体中，通过测试圆柱体的转矩确定熔渣黏度。当圆柱体和石墨坩埚的几何条件/吊丝尺寸和转速固定时，黏度只与吊丝扭角或扭矩即脉冲信号的时间差成正比，即：

$$\eta = K \cdot \Delta t \tag{20-4}$$

式中 K——仪器常数。

当测定系统（测杆、吊丝、转速）固定后可由已知黏度的标准黏度液标定，通过测定位来计算连铸保护渣的黏度 η。

2）设备及材料。旋转黏度计主要设备有电加热炉、温度测量装置、石墨坩埚、测头及其驱动装置、扭矩及黏度检测装置。

3）制样。取渣样在加热炉的大气气氛中，于 500 ~ 900℃下进行烧碳处理。处理后，试样中碳含量应小于 0.5%。

4）仪器常数测定。使用尺寸与测试所用石墨坩埚内腔尺寸相当的烧杯分别盛装已知黏度的标准黏度液，将烧杯置于恒温水浴中，测头在烧杯内标准黏度的位置与其在坩埚内熔渣中的位置一致，分别测试不同黏度下的标准黏度液中吊丝扭角时间差 Δt，按最小二乘法原理根据式（20－4）回归处理测试数据，得出仪器常数 K。使用标定温度下黏度为 0.1 ~ 1.0Pa · s 的标准黏度液牌号应不少于三种。

测试步骤：

1）测头初始位置的确定。使用尺寸与测试所用石墨坩埚内腔尺寸相当的烧杯盛装蒸馏水，将测头插入蒸馏水中，转动测头，测头转速达 20r/min。当测头转动稳定后，记录吊丝扭角时间差，作为测头初始位置对应的时间 Δt。

2）将电加热炉炉温升到 1200 ~ 1400℃，将制好的渣样（在加热炉的大气气氛中，于 500 ~ 900℃下进行烧碳处理，处理后试样中碳含量应小于 0.5%）加入石墨坩埚，将石墨坩埚置入炉内，待试样熔化后，补加试样达到规定的要求（一般为 40 ~ 60mm）。

3）将炉温稳定在（1300 ± 2）℃，测头插入炉内并于坩埚上方约 100mm 处预热 2min 后，将测头按要求插入熔渣中并旋转，温度稳定 20min 后，连续记录读数不少于 43 个。对测试数据按公式计算结果与误差，在满足相应误差条件下，读数平均值对应的黏度作为该温度（1300℃）下的试样黏度。

4）若需测量其他温度下试样的黏度，可将炉温稳定在相应的温度下，测得试样相应的黏度。

5）测试完毕后，提起测头，取出坩埚。

黏度通常也可用经验公式计算。Kimet 等提出黏度计算公式，参见式（20－5）：

$$\lg\eta = \lg A + B/T \tag{20-5}$$

其中 $\lg A = -2.307 - 0.046x_{SiO_2} - 0.07x_{CaO} - 0.041x_{MgO} - 1.85x_{Al_2O_3} + 0.035x_{CaF_2} - 0.095x_{B_2O_3}$

$$B = 6807.2 - 70.68x_{SiO_2} + 32.58x_{CaO} + 312.65x_{Al_2O_3} - 34.77x_{Na_2O} - 176.1x_{CaF_2} - 167.4x_{Li_2O} + 59.7x_{B_2O_3}$$

式中　η——黏度（1300℃），Pa · s；

x——组分摩尔分数,%；

T——热力学温度，K。

式（20－5）在1300℃时，当渣中Al_2O_3含量大于5%条件下，它有最佳的预报结果。然而在其他温度条件下，结果往往不能令人满意。

Riboud 和 Larrecq 提出黏度计算公式，参见式（20－6）：

$$\ln\eta = \ln A + \ln T + B/T \tag{20-6}$$

其中　$\ln A = -19.81 - 0.3575w(Al_2O_3) - 0.0173w(CaO) + 0.0582w(CaF_2) + 0.0702w(Na_2O)$

$B = 31140 + 688.33w(Al_2O_3) - 238.96w(CaO) - 463.51w(CaF_2) - 395.19w(Na_2O)$

Koyama 等人也提出黏度计算公式，参见式（20－7）：

$$\ln\eta = \ln A + B/T \tag{20-7}$$

$\ln A = -4.8160 - 0.242w(Al_2O_3) - 0.061w(CaO) - 0.121w(MgO) + 0.063w(CaF_2) - 0.19w(Na_2O)$

$B = 29013 + 283.186w(Al_2O_3) - 165.635w(CaO) - 92.59w(SiO_2) - 413.646w(CaF_2) - 455.103w(Li_2O)$

一般来说，此模型具有最好的预报黏度能力。但当渣中Al_2O_3含量高于5%时，它比实际值的结果要低。

也可以用下列公式来计算保护渣的黏度。由黏度－温度曲线可知：

$$\eta = AT\exp(b/T) \tag{20-8}$$

$$\ln\eta = \ln A + \ln T + B/T \tag{20-9}$$

式中　η——液渣的黏度，0.1 Pa · s；

T——热力学温度，K。

$$\ln A = -19.81 - 35.75x_{Al_2O_3} + 1.73x_{CaO} + 5.28x_{CaF_2} + 7.02x_{Na_2O}$$

$$B = 31140 + 68833x_{Al_2O_3} - 23896x_{CaO} - 46351x_{CaF_2} - 39519x_{Na_2O}$$

$$x_{CaO} = x_{CaO} + x_{MnO} + x_{MgO}$$

例：某结晶器保护渣的成分如下：CaO 32.7%、SiO_2 43.2%、Al_2O_3 8.2%、CaF_2 10.8%、K_2O 0.1%、TiO_2 0.4%、MgO 0.1%、MnO 0.05%、P_2O_5 0.05%，试求该渣黏度与温度的表达式。

解：1）计算每个组元的摩尔分数x。

摩尔分数＝某组元的质量分数/相对分子质量，如：$x_{CaO} = 32.7/56 = 0.58$。

计算得到各组元的摩尔分数如下：

$$x_{CaO} = 0.58,\ x_{SiO_2} = 0.58,\ x_{Al_2O_3} = 0.08,\ x_{CaF_2 = 0.14},\ x_{Na_2O} = 0.06$$

$$x_{K_2O} = 0.001,\ x_{TiO_2 = 0.005},\ x_{MgO} = 0.002,\ x_{MnO} = 0.05$$

2）计算 $\ln A$ 和 B。

$\ln A = -19.81 - 35.75 \times 0.08 + 1.73 \times 0.632 + 5.28 \times 0.14 + 7.02 \times 0.06 = -20.34$

$B = 31140 + 68833 \times 0.08 - 23896 \times 0.632 - 46351 \times 0.14 - 39519 \times 0.06 = 12984$

代入式（20－9）得：

$$\ln\eta = -20.34 + \ln T + 12984/T \tag{20-10}$$

式（20－10）就是此渣黏度与温度的表达式，可利用该式计算该渣某温度下的黏度，作为参考。

（8）保护渣凝固温度的测定。保护渣的凝固温度对连铸坯的润滑和传热有重要影响，对裂纹敏感性钢种和黏结性钢种的浇铸有重要意义。保护渣的凝固温度一般采用黏度－温度曲线法，即在一定的降温速度下，黏度发生突变的点，称为转折温度 T_b。硬杆和吊丝两种旋转法黏度计测试黏度对凝固温度的影响不同。采用硬杆和高转速的条件下，可能同心度较好，但有可能容易产生湍流流动，造成测量时的附加应力，影响测量的准确性。采用吊丝和低转速，则存在同心度不好控制的问题。采用旋转法测量熔体黏度是基于熔体的旋转流动呈层流状态等实验条件的。在实际测量中，由于测头旋转时流体受离心力的作用发生径向流动，易产生湍流。因此为保证黏度测量时流体呈层流这一测量条件，需要对测头的旋转速度进行合理选择。高转速下对结晶动力学过程和凝固影响程度有待探讨。

（9）熔渣界面性能的测定。在连铸过程中，最大可能地吸收和同化夹杂物，并保持熔化特性和流动特性的相对稳定，是保护渣功能发挥的亮点之一。为良好地吸收夹杂物，保护渣与夹杂物的界面特性是非常重要的。同时保护渣与钢液间的界面张力也是非常重要的，如果保护渣/钢液的界面张力过低，结晶器内钢液的扰动将引起保护渣填充的扰动，可能导致保护渣渣膜的不均匀性和不连续性。表面张力的物理意义是指单位面积的液相与气相的新的交界面所消耗的能量。两凝聚相间存在的张力称为界面张力，金属与熔渣间的界面张力属于液－液相间的界面张力。

表面张力测定的方法有最大气泡压力法和拉环法等；界面张力的测定可以采用 X 射线透视成像法、坐滴法等。

拉环法表面张力测试系统主要由电子天平和钼拉筒组成。电子天平质量读数可与计算机通信，计算机随时采集天平测出的质量读数，并在屏幕中连续显示。测试时启动升降系统，使熔渣表面缓慢上升，当拉筒与渣面接触时，计算机接到信号，输出控制信号自动停止坩埚上升。自动延时待电子天平稳定后，自行启动设备升降电机，使渣面缓慢下降，此时计算机自动打印出测试的表面张力值和温度值。

拉环法表面张力测试系统选用拉筒法（脱环法）测试熔渣的表面张力。此法广泛地采用于测量硅酸盐熔体和含有 FeO 二元系和三元系熔渣的表面张力。

将金属环（或金属筒）水平地放在液面上，然后测定将其拉离液面所需的力。金属环被拉起时，它将液体也连同带起，拉环所拉起的液体形状是 R^3/V 和 R/r 的函数（V 为被拉起液体的体积，R 为环的平均半径，r 为环线的半径），同时也是表面张力的函数。表面张力计算公式如下：

$$\sigma = (M_{max}/4\pi R)f(R^3/V, R/r) = (M_{max}/4\pi R)C \tag{20-11}$$

式中 σ——熔渣表面张力，N/m；

R——环的平均半径，m；

r——环线的半径，m；

M_{max}——拉起液体的质量，kg；

C——校正系数；

V——拉起液体的体积，m^3。

在很大范围内，C 值与 1 相近，在精确度要求不高的实验中，可忽略。

（10）保护渣传热性能（传热系数）的测定[2]。传热系数是表征保护渣传热能力的物性参数，是研究和分析保护渣渣膜传热性能的基础数据，也是评价保护渣调控渣膜传热能力的依据。传热系数与保护渣的物理状态密切相关，通过测试传热系数与温度的关系，可研究和表征保护渣在升温过程中发生的烧结、熔化等工艺行为，有助于定量控制保护渣的熔化特性。

保护渣热导率的测试采用热线法。此方法是将一根线伸入试样中，或注入试样中，让线穿过试样。从线的温度中可确定该试样的热导率。另一种对固体试样热导率的测试可以用激光-脉冲法确定。此方法用一块薄的保护渣试样，一侧用激光—脉冲加热，另一侧用红外线传感器进行检测。从脉冲与温度极值之间的时间推导中得出热导率。在铸坯与结晶器之间的缝隙中除了纯导热外还存在着辐射传热。在这个关系中，保护渣的吸收系数是很重要的。整个系统的导热特性要采用模拟仪器来研究。因为在缝隙中由液态和固态渣膜组成。这种检测方法是在一个垂直或水平的缝隙中灌满保护渣，并使渣层一侧受热，另一侧用水冷铜板接触冷却。在铜板上用热电偶测定热流量，或通过冷却水带出的热量来测定。

在对连铸保护渣的传热特性的研究中，已有多种方法用于保护渣传热性能的测试，如一维非稳态热线法、一维非稳态激光脉冲法、一维稳态圆柱法、一维稳态平板法等。一维稳态空心圆柱法只能测定一个温度范围内的有效传热系数。一维稳态平板法通过测定渣膜上下板内的温度，外推到上下板表面温度，计算出综合有效传热系数。该实验方法的缺点是：不能得到各温度下保护渣的热学性能即传热系数，加热底板材料选取难度大，热稳定时间长，保温要求高，测量精度要求高，保证一维传热困难。目前关于保护渣传热系数的研究方法和数据距理想地应用于保护渣的设计、控制渣膜的传热还有一定差距。

王谦报道采用单向炉测试保护渣传热系数，设备结构示意图如图 20-19 所示。根据对传热系数与温度关系曲线（见图 20-20）的分析，曲线的四个转折点温度 T_1、T_2、T_3、T_4 可分别定义为保护渣的开始烧结温度、开始熔化温度、半熔态温度、熔渣层形成温度。利用传热系数可以计算保护渣烧结层、熔渣层厚度。

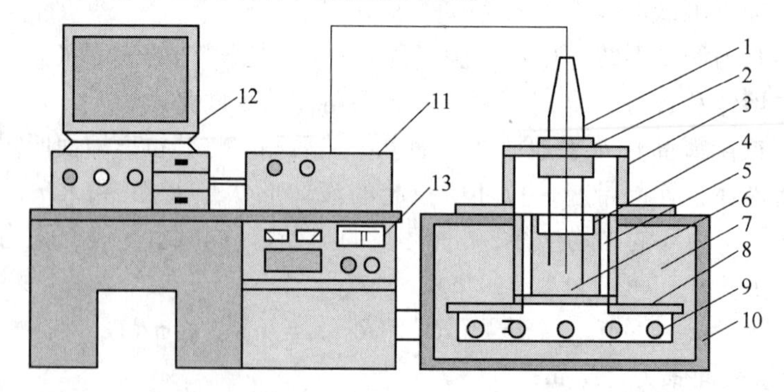

图 20-19　连铸保护渣传热系数测试装置结构示意图

1—热电偶；2—热电偶升降调节器；3—热电偶支架；4—陶瓷导管；5—坩埚；6—保护渣试样；7—炉衬耐火材料；8—炉衬底板；9—电热体；10—炉壳；11—数据采集器；12—计算机；13—炉温控制系统

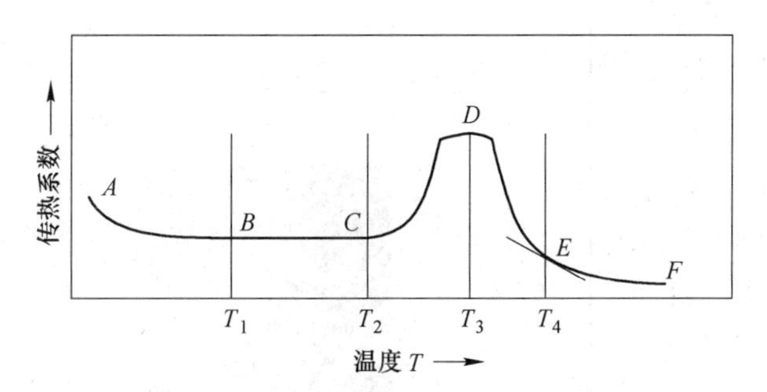

图 20－20 传热系数－温度关系曲线示意图

预熔型颗粒保护渣的特殊检验内容[2]：

（1）颗粒渣的破碎性能。破碎性能反映了保护渣在包装、运输、使用过程中的抗研磨能力。检验方法为取渣样 100g，与直径 ϕ30mm、单重为 35g 的三个陶瓷球一起在 ϕ100mm 的陶瓷筒内旋转，转速为 75r/min，旋转 10min，然后进行筛分，计算小于 0. 5mm（－35目）细粉所占的百分比。

（2）渣化率和烧结性能。渣化率和烧结性能反映了颗粒渣结渣圈趋势的大小。试验方法与测定熔渣层结构单向加热法相似。

（3）流动性能。流动性能反映了颗粒渣在使用过程中的可操作性能，流动性越好，在结晶器中越易铺展开。简易的测试方法是，颗粒渣从一个倒锥体容器中流向具有一定斜度的平面上，测定滑出平面保护渣所占的比例。

参 考 文 献

[1] 迟景灏，甘永年．连铸保护渣［M］．沈阳：东北大学出版社，1993：147～149.
[2] 李殿明，邵明天，杨宪礼，等．连铸结晶器保护渣应用技术［M］．北京：冶金工业出版社，2008：49～52.
[3] http：//www. frit. com. cn/lgbhz. htm
[4] 岸忠男．预熔型结晶器保护渣及其制造技术［J］．译自钢铁研究，1987：43～47.
[5] http：//wenku. baidu. com/view/685e668202d276a200292e75. html###.
[6] 闫伟．预熔型连铸保护渣的研制［J］．炼钢，1996，1：40～43.
[7] 潘国平，江皖，闻玉胜．预熔空心颗粒连铸保护渣的生产及应用［J］．安徽冶金，2002，2：30～31.
[8] 徐江．喷雾造粒干燥设备在生产连铸空心颗粒保护渣上的应用［J］．连铸，1997：36～40.
[9] 赵克文．连铸预熔型颗粒状保护渣的生产技术［J］．钢铁钒钛，1995，16（4）：50～54.
[10] 王一尘．阳离子表面活性剂的合成［M］．北京：轻工业出版社，1988.

21 连铸保护渣应用实例

21.1 板坯连铸保护渣实例

21.1.1 板坯保护渣性能设计与应用实例

工艺条件	钢种：宝钢3号包晶钢 断面：1650mm×220mm 拉速：0.96m/min	汽车大梁钢、船板钢、管线钢
质量缺陷[1~4]	产生表面纵裂、纵向凹陷、黏结	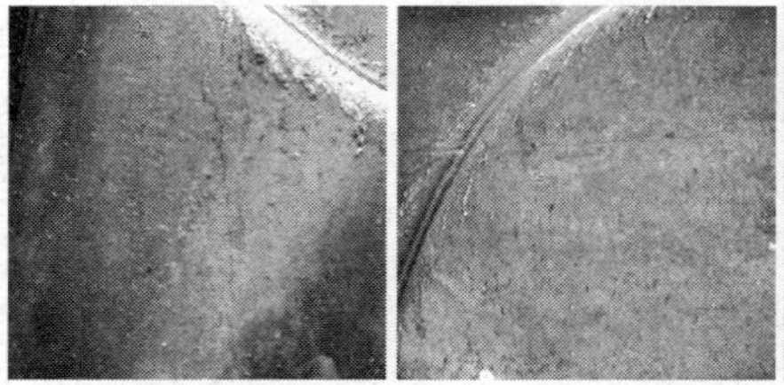 纵裂纹形态 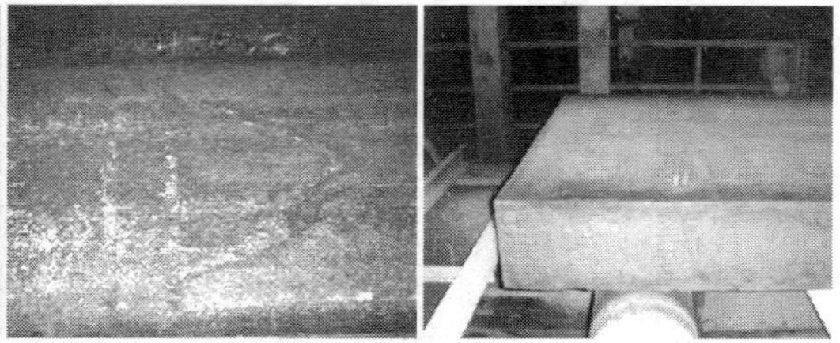 铸坯黏结情况  纵裂纹形貌

续表

优化思路	(1) 改进结晶器振动参数来改善其润滑作用，避免黏结，提高传热以保证拉速。 (2) 优化保护渣的理化性能以提高其润滑能力，即优化保护渣的黏度、液渣膜厚度和熔点[1,3,4]	通过现场调研和实验室研究，宝钢宽厚板包晶钢原渣控制传热能力欠佳是造成表面纵裂的重要原因。为了解决宝钢宽厚板表面纵裂问题，应对原渣采取第（2）种优化方式即从结晶器保护渣的热流密度、结晶温度和结晶速率等方面进行优化。对于此类钢种，保护渣设计的重点是控制铸坯传往结晶器的热流，希望保护渣具有较大热阻，但同时要保证润滑。在原渣基础上提出了降低热流密度、降低熔点、提高黏度及保证相同消耗量的设计原则。从传统理论来看，控制传热就意味着要适当地提高保护渣凝固温度，增加固体渣膜厚度，缩小液渣膜厚度，这势必影响润滑效果。针对上述问题，提出了一种新的保护渣设计思路。优化配方主要体现在低结晶温度和高结晶速率两个特点。快速结晶可以促使弯月面处固态渣膜由薄变厚，低结晶温度可使液渣膜在结晶器出口处由薄变厚，这样就可以使固态渣膜和液态渣膜在整个结晶器高度方向上变得更为均匀，既控制了弯月面处的传热，又保证了润滑。具体方案是采用高 Li_2O 和高碱度，保证在高碱度下能在弯月面处快速析晶[1,4]

性能对比[1]

渣状态	碱度	熔点/℃	黏度（1300℃）/Pa·s	Li_2O/%	Al_2O_3/%	CaO/%	SiO_2/%	F^-/%	渣耗量/$kg \cdot t^{-1}$
优化前	1.46	1143	0.060	—	2.9	39.0	26.8	7.5	0.48
优化后	1.68	1090	0.067	3.5	4.4	42.9	25.5	5.3	0.51

使用效果	在相同浇注条件下，改进渣宽面热流密度低于原渣9.3%，同时改进渣消耗量大于原渣，保证了铸坯的润滑，很好地解决了传热与润滑之间的矛盾；优化后的保护渣，在试验流没有发现铸坯表面纵裂纹，而对比流原渣铸坯纵裂纹率为5%[1]

21.1.2 板坯 IF 钢保护渣性能设计与应用实例

工艺条件	钢种：IF 断面：200mm×1050mm 拉速：0.8~1.3m/min	IF 钢，全称 Interstitial - Free Steel，即无间隙原子钢。由于 IF 钢中 C、N 含量低，在加入一定量的 Ti、Nb 使钢中的 C、N 原子被固定为碳化物、氮化物或者碳氮化物，从而使钢中没有 C、N 原子的存在，故 IF 钢为无间隙原子钢。IF 具有极优异的深冲性能，伸长率和塑性应变比值可达 50% 和 2.0 以上。IF 钢主要化学成分（%）如下：

成分	C	Si	Mn	S	P	Al	N	Ti	Nb
含量	0.002~0.005	0.010~0.030	0.10~0.20	0.007~0.010	0.003~0.015	0.020~0.070	0.001~0.004	0.020~0.040	0.004~0.010

质量缺陷	铸坯出现增碳现象，导致铸坯出现碳含量超标[5]	IF 钢为低碳或者超低碳钢，在连铸浇铸过程中会出现增碳现象而导致铸坯成分不合格。增碳主要是由于保护渣中的碳含量比较多，在浇铸中，随着半熔层向液渣层的过渡，碳也随着半熔层下移，但是碳难以从液渣中分离出来而且其密度小于液渣层，从而不断地上移，在半熔渣层和熔渣层之间形成了富碳层。一旦出现铸机的扰动以及液面波动时，弯月面处的钢液就有可能与富碳层接触，从而造成铸坯的增碳

续表

优化思路	降低保护渣的碳含量，寻找炭质材料的替代物以及熔化速度方面进行优化[5,6]	由于 IF 钢是低碳或者超低碳钢，因此使用的保护渣必须将碳含量降到最低水平，防止铸坯出现增碳现象。而碳是保护渣中的熔速调节剂，碳含量少必将导致熔化速度加快，使液渣层和未熔层不稳定，而导致铸坯的表面质量问题，所以必须优化保护渣中碳的含量，在碳的含量能够降低的同时还应保证其熔化速度[5,6]。从基料的选择来看，要保证保护渣的熔化特性，如开始烧结温度和减薄烧结层厚度，可以采用高炉锰渣和酸性材料石英砂再配加熔剂和萤石为基料，再通过配加 1% 的中超炭黑 + 3.5% 的非炭质材料 G 来保证熔化速度和防止增碳[5]

性能对比：

渣状态	液渣层厚度	碱度	熔点/℃	黏度（1300℃）/Pa·s	Al_2O_3/%	CaO/%	SiO_2/%	F^-/%	G	C_f	渣耗量/kg·t^{-1}
优化前	—	1.07	1096	0.24	4.40	33.31	31.03	6.53	—	—	—
优化后	16 ~ 19	0.73 ~ 1.2	1070 ~ 1120	0.15 ~ 0.25	≤7	28 ~ 36	30 ~ 38	2 ~ 8	3 ~ 4	1 ~ 2	0.65 ~ 0.71

使用效果：优化后的结晶器保护渣，其渣耗量和液渣层都要大于理论值，但是该渣在结晶器内有良好的流动性、铺展性和熔化均匀性且在浇铸时不出现渣圈，浇铸过程中，随拉速变化液渣层的变化很小，而且解决了由于原来浇铸时形成的富碳层和钢液接触而造成的增碳，说明优化后的保护渣能够满足 IF 钢的生产要求[5]

21.1.3　新钢板坯 Q345 保护渣性能设计与应用实例

工艺条件

钢种：Q345
断面：210mm × 1400mm
拉速：0.8 ~ 1.2m/min

Q345 钢属于低合金高强度钢，综合力学性能良好，低温性能、塑性和焊接性良好。Q345 钢主要用于中低压容器、油罐、车辆起重机等承受动载荷的结构、机械零件、一般金属结构件，在热轧或正火状态下使用。Q345 系列中 Q345B 化学成分（%）如下：

成分	C	Si	Mn	S	P
含量	0.14 ~ 0.20	0.2 ~ 0.4	1.0 ~ 1.30	≤0.035	≤0.035

质量缺陷

中碳包晶钢凝固收缩使铸坯的不均匀生长产生而导致裂纹[7~9]

Q345 系列钢属于中碳包晶钢，此类钢在凝固过程中发生由 δ - Fe 向 γ - Fe 的转变，在这个过程中伴随着体积收缩，坯壳与结晶器壁气隙过早的形成，而坯壳表面粗糙，降低了热量的传递以及坯壳的不均匀凝固会导致裂纹的产生[9]。

铸坯表面纵裂纹

电镜下裂纹形貌

电镜下局部裂纹形貌

续表

优化思路	（1）优化结晶器冷却方式使铸坯均匀稳定生长。 （2）优化保护渣的理化性能以提高坯壳向铜板传热热阻，实现弱式冷却，即优化保护渣的黏度、固态渣膜厚度和结晶温度[7~9]	中碳包晶钢在浇铸过程中易造成结晶器与坯壳间横向传热不均匀，从而导致纵向裂纹。同时，铸坯产生纵裂的程度与结晶器传热量有关。因此对于浇铸这种裂纹敏感性强的普碳钢，需采取控制结晶器传热速度的方法，实现弱式冷却，达到铸坯均匀稳定生长的要求。所以，保护渣性能优化的关键在于提高渣膜热阻，结合结晶器冷却水量控制技术，实现低于临界热通量的弱冷方式。通过以下方式对保护渣进行优化[8]： （1）提高渣膜热阻，对于普碳钢连铸，国外普遍采用较高熔化温度的结晶器保护渣。熔化温度高，固渣膜增厚，热阻提高，有利于弱式冷却的实现。美国内陆厂的生产经验表明，当熔化温度为1140～1220℃时，保护渣工作状况良好。由于普碳钢的平均凝固收缩比低合金钢大，因此即使熔化温度较高的保护渣，其液态渣膜仍可起到良好的润滑作用。 （2）注意黏度控制，切忌为了保证足够的渣耗量而降低渣的黏度，因为黏度降低会引起渣膜厚度不均，导致传热不均，从而引起不均匀凝固，黏度不宜偏低，认为取 $v_c \cdot \eta_{1300℃}$ 乘积的上限为宜。 （3）提高析晶温度，除了提高保护渣的熔化温度，还需通过结晶相的析出来控制结晶器壁与铸坯壳间的传热。这是因为随着结晶相的析出、长大，使结晶器与坯壳间的固态渣膜中产生孔洞，降低了渣膜的传热作用，甚至阻碍横向温降，这样就会减少纵向裂纹的发生频率。控制渣膜中孔洞的主要因素是析晶温度，析晶温度提高，结晶器中散出的热量就减少。为此，应采用较高的碱度以提高保护渣的析晶温度。但是碱度过高会恶化保护渣的润滑效果。因此，保护渣的碱度应该兼顾传热和润滑两方面

性能对比

渣状态	液渣层厚度	碱度	熔点/℃	熔速/s	黏度（1300℃）/Pa·s	R_2O/%	Al_2O_3/%	F^-/%	C/%	渣耗量/kg·t^{-1}
优化前	—	1.28	1145	17	0.71	9.66	4.90	7.48	5.38	—
优化后	9～11	1.27	1130	24	0.89	12.10	3.54	6.56	2.62	0.5

使用效果：优化后的保护渣经现场验证，保护渣的液渣层和消耗量符合生产要求，而且保护渣的铺展性和透气性良好。优化后的保护渣在结晶器传热方面适应Q345系列的生产要求，铸坯表面裂纹也得到有效的控制[7]

21.1.4 安阳钢铁板坯Q235B保护渣性能设计与应用实例

工艺条件[10]	钢种：Q235B 断面：(210、230)mm×(800～1650)mm 振幅：±3.5mm 频率：50～300Hz	Q235B为碳素结构钢，其中Q是指钢的屈服强度；235是指钢的屈服强度值，单位为MPa；B是指钢种的等级。Q235B具有一定的伸长率和强度，其韧性和铸造性良好，易于冲压和焊接，广泛用于一般机器零件的制造，主要用于建筑、桥梁工程结构上质量要求较高的焊接结构件。Q235B的化学成分（%）如下：

成分	C	Si	Mn	S	P
含量	0.10～0.16	≤0.20	0.20～0.40	≤0.035	≤0.035

续表

<table>
<tr>
<td>质量缺陷</td>
<td>Q235B 处于包晶反应区，外加拉速，结晶器冷却水，保护渣等影响因素加剧了表面裂纹的产生[10]</td>
<td>Q235B 处于包晶反应区域，钢水在凝固时产生较大的体积收缩以及由 δ－Fe 向 γ－Fe 的转变产生的线收缩导致坯壳过早地脱离结晶器壁而产生气隙影响传热效果，外加保护渣形成渣膜不均匀，凝固时形成的玻璃体大于结晶体，使得坯壳变薄，造成局部热应力集中，从而加速了铸坯表面裂纹的生成。同时，拉速也是造成裂纹的原因，一般情况下，拉速大则渣耗量小，拉速小则渣耗量大，意味着拉速的变动造成渣层厚度的变化以及渣膜厚度的变化，它影响铸坯的传热不均，导致裂纹的产生[10,11]。
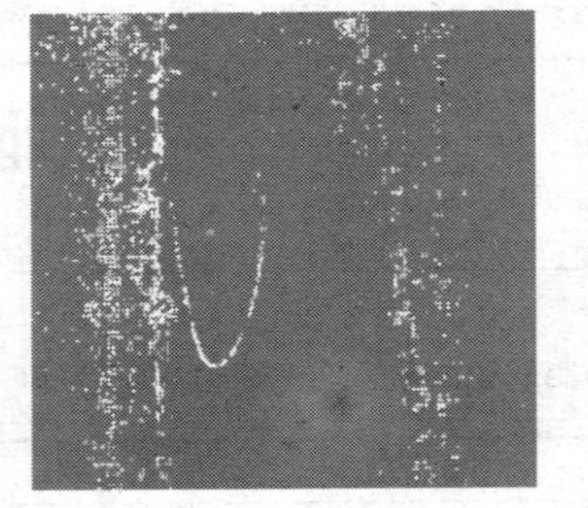
铸坯表面纵裂纹
1780mm 热连轧轧后表面纵裂</td>
</tr>
<tr>
<td>优化思路</td>
<td>（1）优化结晶器冷却方式使铸坯均匀稳定生长。
（2）保证拉速稳定率。
（3）优化钢种化学成分。
（4）优化保护渣的理化性能以提高坯壳向铜板传热热阻，实现弱式冷却，即优化保护渣的黏度、固态渣膜厚度和结晶温度[10,11]</td>
<td>包晶钢在浇铸过程中易造成结晶器与坯壳间横向传热不均匀，从而导致纵向裂纹。同时，铸坯产生纵裂的程度与结晶器传热量、拉速、化学成分以及保护渣有关。因此对于浇铸这种裂纹敏感性强的普碳钢，需采取控制结晶器传热速度的方法，实现弱式冷却，达到铸坯均匀稳定生长的要求。所以，保护渣性能优化的关键在于提高渣膜热阻，结合结晶器冷却水量控制技术，实现低于临界热通量的弱冷方式。通过以下方式对保护渣进行优化：
（1）结晶器冷却方式采取弱冷，以迎合包晶钢的传热，防止由于过冷造成的坯壳收缩量大，导致气隙增加，进而使传热受阻而产生裂纹。
（2）维持拉速恒定，避免由于液态渣层的波动使得坯壳向外传热受阻。
（3）优化钢种化学成分，使钢种避开包晶反应敏感区，通常碳在 0.11% 左右最易产生裂纹；降低硫含量，硫和铁结合生成 FeS，形成低熔点共晶体，在晶界析出产生热脆，所以当硫含量增加时，坯壳承受的应力变小，容易在坯壳最薄弱处产生裂纹，应使硫的含量低于 0.015%。
（4）提高渣膜热阻，对于普碳钢连铸，国外普遍采用较高熔化温度的结晶器保护渣。熔化温度高，固渣膜增厚，热阻提高，有利于弱式冷却的实现；注意黏度控制，为了保证足够的渣耗量，希望渣的黏度低些，但由于黏度降低会引起渣膜厚度不均，导致传热不均，引起不均匀凝固，故应考虑黏度不宜偏低，认为取 $v_c \cdot \eta_{1300℃}$ 乘积的上限为宜；提高析晶温度，除了提高保护渣的熔化温度，还需通过结晶相的析出来控制结晶器壁与铸坯壳间的传热。这是因为随着结晶相的析出、长大使结晶器与坯壳间的固态渣膜中产生孔洞，降低了渣膜的传热作用，甚至阻碍横向温降，这样就会减少纵向裂纹的发生频率。控制渣膜中孔洞的主要因素是析晶温度，析晶温度提高，结晶器中散出的热量就减少。因此，应采用较高的碱度以提高保护渣的析晶温度[10,11]</td>
</tr>
</table>

续表

性能对比

渣状态	液渣层厚度	碱度	熔点/℃	黏度（1300℃）/Pa·s	CaO/%	SiO_2/%	Al_2O_3/%	F^-/%	C/%	渣耗量/$kg \cdot t^{-1}$
优化前	—	1.27	1124	0.186	37.44	29.41	2.21	5.38	4.49	—
优化Ⅰ	—	1.28	1126	0.184	37.22	29.14	2.45	5.32	4.39	—
优化Ⅱ	11~12	1.29	1135	0.181	37.42	29.12	2.31	5.35	4.52	0.50

项目	内容
使用效果	主要通过优化结晶器保护渣的措施来减少裂纹的产生。优化后的保护渣经现场验证，保护渣的传热比较稳定，能够适应包晶钢生产的传热，同时液渣层厚度和保护渣的消耗量符合工艺生产要求，而且保护渣的铺展性和透气性良好。优化后的保护渣能够满足 Q235B 钢种的生产要求，铸坯表面裂纹也得到有效的控制[10]

21.1.5　梅钢板坯 H－Q235B 保护渣性能设计与应用实例

项目	说明	内容
工艺条件[12]	钢种：H－Q235B 断面：210mm×1250mm 振幅：±5.1mm 拉速：0.95~1.50m/min	H－Q235B 为焊接用碳素结构钢，其中 H 为焊接钢首写字母缩写。H－Q235B 具有一定的伸长率和强度，其韧性和铸造性良好，易于冲压和焊接，广泛用于一般机器零件的制造，主要用于建筑、桥梁工程结构上质量要求较高的焊接结构件
质量缺陷	保护渣的传热不均匀造成铸坯出现裂纹，甚至黏结漏钢[8,12]	由于梅钢2号机生产的钢种多数处于包晶钢范围内，包晶钢是裂纹敏感性钢种，在生产过程中保护渣不仅要具有良好的润滑性，还必须保证在水平方向上的传热均匀化，如果保护渣在水平方向传热不均匀就会使得坯壳厚度不均匀，在热应力以及钢水静压力作用下，就会在坯壳最薄弱处产生裂纹，同时浇铸包晶钢传热不均，将会导致形成的坯壳厚度不足，热量散失不出，如果保护渣的润滑情况不好，则会出现黏结漏钢[8,12]。 铸坯表面纵裂纹　黏结皮壳表面　黏结坯壳断面

续表

<table>
<tr><td>优化思路</td><td>（1）优化结晶器冷却方式使铸坯均匀稳定生长。
（2）优化保护渣的理化性能以提高坯壳向铜板传热热阻，实现弱式冷却，即优化保护渣的黏度、固态渣膜厚度和结晶温度[8,12]</td><td>包晶钢在浇铸过程中易造成结晶器与坯壳间横向传热不均匀，从而导致纵向裂纹，甚至出现黏结漏钢的可能性。铸坯产生纵裂的程度与结晶器传热量和保护渣有关。因此对于浇铸这种裂纹敏感性强的普碳钢，需采取控制结晶器传热速度的方法，实现弱式冷却，达到铸坯均匀稳定生长的要求。所以，保护渣性能优化的关键在于提高渣膜热阻，结合结晶器冷却水量控制技术，实现低于临界热通量的弱冷方式，从而形成一定结晶体厚度的渣膜。
主要通过熔剂的选择来实现保护渣高结晶率和低凝固温度，提高保护渣的结晶率可以使得弯月面处的固态渣膜由薄变厚，而低的凝固温度可以使得保护渣固态渣膜在结晶器高度方向上分布均匀，从而保证结晶器传热均匀化以及可靠的润滑效果。可以通过适当提高碱度、降低黏度的方法来提高析晶温度，适当加入 B_2O_3、Li_2O 来降低保护渣的凝固温度[8,12]</td></tr>
<tr><td>性能对比</td><td colspan="2">
<table>
<tr><th>渣状态</th><th>液渣层厚度/mm</th><th>碱度</th><th>熔点/℃</th><th>黏度（1300℃）/Pa·s</th><th>凝固温度/℃</th><th>结晶器孕育时间/s</th><th>Li_2O/%</th><th>B_2O_3/%</th><th>F^-/%</th><th>C/%</th><th>渣耗量/kg·t^{-1}</th></tr>
<tr><td>优化前</td><td>—</td><td>1.09</td><td>1104</td><td>0.138</td><td>1192</td><td>24</td><td>—</td><td>—</td><td>5.0</td><td>5.3</td><td>—</td></tr>
<tr><td>优化后</td><td>9 ~ 12</td><td>1.22</td><td>1070</td><td>0.11</td><td>1128</td><td>22</td><td>0.8</td><td>1.2</td><td>5.5</td><td>2.3</td><td>0.56</td></tr>
</table>
</td></tr>
<tr><td>使用效果</td><td colspan="2">优化后的结晶器保护渣在结晶器内能够均匀熔化，浇铸时液渣层基本稳定在 9 ~ 12mm，说明液渣层合理，保护渣的消耗量较大，主要是由于保护渣的熔点、黏度等降低原因所致。经过工业生产试验证明，优化后的保护渣性能稳定，使用状况良好，铸坯的表面质量良好，生产铸坯 87 块，4 块有纵裂纹，其中 3 块是由于钢水硫含量超标所致，无黏结现象的发生。这说明优化的保护渣能够满足连铸生产要求[12]</td></tr>
</table>

21.1.6　低碳钢板坯无氟保护渣性能设计与应用实例

<table>
<tr><td>工艺条件</td><td>钢种：08AL
断面：200mm × 1280mm
拉速：1.2 ~ 1.4m/min</td><td>08AL 为优质碳素结构钢，其中 08 表示平均碳含量为 0.08%，“A” 表示质量等级，“L” 为 “拉” 字的汉语拼音首字母，表示其拉伸性能好。主要用于制造 4mm 以下的各种冷冲压构件，如车身、驾驶室、各种仪表及机器外壳等。其化学成分（%）如下：
<table>
<tr><th>成分</th><th>C</th><th>Si</th><th>Mn</th><th>S</th><th>P</th><th>Als</th></tr>
<tr><td>含量</td><td>≤0.08</td><td>≤0.03</td><td>≤0.40</td><td>≤0.035</td><td>≤0.035</td><td>0.020 ~ 0.070</td></tr>
</table>
</td></tr>
</table>

续表

项目	说明	详细内容
质量缺陷	含氟保护渣污染水质，腐蚀机器，对人体健康有损害[13,14]	连铸使用的保护渣基本为含氟渣，无氟渣在方坯的某些钢种已经能够生产，但是由于 B_2O_3 取代氟后其性能不稳定，不能够适应板坯生产对保护渣性能的要求，所以无氟保护渣在板坯中应用很少。保护渣中的氟对调节渣的熔化温度、黏度有着很好的作用，含氟渣可以形成枪晶石和钠氟石等高熔点物质，能够起到控制传热的作用。但是含氟保护渣中的氟在高温下或与水作用可以形成强酸 HF，它使水质呈酸性，无论是排放还是回收再利用都是有害的，排放则会给环境带来污染，回收利用则会增加处理氟酸的成本。强氟酸还会对机器设备造成破坏，最重要的是含氟的保护渣对现场浇铸人员的健康有影响，因此开发无氟保护渣则成为发展的必然。 扇形段框架腐蚀情况　大方坯保温罩　足辊及喷嘴　足辊及导向段
优化思路	通过对高氟保护渣性能的研究，以高氟保护渣性能为参照，寻求无氟保护渣的化学组成及其性能的设定[13,15]	对于低碳钢板坯而言，主要是保证保护渣对铸坯的润滑，在生产允许的前提下提高产量。要实现保护渣对板坯的充分润滑，应使保护渣具有较低的凝固温度，而且渣膜主要以玻璃体为主。通过对现使用的保护渣进行测定，其熔化温度、黏度（1300℃）、转折温度以及渣膜断口的析晶状况均符合低碳钢生产。因此在原渣样的基础上维持部分组分不变（CaO/SiO_2 为 0.85，MgO、Fe_2O_3、Al_2O_3），TiO_2、Li_2O、Na_2O、MnO、B_2O_3 五个组元组成的多维空间中，取各组元变化步长为 2%，并保证五个组元含量（质量分数）为 26%，通过单纯形网格的方法来找无氟保护渣组成区域。也就是通过固定其中两种物质的含量，对剩余 3 种物质的含量进行变动可以得到网格，再分别测试保护渣的物化性能看是否符合参照高氟保护渣的性能要求[13]

项目	渣状态	碱度	熔点/℃	黏度（1300℃）/Pa·s	CaO/%	SiO_2/%	MgO/%	Al_2O_3/%	Li_2O/%	B_2O_3/%	F^-/%	C/%	Na_2O+K_2O/%
性能对比	优化前	0.99	1006	1.44	28.49	28.70	2.82	2.86	—	—	10.25	6.58	9.73
	优化后	0.86	1075	1.87	26.17	30.43	2.85	3.20	0.78	3.23	—	8.72	8.68

项目	内容
使用效果	优化后的结晶器保护渣完全去除了氟对环境、设备、人体的危害。优化后的保护渣能够满足低碳钢板坯物理性能特征，碱度、黏度、熔化温度等比较合理，而且保护渣凝固后为玻璃体，能够对铸坯起到良好的润滑。通过现场使用状况来看，优化后的保护渣在结晶器内熔化状况良好，而且铸坯表面无质量问题，说明优化后的结晶器保护渣能够满足现场生产要求[13]

21.1.7　板坯45号钢保护渣性能设计与应用实例

<table>
<tr><td>工艺条件[16]</td><td>钢种：45号
断面：180mm×1200mm
拉速：1.0～1.1m/min</td><td>45号钢为优质碳素结构钢，45是用碳含量为0.45%的10000倍来定义的。其硬度不高，易切削加工，模具中常用来做模板、梢子、导柱等，但须热处理。45号钢经调质处理后零件具有良好的综合力学性能，广泛应用于各种重要的结构零件，特别是那些在交变负荷下工作的连杆、螺栓、齿轮及轴类等。但表面硬度较低，不耐磨。可用调质＋表面淬火提高零件表面硬度。45号钢主要化学成分（%）如下：
<table>
<tr><td>成分</td><td>C</td><td>Si</td><td>Mn</td><td>S</td><td>P</td><td>Ni，Gr，Cu</td></tr>
<tr><td>含量</td><td>0.42～0.50</td><td>0.17～0.37</td><td>0.50～0.80</td><td>≤0.035</td><td>≤0.035</td><td>≤0.25</td></tr>
</table></td></tr>
<tr><td>质量缺陷</td><td>保护渣性能选用不合适以及润滑不良，导致铸坯黏结，甚至漏钢[16]</td><td>由于45号钢的液相线温度比普碳钢要低20～30℃，所以在浇铸时，极易造成保护渣熔化不良，使得液渣层厚度不足，下渣量不能满足润滑坯壳的要求，再加上45号钢的凝固收缩小，就使得铸坯紧贴结晶器壁，更加导致了液渣不能很好地流入渣道，从而易在弯月面处发生黏结现象；另一方面，由于45号钢的固－液温度差值约为150℃，从液相开始凝固为固相需要的时间比普碳钢要多，那么由于钢水静压力作用将坯壳紧贴结晶器壁，而不能形成气隙空间，也就不利于液渣填充与润滑，所以45号钢铸坯振痕比较浅，表面比较光滑，由于45号钢的高温强度低，鼓肚的倾向大，若发生黏结不易脱离，当拉力超过了坯壳的极限强度时，就会发生黏结漏钢[16,17]。
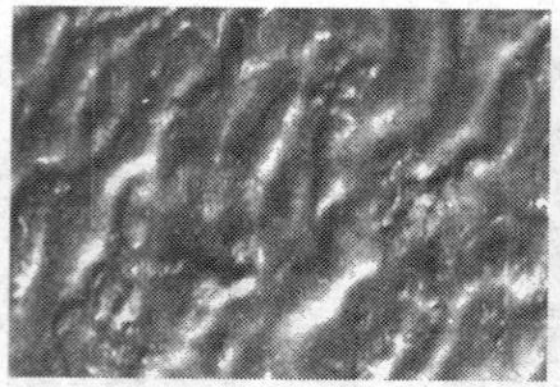
黏结坯壳表面
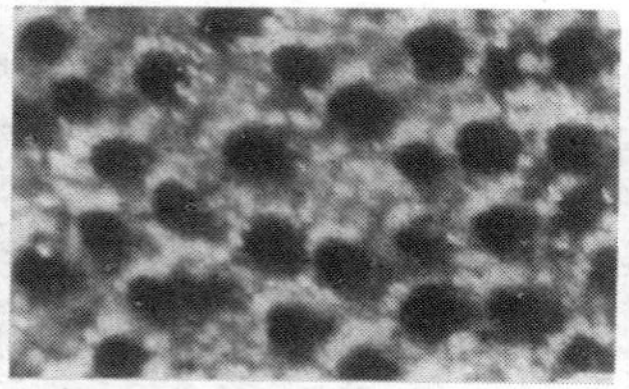
黏结坯壳内表面

黏结形成的倒V形振痕</td></tr>
<tr><td>优化思路</td><td>（1）优化浇铸工艺参数，如拉速、锥度、结晶器水量等来实现保护渣的润滑作用。
（2）通过优化保护渣的理化性能，如黏度、熔化温度、渣膜玻璃化来提高其润滑效果</td><td>45号钢的凝固特性应该从浇铸方面进行改进：
（1）45号钢在浇铸过程中要采用低拉速，低拉速有利于提高铸坯在弯月面处的收缩，有利于气隙形成，为液渣流入填充提供基础，从而防止铸坯在弯月面处的黏结；采用小锥度，由于45号钢弯月面收缩量小，结晶器倒锥度采用小锥度可适应45号钢坯壳收缩、促进保护渣下渣、防止坯壳黏结；增大结晶器水量，有利于铜板热面温度降低，从而有利于玻璃渣膜的形成，促进了热量的传输，增加坯壳厚度和强度，有利于坯壳黏结点的脱离，从而避免了黏结漏钢的发生。
（2）采用低黏度、低熔点、低凝固温度，玻璃化倾向大，保证铸坯润滑性能良好。控制保护渣的碱度以及 Na_2O、CaF_2 在合适范围，避免保护渣的结晶化倾向严重，获得传热良好的玻璃体渣膜。通常采用加入 MgO、Li_2O 等多种熔剂并存来获得低熔点、低黏度和良好的玻璃性。MgO 含量控制在2%～6%之间，Li_2O 含量控制在2%以下[16]</td></tr>
</table>

续表

性能对比

渣状态	结晶比	碱度	熔点/℃	黏度（1300℃）/Pa·s	Al_2O_3/%	CaO/%	SiO_2/%	F^-/%	R_2O/%	C/%	凝固温度/℃
优化前	<10	0.92~0.97	980~1020	1.2~1.6	—	—	—	6.5~8.0	7~9	4.5~6.5	<1050
优化后	3.5	0.94	990	0.147	3.84	30.82	32.90	7.00	7.90	5.89	1015

使用效果	优化后的结晶器保护渣，其渣耗量为0.60kg/t，液渣层厚度为10~12mm，均符合45号钢的正常生产。优化后的结晶器保护渣在结晶器内有良好熔化均匀性，同时增强了保护渣吸收钢液脱氧产物的能力，保护渣吸收夹杂物后，其物理性能稳定，实现了多炉连浇操作。优化后的45号钢板坯专用保护渣经过工业生产试验，使用效果明显优于原保护渣，克服了原渣经常出现黏结和漏钢事故的问题，铸坯表面质量良好，能够满足45号钢的工艺生产要求[16]

21.1.8 超低碳不锈钢连铸保护渣性能设计与应用实例

工艺条件[18]	钢种：304不锈钢 断面：(180~220)mm×(900~1320)mm 拉速：0.75~1.0m/min	304不锈钢属于铬镍奥氏体不锈钢。304不锈钢在多种腐蚀介质中具有较强的抵抗侵蚀的能力，是综合力学性能优良的钢种。 304不锈钢的化学成分[19]（%）如下：

成分	C	Si	Mn	P	S	Gr	Ni
含量	≤0.07	≤1.50	≤2.00	≤0.045	≤0.030	17.5~19.5	8.0~10.5

质量缺陷	304不锈钢含有较高的镍和铬，与其他普碳钢的凝固特性和高温性能不同，所以304不锈钢易出现深振痕、凹陷、裂纹等质量问题[18,20~22]	结晶器在向下的振动过程中，当其处于负滑脱时，渣圈突出渣层，渣圈对初生坯壳的挤压使坯壳发生凹陷，而当结晶器处于正滑脱时间内，由于渣圈的挤压力消失和钢水静压力的作用而使得坯壳贴向结晶器壁，从而形成振痕，因此负滑脱时间越长，弯月面坯壳的厚度和长度越大，形成的振痕越深；保护渣黏度越小，消耗量越大，保护渣滞留的越多，振痕越深。如果振痕不加以控制，就会成为横裂纹的发源地。另外，由于304不锈钢含有较多的镍和铬，所以它在结晶器内过早收缩而导致坯壳生长不均匀以及不锈钢的传热速度比较慢而使得坯壳的内外温度差增加，从而也导致了凹陷和裂纹的发生。不锈钢不容易被氧化，即使表面振痕深度在0.2mm也不容易在热轧工序中得以去除[20,22]。 连铸坯深振痕及横向裂纹　　金相显微镜铸坯纵向凹陷和表面微裂纹　　裂纹处电镜照片

续表

<table>
<tr><td>优化思路</td><td>（1）改进结晶器振动参数来减少负滑脱时间，减少振痕的出现。
（2）优化保护渣的理化性能即实现高碱度、低黏度、低熔化温度</td><td>由于304不锈钢收缩系数比较大且散热慢，容易造成凹陷和裂纹；同时结晶器振动参数设置不合适也可能会造成铸坯出现深振痕以及裂纹的发生。因此，针对板坯表面振痕的形成特点进行研究，通过优化振动参数和保护渣来改善铸坯表面质量，为轧制过程提供合格的铸坯。
（1）从改进结晶器振动参数方面考虑，用实现高振频、低振幅的模式来避免出现深振痕。但是结晶器参数设置合理，几乎不成为影响铸坯质量的因素。因此，为防止铸坯出现深振痕、凹陷以及裂纹，须从提高保护渣润滑能力方面考虑。
（2）采取提高保护渣的碱度、降低黏度和熔化温度的方法，使得保护渣具有导热性低，并且纯净度比较高的固态渣膜，液渣层厚度适中并具有一定的稳定性，以及在保护渣吸附其他氧化物后物性基本保持不变，从而来避免振痕、凹陷和裂纹的发生[18~22]</td></tr>
<tr><td>性能对比</td><td colspan="2"><table>
<tr><td>渣状态</td><td>碱度</td><td>熔点/℃</td><td>黏度（1300℃）/Pa·s</td><td>Fe_2O_3/%</td><td>Al_2O_3/%</td><td>CaO/%</td><td>SiO_2/%</td><td>F^-/%</td><td>C/%</td><td>Na_2O/%</td></tr>
<tr><td>优化前</td><td>0.93</td><td>1095</td><td>0.9</td><td>1.57</td><td>5.14</td><td>30.98</td><td>33.36</td><td>10.47</td><td>4.19</td><td>13.24</td></tr>
<tr><td>优化后</td><td>1～1.34</td><td>1080～1120</td><td>0.13～0.17</td><td>9</td><td>0.5～0.9</td><td>30～35</td><td>26～30</td><td>5～7</td><td>1.6～1.8</td><td>6～8</td></tr>
</table></td></tr>
<tr><td>使用效果</td><td>(a) 优化前　(b) 优化后</td><td>经现场验证，保护渣理化参数优化后的保护渣消耗量为0.43～0.49kg/t，结晶器内渣层厚度为10～14mm，表明试验达到了通过优化保护渣理化参数来提高保护渣耗量、改善铸坯质量的目的。对优化后的保护渣进行试验，铸坯表面没有出现深振痕、凹陷以及裂纹等表面缺陷，可以满足连铸生产要求。采用优化后的保护渣，不锈钢铸坯的修磨率降低0.21%，轧制成品材质量优级率提高6.04%[18]</td></tr>
</table>

21.1.9　稀土处理钢连铸保护渣性能设计与应用实例

<table>
<tr><td>工艺条件</td><td>钢种：X52
断面：200mm×1100mm
拉速：0.6～1.4m/min</td><td>X52为稀土处理钢管线钢，在浇铸X52的过程中，通过喂丝机在一定速度下将稀土元素打入钢液中，改善铸坯性能，所得到的钢称为稀土处理钢。X52主要化学成分[23]（%）如下：<table>
<tr><td>成分</td><td>C</td><td>Si</td><td>Mn</td><td>P</td><td>S</td><td>V</td><td>Re</td></tr>
<tr><td>含量</td><td>0.09～0.15</td><td>0.15～0.35</td><td>1.05～1.45</td><td>≤0.02</td><td>≤0.02</td><td>0.04～0.10</td><td>0.02～0.03</td></tr>
</table></td></tr>
<tr><td>质量缺陷</td><td>表面裂纹、渣沟、结疤等[23]</td><td>由于稀土元素的熔点比较低，且极易氧化，所以在浇铸稀土处理钢时，很容易被氧化而形成高熔点的稀土氧化物，这些高熔点的氧化物具有相当强的聚集结晶倾向。当形成的稀土氧化物不能被保护渣吸收和溶解时，就会导致保护渣出现严重的结晶，使得保护渣的黏度升高、保护渣消耗减少，同时有渣圈增厚现象出现，这就可能导致液态的保护渣不能通过弯月面均匀地流入渣道；结晶器和坯壳之间的渣膜变薄，甚至出现严重的无渣膜现象。这样就导致了铸坯在传热上的不均匀和润滑不良的情况。由于坯壳传热的不均匀和润滑条件恶劣所产生的综合力使得铸坯产生裂纹，严重的情况下还可能导致漏钢事故的发生[24]。保护渣的润滑不良还可能产生结疤</td></tr>
</table>

续表

质量缺陷	表面裂纹、渣沟、结疤等[23]	铸坯纵裂纹　板坯边裂纹　纵向裂纹　纵向裂纹酸洗低倍照片
优化思路	（1）优化保护渣的理化性能，确保保护渣渣耗量适宜，吸附夹渣以及控制传热能力的提高。 （2）通过控制保护渣的黏度、碱度和凝固温度来实现[23,24]	连铸浇铸稀土处理钢时，保护渣的性能不好，在结晶器内容易出现崩爆、渣面结团、熔化状况差等现象，保护渣的润滑和传热作用就会大大降低，从而导致铸坯表面质量差，常出现表面裂纹、渣沟、结疤等缺陷。因此，针对稀土处理钢的形成特点进行研究，通过优化保护渣理化参数以改善铸坯表面质量，为轧制过程提供了合格的铸坯。 从改进结晶器传热方面考虑，主要是通过控制保护渣的析晶来实现的。如果渣膜过早地析出晶体而且析晶率高，那么就会导致传热性能变差。应该从控制其碱度来考虑，一般将碱度控制在0.8～1.1之间。过高的结晶温度会使保护渣的玻璃性能损坏；合理控制保护渣的黏度和凝固温度，保证合适的渣耗量，防止液渣流入不均匀，一般情况下黏度控制在0.20Pa·s，熔化温度控制在1050～1150℃[23]之间。在优化保护渣时要合理地调整其黏度、凝固温度、碱度以及其化学成分，保证保护渣有良好的润滑传热效果的同时还要兼顾保护渣的消耗量以及保护渣吸附稀土氧化物后的溶解能力

性能对比

渣状态	液渣层厚度/mm	碱度	熔点/℃	黏度（1300℃）/Pa·s	Al_2O_3/%	CaO/%	SiO_2/%	F^-/%	C/%	渣耗量/$kg \cdot t^{-1}$
优化前	8～12	0.79～1.06	1128～1132	0.23～0.35	≤5.0	29.5～34.5	32.5～37.5	4.5～6.5	4.0～6.0	0.37～0.45
优化后	10～15	0.95～1.18	1080～1120	0.20～0.30	≤5.0	35.0～39.0	33.0～37.0	4.0～6.0	3.0～5.0	0.37～0.45

使用效果	优化后的保护渣在结晶器内具有良好的铺展性和流动性。而且浇铸过程中液渣层的波动很小，也就是说保护渣在消耗和补给上平衡。保护渣吸附夹渣、溶解夹杂物的能力有所提高。经检测，将优化前和优化后的保护渣渣膜断口作比较，发现优化后保护渣渣膜厚度约1.6mm，固态渣层为20%～50%，基本为玻璃体；而优化前保护渣的渣膜厚度为2.5mm，固态层的比例为80%～90%，基本为晶体，玻璃体很少。由此可见，优化的保护渣润滑性能也较好；从浇铸钢种的热流密度曲线可以看出结晶器传热均匀。总体上来讲，优化后的保护渣铸坯表面无清理率提高，铸坯的表面裂纹得以有效控制[23]

21.2 薄板坯连铸保护渣实例

21.2.1 薄板坯保护渣性能设计与应用实例

工艺条件	钢种：邯钢 SPHC 低碳钢 断面：1250mm×(90~70)mm 拉速：3.8~4.0m/min	SPHC 低碳钢有汽车板用 IF 钢、电视机框架钢、各种牌号无取向硅钢、工业纯铁等
质量缺陷	个别炉次渣条偏大；浇铸低碳钢时当碳当量超过 0.65% 时发生纵裂和黏结，形成 V 形振痕，并可能有黏结漏钢的情况；渣耗量偏小；炉次间成分或温度变化大时，热流变动较大[25]	保护渣黏度过高和过低都容易引起纵裂。保护渣黏度太低，则渣耗量过高，易引起液渣流入不均匀。在渣膜最厚的地方，坯壳凝固慢，该处坯壳薄，成为应力集中点，易产生纵裂；黏度过高，则渣耗量太少，渣膜太薄，厚度不均匀，容易形成间断的渣膜，也易产生纵裂。纵裂纹宏观形貌如图所示。纵裂形成后很容易引起黏结漏钢如图所示为黏结形成的倒 V 形振痕。 纵裂纹宏观形貌　　黏结形成的倒 V 形振痕
优化思路	（1）改进结晶器振动参数来改善其润滑作用，避免黏结、提高传热以保证拉速。 （2）优化保护渣的理化性能以提高其润滑能力，即优化保护渣的黏度、液渣膜厚度和熔点[26]	邯钢采用的 70/90mm 结晶器与西马克公司最初设计的“标准” CSP 结晶器“偏差”较大。任何保护渣都有一定的适用范围，从实际应用效果来看，也需要对该钢种的保护渣进行优化。同时，还考虑了后来通过 CSP 工艺向冷轧供料的准备工作（现邯钢冷轧已经投产）。另外，长期采用进口保护渣，成本居高不下，采购周期较长[25]。因此选择第（2）种优化思路来解决纵裂与黏结漏钢的问题。 由于薄板坯厚度较薄，冷却速度快、宽厚比大，结晶器上口面积小，在拉速高的时候很难保持液面稳定和保护渣的均匀熔化；针对这一工艺特点，要求保护渣必须成渣速度快，熔化均匀性好。首先对用于薄板坯保护渣的原材料进行了严格的筛选，考虑到预熔料是将各种矿物质原料预先经过熔化处理，在熔化处理过程中各矿物质得到充分反应。与直接采用矿物原料配渣相比，预熔料具有熔化均匀性能好、成渣速度快、不易吸水等特点。因此，对基本渣料进行了预熔。浇铸低碳钢时，希望形成的渣膜以玻璃态为主，以便钢水在结晶器内迅速形成凝固坯壳。通过控制保护渣性能，可以改变保护渣渣膜的结构，如降低保护渣的碱度可提高渣膜玻璃相，改善传热条件；同时薄板坯连铸连轧的工艺条件要求适当降低保护渣的熔化温度和黏度[25]。在满足其熔点要求的情况下应满足不增碳

续表

性能对比（进口与优化后的）

渣状态	液渣层厚度/mm	碱度	熔点/℃	黏度（1300℃）/Pa·s	Na_2O/%	Al_2O_3/%	CaO/%	SiO_2/%	F^-/%	C/%	渣耗量/$kg \cdot t^{-1}$
优化前	7～16	0.92～1.04	990～1130	0.09	11.5～13.0	2.5～3.5			7.0～8.5	5.5～6.5	0.13
优化后	9.7～18.7	0.96	1077	0.165	7.5	1.61	31.49	32.9	5.16	4.42	0.139

使用效果

优化后的保护渣经过批量使用，效果良好，渣耗量也有所提高，达到了 0.139kg/m^2。热流基本保持在 2.2～2.5MW/m^2 之间，液渣层厚度平均比优化前厚 2.7mm。从批量使用效果来看，热流整体波动（即随炉次条件变化而波动）较小。优化后的 KFB－4 保护渣比进口渣更适应低碳钢生产工艺要求，在纵裂和黏结的控制上更加有效，大幅降低了生产事故，同时降低了裂纹发生的概率[25]

21.2.2 TG195NS 采暖散热器片保护渣性能设计与应用实例

工艺条件

钢种：TG195NS 耐蚀钢
断面：87mm×1025mm
厚：4 mm

TG195NS 耐蚀钢具有极好的耐蚀性和优良的冲压性，屈服强度为 230～260MPa，抗拉强度为 350～360MPa，伸长率达到 46.5%～49.0%，满足力学性能要求。其相对腐蚀率为现用 Q235 钢的 50% 以下。该钢种的主要化学成分（%）如下：

成分	C	Mn	Si	S	P	Cu	Ti	Gr	Al	N
含量	≤0.04	≤0.12	≤0.10	≤0.001	0.06～0.09	0.20～0.30	0.015～0.020	0.3～0.5	≤0.035	≤0.005

质量缺陷

铸坯角部有横裂纹，铸坯表面产生纵裂甚至漏钢，在结晶器内发生黏结[27]

TG195NS 钢的 Cu、P 和 Cr 元素含量较高，钢液凝固过程中易产生非平衡偏聚，造成晶界脆化，钢的高温热塑性降低，从而引起表面纵裂甚至产生漏钢。此外含 Cr 的钢液流动性相对较差，容易发生黏结[27]。

表面纵裂纹

坯壳上裂纹

沿角部振痕形成的裂纹

续表

<table>
<tr><td>优化思路</td><td>（1）适当提高保护渣的碱度，减少玻璃体，防止热流过大造成应力集中以减少纵裂纹产生。
（2）增加渣耗量，增加结晶器和坯壳间的渣膜厚度及分布均匀性，防止黏结漏钢[28]</td><td>碱度是保护渣的一个重要理化指标，在一定范围内增大碱度，可明显降低保护渣的黏度和熔化温度，从而增大渣耗。因此为了保证一定的保护渣消耗量，可通过适当提高碱度，有效控制结晶器内的传热，减少裂纹的产生。由此可见，合适的碱度有利于增大渣耗和结晶器热流密度，减少粘钢。
熔化温度直接影响结晶器内弯月面上方的渣层传热和熔渣层的产生，与连铸保护渣的绝热保温性能和润滑性能密切相关。它对铸坯在结晶器内的凝固速度也有重要影响。一般薄板坯连铸保护渣的熔化温度目标值在 1050 ~ 1120℃之间。这样，不仅可以保证保护渣在结晶器内弯月面保持熔融状态，而且使结晶器长度方向上的铸坯凝固坯壳表面的渣膜处于黏滞的流动状态，能够充分润滑。
采暖散热器用耐蚀钢具有较高含量的 Cr 及其他合金元素，通常钢中合金元素越多，越易破坏晶体点阵结构和其中势能体系，增加分子热振动和电子运动的阻力，从而导致钢的导热系数降低，因此该钢的凝固速度慢、体积收缩大、坯壳形成不均匀、铸坯裂纹敏感性强，故要求保护渣具有缓冷作用，因此需具有高的结晶温度、高碱度和适宜的黏度[27]</td></tr>
<tr><td>性能对比</td><td colspan="2">
<table>
<tr><td>渣状态</td><td>SiO_2/%</td><td>CaO/%</td><td>MgO/%</td><td>Al_2O_3/%</td><td>Na_2O/%</td><td>Li_2O/%</td><td>Fe_2O_3/%</td><td>BaO/%</td><td>F^-/%</td><td>K_2O/%</td><td>熔点/℃</td><td>熔速/s</td><td>黏度（1300℃）/Pa · s</td><td>R</td></tr>
<tr><td>改进前</td><td>31. 77</td><td>29. 03</td><td>3. 3</td><td>3. 66</td><td>9. 82</td><td>1. 18</td><td>1. 16</td><td><0. 1</td><td>6. 72</td><td>0. 37</td><td>1020</td><td>19. 2</td><td>0. 188</td><td>0. 914</td></tr>
<tr><td>改进后</td><td>28. 38</td><td>30. 38</td><td>0. 94</td><td>3. 8</td><td>9. 4</td><td>1. 18</td><td>1. 52</td><td><0. 1</td><td>6. 55</td><td>0. 52</td><td>1100 ~ 1150</td><td>20 ± 5</td><td>0. 10 ~ 0. 15</td><td>1. 07</td></tr>
</table>
</td></tr>
<tr><td>使用效果</td><td colspan="2">通过保护渣组成及特性的改善，同时缓和结晶器冷却，耐蚀钢的生产稳定，铸坯表面角横裂发生率得到大幅度降低。2009 年 3 月，通钢生产了约 750t 断面为 1025mm × 4 mm 的采暖散热器用热轧板卷，边部缺陷率达到 8% 以上，采用新型保护渣并优化连铸工艺后，2009 年 5 月，通钢再次生产了约 450t 相同断面的热轧板卷，边部缺陷率降低到 2% 以下[27]</td></tr>
</table>

21. 2. 3　SPA – H 耐候钢保护渣性能设计与应用实例

<table>
<tr><td>工艺条件</td><td>钢种：SPA – H 耐候钢
断面：120mm × 285mm
拉速：1. 0 ~ 1. 6m/min</td><td>SPA – H 耐候钢，介于普通钢和不锈钢之间的价廉物美的低合金钢系列。耐候钢由普碳钢添加少量铜、镍等耐腐蚀元素而成，具有优质钢的强韧、塑延、成型、焊割、磨蚀、高温、疲劳等特性；耐候性为普碳钢的 2 ~ 8 倍，涂装性为普碳钢的1. 5 ~ 10 倍，能减薄使用、裸露使用或简化涂装使用。耐候钢成分（%）如下：
<table>
<tr><td>成分</td><td>C</td><td>Si</td><td>Mn</td><td>P</td><td>S</td><td>Cr</td><td>Cu</td><td>Ni</td></tr>
<tr><td>标准</td><td>≤0. 12</td><td>0. 25 ~ 0. 75</td><td>0. 20 ~ 0. 50</td><td>0. 07 ~ 0. 15</td><td>≤0. 035</td><td>0. 30 ~ 1. 25</td><td>0. 25 ~ 0. 55</td><td>≤0. 65</td></tr>
<tr><td>内控</td><td>0. 08 ~ 0. 11</td><td>0. 35 ~ 0. 45</td><td>0. 35 ~ 0. 45</td><td>0. 07 ~ 0. 09</td><td>≤0. 015</td><td>0. 40 ~ 0. 50</td><td>0. 25 ~ 0. 35</td><td>0. 15 ~ 0. 25</td></tr>
</table>
</td></tr>
</table>

续表

质量缺陷

铸坯表面有纵裂纹、孔洞和浇铸过程漏钢等缺陷

SPA－H 耐候钢中碳含量刚好处在低碳钢和亚包晶钢间，钢水碳含量对铸坯纵裂有显著影响。w(C) 为 0.09% ~0.17% 的钢凝固时，发生 δ→γ＋L 的包晶反应，凝固坯壳产生较大的线性收缩，使结晶器弯月面处的初生坯壳厚度不均，铸坯表面易产生纵裂纹。钢液中的铜、磷、铬等元素缩小了凝固过程中的两相区宽度，结晶器热流密度下降。若用低碳钢保护渣可能使热流密度过低，不能保证结晶器内坯壳的临界厚度，从而导致漏钢[29]。

500μm

铸坯表面纵裂纹

20.0kV 200μm

缺陷低倍电镜扫描图

SPA－H 钢铸坯表面扫描电镜图

优化思路

（1）采用低熔点保护渣，保证保护渣具有良好的熔化性，从而保证高拉速下具有稳定的液渣层厚度。

（2）降低保护渣的黏度使熔渣具有较好的流动性[30]

薄板坯连铸结晶器保护渣必须满足如下要求：成渣速度快、渣膜厚度适宜且分布均匀、足够的熔渣层厚度、稳定的操作性能和良好的绝热保温作用等。与其他钢种相比，SPA－H 钢水成分复杂，所以要求保护渣应有足够的物理化学稳定性。生产中采用低熔点、低黏度、性能稳定的渣系[28]。

高碱度保护渣能减弱传导传热，达到减缓传热和减少裂纹的目的。但是，当保护渣碱度过高，析晶温度过高时会严重恶化铸坯润滑状况，导致铸坯黏结和漏钢。因此碱度控制在 0.9 ~1.0 比较合适。薄板坯的拉速高，要求熔渣能及时补充，故液渣层要较厚。根据实践经验，液渣层控制在 10 ~15mm 合适。保护渣结晶温度在 1070 ~1090℃，其玻璃相与结晶相比例大约为 1∶4，有利于铸坯质量的稳定[29]

性能对比

渣状态	SiO_2/%	CaO/%	MgO/%	Al_2O_3/%	Fe_2O_3/%	MnO/%	Na_2O/%	F^-/%	Li_2O/%	碱度	熔点/℃	黏度（1300℃）/Pa·s	H_2O/%
调整前	27.53	28.23	2.51	6.62	0.85	3.3	9.97	7.64	0.4	1.04	1085	4.65	0.33
调整后	28.8	30.8	0.9	4.7	0.8	3.4	7.3	7.5	0.7	1.07	1065	0.9	0.1

使用效果

此渣的润滑功能明显提高，在大批量使用过程中性能稳定，虽有时出现黏结但未出现过连续多次黏结。铸坯的裂纹发生率也得到了较好的控制，耐候钢的浇成率得到了大幅提高[30]

21.2.4　Q345B 保护渣性能设计与应用实例

<table>
<tr><td>工艺条件</td><td>钢种：Q345B 低合金钢
断面：68mm×1600mm
拉速：4.0～5.5m/min</td><td>Q345B 是低合金钢（C<0.2%）。Q 代表钢材的屈服点；345 表示屈服点的数值为 345MPa；B 是等级区分，表示冲击温度不同，B 级是 20℃常温冲击。其化学成分（%）为：
<table>
<tr><td>成分</td><td>C</td><td>Si</td><td>Mn</td><td>P</td><td>S</td><td>Nb</td><td>V</td><td>Ti</td><td>Cr</td><td>Ni</td><td>Cu</td><td>N</td><td>Mo</td></tr>
<tr><td>含量</td><td>≤0.20</td><td>≤0.50</td><td>≤1.70</td><td>≤0.035</td><td>≤0.035</td><td>≤0.07</td><td>≤0.15</td><td>≤0.20</td><td>≤0.30</td><td>≤0.50</td><td>≤0.3</td><td>≤0.012</td><td>≤0.10</td></tr>
</table>
Q345B 综合性能好，低温性能好，冷冲压性能、焊接性能和可切削性能好，广泛应用于桥梁、车辆、船舶、建筑、压力容器等</td></tr>
<tr><td>质量缺陷</td><td>铸坯出现黏结漏钢，表面易出现纵裂纹</td><td>薄板坯连铸拉坯速度比传统板坯连铸拉速快得多，而且采用漏斗型结晶器，比表面积大，弯月面增加，同时铸坯厚度变薄，保护渣的熔化条件变差，结晶器导出的热流及铸坯与结晶器之间的摩擦阻力急剧增大，出结晶器坯壳变薄，非常容易因润滑不良而造成黏结，严重时会造成黏结漏钢。此外，结晶器与铸坯的润滑不好和保护渣分布不均都会导致结晶器传热不均而产生裂纹。
取样位置
拉坯方向
50
1595
实物图
薄板坯表面纵裂纹示意图
100μm
Q345B 钢板带纵裂纹形貌</td></tr>
<tr><td>优化思路</td><td>（1）采用高碱度保护渣，减少玻璃体，增加结晶体以减缓传热。
（2）采用降低保护渣的黏度、熔点和提高保护渣熔化速度来加快液渣的形成，提高液渣膜厚度，增加铸坯润滑</td><td>保护渣对结晶器热流密度的影响实际上主要取决于其导热性及渣膜厚度，其中渣的碱度会影响导热性，碱度低于 1 时，渣熔化后再凝固形成玻璃体，导热性很好，在同样的拉速下造成热流增大；当渣碱度大于 1 时，凝固后形成晶体，这种渣膜导热性不好，相应结晶器的热流会低些，有利于减少纵裂纹的产生。对 Q235B 这类薄板坯的连铸保护渣在高拉速及拉速变化较大的情况下仍能保持足够的渣耗，熔渣层具有适当的厚度，以保证稳定地向结晶器壁与坯壳间供应液态渣。同时，液态渣膜应分布均匀并具有较低的结晶温度，以扩大液态渣膜的润滑区，降低结晶器摩擦阻力并使结晶器中传热均匀化。因此，适用于 Q235B 这类薄板坯连铸的保护渣应具有较低的析晶温度、较低的软化及熔融温度、合适的碱度以及较快的熔化速度[31]</td></tr>
</table>

续表

性能对比	保护渣	SiO_2/%	CaO/%	MgO/%	Al_2O_3/%	Fe_2O_3/%	MnO/%	Na_2O/%	K_2O/%	R	η/Pa · s
	改进前	26.5	30.7	0.58	4.20	0.93	3.50	6.24	0.19	1.16	0.80
	改进后	26.6	33.6	1.40	2.30	0.60	3.90	9.10	0.20	1.26	0.97
使用效果	防止铸坯裂纹是一项系统工程，经过各种控制措施，CSP 铸坯表面纵裂纹得到有效控制，Q345B 纵裂纹发生率从 2% 下降到 0.36%[31]										

21.2.5 SPHC 保护渣性能设计与应用实例

项目	条件	说明
工艺条件	钢种：SPHC 低碳钢 断面：90mm × 1500mm 拉速：3 ~ 4.5m/min	SPHC 是日本钢材的一种标示方式，SPHC（S—Steel，P—Plate，H—Hot，C—Commercial），整体表示一般用热轧钢板及钢带。SPHC 具有强度高、韧性好、易于加工成型及良好的可焊接性等优良性能，因而被广泛用于船舶、汽车、桥梁、建筑、机械、压力容器等制造行业。其化学成分（%）为：

成　分	C	Si	Mn	P	S
炼钢判定标准	≤0.13	≤0.05	0.15 ~ 0.50	≤0.035	≤0.035
冶炼内控标准	≤0.06	≤0.05	0.20 ~ 0.35	≤0.020	≤0.010
冶炼目标值	≤0.05	≤0.03	≤0.25	≤0.015	≤0.030

项目	条件	说明
质量缺陷	出现铸坯表面纵裂、振痕、黏结漏钢等问题	在浇铸含碳量为 0.08% ~ 0.14% 的钢种时，由于 δ 和 γ 相收缩差异，最容易产生表面纵裂纹，这是形成表面纵裂的内因。熔渣池过厚或不稳定，引起结晶器热流紊乱，加上结晶器液面波动大或钢水过热度较大，共同构筑了铸坯产生纵裂的外因。 振痕的形成主要是连铸保护渣和结晶器运动相互作用的结果，振痕深度随振动频率增大和负冲程时间减小而减小。振痕深度也随保护渣黏度增大和保护渣消耗量减小而减小。 减小保护渣的黏度和玻璃相转变温度可增加保护渣消耗量，从而增强液体润滑，减少黏结漏钢的发生频率。原渣的碱度高，导致析晶温度较高，破坏了渣膜的玻璃性，恶化了保护渣和结晶器之间的润滑。 铸坯表面中心纵裂　　沿角部振痕形成的裂纹

续表

优化思路	采取降低保护渣的黏度、熔点和提高保护渣融化速度等措施，来加快液渣的形成，提高液渣膜厚度，增加铸坯润滑	基于低碳钢本身的凝固特点和质量要求，设计保护渣时主要考虑渣的润滑及消耗。较高的拉速要求尽量增大结晶器的热流，加速钢水的凝固，防止黏结漏钢，这就要求保护渣结晶温度低、凝固温度适中，以确保低碳钢结晶器保护渣在1000℃以上处于非晶体状态，使黏结漏钢发生的可能性最小。 为了保证良好的润滑和足够的渣耗，通常保护渣的黏度选择较低的范围。对于薄板坯连铸，ηv_c 一般取0.1～0.35，以适应高速连铸对液体渣流入的苛刻要求，根据这一关系，可以确定拉速在3～6m/min的薄板坯连铸，结晶器保护渣的黏度应波动在0.02～0.12Pa·s之间比较符合要求。另外，SPHC钢初生铁素体坯壳中［P］、［S］偏析小，初生坯壳强度高，铸坯振痕较深，故应使用保温性能好的保护渣，提高弯月面初生坯壳温度，有利于减轻振痕过深带来的危害。 SPHC为低碳钢，由铁碳相图知钢水在凝固过程中避开了包晶区，在结晶器弯月面处不会发生 $\delta \rightarrow \gamma$ 的相变，不存在严重的相变体积变化，应力及裂纹敏感性小。因此，SPHC结晶器保护渣应该具有黏度低、熔化温度低、结晶温度低于1000℃和凝固温度适中等性能

性能对比

渣状态	R	CaO/%	SiO_2/%	Al_2O_3/%	MgO/%	CaF_2/%	Na_2O/%	Li_2O/%	B_2O_3/%	BaO/%	C/%	析晶温度/℃	η/Pa·s	熔化温度/℃	渣耗/kg·m^{-3}
原渣	1.18	35.73	29.91	4.53	—	8.35	8.37	—	—	—	9.28	1140			
改进	1.1	30.4	27.6	5.0	8	8	8	6	5	1		—	0.05～0.10	1089	0.07～0.13

使用效果	在浇铸SPHC时，保护渣的熔化温度控制在1089℃左右保证了结晶器内的全程液态润滑；黏度应控制在0.05～0.10Pa·s之间；结晶温度低于1000℃以增加玻璃态渣膜比例，加强传热，改善润滑，减少黏结。改进后的保护渣满足SPHC钢的连铸要求，有效减少了黏结漏钢及振痕等缺陷

21.2.6 薄板坯SS400保护渣性能设计与应用实例

工艺条件	钢种：SS400中碳钢 断面：92.5/87.5/82/72×(860～1730)mm 拉速：2.8～6m/min	SS400是日本钢材的一种标示方式，SS400（steel for general structure）的意思就是抗拉强度大于400MPa的一般结构用钢，基本上等同于我国的Q235（相当于Q235A用）。含碳适中，综合性能较好，强度、塑性和焊接等性能得到较好配合，用途广泛，大量应用于建筑及工程结构，用以制作钢筋或建造厂房房架、高压输电铁塔等。与Q235A相比，SS400只要求S≤0.050%，P≤0.050%。Q235A的成分（%）为：

成分	C	Si	Mn	S	P
含量	0.14～0.22	≤0.35	0.3～0.65	≤0.050	≤0.045

续表

质量缺陷	铸坯内部有横裂纹、中心偏析和疏松等缺陷[32]	与常规板坯连铸相比，薄板坯连铸有拉坯速度快、结晶器传热速度快、结晶器液面面积小、液面波动大等独特的工艺特点，这对保护渣性能的发挥是十分不利的。薄板坯连铸的高拉速使得结晶器导出的热流及铸坯与结晶器之间的摩擦阻力急剧增大，出结晶器的坯壳变薄，渣耗量下降造成润滑不良等一系列不利于连铸生产的因素发生。以上情况都会对铸坯裂纹的出现产生较大影响[34]。 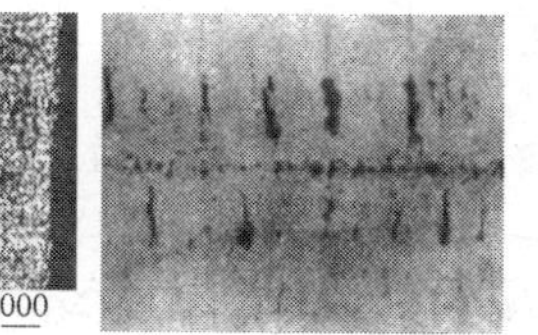 表面纵裂纹 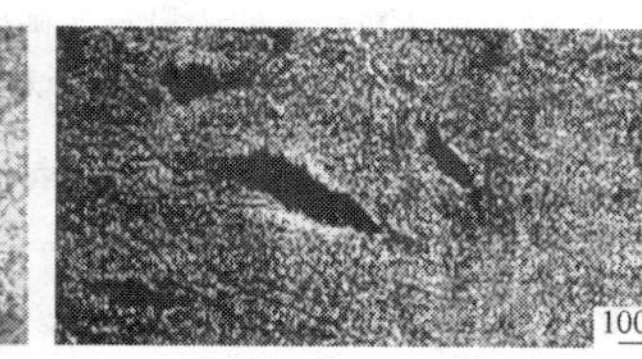 中横裂纹显微观察 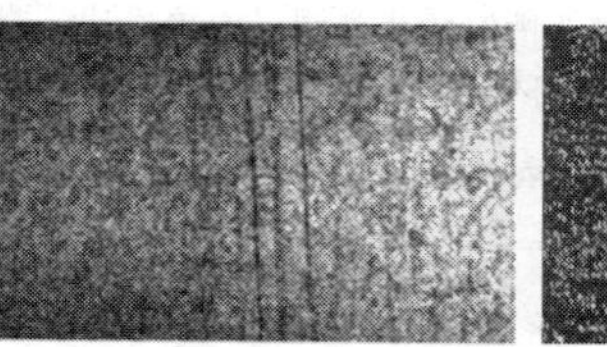 中碳钢板坯低倍照片
优化思路	（1）采用高碱度保护渣，减少玻璃体，增加结晶体以减缓传热。 （2）采用降低保护渣的黏度、熔点和提高保护渣熔化速度等措施，来加快液渣的形成，提高液渣膜厚度，增加铸坯润滑[33]	保护渣对结晶器热流密度的影响实际上主要取决于其导热性及渣膜厚度，其中渣的碱度会影响其导热性，碱度低于1时，渣熔化后再凝固形成玻璃体，导热性很好，在同样的拉速下造成热流增大；当渣碱度大于1时，凝固后形成晶体，这种渣膜导热性不好，相应结晶器的热流会低些。据文献：对于中碳钢，当热流密度超过$1.7\times10^6 W/m^2$，铸坯表面裂纹指数急剧增大，铸坯易出现表面纵裂纹。国内外目前倾向于采用高碱度保护渣，通过减少透明玻璃体达到减小辐射传热；结晶体内的微孔和界面极大地削弱晶格振动，从而减弱传导传热，达到减缓传热和减少裂纹的目的。但是，当保护渣碱度过高、析晶温度过高时，易严重恶化铸坯润滑状况，导致铸坯黏结和漏钢。因此，片面强调提高保护渣碱度以加强结晶能力而控制铸坯凝固传热的方法并不可取。为保证铸坯的润滑和控制传热，可将碱度 R 控制在 0.9～1.05 之间，这种条件下保护渣转折温度为 1130～1160℃，析晶温度为 1000～1140℃，结晶体比例为5%～30%。根据该结果，允许保护渣碱度变化范围较窄，这就要求提高保护渣原材料的稳定性和加强生产工艺的可控性[34]

性能对比

指标	SiO_2/%	MgO/%	K_2O/%	CaO/%	Fe_2O_3/%	Al_2O_3/%	Na_2O/%	F^-/%	R	η/Pa·s	T_m/℃
C2	29.04	1.75	0.24	29.50	1.20	5.92	9.86	6.53	1.02	0.16	1112

使用效果	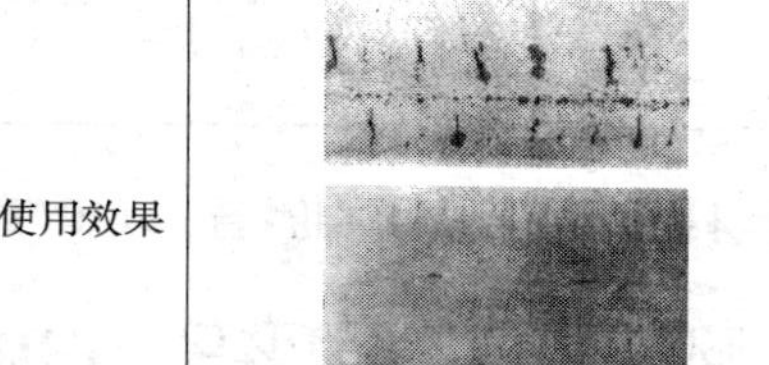 使用 C2 保护渣后	生产跟踪过程发现，C2 型号保护渣使用过程中结晶器热流密度得到有效的提高，并且在整个浇铸过程中与拉速变化匹配且稳定。结晶器热像图弯月面区域温度升高，而且下部温度也升高，说明保护渣的结晶性能减弱，玻璃化特性增强，铸坯润滑得到改善，且生产过程中无黏结，说明了保护渣的润滑作用较好。观察铸坯表面，未发现裂纹等缺陷[34]

21.3　方坯连铸保护渣实例

21.3.1　易切削钢连铸保护渣性能设计与应用实例

<table>
<tr><td>工艺条件</td><td>钢种：重庆特钢易切削钢 Y15
断面：180mm×220mm</td><td>Y15 执行标准：GB/T 8731—1988，是易切削结构钢，精度好，容易切削，大大地提高了刀具的使用寿命，减少了加工工艺时间。其中，Y 代表易切削钢；15 代表其平均碳含量为 0.15%。重钢生产的易切削钢与 GB/T 8731—1988 的化学成分[35]（%）如下：
<table>
<tr><th>标　准</th><th>C</th><th>Si</th><th>Mn</th><th>P</th><th>S</th><th>Mn/S</th></tr>
<tr><td>GB/T 8731—1988</td><td>0.1～0.18</td><td>≤0.50</td><td>0.80～1.20</td><td>0.05～0.10</td><td>0.23～0.33</td><td></td></tr>
<tr><td>重钢连铸材</td><td>≤0.13</td><td>≤0.10</td><td>0.90～1.35</td><td>0.05～0.10</td><td>0.24～0.36</td><td>≥3</td></tr>
</table></td></tr>
<tr><td>质量缺陷</td><td>凹陷、夹渣、针孔及裂纹[35]</td><td>易切削钢的高氧含量、高硫含量大大降低了钢水表面张力，使钢渣分离困难，造成钢渣混卷，形成大量表面及皮下缺陷。
裂纹微观形貌　心部微裂纹　内部沿晶微裂纹　沿晶硫化物质点</td></tr>
<tr><td>优化思路</td><td>（1）优化连铸工艺：提高耐火材料的抗氧化性；无氧化性保护浇铸防止二次氧化；杜绝使用铝脱氧剂[35]。
（2）优化保护渣的理化性能：提高保护渣的碱度，加入特殊还原剂消除“絮状”渣团带来的危害[35]</td><td>（1）Al 是一种强脱氧元素，但是铝脱氧的脱氧产物 Al_2O_3 是一种硬质质点，对刀具磨损严重，从而严重影响易切削钢的使用性能，因此，在冶炼易切削钢时，杜绝使用铝脱氧。
（2）易切削钢中锰、氧含量高，高温下会与耐火材料中的某些成分发生理化反应，使耐火材料侵蚀，在连铸生产中造成溢钢或中间包漏钢等现象，因此要提高耐火材料的抗侵蚀性。
（3）易切削钢中硫、氧元素均是很强的表面活性物质，易切削钢钢液中氧、硫含量高，能使钢液的表面张力大大下降，造成钢渣分离困难。保护渣与钢水易混卷而形成“絮状”渣团。因此采用一种高碱度专用保护渣，该渣加入了一种特殊的还原剂，通过还原剂与弯月面处 S、O 反应，生成的硫化物和氧化物让保护渣吸收，降低了弯月面处 S、O 含量[35,36]</td></tr>
</table>

续表

成分对比

渣状态	碱度	MgO/%	Al_2O_3/%	CaO/%	SiO_2/%	MnO/%	FeO/%
使用前	0.86	3.53	1.17	30.58	35.75	—	—
使用后	1.58	3.28	4.68	37.09	23.5	1.13	0.68

使用效果

易切削钢连铸保护渣应具有较高的碱度和强的吸收夹杂物的能力，同时具有提高钢渣界面张力的能力，使钢/渣易于分离。采用易切削钢专用结晶器保护渣，铸坯表面质量良好，基本不需清理[35]

21.3.2 1Cr13 不锈钢连铸保护渣性能设计与应用实例

工艺条件[37]

钢种：不锈钢 1Cr13
断面：150mm × 150mm
拉速：1.0 ~ 1.4m/min

1Cr13 中 1 代表 C 含量≤0.15%；13 代表铬含量在 11.50% ~ 13.50% 之间。该钢种具有良好的耐蚀性、机械加工性，用作一般用途刃具。其化学成分（%）如下：

成分	C	Si	Mn	S	P	Cr	Ni
含量	≤0.15	≤1.00	≤1.00	≤0.030	≤0.035	11.50 ~ 13.50	≤0.60

质量缺陷

表面出现沟槽、凹陷、夹渣等缺陷[37,38]

由于 1Cr13 碳含量在 0.1% 左右，因此浇铸此钢时会发生包晶反应，即其收缩量会相对较大。结晶器内传热不均导致沟槽或者凹陷的发生。

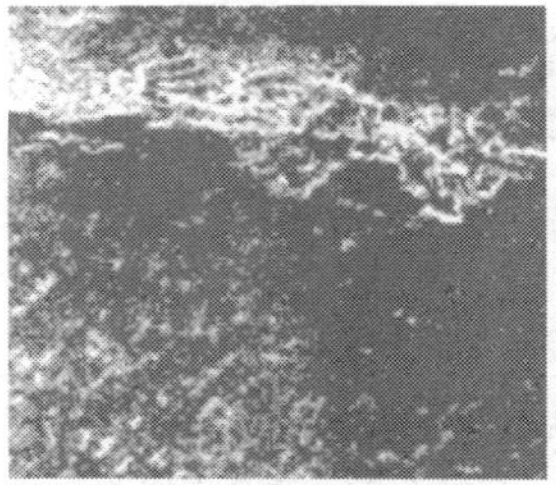

纵向凹陷部分凹陷微裂

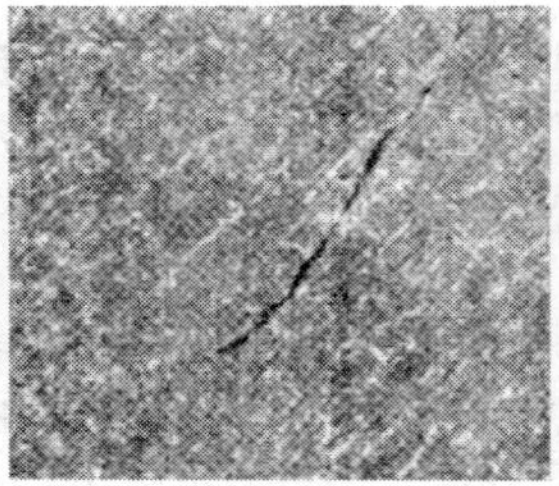

铸坯表面凹陷以及裂纹形貌

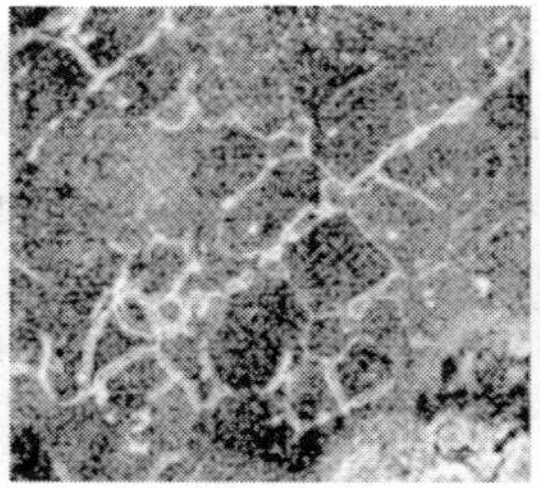

裂纹底部形貌

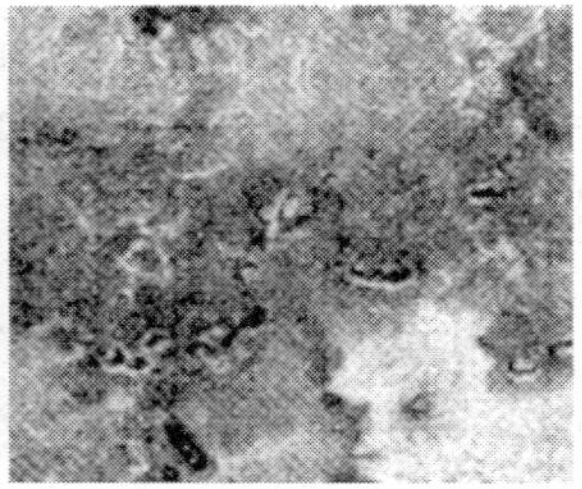

裂纹形貌

续表

项目	内容	
优化思路	（1）本钢种凝固过程中发生包晶反应，相变收缩率大，铸坯表面易产生沟槽、凹陷的特性。因此要均匀结晶器的传热，改善保护渣的理化性能。 （2）在浇铸过程中，要求渣圈成分较原始渣不能有较大的变化，尤其是碱度变化较大会造成无法设计的浇铸性能	（1）试验渣试用过程中浸入式水口插入深度第一步插入仅80mm，第二步插入120mm。从结晶器液面火焰情况及结晶器液面波动情况来看，第二步试制过程比较好[37]。 （2）改进之前结晶器液面升降幅度太大，升降为7～8cm，影响了铸坯质量。一般连铸结晶器液面升降幅度要求不超过2cm，最多不超过3cm，为达到此目标，结晶器液面最好采用自动控制，为此要求设备状况良好，即减少故障率，使下行顺畅[37]。 （3）在原保护渣基础上，改变其物化性能，由于原渣对Al_2O_3的敏感性较高，随保护渣中Al_2O_3含量的升高，黏度有较大的升高，半球点温度变化也比较大，因此需减小Al_2O_3含量。同时为了减小半球点温度的波动范围进一步减小C的配比；为了控制渣圈成分，尤其是碱度较原始渣的变化，增加SiO_2、MgO、Na_2O+K_2O的配比，相对于原渣改进渣添加了MnO、Li_2O，调整了保护渣的物化性能，减少铸坯横向与纵向凹陷发生的概率

性能对比：

渣状态	液渣层厚度/mm	碱度	$T_{半}$/℃	黏度（1300℃）/Pa·s	H_2O/%	1300～1250℃黏度变化/Pa·s	添加3% Al_2O_3成分黏度变化（1300℃）/Pa·s
优化前	—	0.87	1195	1.16	0.28	+1.0	+0.31
优化1	8	0.81	1164	0.66	≤0.30	+0.31	+0.29
优化2	7	0.90	1128	0.43	≤0.30	+0.22	+0.21

项目	内容
使用效果	使用原渣的铸坯表面有明显的凹坑、夹渣等缺陷，且振痕较深，铸坯返修率一般在10%左右，返修率高。从整体效果来看，即从平整度、凹坑等情况看，使用两种优化渣比采用原渣的表面质量好，其中优化1渣的效果最好，统计铸坯因表面缺陷造成返修率为6%，较使用原渣有所降低；从振痕情况来看，优化2渣的效果好，振痕较浅[37]

21.3.3　攀钢HRB400方坯中低碳钢连铸保护渣性能设计与应用实例

项目	内容	
工艺条件	钢种：攀钢HRB400 断面：280mm×325mm 拉速：0.75～0.85m/min	HRB400为3级带肋热轧钢筋。H—Heat的缩写，表示热轧；R—Ribbed缩写，带肋的意思；B—Bar的缩写，表示钢筋；400代表其抗拉屈服强度为400N/mm^2。其化学成分（%）如下：

成分	C	Si	Mn	P	S	C_{eq}
含量	0.25	0.80	1.60	0.045	0.045	0.54

续表

质量缺陷	在表面易形成凹陷、角部裂纹[39,40]	钢水凝固过程中伴随包晶反应（L + δFe→γFe），在固相线温度 20 ~ 50℃时发生 δFe→γFe 转变，伴随较大的收缩，坯壳与结晶器铜壁脱离形成气隙，导出的热流最小，坯壳最薄，在表面会形成凹陷。凹陷部位冷却和凝固速度比其他部位慢，结晶组织粗化，对裂纹敏感性强，易出现纵裂和角裂[39]。 铸坯角部裂纹及漏钢　铸坯凹陷低倍图　铸坯凹陷　角部缺陷
优化思路	（1）由于本钢种凝固过程的收缩量大因此要在改变保护渣的碱度、熔点等方面控制传热。 （2）大方坯中碳钢连铸保护渣的设计主要在于控制合适的碱度和有关微量组分的含量。为协调铸坯的润滑和控制传热，可将碱度控制在 0.9 ~ 1.05 范围内，此时保护渣转折温度 T_c 为 1130 ~ 1160℃，结晶比例为 30%[39]	（1）通过实验研究，随碱度升高，保护渣冷凝过程中最大黏度活化能变化值不断增大，表明保护渣玻璃化特性减弱，玻璃体减少，结晶率增大。当碱度大于 1.0，保护渣开始析出晶体；碱度达到 1.05 ~ 1.10 时，保护渣结晶率达到 30% ~60%，最大黏度活化能变化值变缓，说明在这种碱度值下保护渣已基本丧失玻璃化特性；当碱度大于 1.10，保护渣的转折温度 T_c 超过 1200℃，易发生漏钢事故。所以，不能仅仅依靠提高保护渣碱度，而应加强结晶能力来控制铸坯凝固传热。 （2）黏度的选择：由 $\eta \cdot v = 0.5$ 且攀钢中低碳钢的最高拉速为 1.5m/min，计算出 $\eta \geq 0.33$Pa · s，考虑到适当的黏度可以改善液渣的流入特性，满足液渣消耗要求减小摩擦，稳定结晶器传热。因此，对于 0.6 ~ 1.2m/min 的正常生产拉速，选择 η = 0.35Pa · s 左右为适宜。 （3）为了改善保护渣玻璃化特性，提高保护渣的润滑能力，同时可增强保护渣吸收夹杂物的能力，可添加特殊组分 F1、F2 及 MnO 等[39]

性能对比

渣状态	液渣层厚度/mm	碱度	熔点/℃	黏度/Pa · s	$Na_2O + K_2O$/%	Al_2O_3/%	CaO/%	SiO_2/%	F^-/%	F1/%	F2/%	MgO/%	C_f/%	渣耗量/kg · t^{-1}
试验 1	10 ~ 12	0.93	1135	0.310	5.96	2.56	29.41	31.57	2.14	2.4	3.59	2.45	5.98	0.3 ~ 0.6
试验 2	10 ~ 12	0.95	1117	0.305	6.55	3.83	30.79	32.50	2.21	2.52	3.93	2.52	10.52	0.3 ~ 0.6
优化后	10 ~ 11	0.85 ~ 1.05	1080 ~ 1130	0.25 ~ 0.40	—	≤5	28 ~ 34	29 ~ 35	≤6	7 ~ 15		2 ~ 5	8 ~ 15	0.52 ~ 0.54

续表

使用效果	优化后的保护渣在结晶器内能较好地铺展开，均匀地覆盖在整个钢液面，弯月面处的绝热保温也较好，没有出现结冷钢的现象。铸坯产生的表面缺陷主要是渣沟、角部不平、少量角部凸包及凹陷，没有出现表面纵向裂纹、横向裂纹等缺陷。试验渣所浇铸坯表面无清理率均达到98%以上，取得了较好效果。此外，铸坯皮下及内部质量良好，能够满足生产要求[39]

21.3.4 高锰油井管钢Q235B连铸保护渣性能设计与应用实例

<table>
<tr><td>工艺条件</td><td>钢种：承钢方坯普碳钢Q235B
断面：165mm×165mm
拉速：1.8m/min</td><td>Q235B为普通碳素结构钢。Q为钢材的屈服点；235为钢材的屈服点是235MPa；B为质量等级。Q235B可用于桥梁用钢、船用钢，其化学成分（%）如下：
<table>
<tr><td>成分</td><td>C</td><td>Si</td><td>Mn</td><td>P</td><td>S</td><td>Cr</td><td>Ni</td><td>Cu</td></tr>
<tr><td>含量</td><td>0.12~0.2</td><td>≤0.3</td><td>0.3~0.7</td><td>≤0.45</td><td>≤0.45</td><td>允许残余不大于0.30</td><td>允许不大于0.30</td><td>允许不大于0.30</td></tr>
</table></td></tr>
<tr><td>质量缺陷</td><td>铸坯存在凹陷、内裂、严重角裂漏钢[41]</td><td>方坯普碳钢保护渣黏度偏大、熔点高、熔速慢，生产Q235B系列钢种时铸坯凹陷内裂严重，铸坯表面振痕深，并且多次造成角裂漏钢事故，不能适应小方坯高拉速工艺要求，并且生产低碳钢种存在增碳问题[42]。
铸坯内裂纹硫印　铸坯表面角部横裂纹形貌　铸坯凹陷　铸坯角裂纹</td></tr>
<tr><td>优化思路</td><td>（1）所选保护渣应当适应普碳钢高拉速的要求。
（2）改善结晶器的振动特性来减轻保护渣改善铸坯特性后的保护渣负荷</td><td>（1）随着拉速提高，保护渣耗量减少，一般要求在0.3kg/m以上。拉坯速度提高则保护渣消耗降低，而保护渣的消耗量不足将导致铸坯的润滑和传热状况不良，为此选用高速连铸用保护渣时应提高其熔化速度，降低其黏度及凝固温度，以改善液渣的流入特性，满足液渣消耗的要求。同时，为了提高熔化速度，应当减少堆积密度，减少碳含量和增加碳酸盐含量以及选择合理原料及其物性。
（2）为了补偿由于拉速的提高等原因导致渣耗的下降采用非正弦振动取代正弦振动，负滑脱时间缩短，正滑脱时间延长，从而渣耗增大。同时，结晶器采用高频率（300次/min以上）、小振幅（±3mm）的非正弦振动，有利于减少初生凝固壳拉伸应力，减轻振痕，提高铸坯表面质量，减轻保护渣改善铸坯特性的负荷。
（3）增加保护渣的碱度，降低熔化温度，在保证润滑和传热效果的条件下提高吸附夹杂物能力，减少铸坯内部夹杂物</td></tr>
</table>

续表

	渣状态	液渣层厚度/mm	碱度	熔点/℃	黏度/Pa·s	R_2O/%	H_2O/%	Al_2O_3/%	CaO/%	SiO_2/%	F^-/%	Fe_2O_3	MgO/%	C/%	渣耗量/kg·t^{-1}
性能对比	原渣		0.77	1148	0.455	5.43	0.41	3.52	24.48	31.72	3.19	0.95	1.21	11.75	
	优化后	8	0.91	1108	0.37	7.36	0.33	5.41	30.31	33.28	3.88	1.03	1.56	10.63	0.55
使用效果	成功解决了生产 Q235B 系列钢种时铸坯凹陷内裂严重、铸坯表面振痕深、角裂漏钢的问题，并且避免了生产低碳钢的增碳问题[42]														

21.3.5 321 不锈钢保护渣性能设计与应用实例

工艺条件	钢种：青山钢铁 321 不锈钢 断面：180mm×180mm	321 为铬镍奥氏体不锈钢，321 =0Cr18Ni10Ti，其中“0”指的是 C 含量，其余各数字分别代表不同元素的含量。这类钢种在各种腐蚀介质中具有优秀的耐蚀性，综合力学性能良好。由于其工艺性能和焊接性能优良，在各种化工及轻工领域得到广泛的应用，奥氏体不锈钢的非铁磁性和良好的低温韧性也进一步扩大了其应用范围。不锈钢适宜制造耐酸容器、管道、换热器的耐酸设备。321 不锈钢的化学成分（%）为：

成分	C	Si	Mn	P	S	Cr	Ni	Ti
标准	≤0.12	≤1.00	≤2.00	≤0.35	≤0.030	17~19	8~11	5(C−0.02)~0.8
内控	≤0.08	0.5~0.8	0.9~1.6	≤0.015	≤0.015	17~18	8~9	6C~0.45
目标	0.06	0.6	1.0		≤0.010	17.15	9.00	6C

质量缺陷	321 不锈钢连铸过程中易出现水口结瘤、结晶器内“结鱼”、大量发达的渣条。 铸坯表面缺陷可分为四类： （1）粗糙的表面并带有气孔，大多数孔内填有熔渣。 （2）由 Al_2O_3 和 TiN 形成的夹杂物群。 （3）不是群集的气孔，大多都填充有熔渣。	结鱼即浇铸过程中在结晶器内形成的、漂浮在钢液与保护渣接触区域的凝固钢块。 （1）夹杂物特别是氮化物夹杂聚集在温度最低的弯月面带，造成该部位的钢水流动性变差，从而导致温度进一步降低，接着部分钢水冷凝形成冷皮，若冷皮卷入铸坯表层则形成（1）类缺陷。 （2）保护渣中的 SiO_2 同 Ti 反应，增加了保护渣的黏度，因而保护渣的流动性降低，当氧化物及氮化物集群上浮至弯月面时，无法被保护渣吸收，从而卷入凝固前沿，形成（2）类缺陷。 （3）气孔形成的原因是：$4Fe_2O_3+6TiN = 6TiO_2+8Fe+3N_2$。 （4）321 不锈钢属于 Ni/Cr 当量比为 0.55~0.70 的钢种，连铸时振痕比较深，容易产生裂纹[44]

续表

质量缺陷	（4）深振痕产生为裂纹[43-45]	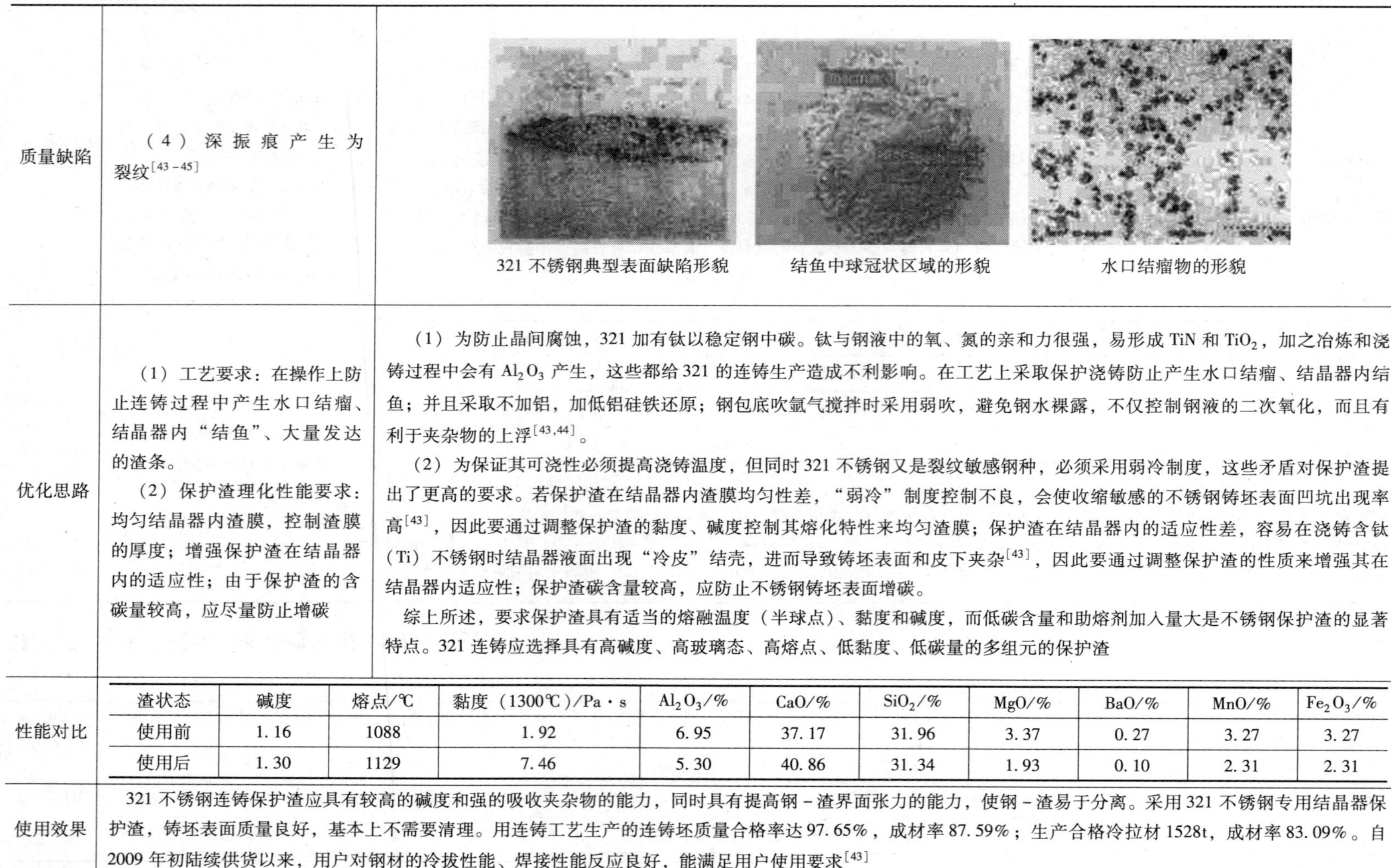 321 不锈钢典型表面缺陷形貌　结鱼中球冠状区域的形貌　水口结瘤物的形貌
优化思路	（1）工艺要求：在操作上防止连铸过程中产生水口结瘤、结晶器内“结鱼”、大量发达的渣条。 （2）保护渣理化性能要求：均匀结晶器内渣膜，控制渣膜的厚度；增强保护渣在结晶器内的适应性；由于保护渣的含碳量较高，应尽量防止增碳	（1）为防止晶间腐蚀，321 加有钛以稳定钢中碳。钛与钢液中的氧、氮的亲和力很强，易形成 TiN 和 TiO_2，加之冶炼和浇铸过程中会有 Al_2O_3 产生，这些都给 321 的连铸生产造成不利影响。在工艺上采取保护浇铸防止产生水口结瘤、结晶器内结鱼；并且采取不加铝，加低铝硅铁还原；钢包底吹氩气搅拌时采用弱吹，避免钢水裸露，不仅控制钢液的二次氧化，而且有利于夹杂物的上浮[43,44]。 （2）为保证其可浇性必须提高浇铸温度，但同时 321 不锈钢又是裂纹敏感钢种，必须采用弱冷制度，这些矛盾对保护渣提出了更高的要求。若保护渣在结晶器内渣膜均匀性差，“弱冷”制度控制不良，会使收缩敏感的不锈钢铸坯表面凹坑出现率高[43]，因此要通过调整保护渣的黏度、碱度控制其熔化特性来均匀渣膜；保护渣在结晶器内的适应性差，容易在浇铸含钛（Ti）不锈钢时结晶器液面出现“冷皮”结壳，进而导致铸坯表面和皮下夹杂[43]，因此要通过调整保护渣的性质来增强其在结晶器内适应性；保护渣碳含量较高，应防止不锈钢铸坯表面增碳。 综上所述，要求保护渣具有适当的熔融温度（半球点）、黏度和碱度，而低碳含量和助熔剂加入量大是不锈钢保护渣的显著特点。321 连铸应选择具有高碱度、高玻璃态、高熔点、低黏度、低碳量的多组元的保护渣

性能对比

渣状态	碱度	熔点/℃	黏度（1300℃）/Pa · s	Al_2O_3/%	CaO/%	SiO_2/%	MgO/%	BaO/%	MnO/%	Fe_2O_3/%
使用前	1.16	1088	1.92	6.95	37.17	31.96	3.37	0.27	3.27	3.27
使用后	1.30	1129	7.46	5.30	40.86	31.34	1.93	0.10	2.31	2.31

使用效果	321 不锈钢连铸保护渣应具有较高的碱度和强的吸收夹杂物的能力，同时具有提高钢－渣界面张力的能力，使钢－渣易于分离。采用 321 不锈钢专用结晶器保护渣，铸坯表面质量良好，基本上不需要清理。用连铸工艺生产的连铸坯质量合格率达 97.65%，成材率 87.59%；生产合格冷拉材 1528t，成材率 83.09%。自 2009 年初陆续供货以来，用户对钢材的冷拔性能、焊接性能反应良好，能满足用户使用要求[43]

21.3.6 20MnSi 保护渣性能设计与应用实例

<table>
<tr><td>工艺条件</td><td>钢种：安龙钢铁有限公司 20MnSi 小方坯
断面：150mm×150mm
拉速：1.8～2.2m/min</td><td>20MnSi 钢中的锰含量在 0.4%～1.2%之间、硅含量在 0.20%～0.60%之间、碳含量在 0.15%～0.25%之间，一般常用的是 HRB335（20MnSi）级钢筋。其化学成分（%）为：
成分 | C | Si | Mn | P | S | Cr | Ni | Cu | C+1/6Mn
含量 | 0.17～0.23 | 0.40～0.70 | 1.30～1.70 | 0.045 | 0.045 | 0.30 | 0.30 | 0.30 | ≤0.5</td></tr>
<tr><td>质量缺陷</td><td>经常出现纵裂，多发生在距角部 13～18mm 处，轻者需精整后轧制成材，重者轧制后产生分层缺陷</td><td>方坯角部是二维传热，凝固较其他部位快，气隙形成早，热阻增加，坯壳在结晶器中下部运行过程中生长慢，故坯壳较其他部位薄，且厚度不均匀，易产生应力集中。当坯壳薄弱处承受不住应力作用时，形成角部微小纵裂纹，出结晶器后继续扩展形成明显纵裂纹。沿连铸坯横向截取一块含纵向裂纹的宏观试样，纵向裂纹[46]及纵裂纹引起的断口形貌[47]如下图所示。
50μm
纵向裂纹示意图　　裂纹引起的断口形貌　　裂纹根部形貌</td></tr>
<tr><td>优化思路</td><td>（1）确保铸坯有适宜的传热作用，采用“缓冷”，要求保护渣具有高的结晶性和高的结晶温度。
（2）以较低的黏度和足够的渣耗来确保润滑作用，应减小原保护渣的 Al_2O_3 含量</td><td>（1）从连铸结晶器里液渣层取样，渣样冷却后发现保护渣中碳未完全燃烧。碳不完全燃烧的保护渣在流进铸坯与结晶器间的缝隙里时，由于有固体颗粒存在，不仅流动性不好，而且使熔融渣不能与铸坯表面完全接触，有些地方形成空隙，甚至发生碳氧化产生气泡，造成铸坯表面某一个点传热不畅，产生热应力，以这一点为起源产生裂纹。为了避免有碳颗粒或流动性不好的熔渣流入结晶器和铸坯间的缝隙，应尽可能在液渣层里就把碳全部燃烧。采取措施是：减小保护渣中的碳含量；采取“缓冷”使渣中的碳充分燃烧，这就要求保护渣具有高的结晶性和高的结晶温度。
（2）影响保护渣黏度的成分是 Al_2O_3 含量，当钢液注入结晶器以后，钢中的 Al_2O_3 上浮到结晶器内液面上方，被液态保护渣吸收溶解，促成保护渣黏度迅速增加，是极不利的，因此减少原保护渣 Al_2O_3 含量到 2%～4%[46]之间。
综上所述，开发了含碳量偏低、具有高碱度和高结晶性能、能在结晶器内对初生坯壳进行缓冷的连铸保护渣</td></tr>
</table>

续表

性能对比

保护渣使用前后成分和熔点变化

状态	碱度	熔点/℃	CaF_2/%	Al_2O_3/%	CaO/%	SiO_2/%	MgO/%	Li_2O/%	Na_2O/%	C/%	Fe_2O_3/%
使用前	0.93	1078	4.7	5.83	28.83	31.04	1.75	2.40	4.25	14.2	1.85
使用后	0.88	1047	1	6.11	26.81	30.17	2.17	1.02	4.02	1.04	0.95

原保护渣和缓冷型保护渣的成分和性能对比

保护渣	CaO/SiO_2	Al_2O_3/%	$Na_2O+F+Li_2O$/%	F/Na_2O	熔化温度/℃	结晶温度/℃	黏度（1300℃）/Pa·s
原渣	0.93	5.5	11	<1.1	1080	1190	1.15
缓冷渣	1.55	2~4	16~19	>1.2	1135	1215	0.09

使用效果：缓冷型保护渣能在结晶器内对初生坯壳进行缓冷，能确保铸坯适宜的传热作用。使用低碳缓冷型保护渣后，消除了20MnSi连铸坯中的纵裂纹[46]

21.3.7　2Cr13不锈钢连铸保护渣性能设计与应用实例

工艺条件

钢种：2Cr13不锈钢
断面：150mm×150mm
拉速：1.0~1.5m/min

2Cr13不锈钢属于马氏体不锈钢（2代表含碳量0.2%左右；13代表Cr含量在13%左右）其硬度高，常做汽轮机叶片。其化学成分（%）如下：

成分	C	Si	Mn	P	S	Cr
含量	0.16~0.25	≤1.00	≤1.00	≤0.035	≤0.030	12.0~14.0

质量缺陷

表面易出现凹陷、纵裂[48,49]

2Cr13不锈钢之所以出现表面凹陷，钢种是主要原因。2Cr13既属于铬不锈钢，同时也属于中碳钢。钢液在结晶器弯月面处随温度下降发生包晶反应（L+δ→γ），同时伴有较大的体积收缩（其凝固收缩量是碳素钢的2倍）。坯壳与结晶器铜壁之间形成宽度不均匀的气隙，导出的热流变小（其本身的导热系数比碳素钢要小2倍），形成不均匀的初始坯壳[48]。

铸坯凹陷照片　　凹陷示意图　　纵裂表面形貌　　纵裂纹横截面形貌

续表

优化思路

（1）改善结晶器内初始坯壳的传热，促进凝固坯壳均匀的生长，应适当使用玻璃态保护渣，加强铸坯和结晶器之间的传热和润滑。

（2）由于2Cr13不锈钢钢液中还存在酸性夹杂物，需要通过保护渣来同化和吸收，因此碱度不能太低

（1）保证铸坯与结晶器之间有充足厚度的液渣膜和玻璃体的固态渣膜，改善初始坯壳与结晶器之间的传热和润滑。实践证明对于小方坯应采用高黏度和低熔化速度保护渣。因为小方坯散热快，钢液面温度低以及液面不稳定，因此保护渣应具有保温性能好、消耗量少等特点，其中熔化温度可以控制在1100～1240℃之间，1300℃时的黏度控制在0.4～0.8Pa·s之间，消耗量在0.4～0.6kg/t之间。

（2）为能更好地吸收夹杂物，保护渣的碱度应该控制在0.7～0.9Pa·s之间，转折温度控制在1180～1220℃之间[48]

性能对比

1号和2号保护渣的主要成分

渣号	MnO/%	Na_2O/%	Li_2O/%	Al_2O_3/%	CaO/%	SiO_2/%	F^-/%	C/%	MgO/%	碱度
1号	2.6	4.3	0.8	1.0	27.2	37.10	1.4	10.3	2.4	0.79
2号	2.2	7.6	0	1.0	26.5	37.50	0.7	10.3	1.6	0.71

1号和2号渣与原渣试验结果

渣号	消耗量/kg·t^{-1}	浇铸炉数	拉速/m·min^{-1}	液渣层厚度/mm	返修率/%
原渣	0.35	3	1.07～1.50	9～11	20.0
1号	0.42	4	1.09～1.35	7～10	9.8
2号	0.40	3	1.03～1.38	8～10	5.0

使用效果

2号渣使用效果：

（1）溶化性能。2号渣平均渣耗量为每吨钢0.4kg。在浇铸过程中其物理性能和使用性能比较稳定，渣条很少。

（2）铺展性能。2号渣采用空心颗粒渣，粒度分布均匀，铺展性能良好，整个渣层厚度控制在35～40mm之间，而且在结晶器内分布均匀。

（3）保温性能。采用空心颗粒技术，成型模式为大中小级配比方式，显示出了优异的保温特性。正常浇铸时，结晶器液面未发生冷钢现象；液面活跃，火焰均匀，没有烧结现象。

（4）润滑性能。铸坯表面振痕均匀，正常浇铸时，表面凹陷明显减少。

（5）导热性能。结晶器进出水温差保持稳定，说明结晶器内热流稳定、保护渣导热性能均匀稳定。通过实验看到2号渣比原渣和1号渣大大地降低了连铸坯的返修率，提高了材料的收得率[48]

21.3.8　方坯保护渣性能设计与应用实例

<table>
<tr><td>工艺条件</td><td>钢种：首钢小方坯中碳钢
断面：160mm×160mm
拉速：1.65m/min</td><td>轴类零件</td></tr>
<tr><td>质量缺陷</td><td>易出现表面纵裂、角部纵裂、凹坑、表面夹渣、卷渣及漏钢等质量问题[34,51,52]</td><td>a　b　c
连铸坯表面纵裂以及纵向凹陷
a，b—4 倍；c—1 倍
a　b
连铸坯表面横向凹陷及铸坯表面振痕
a—12 倍；b—4 倍</td></tr>
<tr><td>优化思路</td><td>（1）改进结晶器振动参数来改善其润滑作用，避免黏结，提高传热以保证拉速。
（2）优化保护渣的理化性能以提高其润滑能力，即优化保护渣的黏度、液渣膜厚度和熔点</td><td>所有炉次都出现不同数量缺陷铸坯，且铸机流数不固定。可以断定，在连铸机设备及工艺操作正常的情况下，铸坯表面和皮下质量取决于保护渣的性能。也就是说，铸坯表面和皮下的各种缺陷都与保护渣性能密切相关。如果选择性能合适的保护渣，可以获得表面无缺陷的铸坯；如果选择不当，则易使铸坯表面产生大量缺陷。为减少铸坯表面纵向裂纹和横向凹坑的发生，通过提高连铸保护渣的碱度，延缓保护渣熔化速度，改善坯壳与结晶器壁间的渣膜传热，使铸坯的表面缺陷得到有效控制[51]</td></tr>
<tr><td>性能对比</td><td colspan="2">
<table>
<tr><td>渣状态</td><td>导出热量 /MJ·min^{-1}</td><td>碱度</td><td>熔点/℃</td><td>黏度（1300℃）/Pa·s</td><td>Na_2O/%</td><td>Al_2O_3/%</td><td>CaO/%</td><td>SiO_2/%</td><td>K_2O/%</td><td>MgO/%</td><td>渣耗量 /kg·t^{-1}</td></tr>
<tr><td>FRK-45</td><td>82</td><td>0.62</td><td>1050～1090</td><td>0.47</td><td>11.05</td><td>3.8</td><td>19.52</td><td>31.18</td><td>0.18</td><td>0.34</td><td>0.21</td></tr>
<tr><td>优化后</td><td>55</td><td>0.87</td><td>1180～1250</td><td>0.89</td><td>1.72</td><td>11.98</td><td>23.51</td><td>26.92</td><td>0.78</td><td>2.85</td><td>0.24</td></tr>
</table>
</td></tr>
</table>

续表

使用效果

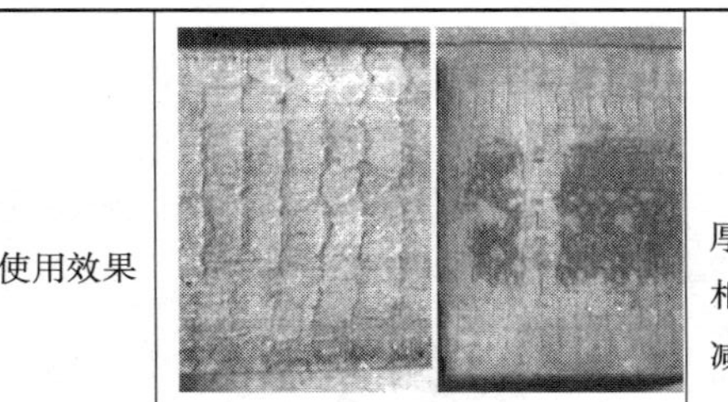

使用改进保护渣后铸坯表面酸洗后照片

保护渣的熔化时间变长，把保护渣的熔化温度提高到1100～1250℃之间。这样，保护渣的熔速变慢，在钢液面上形成适当厚度的熔渣层和粉渣层，防止钢水氧化和热量损失，与结晶器弱冷有相同的效果。同时，保护渣黏度提高，保护渣的消耗量相对变大，坯壳与熔渣层之间的热阻相对变大，导出热量相对少些。这也说明使用改进后保护渣，会引起结晶器内导出热量减少，对凝固收缩量严重的钢种铸坯表面质量有很大的改善[50]

21.3.9 轴承钢连铸保护渣性能设计与应用实例

工艺条件

钢种：GCr15
断面：300mm×360mm
拉速：0.45～0.50m/min

GCr15钢是一种合金含量较少、具有良好性能、应用最广泛的高碳铬轴承钢。用于制作各种轴承套圈和滚动体，如制作内燃机、电动机车、汽车等。15表示Cr的含量为万分之15。其化学成分（%）为：

成分	C	Si	Mn	P	S	Cr	Ni	Cu	Ni + Cu
含量	0.95～1.05	0.15～0.35	0.25～0.45	≤0.025	≤0.025	1.40～1.65	≤0.30	≤0.25	≤0.50

质量缺陷

保护渣流入不均匀引起铸坯局部润滑不良。在铸坯的内弧和侧弧处出现纵向渣沟，严重的纵向渣沟底部伴随着纵向裂纹[52]

辊子不转或辊子面积渣，造成铸坯表面划伤及压痕。结晶器内水缝局部堵塞，造成结晶器局部冷却不良，形成连续纵向缺陷。结晶器保护渣性能不合适，保护渣消耗量低，这样保护渣在结晶器内停留时间长，容易出现渣团和较厚的大渣条，阻碍液渣的均匀流入，低耗渣量和厚大渣条同时作用易引起铸坯局部润滑不良，导致平直纵向裂纹和渣沟缺陷[52]。

GCr15 铸坯表面纵向渣沟

GCr15 铸坯表面抛丸后缺陷

GCr15 表面酸洗后渣沟裂纹

续表

优化思路	（1）改进结晶器的水量和振动负滑脱时间来增加耗渣量，提高润滑能力。 （2）降低高碳保护渣的熔点，降低黏度来提高保护渣的耗量，满足铸坯的润滑	提高结晶器水量，增加振动负滑脱时间，可有效地增加保护渣的耗量，提高润滑效果。因此把结晶器的水量从 170m³/h 增至 190m³/h，结晶器振动的负滑脱时间从 0.18s 增加至 0.20s。 GCr15 轴承钢浇铸温度低，在高温状态下收缩小，为提高保护渣的耗量，满足铸坯的润滑要求，需要降低保护渣的黏度，降低保护渣的熔点进行调整。调整后，GCr15 轴承钢的渣耗量提高到 0.3kg/t 钢左右，结晶器内保护渣融化良好，铸坯表面渣沟内的缺陷得到彻底解决[52]。

性能对比

保护渣成分	SiO_2/%	MgO/%	CaO/%	Fe_2O_3/%	Al_2O_3/%	R_2O/%	F^-/%	C/%	R	t_m/℃	熔速/s	η/Pa · s
调整前	32.1	1.10	22.47	1.00	1.90	12.00	2.60	15.00	0.70	1105	50	0.48
调整后	32.91	3.31	22.06	1.04	4.43	12.04	3.85	13.75	0.67	1036	45	0.29

使用效果	结晶器内摩擦阻力大，润滑不良，特别是保护渣性能不合适，由于低消耗量和厚大渣条的同时作用容易引起铸坯局部润滑不良，是导致 GCr15 轴承钢纵向渣沟缺陷的主要原因。通过调整连铸工艺，增加保护渣的消耗量对减轻 GCr15 轴承钢纵向渣沟缺陷有一定作用。低熔点、低黏度保护渣是解决 GCr15 轴承钢纵向渣沟缺陷的有效措施[52]

21.3.10 60Si2Mn 连铸保护渣性能设计与应用实例

工艺条件	钢种：60Si2Mn 断面：150mm × 150mm 拉速：1.9 ~ 2.3m/min	60Si2Mn 是在优质 60 钢的基础上加入 Si、Mn 元素制成的。60Si2Mn 合金弹簧钢是应用广泛的硅锰弹簧钢，适于铁道车辆、汽车拖拉机工业上制作承受较大负荷的扁形弹簧或线径在 30mm 以下的螺旋弹簧、板簧。其化学成分（%）为：

成分	C	Si	Mn	S	P	Cr	Ni	Cu
含量	0.56 ~ 0.6	1.50 ~ 2.00	0.60 ~ 0.90	≤0.035	≤0.035	≤0.35	≤0.35	≤0.25

质量缺陷	铸坯表面出现振痕，有小的渣坑和类似接坯的情况出现	60Si2Mn 弹簧钢铸坯对表面质量要求高，但连铸坯表面出现较多的较深振痕，尤其角部，铸坯表面有小的渣坑以及类似接坯的情况出现，而在类似生产条件下生产其他钢种时未发生此类情况。 铸坯表面的质量缺陷

续表

优化思路	（1）改进保护渣熔化速度以控制下渣均匀性，避免铸坯表面渣坑、裂纹等缺陷。 （2）优化保护渣的黏度，增加渣膜厚度，改善铸坯与结晶器之间的润滑，改善振痕、接坯等质量缺陷[53]	根据铸坯缺陷情况分析，铸坯存在渣坑，主要由于化渣不良引起；角部出现间断的较深振痕，与保护渣黏度、液渣层厚度与液渣进入坯壳和结晶器间隙的均匀性有关系。保护渣的熔化速度对维持正常浇铸起决定性的作用。它不但控制着液渣层的厚度，而且决定了液渣流入铸坯与结晶器缝隙的均匀性。熔速过高，不能维持稳定的粉渣层厚度，将促使钢液表面间断暴露于大气下，增加了热损，促使了渣圈的长大及钢水在弯月面处凝固；熔速过低，液渣不能均匀流入缝隙，导致铸坯表面裂纹等缺陷，甚至造成拉漏。此外，液渣层的厚度还与渣的消耗量有关。液渣黏度越低，流入量越大，对铸坯润滑作用越好，因此要求熔化速度相应提高。 保护渣黏度对保护渣的性能及铸坯的质量有很大的影响。降低黏度可促进 Al_2O_3 的吸收，增加液渣膜的厚度，减小铸坯与结晶器之间的摩擦，有利于传热。但黏度过低会使铸坯表面振痕加深。考虑要降低振痕深度，消除接坯现象，需降低保护渣消耗量和保证保护渣下渣均匀性；消除小渣坑，需适当降低保护渣熔化温度，这是一个需要综合考虑的过程[53]

性能对比

渣状态	黏度（1300℃）/Pa · s	熔点/℃	SiO_2/%	Al_2O_3/%	Fe_2O_3/%	CaO/%	MgO/%	R_2O/%	F^-/%	R	$C_固$/%	渣层厚度/mm
优化前	0.219	1080	30.27	6.83	1.18	24.72	3.52	6.37	6.21	0.82	10.99	
优化后	0.519	1063	34.72	2.21	0.66	24.40	1.08	8.44	4.93	0.70	17.73	9

使用效果	铸坯表面及角部振痕规律，表面无较大渣坑且量较少，铸坯整体状况较好[53]

21.3.11 Y15L 高硫易切钢连铸保护渣性能设计与应用实例

工艺条件	钢种：Y15L 高硫易切钢 断面：180mm×180mm 拉速：0.8~1.7m/min	Y15 系列易切削钢是 S-P 复合高硫、低硅易切削钢，常用于制造不重要的标准件中，如螺栓、螺母、管接头、弹簧座等。Y 表示易切削的“易”；15 表示碳含量百分数为 15。其化学成分（%）为：C 0.10~0.18；Si≤0.15；Mn 0.80~1.20；S 0.25~0.35；P 0.05~0.10

续表

质量缺陷	铸坯表面出现明显的夹渣缺陷，局部振痕谷部有横裂纹，未经酸洗的铸坯表面上就可观察到大量气孔和微裂纹[54]	在浇铸 Y15L 时，一般开浇后 10～15min，结晶器保护渣中出现大量渣团，几乎占据了整个结晶器液面，将旧的渣团捞出后，新的渣团又不断产生；这些渣团呈不规整的球状或块状，粒径为 5～20mm，渣团冷却后强度不高，形若棉絮状，因此生产现场称为“絮状”渣团。大量出现“絮状”渣团后，铸坯表面出现明显的夹渣缺陷，局部振痕谷部有横裂纹，未经酸洗的铸坯表面上就可观察到大量气孔和微裂纹，铸坯合格率很低（≤50 %）。分析可知，浇铸 Y15L 时“絮状”渣团及铸坯表面缺陷的出现与钢水中硫、氧含量高的因素密切相关[54]。 100μm　10μm　10μm 裂纹附近夹杂　裂纹开口处形貌　裂纹尾部形貌
优化思路	（1）向保护渣中添加还原剂，通过还原剂与弯月面处［S］、［O］反应，生成硫化物和氧化物为保护渣吸收，降低弯月面处硫、氧含量。 （2）增大保护渣钢渣界面张力，与其他连铸工艺参数相协调，为获得表面和皮下质量良好的铸坯创造条件[54～56]	由于含硫易切钢中氧、硫含量高，钢水表面张力小，钢渣分离困难，连铸时结晶器内保护渣极易出现“絮状”结团，引起铸坯表面夹渣、横裂纹、皮下微裂纹和气孔等缺陷，严重干扰和阻碍了连铸工艺的顺行。这些现象的出现与钢渣界面特性密切相关。因此，需要研究和寻求通过保护渣增大钢渣界面张力的途径，与其他连铸工艺参数相协调，为获得表面和皮下质量良好的铸坯创造条件。为了消除“絮状”渣团带来的危害，根本上应提高钢渣界面张力。试验选择了向保护渣中添加还原剂的方法，通过还原剂与弯月面处的［S］、［O］反应，生成硫化物和氧化物为保护渣吸收，降低弯月面处硫、氧含量。为了维持保护渣基本熔化特性的稳定，还原剂的选择应遵循[54]： （1）还原剂不能恶化保护渣性能及增加铸坯缺陷。 （2）还原剂不能污染钢液和恶化钢质。 （3）在浇铸过程中还原剂不能污染和影响操作环境。根据这一原则，选择了粗石墨（碳含量为 87%～92%）和一种复合金属粉末作还原剂
性能对比		

渣状态	CaO/%	SiO_2/%	Al_2O_3/%	FeO/%	MnO/%	Na_2O+K_2O/%	F^-/%	S/%	C/%	碱度	t_m/℃	η/Pa·s	σ/N·m^{-1}
原渣	31.86	37.48	5.30	1.86	1.47	9.52	7.65	0.067	4.81	0.85	1075	0.43	0.328
絮状渣团	30.14	36.49	6.47	3.19	3.52	8.95	6.97	0.436	4.12	0.83	1083	0.46	0.314
新保护渣	CaO/%	SiO_2/%	Al_2O_3/%	MgO/%	Na_2O+K_2O/%	Fe_2O_3/%	F^-/%	金属/%	$C_{固}$/%	碱度	t_m/℃	η/pa·s	渣型
	32.17	33.94	4.33	2.54	7.65	1.52	3.95	3.53	6.42	0.95	1140	0.42	混合粉渣

续表

使用效果	新保护渣在较高含量的粗石墨基础上又增加了 3.5% 的复合金属粉末，基本上消除了渣团及由此引起的缺陷，获得了铸坯表面无清理率为 97.4% 的良好效果。这一结果也进一步证明了，提高保护渣还原性以降低结晶器内钢、渣界面处硫、氧含量的技术路线有利于改善含硫易切钢的铸坯质量。将新保护渣用于工业化生产，从 2001 ~2002 年，生产 Y15L、Y12 等系列的含硫易切钢 4406t，在综合优化连铸工艺的基础上，铸坯合格率达到 99.87%、成材率 87.59%，较模铸成材率 73.67% 有了明显提高，未出现因铸坯质量引起的钢材用户异议[55]

21.3.12 锰钢连铸保护渣性能设计与应用实例

工艺条件

钢种：石油管线钢
断面：200mm ×200mm
拉速：2.3m/min

此类钢种主要用于生产石油、天然气等输送管道，要求高强度，高低温止裂性能，良好的焊接性能以及具有抗腐蚀性能，代表钢种 X70 化学成分（%）为：

成分	C	Si	Mn	P	S	H	Ni	V	Nb	Mo	O	N
含量	0.03 ~0.08	≤0.18	1.4 ~1.7	≤0.009	≤0.002	≤0.0002	0.01 ~0.025	0.03 ~0.05	0.04 ~0.08	0.15 ~0.25	≤0.002	≤0.004

质量缺陷

锰钢导热系数低，线膨胀系数大，坯壳内外温度差大而产生较大内应力促使凹陷和裂纹的产生[57]

锰含量较高的钢种在凝固过程中，由于它本身导热系数的降低，钢坯中心温度不能及时地转移到铸坯表面，而坯壳表面受结晶器壁冷却作用而导致铸坯出现局部过冷的情况，这样就使得铸坯表面和铸坯中心的温度梯度变大，导致铸坯内外受到较大的内应力，由于生成的坯壳不可被压缩，就可能使铸坯产生凹陷甚至裂纹，无论是横向凹陷还是纵向凹陷都是裂纹的发源地，如果在结晶器内形成纵向凹陷，且在进入二冷区域由于强冷作用而产生裂纹，也有可能在轧制的过程中轧出裂纹；锰含量的增加使得铸坯线膨胀系数变大，在坯壳凝固过程中，结晶器弯月面处的钢水由于急冷作用会有较大的收缩量，也就促使了坯壳过早地脱离结晶器壁，而使得铸坯在热量传导上受阻，影响坯壳厚度的生长，在坯壳逐步下拉的过程中，由于线膨胀和导热的不均匀，使得坯壳受到较大的应力而不足以抵抗时而产生裂纹[57]。

表面纵裂纹　　纵向凹陷和裂纹　　纵向裂纹

续表

<table>
<tr><td>优化思路</td><td>（1）改进结晶器和二次冷却的冷却方式为弱冷方式，避免产生裂纹、保证铸坯质量正常。
（2）优化保护渣的理化性能以提高其润滑和控热能力，即优化保护渣的黏度、熔化温度和结晶性能[57~59]</td><td>由于小断面方坯结晶器散热速度快，而中心热量难以迅速传到外面，将会造成内外应力不均而产生裂纹。保护渣设计时，应考虑连铸过程中渣膜对铸坯的润滑作用和均匀传热作用的影响，同时能够降低因保护渣吸收 MnO 对保护渣黏度的影响。因此，针对高锰钢表面裂纹的形成特点进行研究，通过优化保护渣理化参数以改善铸坯表面质量，为轧制过程提供了合格的铸坯。
（1）由于含锰高的钢种热传导能力低，如果强冷则可能导致坯壳表面与其中心存在较大温度梯度，使坯壳内外受较大的热应力而产生裂纹。所以在生产过程中，必须控制结晶器和二次冷却的冷却方式为弱式冷却，以适应高锰钢的传热速度，同时也避免在二冷区域由于强冷作用使得体积收缩变化较大而产生的应力导致裂纹的发生。但是现场结晶器水的流量和压力既定为弱冷方式，为了避免裂纹的发生则应该从优化保护渣性能上思考。
（2）通过提高保护渣的黏度，可以保证其渣膜的均匀度，从而保证了浇铸过程中渣膜均匀传热和润滑的作用，但是黏度太高，则会由于液渣不能顺畅流入渣道而恶化它的传热和润滑，所以设计保护渣黏度时在考虑原渣的基础上还应考虑吸附夹杂氧化物后的黏度；适当提高保护渣熔化温度，适应高锰钢的液相线要求，促进保护渣均匀熔化，在结晶器中形成均匀的渣膜，保证结晶器均匀传热，形成坯壳均匀的铸坯；提高保护渣碱度，促进保护渣的析晶能力，晶体传热慢于玻璃体传热，适应高锰钢生产要求，适当提高碱度，因为碱度的过度提高，也可能导致铸坯润滑性能变差</td></tr>
</table>

性能对比

渣状态	碱度	半球温度	黏度（1300℃）/Pa·s	MgO/%	Al_2O_3/%	CaO/%	SiO_2/%	F^-/%	C/%	熔速/s
优化前	0.70	1105	0.43	1.58	1.87	25.0	35.55	5.91	18.06	40
优化后	0.89	1128	0.667	1.42	5.16	29.68	33.38	3.36	11.48	40

使用效果

优化前 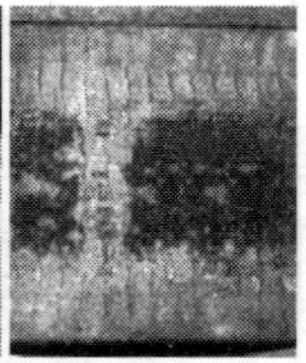　优化后

优化后的高锰钢保护渣，保护渣能够均匀熔化，在结晶器中形成的渣膜均匀，结晶器的传热速度能够满足高锰钢在冷却过程中的要求，同时能够减少浇注过程中因保护渣吸收氧化物夹杂对保护渣黏度的影响，形成的铸坯坯壳均匀。经现场验证，生产的铸坯表面质量良好，完全能够满足连铸生产要求[57]

21.4 圆坯连铸保护渣实例

21.4.1 PD3 保护渣性能设计与应用实例

工艺条件	钢种：成都大无缝钢管公司圆坯 PD3 高碳钢 重轨钢 断面：ϕ310mm 拉速：0.2～0.38m/min	生产捆带、齿轮、重轨钢、钢帘线、冷镦钢等
质量缺陷	交接部位易断裂；铸机中铸坯易发生脆断；铸坯表面纵、横裂纹敏感性高，内部质量难控制，易出现疏松、气泡、内裂，严重的甚至出现芯部分层、裂纹[60,61]	 表面划伤缺陷宏观形貌 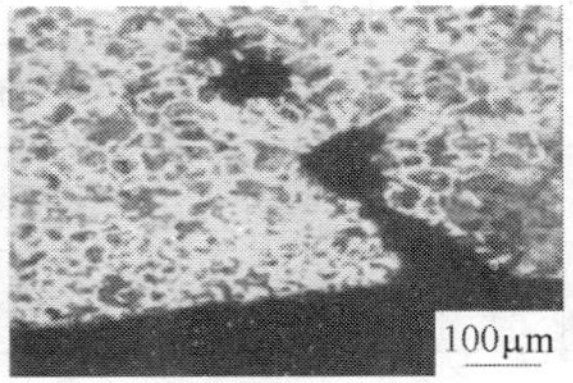　表面划伤缺陷微观形貌 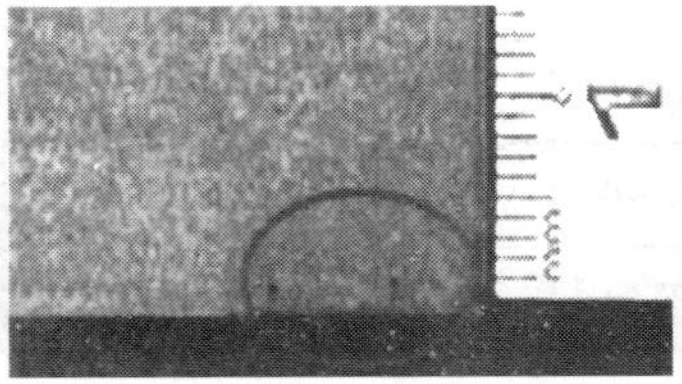　大方坯皮下气孔形貌 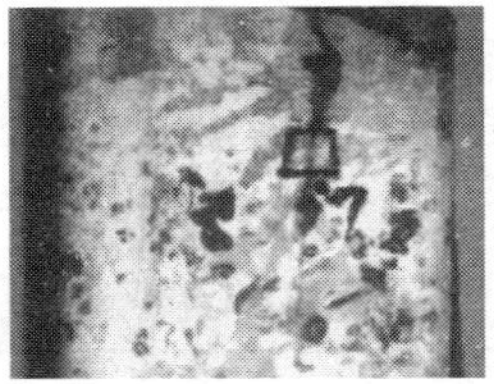　皮下气孔轧后缺陷宏观形貌 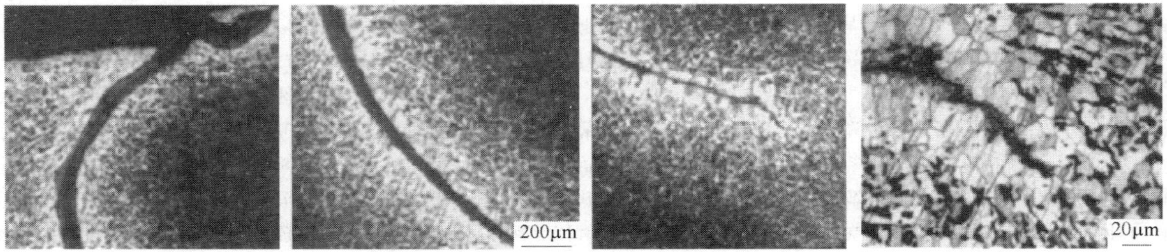 皮下气孔轧后缺陷微观形貌

续表

优化思路

（1）改进结晶器振动参数来改善其润滑作用，避免黏结，提高传热以保证拉速。

（2）优化保护渣的理化性能以提高其润滑能力，即优化保护渣的黏度、液渣膜厚度和熔点

这类钢种钢水凝固过程中P、S偏析较大，由于这些组分特点，连铸过程中易出现下列问题：由于P、S偏析，初生坯壳强度低，在钢水静压力下坯壳和结晶器接触紧密，拉坯过程中坯壳受到的摩擦阻力大，坯壳易与结晶器壁黏结，导致黏结漏钢；坯壳与结晶器壁接触良好，传热能力强，坯壳生长较快且相对均匀，但坯壳之间重接能力差，在坯壳连接处容易发生拉脱甚至漏钢。凝固过程中柱状晶发达，铸坯中心区域C、P、S等偏析严重，造成铸坯内部组织成分偏析、疏松严重；凝固组织基体中易出现马氏体，若冷却强度过大易出现内裂；铸坯低温强度高、韧性及变形能力差，易出现矫直裂纹和发生矫直断裂，应控制铸坯矫直温度。因此，在浇铸高碳钢时，为保证连铸工艺顺行，除合理控制结晶器振动参数及稳定工艺外，最关键的问题就是通过保护渣促进铸坯的润滑，减小拉坯阻力[61]。

（1）在碱度较低的情况下提高保护渣的熔化均匀性，除采用预熔渣外，可利用多组分混合原理，减小分熔。

（2）为抑制保护渣的烧结过分发达，除采用适宜的炭质材料外，应少用或不用促进烧结发展的组分。因此重点选择碱性材料。

（3）钢水夹杂物含量较低，但对夹杂物的控制严格。因此，尽管保护渣吸收夹杂物的任务不重，但要求保护渣必须熔化均匀，避免保护渣熔化不均和不合理引起结晶器流场下的卷渣而导致的渣膜润滑性和铸坯洁净度下降

性能对比

渣状态	碱度	熔点/℃	黏度（1300℃）/Pa·s	Na_2O+K_2O/%	Al_2O_3/%	CaO/%	SiO_2/%	MgO/%	F^-/%	C/%	渣耗量/$kg \cdot t^{-1}$
优化前	1.0	1204	0.54	6.38	3.54	28.12	31.72	3.43	1.65	10.75	1.0
优化1	0.85	1181	0.49	6.84	5.75	29.14	33.62	2.46	4.70	7.89	0.85
优化2	0.85	1208	0.78	3.28	6.55	31.51	38.74	3.04	2.8	4.4	0.85

使用效果

渣号	消耗量	熔化均匀性	渣圈	铸坯表面无清理率/%
优化前	1.0	均匀	多、厚	50
优化1	0.85	均匀	多	100
优化2	0.85	均匀	无	37.5

优化1号渣的铸坯表面质量最好，铸坯表面无清理率达到100%，但在结晶器内易结渣圈，说明调整后的优化1号渣的物性能够满足浇铸重轨钢的要求。优化2号渣在结晶器内有良好的熔化特性，浇铸中基本无渣条，但所浇铸坯表面质量较差，说明优化2号渣的物性还不能与现工艺条件匹配，但采用的配碳模式和表面裹碳技术有利于保证保护渣在结晶器内有良好的熔化特性。优化1号渣的物性能够满足浇铸重轨等高碳钢的要求，能获得良好的铸坯质量，优化2号渣的配碳模式可获得良好的熔化特性，在使用中能抑制渣圈的形成。鉴于以上试验结果，认为采用优化1号渣的基料、优化2号渣的配碳模式，并在生产中采用表面裹碳技术而生产的保护渣能够满足连铸高碳钢的要求[61]

21.4.2 包晶钢12Cr1MoVG连铸保护渣性能设计与应用实例

<table>
<tr><td>工艺条件</td><td>钢种：天津钢管集团包晶钢大规格圆柱坯 12Gr1MoVG
断面：φ310mm
拉速：1.05m/min</td><td>通常把碳的质量分数在0.09%～0.53%之间的钢种称为包晶钢。在1495℃时，包晶钢在凝固过程中会发生包晶反应：δ－Fe（铁素体）＋L（液体）→γ－Fe（奥氏体）。这种钢在结晶器弯月面以下50mm区域出现坯壳收缩大、晶粒粗大、出生坯壳生长不均匀，当热流密度过大时，铸坯表面裂纹指数急剧增大，易产生裂纹。12Cr1MoVG合金钢管主要用途是用于制作锅炉中的钢结构件，最大的优点是可以100%回收，（022－86658069）符合环保、节能、节约资源的国家战略。其中G是Green的缩写，代表的是绿色环保。其化学成分（%）如下：
<table><tr><td>成分</td><td>C</td><td>Si</td><td>Mn</td><td>P</td><td>S</td><td>Cr</td><td>Mo</td><td>Cu</td><td>Ni</td><td>V</td></tr><tr><td>含量</td><td>0.08～0.15</td><td>0.17～0.37</td><td>0.4～0.7</td><td>≤0.03</td><td>≤0.03</td><td>0.9～1.2</td><td>0.25～0.35</td><td>≤0.2</td><td>≤0.3</td><td>0.15～0.3</td></tr></table></td></tr>
<tr><td>质量缺陷</td><td>凹陷、纵裂纹</td><td>碳含量在包晶范围内的钢种线性收缩大，由于线收缩量大，使坯壳与铜壁过早脱离形成空隙，导出热流最小，坯壳最薄易发生凹陷，坯壳表面凹陷越深，纵裂纹出现的几率就越大。
圆柱铸坯表面凹陷　圆柱坯表面纵裂纹　表面纵裂纹横面　裂纹铸坯样品</td></tr>
<tr><td>优化思路</td><td>（1）降低铸坯在结晶器中的水平传热，使初生坯壳尽可能地薄且均匀，要求保护渣渣膜要厚，析晶率要高，最大限度地减小辐射传热和增加界面热阻。
（2）提高析晶率的同时，提高保护渣的润滑性能，减小铸坯与结晶器之间的摩擦力，从而减少裂纹的发生[3,62]</td><td>（1）渣膜的厚度随保护渣转折温度（T_{br}）的增加而增加，因此可以通过提高转折温度增加析晶率。T_{br}(℃）与各组分的关系如下所示：
$(T_{br}-1180)=-3.94w(Al_2O_3)-7.87w(SiO_2)+11.37w(CaO)-9.88w(MgO)+24.34w(Fe_2O_3)+0.23w(MnO)-308.7w(K_2O)+6.96w(Na_2O)-17.32w(F)$
通过研究保护渣组分与析晶率关系，碱度（CaO/SiO_2）、Li_2O、BaO、SiO_2、CaO、Al_2O_3对析晶率的影响，得到的结论是：提高碱度，保护渣的结晶倾向增大，析晶率提高，因此保护渣的碱度要高。
（2）但需要注意的是，提高转折温度和提高碱度的做法，可能导致液渣膜减薄，恶化铸坯的润滑条件，增加铸坯黏结拉漏的风险。同时，保护渣的润滑性能也是影响铸坯表面裂纹的另一个因素，具有良好润滑性能的保护渣，可以减小铸坯与结晶器壁之间的摩擦力，从而减少裂纹的产生。因此，平衡和协调好保护渣的润滑与传热，是设计保护渣的关键[3]</td></tr>
</table>

续表

性能对比

渣状态	碱度	熔点/℃	黏度（1300℃）/Pa·s	MgO/%	Al_2O_3/%	CaO/%	SiO_2/%	F^-/%	C/%	Fe_2O_3/%	渣耗量/$kg \cdot t^{-1}$
优化前	0.94	1154	0.50	4.18	6.36	26.69	28.3	2.64	19.50	0.86	
优化后	1.03	1155	0.53	1.73	11.29	25.94	25.25	3.54	13.81	1.07	0.46~0.55

使用效果：较大地改善了圆柱坯表面质量，降低了包晶钢大规格圆柱坯的表面缺陷（凹陷和纵裂纹）发生率，不仅减少了凹陷和纵裂纹的数量，而且严重程度也明显减轻了，确保了生产秩序的正常。更重要的是，经过炼钢厂修磨处理后的圆柱坯没有再产生轧制缺陷[63]

21.4.3　中碳锰钢34Mn6连铸保护渣性能设计与应用实例

工艺条件

钢种：包钢中碳锰钢34Mn6
断面：ϕ300mm
拉速：0.85~1.05m/min

34Mn6是K55级石油套管钢的代表钢种，是包晶圆坯铸机投产后开发的新产品。其化学成分（%）如下：

成分	C	Si	Mn	P	S	Al
含量	0.32~0.36	0.24~0.32	1.40~1.47	0.13~0.26	0.05~0.08	0.31~0.41

质量缺陷

表面渣沟、凹陷，伴随纵裂纹

中碳锰钢热导率低，钢液凝固缓慢，树状晶发达；易产生裂纹，中碳锰钢 $w[C]$在0.3%~0.4%之间，当$w[C]$<0.50%时，钢液结晶有δ-铁素体生成，依碳含量的不同，随着温度的下降，生成的δ-铁素体在向奥氏体转变过程中常伴有凝固收缩，产生热应力，对裂纹的敏感性影响很大，极易导致纵向裂纹的产生。所以浇铸中碳锰钢关键在于控制好凝固坯壳所受的热应力。

圆柱铸坯表面纵裂　　圆柱坯表面纵裂纹　　带有裂纹的铸坯样品　　渣沟形貌

续表

<table>
<tr><td>优化思路</td><td>（1）控制结晶器的传热增加了渣膜厚度，使铸坯实现了缓冷，因此要采取较高的碱度与结晶温度。
（2）保护渣的黏度不要太低，因为钢中的锰会影响保护渣的性能，使其黏度降低。
（3）为使保护渣在高温状态与弯月面处有良好的稳定性能，采取低凝固温度与低熔点[59,63]</td><td>（1）由于钢中碳含量在0.3%～0.4%之间，因此凝固过程收缩量大，故要采取缓冷，这就增加了渣膜厚度，因此要采取较高的结晶温度。
（2）如果保护渣的黏度值偏低不适宜钢种要求，浇铸类似34Mn6锰钢系列时，钢液中锰含量高，该元素易氧化成MnO在保护渣中富集。在大断面、低拉速的情况下，富集的MnO与保护渣相互作用生成低熔点的锰橄榄石，大大降低了保护渣的初始黏度值，使黏度与拉速严重失调，造成保护渣在初生坯壳与结晶器间的渣膜不均匀，局部传热受阻或过快，坯壳的生长和收缩不均匀，坯壳较早收缩处与结晶器形成间隙，液态渣在该处形成厚渣膜，厚渣膜阻止了热的传递，随着坯壳进一步收缩形成了表面渣沟，随后在凝固过程中受各种应力作用，沟底伴随纵裂纹产生</td></tr>
<tr><td>性能对比</td><td colspan="2">
<table>
<tr><td>渣状态</td><td>碱度</td><td>熔点/℃</td><td>黏度（1300℃）/Pa·s</td><td>MgO/%</td><td>Al_2O_3/%</td><td>CaO/%</td><td>SiO_2/%</td><td>F^-/%</td><td>C/%</td><td>Fe_2O_3/%</td><td>K_2O/%</td><td>H_2O/%</td><td>Na_2O/%</td></tr>
<tr><td>优化前</td><td>0.86</td><td>1220</td><td>0.77</td><td>1.24</td><td>5.34</td><td>28.31</td><td>32.80</td><td>3.94</td><td>17.2</td><td>0.74</td><td>0.28</td><td>0.3</td><td>3.92</td></tr>
<tr><td>优化后</td><td>0.79</td><td>1205</td><td>0.85</td><td>1.08</td><td>6.25</td><td>27.28</td><td>34.45</td><td>3.81</td><td>18.25</td><td>1.85</td><td>0.20</td><td>0.3</td><td>4.41</td></tr>
</table>
</td></tr>
<tr><td>使用效果</td><td colspan="2">通过以上试验对比，说明使用优化渣基本消除了铸坯表面渣沟和伴随裂纹缺陷，解决了34Mn6大断面铸坯表面渣沟缺陷这一问题，原因在于该保护渣的初始黏度值较高，补偿了浇铸过程中因MnO富集生成低熔点化合物而降低的黏度值，适宜于本钢种的工艺要求[63]</td></tr>
</table>

21.5 异型坯连铸保护渣实例

21.5.1 耐候钢保护渣性能设计与应用实例

<table>
<tr><td>工艺条件</td><td>钢种：09CuPCrNi－A
断面：750mm×450mm×120mm
拉速：0.6～0.85m/min</td><td>耐候钢09CuPCrNi－A为高级优质合金钢，其中09表示平均含碳量×100的值，A表示高级优质钢。耐候钢09CuPCrNi－A具有保护锈层耐大气腐蚀，可用于制造车辆、桥梁、塔架、集装箱等钢结构的低合金结构钢。09CuPCrNi－A钢的化学成分（%）如下[64]：
<table>
<tr><td>成分</td><td>C</td><td>Si</td><td>Mn</td><td>P</td><td>S</td><td>Cr</td><td>Ni</td><td>Cu</td><td>Nb</td></tr>
<tr><td>含量</td><td>0.12</td><td>0.25～0.75</td><td>0.20～0.50</td><td>0.06～0.12</td><td>≤0.020</td><td>0.30～1.25</td><td>0.12～0.65</td><td>0.25～0.5</td><td>0.01～0.06</td></tr>
</table>
</td></tr>
</table>

续表

质量缺陷	表面纵向微裂纹、表面纵向细裂纹、表面纵向大裂纹	耐候钢 09CuPCrNi－A 属于典型的含铌亚包晶钢，是对裂纹极其敏感的钢种[64]。在包晶反应区内伴随着 δ－Fe 向 γ－Fe 的转变，此时产生的线收缩量比较大，就造成了坯壳与结晶器之间的空隙，从而引起热流的不均匀而造成铸坯的表面裂纹；因 09CuPCrNi－A 中的磷、铜含量比较大，异型坯的凝固组织比较发达，在其凝固组织、腹板和浇铸点就容易出现偏析从而形成微小热裂纹，而后钢水不能及时地补充于这些微小热裂纹中，在铸坯下拉的过程中，产生的应力以及保护渣渣膜不均匀而导致散热不均匀进一步使裂纹扩大化，甚至出现黏结漏钢[65] 通常过高的结晶率可能导致高熔点晶体的析出，从而破坏了保护渣的润滑性能，并且该钢种含有铬、铜、镍等元素，降低了坯壳与结晶器的传热，坯壳变薄，保护渣流入困难，容易造成坯壳与结晶器铜板发生黏结，从而导致黏结漏钢。因此需要保证保护渣在控制传热和保证润滑两方面达到平衡[64]。 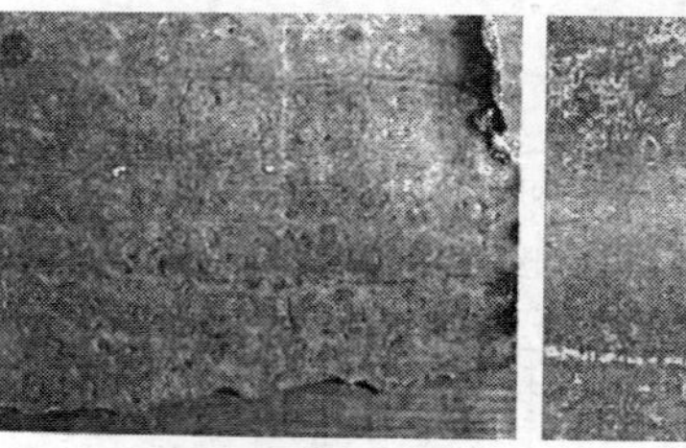 酸洗后发现的微裂纹 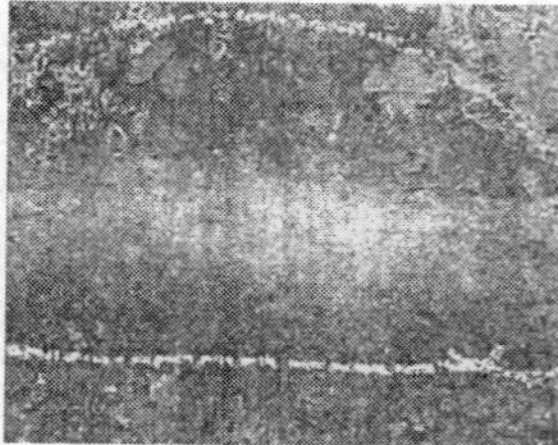 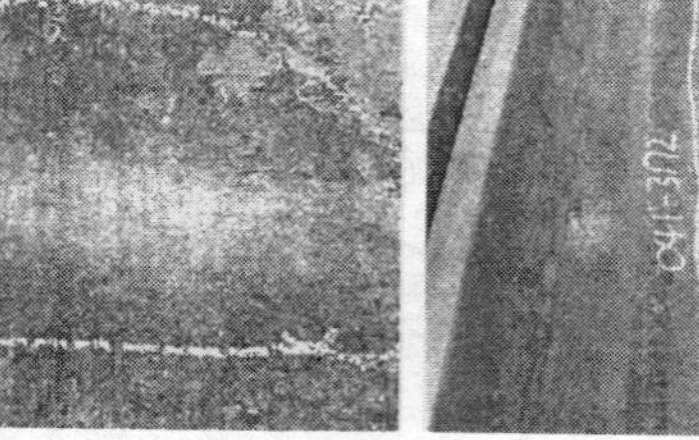 表面纵向细裂纹 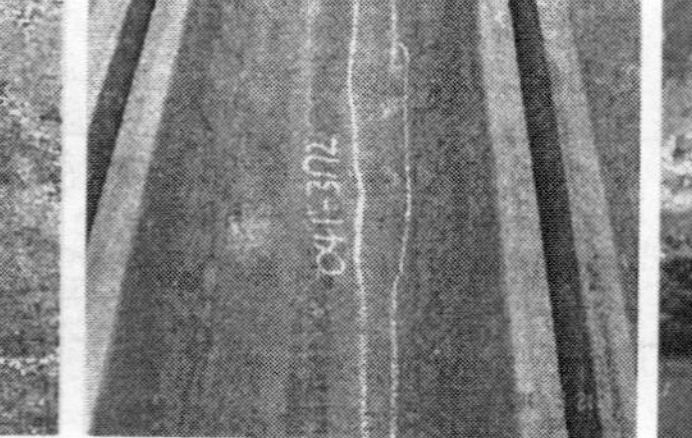 表面纵向大裂纹  腹板纵裂纹修磨后表面 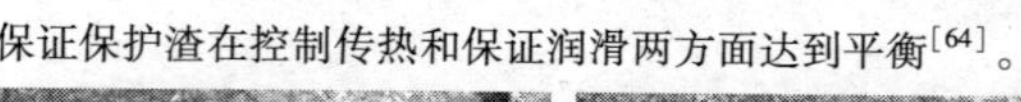
优化思路	（1）优化结晶器冷却制度来改善其热流，避免出现裂纹，保证铸坯质量； （2）优化保护渣的理化性能以均匀其传热，保证其润滑能力，即优化保护渣的黏度、液渣膜厚度和熔点	钢种 09CuPCrNi－A 含有 Cu、Cr、Ni 等含量较高的合金元素，铸坯凝固收缩严重，容易使坯壳与结晶器间产生气隙，导致传热不均匀。应该从传热方面来考虑改善其出现的质量缺陷。优化结晶器冷却制度，调整保护渣的结晶性能来改善铸坯的传热，减少表面裂纹的产生。为了降低表面裂纹发生率，针对异型坯的形成特点进行研究，通过优化保护渣理化参数以改善铸坯表面质量，为轧制过程提供合格的铸坯[64]。 （1）为防止亚包晶钢产生的裂纹，在浇铸此类钢的时候，结晶器应缓冷。结晶器进出口水参数对板坯纵裂也存在影响，在进水温度 < 31℃时铸坯纵裂增加，亚包晶钢铸坯表面纵裂纹的生成是由于结晶器内坯壳传热不均匀造成的，结晶器冷却能力越强，对于亚包晶钢来说，初生坯壳的不均匀程度越显著。而现在所采用的冷却制度正常，因此，为防止铸坯出现的表面裂纹，须从提高保护渣传热方面考虑[66]。 （2）通过调整保护渣的碱度、熔点温度、F^- 以及其他组分来实现其传热的均匀性和润滑的稳定性。由于 09CuPCrNi－A 钢种含有铬、铜、镍等元素，保护渣吸收生成的氧化物导致黏度升高，势必造成保护渣流入困难，从而影响了坯壳与结晶器的传热，坯壳变薄，容易造成坯壳与结晶器铜板发生黏结，从而导致黏结漏钢。因此需要保证保护渣在控制均匀传热的同时还能保证润滑的稳定性

续表

性能对比

渣状态	液渣层厚度	碱度	熔点/℃	黏度（1300℃）/Pa·s	Li_2O/%	B_2O_3/%	MgO/%	F^-/%	渣耗量/kg·t^{-1}
优化前	—	1.0~1.3	1130~1180	0.46~0.5	0~3	1~9	2~6	4~10	—
优化后	8~11	1.05~1.25	1110~1150	0.5~0.7	0.4~0.8	2~4	3~4	4~6	0.96

使用效果

表面酸洗结果

使用性能优化的保护渣浇铸耐候钢，在浇铸过程中，保护渣在结晶器内的铺展性良好，液渣层厚8~11mm，每吨钢渣耗0.96kg。观测结晶器进出水温度曲线可以明显地看出，优化后的保护渣要比优化前的保护渣的进出水变化平缓，这充分说明了优化后保护渣下渣均匀，传热稳定。工业性试验说明，优化后的保护渣的平均连浇炉数有所提升，而且最高连浇炉数可达14炉。由于优化后的保护渣综合考虑了传热和润滑性能，异型坯表面质量也大有改进，表面裂纹发生率由改进前的11.22%降到改进后的2.68%，下降达50%以上。表面酸洗结果见左图[67]

21.5.2 H型钢连铸保护渣性能设计与应用实例

工艺条件

钢种：津西钢铁厂H型钢Q235B

断面：550mm（宽面）×440mm（窄面）×90mm（腹板）

拉速：0.85~1.05m/min

H型钢主要用于工程、厂房设备、机械设备、桥梁、高速公路、民房等；力学性能和物理性能好，牢固，节约能源和环保。其中，Q代表钢材的屈服强度；235表示屈服点（σ_s）为235MPa；B表示质量等级为B。其化学成分（%）如下：

成分	C	Si	Mn	P	S
含量	0.14~0.18	0.18~0.26	0.45~0.55	≤0.025	≤0.030

质量缺陷

纵裂纹、表面针孔和翼缘端部凹陷等表面缺陷[68]

H型钢Q235B为中碳钢，此钢处于包晶区附近，具有强的裂纹敏感性，凝固时δ-γ相变伴随有0.38%的体积收缩，造成凝固坯壳和结晶器壁间的气隙厚度不均匀，传热也变得不均匀。如果沿铸坯横截面温度梯度过大，便会产生较强的热应力[68]。连铸异型坯表面缺陷主要是在结晶器内产生的，并在二冷区和空冷区进一步扩展形成，这些表面缺陷的成因是多方面的，但是最主要的共同影响因素是结晶器保护渣，保护渣理化性能的合适与否直接影响到异型坯的纵裂纹、表面针孔和翼缘端部凹陷等表面缺陷的产生和加剧。

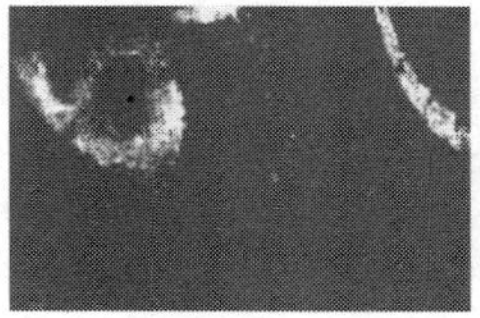

腹板纵向裂纹宏观形貌

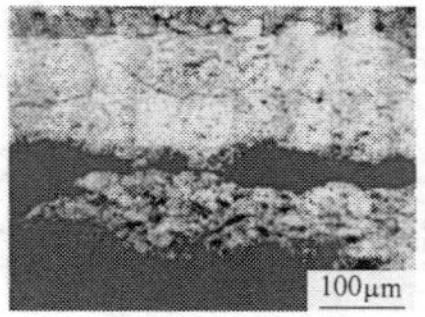

100μm

裂纹附近组织形貌

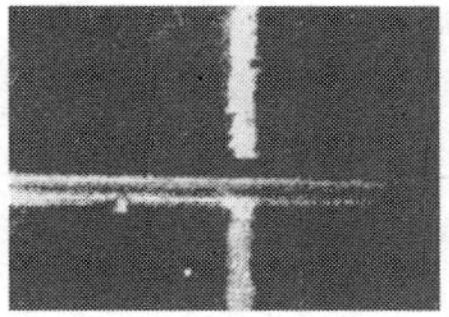

腹板划伤宏观形貌

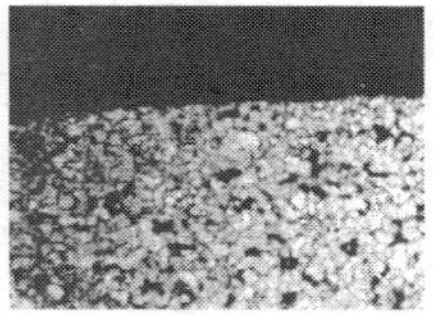

划伤附近光学显微组织形貌

续表

<table>
<tr><td>优化思路</td><td>影响铸坯缺陷的共同影响因素是结晶器保护渣，因此要优化保护渣的理化性能：
（1）适当的熔化速度，能够及时补充液渣的快速消耗。
（2）高的液渣流入能力，获得较大的渣耗量，以满足结晶器润滑的要求。
（3）本钢种属于裂纹敏感性钢种，渣膜应具有较高的热阻，防止热流过大，造成应力集中</td><td>Q235B 属于裂纹敏感性钢，凝固时有较大的收缩量，造成凝固坯壳和结晶器壁间的气隙厚度不均匀，传热也变得不均匀。如果沿铸坯横截面温度梯度过大，便会产生较强的热应力，使铸坯表面产生纵裂。这就需要限制结晶器的热通量，要求保护渣具有较大的热阻，实现结晶器的“弱冷却”。其保护渣应设计成具有较低的熔化温度和黏度，适当的熔化速度的特点[70]：
（1）设计合适的熔化温度，首先要保证在结晶器长度内全程液态摩擦，即实现“全程液态润滑”。使熔点稍低于或等于结晶器下口处坯壳表面温度，保证在结晶器长度方向始终存在一定厚度的液渣膜。经过建立铸坯传热模型，得知结晶器出口铸坯腹板中心表面温度为1096℃。因此，H 型钢 Q235B 保护渣的熔化温度不高于 1096℃，即保证了结晶器内的全程液态润滑。
（2）纵裂产生与熔渣黏度（η）和拉坯速度（v）有关。对大断面宽扁型铸坯，$\eta_{1300℃}\cdot v$ 值应控制在 0.20～0.35Pa · s · m/min 之间；对小断面方坯，控制值为 0.50Pa · s · m/min。而津西钢铁厂实际生产的拉速（v）为 0.98m/min。可知，H 型钢 Q235B 用保护渣的黏度应该控制在 0.20～0.36Pa · s 之间</td></tr>
<tr><td>性能对比</td><td colspan="2">
<table>
<tr><td>渣状态</td><td>碱度</td><td>熔点/℃</td><td>黏度（1300℃）/Pa · s</td><td>渣耗量/kg · t^{-1}</td><td>液层厚度/mm</td><td>Al_2O_3/%</td><td>CaO/%</td><td>SiO_2/%</td><td>CaF_2/%</td><td>C/%</td><td>Fe_2O_3/%</td><td>Na_2O/%</td><td>石墨/%</td><td>炭黑/%</td></tr>
<tr><td>优化前</td><td>0.86</td><td>1167</td><td>0.77</td><td></td><td></td><td>10～11</td><td>25～26</td><td>29～30</td><td>—</td><td>15～17</td><td>3～3.5</td><td>—</td><td>—</td><td>—</td></tr>
<tr><td>优化后</td><td>1.0</td><td>1092</td><td>0.85</td><td>0.8～0.9</td><td>10～13</td><td>6</td><td>37.5</td><td>37.5</td><td>7</td><td>—</td><td>—</td><td>12</td><td>7</td><td>1.5</td></tr>
</table>
</td></tr>
<tr><td>使用效果</td><td colspan="2">现场应用优化保护渣的结果表明，浇铸钢种 Q235B，铸坯断面 550mm×440mm×90mm，拉速为 0.98m/min；液渣层厚度为 10～13mm，结晶器内保护渣消耗量为 0.8～0.9kg/t，铸坯表面无夹渣、无裂纹、表面质量良好；并且连铸过程中保护渣铺展性好、熔化均匀、无渣圈，基本无漏钢现象。优化后的保护渣熔点低于原渣，下降 75℃；黏度明显低于原渣，下降了 2/3 左右；熔化速度较原渣也有一定程度上增加。该优化方案达到了优化 H 型钢 Q235B 保护渣性能的设计要求[68]</td></tr>
</table>

21.5.3　硅钢连铸保护渣性能设计与应用实例

<table>
<tr><td>工艺条件</td><td>钢种：硅钢 DR510
上小、下大，270mm 上挂绝热板钢锭模</td><td>DR510 为热轧硅钢板，DR 是热轧硅钢板的表示，而 510 则是其铁损 1000 倍以后得到的值；主要用来制作各种变压器、电动机和发电机的铁芯。代表钢种化学成分（%）如下：
<table>
<tr><td>成分</td><td>C</td><td>Si</td><td>Mn</td><td>P</td><td>S</td><td>Cr</td><td>Ni</td><td>Cu</td><td>V</td></tr>
<tr><td>含量</td><td>≤0.06</td><td>2.3～2.8</td><td>0.15～0.35</td><td>≤0.035</td><td>≤0.035</td><td>≤0.10</td><td>≤0.10</td><td>≤0.10</td><td>0.03～0.05</td></tr>
</table>
</td></tr>
</table>

续表

质量缺陷：表面夹渣、凹坑

容易出现夹渣和凹坑，与保护渣液渣层的黏度以及吸收和溶解上浮夹杂物的能力有关。硅钢中硅的氧化产物 SiO_2 构成了上浮夹杂物的主要部分，是造成硅钢表面凹坑和夹渣的主要原因之一。上浮的夹杂物进入保护渣的液渣层，被吸收而使得局部黏度上升和熔点增高。保护渣的熔点超过钢液弯月面温度，析出结晶凝固物，等出结晶器后渣子剥落便可观察到表面夹渣和凹坑。

表面凹坑

轧制后人工清理

优化思路：优化保护渣的配方组成，即优化保护渣的黏度、熔化速度和熔点

从模铸本身来考虑，如果出现表面夹渣、凹坑，则主要是由于锭模表面质量，而锭模的表面质量在浇铸开始前都会做精细的检查工作，因此造成表面夹杂物和凹坑的因素和锭模无太大关系。所以应该从优化保护渣性能方面着手来减少缺陷的发生。碱度对保护渣的温度有很大的影响，为了控制合适的熔化温度，将其碱度提高；模铸生产过程中，要求保护渣的熔化较缓慢，由于碳含量的增多有利于保护渣熔化速度变慢，所以适当提高保护渣中的碳含量；通过微调其他成分保证优化后的保护渣黏度在 2.83 ~3.82 之间

性能对比：

渣状态	熔化速度/s	碱度	熔点/℃	黏度（1300℃）/Pa·s	Al_2O_3/%	CaO/%	SiO_2/%	CaF_2/%	C/%	K_2O/%
优化前		0.32			8.02	10.36	32.08	14.70	15.75	5.55
优化后	43	0.53	1161	2.83	10.00	20.0	38.00	5.50	9.20	9.00

使用效果：

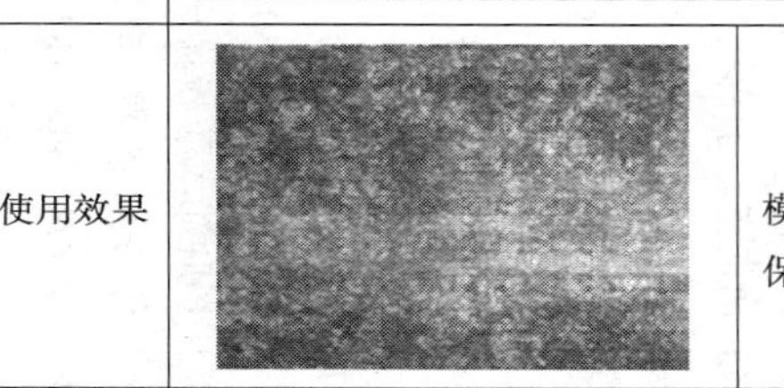

经现场验证，使用优化后的新型低碳硅钢保护渣，在保护渣的一些性能上非常有成效，如铺展性好，透气性优越，覆盖在模内钢液表面无亮面、红圈，而且保护渣上层留有粉渣层。从钢锭表面质量来看，没有发现粘渣、夹渣以及凹陷等现象，新保护渣能够满足硅钢连铸使用要求[69]

参考文献

[1] 巴钧涛，文光华，唐萍，等．宽厚板包晶钢的保护渣［J］．北京科技大学学报，2001，6（31）：696～700.
[2] 吕永博，胡卫东，付苏刚，等．首钢迁钢一炼钢板坯保护渣的实践与应用［C］//2011年第九届全国连铸学术会议，2011：489～493.
[3] 刘义仁，张露，石超民．高效连铸包晶钢大规格圆铸坯用保护渣的设计与实践［J］．天津冶金，2008（5）：47～50.
[4] 刘亮，张彬．包晶钢纵裂成因分析及工艺控制［J］．连铸，2011（2）：8～11.
[5] 陈天明，杨素波，王谦，等．IF钢用连铸保护渣研制［J］．炼钢，2009，25（1）：66～69.
[6] 蔡开科，等．连铸结晶器［M］．北京：冶金工业出版社，2008：352～354.
[7] 刘志芳，郭汉杰，范红梅，等．新钢板坯连铸用保护渣的开发［J］．江西冶金，2005，25（6）：10～12
[8] 朱立光，王硕明，唐国章，等．连铸系列保护渣研制及应用［J］．河北理工学院学报，2000，22（2）：7～22.
[9] 蔡开科，等．连铸结晶器［M］．北京：冶金工业出版社，2008：21～29.
[10] 袁爽，厚健龙，宋素格．包晶钢Q235B表面纵裂原因分析［J］．冶金丛刊，2010，185（1）：8～9.
[11] 朱立光，王硕明，杨春政，等．连铸系列保护渣性能优化与成分设计［J］．炼钢，1999，15（5）：24～27.
[12] 李玉娣，江中块．梅钢2号连铸机包晶钢保护渣的优化与应用［J］．梅山科技，2010（2）：26～28.
[13] 王谦，何生平，解丹，等．低碳钢板坯连铸用无氟保护渣生成区域的研究［J］．北京科技大学学报，2008，30（5）：487～491.
[14] 张晨，蔡得祥．连铸保护渣中氟的危害［C］//第十六届全国炼钢学术会议论文集，2010：420～427.
[15] 邱斌，袁守谦，宋关娟，等．无氟板坯连铸保护渣的实验研究［J］．铸造技术，2009，30（6）：800～803.
[16] 马军．板坯45号钢保护渣的优化与生产应用［J］．南钢科技与管理，2006（4）：17～19.
[17] 陈常义，李作鑫，刘洪波，等．45号钢板坯黏结漏钢原因探讨及解决措施．山东冶金，2005，27（2）：19～20.
[18] 王文学，王雨，迟景灏．不锈钢连铸坯表面缺陷与保护渣性能的选择［J］．连铸，2006，6：28～31.
[19] 戴秀东．304不锈钢连铸坯表面裂纹原因分析及改善措施［J］．山西冶金，2010，33（4）：26～28.
[20] 段建平．板坯连铸304奥氏体不锈钢结晶器保护渣的研制［J］．连铸，2010（5）：29～31.
[21] 董军，翟晓毅，李德辉．连铸小方坯表面横裂的原因分析及控制措施［J］．连铸，2005（5）：27～29.
[22] 邢丽娜．304不锈钢连铸板坯振痕形成及控制［J］．山西冶金，2007，30（2）：27～28.
[23] 唐向东，李锡福，黎建全，等．D－2渣在稀土处理钢上的应用［J］．连铸，2001（6）：32～36.
[24] 吴杰，刘振清．连铸稀土钢用结晶器保护渣［J］．保护渣，2002（2）：39～40.
[25] 张瑞忠，刘耀辉，翟荣灿．邯钢薄板坯连铸低碳钢保护渣的开发及优化［J］．连铸，2008（2）：35～37.
[26] 张玉生，李建科，王伟，等．板坯连铸机黏结漏钢的原因分析及预防措施［J］．山东冶金，2007（29）：40～41.
[27] 王永纯，席常锁，陶红标，等．FTSR连铸耐蚀钢保护渣优化及铸坯角横裂控制［J］．2011，27（2）：21～24，60.
[28] 杨晓江．薄板坯连铸结晶器保护渣技术［J］．炼钢，2002（4）：47～59.
[29] 郭伟达，费燕，刘纯星．SPA－H集装箱钢带钢坯保护渣研究与应用［J］．莱钢科技．2007：143～148.
[30] 薛文辉．薄板坯SPA－H钢用保护渣的研究［C］//第十届中国科协年会论文集（四），2008（9）：1333～1337.

[31] 成泽伟，王永胜. Q235B 和 Q345B 钢 CSP 铸坯纵裂纹的控制实践 [J]. 特殊钢，2010 (6)：24 ~ 26.
[32] 张庆国，陈礼斌. FTSC 薄板坯内部横裂纹研究 [J]. 炼钢，2005 (3)：48 ~ 51.
[33] 张贺林，朱果灵. 薄板坯连铸用保护渣 [J]. 钢铁，1995 (2)：23 ~ 27.
[34] 杨杰，么洪勇，朱立光，等. FTSC 薄板坯连铸中碳钢保护渣研究及开发 [J]. 河南冶金，2010，18 (4)：5 ~ 9.
[35] 宫翠，朱辰，陈明跃，等. 低碳含锡易切削钢冷拔材表面缺陷分析 [J]. 首钢科技，2008 (6)：10 ~ 16.
[36] 王小红，谢兵，冯仲渝，等. 易切削钢连铸工艺开发 [J]. 西南石油学院学报，2005，27 (6)：88 ~ 90.
[37] 黄华. Cr13 型不锈钢小方坯连铸结晶器保护渣试验研究 [J]. 特钢技术，2008，14 (57)：22 ~ 24.
[38] 王文学，王雨，迟景灏. 不锈钢连铸坯表面缺陷与对策 [J]. 钢铁钒钛，2006，27 (3)：63 ~ 68.
[39] 陈天明，杨素波，文永才，等. 大方坯中低碳钢连铸保护渣研制与应用 [J]. 钢铁钒钛，2007，28 (3)：56 ~ 61.
[40] 肖卫军，洪军，朱神中. 低碳钢连铸方坯凹陷形成原因分析及控制工艺 [J]. 武钢技术，2008，46 (2)：8 ~ 10.
[41] 张建新，朱国民. 转炉小方坯裂纹成因分析与控制 [J]. 新疆钢铁，2005 (4)：1 ~ 4.
[42] 郭健，张兴利，王琪，等. 连铸保护渣的选用分析 [J]. 承钢技术，2008 (2)：5 ~ 13.
[43] 项炳和，何积秀，张亮. 青山钢铁 321 不锈钢连铸工艺开发 [J]. 浙江冶金，2011 (1)：32 ~ 34.
[44] 谷锦梅. 321 不锈钢连铸坯质量综述 [J]. 连铸，2004 (2)：5 ~ 14.
[45] 郑宏光，陈伟庆，徐芳泓. 321 不锈钢板表面缺陷的物相及形成原因 [J]. 上海金属，2005，27 (2)：7 ~ 10.
[46] 王维，胡尚雨. 小方坯连铸纵裂与结晶器保护渣性能关系的研究 [J]. 铸造技术，2010，31 (11)：1473 ~ 1475.
[47] 张作维. 20MnSi 钢筋早期断裂原因分析 [J]. 物理测试，2003 (6)：38 ~ 39.
[48] 王文学，王雨，迟景灏，等. 小方坯不锈钢用保护渣的研制 [J]. 炼钢. 2006，22 (6)：45 ~ 47.
[49] 潘艳华，王光进，洪军，等. 提高方坯铸坯合格率的生产实践 [J]. 工艺技术，2007：13 ~ 15.
[50] 孔祥涛，周德，陈宏，等. 小方坯连铸中碳钢铸坯表面缺陷与保护渣性能选择 [J]. 钢铁，2010，45 (8)：99 ~ 103.
[51] 赵紫锋，王新华，张炯明，等. 中碳钢板坯保护渣性能优化及提高拉速工业试验研究 [J]. 钢铁，2009 (3)：24 ~ 27.
[52] 陈良勇，张海宁. GCr15 轴承钢铸坯表面渣沟缺陷的改进措施 [J]. 河北冶金，2011 (5)：42 ~ 43.
[53] 宋金平，吴建勇，殷浩. 连铸小方坯弹簧钢保护渣的选用 [J]. 重型机械，2010 (S1)：133 ~ 135.
[54] 王谦，谢兵，迟景灏，等. 保护渣对含硫易切钢连铸坯表面质量的影响 [J]. 钢铁，2004 (39)：23 ~ 26.
[55] 王谦，谢兵，迟景灏. 含硫易切钢连铸过程中的物化现象 [J]. 连铸. 1996 (1)：12 ~ 161.
[56] 迟景灏，甘永年. 连铸保护渣 [M]. 沈阳：东北大学出版社，1992.
[57] 卢洪星，张小华，孙光涛. 高锰油井管钢专用保护渣的应用实践 [J]. 江苏冶金，2008，36 (2)：46 ~ 48.
[58] 宋海，麻晓光，张铁军. 圆坯大断面中碳高锰钢专用保护渣的应用研究 [J]. 包钢科技. 2003，29：18 ~ 20.
[59] 王爱兰，刘平，李峰. 中碳锰钢用结晶器保护渣的分析研究 [J]. 包钢科技，2007，33 (5)：16 ~ 18.
[60] 熊林敞，陈荣欢，黄耀文. 高碳钢连铸工艺优化 [J]. 冶金信息导刊，2004 (5)：22 ~ 25.
[61] 曾建华. 高碳钢大方坯连铸用保护渣的研究 [D]. 重庆：重庆大学，2003.
[62] 聂爱诚，徐国庆，蒋京力，等. 连铸圆管坯表面缺陷分析及改进 [J]. 现代冶金. 2009，27 (1)：

43 ~ 45.
[63] 祁建军，张铁军，宋海，等. 34Mn6 大断面圆管坯表面渣沟缺陷分析 [J]. 包钢科技，2001，27：61 ~ 63.
[64] 汪开忠，孙维. 耐候钢异型坯连铸黏结漏钢原因 [J]. 安徽工业大学学报（自然科学版）. 2009，26（1）：9 ~ 11.
[65] 王洪峰，郭振和，姜家和. 耐候钢连铸工艺的改进 [J]. 上海金属，2004，26（2）：26 ~ 28.
[66] 戚国平，陆斌，徐军，等. 10PCuRE 耐候钢连铸坯表面纵裂纹成因分析 [J]. 稀土，2003，24（5）：33 ~ 36.
[67] 孙维，汪开忠，文光华，等. 耐候钢异型坯连铸结晶器保护渣性能优化 [J]. 钢铁，2009，44（9）：28 ~ 32.
[68] 尹娜，景财良，张炯明，等. H 型钢 Q235B 连铸保护渣的优化 [J]. 特殊钢，2010，31（2）：40 ~ 42.
[69] 王岩春. 硅钢保护渣优化设计及应用 [J]. Steelmaking，1997：19 ~ 21.

附录 1　中华人民共和国保护渣冶金行业标准

附录 1.1　连铸保护渣黏度试验方法（YB/T 185—2001）

1　范围

本标准规定了连铸保护渣黏度试验的方法提要、设备及材料、试样、黏度计校正、试验步骤、结果计算及试验偏差、试验报告。

本标准适用于连铸保护渣黏度的测试，测试范围：黏度值不小于 0.1Pa · s。

2　引用标准

下列标准包含的条文，通过在本标准中引用而构成为本标准的条文。本标准出版时，所示版本均为有效。所有标准都会被修订，使用本标准的各方应探讨使用下列标准最新版本的可能性。

GB/T 8170—1987　数值修约规则

YB/T 5218—1993　乐器用钢丝

3　方法提要

在高于连铸保护渣熔化温度的条件下，将石墨或金属铝圆柱体浸入石墨坩埚盛装的保护渣熔体中，通过测试圆柱体的转矩确定熔渣黏度。

当圆柱体和石墨坩埚的几何条件、吊丝尺寸和转速固定时，黏度只与吊丝扭角或扭矩即脉冲信号的时间差 Δt 成正比，有：

$$\eta = K\Delta t \tag{1}$$

式中　K——仪器常数。

当测定系统（测杆、吊丝、转速）固定后，可由已知黏度的标准黏度液标定，通过测定 Δt 来计算连铸保护渣的黏度 η。

4　设备及材料

旋转黏度计示意图如图 1 所示，主要设备有：电加热炉、温度测量装置、石墨坩埚、测头及其驱动装置、扭矩或黏度检测装置。

4.1　电加热炉

电加热炉为立式管式炉，应具有温度调节和控制功能，炉管恒温带长度与熔体深度之差不小于 20mm，在 1300℃ 时，恒温带内温度波动不大于 3℃，加热炉使用温度不低于 1400℃，炉管内为大气气氛或保护性气氛。

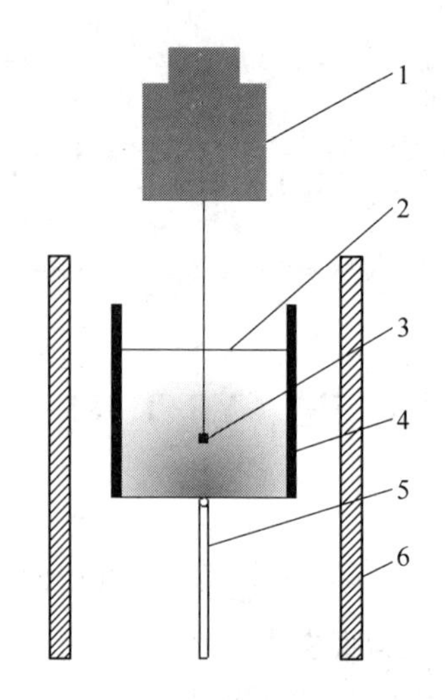

图1　旋转黏度计示意图

1—旋转黏度计；2—连铸保护渣熔渣；3—测头；4—石墨坩埚；5—热电偶；6—加热炉炉壳

4.2　温度测量装置

温度测量装置由B型或S型热电偶与温度显示和记录仪表组成，热电偶符合工业Ⅱ级精度要求；带有保护管的热电偶与石墨坩埚底部中心接触，热电偶测试温度与熔渣中的温度相差绝对值不高于10℃，并进行修正。

4.3　石墨坩埚及吊丝和测头

使用电极石墨或高纯石墨制作坩埚，用高纯石墨或金属钼制作测头，测头为直径不小于10mm的圆柱体，测头与金属钼杆相连，金属钼杆通过吊丝及连接装置与电机连接，吊丝应符合YB/T 5218—1993的规定，吊丝材质为T8MnA，直径为0.10～0.20mm；测头转速不大于20r/min，测头上沿距熔渣表面的距离为10～12mm，测头下沿距坩埚底部的距离应不小于10mm，测头柱面距坩埚壁面的距离应不小于10mm。

4.4　扭角或黏度检测装置

采用光电脉冲测量系统测量吊丝扭角时间差Δt（或用其他系统测量扭矩），由已知仪器常数K根据式（1）确定黏度η。检测装置支撑机构或支架系统升降、旋转平稳。

4.5　标准黏度液

本测试方法使用国家质量技术监督局批准的标准黏度液校正仪器常数K。本标准推荐标准物质编号：GBW13605、GBW13606、GBW13607、GBW13608、GBW13609。

5　制样

取渣样在加热炉的大气气氛中，于500～900℃下进行烧炭处理，处理后，试样中碳含量应小于5%。

6　仪器常数测定

使用尺寸与测试所用石墨坩埚内腔尺寸相当的烧杯分别盛装已知黏度的标准黏度液，将烧杯置于恒温水浴中，测头在烧杯内标准黏度液中的位置与其在坩埚内熔渣中的位置一致。测头转速与4.3中的相同，分别测试不同黏度下的标准黏度液中吊丝扭角时间差 Δt，按最小二乘法原理根据式（1）回归处理测试数据得出仪器常数 K。使用标定温度下黏度为0.1～1.0Pa·s的标准黏度液牌号应不少于三种。

7　测试步骤

（1）测头初始位置的确定。使用尺寸与测试所用石墨坩埚内腔尺寸相当的烧杯盛装蒸馏水，将测头浸入蒸馏水中，转动测头，测头转速与4.3中的相同，当测头转动稳定后，记录吊丝扭角时间差，作为测头初始位置对应的时间 Δt_0。

（2）将电加热炉炉温升到1200～1400℃，将按第5章制备的试样加入石墨坩埚。将石墨坩埚置入炉内，待试样熔化后，补加试样，直到坩埚中熔渣深度达到4.3的要求（一般为40～60mm）。

（3）将炉温稳定在（1300±2）℃，测头插入炉内并于坩埚上方约100mm处预热2min后，将测头按4.3的要求插入熔渣中并旋转，温度稳定20min后，连续记录读数不少于43个。对测试数据按第8章计算结果与误差，在满足相应误差要求的条件下，读数平均值对应的黏度作为该温度（1300℃）下试样的黏度。

（4）若需测量其他温度下试样的黏度，可将炉温稳定在相应的温度下，参照（3），测得试样相应的黏度。

（5）测试完毕后，提升测头，取出坩埚。

8　结果计算及偏差

8.1　结果计算

对同一试样在同一温度下连续测试记录黏度数据不少于43个，按式（2）和式（3）计算其平均值和偏差 S。

$$\overline{\eta} = \frac{1}{n}\sum_{i=1}^{n}\eta_i \tag{2}$$

$$S = \sqrt{\frac{\sum_{i=1}^{n}(\eta_i - \overline{\eta})^2}{n-1}} \tag{3}$$

式中　i——连续测试记录黏度的次数，$i=1, 2, 3, \cdots, n$，$n \geq 43$；

η_i——第 i 次测试的黏度值；

n——连续测试记录黏度的总次数；

$\overline{\eta}$——连续测试 n 次黏度的平均值；

S——连续测试 n 次黏度的偏差。

8.2　试验偏差

计算结果保留小数点后三位数字，数值修约规则按GB/T 8170—1987的规定进行。偏差 S 不大于0.010Pa·s。

9　试验报告

试验报告应包括下列内容：

（1）委托单位；
（2）试样名称；
（3）送样日期；
（4）测试日期；
（5）测试单位；
（6）黏度测试采用的仪器常数；
（7）测试温度及黏度平均值；
（8）测试人员；
（9）审核人员。

附录1.2　连铸保护渣熔化温度试验方法（YB/T 186—2001）

1　范围

本标准规定了连铸保护渣熔化温度测定试验的原理、设备、试样、试验步骤、结果表示和试验报告。

本标准适用于连铸保护渣熔化温度的测定。

2　定义

本标准采用下列定义：

软化温度（softening temperature）：试样熔化并降至原始高度3/4时的温度。

半球温度（melting temperature）：试样高度降至原始高度2/4时的温度。

流动温度（flowing temperature）：试样降至原始高度1/4时的温度。

3　方法提要

采用熔化温度测试装置，将制好的试样放入炉内，按设定的升温速率加热到试样熔化塌下，记录显示屏上的试样变化高度及对应的过程温度。

4　设备

4.1　电加热炉

电加热炉为卧式管式炉。应具有温度调节和控制功能。炉壳内装有保温材料及发热体，炉膛内径一般为20～60mm，恒温带长度不小于10mm（炉温1300℃时，温度偏差为±2℃）。炉膛内为大气气氛，如图2所示。炉体一端装有可调节的成像镜片和刻度屏或其他成像、显示装置。

4.2　炉体支架

支架装有轨道，炉体可水平方向往返滑动。支架一端安装有可伸向炉内恒温区的托架（被测试样放置在其前端的氧化铝或铂金垫片上）和平行光源（提供成像光源），如图2所示。

4.3　测温装置

测温装置由热电偶、温度显示及记录仪表组成。

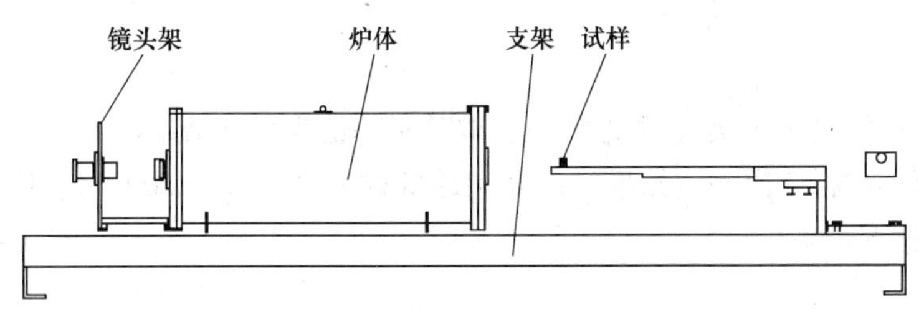

图2 电加热炉示意图

用双（或单）铂铑热电偶测量、控制炉温，测温热电偶装在被测试样下方。

4.4 升温、控温部分

装有程序控温系统。

4.5 制样器

试样模具由3mm厚的三块同样大小的不锈钢片叠合而成，用螺丝固定，其中上面两片有若干个直径为3mm、深3mm的小孔。压样采用带弹簧的不锈钢小棒。

5 试样制备

5.1 制样

取渣样5~10g，被测试样应干燥，成分均匀。制样前需在玛瑙研钵中研磨，研磨后粉末粒度应全部通过0.074mm（200目）。制样时用无水乙醇调和试样，放在制样器中压实，置于干燥器中保存。

对个别难以压实的试样可加入少许糊精并用水调和渣样。

5.2 试样尺寸

直径×高为3mm×3mm

5.3 试样数量

每组试样不少于3个。

6 试验步骤

6.1 熔化温度标定

采用分析纯K_2SO_4（熔化温度1067℃），制成标定试样并测定其熔化温度，用所测值与标准值（1067℃）对比，以其差值校正被测试样的温度。

6.2 熔化温度的测定

（1）以每分钟（15±2）℃的速率给电加热炉升温（600℃以下不作要求，但不宜过快）。

（2）当炉温升至600℃时，将制好的试样放在炉内测点上方的垫片上，打开光源，调节成像镜片和刻度屏位置，记录试样成像达清晰时的原始高度。

（3）继续升温，随着温度的升高，记录试样下降至原始高度3/4、2/4、1/4时对应的温度。

（4）连续测定多个试样时，应在炉温降至600℃以下放入下一个试样。

7　结果表示

7.1　每种试样测定 3 次（重复 6.2），取其平均值为最终结果。

7.2　若每种试样 3 次测定结果的最高和最低数值之差大于 20℃时，则应按 5.1 重新制样，重复进行 6.2 条。

8　试验报告

试验报告应包括下列内容：

（1）委托单位；

（2）试样名称、状态、处理、来源、编号、送样日期；

（3）试验日期；

（4）试验单位；

（5）试验结果：熔化温度（软化温度、半球温度、流动温度）；

（6）试验人；

（7）审核人。

附录 1.3　连铸保护渣堆积密度试验方法（YB/T 187—2001）

1　范围

本标准规定了连铸保护渣堆积密度试验方法的方法提要、设备、试样、试验步骤、结果计算和试验报告。

本标准适用于连铸保护渣堆积密度的测定。

2　方法提要

本方法是通过测试自然堆积状态下一定体积的连铸保护渣试样的质量来确定堆积密度。

3　设备

杠杆式天平：量程为 1000g，分度值为 0.5g。

金属漏斗：锥角 70°，下口直径 30mm。

刮板：刮板为钢直尺，长约 500mm。

金属盒：内腔尺寸为 100mm × 100mm × 100mm，并用蒸馏水进行标定。标定方法：首先，在水平放置的金属盒内缓慢注满蒸馏水，然后，将金属盒内的蒸馏水注入量筒中，量取其体积，重复该过程三次，取所测量蒸馏水体积的平均值作为金属盒容积 V。

4　试样

试样中水分（物理水）的质量分数不大于 1.0%，若水分超过此质量分数应重新取样。试样量为金属盒容积的 2 倍。

5 试验步骤

(1) 按图3安装好测试装置，垂直安装在托架上的金属漏斗下口与金属盒上口距离为150mm。金属漏斗下口正对金属盒中心，闸板处于关闭状态。

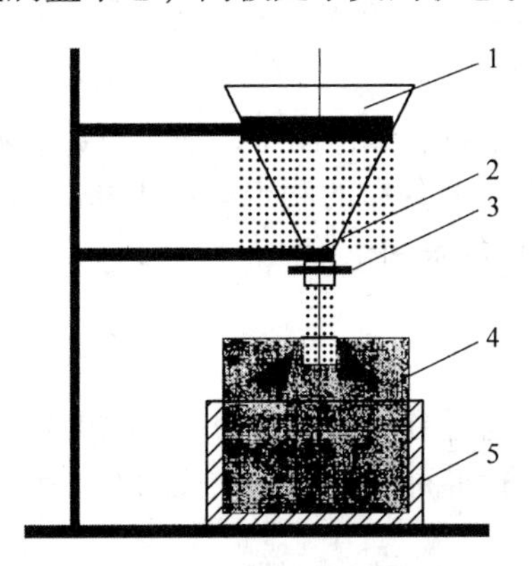

图3 连铸保护渣堆积密度测试装置示意图

1—金属漏斗；2—托架；3—闸板；4—连铸保护渣；5—金属盒

(2) 将试样全部装入金属漏斗中，开启闸板，使漏斗中的试样自然流入金属盒中。

(3) 漏斗中试样流尽后，在金属盒表面将出现保护渣的锥状堆积，用刮板沿金属盒上口边沿推刮，使盒中试样高度与盒口边沿齐平，避免对试样加压和振动金属盒。

(4) 用天平称取金属盒中试样质量，按第6章确定该试样堆积密度。

(5) 重复进行(1)~(4)两次，记录各次所测试的堆积密度。

(6) 当上述三次所测堆积密度数据与这三次数据平均值的相对误差绝对值不超过5%，取该三次堆积密度数据的平均值为试样的堆积密度。

6 结果计算

试样堆积密度按式(4)计算：

$$\gamma = \frac{W}{V} \tag{4}$$

式中 γ——试样堆积密度，g/cm^3 或 kg/m^3；

V——试样自然堆积状态下的体积，cm^3 或 m^3；

W——试样质量，g 或 kg。

7 试验报告

试验报告应包括下列内容：

(1) 委托单位；

(2) 试样名称；

(3) 测试日期；

(4) 测试单位；

(5) 堆积密度测试值；

（6）测试人员；

（7）审核人员。

附录1.4　连铸保护渣粒度分布试验方法（YB/T 188—2001）

1　范围

本标准规定了方法提要、设备、试样制备、筛分级数的范围、结果计算及误差。

本标准适用于连铸保护渣粒度分布的测定。小于0.074mm（200目）的颗粒采用水筛法，不小于0.074mm（200目）的采用干筛法。

2　引用标准

下列标准所包含的条文，通过在本标准中引用而构成为本标准的条文。本标准出版时，所示版本均为有效。所有标准都会被修订，使用本标准的各方应探讨使用下列标准最新版本的可能性。

GB/T 8170—1987　数值修约规则

3　方法提要

本方法是在规定条件下将一定量的试样放在规定孔径的标准筛上，通过手工或机械筛分，称量每级筛分过的试样，以质量分数表示。仲裁或测试检查时按原法（手工或机械筛分）进行。

4　设备

（1）标准筛；

（2）天平，最大称量1000g，分度值为0.1g；

（3）干燥箱，装有温度调节器；

（4）振筛机，同时夹持5个以上标准筛振动；

（5）缩分器，二分器或四分器（可缩分10～20kg）；

（6）双目镜或光学显微镜，100～200倍。

（7）水筛容器；

（8）其他（秒表、漏斗、滤纸等）。

5　试样制备

将试样搅拌混匀，然后按圆锥四分法或用二分器、四分器缩分至5kg，搅匀，再将其缩分0.5～1kg。

干燥称重。将试样按试验渣最大颗粒尺寸确定单个最小试样质量，在镜下最大粒径大于1mm试样500g，小于1mm、大于等于0.4mm试样200g。将3～4份单个试样放于干燥箱中干燥，使其水分的质量分数小于0.5%。

6　筛分级数的范围

套筛采用泰勒筛。一般情况下可考虑10个粒级：0.038mm（400目）、0.043mm（325

目)、0.074mm(200 目)、0.088mm(170 目)、0.104mm(150 目)、0.147(100 目)、0.175mm(80 目)、0.351mm(42 目)、0.833mm(20 目)、1.651mm(10 目)。根据不同类型保护渣可选不同筛孔的组合，也可加密粒级。

7　试验步骤

(1) 试样冷却至室温后称重，准确至0.1g。

(2) 干筛法：

1) 手工筛分。将试样装入一个加有底和盖的筛子中，开始用最粗的试样，之后依次用较细的。筛子要略微倾斜，使试样均匀地分布于筛上，交替地拍、转，连续操作，直到筛下物料量的增量小于0.1g，即认为已达到终点。称量每一筛的筛上料，准确到0.1g。

2) 机械筛分。将筛由粗到细按顺序套在一起，干燥试样装入顶层筛中，把带有盖和底盒的成套筛装在振筛机上筛分15min或30min，然后小心地将筛分开，再按手工筛法在橡皮布上筛分，直到通过每一筛的物料的增量小于0.1g为止。称量准确至0.1g。

(3) 如须用水筛法，先干筛出小于0.074mm(200目)，再分级水筛。

(4) 水筛法：将小于0.074mm(200目) 的试样倒入细孔筛中，在盛水的容器中轻摆筛体，使试样在筛中摇动，每隔1~2min将盆内水更换一次，直到容器中的水不再浑浊为止。水筛的各细粒级均烘干称量，准确至0.1g。

(5) 注意筛分时筛面上的试样不宜太重，一般筛孔为0.5mm以下的每次筛分质量不得超过100g。试样太多可分几次筛分。

(6) 筛分时应注意不使试样破碎。

8　结果计算及误差

(1) 每级筛上料所占的质量分数分别用式 (5) 计算：

$$P = M_n / M \times 100 \tag{5}$$

式中　P——每级筛上料的质量分数,%；

M_n——每级筛上料干燥后的质量，g；

M——筛分的干燥试样总质量，g。

(2) 干筛筛分后各级试样质量之和与原试样总量比较，误差 = 试样质量 - 筛析后的总重/试样质量，其误差应小于或等于5%，否则应重做。

(3) 同一试样平行试验的同一粒级的占有率，两次试验结果之差应在3%以下。

(4) 取两次试验结果的平均值，报告至小数后一位数，数值修约按GB/T 8170—1987的规定进行。

(5) 水筛时，通过最细筛的试样的质量分数以100%与各级筛上料的质量分数总和之差计算。

9　试验报告

试验报告应包括下列内容：

(1) 委托单位；

(2) 试样名称；

（3）试验日期；
（4）试验单位；
（5）试验结果；
（6）试验人；
（7）审核人。

附录1.5　连铸保护渣水分含量（110℃）测定试验方法（YB/T 189—2001）

1　范围

本标准规定了连铸保护渣在110℃下水分含量测定的方法提要、试验仪器和设备、试验步骤、试验结果计算及误差。

本标准适用于连铸保护渣110℃时水分的测定。

2　方法提要

称取一定质量的试样置于干燥箱内，在110℃下干燥至恒量，其失去的质量占干燥前试样质量的质量分数作为水分含量。

3　试剂

变色硅胶：工业纯。
无水氯化钙：化学纯，粒状。
分子筛：工业纯。

4　仪器与设备

干燥箱：带有自动调温装置，温度可控制在105～110℃。
称量瓶：直径40mm，高25mm，并附有严密封口的磨口瓶。
干燥器：内装有变色硅胶或粒状无水氯化钙。
分析天平：称量0.0001g。

5　试样

任何连铸保护渣都可直接作为称量试样。
试样量：50～100g，精确至0.01g。
取样应使用磨口瓶或多层防水保护试样袋。

6　试验步骤

（1）从干燥器中取出预先干燥至恒量的称量瓶，迅速称取试样4～5g放入称量瓶中，立即盖上瓶盖。

（2）将盛有试样的称量瓶开盖置于105～110℃干燥箱中干燥3～4h，取出称量瓶，立即盖上盖子放入干燥器中冷却至室温称量，将称量的试样再置于干燥箱中1h称量。若两次质量差在0.3mg内为干燥彻底，否则重复干燥。每次1h直到连续两次质量差在0.3mg

内为止，计算时取最后一次的质量。

7　结果计算

试样的水分 w_s（%）按式（6）计算：

$$w_s = \frac{G - G_1}{G} \times 100 \tag{6}$$

式中　G——干燥前试样的质量，g；

G_1——干燥后试样的质量，g。

8　误差

两次试验结果的差值不得超过表1的规定。

表1　两次试验结果

水分的质量分数/%	误　差	水分的质量分数/%	误　差
≤0.50	<0.05	>0.50	<0.10

9　试验报告

试验报告包括以下内容：

（1）委托单位；

（2）试样名称；

（3）试样日期；

（4）试验单位；

（5）试验结果；

（6）试验人；

（7）审核人。

附录2　保护渣专用词汇中英对照

连铸（continuous casting）
钢种（steel grade）
浇铸断面（casting format）
拉速（casting speed）
润滑（lubrication）
传热（heat transfer）
菜籽油（rape seed oil）
热流（heat flow）
浸入式水口（SEN，submerged entry nozzle）
坯壳（steel sheel）
保护渣渣膜（slag film）
粉煤灰（fly ash）
石灰石（limestone）
苏打灰（soda ash）
萤石（fluorite，CaF_2）
硅酸盐（silicate）
矿物质（mineral）
合成渣（synthetic powder）
熔点（melt point）
成分（composition）
性能（performance）
炭黑（carbon black）
微合金钢（microalloy steel）
不锈钢（stainless steel）
渣耗（powder consumption）
黏结漏钢（sticker breakout）
表面质量（surface quality）
摩擦力（friction force）
黏度（viscosity）
熔化速度（melting rate）
凝固系数（solidification coefficient）
薄板坯（thin slab）
异型坯（beam blank）
近终形连铸（near net shape continuous casting）
石墨（black lead）
焦炭（coke）
碱度（basicity）
粉渣（granulated powder）
实心颗粒渣（sincere granuled powder）
预熔型保护渣（prefused powder）
低碳铝镇静钢（LCAK，low carbon alumina killed steel）
针孔（pinhole）
高碳钢（high carbon steel）
弯月面（meniscus）
振痕（oscillation mark）
熔化温度（melting temperature）
相图（phase diagram）
伪硅灰石（wollastonite，tabular spar）
磷（phosphorus）
硫（sulfur）
助熔剂（fluxing agent）
结晶（crystallizing）
钙黄长石（akermanite）
离子（ion）
CaO（calcium oxide）
氧化物夹杂物（oxide inclusion）
玻璃性（vitrecence）
枪晶石（cuspidine，$3CaO \cdot 2SiO_2 \cdot CaF_2$）
氟化物（fluoride）
钙铝黄长石（gehlenite，$2CaO \cdot Al_2O_3 \cdot SiO_2$）
Na_2O（sodium oxide）
霞石（nepheline，$Na_2O \cdot Al_2O_3 \cdot 2SiO_2$）
Al_2O_3（alumina）
Li_2O（lithia）
BaO（baryta）
TiO_2（titanium）
B_2O_3（boron）
过热度（superheat）
原子（atom）
分子（molecule）
MgO（magnesia）
低碳钢（low carbon steel）

MnO（manganese）
结网氧化物（network forming oxides）
Cr_2O_3（chrome）
破网氧化物（network modifying oxides）
K_2O（kalium）
SrO（strontium）
过渡层（mushy layer）
液渣层（liquid layer）
烧结层（sintered layer）
原渣层（powder layer）
固态渣膜（solid slag film）
液态渣膜（liquid slag film）
绝热（thermal insulation）
防止氧化（avoid oxidation）
吸收夹杂物（absorb inclusions）
搭桥（bridging）
流渣通道（powder flow channel）
氧（oxygen）
氮（nitrogen）
润湿角（soakage angle）
非正弦振动（non - positive oscillation）
波动（fluctuate）
热阻（heat transfer resistance）
气隙（air gap）
黏度（viscosity）
碱性渣（basic slag）
结晶（析晶）温度（crystallization temperature，T_{cry}）
差热分析法（DTA）
凝固温度（solidification temperature，T_{sol}）
转折温度（break temperature，T_b）
析晶率（crystalline rate）
玻璃化率（vitrification rate）
表面张力（surface tension）
界面张力（interfacial tension）
氧化钠（sodium oxide，Na_2O）
氟化钙（fluorite，CaF_2）
氧化铁（ferric oxide，Fe_2O_3）
氧化锰（manganese oxide，MnO）
氧化镁（magnesium oxide，MgO）
氧化钛（titanium oxide，TiO_2）
粒度（granularity）
水分（moisture）
滑石（talc，$Mg_3[Si_4O_{10}](OH)_2$）
白云母（muscovite，$KAl_2[AlSi_3O_{10}](OH)$）
高岭石（kaolinite，$Al_4[Si_4O_{10}](OH)_8$）
碳酸钠（sodium carbonate，Na_2CO_3）
碳酸钡（barium carbonate，$BaCO_3$）
碳酸锂（lithium carbonate，Li_2CO_3）
碳酸镁（magnesium carbonate，$MgCO_3$）
结晶器壁（mold wall）
水平传热（horizontal heat transfer）
晶格（lattice）
电磁波（hertzian wave）
辐射（radialization）
光子（photon）
传导（conduction）
中碳钢（medium carbon steel）
铁素体（ferrite）
奥氏体（austenite）
包晶钢（peritectic steel ）
包晶反应（peritectic reaction）
液态流股（metal flow）
电磁制动（electromagnetic braking - EMBR）
结晶层（crystalline flux layer）
钙硅石（wollastonite）
纵向传热（vertical heat transfer）
超低碳钢（ULC，ultra low carbon steel）
皮下缺陷（sunsurface defect）
驻波（standing wave）
氩气流速（argon flow rate）
条片缺陷（sliver defect）
刚玉（corundum）
钙钛矿（perovskite）
水泥（cement）
石英（quartz）
冰晶石（cryolite，Na_3AlF_6）
纯碱（alkali）
碱土金属（alkaline earth）
碳酸盐（carbonate）
黏土（grume）
生石灰（calces）
氢（hydrogen）
烧损（cauterize）
CO_2（carbon dioxide）

中碳铝镇静钢（MCAK，medium carbon aluminum killed steel）
糊精（dextrin）
纸浆（paper pulp）
糖浆（sirup）
纤维素（fibrin）
淀粉（amylum）
浸入式水口侵蚀（SEN erosion）
示差扫描量热法（DSC）
方坯（billet）
矩形坯（bloom）
板坯（slab）
薄板坯（thin slab）
塞棒（stopper）
滑动水口（slide gate）
低碳钢（LC，low carbon steel）
包晶钢（peritectic steel）
中碳钢（MC，medium carbon steel）
高碳钢（HC，high carbon steel）
超高碳钢（super high carbon steel）
氧化（oxidation）
硅钢（silicon steel）
Nb（niobium）
V（vanadium）
Ti（titanium）
稀土（rare earth）
铝（aluminium）
断面形状（section shape）
断面尺寸（section size）
振动特性（oscillation charateristic）
无间隙原子钢（IF，Interstitial - free）
泊（poise）
马氏体（martensite）
硅灰石（silica fume，$CaO \cdot SiO_2$）
正硅酸钙（calcium silicate，$2CaO \cdot SiO_2$）
铬酸钙（calcium chromate，$CaCrO_4$）
黑渣操作（black practice）
快速更换中包（fly change tundish）
渣圈（slag rim）
渣绳（slag rope）
渣蛇（slag snake）
渣棒（slag bear）
矿相结构（mineralogical constitution）
黏附（conglutinate）
剔除（eliminate）
挑出（seek out）
搅动（agitate）
结团（agglomeration）
结壳（skulling）
渣壳（showering）
结鱼（crust）
ZrO_2（zirconia）
水口堵塞（SEN clogging）
临界消耗量（critical consumption）
冷却速度（cooling rate）
振痕消耗（consumption by the oscillation marks）
润滑消耗（lubrication consumption）
结晶器壁（mold wall）
锯齿形温度波动（sawtooth shape temperature fluctuations）
结晶器对中差（mold misalignment）
时间 - 温度 - 转变曲线（TTT，time temperature transformation）
结晶相（crystalline layer）
玻璃相（glassy layer）
剪切应力（shear stress）
轴向应力（axial stress）
渣膜断裂强度（slag fracture strength）
临界润滑消耗量（critical lubricating consumption）
Cs（cesium）
VAS（voestalpine stahl）
流变性能（rheological property）
流动性（flowability）
熔化行为（meltdown behaviour）
软化点（softening point）
熔化温度（melting temperature）
流动温度（flowing temperature）
消耗量（CPC，casting powder consumption）
液渣层（LMSL，liquid mould slag layer）
自由碳（free carbon）
热流（heat flux）
热电偶（thermocouple）
温度变化系数（TVC，temperature variation coefficient）

坯壳黏结率（SSR，sheel sticker rate）
微细夹杂（macro – inclusions）
微合金钢种（micro – alloyed grades）
热点（hot point）
结晶器铜板（mold copper plate）
金相检查（metallographic examination）
重熔（remelt）
正滑动（positive strip）
反向弯曲（bend back）
振痕宽度（the pitch of oscillation mark，l_{OM}）
振频（oscillation frequency）；
振幅（oscillation stroke length）；
负滑动率（precent negative strip）
振痕深度（the depth of oscillation mark，d_{OM}）
变形（deformation）
发热剂（exothermic agent）
负滑脱时间（nagative strip time，t_N）
振痕紊乱（abbormity oscillation marks）
C 型缺陷（C – type defects）
表面凸出（protruding surface）
重皮层（double skin structure）
表面纵裂纹（longitudinal cracking）
鬼线裂纹（ghost crask）
C_{eq}（carbon equivalence）
铁素体势 Fp（ferrite potential）
结晶器锥度（mold taper）
表面横裂纹（transverse cracking）
硫化锰（MnS）
氮化铝（AlN）
星状（网状）裂纹（star and spongy cracking）
铜（copper）
热脆（hot short）
晶界（crystalloid boundary）
Ni（nickel）
Cr（chromium）
Co（cobalt）
Mo（molybdenum）
富集（enrichment）
玷污（attaint）
脆性（brittleness）
树枝晶（dendrite）
卷渣和吸气（slag and gas entrapment）
超声波检验（UST）
气泡（blister）
扰动（disturb）
乳化渣滴（emulsified droplet）
漩涡（vortex）
氩气泡（argon bubbling）
保护渣结壳（crust block）
絮状渣团（showering）
下环流（downward recirculation）
结晶器窄边（mold narrow face）
结晶器宽面（mold broad face）
针孔（pinholes）
皱折（pucker）
铅笔形管状缺陷（pencil pipe defects）
低屈服强度钢（low – yield strength steel）
钛稳定超低碳铝镇静钢（TISULCAK）
条状缺陷（sliver）
低碳铝镇静钢（LCAK）
钛稳定超低碳钢（TISULC）
水口插入深度（SEN immersion depth）
凹陷（坑）（depressions and gutters）
纵向凹陷（longitudinal depressions）
偏离角纵向凹陷（offer corner longitudinal depressions）
横向凹陷（transverse depressions）
注中保护渣（operating powder）
开浇渣（start – up powder）
增碳（carbon pickup）
Si_3N_4（silicon nitride）
结晶器铜板（mold copper plate）
热电偶（thermocouple）
无氟保护渣（F – free mold flux）
NaF（sodium fluoride）
硼砂（borax）
冰晶石（cryolite）
锂辉石（lepidolite）
氮化物（nitride）
氧化物（oxide）
彩色保护渣（color – coded mold flux）
原料（raw materials）
钙硅酸盐（calcium silicates）
锂（lithium）
氟（fluorine）
钠（sodium）

硼（boron）
焦炭（coke）
石墨（graphite）
炭黑（carbon blacks）
灯黑（lampblack）
自由碳（free - carbon）
玻璃碳层（carbon glassy layer）
自动加渣（powder auto feed）